Jean-Marie Monier | Guillaume Haberer

j'intègre

MATHS PCSI-PTSI

TOUT LE 1er SEMESTRE

DUNOD

Direction et conception graphiques de la couverture :
Nicolas Weil - Elizabeth Riba (graphiste)

Retrouvez nos ouvrages pour les prépas scientifiques ici

http://dunod.link/prepassc

NOUS NOUS ENGAGEONS EN FAVEUR DE L'ENVIRONNEMENT :

Nos livres sont imprimés sur des papiers certifiés pour réduire notre impact sur l'environnement.

Le format de nos ouvrages est pensé afin d'optimiser l'utilisation du papier.

Depuis plus de 30 ans, nous imprimons 70 % de nos livres en France et 25 % en Europe et nous mettons tout en œuvre pour augmenter cet engagement auprès des imprimeurs français.

Nous limitons l'utilisation du plastique sur nos ouvrages (film sur les couvertures et les livres).

11 rue Paul Bert, 92240 Malakoff
www.dunod.com
ISBN 978-2-10-086828-5

Table des matières

Avant-propos

Cet ouvrage traite intégralement le programme du premier semestre de Mathématiques des classes de PCSI et PTSI, ces deux classes ayant quasi exactement le même programme sur cette période.

Il s'adresse aux élèves qui viennent d'entrer en PCSI ou PTSI.

Ils y trouveront les bases théoriques et le vocabulaire des ensembles dans les chapitres 1 à 4, et tout ce qui leur est nécessaire pour réviser et maîtriser les calculs usuels dans les chapitres 5 à 14.

Les élèves trouveront ensuite dans chacun des chapitres suivants une aide précieuse pour l'assimilation du cours et l'apprentissage des méthodes de résolution d'exercices, constituant un soutien solide pour leur travail tout au long du premier semestre.

Chaque chapitre est constitué de trois parties : cours, exercices d'apprentissage et exercices d'entraînement.

Le cours est détaillé, sans les démonstrations. Le programme officiel est exactement respecté. Chaque notion ou propriété est illustrée par des exemples et des contre-exemples. Des remarques répondent souvent par avance aux questions que l'élève pourrait logiquement se poser. De nombreuses figures permettent de mieux visualiser les situations.

Les nombreux exercices, de niveau très facile à facile, permettent à l'élève de mieux assimiler le cours et de l'appliquer dans des contextes classiques. Chaque énoncé d'exercice est suivi de son corrigé détaillé.

Les chapitres sont volontairement plus courts que dans un manuel, ce qui permet à l'élève de faire assez rapidement le tour des notions envisagées de façon à passer ensuite aux exercices en un temps raisonnable. Nous conseillons aux élèves un travail régulier, dès l'amorce en classe du chapitre concerné.

Les auteurs remercient Emmanuelle Chatelet et Brice Martin, des éditions Dunod, sans qui cet ouvrage n'aurait pu voir le jour.

1 Logique, ensembles

Depuis le début du XXe siècle, l'utilisation du vocabulaire de la théorie des ensembles a permis de clarifier, simplifier, unifier toutes les mathématiques. Depuis de nombreuses années, ce vocabulaire s'est fixé et est devenu la langue universelle de tous ceux et celles qui font des mathématiques. Son emploi induit des modes de raisonnement simples, clairs, généraux, et l'étudiant ou l'étudiante en mathématiques peut ainsi cheminer sur une voie sûre.

Le but est ici d'exposer un vocabulaire et des propriétés utilisables et utilisés dans tous les domaines des mathématiques, sans masquer inutilement la puissance de leur généralité, mais également sans développement stérile.

Rappels de cours

1 Logique

Définition

Une **assertion** (ou aussi : affirmation) p, correctement exprimée, peut être **vraie** ou **fausse**, l'un des deux mais pas les deux simultanément.

Une **table de vérité** consigne ces deux possibilités, dans laquelle on note V pour vrai et F pour faux, ou encore 1 pour vrai et 0 pour faux :

p
V
F

Les deux lignes correspondent aux deux possibilités pour l'assertion p.

Définition

Une **proposition** (ou aussi : théorème, ou aussi : propriété) est une assertion vraie.

Définition

La **négation** d'une assertion p est l'assertion notée (non p) (ou : $\neg p$), définie par la table de vérité suivante :

p	non p
V	F
F	V

Définition

Les connecteurs logiques

conjonction « **et** » (ou aussi : $\wedge$), **disjonction** « **ou** » (ou aussi : $\vee$),
implication « $\Longrightarrow$ », **équivalence logique** « $\Longleftrightarrow$ »,

sont définis, pour deux assertions p, q, par les tables de vérité suivantes :

p	q	p et q	p ou q	$p \Longrightarrow q$	$p \Longleftrightarrow q$
V	V	V	V	V	V
V	F	F	V	F	F
F	V	F	V	V	F
F	F	F	F	V	V

Les quatre lignes correspondent aux quatre possibilités pour les assertions p, q.

On note aussi $\begin{cases} p \\ q \end{cases}$, et même (p, q), pour $p \wedge q$.

Par exemple, $(x = 1,\ y = 2)$ signifie : $x = 1$ et $y = 2$.

Dans l'implication « $p \Longrightarrow q$ », p s'appelle l'**hypothèse**, q s'appelle la **conclusion**.
Lorsque l'implication « $p \Longrightarrow q$ » est vraie, on dit aussi que :

- p **entraîne** q ;
- p **implique** q ;
- **si** p est vraie **alors** q est vraie ;
- pour que p soit vraie il **faut** que q soit vraie ;
- pour que q soit vraie il **suffit** que p soit vraie ;
- p est une **condition suffisante** pour q ;
- q est une **condition nécessaire** de p.

Lorsque l'équivalence logique « $p \Longleftrightarrow q$ » est vraie, on dit aussi que :

- p est **équivalente** à q ;
- p est logiquement équivalente à q ;
- p et q sont équivalentes ;
- p et q sont logiquement équivalentes ;
- pour que p soit vraie **il faut et il suffit** que q soit vraie ;
- p est une **condition nécessaire et suffisante** (CNS) pour q ;
- p est vraie **si et seulement si** q est vraie, ou encore : p si et seulement si q.

Deux assertions sont logiquement équivalentes si et seulement si elles sont toutes les deux vraies, ou toutes les deux fausses.

L'implication « $q \implies p$ » est appelée la **réciproque** de l'implication « $p \implies q$ ».

Attention

Bien noter qu'une implication n'est pas équivalente à sa réciproque : il se peut que l'implication « $p \implies q$ » soit vraie et que sa réciproque « $q \implies p$ » soit fausse. Par exemple, si un nombre réel est positif ou nul, alors son carré est positif ou nul, mais la réciproque est fausse, comme le montre l'exemple du nombre -1, dont le carré est positif ou nul, mais -1 lui-même n'est pas positif ou nul.

Proposition

Les assertions suivantes sont toujours vraies, quelles que soient les valeurs de vérité (vrai ou faux) des assertions p, q, r qui interviennent :

$(p \text{ ou } p) \iff p$, $\quad (p \text{ et } p) \iff p$, $\quad p \text{ ou } (\text{non } p)$, $\quad \text{non}(p \text{ et } (\text{non } p))$,
$p \implies p$, $\quad p \iff p$, $\quad (\text{non}(\text{non } p)) \iff p$,
$((p \text{ et } q) \text{ et } r) \iff (p \text{ et } (q \text{ et } r))$, $\quad ((p \text{ ou } q) \text{ ou } r) \iff (p \text{ ou } (q \text{ ou } r))$,
$(p \implies q) \iff ((\text{non } p) \text{ ou } q)$, $\quad (p \implies q) \iff ((\text{non } q) \implies (\text{non } p))$,
$(p \text{ et } (p \implies q)) \implies q$, $\quad (\text{non}(p \implies q)) \iff (p \text{ et } (\text{non } q))$.

Définition

L'implication « $(\text{non } q) \implies (\text{non } p)$ » est appelée la **contraposée** (ou aussi : contre-apposée) de l'implication « $p \implies q$ », et ces deux implications sont équivalentes.

Attention

Ne pas confondre réciproque et contraposée.

Exemple

À titre d'exemple, démontrons, par une table de vérité, le théorème

$$(\text{non } (p \implies q)) \iff (p \text{ et } (\text{non } q)) \ :$$

p	q	$p \implies q$	non $(p \implies q)$	non q	p et (non q)
V	V	V	F	F	F
V	F	F	V	V	V
F	V	V	F	F	F
F	F	V	F	V	F

Puisque les deux assertions $(\text{non } (p \implies q))$, $(p \text{ et non } q)$ ont la même table de vérité, elles sont logiquement équivalentes.

Pour établir qu'une assertion p est vraie, surtout lorsque p s'exprime grammaticalement à l'aide d'une négation, on peut essayer de **raisonner par l'absurde** : on suppose que p est fausse, et on déduit que cela entraîne une contradiction, c'est-à-dire une assertion fausse.

Exemple

Dans le plan, soient D, D' deux droites parallèles entre elles, Δ une troisième droite. Montrer que si Δ est sécante à D (c'est-à-dire telle que D et Δ ont exactement un point commun), alors Δ est sécante à D'.

Raisonnons par l'absurde : supposons Δ non sécante à D'. Alors, puisque Δ et D' sont dans le même plan, Δ est parallèle à D'. Ainsi, D est parallèle à D' (par hypothèse), et Δ est parallèle à D', donc (cours de géométrie) D est parallèle à Δ, contradiction. Ce raisonnement par l'absurde montre que Δ est sécante à D'.

2 Ensembles

2.1 Ensembles, sous-ensembles

Définition

Lorsqu'un objet x est un **élément** d'un ensemble E, on note $x \in E$, et, lorsque x n'est pas un élément de E, on note $x \notin E$.

Exemple

$-4 \in \mathbb{Z}, \quad -4 \notin \mathbb{N}$.

Définition

On note $\varnothing$ l'ensemble vide, qui n'a aucun élément.

Définition

Pour tout objet x, on note $\{x\}$ le **singleton** formé de x tout seul, c'est-à-dire l'ensemble ne contenant que x.

Le quantificateur universel $\forall$ se lit « pour tout » ou « quel que soit ».
Le quantificateur existentiel $\exists$ se lit « il existe au moins un élément ».
La notation $\exists!$ signifie : il existe un élément et un seul.
Si $p(x)$ est une assertion portant sur un élément x d'une ensemble E, la notation $(\nexists x \in E,\ p(x))$ signifie qu'il n'existe pas de $x \in E$ tel que $p(x)$, et revient donc à non $\big(\exists x \in E,\ p(x)\big)$, ou encore à $\big(\forall x \in E,\ \text{non } p(x)\big)$.
La lettre affectée par un quantificateur est **muette** : elle peut être remplacée par n'importe quelle lettre (n'ayant pas, par ailleurs, déjà une signification); par exemple, si P est une assertion portant sur un élément d'un ensemble E :

$$\big(\forall x \in E,\ \ P(x)\big) \iff \big(\forall y \in E,\ \ P(y)\big),$$
$$\big(\exists x \in E,\ \ P(x)\big) \iff \big(\exists U \in E,\ \ P(U)\big).$$

Une assertion est dite quantifiée lorsqu'elle comporte au moins un quantificateur.
La négation d'une assertion quantifiée est obtenue en changeant chaque $\forall$ en $\exists$, chaque $\exists$ en $\forall$, et en remplaçant l'assertion finale par sa négation ; par exemple :

$$\big(\text{non }\big(\forall x \in E,\ P(x)\big)\big) \iff \big(\exists x \in E,\ \text{non } P(x)\big)$$

$$\big(\text{non }\big(\exists x \in E,\ P(x)\big)\big) \iff \big(\forall x \in E,\ \text{non } P(x)\big)$$

Toute assertion quantifiée commençant par « $\exists x \in \varnothing$ » est fausse.

Toute assertion quantifiée commençant par « $\forall x \in \varnothing$ » est vraie.

Dans une assertion quantifiée, on ne peut pas, a priori, modifier l'ordre des quantificateurs.

Par exemple, l'assertion « $\forall x \in \mathbb{N},\ \exists y \in \mathbb{N},\quad x \leqslant y$ » est vraie, comme on le voit en prenant, par exemple, $y = x + 1$, mais l'assertion « $\exists y \in \mathbb{N},\ \forall x \in \mathbb{N},\quad x \leqslant y$ », obtenue en permutant $\forall x \in \mathbb{N}$ et $\exists y \in \mathbb{N}$, est fausse, car il n'existe pas d'entier y fixé (indépendant de tout x) tel que y soit plus grand que tout entier x.

Cependant, si les ensembles E et E' sont fixés et indépendants l'un de l'autre :

- on peut remplacer « $\forall x \in E,\ \forall x' \in E'$ » par « $\forall x' \in E',\ \forall x \in E$ »,
  ou encore par « $\forall (x, x') \in E \times E'$ » ;
- on peut remplacer « $\exists x \in E,\ \exists x' \in E'$ » par « $\exists x' \in E',\ \exists x \in E$ »,
  ou encore par « $\exists (x, x') \in E \times E'$ ».

Définition

Étant donné deux ensembles E, F, on dit que E est **inclus** dans F (ou aussi : E est un **sous-ensemble** de F ; ou aussi : E est une **partie** de F ; ou aussi : F contient E), et on note $E \subset F$ (ou aussi : $F \supset E$), si et seulement si : $\forall x \in E,\quad x \in F$.

Exemple

1) L'ensemble $\{1, 2\}$ est une partie de $\mathbb{N}$.

2) L'ensemble $\mathbb{N}$ est une partie de $\mathbb{R}$.

3) L'ensemble $\{-1, 1\}$ n'est pas une partie de $\mathbb{N}$.

On note $\mathcal{P}(E)$ l'ensemble des parties d'un ensemble E.

Exemple

$\mathcal{P}(\varnothing) = \{\varnothing\},\quad \mathcal{P}(\{0,1\}) = \{\varnothing, \{0\}, \{1\}, \{0,1\}\}$.

On remarque que : $\big(A \in \mathcal{P}(E) \iff A \subset E\big),\quad \big(\{x\} \in \mathcal{P}(E) \iff x \in E\big)$.

On note $E \subsetneq F$ pour : $E \subset F$ et $E \neq F$.

On note $E \not\subset F$ la négation de $E \subset F$, c'est-à-dire : $\exists x \in E,\quad x \notin F$.

Attention

Ne pas confondre $E \subsetneq F$ et $E \not\subset F$.

Exemple

1) On a $\{1, 2\} \subsetneq \{1, 2, 3\}$ mais on n'a pas $\{1, 2\} \not\subset \{1, 2, 3\}$.

2) On a $\{1, 2\} \not\subset \{1, 3\}$ mais on n'a pas $\{1, 2\} \subsetneq \{1, 3\}$.

3) Sur des schémas (diagrammes de Venn) :

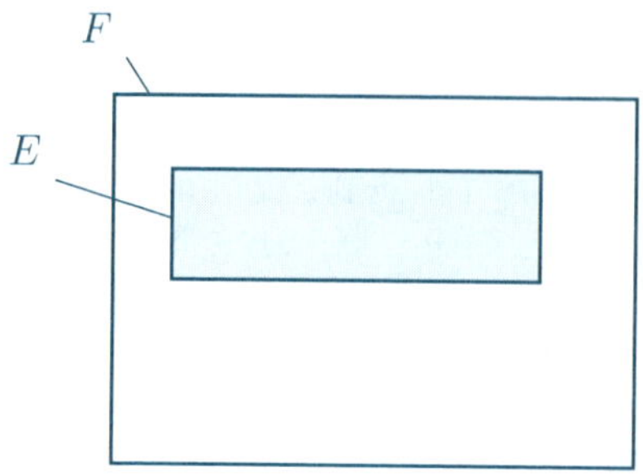

Exemple dans lequel
$E \subsetneq F$
(E est inclus dans F
et E est différent de F)

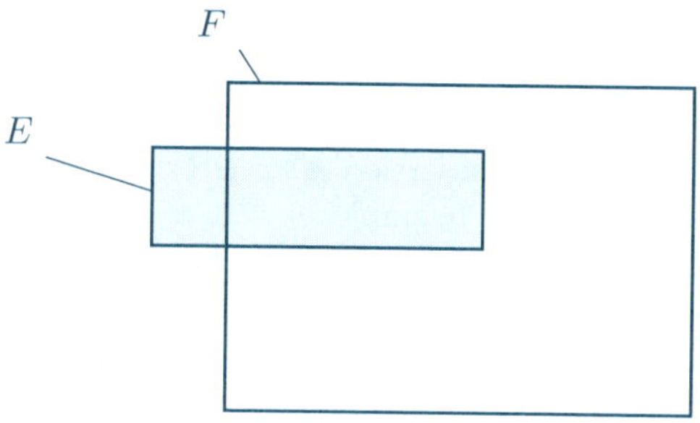

Exemple dans lequel
$E \not\subset F$
(E n'est pas inclus dans F)

On a, pour deux ensembles E, F : $E = F \iff (E \subset F \text{ et } F \subset E)$,

et donc : $E \neq F \iff (E \not\subset F \text{ ou } F \not\subset E)$

$$\iff ((\exists x \in E,\ x \notin F) \text{ ou } (\exists y \in F,\ y \notin E)).$$

Les propriétés suivantes, pour tous ensembles E, F, G, sont immédiates :

$$\varnothing \subset E, \qquad E \subset E, \qquad (E \subset F \text{ et } F \subset G) \implies E \subset G.$$

2.2 Opérations sur les ensembles

Définition

Soient E un ensemble, $A, B \in \mathcal{P}(E)$. On définit les parties suivantes de E :

$\overline{A} = E \setminus A = A^c = \complement_E(A) = \{x \in E\,;\, x \notin A\}$, **complémentaire** de A dans E,

$A \cup B = \{x \in E\,;\, x \in A \text{ ou } x \in B\}$, **réunion** (ou aussi : union) de A et B,

$A \cap B = \{x \in E\,;\, x \in A \text{ et } x \in B\}$, **intersection** de A et B,

$A \setminus B = \{x \in E\,;\, x \in A \text{ et } x \notin B\}$, **différence**, A **privé de** B.

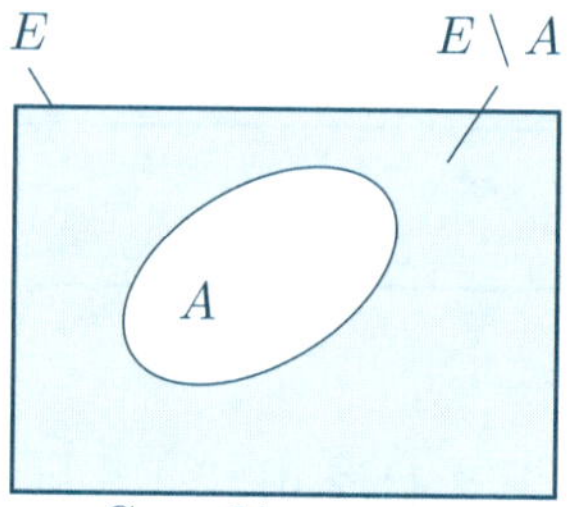

Complémentaire
de A dans E

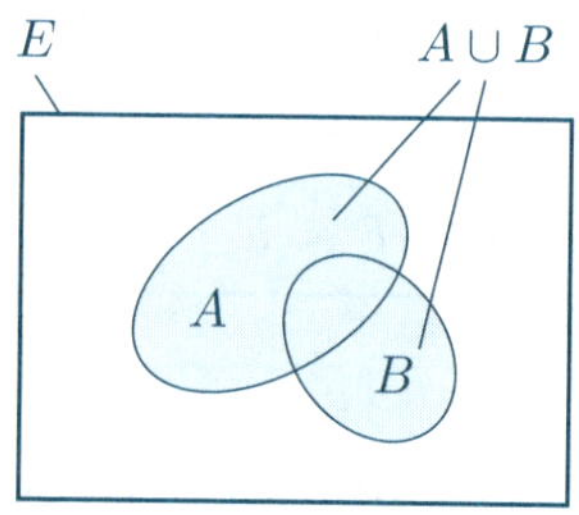

Réunion de A et B

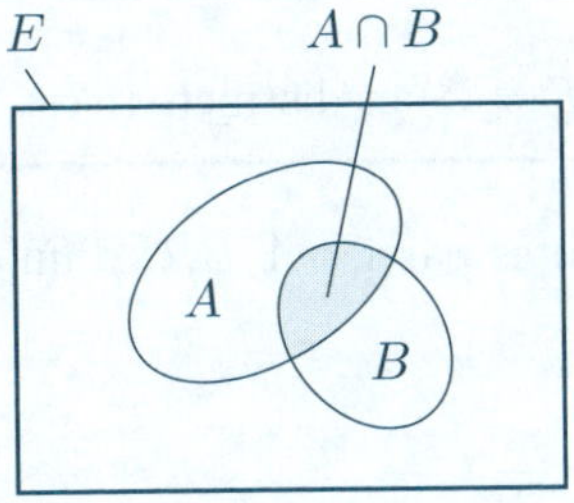

Intersection de A et B

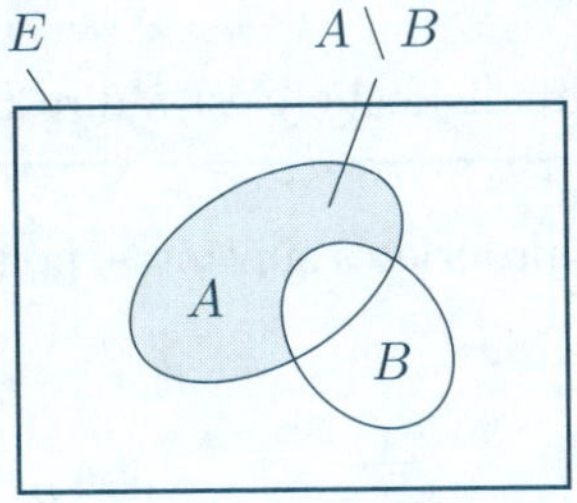

A privé de B

Attention
Ne pas confondre, pour une partie A d'un ensemble E, la notation $\overline{A}$, complémentaire de A dans E, et la même notation $\overline{A}$ dans l'étude des espaces vectoriels normés, qui désigne l'adhérence de A dans E.

Si F, G sont des ensembles (et pas seulement, comme plus haut, des parties d'un même ensemble), on admet qu'on peut définir $F \cup G$, $F \cap G$, $F \setminus G$, $F \triangle G$ de façon analogue à celle vue ci-dessus.

Exemple

1) Pour $E = \{1, 2, 3\}$ et $F = \{2, 4\}$, on a :

$E \cup F = \{1, 2, 3, 4\}$, $E \cap F = \{2\}$, $E \backslash F = \{1, 3\}$, $F \backslash E = \{4\}$, $E \triangle F = \{1, 3, 4\}$.

2) Pour $E = \mathbb{R}$, $A =]0\,;2]$, $B = [1\,;3]$, on a :

$A \cup B =]0\,;3]$, $A \cap B = [1\,;2]$, $A \backslash B =]0\,;1[$, $B \backslash A =]2\,;3]$, $A \triangle B =]0\,;1[\cup]2\,;3]$.

3) Pour $E = \mathbb{R}$, $A = \mathbb{R}_+$, $B = \mathbb{N}$, on a :

$$A \cup B = \mathbb{R}_+, \quad A \cap B = \mathbb{N}, \quad A \setminus B = \bigcup_{n \in \mathbb{N}}]n\,;n+1[= A \triangle B, \quad B \setminus A = \varnothing,$$

en utilisant une notation désignant la réunion d'une infinité d'ensembles.

Remarque : Pour définir un objet à partir d'autres objets déjà définis, on peut utiliser la notation « := ». Par exemple, au lieu de « Pour $E = \{1, 2, 3\}$ », on peut écrire : « $E := \{1, 2, 3\}$ ».

Définition
Deux ensembles F, G sont dits **disjoints** si et seulement si $F \cap G = \varnothing$.

Exemple

1) Les ensembles $\mathbb{R}_+$ et $\mathbb{R}_-^*$ sont disjoints.

2) Les ensembles $\mathbb{R}_+^*$ et $\mathbb{R}_-^*$ sont disjoints.

3) Les ensembles $[0\,;1]$ et $[1\,;2]$ ne sont pas disjoints, car leur intersection est l'ensemble $\{1\}$, qui n'est pas vide.

Attention
Ne pas confondre disjoints (c'est-à-dire $E \cap F = \varnothing$) et distincts (c'est-à-dire $E \neq F$).

On dispose des propriétés suivantes, pour toutes parties A, B, C d'un ensemble E :

Proposition

$\overline{\varnothing} = E, \quad \overline{E} = \varnothing, \quad \overline{\overline{A}} = A, \quad A \subset B \iff \overline{B} \subset \overline{A},$
$A \cup \varnothing = A, \; A \cup A = A, \; A \cup E = E, \; A \cup B = B \cup A, \; (A \cup B) \cup C = A \cup (B \cup C),$
$A \cap \varnothing = \varnothing, \; A \cap A = A, \; A \cap E = A, \; A \cap B = B \cap A, \; (A \cap B) \cap C = A \cap (B \cap C),$
$\overline{A \cap B} = \overline{A} \cup \overline{B}, \quad \overline{A \cup B} = \overline{A} \cap \overline{B},$
$A \cup (B \cap C) = (A \cup B) \cap (A \cup C), \quad A \cap (B \cup C) = (A \cap B) \cup (A \cap C).$

Il pourra être utile de remarquer : $A \cap B = \varnothing \iff A \subset \overline{B} \iff B \subset \overline{A}$.

2.3 Partitions d'un ensemble

Définition
On appelle **partition** d'un ensemble E toute famille $(A_i)_{i \in I}$ de parties de E telles que :

- $\forall i \in I, \quad A_i \neq \varnothing$,
- $\forall (i, j) \in I^2, \quad (i \neq j \implies A_i \cap A_j = \varnothing)$,
- $\forall x \in E, \exists i \in I, \quad x \in A_i$.

Autrement dit, la famille $(A_i)_{i \in I}$ de parties de E est une partition de E si et seulement si les A_i sont toutes non vides, deux à deux disjointes, et de réunion égale à E.
La notion de famille sera vue dans le chapitre 3.

Exemple

1) La famille $(\mathbb{R}_-^*, \{0\}, \mathbb{R}_+^*)$ est une partition de $\mathbb{R}$.

2) La famille $(\mathbb{R}_+, \mathbb{R}_-)$ n'est pas une partition de $\mathbb{R}$, car $\mathbb{R}_+ \cap \mathbb{R}_- = \{0\} \neq \varnothing$.

3) La famille $(\mathbb{R}_-^*, \varnothing, \mathbb{R}_+)$ n'est pas une partition de $\mathbb{R}$, car elle contient l'élément $\varnothing$.

4) La famille $(\mathbb{R}_-,]0\,; 2])$ n'est pas une partition de $\mathbb{R}$, car la réunion des éléments de cette famille n'est pas égale à $\mathbb{R}$.

Nous retrouverons la notion de partition lors de l'étude d'une relation d'équivalence, dans le chapitre 2.

2.4 Produits cartésiens d'ensembles

Définition

Pour deux éléments x, y, on appelle **couple** (x, y) la liste ordonnée formée par x puis y.

Exemple

On peut considérer le couple $(-1, 2)$, le couple $(1, 1)$, le couple $(\mathbb{R}, \mathbb{C})$.

Proposition

On a, pour tous couples (x, y), (a, b) : $$(x, y) = (a, b) \iff (x = a \text{ et } y = b)$$

Définition

Pour des ensembles E, F, on appelle **produit cartésien** $E \times F$ de E par F l'ensemble de tous les couples (x, y) où $x \in E,\ y \in F$: $$E \times F = \big\{(x, y)\,;\, x \in E \text{ et } y \in F\big\}$$

Le produit cartésien $E \times E$ est souvent noté E^2.
Par exemple, $\mathbb{R}^2$ est l'ensemble des couples de deux nombres réels.
En pratique, écrire « $\forall (x, y) \in E \times F$, ... », revient à écrire « $\forall x \in E$, $\forall y \in F$, ... ».

Définition

La notion de couple (x, y) se généralise en **n-uplet** $(x_1, ..., x_n)$, et la notion de produit cartésien $E \times F$ de deux ensembles se généralise en **produit cartésien** $E_1 \times \cdots \times E_n$ de plusieurs ensembles :

$$E_1 \times \cdots \times E_n = \big\{(x_1, ..., x_n)\,;\, \forall k \in \{1, ..., n\},\ \ x_k \in E_k\big\}$$

Si $E_1 = ... = E_n = E$, le produit cartésien $E_1 \times \cdots \times E_n$ est noté E^n.

Exemple

$\mathbb{R}^n = \{(x_1, ..., x_n)\,;\, x_1 \in \mathbb{R}, ..., x_n \in \mathbb{R}\}$.

Exercices d'apprentissage

1.1

Soit $n \in \mathbb{N}$. Montrer que n est pair si et seulement si n^2 est pair, et que n est impair si et seulement si n^2 est impair.

1) Montrons d'abord que si n est pair, alors n^2 est pair et que, si n est impair, alors n^2 est impair.

- Supposons n pair. Il existe alors $k \in \mathbb{N}$ tel que $n = 2k$.

On a : $n^2 = (2k)^2 = 4k^2 = 2(2k^2)$ et $2k^2 \in \mathbb{N}$, donc n^2 est pair.

- Supposons n impair. Il existe alors $k \in \mathbb{N}$ tel que $n = 2k + 1$.

On a : $n^2 = (2k+1)^2 = 4k^2 + 4k + 1 = 2(2k^2 + 2k) + 1$ et $2k^2 + 2k \in \mathbb{N}$, donc n^2 est impair.

2) Montrons maintenant les réciproques, en utilisant un raisonnement par l'absurde.

- Supposons que n^2 est pair.

Raisonnons par l'absurde : supposons que n n'est pas pair. Alors n est impair, donc, d'après *1)*, n^2 est impair, contradiction avec l'hypothèse n^2 pair.

Ce raisonnement par l'absurde montre que n est pair.

- Supposons que n^2 est impair.

Raisonnons par l'absurde : supposons que n n'est pas impair. Alors n est pair, donc, d'après *a)*, n^2 est pair, contradiction avec l'hypothèse n^2 impair.

Ce raisonnement par l'absurde montre que n est impair.

1.2

Soient p, q, r des assertions. Montrer que l'assertion $((p \text{ ou } q) \implies r)$ est équivalente à l'assertion $(p \implies r) \text{ ou } (q \implies r)$.

On a :

$$\begin{aligned}
((p \text{ ou } q) \implies r) &\iff \Big((\text{non}\,(p \text{ ou } q)) \text{ ou } r\Big) \iff \Big(((\text{non}\,p) \text{ et } (\text{non}\,q)) \text{ ou } r\Big) \\
&\iff \Big(((\text{non}\,p) \text{ ou } r) \text{ et } ((\text{non}\,q) \text{ ou } r)\Big) \\
&\iff ((p \implies r) \text{ et } (q \implies r)).
\end{aligned}$$

1.3

Soient E, F des ensembles. Montrer : $E \subset F \iff \mathcal{P}(E) \subset \mathcal{P}(F)$.

Nous allons montrer l'équivalence en montrant deux implications, un sens puis sa réciproque.

1) Supposons $E \subset F$.

Soit $A \in \mathcal{P}(E)$. On a alors $A \subset E$, puis $A \subset F$, c'est-à-dire $A \in \mathcal{P}(F)$.

Ceci montre : $\mathcal{P}(E) \subset \mathcal{P}(F)$.

2) Réciproquement, supposons $\mathcal{P}(E) \subset \mathcal{P}(F)$.

Utilisons les singletons. Soit $x \in E$. On a alors $\{x\} \in \mathcal{P}(E)$, puis, comme $\mathcal{P}(E) \subset \mathcal{P}(F)$, on déduit $\{x\} \in \mathcal{P}(F)$, c'est-à-dire $\{x\} \subset F$, d'où $x \in F$.

Ceci montre : $E \subset F$.

1.4

Soient E un ensemble, $A, B \in \mathcal{P}(E)$.
Montrer : $A \setminus B = A \setminus (A \cap B) = (A \cup B) \setminus B$.

Il est conseillé, dans les calculs, de partir de l'objet apparemment le plus compliqué.
On a, en utilisant entre autres le complémentaire d'une intersection, la distributivité de l'intersection sur la réunion :

$$A \setminus (A \cap B) = A \cap \left(\overline{A \cap B}\right) = A \cap (\overline{A} \cup \overline{B}) = (A \cap \overline{A}) \cup (A \cap \overline{B}) = A \setminus B$$
$$(A \cup B) \setminus B = (A \cup B) \cap \overline{B} = (A \cap \overline{B}) \cup (B \cap \overline{B}) = A \setminus B.$$

Remarquons que les égalités demandées sont apparentes sur un diagramme de Venn.

1.5

Soient E un ensemble, $A, B, C \in \mathcal{P}(E)$. Montrer :

a) $A \cap B = A \iff A \subset B$

b) $A \cup B = A \iff B \subset A$.

a) 1) Si $A \cap B = A$, alors $A = A \cap B \subset B$.
2) Réciproquement, on a toujours $A \cap B \subset A$, et, d'autre part, si $A \subset B$, alors, tout élément de A est dans A et dans B, donc $A \subset A \cap B$, d'où finalement $A \cap B = A$.
b) 1) Si $A \cup B = A$, alors $B \subset B \cup A = A \cup B$.
2) Réciproquement, on a toujours $A \subset A \cup B$, et, d'autre part, si $B \subset A$, alors tout élément de $A \cup B$ est dans A, donc $A \cup B \subset A$, d'où finalement $A \cup B = A$.

1.6

Soient E un ensemble, $A, B \in \mathcal{P}(E)$. Simplifier $\overline{(A \cap B) \cup \overline{A}} \cup \overline{A \cup B}$.

Plusieurs calculs sont possibles. On peut commencer, par exemple, par exprimer tous les complémentaires sur des parties plus simples, en utilisant les formules sur le complémentaire d'une réunion, le complémentaire d'une intersection, et la distributivité de l'intersection sur la réunion :

$$\begin{aligned}\overline{(A \cap B) \cup \overline{A}} \cup \overline{A \cup B} &= \left(\overline{A \cap B} \cap A\right) \cup (\overline{A} \cap \overline{B}) = \left((\overline{A} \cup \overline{B}) \cap A\right) \cup (\overline{A} \cap \overline{B}) \\ &= \left((\overline{A} \cap A) \cup (\overline{B} \cap A)\right) \cup (\overline{A} \cap \overline{B}) = (A \cap \overline{B}) \cup (\overline{A} \cap \overline{B}) \\ &= (A \cup \overline{A}) \cap \overline{B} \; = \; E \cap \overline{B} \; = \; \overline{B}.\end{aligned}$$

Exercices d'entraînement

1.7 Différences sur plusieurs ensembles

Soient E un ensemble, $A, B \in \mathcal{P}(E)$.
Simplifier : $A \setminus (A \setminus B)$, $A \setminus (B \setminus A)$, $(A \setminus B) \setminus A$, $(A \setminus B) \setminus B$.

1.8 Équivalence logique entre des égalités d'ensembles

Soient E un ensemble, $A, B, C \in \mathcal{P}(E)$.
Montrer : $A \cup B = A \cup C \iff A \cup \overline{B} = A \cup \overline{C}$.

1.9 Exemple de résolution d'une équation d'inconnue $X \in \mathcal{P}(E)$

Soient E un ensemble, $A, B \in \mathcal{P}(E)$ telles que $B \subset A$.
Résoudre l'équation $A \cap X = B$, d'inconnue $X \in \mathcal{P}(E)$.

1.10 Complémentaire d'un produit et produit des complémentaires

Soient E, F des ensembles, $A \subset E$, $B \subset F$, $\overline{A}$ le complémentaire de A dans E, $\overline{B}$ le complémentaire de B dans F, $\overline{A \times B}$ le complémentaire de $A \times B$ dans $E \times F$.
Peut-on affirmer : $\overline{A \times B} = \overline{A} \times \overline{B}$?

Corrigés des exercices d'entraînement

1.7

Exprimons toutes les différences d'ensembles par la définition, en nous ramenant à des complémentaires, intersections, réunions :

- $A \setminus (A \setminus B) = A \cap \left(\overline{A \cap \overline{B}}\right)$
$= A \cap (\overline{A} \cup B) = (A \cap \overline{A}) \cup (A \cap B)$
$= \varnothing \cup (A \cap B) = A \cap B,$
- $A \setminus (B \setminus A) = A \cap \left(\overline{B \cap \overline{A}}\right)$
$= A \cap (\overline{B} \cup A) = A,$
- $(A \setminus B) \setminus A = (A \cap \overline{B}) \cap \overline{A}$
$= (A \cap \overline{A}) \cap \overline{B} = \varnothing,$
- $(A \setminus B) \setminus B = (A \cap \overline{B}) \cap \overline{B}$
$= A \cap (\overline{B} \cap \overline{B}) = A \cap \overline{B} = A \setminus B.$

1.8

Plusieurs calculs sont possibles, et on peut, d'autre part, passer par les éléments.

1) On a :

$$\begin{aligned}
& A \cup B = A \cup C \\
\iff\ & \overline{A \cup B} = \overline{A \cup C} \\
\iff\ & \overline{A} \cap \overline{B} = \overline{A} \cap \overline{C} \\
\implies\ & A \cup (\overline{A} \cap \overline{B}) = A \cup (\overline{A} \cap \overline{C}) \\
\iff\ & (A \cup \overline{A}) \cap (A \cup \overline{B}) \\
& \quad = (A \cup \overline{A}) \cap (A \cup \overline{C}) \\
\iff\ & E \cap (A \cup \overline{B}) = E \cap (A \cup \overline{C}) \\
\iff\ & A \cup \overline{B} = A \cup \overline{C}.
\end{aligned}$$

Ceci montre l'implication :

$$A \cup B = A \cup C \implies A \cup \overline{B} = A \cup \overline{C}.$$

2) En appliquant le résultat de *1)* à $(\overline{B}, \overline{C})$ à la place de (B, C), on a :

$$\begin{aligned}
A \cup \overline{B} = A \cup \overline{C} &\implies A \cup \overline{\overline{B}} = A \cup \overline{\overline{C}} \\
&\implies A \cup B = A \cup C.
\end{aligned}$$

On conclut :

$$A \cup B = A \cup C \iff A \cup \overline{B} = A \cup \overline{C}.$$

1.9

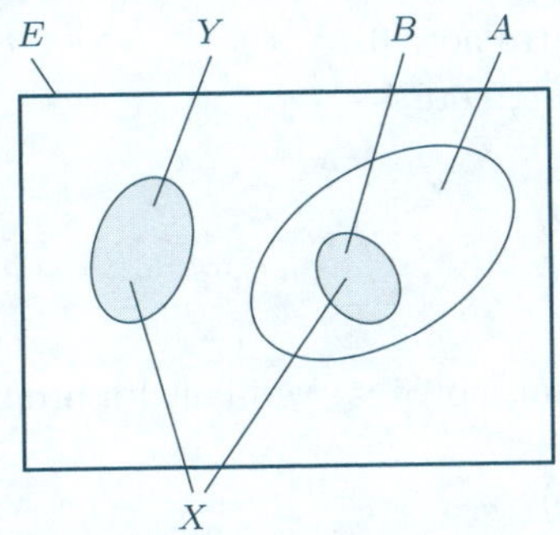

D'après le schéma, les solutions X de l'équation $A \cap X = B$ semblent être les parties X de la forme $X = B \cup Y$ où Y est une partie quelconque de E telle que $Y \subset \overline{A}$.
1) Soient $Y \subset \overline{A}$ et $X = B \cup Y$.

Alors :

$$\begin{aligned}
A \cap X &= A \cap (B \cup Y) \\
&= (A \cap B) \cup (A \cap Y) = B \cup (A \cap Y)
\end{aligned}$$

et, comme $Y \subset \overline{A}$, on a $A \cap Y \subset A \cap \overline{A} = \varnothing$, donc $A \cap Y = \varnothing$, d'où $A \cap X = B$, donc X est solution de l'équation $A \cap X = B$.
2) Réciproquement, soit $X \in \mathcal{P}(E)$ tel que $A \cap X = B$.
Considérons $Y = \overline{A} \cap X$.
On a alors $Y \subset \overline{A}$ et :

$$\begin{aligned}
X = E \cap X &= (A \cup \overline{A}) \cap X \\
&= (A \cap X) \cup (\overline{A} \cap X) = B \cup Y,
\end{aligned}$$

donc X est de la forme $X = B \cup Y$ où $Y \subset \overline{A}$.
On conclut que les solutions $X \in \mathcal{P}(E)$ de l'équation $A \cap X = B$ (où, par hypothèse, $B \subset A$) sont les parties X de E de la forme $X = B \cup Y$, où Y est une partie quelconque de E telle que $Y \subset \overline{A}$.

1.10

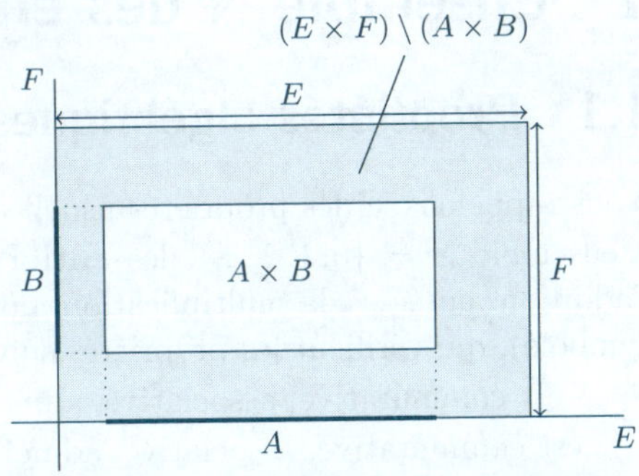

Sur un schéma correspondant à l'exemple où $E = F = \mathbb{R}$ et A, B sont des intervalles de $\mathbb{R}$, on voit que le complémentaire de $A \times B$ dans $E \times F$ n'est pas formé seulement de $\overline{A} \times \overline{B}$ et qu'il manque, par exemple, $A \times \overline{B}$. D'ailleurs, on peut montrer :

$$\overline{A \times B} = (A \times \overline{B}) \cup (\overline{A} \times B) \cup (\overline{A} \times \overline{B}).$$

Donnons un contrexemple explicite :

Pour $E = F = \{0, 1\}$ et $A = B = \{0\}$, on a :
$\overline{A} = \{1\}$, $\overline{B} = \{1\}$, $A \times B = \{(0, 0)\}$,
$E \times F = \{(0, 0), (0, 1)\ (1, 0), (1, 1)\}$,
$\overline{A \times B} = \{(0, 1), (1, 0), (1, 1)\}$, $\overline{A} \times \overline{B} = \{(1, 1)\}$,
et donc $\overline{A \times B} \neq \overline{A} \times \overline{B}$.

2 Ensembles de nombres usuels

L'ensemble $\mathbb{N} = \{0, 1, 2, ...\}$ des entiers naturels est l'ensemble de nombres le plus simple, qui sert couramment à compter les objets. À partir de $\mathbb{N}$, on construit l'ensemble $\mathbb{Z}$ des entiers relatifs, c'est-à-dire les entiers avec signe, puis l'ensemble $\mathbb{Q}$ des nombres rationnels, c'est-à-dire les fractions d'entiers avec signes. L'ensemble $\mathbb{R}$ des nombres réels est le plus utile en Analyse, il contient $\mathbb{Q}$. L'ensemble $\mathbb{C}$ des nombres complexes a déjà été étudié dans les chapitres 11 à 13. On a : $\mathbb{N} \subsetneq \mathbb{Z} \subsetneq \mathbb{Q} \subsetneq \mathbb{R} \subsetneq \mathbb{C}$. Conformément au Programme officiel, nous admettons l'existence et l'unicité, à la notation près, de ces ensembles.

Rappels de cours

1 Ensemble $\mathbb{N}$ des entiers naturels

1.1 Propriétés algébriques

Nous rappelons ici les propriétés usuelles des entiers naturels, supposées connues.

L'ensemble $\mathbb{N} = \{0, 1, 2, ...\}$ des **entiers naturels** est muni de deux lois internes, l'addition, notée $+$, la multiplication, notée $\cdot$ (ou aussi : $\times$, ou aussi par l'absence de symbole), qui vérifient les propriétés suivantes :

$+$ est commutative, associative, admet un neutre noté 0

$\cdot$ est commutative, associative, admet un neutre, noté 1

$\cdot$ est distributive sur $+$

$\forall a, b \in \mathbb{N},\ \forall c \in \mathbb{N},\ \ \big(a + c = b + c \iff a = b\big)$

$\forall a, b \in \mathbb{N},\ \forall c \in \mathbb{N} \setminus \{0\},\ \ \big(ac = bc \iff a = b\big).$

On note $\mathbb{N}^* = \mathbb{N} \setminus \{0\}$.

L'ensemble $\mathbb{N}$ est muni d'une relation d'ordre total, notée $\leqslant$, vérifiant les propriétés suivantes :

$\forall a, b \in \mathbb{N},\ \forall c \in \mathbb{N},\ \ \big(a + c \leqslant b + c \iff a \leqslant b\big)$

$\forall a, b \in \mathbb{N},\ \forall c \in \mathbb{N}^*,\ \ \big(ac \leqslant bc \iff a \leqslant b\big)$

toute partie non vide de $\mathbb{N}$ admet un plus petit élément

toute partie non vide et majorée de $\mathbb{N}$ admet un plus grand élément.

On déduit les propriétés élémentaires suivantes :

$\forall a, b, c, d \in \mathbb{N},\ \ \Big(\big(a \leqslant b \text{ et } c \leqslant d\big) \Longrightarrow a + c \leqslant b + d\Big)$

$\forall a, b, c, d \in \mathbb{N},\ \ \Big(\big(a \leqslant b \text{ et } c \leqslant d\big) \Longrightarrow ac \leqslant bd\Big)$

$\forall n \in \mathbb{N}^*,\ \forall a, b \in \mathbb{N},\ \ \big(a \leqslant b \iff a^n \leqslant b^n\big).$

1.2 Raisonnement par récurrence

1.2.1 Récurrence simple

On dispose du **théorème de récurrence** suivant :

Théorème

Soit $n_0 \in \mathbb{N}$ fixé. Si une partie E de $\mathbb{N}$ vérifie

- $n_0 \in E$
- et, pour tout $n \in \mathbb{N}$ tel que $n \geqslant n_0$, $\big(n \in E \implies n+1 \in E\big)$,

alors $E = \{n \in \mathbb{N}\,;\, n \geqslant n_0\}$.

Ce théorème se traduit en pratique de la façon suivante.

Proposition

Soient $n_0 \in \mathbb{N}$ et $\mathcal{H}_n$ une assertion dépendant d'un entier naturel $n \geqslant n_0$.

- Si $\mathcal{H}_{n_0}$ est vraie
- et si, pour tout $n \in \mathbb{N}$, dès que $\mathcal{H}_n$ est vraie, alors $\mathcal{H}_{n+1}$ est vraie,

alors $\mathcal{H}_n$ est vraie pour tout $n \in \mathbb{N}$ tel que $n \geqslant n_0$.

Autrement dit, si une assertion $\mathcal{H}_n$, dépendant d'un entier naturel n, est vraie pour un entier n_0 et si, dès qu'elle est vraie pour un entier quelconque n alors elle est vraie pour l'entier $n+1$ suivant, alors cette propriété est vraie pour tout $n \in \mathbb{N}$ tel que $n \geqslant n_0$.
L'assertion $\mathcal{H}_{n_0}$ s'appelle l'**initialisation**, et la démonstration de l'implication $\big(\mathcal{H}_n \implies \mathcal{H}_{n+1}\big)$ s'appelle le **passage de récurrence**.
Quand on va faire un raisonnement par récurrence, il est conseillé :

a) d'annoncer que l'on va faire une récurrence,

b) de démontrer l'initialisation,

c) de démontrer le passage de récurrence,

d) de conclure.

Exemple

Montrons, par récurrence, le résultat classique : $\forall n \in \mathbb{N}^*, \quad \displaystyle\sum_{k=1}^{n} k = \frac{n(n+1)}{2}$.

La formule est triviale pour $n = 1$.
Si la formule est vraie pour un $n \in \mathbb{N}^*$ fixé, alors :

$$\sum_{k=1}^{n+1} k = \left(\sum_{k=1}^{n} k\right) + (n+1) \underset{[HR_n]}{=} \frac{n(n+1)}{2} + (n+1) = \frac{(n+1)(n+2)}{2},$$

donc la formule est vraie pour $n+1$.
Ce raisonnement par récurrence montre que la formule est vraie pour tout $n \in \mathbb{N}^*$.

Dès qu'il s'agit de démontrer qu'une propriété $\mathcal{H}_n$ est vraie pour tout $n \in \mathbb{N}$ (à partir d'un certain entier n_0), il faut envisager la possibilité de faire une récurrence, et, pour que cette récurrence ait une chance d'aboutir, il faut que l'on puisse faire un lien simple entre $\mathcal{H}_{n+1}$ et $\mathcal{H}_n$.

1.2.2 Récurrence à deux pas

Lorsque l'assertion $\mathcal{H}_{n+1}$ n'est pas simplement reliée à $\mathcal{H}_n$ mais qu'elle fait intervenir $\mathcal{H}_n$ et $\mathcal{H}_{n-1}$, alors on peut essayer de faire un raisonnement par **récurrence à deux pas** (ou aussi : récurrence double) :

Proposition

- Si $\mathcal{H}_{n_0}$ et $\mathcal{H}_{n_0+1}$ sont vraies
- et si, pour tout $n \in \mathbb{N}$, dès que $\mathcal{H}_n$ et $\mathcal{H}_{n+1}$ sont vraies, alors $\mathcal{H}_{n+2}$ est vraie,

alors $\mathcal{H}_n$ est vraie pour tout $n \in \mathbb{N}$ tel que $n \geqslant n_0$.

Remarque : Une récurrence à deux pas pour prouver l'assertion $\mathcal{H}_n$ pour tout $n \in \mathbb{N}$ tel que $n \geqslant n_0$, revient à une récurrence (simple) sur l'assertion « $\mathcal{H}_n$ et $\mathcal{H}_{n+1}$ ».

Exemple

Montrer que la suite de Fibonacci, définie par $\phi_0 = 0$, $\phi_1 = 1$ et, pour tout $n \in \mathbb{N}$, $\phi_{n+2} = \phi_{n+1} + \phi_n$, est à termes dans $\mathbb{N}$.
On fait une récurrence à deux pas.
Il est clair que la propriété est vraie pour $n = 0$ et pour $n = 1$.
Si, pour un $n \in \mathbb{N}$ fixé, ϕ_n et ϕ_{n+1} sont dans $\mathbb{N}$, alors, par addition, $\phi_{n+2} = \phi_{n+1} + \phi_n$ est dans $\mathbb{N}$.
Ce raisonnement par récurrence à deux pas montre que, pour tout $n \in \mathbb{N}$, $\phi_n \in \mathbb{N}$.

1.2.3 Récurrence forte

Il peut arriver que $\mathcal{H}_{n+1}$ ne dépende pas que de $\mathcal{H}_n$, et ne dépende pas que de $\mathcal{H}_n$ et $\mathcal{H}_{n-1}$, mais dépende de tous les précédents, $\mathcal{H}_0, ..., \mathcal{H}_n$. On peut alors essayer d'utiliser un raisonnement par **récurrence forte** :

Proposition

- Si $\mathcal{H}_{n_0}$ est vraie
- et si, pour tout $n \in \mathbb{N}$ tel que $n \geqslant n_0$, dès que $\mathcal{H}_{n_0}, ..., \mathcal{H}_n$ sont vraies, alors $\mathcal{H}_{n+1}$ est vraie,

alors $\mathcal{H}_n$ est vraie pour tout $n \in \mathbb{N}$ tel que $n \geqslant n_0$.

Remarque : Une récurrence forte pour prouver l'assertion $\mathcal{H}_n$, pour tout $n \in \mathbb{N}$ tel que $n \geqslant n_0$, revient à une récurrence simple sur l'assertion « $\forall k \in \{n_0, ..., n\}$, $\mathcal{H}_k$ ».

Exemple

Montrons un résultat du cours : tout entier $\geqslant 2$ admet au moins un facteur premier.
La propriété est triviale pour $n = 2$, puisque 2 est facteur premier de 2.
Supposons que, pour un $n \geqslant 2$ fixé, la propriété est vraie pour tout entier k de 2 à n.
Si le nombre $n+1$ est premier, alors il admet lui-même comme facteur premier.
Si $n+1$ n'est pas premier, alors $n+1$ admet au moins un diviseur entier a dans $\mathbb{N}^*$ autre que 1 et que $n+1$, donc un diviseur a tel que $2 \leqslant a \leqslant n$. D'après l'hypothèse de récurrence forte, a admet au moins un facteur premier, et celui-ci est alors facteur premier de $n+1$, donc la propriété est vraie pour $n+1$.
Ceci montre, par récurrence forte, que tout entier $\geqslant 2$ admet au moins un facteur premier.

Pour l'étude de la divisibilité dans $\mathbb{N}$, voir le chapitre 29 sur l'arithmétique dans $\mathbb{Z}$.

1.3 Analyse combinatoire

Proposition

Pour tous $n, p \in \mathbb{N}$ tels que $p \leqslant n$, le nombre de parties à p éléments d'un ensemble à n éléments est $\binom{n}{p} = \dfrac{n!}{p!(n-p)!}$ Les nombres $\binom{n}{p}$ sont appelés **coefficients binomiaux** (à cause de la formule du binôme de Newton, cf. ci-après).

Remarque :

1) On a, en particulier, pour tout $n \in \mathbb{N}$: $\binom{n}{0} = 1, \quad \binom{n}{n} = 1.$

2) On a, pour tous $n, p \in \mathbb{N}$ tels que $p \leqslant n$: $\binom{n}{p} = \dfrac{n(n-1)\cdots(n-p+1)}{p!}.$

3) Pour tous $n, p \in \mathbb{N}$ tels que $p \leqslant n$, le nombre $\binom{n}{p}$ est un entier naturel non nul.

On note, pour $p > n$ et pour $p < 0$: $\binom{n}{p} = 0.$
On dispose des propriétés suivantes :

Proposition

1) $\forall n, p \in \mathbb{N}, \quad \binom{n}{p} = \binom{n}{n-p}.$

2) $\forall n, p \in \mathbb{N}, \quad \binom{n}{p} + \binom{n}{p+1} = \binom{n+1}{p+1}.$

On place les $\binom{n}{p}$ sous forme d'un triangle, appelé **triangle de Pascal**, dans lequel

$\binom{n}{p}$ se trouve à la ligne n, colonne p, pour $0 \leqslant p \leqslant n$:

n \ p	0	1	2	3	4	5	$\cdots$	p	$p+1$	$\cdots$
1	1	1								
2	1	2	1							
3	1	3	3	1						
4	1	4	6	4	1					
5	1	5	10	10	5	1				
$\vdots$										
n								$\binom{n}{p}$	$\binom{n}{p+1}$	
$n+1$									$\binom{n+1}{p+1}$	
$\vdots$										

On dispose de la très importante **formule du binôme de Newton**, par exemple pour deux nombres complexes :

Proposition

Pour tous $n \in \mathbb{N}$, $x, y \in \mathbb{C}$: $\quad (x+y)^n = \sum_{k=0}^{n} \binom{n}{k} x^k y^{n-k}.$

2 Ensemble $\mathbb{Z}$ des entiers relatifs

L'ensemble $\mathbb{Z} = \{..., -2, -1, 0, 1, 2, ...\}$ des **entiers relatifs** est muni de deux lois internes, l'addition, notée $+$, la multiplication, notée $\cdot$ (ou aussi : $\times$, ou aussi par l'absence de symbole), prolongeant ces mêmes opérations de $\mathbb{N}$, qui vérifient les propriétés suivantes :

$+$ est commutative, associative, admet un neutre noté 0

tout élément n de $\mathbb{Z}$ admet un opposé, noté $-n$

$\cdot$ est commutative, associative, admet un neutre, noté 1

$\cdot$ est distributive sur $+$

$\forall a, b \in \mathbb{Z}, \forall c \in \mathbb{Z}, \quad \big(a + c = b + c \iff a = b\big)$

$\forall a, b \in \mathbb{Z}, \forall c \in \mathbb{Z} \setminus \{0\}, \quad \big(ac = bc \iff a = b\big).$

On note $\mathbb{Z}^* = \mathbb{Z} \setminus \{0\}, \quad \mathbb{Z}_- = \{-n\,;\, n \in \mathbb{N}\}, \quad \mathbb{Z}_-^* = \mathbb{Z}_- \setminus \{0\}, \quad \mathbb{Z}_+ = \mathbb{N}.$

L'ensemble $\mathbb{Z}$ est muni d'une relation d'ordre total, notée $\leqslant$, prolongeant $\leqslant$ de $\mathbb{N}$, vérifiant la propriété suivante :

$$\forall a, b \in \mathbb{Z},\ \forall c \in \mathbb{Z},\ \left(a + c \leqslant b + c \iff a \leqslant b\right).$$

On en déduit : $$\forall a, b, c, d \in \mathbb{Z},\ \left(\begin{cases} a \leqslant b \\ c \leqslant d \end{cases} \implies a + c \leqslant b + d\right),$$

$$\forall a, b \in \mathbb{Z},\ \forall c \in \mathbb{N}^*,\ \left(ac \leqslant bc \iff a \leqslant b\right).$$

La propriété suivante, presque évidente, peut être utile dans les exercices :

Proposition

$$\forall a, b \in \mathbb{Z},\ \left(a < b \iff a + 1 \leqslant b\right).$$

Autrement dit, dans $\mathbb{Z}$, une inégalité stricte peut être remplacée par une inégalité large en gagnant une unité. La propriété analogue n'est pas vraie dans $\mathbb{Q}$ ni dans $\mathbb{R}$, bien sûr.

La divisibilité et l'arithmétique dans $\mathbb{Z}$ seront étudiées dans le chapitre 3.

3 Ensemble $\mathbb{Q}$ des nombres rationnels

L'ensemble $\mathbb{Q}$ des **nombres rationnels** est l'ensemble des fractions $\dfrac{a}{b}$, où $(a, b) \in \mathbb{Z} \times \mathbb{Z}^*$.

L'ensemble $\mathbb{Q}$ est muni d'une addition, notée $+$, d'une multiplication, notée $\cdot$ (ou aussi : $\times$, ou aussi par l'absence de symbole), et d'une relation d'ordre total notée $\leqslant$ telles que :

- $\mathbb{Z} \subset \mathbb{Q}$, on confond a et $\dfrac{a}{1}$, pour $a \in \mathbb{Z}$
- la loi $+$ est commutative, associative, admet un neutre noté 0
- tout élément r de $\mathbb{Q}$ admet un opposé, noté $-r$
- la loi $\cdot$ est commutative, associative, admet un neutre noté 1
- tout élément r de $\mathbb{Q}$ **non nul** admet un inverse, noté $\dfrac{1}{r}$
- la loi $\cdot$ est distributive sur la loi $+$
- $\forall a, b, c \in \mathbb{Q},\ \left(a + c \leqslant b + c \iff a \leqslant b\right)$
- $\forall a, b, c, d \in \mathbb{Q},\ \Big(\left(a \leqslant b \text{ et } c \leqslant d\right) \implies a + c \leqslant b + d\Big)$
- $\forall a, b, c \in \mathbb{Q},\ \Big(\left(a \leqslant b \text{ et } 0 < c\right) \implies ac \leqslant bc\Big)$
- pour tous $x, y \in \mathbb{Q}$ tels que $x < y$, il existe $z \in \mathbb{Q}$ tel que $x < z < y$.

On note : $\mathbb{Q}^* = \mathbb{Q} \setminus \{0\}$,

$\mathbb{Q}_- = \{r \in \mathbb{Q}\,;\, r \leqslant 0\}$, $\quad \mathbb{Q}_+ = \{r \in \mathbb{Q}\,;\, r \geqslant 0\}$,

$\mathbb{Q}_-^* = \{r \in \mathbb{Q}\,;\, r < 0\}$, $\quad \mathbb{Q}_+^* = \{r \in \mathbb{Q}\,;\, r > 0\}$.

4 Ensemble des nombres réels

4.1 Rappels sur la relation $\leqslant$ dans $\mathbb{R}$

4.1.1 Rappels

La relation $\leqslant$ dans $\mathbb{R}$ vérifie les propriétés suivantes :

1) $\leqslant$ est réflexive, c'est-à-dire : $\forall x \in \mathbb{R},\quad x \leqslant x$

2) $\leqslant$ est antisymétrique, c'est-à-dire : $\forall x, y \in \mathbb{R},\quad \left(\begin{cases} x \leqslant y \\ y \leqslant x \end{cases} \Longrightarrow x = y\right)$

3) $\leqslant$ est transitive, c'est-à-dire : $\forall x, y, z \in \mathbb{R},\quad \left(\begin{cases} x \leqslant y \\ y \leqslant z \end{cases} \Longrightarrow x \leqslant z\right)$.

On note $<$ la relation dans $\mathbb{R}$ définie par :

$$\forall x, y \in \mathbb{R},\quad \Big(x < y \iff (x \leqslant y \quad \text{et} \quad x \neq y)\Big).$$

D'autre part, par commodité, on note $y \geqslant x$ pour $x \leqslant y$, et on note $y > x$ pour $x < y$.
L'ordre $\leqslant$ dans $\mathbb{R}$ est **total**, c'est-à-dire que : $\forall x, y \in \mathbb{R},\quad (x \leqslant y \quad \text{ou} \quad y \leqslant x)$.

4.1.2 Plus grand élément, plus petit élément

Définition

Soit X une partie de $\mathbb{R}$.
Un élément M de X est appelé **le plus grand élément de** X (ou aussi : **l'élément maximum de** X) si et seulement si : $\forall x \in X,\quad x \leqslant M$.
Un élément m de X est appelé **le plus petit élément de** X (ou aussi : **l'élément minimum de** X) si et seulement si : $\forall x \in X,\quad m \leqslant x$.

Remarque :

1) Si X admet un plus grand élément M, alors X n'admet qu'un seul plus grand élément, car, si M' est aussi plus grand élément de X, alors $M \leqslant M'$ et $M' \leqslant M$, donc $M = M'$.

2) Il se peut qu'une partie X de $\mathbb{R}$ n'admette pas de plus grand élément.

Ainsi, il n'y a que deux possibilités :

ou bien X admet un plus grand élément, et X n'en admet alors qu'un seul ;
ou bien X n'a pas de plus grand élément.

Exemple

1) Dans $\mathbb{R}$, la partie $\{1, 4\}$ admet un plus grand élément et celui-ci est 4.

2) Dans $\mathbb{R}$, la partie $\mathbb{N}^*$ n'admet pas de plus grand élément.

4.1.3 Majorants, minorants

Définition

Soit X une partie de $\mathbb{R}$.
On dit qu'un réel M est un **majorant** de X si et seulement si :
$$\forall x \in X, \quad x \leqslant M.$$
On dit qu'un réel m est un **minorant** de X si et seulement si :
$$\forall x \in X, \quad m \leqslant x.$$

Remarque :

1) Noter la différence entre la définition de « M est le plus grand élément de X », dans laquelle M est élément de la partie X, et la définition de « M est un majorant de X », dans laquelle M est élément de $\mathbb{R}$, pas nécessairement de X. Autrement dit, le plus grand élément de X, s'il existe, est un majorant de X, lorsque ce majorant est lui-même dans X.

2) Une partie X de $\mathbb{R}$ peut ne pas avoir de majorant, avoir une infinité de majorants.

3) Si M est un majorant de X, alors tout réel M' tel que $M \leqslant M'$, est aussi un majorant de X.

Exemple

La partie $\mathbb{N}$ n'a pas de majorant, la partie $\{-1, 3\}$ a une infinité de majorants (tous les réels $\geqslant 3$).

4.1.4 Borne supérieure, borne inférieure

Définition

Soit X une partie de $\mathbb{R}$.
On dit qu'un réel S est **la borne supérieure de** X si et seulement si S est le plus petit des majorants de X, s'il existe.
On dit qu'un réel I est **la borne inférieure de** X si et seulement si I est le plus grand des minorants de X, s'il existe.

Remarque :

1) Puisque, s'il existe, le plus petit élément d'une partie est unique, on déduit que, si X admet une borne supérieure, alors celle-ci est unique, et on la note $\text{Sup}(X)$.

2) Puisque, s'il existe, le grand élément d'une partie est unique, on déduit que, si X admet une borne inférieure, alors celle-ci est unique, et on la note $\text{Inf}(X)$.

3) On a, pour toute partie non vide X de $\mathbb{R}$:

- ou bien $\text{Sup}(X)$ existe et est dans X,
- ou bien $\text{Sup}(X)$ existe et n'est pas dans X,
- ou bien $\text{Sup}(X)$ n'existe pas.

Exemple

1) Pour la partie $X = [0\,;1]$, l'ensemble des majorants de X est $[1\,;+\infty[$ et cet ensemble admet un plus petit élément qui est 1, donc $\mathrm{Sup}(X)$ existe, est égal à 1 et appartient à X.

2) Pour la partie $X = [0\,;1[$, l'ensemble des majorants de X est $[1\,;+\infty[$ et cet ensemble admet un plus petit élément qui est 1, donc $\mathrm{Sup}(X)$ existe, est égal à 1 et n'appartient pas à X.

3) Pour la partie $X = [0\,;+\infty[$, l'ensemble des majorants de X est vide, donc n'a pas de plus petit élément (puisqu'il n'a aucun élément), donc Sup(X) n'existe pas.

4.2 Généralités sur $\mathbb{R}$

Nous admettons l'existence et l'unicité, à la notation près, d'un ensemble $\mathbb{R}$, muni de deux lois internes, l'addition, notée $+$, et la multiplication, notée $\cdot$ (ou aussi : $\times$, ou aussi par l'absence de symbole), et d'une relation d'ordre $\leqslant$, prolongeant l'addition, la multiplication, l'ordre $\leqslant$ dans $\mathbb{Q}$, telles que :

1) $(\mathbb{R}, +, \cdot)$ est un corps commutatif, c'est-à-dire :

• l'addition est commutative, associative, admet 0 pour neutre, et tout élément x de $\mathbb{R}$ admet un opposé noté $-x$

• la multiplication est commutative, associative, admet 1 pour neutre, et tout élément **non nul** de $\mathbb{R}$ admet un inverse, noté $\dfrac{1}{x}$

• la multiplication est distributive sur l'addition

2) • $\forall a, b \in \mathbb{R},\ \forall c \in \mathbb{R},\quad (a \leqslant b \implies a + c \leqslant b + c)$

• $\forall a, b \in \mathbb{R},\ \forall c \in \mathbb{R},\quad \big((a \leqslant b \text{ et } c \geqslant 0) \implies ac \leqslant bc\big)$

3) toute partie non vide et majorée de $\mathbb{R}$ admet une borne supérieure dans $\mathbb{R}$ (propriété de la borne supérieure dans $\mathbb{R}$).

Les éléments de $\mathbb{R}$ sont appelés les **réels** (ou aussi : les **nombres réels**).
On note : $\mathbb{R}^* = \mathbb{R} \setminus \{0\}$ l'ensemble des réels non nuls,
$\mathbb{R}_+ = \{x \in \mathbb{R}\,;\, x \geqslant 0\}$ l'ensemble des réels positifs ou nuls,
$\mathbb{R}_- = \{x \in \mathbb{R}\,;\, x \leqslant 0\}$ l'ensemble des réels négatifs ou nuls,
$\mathbb{R}_+^* = \{x \in \mathbb{R}\,;\, x > 0\}$ l'ensemble des réels strictement positifs,
$\mathbb{R}_-^* = \{x \in \mathbb{R}\,;\, x < 0\}$ l'ensemble des réels strictement négatifs.
Il est clair que $(\mathbb{R}_-^*, \{0\}, \mathbb{R}_+^*)$ est une partition de $\mathbb{R}$ et que :

$$\mathbb{R}_+ \cap \mathbb{R}_- = \{0\}, \quad \mathbb{R}_+ \cup \mathbb{R}_- = \mathbb{R}.$$

On définit les **intervalles** de $\mathbb{R}$, pour $a, b \in \mathbb{R}$ tels que $a \leqslant b$:

$[a\,;b] = \{x \in \mathbb{R}\,;\, a \leqslant x \leqslant b\}$,

$[a\,;b[= \{x \in \mathbb{R}\,;\, a \leqslant x < b\}$, $\quad]a\,;b] = \{x \in \mathbb{R}\,;\, a < x \leqslant b\}$,

$]a\,;b[= \{x \in \mathbb{R}\,;\, a < x < b\}$,

$[a\,;+\infty[= \{x \in \mathbb{R}\,;\, x \geqslant a\}$, $\quad]a\,;+\infty[= \{x \in \mathbb{R}\,;x > a\}$,

$]-\infty\,;b] = \{x \in \mathbb{R}\,;\, x \leqslant b\}$, $\quad]-\infty\,;b[= \{x \in \mathbb{R}\,;\, x < b\}$,

$]-\infty\,;+\infty[= \mathbb{R}$.

Dans les notations ci-dessus, les éléments a, b, $-\infty$, $+\infty$ sont appelés les **extrémités** (ou aussi : bornes) de l'intervalle en question. Par exemple, pour l'intervalle $[a\,;+\infty[$, l'extrémité gauche est a, l'extrémité droite est $+\infty$.
On appelle **segments** les intervalles $[a\,;b]$.
On appelle **intervalles fermés** les intervalles $[a\,;b]$, $[a\,;+\infty[$, $]-\infty\,;b]$, $]-\infty\,;+\infty[$.
On appelle **intervalles ouverts** les intervalles $]a\,;b[$, $]a\,;+\infty[$, $]-\infty\,;b[$, $]-\infty\,;+\infty[$.
On appelle **intervalle semi-ouverts** (ou aussi : **intervalles semi-fermés**) les intervalles $[a\,;b[$, $]a\,;b]$.
Pour les intervalles de $\mathbb{R}$, on dispose de la caractérisation suivante :

Proposition

Une partie X de $\mathbb{R}$ est un intervalle si et seulement si, pour tous a et b dans X, le segment de $\mathbb{R}$ joignant a et b est inclus dans X.

Cela revient à dire que les intervalles de $\mathbb{R}$ sont les parties convexes de $\mathbb{R}$, mais la notion de partie convexe n'est pas dans le Programme officiel.

Proposition

Pour $X \subset \mathbb{R}$ et $s \in \mathbb{R}$, les trois assertions suivantes sont deux à deux équivalentes :

1) s est la borne supérieure de X dans $\mathbb{R}$

2) $(\forall x \in X,\quad x \leqslant s)$ et $(\forall \varepsilon > 0, \exists x \in X,\quad x \geqslant s - \varepsilon)$

3) s est un majorant de X dans $\mathbb{R}$ et il existe une suite $(x_n)_{n\in\mathbb{N}}$ à termes dans X convergeant vers s (voir le chapitre 24).

Exemple

La borne supérieure de $[0\,;1[$ dans $\mathbb{R}$ existe et est égale à 1, car :
1 est un majorant de $[0\,;1[$ dans $\mathbb{R}$ et la suite $\left(1 - \dfrac{1}{n}\right)_{n\geqslant 2}$ est à termes dans $[0\,;1[$ et converge vers 1.

On dispose de la propriété suivante, à propos d'inégalités larges ou strictes dans $\mathbb{R}$:

Proposition

$$\forall a, b, c, d \in \mathbb{R}, \quad \Big((a \leqslant b \ \text{ et } \ c < d) \implies a + c < b + d\Big)$$

et, plus généralement, quand on additionne des inégalités de même sens dont l'une au moins est stricte, l'inégalité obtenue est stricte.

On déduit, pour tout $n \in \mathbb{N}^*$ et tous $a_1, ..., a_n,\ b_1, ..., b_n \in \mathbb{R}$:

$$\left((\forall k \in \{1, ..., n\},\quad a_k \leqslant b_k) \ \text{ et } \ \sum_{k=1}^{n} a_k = \sum_{k=1}^{n} b_k\right) \implies (\forall k \in \{1, ..., n\},\quad a_k = b_k).$$

La **valeur absolue** d'un réel a été définie et étudiée dans le chapitre 8.

4.3 Nombres irrationnels

Définition

Un nombre réel est dit **irrationnel** si et seulement s'il n'est pas rationnel.

Autrement dit, l'ensemble des irrationnels est $\mathbb{R} \setminus \mathbb{Q}$.

Exemple

1) Le nombre $\sqrt{2}$ est irrationnel, voir l'exercice 2.6.

2) On peut montrer, mais c'est un peu plus difficile, que e et π sont irrationnels.

3) À l'heure actuelle, on ne sait toujours pas, par exemple, si π^{e} est rationnel ou est irrationnel.

Proposition

Tout intervalle ouvert non vide de $\mathbb{R}$ rencontre $\mathbb{Q}$ et rencontre $\mathbb{R} \setminus \mathbb{Q}$. Autrement dit, strictement entre deux réels distincts, il existe au moins un rationnel et au moins un irrationnel. En réitérant, on déduit que, strictement entre deux réels distincts, il existe une infinité de rationnels et une infinité d'irrationnels.

4.4 Valeurs décimales approchées d'un réel

On note $\mathbb{D} = \{\alpha \cdot 10^{-n}\ ;\ (\alpha, n) \in \mathbb{Z} \times \mathbb{N}\}$, appelé **ensemble des nombres décimaux**.
Il est clair que $\mathbb{D} \subset \mathbb{Q}$ et que $\mathbb{D} \neq \mathbb{Q}$, puisque, par exemple, le nombre $\dfrac{1}{3}$ est rationnel mais n'est pas décimal.
Soit $a \in \mathbb{R}$. Notons, pour tout $n \in \mathbb{N}$, $\quad u_n = 10^{-n} \lfloor 10^n a \rfloor \quad v_n = 10^{-n}(\lfloor 10^n a \rfloor + 1)$.
On a alors, pour tout $n \in \mathbb{N}$: $u_n \leqslant a < v_n$, $10^n u_n \in \mathbb{Z}$ et $10^n v_n \in \mathbb{Z}$, $v_n - u_n = 10^{-n}$.
Le nombre décimal u_n (resp. v_n) est appelé **la valeur approchée décimale par défaut (resp. par excès) de a à 10^{-n} près**.
On montre que : la suite $(u_n)_{n \in \mathbb{N}}$ est croissante, la suite $(v_n)_{n \in \mathbb{N}}$ est décroissante, et ces deux suites convergent vers a.

Exemple

La suite des valeurs décimales approchées par défaut de π commence par les nombres décimaux suivants : $3, \quad 3,1, \quad 3,14, \quad 3,141, \quad 3,1415, \ldots$
et la suite des valeurs décimales approchées par excès de π commence par les nombres décimaux suivants : $4, \quad 3,2, \quad 3,15, \quad 3,142, \quad 3,1416, \ldots$

Exercices d'apprentissage

2.1

Montrer que le produit de deux entiers naturels consécutifs non nuls est toujours pair et n'est jamais le carré d'un entier naturel.

Soit a le produit de deux entiers naturels consécutifs, $a = n(n+1)$, $n \in \mathbb{N}^*$.

1) • Si n est pair, alors, par produit, $a = n(n+1)$ est pair.

• Si n est impair, alors $n+1$ est pair, donc, par produit, $a = n(n+1)$ est pair.

On conclut que a est pair.

2) Supposons qu'il existe $k \in \mathbb{N}$ tel que $a = k^2$.

On a alors :

- $n^2 < n(n+1) = a = k^2$, donc $n < k$,
- $k^2 = a = n(n+1) < (n+1)(n+1) = (n+1)^2$, donc $k < n+1$,

d'où $n < k < n+1$, contradiction puisque n et k sont des entiers.

On conclut que a n'est pas le carré d'un entier.

2.2

Calculer, pour tout $n \in \mathbb{N}$: $\quad A_n = \displaystyle\sum_{k=0}^{n} \binom{n}{k}, \quad B_n = \sum_{k=0}^{n} (-1)^k \binom{n}{k}.$

On a, en utilisant la formule du binôme de Newton :

$$A_n = \sum_{k=0}^{n} \binom{n}{k} 1^k 1^{n-k} = (1+1)^n = 2^n,$$

$$B_n = \sum_{k=0}^{n} \binom{n}{k} (-1)^k 1^{n-k} = (-1+1)^n = \begin{cases} 0 & \text{si} \quad n \geqslant 1 \\ 1 & \text{si} \quad n = 0. \end{cases}$$

Attention : Pour $n \geqslant 1$, on a bien $0^n = 0$, mais, pour $n = 0$, on a $0^n = 0^0 = 1$ et non $0^n = 0$.

2.3

En exprimant $(\mathrm{X}+1)^{2n}$ de deux façons, montrer, pour tout $n \in \mathbb{N}$:

$$\sum_{k=0}^{n} \binom{n}{k}^2 = \binom{2n}{n}.$$

D'une part, en utilisant la formule du binôme de Newton pour l'exposant $2n$:

$$(\mathrm{X}+1)^{2n} = \sum_{i=0}^{2n} \binom{2n}{i} \mathrm{X}^i,$$

et, d'autre part, en utilisant deux fois la formule du binôme de Newton pour l'exposant n :

$$(\mathrm{X}+1)^{2n} = (\mathrm{X}+1)^n(\mathrm{X}+1)^n = \Big(\sum_{k=0}^{n} \binom{n}{k} \mathrm{X}^k\Big)\Big(\sum_{k=0}^{n} \binom{n}{k} \mathrm{X}^k\Big).$$

Dans le développement du produit précédent, le coefficient du terme de degré n est, par produit de deux polynômes : $\sum_{k=0}^{n} \binom{n}{k}\binom{n}{n-k}$. On déduit : $\sum_{k=0}^{n} \binom{n}{k}\binom{n}{n-k} = \binom{2n}{n}$.

Comme, pour tout $k \in \{0, ..., n\}$, $\binom{n}{n-k} = \binom{n}{k}$, on conclut : $\sum_{k=0}^{n} \binom{n}{k}^2 = \binom{2n}{n}$.

2.4

a) Montrer, pour tout $(n, k) \in \mathbb{N}^2$ tel que $1 \leqslant k \leqslant n$: $k\binom{n}{k} = n\binom{n-1}{k-1}$.

b) Calculer, pour tout $n \in \mathbb{N}$: $S_n = \sum_{k=0}^{n} k\binom{n}{k}$.

a) On a, pour tout $(n, k) \in \mathbb{N}^2$ tel que $1 \leqslant k \leqslant n$:

$$k\binom{n}{k} = k\frac{n!}{k!(n-k)!} = \frac{n!}{(k-1)!(n-k)!}l = n\frac{(n-1)!}{(k-1)!\big((n-1)-(k-1)\big)!} = n\binom{n-1}{k-1}.$$

b) La propriété est évidente pour $n = 0$.
On déduit de *a)*, pour $n \geqslant 1$:

$$S_n = \sum_{k=0}^{n} k\binom{n}{k} = \sum_{k=1}^{n} k\binom{n}{k} = \sum_{k=1}^{n} n\binom{n-1}{k-1} \underset{[i=k-1]}{=} n\sum_{i=0}^{n-1}\binom{n-1}{i} = n(1+1)^{n-1} = n2^{n-1},$$

et ce résultat englobe aussi le cas $n = 0$.
On conclut : $\forall n \in \mathbb{N},\ \ S_n = n2^{n-1}$.

2.5

Déterminer l'ensemble $E = \bigcap_{n\in\mathbb{N},\ n\geqslant 2} \left[1 - \frac{1}{n} \,;\, n\right]$.

1) On a, pour tout $n \in \mathbb{N}$ tel que $n \geqslant 2$, $1 - \frac{1}{n} < 1$ et $2 \leqslant n$, donc $[1\,;2] \subset \left[1 - \frac{1}{n}\,; n\right]$.
Il en résulte, par intersection d'une famille d'ensembles : $[1\,;2] \subset E$.

2) Réciproquement, soit $x \in E$.

On a alors : $\forall n \geqslant 2,\ \ 1 - \frac{1}{n} \leqslant x \leqslant n$.

D'une part, en prenant $n = 2$, on déduit $x \leqslant 2$.

D'autre part, en faisant tendre l'entier n vers l'infini (on anticipe sur la notion de convergence pour une suite), par passage à la limite dans une inégalité, on déduit $1 \leqslant x$.

Ceci montre $x \in [1\,;2]$, et on déduit $E \subset [1\,;2]$.

On conclut : $E = [1\,;2]$.

2.6

Montrer que $\sqrt{2}$ est un nombre irrationnel.

Raisonnons par l'absurde : supposons $\sqrt{2} \in \mathbb{Q}$.
Il existe alors $(a, b) \in (\mathbb{N}^*)^2$ tel que $\dfrac{a}{b} = \sqrt{2}$. On déduit : $\dfrac{a^2}{b^2} = 2$, d'où $a^2 = 2b^2$.
En notant $\alpha \in \mathbb{N}$ (resp. $\beta \in \mathbb{N}$) l'exposant de 2 dans la décomposition de a (resp. b) en produit de facteurs premiers, on déduit $2\alpha = 2\beta + 1$, contradiction, puisque 2α est pair et que $2\beta + 1$ est impair.
Ce raisonnement par l'absurde montre que $\sqrt{2}$ est irrationnel.

Exercices d'entraînement

2.7 Une minoration de $(n!)^2$

Montrer : $\forall n \in \mathbb{N}, \quad (n!)^2 \geqslant n^n$.

2.8 Un entier qui n'est pas un carré d'entier

Montrer que, pour tout $n \in \mathbb{N}^*$, $n^4 + 3n^2 + 1$ n'est pas le carré d'un entier.

2.9 Exemple d'équation diophantienne, factorisation

Résoudre l'équation, d'inconnue $(x, y) \in (\mathbb{N}^*)^2$: $\quad (x+1)(y+2) = 2xy$.

2.10 Une inégalité sur des coefficients binomiaux

Montrer : $\forall n \in \mathbb{N}^*, \quad \dbinom{2n}{n} \leqslant (n+1)4^{n-1}$.

2.11 Une formule sommatoire sur des produits de coefficients binomiaux

Montrer, pour tout $(m, n) \in \mathbb{N}^2$ tel que $m \leqslant n$: $\quad \displaystyle\sum_{k=0}^{n} \binom{n}{k}\binom{k}{m} = \binom{n}{m} 2^{n-m}$.

2.12 Nombres de Catalan

Montrer que, pour tout $n \in \mathbb{N}$, le nombre de Catalan $c_n = \dfrac{1}{n+1}\dbinom{2n}{n}$ est un entier.

2.13 Exemple de nombre irrationnel

Montrer que $\sqrt[3]{5} + \sqrt{2}$ est un nombre irrationnel.
On pourra utiliser le fait que $\sqrt{2}$ est irrationnel.

Corrigés des exercices d'entraînement

2.7

Soit $n \in \mathbb{N}$.
On a, par le changement d'indice $p = n+1-k$:

$$(n!)^2 = (n!)(n!) = \Big(\prod_{k=1}^{n} k\Big)\Big(\prod_{p=1}^{n}(n+1-p)\Big) = \prod_{k=1}^{n} k(n+1-k)$$

et, pour tout $k \in \{1, ..., n\}$:

$$k(n+1-k) - n = kn + k - k^2 - n = k(n-k) + (k-n) = \underbrace{(n-k)}_{\geqslant 0}\underbrace{(k-1)}_{\geqslant 0} \geqslant 0,$$

d'où : $\displaystyle\prod_{k=1}^{n} k(n+1-k) \geqslant \prod_{k=1}^{n} n = n^n,$
ce qui établit l'inégalité demandée.
On peut visualiser l'idée, pour $n = 4$ par exemple :

$$(4!)^2 = (1\cdot 2\cdot 3\cdot 4)(4\cdot 3\cdot 2\cdot 1) = (1\cdot 4)(2\cdot 3)(3\cdot 2)(4\cdot 1) \geqslant 4\cdot 4\cdot 4\cdot 4 = 4^4.$$

2.8

Raisonnons par l'absurde : supposons qu'il existe $a \in \mathbb{N}$ tel que $n^4 + 3n^2 + 1 = a^2$.
On a alors :

$$(n^2+1)^2 = n^4 + 2n^2 + 1 < n^4 + 3n^2 + 1 = a^2,$$

$$(n^2+2)^2 = n^4 + 4n^2 + 4 > n^4 + 3n^2 + 1 = a^2,$$

d'où : $(n^2+1)^2 < a^2 < (n^2+2)^2$,
puis : $n^2+1 < a < n^2+2$,
impossible dans les entiers, car n^2+1 et n^2+2 sont consécutifs..
On conclut que, pour tout $n \in \mathbb{N}^*$, n^4+3n^2+1 n'est pas le carré d'un entier.

2.9

On a, pour tout $(x,y) \in (\mathbb{N}^*)^2$:

$$(x+1)(y+2) = 2xy \iff xy + 2x + y + 2 = 2xy \iff xy - 2x - y - 2 = 0 \iff (x-1)(y-2) = 4.$$

Il est clair qu'alors $x \neq 1$, donc $x \geqslant 2$, puis $y - 2 > 0$ donc $y \geqslant 3$.

On a donc :

$$(x-1)(y-2) = 4 \iff \left(\begin{cases} x-1 = 1 \\ y-2 = 4 \end{cases} \text{ou} \begin{cases} x-1 = 2 \\ y-2 = 2 \end{cases} \text{ou} \begin{cases} x-1 = 4 \\ y-2 = 1 \end{cases}\right)$$

$$\iff \left(\begin{cases} x = 2 \\ y = 6 \end{cases} \text{ou} \begin{cases} x = 3 \\ y = 4 \end{cases} \text{ou} \begin{cases} x = 5 \\ y = 3 \end{cases}\right).$$

On conclut : $\mathcal{S} = \big\{(2,6),\ (3,4),\ (5,3)\big\}$.
On peut contrôler que ces trois couples conviennent, le calcul peut être fait de tête.

2.10

Récurrence sur n.

1) Pour $n = 1$, on a

$$\binom{2n}{n} = \binom{2}{1} = 2 \quad \text{et} \quad (n+1)4^{n-1} = 2\cdot 4^0 = 2,$$

donc l'inégalité est vraie pour $n = 1$, c'est une égalité.

2) Supposons que, pour un $n \in \mathbb{N}^*$, l'inégalité soit vraie, c'est-à-dire $\binom{2n}{n} \leqslant (n+1)4^{n-1}$.

On a alors :

$$\binom{2(n+1)}{n+1} = \frac{(2n+2)!}{\big((n+1)!\big)^2} = \frac{(2n)!(2n+1)(2n+2)}{(n!)^2(n+1)^2} = \frac{(2n)!}{(n!)^2}\cdot\frac{2(2n+1)}{n+1} \underset{[HR_n]}{\leqslant} (n+1)4^{n-1}\frac{2(2n+1)}{n+1} = \Big(n+\frac{1}{2}\Big)4^n \leqslant (n+1)4^{(n+1)-1},$$

donc l'inégalité est vraie pour $n+1$.

Ceci montre, par récurrence sur n, l'inégalité voulue.

2.11

On a :

$$\sum_{k=0}^{n}\binom{n}{k}\binom{k}{m} = \sum_{k=0}^{n}\frac{n!}{k!(n-k)!}\cdot\frac{k!}{m!(k-m)!}$$
$$= \sum_{k=0}^{n}\frac{n!}{(n-k)!m!(k-m)!}$$
$$= \sum_{k=0}^{n}\frac{n!}{m!(n-m)!}\cdot\frac{(n-m)!}{(n-k)!(k-m)!}$$
$$= \sum_{k=0}^{n}\binom{n}{m}\binom{n-m}{k-m}$$
$$= \binom{n}{m}\sum_{k=0}^{n}\binom{n-m}{k-m}$$
$$\underset{[p=k-m]}{=} \binom{n}{m}\sum_{p=0}^{n-m}\binom{n-m}{p}$$
$$= \binom{n}{m}2^{n-m}.$$

2.12

On a, pour tout $n \in \mathbb{N}$:

$$c_n = \frac{1}{n+1}\binom{2n}{n} = \frac{n+1-n}{n+1}\binom{2n}{n} = \binom{2n}{n} - \frac{n}{n+1}\binom{2n}{n}$$

et, pour $n \geqslant 1$:

$$\frac{n}{n+1}\binom{2n}{n} = \frac{n}{n+1}\frac{(2n)!}{(n!)^2} = \frac{(2n)!}{(n+1)!(n-1)!} = \binom{2n}{n+1} \in \mathbb{N},$$

donc, par différence de deux entiers naturels, $c_n \in \mathbb{Z}$.
D'autre part, il est évident, par sa définition, que $c_n \geqslant 0$, et, pour $n=0$, $c_n = c_0 = 1 \in \mathbb{N}$.
On conclut que les nombres de Catalan sont des entiers naturels.

2.13

Raisonnons par l'absurde : supposons

$$a = \sqrt[3]{5} + \sqrt{2} \in \mathbb{Q}.$$

On a alors : $a - \sqrt{2} = \sqrt[3]{5}$, donc $(a-\sqrt{2})^3 = 5$, c'est-à-dire, en développant par la formule du binôme de Newton :

$$a^3 - 3a^2\sqrt{2} + 6a - 2\sqrt{2} = 5,$$

d'où :

$$(a^3 + 6a - 5) = (3a^2+2)\sqrt{2}.$$

Comme $3a^2 + 2 > 0$, on peut diviser, d'où

$$\sqrt{2} = \frac{a^3+6a-5}{3a^2+2} \in \mathbb{Q},$$

contradiction car on sait que $\sqrt{2}$ est irrationnel.

3 Arithmétique dans $\mathbb{Z}$

Le lecteur est invité à relire d'abord, dans le chapitre 2, les paragraphes concernant les ensembles de nombres $\mathbb{N}$, $\mathbb{Z}$, $\mathbb{Q}$.
Nous allons traiter, dans ce chapitre, l'arithmétique des nombres entiers, dont les applications sont, à l'heure actuelle en pleine expansion, en particulier dans le domaine du numérique.

Rappels de cours

1 Divisibilité, division euclidienne

1.1 Divisibilité dans $\mathbb{Z}$

Définition

Soit $(a, b) \in \mathbb{Z}^2$. On dit que a **divise** b (ou aussi : a est **un diviseur** de b, ou aussi : b est **un multiple** de a), et on note $a \mid b$, si et seulement s'il existe $c \in \mathbb{Z}$ tel que $b = ac$.

Ainsi : $$\forall (a, b) \in \mathbb{Z}^2, \quad \Big(a \mid b \iff (\exists\, c \in \mathbb{Z}, \quad b = ac)\Big)$$

Exemple

$-3 \mid 12, \quad 4 \mid 0, \quad 0 \mid 0.$

On note, pour $(a, b) \in \mathbb{Z}^2$, $a \nmid b$ pour la négation de $a \mid b$ (la notation $\nmid$ ne figure pas dans le Programme officiel).

Exemple

$3 \nmid 4, \quad 0 \nmid 2.$

On note, pour $b \in \mathbb{Z}$, $\mathrm{Div}\,(b) = \{a \in \mathbb{Z}\,;\, a \mid b\}$, l'ensemble des diviseurs de b dans $\mathbb{Z}$, (la notation $\mathrm{Div}\,(b)$ ne figure pas dans le Programme officiel).

Exemple

$\mathrm{Div}\,(-4) = \{-4, -2, -1, 1, 2, 4\}, \quad \mathrm{Div}\,(1) = \{-1, 1\}, \quad \mathrm{Div}\,(0) = \mathbb{Z}.$

On note, pour tout $b \in \mathbb{Z}$, $b\mathbb{Z} = \{bc\,;\, c \in \mathbb{Z}\}$ l'ensemble des multiples de b dans $\mathbb{Z}$.

Exemple

$2\mathbb{Z} = \{...-4, -2, 0, 2, 4, ...\}, \quad 6\mathbb{Z} = \{...-12, -6, 0, 6, 12, ...\}, \quad (-1)\mathbb{Z} = \mathbb{Z}, \quad 0\mathbb{Z} = \{0\}.$

On dispose des propriétés suivantes, immédiates :

Exemple

1) $\forall a \in \mathbb{Z},\quad a \mid a.$

2) $\forall (a,b) \in \mathbb{Z}^2,\quad ((a \mid b \quad \text{et} \quad b \mid a) \iff |a| = |b|).$

3) $\forall (a,b,c) \in \mathbb{Z}^3,\quad ((a \mid b \quad \text{et} \quad b \mid c) \implies a \mid c).$

On dispose aussi des propriétés suivantes :

Proposition

1) $\forall (a,b,c) \in \mathbb{Z}^3,\quad (a \mid b \implies a \mid bc).$

2) $\forall (a,b,c) \in \mathbb{Z}^3,\quad ((a \mid b \text{ et } a \mid c) \implies a \mid b+c).$

3) $\forall (a,b,\alpha,\beta) \in \mathbb{Z}^4,\quad ((a \mid b \text{ et } \alpha \mid \beta) \implies a\alpha \mid b\beta).$

4) $\forall (a,b,n) \in \mathbb{Z} \times \mathbb{Z} \times \mathbb{N}^*,\quad (a \mid b \implies a^n \mid b^n).$

Attention
Ne pas changer inconsidérément l'ordre des éléments qui interviennent.
Par exemple, si $b \mid a$ et $c \mid a$, alors, en général, $b+c$ ne divise pas a, et bc ne divise pas a non plus.

1.2 Division euclidienne dans $\mathbb{Z}$

Proposition

Pour tout $(a,b) \in \mathbb{Z} \times \mathbb{N}^*$, il existe un couple unique $(q,r) \in \mathbb{Z}^2$ tel que :

$$a = bq + r \quad \text{et} \quad 0 \leqslant r < b$$

On dit que q est le **quotient** et r est le **reste** de la **division euclidienne** de a par b.

Exemple
La division euclidienne de -13 par 6 est : $-13 = 6 \cdot (-3) + 5$, le quotient est -3 et le reste est 5.

Remarque : Pour tout $(a,b) \in \mathbb{Z}^2$, b divise a si et seulement si le reste de la division euclidienne de a par b est égal à 0.

2 PGCD, PPCM, algorithme d'Euclide

2.1 PGCD, PPCM de deux entiers

Définition

Soient $a, b \in \mathbb{N}^*$.

1) L'ensemble des diviseurs communs à a et b dans $\mathbb{N}^*$ est fini et admet un plus grand élément (pour l'ordre usuel $\leqslant$ dans $\mathbb{N}$), appelé **plus grand commun diviseur** de a et b, et noté $a \wedge b$ (ou aussi : $\mathrm{PGCD}\,(a, b)$).

2) L'ensemble des multiples communs à a et b dans $\mathbb{N}^*$ admet un plus petit élément (pour l'ordre usuel $\leqslant$ dans $\mathbb{N}$), appelé **plus petit commun multiple** de a et b, et noté $a \vee b$ (ou aussi : $\mathrm{PPCM}\,(a, b)$).

On convient, de plus, que, pour tout $a \in \mathbb{N}^*$: $a \wedge 0 = 0 \wedge a = a$ et $a \vee 0 = 0 \vee a = 0$.

Exemple

$12 \wedge 15 = 3, \quad 18 \vee 24 = 72.$

Remarque : On a, pour tout $a \in \mathbb{N}^*$: $a \wedge a = a, \quad a \wedge 1 = 1, \quad a \vee a = a, \quad a \vee 1 = a.$

On montre les propriétés suivantes.

Proposition

Soient $a, b \in \mathbb{N}$ non tous deux nuls.

1) $a \wedge b$ est le plus grand élément, au sens de la divisibilité, de l'ensemble des diviseurs communs à a et b.

2) $a \vee b$ est le plus petit élément, au sens de la divisibilité, de l'ensemble des multiplies communs à a et b.

Définition

On étend les définitions précédentes au cas de deux entiers relatifs non tous deux nuls, par les formules suivantes, pour tous $a, b \in \mathbb{Z}$ non tous deux nuls :

$$a \wedge b = |a| \wedge |b|, \quad a \vee b = |a| \vee |b|.$$

Exemple

$(-12) \wedge 15 = 3, \quad (-18) \vee (-24) = 72.$

Proposition

On a, pour tout $a \in \mathbb{Z}^*$: $a \wedge a = a \vee a = |a|, \quad a \wedge 1 = 1, \quad a \vee 1 = |a|.$

On a, pour tous $a, b \in \mathbb{Z}$ non tous deux nuls et tout $c \in \mathbb{Z}^*$:

$$\left(\begin{cases} c \mid a \\ c \mid b \end{cases} \iff c \mid a \wedge b\right) \quad \text{et} \quad \left(\begin{cases} a \mid c \\ b \mid c \end{cases} \iff a \vee b \mid c\right)$$

Proposition

On a, pour tous $a, b \in \mathbb{Z}$ non tous deux nuls et tout $k \in \mathbb{N}^*$:
$$(ka) \wedge (kb) = |k|(a \wedge b), \qquad (ka) \vee (kb) = |k|(a \vee b).$$

2.2 Algorithme d'Euclide

L'**algorithme d'Euclide** permet de calculer le PGCD de deux nombres entiers relatifs non tous deux nuls.

On peut se ramener au cas de deux nombres entiers naturels non nuls, puis, par rôles symétriques, à deux entiers naturels non nuls a et b tels que, par exemple, $a \geqslant b$.

On effectue la division euclidienne de a par b :

il existe $(q_1, r_1) \in \mathbb{N}^2$ unique tel que : $a = bq_1 + r_1$ et $0 \leqslant r_1 < b$.

Si $r_1 = 0$, alors b divise a, donc $a \wedge b = b$.

Supposons $r_1 > 0$.

On montre qu'alors : $a \wedge b = b \wedge r_1$.

On réitère le procédé : on construit des couples d'entiers $(q_1, r_1), (q_2, r_2), ...$ tels que :
$$\begin{cases} a = bq_1 + r_1 \\ 0 < r_1 < b \end{cases}, \quad \begin{cases} b = r_1 q_2 + r_2 \\ 0 < r_2 < r_1 \end{cases}, ...$$

Le procédé s'arrête au bout d'un nombre fini d'étapes, et il existe donc $N \in \mathbb{N}^*$, $(q_1, r_1), ..., (q_N, r_N) \in \mathbb{N}^2$ tels que :
$$\begin{cases} a = bq_1 + r_1 \\ 0 < r_1 < b \end{cases}, \quad \begin{cases} b = r_1 q_2 + r_2 \\ 0 < r_2 < r_1 \end{cases}, \quad ..., \quad \begin{cases} r_{N-2} = r_{N-1} q_N + r_N \\ 0 < r_N < r_{N-1} \end{cases}, r_N \mid r_{N-1}.$$

On a alors : $\quad a \wedge b = b \wedge r_1 = r_1 \wedge r_2 = ... = r_{N-1} \wedge r_N = r_N$.

En pratique, on effectue des divisions euclidiennes successives, et le PGCD de a et b est alors le dernier reste à être non nul.

On peut adopter la disposition pratique suivante, pour des calculs « à la main » :

	q_1	q_2	q_3	$\cdots$	q_N	q_{N+1}
a	b	r_1	r_2	$\cdots$	r_{N-1}	r_N
r_1	r_2	$\cdots$	$\cdots$	$\cdots$	0	

Exemple

Calculer $3300 \wedge 1638$.

	2	68	4
3300	1638	24	6
24	6	0	

L'algorithme d'Euclide, sous forme d'**algorithme d'Euclide étendu**, permet de calculer un couple (u, v) de Bézout satisfaisant $au + bv = a \wedge b$.

Exemple

En remontant les divisions euclidiennes successives de l'exemple précédent, on obtient : $\boxed{6} = \boxed{1638} - 68 \cdot \boxed{24} = \boxed{1638} - 68(\boxed{3300} - 2 \cdot \boxed{1638}) = 137 \cdot \boxed{1638} - 68 \cdot \boxed{3300}$, donc le couple $(u, v) = (-68,\ 137)$ convient : $\quad (-68) \cdot 3300 + 137 \cdot 1638 = 6$.

3 Nombres premiers

3.1 Généralités

Définition

Un entier naturel p est dit **premier** si et seulement s'il est $\geqslant 2$ et n'admet comme diviseur dans $\mathbb{N}$ que 1 et p.

Un entier naturel $\geqslant 2$ et qui n'est pas premier est dit composé (le terme ne figure pas dans la Programme officiel).

Remarque : D'après la définition, le nombre 1 n'est pas premier.

Exemple

Les nombres 2, 3, 5, 7, 11 sont premiers, les nombres 1, 4, 6, 8, 9, 10 ne sont pas premiers.

On dispose de la propriété suivante :

Proposition

L'ensemble des nombres premiers est infini.

3.2 Décomposition d'un entier naturel non nul en produit de nombres premiers

On dispose du très important théorème suivant.

Théorème

Tout entier naturel $\geqslant 2$ admet une **décomposition en produit de facteurs premiers**, unique à l'ordre près des facteurs.

Exemple

$12 = 2^2 \cdot 3, \quad 13 = 13, \quad 2024 = 2^3 \cdot 11 \cdot 23, \quad 2025 = 3^4 \cdot 5^2, \quad 2026 = 2 \cdot 1013.$

Remarque :

1) Il peut être commode d'autoriser des exposants égaux à 0. Par exemple, les décompositions en produit de facteurs premiers $12 = 2^2 \cdot 3$ et $15 = 3 \cdot 5$ ne contiennent pas les mêmes facteurs premiers, tandis que $12 = 2^2 \cdot 3 \cdot 5^0$ et $15 = 2^0 \cdot 3 \cdot 5$ contiennent les mêmes facteurs premiers.

2) On peut considérer que 1 admet une décomposition en produit de facteurs premiers dans laquelle les exposants sont tous égaux à 0.

La décomposition de n en produit de facteurs premiers s'appelle classiquement la décomposition primaire de n (l'expression ne figure pas dans le Programme officiel).

Proposition

Soient $a, b \in \mathbb{N} \setminus \{0,1\}$, $a = \prod_{i=1}^{N} p_i^{r_i}$, $b = \prod_{i=1}^{N} p_i^{s_i}$ les décompositions de a et b en produit de facteurs premiers, où $N \in \mathbb{N}^*$, $p_1, \ldots, p_n$ sont des nombres premiers deux à deux distincts, $r_1, \ldots, r_N$, $s_1, \ldots, s_N \in \mathbb{N}$.

On a alors : $$a \wedge b = \prod_{i=1}^{N} p_i^{\mathrm{Min}\,(r_i, s_i)}, \quad a \vee b = \prod_{i=1}^{N} p_i^{\mathrm{Max}\,(r_i, s_i)}.$$

Exemple

Calculer le PGCD et le PPCM de 1638 et 3300.

On forme les décompositions en produit de facteurs premiers :

$$1638 = 2 \cdot 3^2 \cdot 7 \cdot 13, \quad 3300 = 2^2 \cdot 3 \cdot 5^2 \cdot 11,$$

d'où : $1638 \wedge 3300 = 2 \cdot 3 = 6$ (comparer avec le résultat obtenu page 33), et $1638 \vee 3300 = 2^2 \cdot 3^2 \cdot 5^2 \cdot 7 \cdot 11 \cdot 13 = 900900$.

Exercices d'apprentissage

3.1

Montrer : $\forall n \in \mathbb{N} \setminus \{0,1\}, \quad 10 \mid 2^{2^n} - 6.$

Récurrence sur n.

1) Pour $n = 2$, on a : $2^{2^n} = 2^{2^2} = 2^4 = 16$, donc $2^{2^n} - 6 = 10$, d'où $10 \mid 2^{2^n} - 6$, donc la propriété est vraie pour $n = 2$.

2) Supposons la propriété vraie pour un $n \geqslant 2$ fixé : $10 \mid 2^{2^n} - 6$.

Il existe donc $k \in \mathbb{N}$ tel que : $2^{2^n} - 6 = 10k$.

On déduit :

$$2^{2^{n+1}} = 2^{2^n \cdot 2} = \left(2^{2^n}\right)^2 = (6 + 10k)^2 = 36 + 120k + 100k^2 = 6 + 10(3 + 4k + 10k^2),$$

d'où $10 \mid 2^{2^{n+1}} - 6$, donc la propriété est vraie pour $n + 1$.

Ce raisonnement par récurrence montre : $\forall n \in \mathbb{N}, \quad 10 \mid 2^{2^n} - 6$.

3.2

Montrer, pour tout $n \in \mathbb{Z}$:

a) si n est pair, alors 4 divise n^2

b) si n est impair, alors 8 divise $n^2 - 1$.

a) Soit $n \in \mathbb{Z}$ pair. Il existe $k \in \mathbb{Z}$ tel que $n = 2k$.
On a alors : $n^2 = (2k)^2 = 4k^2$, donc $4 \mid n^2$.

b) Soit $n \in \mathbb{Z}$ impair. Il existe $k \in \mathbb{Z}$ tel que $n = 2k + 1$.
On a alors :

$$n^2 = (2k+1)^2 = 4k^2 + 4k + 1 = 4k(k+1) + 1.$$

L'entier $k(k+1)$ est toujours pair, car l'un des deux nombres k ou $k+1$ est pair, donc $4k(k+1)$ est multiple de 8 et on conclut : 8 divise $n^2 - 1$.

Remarque : Cette propriété, surtout pour le cas impair, est très utile dans de nombreux exercices.

3.3

Trouver tous les $n \in \mathbb{Z}$ tels que : $3n + 1 \mid 7n + 1$.

On a, pour tout $n \in \mathbb{Z}$:

$$7n + 1 = 2(3n + 1) + (n - 1),$$

donc : $3n + 1 \mid 7n + 1 \iff 3n + 1 \mid n - 1$.
Si n convient et si $n \neq 1$, alors, comme $3n+1 \mid n-1$ et que $n-1 \neq 0$, on déduit $|3n+1| \leqslant |n-1|$, puis, par l'inégalité triangulaire renversée et l'inégalité triangulaire :

$$3|n| - 1 \leqslant |3n+1| \leqslant |n-1| \leqslant |n| + 1,$$

d'où $3|n| - 1 \leqslant |n| + 1$, donc $2|n| \leqslant 2$, $|n| \leqslant 1$.
Réciproquement, on vérifie facilement que $-1, 0, 1$ conviennent.
On conclut : $\mathcal{S} = \{-1, 0, 1\}$.

3.4

Montrer, pour tous $a, b \in \mathbb{N}$ non tous deux nuls et pour tout $n \in \mathbb{N}^*$:

$$\begin{cases} a^n \wedge b^n = (a \wedge b)^n \\ a^n \vee b^n = (a \vee b)^n. \end{cases}$$

Indication : Passer par les décompositions en produit de facteurs premiers.

Si $a = 0$ ou $b = 0$, alors les deux formules demandées sont triviales.
Supposons donc $a \neq 0$ et $b \neq 0$ et considérons les décompositions de a et b en produit de facteurs premiers : $a = \prod_{i=1}^{N} p_i^{r_i}$, $b = \prod_{i=1}^{N} p_i^{s_i}$, où $N \in \mathbb{N}^*$, $p_1, ..., p_N$ sont des nombres premiers deux à deux distincts, $r_1, ..., r_N, s_1, ..., s_N \in \mathbb{N}$.
On déduit, en élevant à la puissance n : $a^n = \prod_{i=1}^{N} p_i^{nr_i}$, $b^n = \prod_{i=1}^{N} p_i^{ns_i}$.

On a alors, d'après le cours :

$$a^n \wedge b^n = \prod_{i=1}^{N} p_i^{\text{Min}\,(nr_i, ns_i)} = \prod_{i=1}^{N} p_i^{n\text{Min}\,(r_i, s_i)} = \Big(\prod_{i=1}^{N} p_i^{\text{Min},(r_i,s_i)}\Big)^n = (a \wedge b)^n,$$

et de même pour les PPCM, d'où les deux formules demandées.

3.5

Montrer, pour tous $a, b \in \mathbb{N}^*$: $\quad (a \wedge b)(a \vee b) = a \cdot b$.

Considérons les décompositions de a et b en produit de facteurs premiers :

$$a = \prod_{i=1}^{N} p_i^{r_i}, \quad b = \prod_{i=1}^{N} p_i^{s_i},$$

où $N \in \mathbb{N}^*$, $p_1, \ldots, p_N$ sont premiers et deux à deux distincts, $r_1, \ldots, r_N$, $s_1, \ldots, s_N \in \mathbb{N}$.

On a alors : $(a \wedge b)(a \vee b) = \Big(\prod_{i=1}^{N} p_i^{\text{Min}\,(r_i,s_i)}\Big)\Big(\prod_{i=1}^{N} p_i^{\text{Max}\,(r_i,s_i)}\Big) = \prod_{i=1}^{N} p_i^{\text{Min}\,(r_i,s_i)+\text{Max},(r_i,s_i)}$.

Il est clair, pour chaque $i \in \{1, \ldots, n\}$ fixé, en séparant en deux cas $r_i \leqslant s_i$, $s_i \leqslant r_i$, que :

$$\text{Min}\,(r_i, s_i) + \text{Max}\,(r_i, s_i) = r_i + s_i,$$

d'où : $(a \wedge b)(a \vee b) = \prod_{i=1}^{N} p_i^{r_i+s_i} = \Big(\prod_{i=1}^{N} p_i^{r_i}\Big)\Big(\prod_{i=1}^{N} p_i^{s_i}\Big) = ab$, et on conclut à l'égalité :

$$(a \wedge b)(a \vee b) = ab.$$

3.6

Montrer que le nombre $a = 5^{12} + 6^{15}$ n'est pas premier.

On a :

$$a = 5^{12} + 6^{15} = (5^4)^3 + (6^5)^3 = \underbrace{(5^4 + 6^5)}_{\text{noté } u}\underbrace{\big((5^4)^2 - 5^4 \cdot 6^5 + (6^5)^2\big)}_{\text{noté } v}.$$

Il est clair que $u \in \mathbb{N}$ et $u \geqslant 2$.
D'autre part, $v \in \mathbb{N}$ et

$$v = \underbrace{(5^4)^2}_{\geqslant 1} + \underbrace{6^5(6^5 - 5^4)}_{\geqslant 1} \geqslant 2.$$

On conclut que a n'est pas premier.

Exercices d'entraînement

3.7 Exemple de plusieurs nombres non premiers

Soient $a, b \in \mathbb{Z}$ tels que $13a = 19b$.
Montrer qu'aucun des trois nombres $a+b,\ 2a+b,\ 3a+b$ n'est premier.

3.8 Exemple de nombre non premier

Montrer que le nombre $A = 2^{99} + 2^{24} - 1$ n'est pas premier.

3.9 Exemple d'équation avec PGCD et PPCM

Résoudre l'équation, d'inconnue $(x, y) \in (\mathbb{N}^*)^2$: $(x \wedge y) + x = (x \vee y) + y$.

3.10 Distributivité des PGCD et PPCM

Montrer que, dans $\mathbb{N}^*$, chacune des deux lois internes $\wedge$ et $\vee$ est distributive sur l'autre.

3.11 Exemple d'utilisation des factorisations primaires

Soient $a, b, u, v \in \mathbb{N}^*$ tels que : $a^u = b^v$ et $u \wedge v = 1$.
Montrer qu'il existe $c \in \mathbb{N}^*$ tel que : $a = c^v$ et $b = c^u$.

Corrigés des exercices d'entraînement

3.7

Puisque $a, b \in \mathbb{Z}$ vérifient $13a = 19b$ et que les nombres 13 et 19 sont premiers et distincts, on déduit, par unicité de la décomposition de $13a$ ou de $19b$ en produit de facteurs premiers, que, par exemple : $13 \mid b$.

Il existe donc $c \in \mathbb{Z}$ tel que $b = 13c$, puis, comme $13a = 19b$, on déduit, en simplifiant par 13, $a = 19c$.

On obtient :

- $a + b = 19c + 13c = 32c$,
- $2a + b = 38c + 13c = 51c$,
- $3a + b = 57c + 13c = 70c$.

Comme aucun des nombres 32, 51, 70 n'est premier, il en résulte qu'aucun des nombres $a+b,\ 2a+b,\ 3a+b$ n'est premier.

3.8

Considérons $2A$:

$$\begin{aligned} 2A &= 2^{100} + 2^{25} - 2 \\ &= (2^{100} - 1) + (2^{25} - 1) \\ &= \big((2^{25})^4 - 1\big) + (2^{25} - 1) \\ &= (2^{25} - 1)\Big((2^{25})^3 + (2^{25})^2 + 2^{25} + 1\Big) \\ &\qquad + (2^{25} - 1) \\ &= (2^{25} - 1)(2^{75} + 2^{50} + 2^{25} + 2), \end{aligned}$$

puis, en simplifiant par 2 :

$$A = \underbrace{(2^{25} - 1)}_{\text{noté } a}\underbrace{(2^{74} + 2^{49} + 2^{24} + 1)}_{\text{noté } b}.$$

Il est clair que : $a, b \in \mathbb{N},\ a \geqslant 2,\ b \geqslant 2$, et on conclut que le nombre A n'est pas premier.

3.9

Soit $(x, y) \in (\mathbb{N}^*)^2$.
Notons $d = x \wedge y$.
Il existe alors $x', y' \in \mathbb{N}^*$ tels que :

$$x = dx', \ y = dy'.$$

D'après le cours, on a :

$$(x \wedge y)(x \vee y) = xy,$$

d'où : $d(x \vee y) = (dx')(dy')$,
donc $x \vee y = dx'y'$.
On a alors :

$$\begin{aligned} &(x \wedge y) + x = (x \vee y) + y \\ \iff\ & d + dx' = dx'y' + dy' \\ \iff\ & 1 + x' = (x'+1)y' \\ \iff\ & (1+x')(1-y') = 0 \\ \iff\ & y' = 1. \end{aligned}$$

Si $y' = 1$, alors $x = dx'$ et $y = d$, donc $y \mid x$.
Réciproquement, si $y \mid x$, alors

$$x \wedge y = y \quad \text{et} \quad x \vee y = x,$$

donc (x, y) satisfait l'équation de l'énoncé.
On conclut : $\mathcal{S} = \{(x, y) \in (\mathbb{N}^*)^2 \,;\, y \mid x\}$,
ou encore : $\mathcal{S} = \{(ky, y) \,;\, (k, y) \in (\mathbb{N}^*)^2\}$.

3.10

Considérons les décompositions de a, b, c en produit de facteurs premiers :

$$a = \prod_{i=1}^{N} p_i^{r_i}, \quad b = \prod_{i=1}^{N} p_i^{s_i}, \quad c = \prod_{i=1}^{N} p_i^{t_i}$$

où $N \in \mathbb{N}^*$, $p_1, ..., p_N$ sont des nombres premiers deux à deux distincts, $r_1, ..., r_N, \ s_1, ..., s_N, \ t_1, ..., t_N \in \mathbb{N}$.

1) Notons, pour chaque $i \in \{1, ..., N\}$:

$$\alpha_i = v_{p_i}\big(a \wedge (b \vee c)\big),$$
$$\beta_i = v_{p_i}\big((a \wedge b) \vee (a \wedge c)\big).$$

On a, pour tout $i \in \{1, ..., N\}$, d'après le cours :

$$\begin{aligned} \alpha_i &= \mathrm{Min}\,\big(v_{p_i}(a),\ v_{p_i}(b \vee c)\big) \\ &= \mathrm{Min}\,\big(r_i,\ \mathrm{Max}\,(s_i,\ t_i)\big), \end{aligned}$$

$$\begin{aligned} \beta_i &= \mathrm{Max}\,\big(v_{p_i}(a \wedge b),\ v_{p_i}(a \wedge c)\big) \\ &= \mathrm{Max}\,\big(\mathrm{Min}\,(r_i,\ s_i),\ \mathrm{Min}\,(r_i,\ t_i)\big). \end{aligned}$$

Par rôles symétriques de s_i et t_i, on peut, pour $i \in \{1, ..., N\}$ *fixé*, supposer, par exemple, $s_i \leqslant t_i$.
On a alors, d'une part, $\alpha_i = \mathrm{Min}\,(r_i,\ s_i)$,
et, d'autre part, puisque $s_i \leqslant t_i$,

$$\mathrm{Min}(r_i, s_i) \leqslant \mathrm{Min}(r_i, t_i),$$

donc $\beta_i = \mathrm{Min}\,(r_i,\ s_i)$.
Ceci montre : $\forall i \in \{1, ..., N\}, \quad \alpha_i = \beta_i$,
et on conclut : $a \wedge (b \vee c) = (a \wedge b) \vee (a \wedge c)$.

2) On montre, par la même méthode, l'égalité :

$$a \vee (b \wedge c) = (a \vee c) \wedge (b \vee c).$$

3.11

Considérons les décompositions de a et b en produit de facteurs premiers :

$$a = \prod_{i=1}^{N} p_i^{r_i}, \quad b = \prod_{i=1}^{N} p_i^{s_i},$$

où $N \in \mathbb{N}^*$, $p_1, ..., p_N$ sont des nombres premiers deux à deux distincts, $r_1, ..., r_N, \ s_1, ..., s_N \in \mathbb{N}$.
On a :

$$\begin{aligned} & a^u = b^v \\ \iff\ & \Big(\prod_{i=1}^{N} p_i^{r_i}\Big)^u = \Big(\prod_{i=1}^{N} p_i^{s_i}\Big)^v \\ \iff\ & \prod_{i=1}^{N} p_i^{ur_i} = \prod_{i=1}^{N} p_i^{vs_i} \\ \iff\ & (\forall i \in \{1, ..., N\}, \quad ur_i = vs_i) \\ \implies\ & (\forall i \in \{1, ..., n\}, \quad u \mid vs_i) \\ \implies\ & (\forall i \in \{1, ..., n\}, \quad u \mid s_i) \\ & [\text{car } u \wedge v = 1, \text{ lemme de Gauss}]. \end{aligned}$$

Pour chaque $i \in \{1, ..., n\}$, il existe donc $t_i \in \mathbb{N}$ tel que $s_i = t_i u$.
On a alors, pour chaque $i \in \{1, ..., n\}$:

$$ur_i = vs_i \iff ur_i = vt_iu \iff r_i = vt_i.$$

En notant $c = \prod_{i=1}^{N} p_i^{t_i}$, on conclut :

$$c^v = \prod_{i=1}^{N} p_i^{vt_i} = \prod_{i=1}^{N} p_i^{r_i} = a,$$

$$c^u = \prod_{i=1}^{N} p_i^{t_iu} = \prod_{i=1}^{N} p_i^{s_i} = b.$$

4 Applications, fonctions

Nous étudions dans ce chapitre les applications (ou aussi : fonctions), par exemple $f : \mathbb{R} \longrightarrow \mathbb{R}, \quad x \longmapsto x^2$ est une application, $g : \mathbb{R}_+^* \longrightarrow \mathbb{R}, \quad x \longmapsto \ln x$ est une application, les applications étant, dans la théorie, des relations particulières. Les mots *fonction* et *application* sont synonymes dans le Programme officiel.
On parle plutôt d'applications dans un contexte d'algèbre, et de fonctions dans un contexte d'analyse.

Rappels de cours

1 Généralités

Définition

Soient E, F des ensembles. On appelle **application** (ou aussi : **fonction**) de E vers F toute relation f telle que, pour tout $x \in E$, il existe un élément $y \in F$ et un seul tel que xfy, et on note alors $y = f(x)$ au lieu de xfy.
L'ensemble E s'appelle l'**ensemble de départ** (ou aussi : **source**) de f, l'ensemble F s'appelle l'**ensemble d'arrivée** (ou aussi : **but**) de f.
Pour tout élément x de E, $f(x)$ s'appelle **l'image** de x par f, et, pour tout élément y de F, tout élément x de E tel que $y = f(x)$ s'appelle **un antécédent** de y par f.
Ainsi, tout élément de E a une image et une seule par f, mais inversement, chaque élément de F peut avoir un ou plusieurs antécédents par f, ou n'en avoir aucun.
Le **graphe** de f est l'ensemble $\{(x, f(x))\ ;\ x \in E\}$.
On note une application souvent sous la forme : $f : E \longrightarrow F, \quad x \longmapsto f(x)$, ou aussi :

$$\begin{array}{rcl} f\ :\ E & \longrightarrow & F \\ x & \longmapsto & f(x). \end{array}$$

On peut représenter une application f (dans les cas simples) par un **diagramme sagittal**, dans lequel une flèche et une seule part de chaque élément du départ.

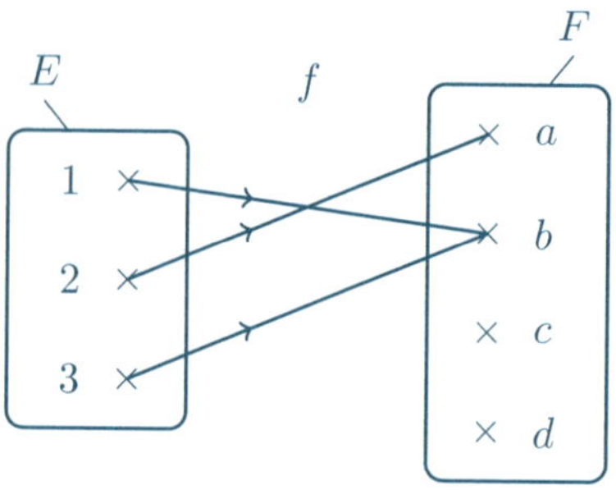

f est une application

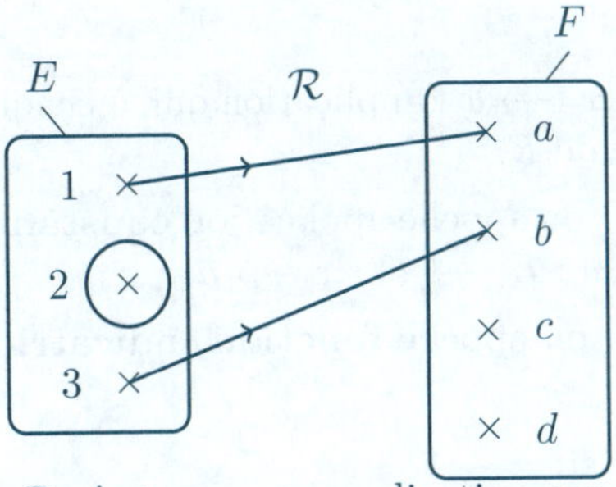

$\mathcal{R}$ n'est pas une application car l'élément 2 de E n'a pas d'image

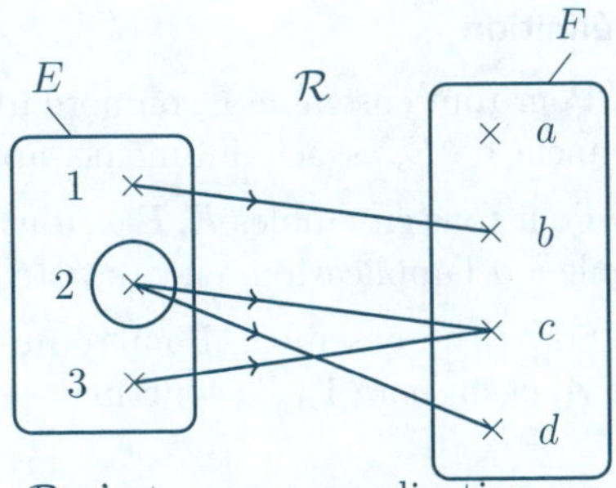

$\mathcal{R}$ n'est pas une application car l'élément 2 de E est associé à deux éléments distincts dans F

L'ensemble des applications de E dans F est noté $\mathcal{F}(E, F)$ (ou aussi : F^E).

Remarque : Cette notation F^E, alors que l'on attendrait peut-être plutôt E^F, sera justifiée plus loin dans le cadre des ensembles finis, par le fait que, si E et F sont finis et de cardinaux respectifs n, p, alors l'ensemble des applications de E dans F est fini et de cardinal p^n.

Définition

Une **famille** d'éléments d'un ensemble E, indexée par un ensemble I, est, par définition, une application de I dans E. Au lieu de noter, par exemple, $x : I \longrightarrow E$ une telle application, on la note souvent plutôt $(x_i)_{i \in I}$.

Ainsi, un couple (x_1, x_2) d'éléments d'un ensemble E peut être considéré comme l'application $x : \{1, 2\} \longrightarrow E$ qui à 1 associe $x(1) = x_1$, et à 2 associe $x(2) = x_2$.

Définition

Étant donné une famille $(x_i)_{i \in I}$, une **sous-famille** de $(x_i)_{i \in I}$ est une famille $(x_j)_{j \in J}$ où J est un sous-ensemble de I.

Exemple

La famille (x_1, x_3) est une sous-famille de la famille (x_1, x_2, x_3).

Définition

Une famille $(x_i)_{i \in I}$ est dite **finie** lorsque l'ensemble d'indexation I est fini.

Exemple

La famille (x_1, x_2) est une famille finie, la famille $(x_n)_{n \in \mathbb{N}^*}$ n'est pas une famille finie (on peut dire que c'est une famille infinie).

Définition

1) Pour tout ensemble E, on note $\mathrm{Id}_E : E \longrightarrow E,\ \ x \longmapsto x$ l'application qui, à chaque élément de E, associe lui-même, appelée **identité** de E.

2) Pour tous ensembles E, F et tout élément $a \in F$, on appelle application **constante** égale à a l'application, encore notée a, définie par $a : E \longrightarrow F,\ \ x \longmapsto a$.

3) Soit E un ensemble. Pour toute partie A de E, on appelle **fonction indicatrice** de A, et on note 1_A, la fonction

$$1_A : E \longrightarrow \{0,1\},\quad x \longmapsto \begin{cases} 1 & \text{si } x \in A \\ 0 & \text{si } x \in E \setminus A \end{cases}$$

Les fonctions indicatrices sont utilisées surtout en logique et en probabilités.

2 Restriction, prolongements

Définition

Soient E, F des ensembles, $f : E \longrightarrow F$ une application, A une partie de E. On appelle **restriction** de f à A (pour le départ) l'application, notée $f|_A$, définie par :

$$f|_A : A \longrightarrow F,\quad x \longmapsto f(x).$$

Exemple

1) Pour $E = \{1,2,3\}$, $F = \{a,b,c,d\}$, $f : E \longrightarrow F$ définie par $f(1) = b$ et $f(2) = f(3) = c$, $A = \{1,3\} \subset E$, la restriction de f à A est l'application $f|_A : A \longrightarrow F$ définie par $f(1) = b$ et $f(3) = c$.

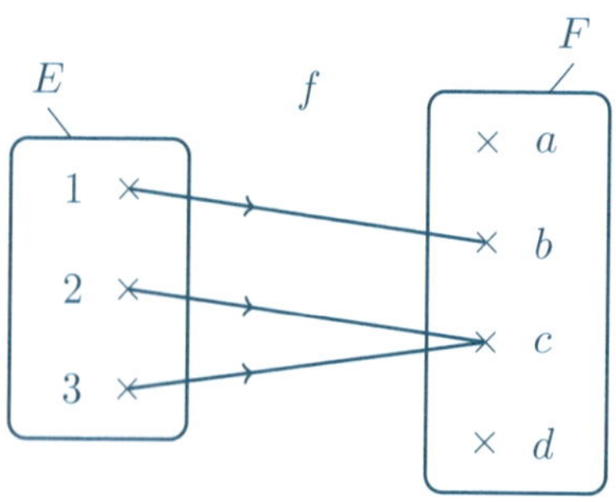

Application f

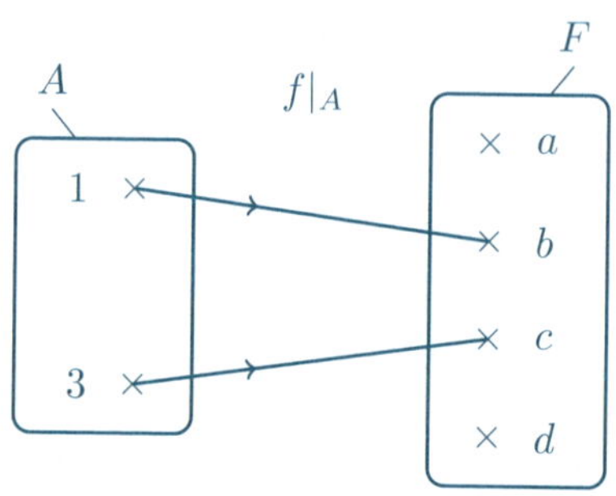

La restriction $f|_A$ de f à $A = \{1,3\}$

2) La restriction de l'application $f : \mathbb{R} \longrightarrow \mathbb{R},\ \ x \longmapsto |x|$ à la partie $\mathbb{R}_-$ de $\mathbb{R}$ au départ est l'application $f|_{\mathbb{R}_-} : \mathbb{R}_- \longrightarrow \mathbb{R},\ \ x \longmapsto -x$.

Définition

Soient E, F des ensembles, $f : E \longrightarrow F$ une application, E' un ensemble tel que $E \subset E'$, F' un ensemble tel que $F \subset F'$. On appelle **prolongement** de f à E' (pour le départ) et à F' (pour l'arrivée) toute application $g : E' \longrightarrow F'$ telle que :

$$\forall x \in E,\quad g(x) = f(x).$$

Exemple

1) Soient $E = \{1, 2, 3\}$, $F = \{a, b, c, d\}$, $f : E \longrightarrow F$ l'application définie par $f(1) = b$ et $f(2) = f(3) = c$, $E' = \{0, 1, 2, 3, 4\} \supset E$, $F' = \{a, b, c, d, e\} \supset F$. Un prolongement de f à E' au départ et à F' à l'arrivée est une application $g : E' \longrightarrow F'$ telle que, pour tout $x \in E$, $g(x) = f(x)$ et que les éléments 0 et 4 de E' (c'est-à-dire les éléments de E' qui ne sont pas dans E) aient chacun une image et une seule dans F', par exemple $g(0) = a$ et $g(4) = b$.

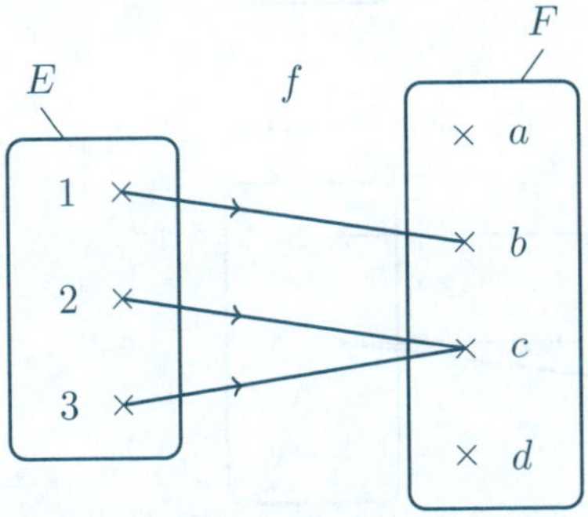

Application f

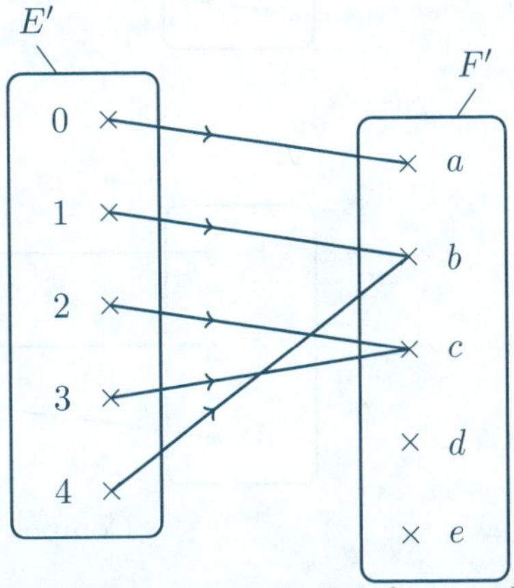

Un prolongement de f à $\{0, \ldots, 4\}$ au départ et à $\{a, \ldots, e\}$ à l'arrivée

2) L'application $f : \mathbb{R}^* \longrightarrow \mathbb{R}$, $x \longmapsto \dfrac{\sin x}{x}$ admet une infinité de prolongements à $\mathbb{R}$ (pour le départ), toutes les applications obtenues en prenant une valeur quelconque en 0, mais, parmi ces prolongements, celui qui prend la valeur 1 en 0 est le plus intéressant car il est continu en 0.

3 Composition

Définition

Soient E, F, G des ensembles, $f : E \longrightarrow F$, $g : F \longrightarrow G$ des applications telles que l'ensemble d'arrivée de f est égal à l'ensemble de départ de g.

On définit la **composée** $g \circ f : E \longrightarrow G$ par : $\forall x \in E, \quad (g \circ f)(x) = g\big(f(x)\big)$

Exemple

1) Si $f : \mathbb{R} \longrightarrow \mathbb{R}, \quad x \longmapsto x + 1$ et $g : \mathbb{R} \longrightarrow \mathbb{R}, \quad y \longmapsto y^2$ (il est commode, pour étudier des applications composées, de changer de lettre désignant une variable), alors :

- $g \circ f$ est l'application $g \circ f : \mathbb{R} \longrightarrow \mathbb{R}, \quad x \longmapsto (x + 1)^2$
- $f \circ g$ est l'application $f \circ g : \mathbb{R} \longrightarrow \mathbb{R}, \quad x \longmapsto x^2 + 1$.

2)

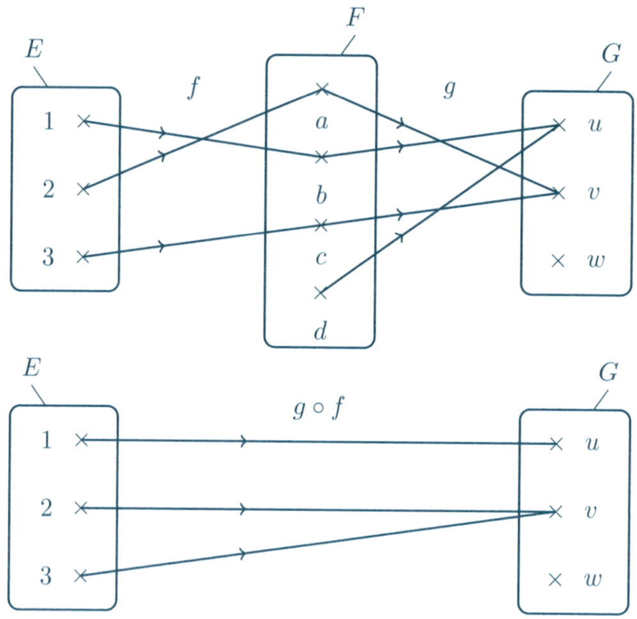

Composée de deux applications

3) Si $f : \mathbb{R} \longrightarrow \mathbb{R}_+, \quad x \longmapsto x^2$ et $g : \mathbb{R}^* \longrightarrow \mathbb{R}, \quad y \longmapsto \dfrac{1}{y}$, alors $g \circ f$ n'existe pas (on dit aussi : $g \circ f$ n'est pas définie), car l'ensemble d'arrivée de f n'est pas égal à l'ensemble de départ de g.

4) Si $f : \mathbb{R}_+^* \longrightarrow \mathbb{R}_+^*, \quad x \longmapsto x^2$ et $g : \mathbb{R}_+^* \longrightarrow \mathbb{R}, \quad y \longmapsto \dfrac{1}{y}$, alors $g \circ f$ est l'application $g \circ f : \mathbb{R}_+^* \longrightarrow \mathbb{R}, \quad x \longmapsto \dfrac{1}{x^2}$.

Proposition

1) On a, pour toutes applications $f : E \longrightarrow F$, $g : F \longrightarrow G$, $h : G \longrightarrow H$:

$$(h \circ g) \circ f = h \circ (g \circ f),$$

c'est-à-dire que la composition des applications est associative.

2) On a, pour toute application $f : E \longrightarrow F$: $\quad f \circ \mathrm{Id}_E = f$ et $\mathrm{Id}_F \circ f = f$.

4 Injectivité, surjectivité, bijectivité

Définition

Une application $f : E \longrightarrow F$ est dite **injective** (ou aussi : est une injection) si et seulement si : $\quad \forall (x, x') \in E^2, \ \big(f(x) = f(x') \implies x = x'\big)$.

Remarque : Autrement dit, $f : E \longrightarrow F$ est injective si et seulement si tout élément de l'arrivée F de f admet au plus un antécédent par f dans E.
Ceci revient, par contraposition, à : $\forall (x, x') \in E^2, \ \big(x \neq x' \implies f(x) \neq f(x')\big)$.
Mais cette dernière formulation, faisant intervenir le symbole « $\neq$ », est souvent malcommode et dangereuse, donc à éviter dans les calculs.

Exemple

1) L'application $f : \mathbb{R} \longrightarrow \mathbb{R}, \quad x \longmapsto \mathrm{e}^x$ (exponentielle) est injective, car, pour tout $(x, x') \in \mathbb{R}^2, \quad \mathrm{e}^x = \mathrm{e}^{x'} \implies x = x'$.

2) L'application $f : \mathbb{R} \longrightarrow \mathbb{R}, \quad x \longmapsto x^2$ n'est pas injective, car, par exemple, $1 \neq -1$ et $f(1) = f(-1)$.

3)

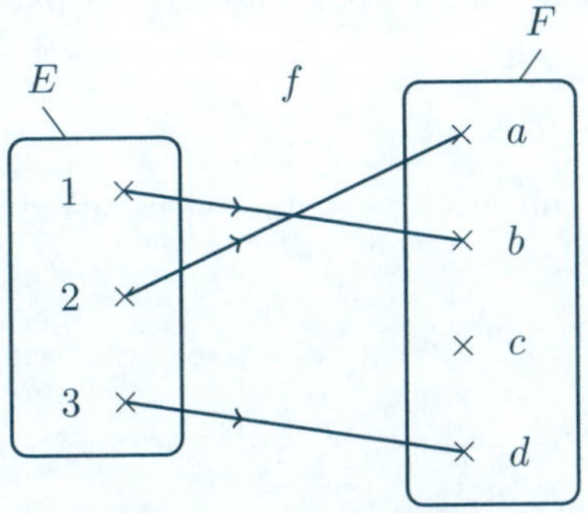

L'application f est injective, car tout élément de F admet au plus un antécédent par f

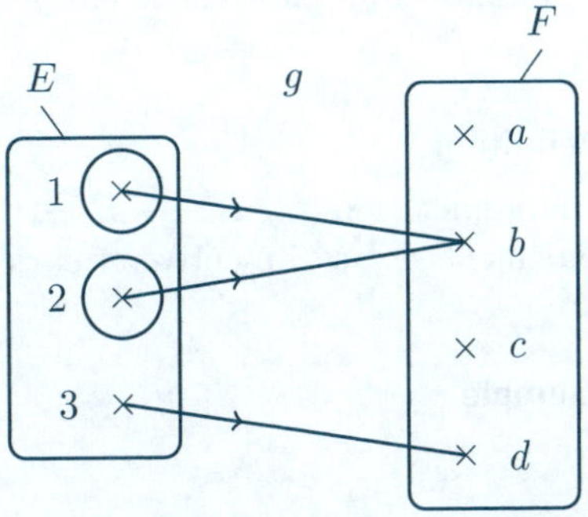

L'application g n'est pas injective, car il existe deux éléments de E qui sont différents et qui ont la même image

Définition

Une application $f : E \longrightarrow F$ est dite **surjective** (ou aussi : est une surjection) si et seulement si : $\quad \forall y \in F, \ \exists x \in E, \ \ y = f(x)$.

Remarque : Autrement dit, $f : E \longrightarrow F$ est surjective si et seulement si tout élément de l'arrivée F de f admet au moins un antécédent par f dans E.

Exemple

1) L'application $f : \mathbb{R} \longrightarrow [-1\,;\,1], \quad x \longmapsto \sin x$ est surjective, car, pour tout $y \in [-1\,;\,1]$ (arrivée de f), il existe au moins un $x \in \mathbb{R}$ (départ de f) tel que $y = \sin x$. Il en existe même une infinité.

2) L'application $f : \mathbb{R} \longrightarrow \mathbb{R}, \quad x \longmapsto x^2$ n'est pas surjective, car, par exemple, le nombre $-1 \in \mathbb{R}$ (arrivée de f) n'admet pas d'antécédent par f dans $\mathbb{R}$ (départ de f).

3)

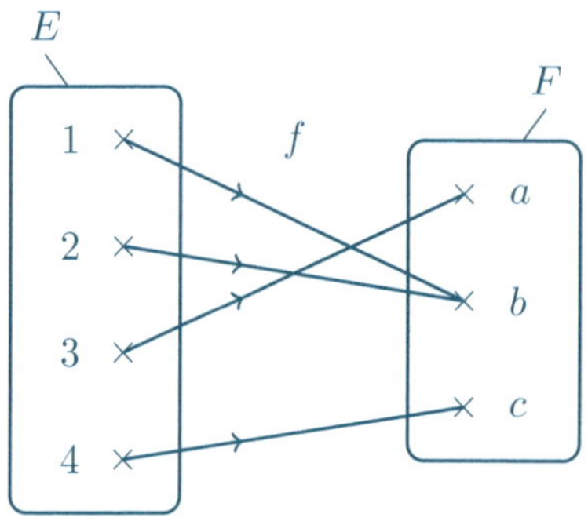

L'application f est surjective, car tout élément de F admet au moins un antécédent par f

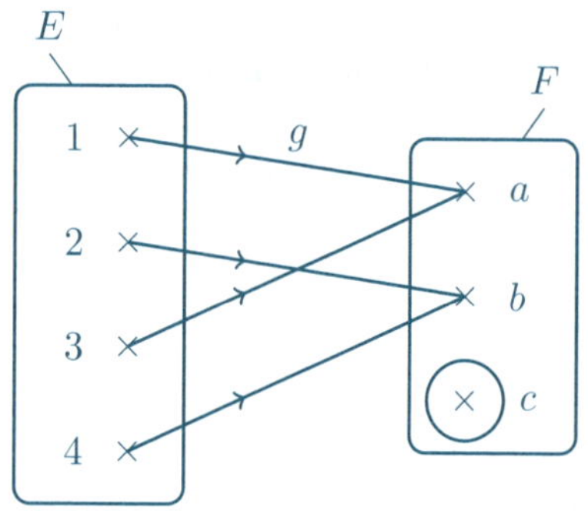

L'application g n'est pas surjective, car il existe au moins un élément de F qui n'a pas d'antécédent par g

Définition

Une application $f : E \longrightarrow F$ est dite **bijective** (ou aussi : est une bijection) si et seulement si f est injective et surjective.

Exemple

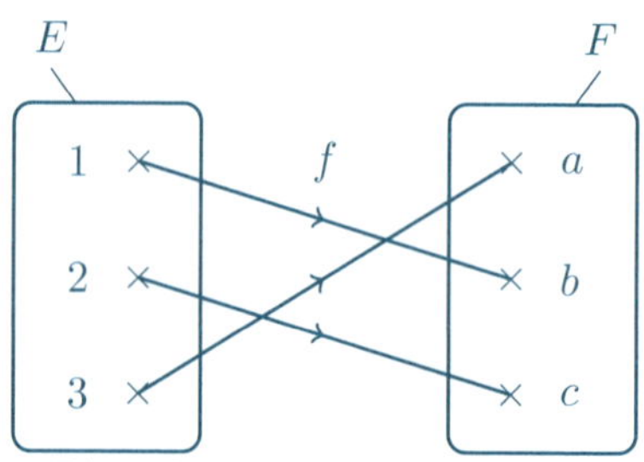

L'application f est bijective

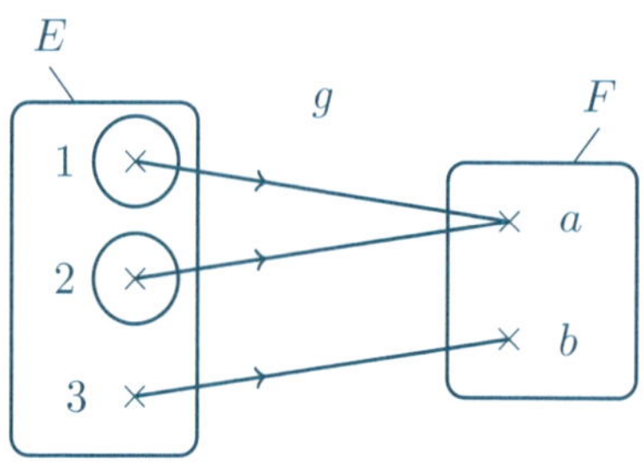

L'application g n'est pas bijective car g n'est pas injective

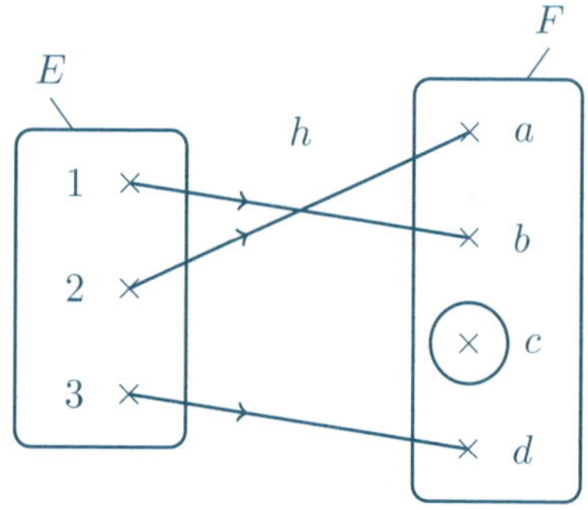

L'application h n'est pas bijective car h n'est pas surjective

Définition

Si une application $f : E \longrightarrow F$ est bijective, alors, par définition, pour tout $y \in F$, il existe $x \in E$ unique tel que $y = f(x)$, et l'application de F dans E qui, à $y \in F$, associe l'unique élément x de E tel que $y = f(x)$ est une bijection de F dans E, appelée **bijection réciproque** de f et notée f^{-1}.

Proposition

Si $f : E \longrightarrow F$ est bijective, alors $f^{-1} \circ f = \mathrm{Id}_E$ et $f \circ f^{-1} = \mathrm{Id}_F$ et on a, pour tout $(x, y) \in E \times F$: $y = f(x) \iff x = f^{-1}(y)$.

Exemple

1) L'application f de l'exemple précédent page 46 est bijective et le diagramme sagittal de f^{-1} est :

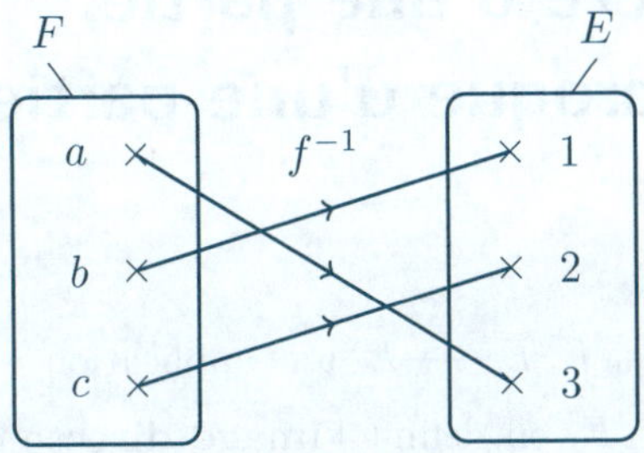

2) L'application $f : \mathbb{R} \longrightarrow \mathbb{R},\ x \longmapsto x^3$ est bijective et son application réciproque est l'application $f^{-1} : \mathbb{R} \longrightarrow \mathbb{R},\ y \longmapsto \sqrt[3]{y}$.

3) L'application $f : \mathbb{R} \longrightarrow \mathbb{R}_+^*,\ x \longmapsto \mathrm{e}^x$ est bijective et son application réciproque est l'application $f^{-1} : \mathbb{R}_+^* \longrightarrow \mathbb{R},\ y \longmapsto \ln y$.

4) L'application $f : \mathbb{R} \longrightarrow \mathbb{Z},\ x \longmapsto \lfloor x \rfloor$ (partie entière de x) n'est pas injective, donc n'est pas bijective, donc f^{-1} n'existe pas.

Attention

On ne peut utiliser la notation f^{-1} (en dehors du contexte des images réciproques de parties, voir page 48) que si l'application f est bijective. Par exemple, si $f : \mathbb{R} \longrightarrow \mathbb{R},\ x \longmapsto x^2$, la notation f^{-1} n'existe pas, car f n'est pas bijective.

Proposition

Soient E, F des ensembles. Une application $f : E \longrightarrow F$ est bijective si et seulement s'il existe une application $g : F \longrightarrow E$ telle que $g \circ f = \mathrm{Id}_E$ et $f \circ g = \mathrm{Id}_F$, et on a alors $g = f^{-1}$.

Proposition

1) La composée de deux injections est une injection.

2) La composée de deux surjections est une surjection.

3) La composée de deux bijections est une bijection.

Proposition

Si $f : E \longrightarrow F$ et $g : F \longrightarrow G$ sont bijectives, alors $g \circ f$ est bijective et :
$$(g \circ f)^{-1} = f^{-1} \circ g^{-1}.$$

Définition

Soit E un ensemble. On appelle **permutation** de E toute bijection de E dans E.

5 Image directe d'une partie, image réciproque d'une partie

Définition

Soient E, E' des ensembles, $f : E \longrightarrow E'$ une application.

1) Pour toute partie A de E, on définit l'**image directe** de A par l'application f, notée $f(A)$: $f(A) = \{x' \in E' \,;\, \exists\, a \in A,\ \ x' = f(a)\} = \{f(a) \,;\, a \in A\}$

2) Pour toute partie A' de E', on définit l'**image réciproque** de A' par l'application f, notée $f^{-1}(A')$: $f^{-1}(A') = \{x \in E \,;\, f(x) \in A'\}$

Proposition

1) Pour toute partie A de E et tout $x' \in E'$: $x' \in f(A) \iff (\exists\, a \in A, x' = f(a))$

2) Pour toute partie A' de E' et tout $x \in E$: $x \in f^{-1}(A') \iff f(x) \in A'$

Remarque : La définition d'une image réciproque semble plus simple que celle d'une image directe.

Attention

La notation $f^{-1}(A')$, où A' est une partie de l'ensemble d'arrivée E' de f, ne suppose pas que l'application f soit bijective.

Exemple

1)

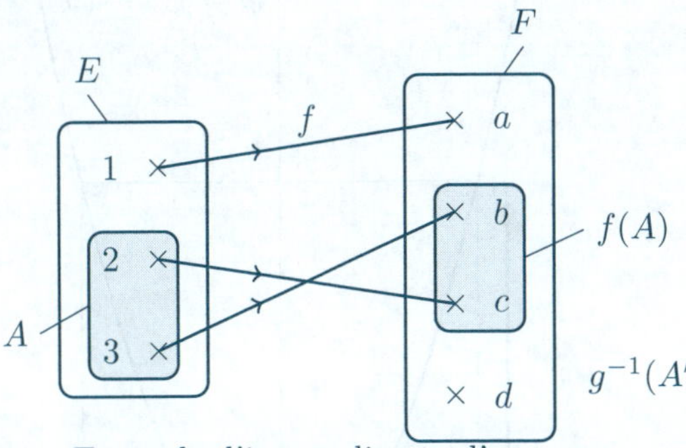

Exemple d'image directe d'une partie A de E par l'application f, $A = \{2, 3\}$, $f(A) = \{b, c\}$

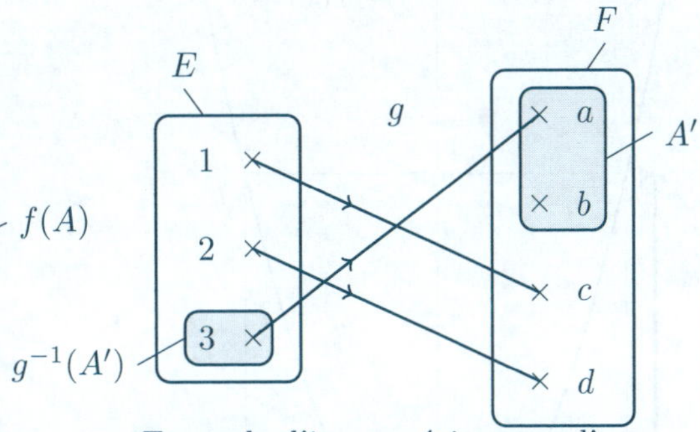

Exemple d'image réciproque d'une partie A' de F par l'application g, $A' = \{a, b\}$, $g^{-1}(A') = \{3\}$

2) Pour $f : \mathbb{R} \longrightarrow \mathbb{Z},\ x \longmapsto \lfloor x \rfloor$ (partie entière de x),

on a : $f(\mathbb{R}_+) = \mathbb{N}$ et $f(\mathbb{R}_-) = \mathbb{Z}_-^*$, $f^{-1}(\{1, 2\}) = [1\,;3[$ et $f^{-1}\left(\left[\frac{1}{2}\,;\frac{3}{2}\right]\right) = [1\,;2[$.

3) Pour $f : \mathbb{R}_+^* \longrightarrow \mathbb{R}_+^*,\ x \longmapsto \dfrac{1}{x^2}$, on a :

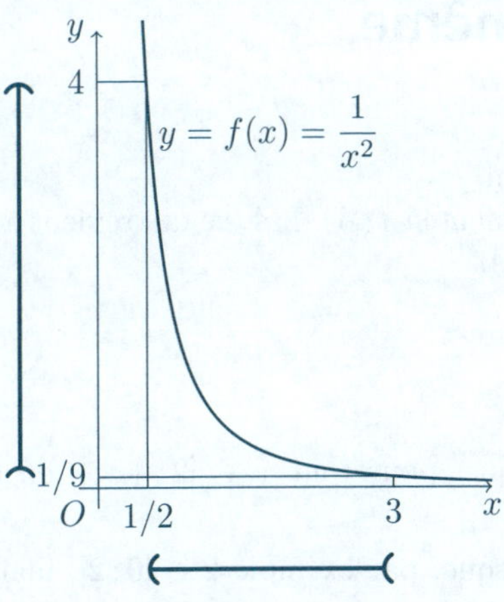

$$f\left(\left[\frac{1}{2}\,;3\right[\right) = \left]\frac{1}{9}\,;4\right]$$

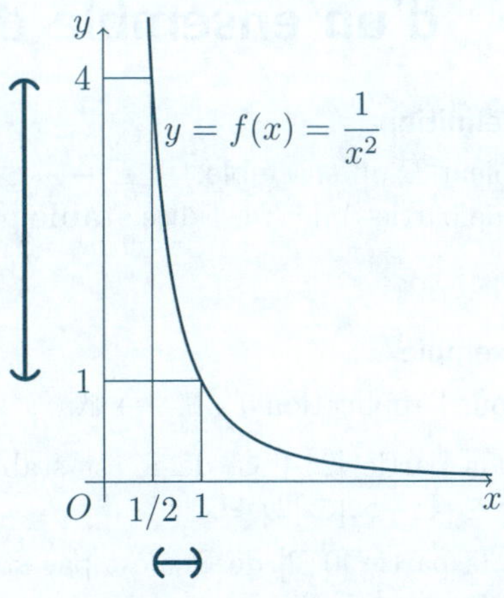

$$f^{-1}([1\,;4]) = \left[\frac{1}{2}\,;1\right]$$

4) Pour $f : \mathbb{R} \longrightarrow \mathbb{R}, \quad x \longmapsto x^2,$ on a :

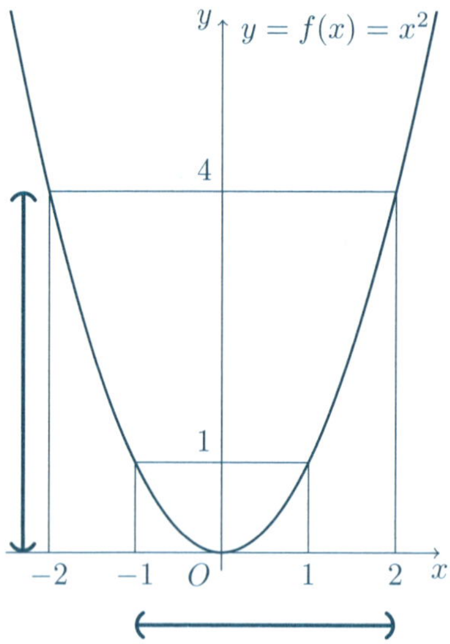

$f([-1\,;2]) = [0\,;4]$

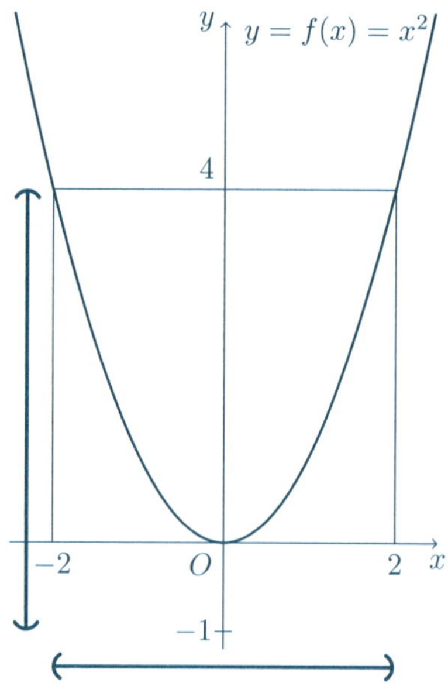

$f^{-1}([-1\,;4]) = [-2\,;2]$

6 Parties stables par une application d'un ensemble dans lui-même

Définition

Soient E un ensemble, $f : E \longrightarrow E$ une application.
Une partie A de E est dite **stable** par f si et seulement si $f(A) \subset A$, ce qui revient à :

$$\forall x \in A, \quad f(x) \in A.$$

Exemple

Pour l'application $f : \mathbb{R} \longrightarrow \mathbb{R}, \quad x \longmapsto x^2,$

1) la partie $[2\,;+\infty[$ de $\mathbb{R}$ est stable par f, puisque, pour tout $x \in [2\,;+\infty[$, on a $x^2 \in [4\,;+\infty[\subset [2\,;+\infty[$,

2) la partie $[0\,;2]$ de $\mathbb{R}$ n'est pas stable par f puisque, par exemple $2 \in [0\,;2]$, mais $f(2) = 4 \notin [0\,;2]$.

Exercices d'apprentissage

4.1

On note $f : \mathbb{R}_+^* \longrightarrow \mathbb{R}_+^*,\ x \longmapsto x+1,\quad g : \mathbb{R}_+^* \longrightarrow \mathbb{R}_+^*,\ x \longmapsto \dfrac{1}{x}.$

a) Déterminer les applications composées $g \circ f$ et $f \circ g$, c'est-à-dire calculer, pour tout $x \in \mathbb{R}_+^*$, $(g \circ f)(x)$ et, pour tout $x \in \mathbb{R}_+^*$, $(f \circ g)(x)$.

b) Comparer, vis-à-vis de l'inégalité, pour tout $x \in \mathbb{R}_+^*$, $(g \circ f)(x)$ et $(f \circ g)(x)$.

a) On a, pour tout $x \in \mathbb{R}_+^*$:

$$(g \circ f)(x) = g\big(f(x)\big) = g(x+1) = \frac{1}{x+1},$$

$$(f \circ g)(x) = f\big(g(x)\big) = f\Big(\frac{1}{x}\Big) = \frac{1}{x} + 1.$$

b) Calculons, pour tout $x \in \mathbb{R}_+^*$, la différence

$$(f \circ g)(x) - (g \circ f)(x) = \frac{1}{x} + 1 - \frac{1}{x+1} = \frac{(x+1) + x(x+1) - x}{x(x+1)} = \frac{x^2+x+1}{x(x+1)} > 0,$$

donc : $\quad \forall x \in \mathbb{R}_+^*,\ (f \circ g)(x) > (g \circ f)(x).$

4.2

L'application $\quad f : \mathbb{N} \longrightarrow \mathbb{N},\ x \longmapsto x^2 + x + 1$
est-elle injective ? surjective ? bijective ?

D'abord, l'application f est correctement définie, car, pour tout $x \in \mathbb{N}$, on a $x^2 + x + 1 \in \mathbb{N}$.

1) Nous allons montrer que f est injective.
1re méthode : en partant de $f(x) = f(x')$
Soient $x, x' \in \mathbb{N}$ tels que $f(x) = f(x')$.
On a alors $\ x^2 + x + 1 = x'^2 + x' + 1,\ $ d'où $\ x^2 - x'^2 + x - x' = 0,\ $ puis, en factorisant par $x - x'$:

$$(x - x')(x + x' + 1) = 0.$$

Comme $x, x' \in \mathbb{N}$, on a $\ x + x' + 1 \neq 0,\ $ d'où $\ x - x' = 0,\ \ x = x'$.
On conclut que f est injective.
2e méthode : par utilisation d'inégalités strictes, en partant de $x \neq x'$
Soient $x, x' \in \mathbb{N}$ tels que $x \neq x'$.
Par rôles symétriques de x et x', on peut supposer, par exemple, $x < x'$ (ceci vient de ce que l'ordre usuel sur $\mathbb{N}$ est total). On a alors, puisque $x, x' \in \mathbb{N}$: $\ x^2 < x'^2$, puis, par opérations :

$$f(x) = x^2 + x + 1 < x'^2 + x' + 1 = f(x'),$$

donc $f(x) \neq f(x')$.
Ceci montre que f est injective.

3e méthode : utilisation des variations d'une fonction
La fonction $g : \mathbb{R}_+ \longrightarrow \mathbb{R}, \quad x \longmapsto x^2 + x + 1$ est dérivable sur $\mathbb{R}_+$ et, pour tout $x \in \mathbb{R}_+$, $g'(x) = 2x + 1 > 0$, donc g est strictement croissante sur l'intervalle $\mathbb{R}_+$.
Comme $\mathbb{N} \subset \mathbb{R}_+$, et que f est la restriction de g à $\mathbb{N}$, f est strictement croissante sur $\mathbb{N}$.
Alors, pour tous $x, x' \in \mathbb{N}$, si $x \neq x'$, on a $x < x'$ ou $x > x'$, d'où $f(x) < f(x')$ ou $f(x') < f(x)$, donc globalement $f(x) \neq f(x')$, et on conclut que f est injective.

2) Comme : $\forall x \in \mathbb{N}, \quad f(x) = x^2 + x + 1 \geqslant 1$,
le nombre 0 (qui est dans l'arrivée $\mathbb{N}$ de f) n'a pas d'antécédent par f, donc f n'est pas surjective.

3) Puisque f n'est pas surjective, f est pas bijective.

4.3

L'application $\quad f : \mathbb{N}^2 \longrightarrow \mathbb{N}, \quad (x, y) \longmapsto x + y$
est-elle injective ? surjective ? bijective ?

1) On a $f(0,1) = 0 + 1 = 1 + 0 = f(1,0)$ et $(0,1) \neq (1,0)$, donc f n'est pas injective.

2) On a, pour tout $n \in \mathbb{N}$, $(n, 0) \in \mathbb{N}^2$ et $f(n, 0) = n$, donc f est surjective.

3) Puisque f n'est pas injective, f n'est pas bijective.

4.4

L'application $\quad f : \mathbb{R}^2 \longrightarrow \mathbb{R}, \quad (x, y) \longmapsto x^2 - y^2$
est-elle injective ? surjective ? bijective ?

1) On a $f(0,0) = 0 = f(1,1)$ et $(0,0) \neq (1,1)$, donc f n'est pas injective.

2) On remarque que, pour tout $z \in \mathbb{R}$, en développant les carrés :

$$f\Big(\frac{z+1}{2}, \frac{z-1}{2}\Big) = \Big(\frac{z+1}{2}\Big)^2 - \Big(\frac{z-1}{2}\Big)^2 = \frac{z^2 + 2z + 1}{4} - \frac{z^2 - 2z + 1}{4} = \frac{4z}{4} = z,$$

donc tout élément z de $\mathbb{R}$ (arrivée de f) admet un antécédent par f dans $\mathbb{R}^2$ (départ de f).
On conclut que f est surjective.
Remarque : Ce calcul peut sembler parachuté, mais il est fondé sur l'égalité

$$xy = \frac{1}{4}\big((x + y)^2 - (x - y)^2\big),$$

égalité qui est très utile lors de l'étude des produits scalaires et des normes euclidiennes.

3) Puisque f n'est pas injective, f n'est pas bijective.

4.5

Soient E, F des ensembles, $f : E \longrightarrow F, \quad g : F \longrightarrow G$ des applications.

a) Montrer que, si $g \circ f$ est injective, alors f est injective.

b) Montrer que, si $g \circ f$ est surjective, alors g est surjective.

a) Supposons $g \circ f$ injective.
Soient $x, x' \in E$ tels que $f(x) = f(x')$.
On a alors : $(g \circ f)(x) = g\big(f(x)\big) = g\big(f(x')\big) = (g \circ f)(x')$. Puisque $g \circ f$ est injective, on déduit $x = x'$.
On conclut que f est injective.

b) Supposons $g \circ f$ surjective.

Soit $z \in G$.

Puisque $g \circ f$ est surjective, il existe $x \in E$ tel que $z = (g \circ f)(x)$. En notant $y = f(x) \in F$, on a alors $g(y) = g\big(f(x)\big) = z$.

On conclut que g est surjective.

Remarque : Ce résultat est souvent utilisable dans la résolution d'exercices portant sur des composées d'applications, voir exercice 4.7.

4.6

Soient E, F, G des ensembles, $f : E \longrightarrow F,\ g : F \longrightarrow G$ des applications.

a) Montrer, pour toute partie A de E : $(g \circ f)(A) = g\big(f(A)\big)$.

b) Montrer, pour toute partie C de G : $(g \circ f)^{-1}(C) = f^{-1}\big(g^{-1}(C)\big)$.

a) 1) Soit $z \in (g \circ f)(A)$. Il existe $x \in A$ tel que $z = (g \circ f)(x)$.
On a alors $f(x) \in f(A)$ et $z = g\big(f(x)\big)$, donc $z \in g\big(f(A)\big)$.
Ceci montre : $(g \circ f)(A) \subset g\big(f(A)\big)$.

2) Réciproquement, soit $z \in g\big(f(A)\big)$. Il existe $y \in f(A)$ tel que $z = g(y)$, puis il existe $x \in A$ tel que $y = f(x)$, d'où $x \in A$ et $z = g\big(f(x)\big) = (g \circ f)(x)$, donc $z \in (g \circ f)(A)$.
Ceci montre : $g\big(f(A)\big) \subset (g \circ f)(A)$.
Des deux inclusions précédentes, on conclut : $(g \circ f)(A) = g\big(f(A)\big)$.

b) On a, pour tout $x \in E$:

$$\begin{aligned} x \in (g \circ f)^{-1}(C) &\iff (g \circ f)(x) \in C \iff g\big(f(x)\big) \in C \\ &\iff f(x) \in g^{-1}(C) \iff x \in f^{-1}\big(g^{-1}(C)\big), \end{aligned}$$

d'où l'égalité d'ensembles : $(g \circ f)^{-1}(C) = f^{-1}\big(g^{-1}(C)\big)$.

Remarque : Les images réciproques semblent plus faciles à manipuler que les images directes.

Exercices d'entraînement

4.7 Composées bijectives

Soient E, F des ensembles, $f : E \longrightarrow F,\ g : F \longrightarrow E$ des applications.
Montrer que $g \circ f$ et $f \circ g$ sont bijectives si et seulement si f et g sont bijectives.

4.8 Formules sur les images directes, sur les images réciproques

Soient E, E' des ensembles, $f : E \longrightarrow E'$ une application.

a) Montrer, pour toutes parties A, B de E :

1) $A \subset B \Longrightarrow f(A) \subset f(B)$,
2) $f(A \cap B) \subset f(A) \cap f(B)$,
3) $f(A \cup B) = f(A) \cup f(B)$.

b) Montrer, pour toutes parties A', B' de E' :

1) $A' \subset B' \Longrightarrow f(A') \subset f(B')$,
2) $f^{-1}(A' \cap B') = f^{-1}(A') \cap f^{-1}(B')$,
3) $f^{-1}(A' \cup B') = f^{-1}(A') \cup f^{-1}(B')$,
4) $f^{-1}(\overline{A'}) = \overline{f^{-1}(A')}$.

4.9 Image directe de l'intersection de deux parties

Soient E, F des ensembles, $f : E \longrightarrow F$ une application.
Montrer que f est injective si et seulement si :

pour toutes parties A, B de E, $f(A \cap B) = f(A) \cap f(B)$.

Corrigés des exercices d'entraînement

4.7

1) Si f et g sont bijectives, alors, d'après le cours, par composition, $g \circ f$ et $f \circ g$ sont bijectives.

2) Supposons $g \circ f$ et $f \circ g$ bijectives.

Puisque $g \circ f$ est bijective, $g \circ f$ est injective et surjective, donc, d'après l'exercice 4.5, f est injective et g est surjective.

Puisque $f \circ g$ est bijective, $f \circ g$ est injective et surjective, donc, de même, g est injective et f est surjective.

Ainsi, f est injective et surjective, donc f est bijective, et g est surjective et injective, donc g est bijective.

4.8

a) Soient A, B des parties de E.

1) Supposons $A \subset B$.

Soit $y \in f(A)$. Il existe $x \in A$ tel que $y = f(x)$.

Comme $x \in A$ et que $A \subset B$, on a $x \in B$.

Ainsi : $y = f(x)$ et $x \in B$, donc $y \in f(B)$.

Ceci montre : $f(A) \subset f(B)$.

On conclut : $A \subset B \Longrightarrow f(A) \subset f(B)$.

2) On a, en utilisant le résultat de *1)* :

$$\begin{cases} A \cap B \subset A \\ A \cap B \subset B \end{cases} \Longrightarrow \begin{cases} f(A \cap B) \subset f(A) \\ f(A \cap B) \subset f(B) \end{cases}$$
$$\Longrightarrow f(A \cap B) \subset f(A) \cap f(B).$$

Ceci montre l'inclusion :

$$f(A \cap B) \subset f(A) \cap f(B).$$

Il se peut qu'il n'y ait pas égalité, voir l'exercice 4.9.

3) • De même :

$$\begin{cases} A \subset A \cup B \\ B \subset A \cap B \end{cases} \Longrightarrow \begin{cases} f(A) \subset f(A \cup B) \\ f(B) \subset f(A \cup B) \end{cases}$$
$$\Longrightarrow f(A) \cup f(B) \subset f(A \cup B).$$

Ceci montre l'inclusion :

$$f(A) \cup f(B) \subset f(A \cup B).$$

- Réciproquement, soit $y \in f(A \cup B)$.

Il existe $x \in A \cup B$ tel que $y = f(x)$.
On a alors $x \in A$ ou $x \in B$,
donc $f(x) \in f(A)$ ou $f(x) \in f(B)$,
d'où $f(x) \in f(A) \cup f(B)$.
Ceci montre l'inclusion :

$$f(A \cup B) \subset f(A) \cup f(B).$$

Finalement, d'après les deux inclusions démontrées ci-dessus, on conclut à l'égalité :

$$f(A \cup B) = f(A) \cup f(B).$$

b) Soient A', B' des parties de E'.

1) Supposons $A' \subset B'$.
Soit $x \in f^{-1}(A')$.
Alors, $f(x) \in A'$.
Comme $f(x) \in A'$ et que $A' \subset B'$, on déduit $f(x) \in B'$ et donc $x \in f^{-1}(B')$.
Ceci montre $f^{-1}(A') \subset f^{-1}(B')$.
On conclut :

$$A' \subset B' \implies f^{-1}(A') \subset f^{-1}(B').$$

2) On a, pour tout $x \in E$:

$$\begin{aligned} & x \in f^{-1}(A' \cap B') \\ \iff & f(x) \in A' \cap B' \\ \iff & \big(f(x) \in A' \text{ et } f(x) \in B'\big) \\ \iff & \big(x \in f^{-1}(A') \text{ et } x \in f^{-1}(B')\big) \\ \iff & x \in f^{-1}(A') \cap f^{-1}(B'), \end{aligned}$$

donc : $f^{-1}(A' \cap B') = f^{-1}(A') \cap f^{-1}(B')$.

3) De même, pour tout $x \in E$:

$$\begin{aligned} & x \in f^{-1}(A' \cup B') \\ \iff & f(x) \in A' \cup B' \\ \iff & \big(f(x) \in A' \text{ ou } f(x) \in B'\big) \\ \iff & \big(x \in f^{-1}(A') \text{ ou } x \in f^{-1}(B')\big) \\ \iff & x \in f^{-1}(A') \cup f^{-1}(B'), \end{aligned}$$

donc : $f^{-1}(A' \cup B') = f^{-1}(A') \cup f^{-1}(B')$.

4) Soit A' une partie de E'.
On a, pour tout $x \in E$:

$$\begin{aligned} x \in f^{-1}(\overline{A'}) \iff & f(x) \in \overline{A'} \iff f(x) \notin A' \\ \iff & x \notin f^{-1}(A') \iff x \in \overline{f^{-1}(A')} \end{aligned}$$

donc : $f^{-1}(\overline{A'}) = \overline{f^{-1}(A')}$.

Remarques :

1) On remarquera que *a)2)* ne donne qu'une inclusion tandis que les autres résultats sont des égalités. On verra dans l'exercice 4.9 qu'il y a égalité dans le résultat de *a)2)* pour toutes parties A, B de E si et seulement si f est injective.

2) On voit dans cet exercice que la manipulation des images réciproques de parties semble plus facile que celle d'images directes de parties : pour les images réciproques, on peut souvent raisonner par équivalences logiques successives dans un calcul, tandis que, pour les images directes, il faut souvent faire intervenir des existences d'éléments et raisonner par implications successives.

4.9

1) Supposons f injective.
Soient A, B des parties de E.

- D'après l'exercice 4.8, on a déjà l'inclusion

$$f(A \cap B) \subset f(A) \cap f(B).$$

- Soit $y \in f(A) \cap f(B)$.

On a alors $y \in f(A)$ et $y \in f(B)$,
donc il existe $a \in A$ tel que $y = f(a)$ et il existe $b \in B$ tel que $y = f(b)$.
On déduit $f(a) = f(b)$, d'où, puisque f est injective, $a = b$.
On a alors $y = f(a)$ et $a = b \in A \cap B$,
donc $y \in f(A \cap B)$.
Ceci montre l'inclusion

$$f(A) \cap f(B) \subset f(A \cap B).$$

On conclut à l'égalité : $f(A \cap B) = f(A) \cap f(B)$.

2) Réciproquement, supposons que, pour toutes parties A, B de E, on ait

$$f(A \cap B) = f(A) \cap f(B).$$

Soient $x, y \in E$ tels que $x \neq y$.
En notant $A = \{x\}$, $B = \{y\}$ (singletons),
on a alors $A \cap B = \{x\} \cap \{y\} = \varnothing$, donc :

$$\begin{aligned} \{f(x)\} \cap \{f(y)\} &= f(\{x\}) \cap f(\{y\}) \\ &= f(A) \cap f(B) = f(A \cap B) = f(\varnothing) = \varnothing, \end{aligned}$$

d'où nécessairement $f(x) \neq f(y)$.
Ceci montre que f est injective.

On conclut finalement à l'équivalence logique demandée : l'application f est injective si et seulement si, pour toutes parties A, B de E, $f(A \cap B) = f(A) \cap f(B)$.

5 Sommes, produits

Dans ce chapitre, nous étudions des sommes et des produits de nombres réels. Ces sommes portent sur un nombre fini de termes et ces produits portent sur un nombre fini de facteurs. La plupart des résultats sont généralisables aux nombres complexes, aux vecteurs d'un espace vectoriel (la multiplication étant alors la loi externe), aux vecteurs d'un espace vectoriel euclidien (la multiplication étant alors la loi externe ou le produit scalaire).

Les notations $\sum$ et $\prod$ sont intéressantes lorsque les bornes de l'indexation ne sont pas numériquement fixées.

Par exemple, $\sum_{k=1}^{n} x_k$ pour désigner $x_1 + \cdots + x_n$ est commode, mais la notation $\sum_{k=1}^{3} x_k$ pour désigner $x_1 + x_2 + x_3$ est moins souvent utile.

Rappels de cours

1 Sommes

Définition

Pour $n \in \mathbb{N}^*$ et $x_1, ..., x_n \in \mathbb{R}$, on note $\sum_{k=1}^{n} x_k = x_1 + \cdots + x_n$ la **somme** des nombres réels $x_1, ..., x_n$. Le symbole $\sum$ est appelé **symbole de sommation**.

La lettre k pour l'indice de cette sommation est muette : elle peut être remplacée par n'importe quelle lettre (n'ayant pas déjà une signification par ailleurs), par exemple : $\sum_{k=1}^{n} x_k = \sum_{i=1}^{n} x_i$. Les lettres les plus utilisées comme indices pour une sommation sont : i (initiale de « indice »), j (qui suit la lettre i), $k, n, p, q, ...$

Proposition

On dispose des formules suivantes, pour tous $n, p \in \mathbb{N}^*$, tous a, $x_1, ..., y_1, ... \in \mathbb{R}$:

1) Si $\left(\forall i \in \{1, ..., n\},\quad x_i \geqslant 0\right)$, alors $\sum_{i=1}^{n} x_i \geqslant 0$

2) $\sum_{i=1}^{n} a x_i = a \sum_{i=1}^{n} x_i$ où, par commodité, on note $\sum_{i=1}^{n} a x_i$ à la place de $\sum_{i=1}^{n} (a x_i)$, et où a est indépendant de l'indice i

3) $\sum_{i=1}^{n}(x_i + y_i) = \sum_{i=1}^{n} x_i + \sum_{i=1}^{n} y_i$,

les deux formules précédentes peuvent être qualifiées de linéarité de la sommation

4) $\sum_{i=1}^{n+p} x_i = \sum_{i=1}^{n} x_i + \sum_{i=n+1}^{n+p} x_i$, relation de Chasles pour les sommations

5) $\sum_{i=1}^{n}(x_{i+1} - x_i) = x_{n+1} - x_1$, sommation télescopique (ou aussi : télescopage),

les termes se simplifient deux par deux sauf le premier et le dernier.

Remarque : Pour tout $a \in \mathbb{R}$, $\sum_{i=1}^{n} a = \underbrace{a + \cdots + a}_{n \text{ termes}} = na$.

Définition

Si l'ensemble d'indexation n'est pas de la forme $\{1, ..., n\}$ mais est un ensemble fini I, on note $\sum_{i \in I} x_i$ la somme des éléments de la famille $(x_i)_{i \in I}$.

Exemple

Si $I = \{a, 1, \sigma\}$, on note $\sum_{i \in I} x_i = x_a + x_1 + x_\sigma$.

Cette notation $\sum_{i \in I} x_i$ sera utile en 2e année lors de l'étude des sous-espaces propres d'un endomorphisme.

On convient, pour la famille vide, que $\sum_{i \in \varnothing} x_i = 0$.

On peut effectuer, dans une sommation, un changement d'indice bijectif.

Exemple

1) Par translation de l'indice : $\sum_{i=0}^{n} x_{i+1} = \sum_{k=1}^{n+1} x_k$.

2) Par symétrie : $\sum_{i=0}^{n} x_i = \sum_{k=0}^{n} x_{n-k}$, $\sum_{i=1}^{n} x_i = \sum_{k=1}^{n} x_{n+1-k}$.

On définit des sommes multiples, revenant à des sommes simples emboîtées, portant sur des nombres réels indexés par deux ou plusieurs indices. Par exemple, avec des bornes d'indices numériquement fixées pour l'explication :

$$\sum_{i=1}^{2}\Big(\sum_{j=1}^{3} x_{ij}\Big) = \sum_{i=1}^{2}(x_{i1} + x_{i2} + x_{i3}) = (x_{11} + x_{12} + x_{13}) + (x_{21} + x_{22} + x_{23}).$$

On peut échanger deux symboles de sommation emboîtés lorsque chacune des bornes des indexations est fixée indépendamment de l'autre indice :

$$\sum_{i=1}^{n}\Big(\sum_{j=1}^{p} x_{ij}\Big) = \sum_{j=1}^{p}\Big(\sum_{i=1}^{n} x_{ij}\Big).$$

Lorsque le second indice varie entre des bornes dépendant du premier indice, sous forme « triangulaire », on a : $\displaystyle\sum_{i=1}^{n}\Big(\sum_{j=1}^{i} x_{ij}\Big) = \sum_{j=1}^{n}\Big(\sum_{i=j}^{n} x_{ij}\Big)$.

On peut retrouver cette formule en se ramenant à la résolution d'un système d'inégalités $\begin{cases} 1 \leqslant i \leqslant n \\ 1 \leqslant j \leqslant i \end{cases} \iff \begin{cases} 1 \leqslant j \leqslant n \\ j \leqslant i \leqslant n \end{cases}$ ou bien encore en faisant un schéma :

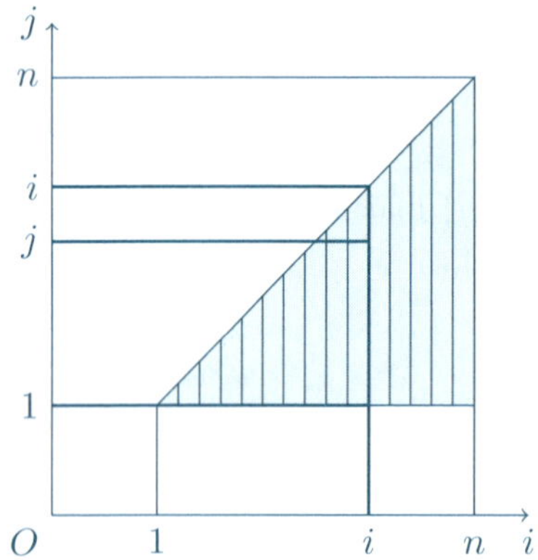

D'abord, i varie de 1 à n, puis, pour chaque i fixé, j varie de 1 à i

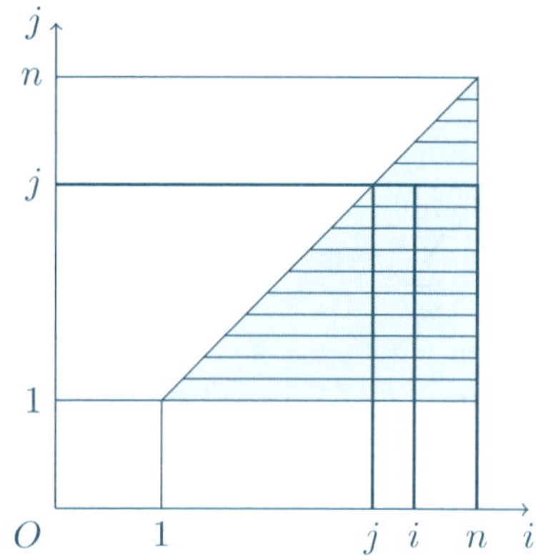

D'abord, j varie de 1 à n, puis, pour chaque j fixé, i varie de j à n

On peut permuter et/ou regrouper les termes d'une sommation (en utilisant la commutativité et l'associativité de l'addition dans $\mathbb{R}$), par exemple pour séparer les termes d'indices pairs et les termes d'indices impairs (ce sera utile pour l'étude de certaines séries, au second semestre) : $\displaystyle\sum_{i=1}^{2n+1} x_i = \sum_{p=0}^{n} x_{2p+1} + \sum_{p=1}^{n} x_{2p}$.

Les parenthèses globales autour d'une sommation peuvent permettre de lever une ambiguïté de lecture. Par exemple, pour désigner la somme $x_1 + \cdots + x_n + a$, il est préférable d'écrire $\displaystyle\Big(\sum_{i=1}^{n} x_i\Big) + a$ plutôt que $\displaystyle\sum_{i=1}^{n} x_i + a$ car on risque de confondre cette dernière écriture avec $\displaystyle\sum_{i=1}^{n}(x_i + a)$ qui désigne $x_1 + a + \cdots + x_n + a$. On peut aussi éviter la confusion en notant $\displaystyle a + \sum_{i=1}^{n} x_i$.

On peut développer un produit de deux sommations :

$$\Big(\sum_{i=1}^{n} x_i\Big)\Big(\sum_{j=1}^{p} y_j\Big) = \sum_{i=1}^{n}\sum_{j=1}^{p} x_i y_j = \sum_{1\leqslant i\leqslant n,\, 1\leqslant j\leqslant p} x_i y_j$$

et en particulier on peut développer le carré d'une sommation :

$$\Big(\sum_{i=1}^{n} x_i\Big)^2 = \Big(\sum_{i=1}^{n} x_i\Big)\Big(\sum_{j=1}^{n} x_j\Big) = \sum_{1\leqslant i\leqslant n,\, 1\leqslant j\leqslant n} x_i x_j$$

$$= \sum_{i=1}^{n} x_i^2 + \sum_{1\leqslant i\neq j\leqslant n} x_i x_j = \sum_{i=1}^{n} x_i^2 + 2 \sum_{1\leqslant i<j\leqslant n} x_i x_j.$$

Attention
Pour développer le carré d'une sommation, il est nécessaire de faire intervenir un second indice : le carré d'une somme n'est pas, bien sûr, la somme des carrés.

On dispose de quelques sommations remarquables :

1) Somme d'entiers successifs : pour tout $n \in \mathbb{N}^*$, $\displaystyle\sum_{k=1}^{n} k = \frac{n(n+1)}{2}$

La démonstration peut être faite par récurrence sur n, ou bien remarquer que, en notant S_n cette somme et en utilisant un changement d'indice par symétrie et le fait que les indices sont muets :

$$2S_n = \sum_{k=1}^{n} k + \sum_{p=1}^{n} (n+1-p) = \sum_{k=1}^{n} \big(k + (n+1-k)\big) = \sum_{k=1}^{n} (n+1) = n(n+1).$$

2) Somme des carrés d'entiers successifs : pour tout $n \in \mathbb{N}^*$,

$$\sum_{k=1}^{n} k^2 = \frac{n(n+1)(2n+1)}{6}$$

3) Somme des termes d'une progression géométrique : pour tout $n \in \mathbb{N}^*$ et tout $x \in \mathbb{R}$,

$$\sum_{k=0}^{n} x^k = \begin{cases} \dfrac{x^{n+1}-1}{x-1} & \text{si } x \neq 1 \\ n+1 & \text{si } x = 1 \end{cases}$$

4) Factorisation de $a^{n+1} - b^{n+1}$: pour tous $n \in \mathbb{N}$, $a, b \in \mathbb{R}$,

$$a^{n+1} - b^{n+1} = (a-b)(a^n + a^{n-1}b + \cdots + ab^{n-1} + b^n) = (a-b)\sum_{k=0}^{n} a^k b^{n-k}$$

5) Formule du binôme de Newton : pour tous $n \in \mathbb{N}$, $a, b \in \mathbb{R}$,

$$(a+b)^n = \sum_{k=0}^{n} \binom{n}{k} a^k b^{n-k}$$

2 Produits

L'étude des produits est analogue à celle des sommes, avec quelques modifications.

Définition

Pour $n \in \mathbb{N}^*$ et $x_1, ..., x_n \in \mathbb{R}$, on note $\prod_{k=1}^{n} x_k = x_1 \cdots x_n$ le **produit** des nombres réels $x_1, ..., x_n$.

Proposition

On dispose des formules suivantes, pour tous $n, p \in \mathbb{N}^*$, a, $x_1, ..., y_1, ... \in \mathbb{R}$:

1) Si $\big(\forall i \in \{1, ..., n\}, \quad x_i \geqslant 0\big)$, alors $\prod_{i=1}^{n} x_i \geqslant 0$

2) $\prod_{i=1}^{n}(ax_i) = a^n \prod_{i=1}^{n} x_i$ où a est indépendant de l'indice i,

attention ici à la mise en facteur par a^n (correcte) et non par a (incorrecte)

3) $\prod_{i=1}^{n}(x_i y_i) = \Big(\prod_{i=1}^{n} x_i\Big)\Big(\prod_{i=1}^{n} y_i\Big)$, distributivité de $\prod$ sur le produit

4) $\prod_{i=1}^{n+p} x_i = \Big(\prod_{i=1}^{n} x_i\Big)\Big(\prod_{i=n+1}^{n+p} x_i\Big)$, relation de Chasles pour les produits

5) $\prod_{i=1}^{n} \frac{x_{i+1}}{x_i} = \frac{x_{n+1}}{x_1}$, produit télescopique lorsque les x_i sont tous non nuls,

les facteurs se simplifient deux par deux sauf le premier et le dernier.

Remarque : Pour tout $a \in \mathbb{R}$, $\prod_{i=1}^{n} a = \underbrace{a \cdots a}_{n \text{ facteurs}} = a^n$.

Définition

Si l'ensemble d'indexation n'est pas de la forme $\{1, ..., n\}$ mais est un ensemble fini I, on note $\prod_{i \in I} x_i$ le **produit** des éléments de la famille $(x_i)_{i \in I}$.

On convient que, si la famille est indexée par l'ensemble vide, le produit est égal à 1 :

$$\prod_{i \in \varnothing} x_i = 1.$$

On peut effectuer, dans un produit, un changement d'indice bijectif.

Exemple

1) Par translation de l'indice : $\prod_{i=0}^{n} x_{i+1} = \prod_{k=1}^{n+1} x_k$.

2) Par symétrie : $\prod_{i=0}^{n} x_i = \prod_{k=0}^{n} x_{n-k}$, $\prod_{i=1}^{n} x_i = \prod_{k=1}^{n} x_{n+1-k}$.

On définit des produits multiples, souvent emboîtés, portant sur des nombres réels indexés par deux ou plusieurs indices. Par exemple, avec des bornes d'indices numériquement fixées pour l'explication :

$$\prod_{i=1}^{2}\Big(\prod_{j=1}^{3} x_{ij}\Big) = \prod_{i=1}^{2}(x_{i1}x_{i2}x_{i3}) = (x_{11}x_{12}x_{13})(x_{21}x_{22}x_{23}).$$

On peut échanger deux symboles de produit emboîtés lorsque chacune des bornes des indexations est fixée indépendamment de l'autre indice : $\prod_{i=1}^{n}\Big(\prod_{j=1}^{p} x_{ij}\Big) = \prod_{j=1}^{p}\Big(\prod_{i=1}^{n} x_{ij}\Big)$.

On peut permuter et/ou regrouper les facteurs d'un produit (en utilisant la commutativité et l'associativité de la multiplication dans $\mathbb{R}$), par exemple pour séparer les facteurs d'indices pairs et les facteurs d'indices impairs : $\prod_{i=1}^{2n+1} x_i = \Big(\prod_{p=0}^{n} x_{2p+1}\Big)\Big(\prod_{p=1}^{n} x_{2p}\Big)$.

Rappelons enfin la définition de la **factorielle** d'un entier naturel :

$$n! = \prod_{k=1}^{n} k \quad \text{et} \quad 0! = 1$$

Exercices d'apprentissage

5.1

Calculer, pour tout $n \in \mathbb{N}^*$, la somme $\quad S_n = \sum_{k=1}^{n}(k^2 - 3k + 1)$.

On se ramène, par linéarité de la sommation, à des sommations connues :

$$\begin{aligned} S_n &= \sum_{k=1}^{n}(k^2 - 3k + 1) = \sum_{k=1}^{n} k^2 - 3\sum_{k=1}^{n} k + \sum_{k=1}^{n} 1 \\ &= \frac{n(n+1)(2n+1)}{6} - 3\frac{n(n+1)}{2} + n = \frac{n}{6}((n+1)(2n+1) - 9(n+1) + 6) \\ &= \frac{n}{6}(2n^2 - 6n - 2) = \frac{n(n^2 - 3n - 1)}{3}. \end{aligned}$$

5.2

Soient $n \in \mathbb{N}^*$, $x_1, ..., x_n \in [1\,;2]$. Montrer : $\displaystyle\sum_{k=1}^{n} x_k^2 \leqslant 3\sum_{k=1}^{n} x_k - 2n.$

On a, en utilisant la linéarité de la sommation :

$$\sum_{k=1}^{n} x_k^2 - 3\sum_{k=1}^{n} x_k + 2n = \sum_{k=1}^{n}(x_k^2 - 3x_k + 2) = \sum_{k=1}^{n} \underbrace{(x_k - 1)(x_k - 2)}_{\leqslant 0} \leqslant 0,$$

d'où : $\displaystyle\sum_{k=1}^{n} x_k^2 \leqslant 3\sum_{k=1}^{n} x_k - 2n.$

5.3

Calculer, pour tout $n \in \mathbb{N} \setminus \{0, 1\}$, la somme $\displaystyle S_n = \sum_{k=1}^{n-1} \binom{n}{k} \left(\frac{3}{2}\right)^{-k}.$

On a, en transformant la fraction, puis en ajoutant et en retranchant les termes d'indices 0 et n, et en utilisant la formule du binôme de Newton :

$$\begin{aligned} S_n &= \sum_{k=1}^{n-1} \binom{n}{k} \left(\frac{2}{3}\right)^k = \sum_{k=0}^{n} \binom{n}{k} \left(\frac{2}{3}\right)^k - \left(\binom{n}{0}\left(\frac{2}{3}\right)^0 + \binom{n}{n}\left(\frac{2}{3}\right)^n\right) \\ &= \left(1 + \frac{2}{3}\right)^n - \left(1 + \left(\frac{2}{3}\right)^n\right) = \left(\frac{5}{3}\right)^n - 1 - \left(\frac{2}{3}\right)^n = \frac{5^n - 3^n - 2^n}{3^n}. \end{aligned}$$

5.4

Calculer, pour tout $n \in \mathbb{N}^*$, la somme $\displaystyle S_n = \sum_{k=1}^{n} \ln\left(1 + \frac{1}{k}\right).$

On a, par télescopage :

$$S_n = \sum_{k=1}^{n} \ln\left(1 + \frac{1}{k}\right) = \sum_{k=1}^{n} \ln\frac{k+1}{k} = \sum_{k=1}^{n} \big(\ln(k+1) - \ln k\big) = \ln(n+1) - \ln 1 = \ln(n+1).$$

5.5

Calculer, pour tout $n \in \mathbb{N}$, les sommes $\displaystyle A_n = \sum_{k=0}^{n} \binom{n}{k}, \quad B_n = \sum_{k=0}^{n} (-1)^k \binom{n}{k}.$

On applique la formule du binôme de Newton à $(1, 1)$ et à $(-1, 1)$:

$$A_n = \sum_{k=0}^{n} \binom{n}{k} = \sum_{k=0}^{n} \binom{n}{k} 1^k 1^{n-k} = (1+1)^n = 2^n,$$

$$B_n = \sum_{k=0}^{n} (-1)^k \binom{n}{k} = \sum_{k=0}^{n} \binom{n}{k} (-1)^k 1^{n-k} = ((-1)+1)^n = \begin{cases} 0 & \text{si} \quad n \geqslant 1 \\ 1 & \text{si} \quad n = 0, \end{cases}$$

en faisant attention, dans ce dernier cas, au fait que $0^0 = 1$.

5.6

Calculer, pour tous $n \in \mathbb{N}$, $(a, b) \in \mathbb{R} \times \mathbb{R}^*$, la somme $S_n = \sum_{k=0}^{n} \binom{n}{k} a^{3k} b^{n-3k}$.

On a, en utilisant des formules sur les puissances et la formule du binôme de Newton :

$$S_n = \sum_{k=0}^{n} \binom{n}{k} a^{3k} b^{n-3k} = \sum_{k=0}^{n} \binom{n}{k} b^n \left(\frac{a}{b}\right)^{3k} = b^n \sum_{k=0}^{n} \binom{n}{k} \left(\frac{a^3}{b^3}\right)^k = b^n \left(1 + \frac{a^3}{b^3}\right)^n = \left(\frac{a^3 + b^3}{b^2}\right)^n.$$

5.7

On considère la suite $(\phi_n)_{n \in \mathbb{N}}$ de Fibonacci, définie par $\phi_0 = 0$, $\phi_1 = 1$ et, pour tout $n \in \mathbb{N}$: $\phi_{n+2} = \phi_{n+1} + \phi_n$.

Montrer, par récurrence : $\forall n \in \mathbb{N}, \quad \sum_{k=0}^{n} \phi_k^2 = \phi_n \phi_{n+1}$.

Raisonnons par récurrence sur n.

1) Pour $n = 0$:

$\sum_{k=0}^{n} \phi_k^2 = \phi_0^2 = 0^2 = 0$ et $\phi_n \phi_{n+1} = \phi_0 \phi_1 = 0 \cdot 1 = 0$, donc l'égalité est vraie.

2) Supposons que l'égalité est vraie pour un $n \in \mathbb{N}$ fixé. On a alors :

$$\sum_{k=1}^{n+1} \phi_k^2 = \left(\sum_{k=1}^{n} \phi_k^2\right) + \phi_{n+1}^2 = \phi_n \phi_{n+1} + \phi_{n+1}^2 = (\phi_n + \phi_{n+1})\phi_{n+1} = \phi_{n+2}\phi_{n+1} = \phi_{n+1}\phi_{(n+1)+1},$$

donc l'égalité est vraie pour $n + 1$.

Ce raisonnement par récurrence montre l'égalité voulue, pour tout $n \in \mathbb{N}$.

5.8

a) Montrer, pour tous $k, n \in \mathbb{N}^*$ tels que $k \leqslant n$: $k \binom{n}{k} = n \binom{n-1}{k-1}$.

b) Calculer, pour tout $n \in \mathbb{N}^*$, la somme $S_n = \sum_{k=0}^{n} k \binom{n}{k}$.

a) On a :

$$k \binom{n}{k} = k \frac{n!}{k!(n-k)!} = \frac{n!}{(k-1)!(n-k)!} = n \frac{(n-1)!}{(k-1)!(n-k)!}$$
$$= n \frac{(n-1)!}{(k-1)!\big((n-1)-(k-1)\big)!} = n \binom{n-1}{k-1}.$$

b) Le terme d'indice 0 de la sommation est nul et on déduit de *a)* et en utilisant la formule du binôme de Newton :

$$S_n = \sum_{k=0}^{n} k \binom{n}{k} = \sum_{k=1}^{n} k \binom{n}{k} = \sum_{k=1}^{n} n \binom{n-1}{k-1} \underset{[p=k-1]}{=} n \sum_{p=0}^{n-1} \binom{n-1}{p} = n(1+1)^{n-1} = n2^{n-1}.$$

5.9

a) Calculer, pour tout $n \in \mathbb{N}$ tel que $n \geqslant 2$, le produit $\quad P_n = \prod_{k=2}^{n} \Big(k - \frac{1}{k}\Big)$.

b) En déduire que, pour tout $n \geqslant 3$, P_n est un entier naturel.

a) On a : $P_n = \prod_{k=2}^{n} \Big(k - \frac{1}{k}\Big) = \prod_{k=2}^{n} \frac{k^2-1}{k} = \prod_{k=2}^{n} \frac{(k-1)(k+1)}{k}$

$$= \frac{\Big(\prod_{k=2}^{n}(k-1)\Big)\Big(\prod_{k=2}^{n}(k+1)\Big)}{\prod_{k=2}^{n} k} = \frac{(n-1)!\,\frac{(n+1)!}{2!}}{n!} = \frac{(n-1)!(n+1)}{2}.$$

b) Si $n \geqslant 3$, alors $n-1 \geqslant 2$, donc $(n-1)!$ est pair, et il en résulte, d'après la formule obtenue ci-dessus, que P_n est un entier naturel.

5.10

Calculer, pour tout $n \in \mathbb{N}^*$, les sommes doubles

a) $A_n = \sum_{1 \leqslant i,j \leqslant n} (i+j)$

b) $B_n = \sum_{1 \leqslant i,j \leqslant n} ij$.

a) On a, en utilisant la linéarité de la sommation, les rôles symétriques de i et j, et des emboîtements de sommations :

$$A_n = \sum_{1 \leqslant i,j \leqslant n} (i+j) = \sum_{1 \leqslant i,j \leqslant n} i + \sum_{1 \leqslant i,j \leqslant n} j = 2 \sum_{1 \leqslant i,j \leqslant n} i = 2\sum_{i=1}^{n}\Big(\sum_{j=1}^{n} i\Big) = 2\sum_{i=1}^{n}(ni)$$

$$= 2n\sum_{i=1}^{n} i = 2n\frac{n(n+1)}{2} = n^2(n+1).$$

b) On a, en utilisant des emboîtements de sommations :

$$B_n = \sum_{1 \leqslant i,j \leqslant n} ij = \sum_{i=1}^{n}\Big(\sum_{j=1}^{n} ij\Big) = \sum_{i=1}^{n}\Big(i\sum_{j=1}^{n} j\Big) = \sum_{i=1}^{n}\Big(i\frac{n(n+1)}{2}\Big)$$

$$= \frac{n(n+1)}{2}\sum_{i=1}^{n} i = \Big(\frac{n(n+1)}{2}\Big)^2.$$

5.11

Calculer, pour tout $n \in \mathbb{N}^*$ le produit double $\quad P_n = \prod_{1 \leqslant i,j \leqslant n} ij.$

On a, par emboîtements de produits et en faisant attention à la mise en facteur d'un même facteur fixe, n fois :

$$P_n = \prod_{1\leqslant i,j\leqslant n} ij = \prod_{i=1}^{n}\Big(\prod_{j=1}^{n} ij\Big) = \prod_{i=1}^{n}\Big(i^n\Big(\prod_{j=1}^{n} j\Big)\Big) = \prod_{i=1}^{n}(i^n \cdot n!)$$
$$= \Big(\prod_{i=1}^{n} i^n\Big)(n!)^n = \Big(\prod_{i=1}^{n} i\Big)^n (n!)^n = (n!)^n(n!)^n = \big((n!)^n\big)^2 = (n!)^{2n}.$$

Exercices d'entraînement

5.12 Dérivée d'une sommation géométrique

Calculer, pour tout $n \in \mathbb{N}^*$ et tout $x \in \mathbb{R}$: $\displaystyle S_n(x) = \sum_{k=1}^{n} kx^{k-1}$.

5.13 Inégalité de Cauchy et Schwarz dans $\mathbb{R}^n$

a) Montrer, pour tout $n \in \mathbb{N}^*$ et tous $x_1, ..., x_n, y_1, ..., y_n \in \mathbb{R}$:

$$\Big(\sum_{i=1}^{n} x_i y_i\Big)^2 \leqslant \Big(\sum_{i=1}^{n} x_i^2\Big)\Big(\sum_{i=1}^{n} y_i^2\Big).$$

b) En déduire, pour tout $n \in \mathbb{N}^*$ et tous $x_1, ..., x_n \in \mathbb{R}$: $\displaystyle \Big(\sum_{i=1}^{n} x_i\Big)^2 \leqslant n\sum_{i=1}^{n} x_i^2$.

5.14 Exemple de sommation télescopique

a) Calculer, pour tout $k \in \mathbb{N} \setminus \{0, 1\}$: $\displaystyle \frac{1}{(k-1)k} - \frac{1}{k(k+1)}$.

b) En déduire, pour tout $n \in \mathbb{N}$ tel que $n \geqslant 2$, une expression simple de

$$S_n = \sum_{k=2}^{n} \frac{1}{(k-1)k(k+1)}.$$

5.15 Inégalité de Weierstrass

Soient $n \in \mathbb{N}$, $a_1, ..., a_n \in [0\,;1]$. Montrer : $\displaystyle \prod_{k=1}^{n}(1-a_k) + \sum_{k=1}^{n} a_k \geqslant 1$.

5.16 Exemple de somme double avec un Max

Soit $n \in \mathbb{N}^*$. Calculer $\displaystyle M_n = \sum_{1\leqslant i,j\leqslant n} \mathrm{Max}\,(i,j)$.

Corrigés des exercices d'entraînement

5.12

Soit $n \in \mathbb{N}^*$ fixé.

On remarque que kx^{k-1} est la dérivée de x^k par rapport à x. Considérons donc, pour tout $x \in \mathbb{R}$

$$A_n(x) = \sum_{k=1}^{n} x^k.$$

D'une part, par linéarité de la dérivation, pour tout $x \in \mathbb{R}$:

$$A_n'(x) = \sum_{k=1}^{n} kx^{k-1} = S_n(x).$$

D'autre part, par décalage de l'indice et par sommation d'une progression géométrique, pour tout $x \in \mathbb{R} \setminus \{1\}$:

$$A_n(x) = \sum_{k=1}^{n} x^k = \Big(\sum_{k=0}^{n} x^k\Big) - 1 = \frac{1-x^{n+1}}{1-x} - 1 = \frac{x - x^{n+1}}{1-x}.$$

D'où, par dérivation d'un quotient, pour tout $x \in \mathbb{R} \setminus \{1\}$:

$$S_n(x) = A_n'(x) = \frac{(1-(n+1)x^n)(1-x) + (x - x^{n+1})}{(1-x)^2} = \frac{1-(n+1)x^n + nx^{n+1}}{(1-x)^2}.$$

D'autre part, par calcul direct pour $x = 1$:

$$S_n(1) = \sum_{k=1}^{n} k = \frac{n(n+1)}{2}.$$

On conclut, pour tout $n \in \mathbb{N}^*$ et tout $x \in \mathbb{R}$:

$$S_n(x) = \begin{cases} \dfrac{1-(n+1)x^n + nx^{n+1}}{(1-x)^2} & \text{si} \quad x \neq 1 \\[2mm] \dfrac{n(n+1)}{2} & \text{si} \quad x = 1. \end{cases}$$

5.13

a) On a, en développant :

$$\Big(\sum_{i=1}^{n} x_i^2\Big)\Big(\sum_{j=1}^{n} y_j^2\Big) - \Big(\sum_{i=1}^{n} x_i y_i\Big)^2$$

$$= \Big(\sum_{i=1}^{n} x_i^2\Big)\Big(\sum_{j=1}^{n} y_j^2\Big) - \Big(\sum_{i=1}^{n} x_i y_i\Big)\Big(\sum_{j=1}^{n} x_j y_j\Big)$$

$$= \Big(\sum_{i=1}^{n} x_i^2 y_i^2 + \sum_{1 \leqslant i \neq j \leqslant n} x_i^2 y_j^2\Big) - \Big(\sum_{i=1}^{n} x_i^2 y_i^2 + \sum_{1 \leqslant i \neq j \leqslant n} x_i y_i x_j y_j\Big)$$

$$= \sum_{1 \leqslant i < j \leqslant n} \big(x_i^2 y_j^2 + x_j^2 y_i^2\big) - 2 \sum_{1 \leqslant i < j \leqslant n} (x_i y_j)(x_j y_i)$$

$$= \sum_{1 \leqslant i < j \leqslant n} \underbrace{(x_i y_j - x_j y_i)^2}_{\geqslant 0} \geqslant 0,$$

d'où l'inégalité voulue.

b) En appliquant l'inégalité de Cauchy et Schwarz obtenue en *a)* à $(1, ..., 1)$ et $(x_1, ..., x_n)$, on obtient :

$$\Big(\sum_{i=1}^{n} 1x_i\Big)^2 \leqslant \Big(\sum_{i=1}^{n} 1^2\Big)\Big(\sum_{i=1}^{n} x_i^2\Big),$$

c'est-à-dire : $\displaystyle\Big(\sum_{i=1}^{n} x_i\Big)^2 \leqslant n \sum_{i=1}^{n} x_i^2.$

5.14

a) On a, en réduisant au même dénominateur :

$$\frac{1}{(k-1)k} - \frac{1}{k(k+1)} = \frac{(k+1)-(k-1)}{(k-1)k(k+1)} = \frac{2}{(k-1)k(k+1)}.$$

b) On déduit de *a)*, pour tout $n \geqslant 2$, par télescopage :

$$2S_n = \sum_{k=2}^{n} \frac{2}{(k-1)k(k+1)} = \sum_{k=2}^{n} \Big(\frac{1}{(k-1)k} - \frac{1}{k(k+1)}\Big) = \frac{1}{(2-1)2} - \frac{1}{n(n+1)} = \frac{1}{2} - \frac{1}{n(n+1)}$$

et on conclut, en n'oubliant pas de diviser par 2 :

$$\forall n \in \mathbb{N} \setminus \{0, 1\}, \quad S_n = \frac{1}{4} - \frac{1}{2n(n+1)}.$$

5.15

Récurrence sur n.

1) Pour $n = 1$, on a

$$\prod_{k=1}^{n}(1-a_k)+\sum_{k=1}^{n}a_k=(1-a_1)+a_1=1\geqslant 1,$$

donc l'inégalité voulue est vraie pour $n = 1$.

2) Supposons que, pour un $n \in \mathbb{N}^*$ et tous $a_1, ..., a_n \in [0\,;1]$, l'inégalité de l'énoncé est vraie.

Soient $a_1, ..., a_{n+1} \in [0\,;1]$.

On a, en isolant a_{n+1} dans le produit et dans la somme :

$$\begin{aligned}
&\prod_{k=1}^{n+1}(1-a_k)+\sum_{k=1}^{n+1}a_k\\
&=\Big(\prod_{k=1}^{n}(1-a_k)\Big)\underbrace{(1-a_{n+1})}_{\geqslant 0}\\
&\qquad+\Big(\Big(\sum_{k=1}^{n}a_k\Big)+a_{n+1}\Big)\\
&\underset{HR_n}{\geqslant}\Big(1-\sum_{k=1}^{n}a_k\Big)(1-a_{n+1})+\sum_{k=1}^{n}a_k+a_{n+1}\\
&=1+\underbrace{\Big(\sum_{k=1}^{n}a_k\Big)}_{\geqslant 0}a_{n+1}\geqslant 1,
\end{aligned}$$

donc l'inégalité est vraie pour $n + 1$.

Ceci montre, par récurrence sur n, que l'inégalité voulue est vraie pour tout $n \in \mathbb{N}^*$.

5.16

On a :

$$\begin{aligned}
M_n&=\sum_{1\leqslant i,j\leqslant n}\mathrm{Max}\,(i,j)\\
&=\sum_{i=1}^{n}\Big(\sum_{j=1}^{n}\mathrm{Max}\,(i,j)\Big)\\
&=\sum_{i=1}^{n}\Big(\sum_{j=1}^{i}i+\sum_{j=i+1}^{n}j\Big)\\
&=\sum_{i=1}^{n}\Big(i\cdot i+\Big(\sum_{j=1}^{n}j-\sum_{j=1}^{i}j\Big)\Big)\\
&=\sum_{i=1}^{n}\Big(i^2+\frac{n(n+1)}{2}-\frac{i(i+1)}{2}\Big)\\
&=\frac{1}{2}\sum_{i=1}^{n}\big(i^2-i+n(n+1)\big)\\
&=\frac{1}{2}\Big(\sum_{i=1}^{n}i^2-\sum_{i=1}^{n}i+n(n+1)\sum_{i=1}^{n}1\Big)\\
&=\frac{1}{2}\Big(\frac{n(n+1)(2n+1)}{6}-\frac{n(n+1)}{2}\\
&\qquad+n^2(n+1)\Big)\\
&=\frac{1}{12}n(n+1)\big((2n+1)-3+6n\big)\\
&=\frac{n(n+1)}{12}(8n-2).
\end{aligned}$$

On conclut : $\quad M_n=\dfrac{n(n+1)(4n-1)}{6}.$

6 Premier degré

Dans ce chapitre, nous étudions le premier degré sur les réels, c'est-à-dire les équations et inéquations du premier degré, les systèmes d'équations linéaires du premier degré et les systèmes d'inéquations linéaires du premier degré, ainsi que les questions qui s'y ramènent.

Rappels de cours

1 Premier degré à une variable

Définition

Une **expression du premier degré** est une expression du type $ax + b$, où $a, b \in \mathbb{R}$ sont fixés (on suppose souvent $a \neq 0$) et où $x \in \mathbb{R}$ est variable ou inconnu.
Une **fonction du premier degré** est une fonction du type $f : \mathbb{R} \longrightarrow \mathbb{R},\ x \longmapsto ax+b$, où $a, b \in \mathbb{R}$ sont fixés (et $a \neq 0$).
Une **équation du premier degré** est une équation du type $ax + b = 0$, où $a, b \in \mathbb{R}$ sont fixés (et $a \neq 0$) et $x \in \mathbb{R}$ est l'inconnue.
Une **inéquation du premier degré** est une inéquation du type $ax + b \geqslant 0$, ou $ax + b \leqslant 0$, ou $ax + b > 0$, ou $ax + b < 0$, où $a, b \in \mathbb{R}$ sont fixés (et $a \neq 0$) et $x \in \mathbb{R}$ est l'inconnue.

1) Une fonction du premier degré $f : \mathbb{R} \longrightarrow \mathbb{R},\quad x \longmapsto ax + b$, où (a, b) est fixé et $a \neq 0$, est représentée graphiquement par une **droite** :

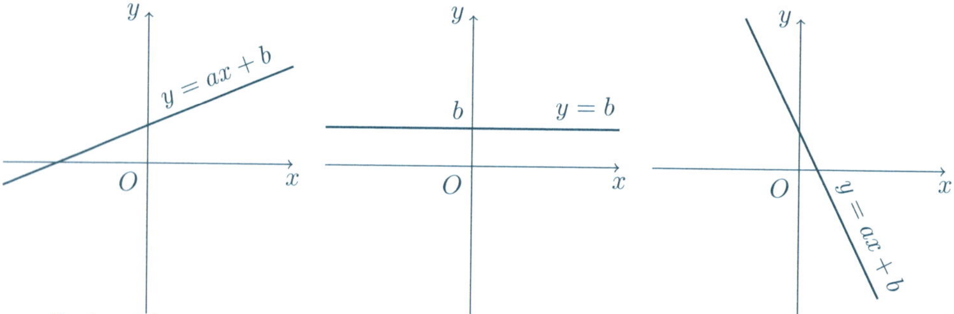

Droite d'équation $y = ax + b$, cas $a > 0$ — Droite d'équation $y = ax + b$, cas $a = 0$ — Droite d'équation $y = ax + b$, cas $a < 0$

Le réel a est appelé le **coefficient directeur** (ou aussi : **pente**, lorsque le repère est orthonormé) de la droite D d'équation $y = ax + b$, et b est appelé l'**ordonnée à l'origine** de la droite D.

2) Pour $(a, b) \in \mathbb{R}^2$ fixé, on résout facilement l'équation $ax + b = 0$, d'inconnue $x \in \mathbb{R}$, et on a, en notant S l'ensemble des solutions :

- si $a \neq 0$, alors $\mathcal{S} = \left\{ -\dfrac{b}{a} \right\}$,
- si $a = 0$ et $b \neq 0$, alors $\mathcal{S} = \varnothing$,
- si $a = 0$ et $b = 0$, alors $\mathcal{S} = \mathbb{R}$.

3) Pour $(a, b) \in \mathbb{R}^2$ fixé, on résout facilement l'inéquation $ax + b \geqslant 0$ (et les autres inéquations avec le même premier membre), et on a, en notant $\mathcal{S}$ l'ensemble des solutions :

- si $a > 0$, alors $\mathcal{S} = \left[-\dfrac{b}{a} \,; +\infty \right[$,
- si $a < 0$, alors $\mathcal{S} = \left] -\infty \,; -\dfrac{b}{a} \right]$,
- si $a = 0$ et $b < 0$, alors $\mathcal{S} = \varnothing$,
- si $a = 0$ et $b \geqslant 0$, alors $\mathcal{S} = \mathbb{R}$.

> **Attention**
> Dans ce genre de calcul, porter attention au caractère strict ou large des inégalités, au sens des inégalités, et à la manipulation de produits ou de quotients par des nombres négatifs.

Par exemple : $-2x + 1 \leqslant 0 \iff -2x \leqslant -1 \iff x \geqslant \dfrac{-1}{-2} \iff x \geqslant \dfrac{1}{2}$.

On préférera, pour l'exemple ci-dessus, la rédaction suivante, obtenue en multipliant dès le départ par -1 pour que le coefficient de x devienne positif :

$$-2x + 1 \leqslant 0 \iff 2x - 1 \geqslant 0 \iff 2x \geqslant 1 \iff x \geqslant \frac{1}{2}.$$

Ou encore, en faisant passer $-2x$ de l'autre côté :

$$-2x + 1 \leqslant 0 \iff 1 \leqslant 2x \iff \frac{1}{2} \leqslant x \iff x \geqslant \frac{1}{2}.$$

On peut souvent éviter la manipulation de nombres négatifs dans des inégalités en multipliant par -1 (et en changeant donc le sens de l'inégalité) ou en faisant passer un terme de l'autre côté, quitte à réécrire l'inégalité en sens inverse.

2 Premier degré à deux variables

2.1 Systèmes linéaires de deux équations à deux inconnues

On peut résoudre un système linéaire de deux équations à deux inconnues par substitution, par une méthode de pivot, ou par combinaison linéaire.

On veillera à raisonner, si possible, par équivalences logiques successives, ou sinon par implication puis réciproque.

> **Exemple**
>
> Résoudre le système linéaire, d'inconnue $(x, y) \in \mathbb{R}^2$: $(S)\ \begin{cases} 2x - y = 5 \\ x + 3y = -1. \end{cases}$
>
> Il est d'usage de noter (S) le système initial, $\mathcal{S}$ l'ensemble des solutions de (S) (avec l'inconvénient d'utiliser la même lettre, mais dans des polices de caractère différentes), L_1, L_2 les deux équations du système, dans l'ordre, en gardant cette même notation

pour les systèmes suivants dans le calcul, ou aussi de noter (1), (2) les deux équations, dans l'ordre.
La **méthode de substitution** consiste à exprimer une des inconnues en fonction de l'autre à partir de l'une des deux équations et à reporter dans l'autre équation.
Ici, il est commode d'exprimer y en fonction de x à partir de (1) (on pourrait aussi exprimer x en fonction de y à partir de (2)) :

$$(S) \iff \begin{cases} y = 2x - 5 \\ x + 3(2x - 5) = -1 \end{cases} \iff \begin{cases} y = 2x - 5 \\ 7x = 14 \end{cases} \iff \begin{cases} x = 2 \\ y = -1. \end{cases}$$

On conclut que l'ensemble $\mathcal{S}$ des solutions du système linéaire (S) est : $\mathcal{S} = \{(2, -1)\}$.
Dans cet exemple, $\mathcal{S}$ est un singleton, ayant pour seul élément le couple $(2, -1)$.
On peut contrôler le résultat, en remplaçant (x, y) par $(2, -1)$ dans le système (S) de l'énoncé (le calcul peut être fait de tête).
On peut interpréter graphiquement la résolution d'un système linéaire de deux équations à deux inconnues comme la détermination de l'intersection de deux droites :

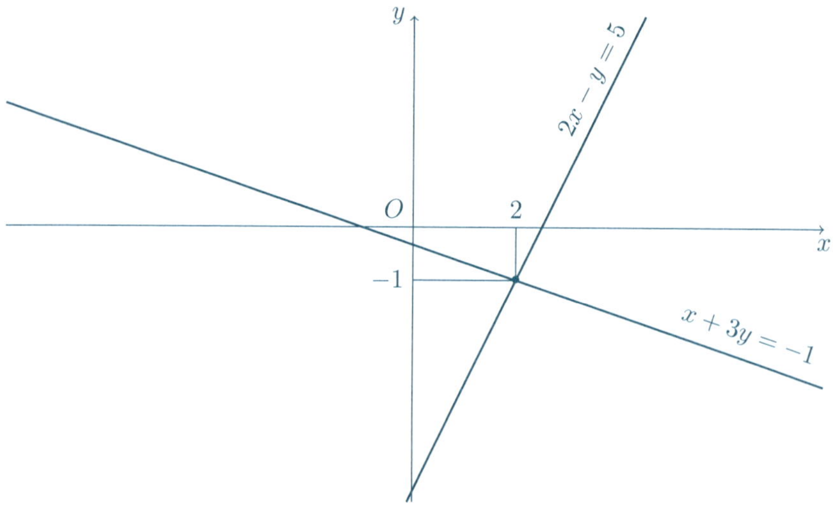

Le point $(2, -1)$ est le point d'intersection des deux droites d'équations : $2x - y = 5$, $x + 3y = -1$

2.2 Systèmes linéaires de deux inéquations à deux inconnues

Pour résoudre un système linéaire de deux inéquations à deux inconnues, on utilise souvent une interprétation graphique.

Exemple

Tracer, dans le plan rapporté à un repère orthonormé, l'ensemble E des couples $(x, y) \in \mathbb{R}^2$ tels que : $(S) \begin{cases} 3x - y \geqslant 1 \\ x + y < -1. \end{cases}$

On se ramène à un système d'inéquations portant sur y par rapport à une expression du premier degré en x : $(S) \iff \begin{cases} y \leqslant 3x - 1 \\ y < -x - 1 \end{cases}$ puis on trace les deux droites $D_1 \mid y = 3x - 1$, $D_2 \mid y = -x - 1$, on détermine leur point d'intersection par résolution d'un système linéaire de deux équations à deux inconnues, on visualise chacune des deux inéquations du système de départ (cela correspond au-dessus ou au-dessous par rapport à la droite en question) et on hachure (ou : on grise, ou on utilise tout artifice graphique) soit l'ensemble cherché, soit le complémentaire de l'ensemble cherché (il y a ainsi deux conventions, et il faut bien préciser laquelle on choisit), en traçant en trait plein les bords compris et en pointillés les bords exclus :

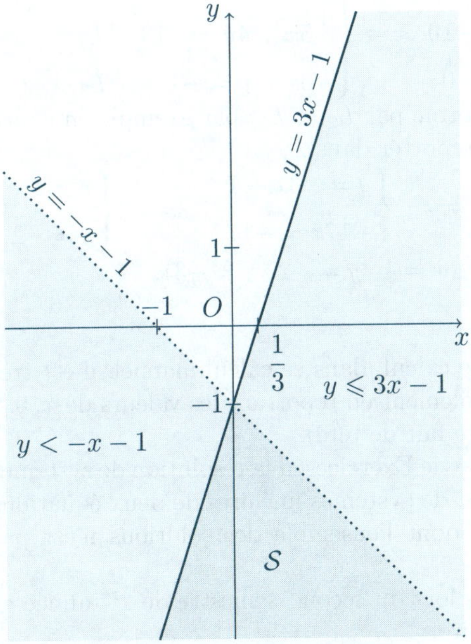

Les deux ensembles correspondant à $y \leqslant 3x - 1$ et à $y < -x - 1$ sont clairs, et leur intersection, qui est $\mathcal{S}$, est foncée

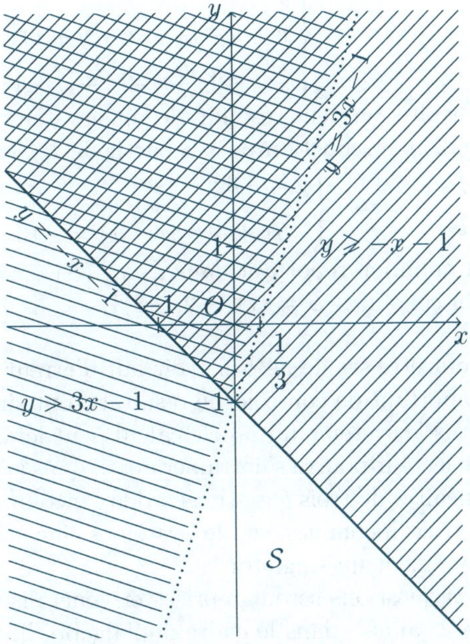

Les deux ensembles correspondant à $y > 3x - 1$ et à $y \geqslant -x - 1$ sont hachurés, et le complémentaire de leur réunion, qui est $\mathcal{S}$, est en blanc

3 Premier degré à plusieurs variables

On peut résoudre un système linéaire de trois équations à trois inconnues par **substitution**, par une **méthode de pivot**, par **combinaisons linéaires**, ou par un mélange de ces trois méthodes.

Exemple

Résoudre le système d'équations, d'inconnue $(x, y, z) \in \mathbb{R}^3$:

$$(S) \begin{cases} 2x - y + z = 1 \\ x + y + 3z = -10 \\ -x - 2y + z = 0. \end{cases}$$

Nous allons utiliser une méthode de substitution.

En notant L_1, L_2, L_3 les lignes successives dans le système, on peut, par exemple, d'abord exprimer z en fonction de x et y à partir de L_1, et reporter dans L_2 et dans L_3 :

$$(S) \iff \begin{cases} z = -2x + y + 1 \\ x + y + 3(-2x + y + 1) = -10 \\ -x - 2y + (-2x + y + 1) = 0 \end{cases} \iff \begin{cases} z = -2x + y + 1 & L_1 \\ -5x + 4y = -13 & L_2 \\ -3x - y = -1. & L_3 \end{cases}$$

Ensuite, on peut résoudre le sous-système formé par L_2 et L_3, par exemple en exprimant y en fonction de x à partir de L_3, et reporter dans L_2 :

$$\begin{cases} L_2 \\ L_3 \end{cases} \iff \begin{cases} y = -3x + 1 \\ -5x + 4(-3x + 1) = -13 \end{cases} \iff \begin{cases} y = -3x + 1 \\ -17x = -17 \end{cases} \iff \begin{cases} x = 1 \\ y = -2 \end{cases}$$

et enfin, en reportant dans L_1 : $(S) \iff \big(x = 1,\ y = -2,\ z = -3\big)$.

On conclut : $\mathcal{S} = \{(1, -2, -3)\}$.

Pour être sêr de ne pas avoir fait d'erreur de calcul, dans ce calcul manuel, il est très important de contrôler le résultat, tout simplement en reportant les valeurs de x, y, z dans le système initial (le calcul peut ici être fait de tête).

Le lecteur pourra s'entraîner aussi, dans la partie Exercices, à la résolution de systèmes linéaires de trois équations à deux inconnues, de systèmes linéaires de deux équations à trois inconnues, et de systèmes linéaires dont l'ensemble des solutions n'est pas forcément un singleton.

Ces questions seront reprises et généralisées lors du second semestre de 1re année et en 2e année, dans le cadre de l'algèbre linéaire.

Exercices d'apprentissage

6.1

Résoudre l'équation, d'inconnue $x \in \mathbb{R}$: $\dfrac{x-1}{x+1} - \dfrac{2}{x-1} = 1.$

L'ensemble de définition D de l'équation, c'est-à-dire l'ensemble des $x \in \mathbb{R}$ tels que les deux membres de l'équation soient définis, est : $D = \mathbb{R} \setminus \{-1, 1\}$.
On a, pour tout $x \in D$, en réduisant au même dénominateur et en notant $(*)$ l'équation proposée :

$$(*) \iff (x-1)^2 - 2(x+1) = (x+1)(x-1) \iff (x^2 - 2x + 1) - 2x - 2 = x^2 - 1$$
$$\iff -4x = 0 \iff x = 0$$

et on a : $0 \in D$.
On conclut : $\mathcal{S} = \{0\}$.
On peut contrôler que 0 est solution de l'équation proposée, le calcul peut être fait de tête.

6.2

Résoudre l'inéquation, d'inconnue $x \in \mathbb{R}$: $(x-1)(x+2)(x-3) < 0.$

On dresse un tableau de signes :

x	$-\infty$		-2		1		3		$+\infty$
$x-1$		$-$		$-$	0	$+$		$+$	
$x+2$		$-$	0	$+$		$+$		$+$	
$x-3$		$-$		$-$		$-$	0	$+$	
$(x-1)(x+2)(x-3)$		$-$	0	$+$	0	$-$	0	$+$	

On conclut : $\mathcal{S} =]-\infty\,;-2[\cup]1\,;3[$.

6.3

Résoudre l'inéquation, d'inconnue $x \in \mathbb{R}$: $\dfrac{x^2-1}{x-1} > 0.$

L'ensemble de définition de l'inéquation est $D = \mathbb{R} \setminus \{1\}$.
On a, pour tout $x \in D$:

$$\frac{x^2-1}{x-1} > 0 \iff \frac{(x-1)(x+1)}{x-1} > 0 \iff x+1 > 0 \iff x > -1.$$

On obtient $\mathcal{S} = \{x \in D\,;\, x > -1\}$,
et on conclut : $\mathcal{S} =]-1\,;1[\cup]1\,;+\infty[$.

6.4

Résoudre le système d'équations, d'inconnue $(x, y) \in \mathbb{R}^2$: $(S)\begin{cases} 4x - 5y = 1 \\ 3x + y = 15. \end{cases}$

Il s'agit d'un système linéaire de deux équations à deux inconnues.
Notons L_1, L_2 les équations du système, dans l'ordre.
On peut, par exemple, exprimer y en fonction de x à partir de L_2 et reporter dans L_1 :

$$(S) \iff \begin{cases} y = 15 - 3x \\ 4x - 5(15 - 3x) = 1 \end{cases} \iff \begin{cases} y = 15 - 3x \\ 19x = 76 \end{cases} \iff \begin{cases} x = 4 \\ y = 3. \end{cases}$$

On conclut : $\mathcal{S} = \{(4, 3)\}$.
Le système (S) s'interprète graphiquement comme l'intersection de deux droites sécantes dans le plan.
On peut contrôler le résultat (ou tout au moins que le couple obtenu est bien solution du système) en remplaçant x et y par ces valeurs dans le système initial, le calcul peut être fait de tête.

6.5

Résoudre le système d'équations, d'inconnue $(x, y, z) \in \mathbb{R}^3$:

$$\begin{cases} x + 2y + z = 5 \\ 2x - y - 3z = 0. \end{cases}$$

Il s'agit d'un système linéaire de deux équations à trois inconnues.
On peut, par exemple, commencer par exprimer y en fonction de x et z à partir de L_2 et reporter dans L_1 :

$$(S) \iff \begin{cases} y = 2x - 3z \\ x + 2(2x - 3z) + z = 5 \end{cases} \iff \begin{cases} y = 2x - 3z \\ 5x - 5z = 5 \end{cases}$$

$$\iff \begin{cases} z = x - 1 \\ y = 2x - 3(x - 1) \end{cases} \iff \begin{cases} z = x - 1 \\ y = -x + 3. \end{cases}$$

On conclut : $\mathcal{S} = \big\{(x,\ -x + 3,\ x - 1)\ ;\ x \in \mathbb{R}\big\}$.
Le système (S) s'interprète graphiquement comme la droite d'intersection de deux plans dans l'espace, non parallèles.
On peut contrôler le résultat (ou tout au moins que les triplets obtenus sont bien solutions du système) en remplaçant x, y, z par ces valeurs (en fonction de x) dans le système initial :

$$\begin{cases} x + 2y + z = x + 2(-x + 3) + (x - 1) = 5 \\ 2x - y - 3z = 2x - (-x + 3) - 3(x - 1) = 0. \end{cases}$$

Remarque : On aurait aussi pu résoudre le système en exprimant x en fonction de y et z à partir de L_1, ou par d'autres méthodes, et on aurait obtenu une (autre) présentation de $\mathcal{S}$ avec y comme paramètre ou avec z comme paramètre.

6.6

Résoudre le système d'équations, d'inconnue $(x, y) \in \mathbb{R}^2$: $\begin{cases} x + 2y = 5 \\ 2x - 3y = -4 \\ 3x + 4y = 11. \end{cases}$

Il s'agit d'un système linéaire de trois équations à deux inconnues.
On peut, par exemple, exprimer x en fonction de y à partir de L_1, et reporter dans L_2 et L_3 :

$$(S) \iff \begin{cases} x = -2y + 5 \\ 2(-2y+5) - 3y = -4 \\ 3(-2y+5) + 4y = 11 \end{cases} \iff \begin{cases} x = -2y + 5 \\ -7y = -14 \\ -2y = -4 \end{cases} \iff \begin{cases} y = 2 \\ x = 1. \end{cases}$$

On conclut : $\mathcal{S} = \{(1, 2)\}$.
Le système (S) s'interprète graphiquement comme l'intersection de trois droites (dans le plan), passant par un même point.
On peut montrer que l'une des trois équations du système est combinaison linéaire des deux autres, et le système de trois équations se réduit alors à un système de deux équations.
On peut contrôler le résultat (ou tout au moins que le couple obtenu est bien solution du système) en remplaçant x, y par ces valeurs dans le système initial, le calcul peut ici être fait de tête.

6.7

Représenter graphiquement l'ensemble des solutions $(x, y) \in \mathbb{R}^2$ du système d'inéquations : $\begin{cases} 3x - y < 0 \\ x + 2y \geqslant 1. \end{cases}$

On détermine d'abord le point d'intersection des deux droites d'équations cartésiennes respectives $3x - y = 0$ et $x + 2y = 1$:

$$\begin{cases} 3x - y = 0 \\ x + 2y = 1 \end{cases} \iff \begin{cases} y = 3x \\ 7x = 1 \end{cases} \iff \begin{cases} x = \dfrac{1}{7} \\ y = \dfrac{3}{7}. \end{cases}$$

Ensuite, on trace ces deux droites et on matérialise (par une couleur, ou un grisé, ou des hachures) la partie du plan correspondant aux inégalités de l'énoncé, en traçant en trait plein les bords compris et en traits pointillés les bords exclus :

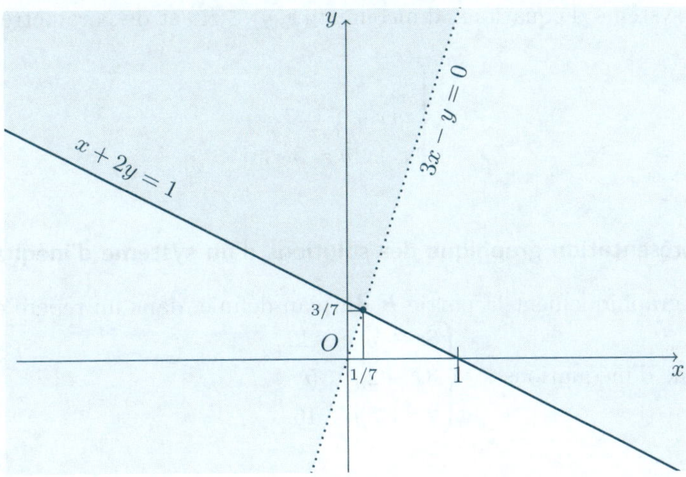

Exercices d'entraînement

6.8 Résolution d'une inéquation par utilisation d'un tableau de signes

Résoudre l'inéquation, d'inconnue $x \in \mathbb{R}$: $\dfrac{(2x-1)(-x+2)}{(x+1)(x+2)} \leqslant 0.$

6.9 Résolution d'une inéquation à une inconnue

Résoudre l'inéquation, d'inconnue $x \in \mathbb{R}$: $\dfrac{x^2-4}{x-2} + \dfrac{x^2-9}{x+3} < 0.$

6.10 Résolution d'un système linéaire avec paramètre

Résoudre le système d'équations, d'inconnue $(x, y, z) \in \mathbb{R}^3$ et de paramètre $m \in \mathbb{R}$:

$$\begin{cases} 2x + 3y + 3z = 4 \\ x + 2y - z = 4 \\ 3x + 4y + 7z = 2m. \end{cases}$$

6.11 Résolution d'un système linéaire de 4 équations à 4 inconnues

Résoudre le système d'équations, d'inconnue $(x, y, z, t) \in \mathbb{R}^4$: $\begin{cases} x + y + z + t = 8 \\ x - y + z + t = 6 \\ x + y - z + t = 4 \\ x + y + z - t = 2. \end{cases}$

6.12 Résolution d'un système linéaire avec paramètre

Résoudre le système d'équations, d'inconnue $(x, y) \in \mathbb{R}^2$ et de paramètre $m \in \mathbb{R}$:

$$\begin{cases} x - y = 2 \\ mx + y = 7 \\ x + 2y = 5. \end{cases}$$

6.13 Représentation graphique des solutions d'un système d'inéquations

Représenter graphiquement la partie E du plan définie, dans un repère orthonormé, par le système d'inéquations : $\begin{cases} 8x + y \geqslant -12 \\ 3x - 2y \leqslant 5 \\ 2x + 5y \geqslant 16. \end{cases}$

Corrigés des exercices d'entraînement

6.8

Dressons un tableau de signes :

x	$-\infty$		-2		-1		$1/2$		2		$+\infty$
$2x - 1$		$-$		$-$		$-$	0	$+$		$+$	
$-x + 2$		$+$		$+$		$+$		$+$	0	$-$	
$x + 1$		$-$		$-$	0	$+$		$+$		$+$	
$x + 2$		$-$	0	$+$		$+$		$+$		$+$	
$\dfrac{(2x-1)(-x+2)}{(x+1)(x+2)}$		$-$	$\|$	$+$	$\|$	$-$	0	$+$	0	$-$	

On conclut :

$$\mathcal{S} =]-\infty\,;-2[\cup \left] -1\,;\frac{1}{2}\right] \cup [2\,;+\infty[.$$

6.9

L'ensemble de définition de l'inéquation de l'énoncé est $D = \mathbb{R} \setminus \{-3, 2\}$.
On a, pour tout $x \in D$, en remarquant que les deux fractions peuvent être simplifiées :

$$\frac{x^2-4}{x-2} + \frac{x^2-9}{x+3} < 0$$

$$\iff \frac{(x-2)(x+2)}{x-2} + \frac{(x-3)(x+3)}{x+3} < 0$$

$$\iff (x+2) + (x-3) < 0$$

$$\iff 2x - 1 < 0 \iff x < \frac{1}{2}.$$

On conclut :

$$\mathcal{S} =]-\infty\,;-3[\cup \left] -3\,;\frac{1}{2}\right[.$$

Attention à ne pas oublier d'exclure le réel -3.

6.10

Puisque le coefficient de x dans la 2e équation du système de l'énoncé est 1, on peut, par exemple, exprimer x (sans fraction) et reporter :

$$\begin{cases} 2x + 3y + 3z = 4 \\ x + 2y - z = 4 \\ 3x + 4y + 7z = 2m \end{cases}$$

$$\iff \begin{cases} x = -2y + z + 4 \\ 2(-2y + z + 4) + 3y + 3z = 4 \\ 3(-2y + z + 4) + 4y + 7z = 2m \end{cases}$$

$$\iff \begin{cases} x = -2y + z + 4 \\ -y + 5z = -4 \\ -2y + 10z = 2m - 12 \end{cases}$$

$$\iff \begin{cases} x = -2y + z + 4 \\ -y + 5z = -4 \\ -y + 5z = m - 6. \end{cases}$$

Si $m - 6 \neq -4$, c'est-à-dire $m \neq 2$, alors $\mathcal{S} = \varnothing$.
Si $m = 2$, alors :

$$(S) \iff \begin{cases} x = -2y + z + 4 \\ -y + 5z = -4 \end{cases}$$

$$\iff \begin{cases} y = 5z + 4 \\ x = -2(5z + 4) + z + 4 = -9z - 4. \end{cases}$$

On conclut :

$$\mathcal{S} = \begin{cases} \{(-9z - 4,\, 5z + 4,\, z),\ z \in \mathbb{R}\} & \text{si } m = 4 \\ \varnothing & \text{si } m \neq 4. \end{cases}$$

6.11

Effectuons $L_i \longleftarrow L_1 - L_i$ pour $i = 2, 3, 4$:

$$\begin{cases} x + y + z + t = 8 \\ x - y + z + t = 6 \\ x + y - z + t = 4 \\ x + y + z - t = 2. \end{cases} \iff \begin{cases} x + y + z + t = 8 \\ 2y = 2 \\ 2z = 4 \\ 2t = 6 \end{cases}$$

$$\iff \begin{cases} y = 1 \\ z = 2 \\ t = 3 \\ x = 2. \end{cases}$$

On conclut :

$$\mathcal{S} = \{(2, 1, 2, 3)\}.$$

On peut contrôler que ce quadruplet vérifie bien le système de l'énoncé, le calcul peut être fait de tête.

6.12

Puisque m n'intervient que dans l'équation (2) du système, on peut, par exemple, commencer par résoudre le système formé par les équations (1) et (3) :

$$\begin{cases} x - y = 2 \\ x + 2y = 5 \end{cases} \iff \begin{cases} y = x - 2 \\ x + 2(x - 2) = 5 \end{cases}$$

$$\iff \begin{cases} x = 3 \\ y = 1, \end{cases}$$

puis reporter dans le système :

$$(S) \iff \begin{cases} x = 3 \\ y = 1 \\ mx + y = 7 \end{cases} \iff \begin{cases} x = 3 \\ y = 1 \\ 3m + 1 = 7 \end{cases}$$

$$\iff \begin{cases} x = 3 \\ y = 1 \\ m = 2. \end{cases}$$

On conclut :

$$\mathcal{S} = \begin{cases} \{(3, 1)\} & \text{si} \quad m = 2 \\ \varnothing & \text{si} \quad m \neq 2. \end{cases}$$

6.13

En notant D_1, D_2, D_3 les trois droites du plan d'équations cartésiennes

$$D_1 \mid 8x + y + 12 = 0,$$
$$D_2 \mid 3x - 2y - 5 = 0,$$
$$D_3 \mid 2x + 5y - 16 = 0,$$

l'ensemble E des solutions du système d'inéquations proposé est obtenu en faisant l'intersection des trois demi-plans (ouverts ou fermés, selon la nature de l'inégalité, stricte ou large) limités par ces trois droites et correspondant aux sens des trois inégalités de l'énoncé.
On obtient facilement les points d'intersection A de D_2 et D_3, B de D_1 et D_3, C de D_1 et D_2 :

$$A(3, 2), \quad B(-2, 4), \quad C(-1, -4).$$

Pour décider quel est le bon côté de la droite correspondant à une inégalité de l'énoncé, par exemple pour la première inégalité $8x + y \geqslant -12$, on peut choisir un point du plan qui ne soit pas sur cette droite, ici l'origine $O(0, 0)$, et comme, en ce point, $8x + y + 12 = 12 \geqslant 0$, le bon côté est celui contenant O.

Il y a deux conventions pour le schéma, après avoir tracé les trois droites en question et lorsqu'on ne dispose pas de couleurs :

- soit on grise (ou on hachure) les demi-plans qui conviennent puis on matérialise leur intersection
- soit on grise les demi-plans qui ne conviennent pas, puis l'ensemble E cherché est la partie non grisée du plan.

En utilisant cette seconde convention :

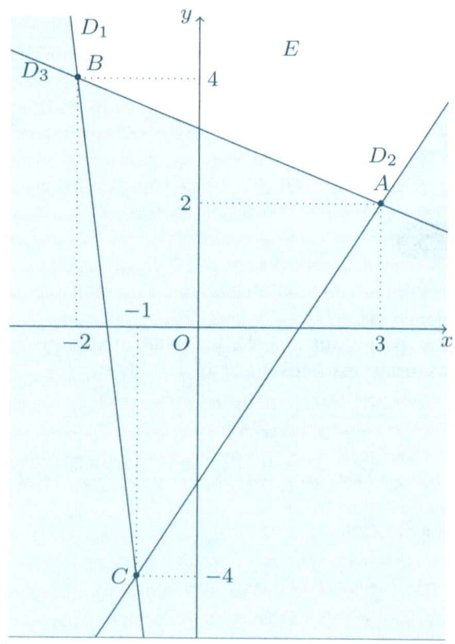

On conclut que E est la partie du plan située au-dessus des trois droites, bords compris.

7 Second degré

Dans ce chapitre, nous étudions le second degré sur les réels, c'est-à-dire les équations et inéquations du second degré et les questions qui s'y ramènent.

Rappels de cours

1 Généralités

1.1 Définitions

Définition

1) Une **expression du second degré** (ou : **trinôme du second degré**) est une expression du type $ax^2 + bx + c$, où $a, b, c \in \mathbb{R}$ sont fixés (et $a \neq 0$) et où $x \in \mathbb{R}$ est variable ou inconnu.

2) Une **fonction du second degré** est une fonction du type $f : x \longmapsto ax^2 + bx + c$, où $a, b, c \in \mathbb{R}$ sont fixés (et $a \neq 0$) et $x \in \mathbb{R}$ est variable.

3) Une **équation du second degré** est une équation du type $ax^2 + bx + c = 0$, où $a, b, c \in \mathbb{R}$ sont fixés (et $a \neq 0$) et $x \in \mathbb{R}$ est l'inconnue.

4) Une **inéquation du second degré** est une inéquation du type $ax^2 + bx + c \geqslant 0$, ou $ax^2 + bx + c \leqslant 0$, ou $ax^2 + bx + c > 0$, ou $ax^2 + bx + c < 0$, où $a, b, c \in \mathbb{R}$ sont fixés (et $a \neq 0$) et $x \in \mathbb{R}$ est l'inconnue.

1.2 Fonctions du second degré

Une fonction du second degré $f : \mathbb{R} \longrightarrow \mathbb{R}, \quad x \longmapsto ax^2 + bx + c$, où a, b, c sont fixés et $a \neq 0$, est représentée graphiquement par une **parabole** d'axe parallèle à $y'y$ (on dit aussi : d'axe vertical) :

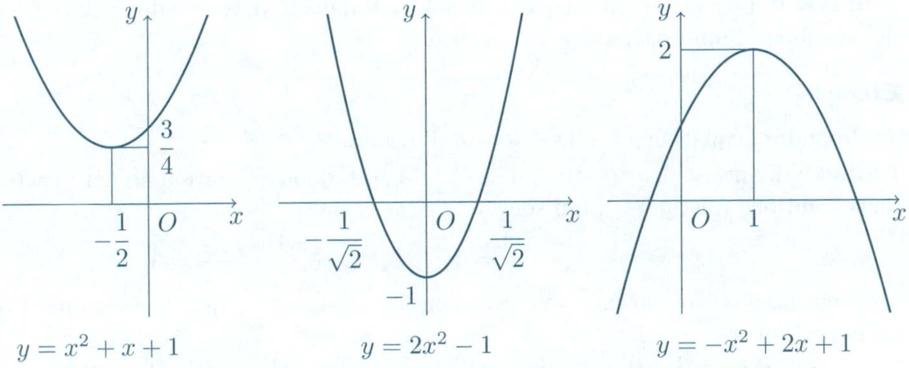

Exemples de représentations graphiques de fonctions du second degré

La fonction f est dérivable sur $\mathbb{R}$ et, pour tout $x \in \mathbb{R}$, $f'(x) = 2ax + b$, donc f' s'annule et change de signe en $-\dfrac{b}{2a}$.
La fonction f est deux fois dérivable sur $\mathbb{R}$ et, pour tout $x \in \mathbb{R}$, $f''(x) = 2a$.
Si $a > 0$ (resp. $a < 0$), la parabole tourne sa concavité vers le haut (resp. le bas).

1.3 Mise sous forme canonique d'un trinôme du second degré

Le trinôme du second degré $ax^2 + bx + c$ peut être mis sous **forme canonique**, en faisant apparaître le carré d'une somme et en retranchant un terme :

$$\begin{aligned} ax^2 + bx + c = a\left(x^2 + \frac{b}{a}x + \frac{c}{a}\right) &= a\left[\left(x + \frac{b}{2a}\right)^2 - \frac{b^2}{4a^2} + \frac{c}{a}\right] \\ &= a\left[\left(x + \frac{b}{2a}\right)^2 - \frac{b^2 - 4ac}{4a^2}\right] = a\left(x + \frac{b}{2a}\right)^2 - \frac{b^2 - 4ac}{4a}. \end{aligned}$$

Le nombre réel $\Delta = b^2 - 4ac$ est appelé le **discriminant** du trinôme du second degré $ax^2 + bx + c$.

1.4 Résolution des équations du second degré dans $\mathbb{R}$

Pour $a, b, c \in \mathbb{R}$ tels que $a \neq 0$, on sait résoudre l'équation du second degré, d'inconnue $x \in \mathbb{R}$, $ax^2 + bx + c = 0$.
On calcule le discriminant $\Delta = b^2 - 4ac$.

- Si $\Delta > 0$, l'équation admet exactement deux solutions (distinctes), qui sont

$$x_1 = \frac{-b - \sqrt{\Delta}}{2a}, \quad x_2 = \frac{-b + \sqrt{\Delta}}{2a}$$

- Si $\Delta = 0$, l'équation admet une solution et une seule, appelée **solution double**, qui est $\quad x_0 = \dfrac{-b}{2a}$

- Si $\Delta < 0$, l'équation n'admet pas de solution dans $\mathbb{R}$ (elle en admet dans $\mathbb{C}$, corps des nombres complexes, voir le chapitre 11).

Exemple

1) Résoudre l'équation $x^2 - 4x + 3 = 0$, d'inconnue $x \in \mathbb{R}$.
Le discriminant est $\Delta = (-4)^2 - 4 \cdot 1 \cdot 3 = 4 > 0$, donc l'équation admet exactement deux solutions (distinctes), qui sont

$$x_1 = \frac{-(-4) - \sqrt{4}}{2} = 1, \quad x_2 = \frac{-(-4) + \sqrt{4}}{2} = 3.$$

On pouvait aussi remarquer, sur cet exemple très simple, que 1 est solution, d'où, en factorisant par $x - 1$:

$$x^2 - 4x + 3 = 0 \iff (x-1)(x-3) = 0 \iff \big(x = 1 \text{ ou } x = 3\big).$$

2) Résoudre l'équation $x^2 - x - 1 = 0$, d'inconnue $x \in \mathbb{R}$.
Le discriminant est $\Delta = (-1)^2 - 4 \cdot 1 \cdot (-1) = 1 + 4 = 5 > 0$, donc l'équation admet exactement deux solutions (distinctes), qui sont : $x_1 = \dfrac{1-\sqrt{5}}{2}$, $\quad x_2 = \dfrac{1+\sqrt{5}}{2}$.
Nous retrouverons ces deux nombres particuliers dans des exercices portant sur le nombre d'or et sur la suite de Fibonacci.
3) Résoudre l'équation $x^2 + 8x + 16 = 0$, d'inconnue $x \in \mathbb{R}$.
Le discriminant est $\Delta = 8^2 - 4 \cdot 16 = 0$, donc l'équation admet exactement une solution (dite double), qui est $x_0 = \dfrac{-8}{2} = -4$.
On pouvait aussi remarquer, sur cet exemple très simple, que le trinôme en question est un carré parfait : $x^2 + 8x + 16 = 0 \iff (x+4)^2 = 0 \iff x = -4$.
4) Résoudre l'équation $x^2 + x + 1 = 0$, d'inconnue $x \in \mathbb{R}$.
Le discriminant est $\Delta = (-1)^2 - 4 \cdot 1 = -3 < 0$, donc l'équation n'a pas de solution dans $\mathbb{R}$ (mais il y a deux solutions dans $\mathbb{C}$).

2 Somme et produit des solutions d'une équation du second degré

Relations entre coefficients et racines pour une équation du second degré

Si l'équation $ax^2 + bx + c = 0$, d'inconnue $x \in \mathbb{R}$, admet deux solutions $x_1, x_2 \in \mathbb{R}$ (éventuellement confondues) alors : $x_1 + x_2 = \dfrac{-b}{a}$ et $x_1 x_2 = \dfrac{c}{a}$

Il existe un résultat plus général pour un degré quelconque, voir « polynômes scindés » page 409.
Réciproquement, pour deux réels donnés s, p tels que $s^2 - 4p \geqslant 0$, il existe exactement deux réels x_1, x_2 (à l'ordre près, et éventuellement confondus) tels que $x_1 + x_2 = s$ et $x_1 x_2 = p$: ces deux réels sont les solutions de l'équation $t^2 - st + p = 0$, d'inconnue $t \in \mathbb{R}$.

Exemple

1) Déterminer la somme et le produit des deux solutions dans $\mathbb{R}$ de l'équation du second degré $4x^2 - 9x + 3 = 0$.
Le discriminant est $\Delta = (-9)^2 - 4 \cdot 4 \cdot 3 = 81 - 48 = 33 > 0$, donc l'équation admet deux solutions réelles x_1, x_2 et on a : $x_1 + x_2 = \dfrac{-b}{a} = \dfrac{9}{4}$, $\quad x_1 x_2 = \dfrac{c}{a} = \dfrac{3}{4}$.
2) Déterminer deux nombres réels x, y sachant que leur somme est 4 et leur produit est $\sqrt{2}$.
Les deux nombres x, y sont les solutions de l'équation du second degré $t^2 - 4t + \sqrt{2} = 0$, d'inconnue $t \in \mathbb{R}$.
Le discriminant est $\Delta = (-4)^2 - 4 \cdot \sqrt{2} = 16 - 4\sqrt{2} > 0$, donc les nombres x et y sont,

à l'ordre près :

$$x = \frac{4-\sqrt{16-4\sqrt{2}}}{2} = 2-\sqrt{4-\sqrt{2}}, \qquad y = \frac{4+\sqrt{16-4\sqrt{2}}}{2} = 2+\sqrt{4-\sqrt{2}}.$$

3 Résolution des inéquations du second degré dans $\mathbb{R}$

Pour résoudre une inéquation du second degré $ax^2+bx+c>0$ (avec le symbole $>$ par exemple), où $a, b, c \in \mathbb{R}$ sont fixés et $a \neq 0$, et $x \in \mathbb{R}$ est l'inconnue, on calcule le discriminant $\Delta = b^2-4ac$, puis :

- si $\Delta > 0$, alors le trinôme du second degré ax^2+bx+c admet deux zéros distincts x_1, x_2 dans $\mathbb{R}$, et le trinôme est du signe strict de a en dehors strictement de l'intervalle ouvert joignant x_1 et x_2, et le trinôme est du signe strict contraire de a dans l'intervalle ouvert joignant x_1 et x_2
- si $\Delta = 0$, alors le trinôme ax^2+bx+c est du signe strict de a sur $\mathbb{R} \setminus \left\{\frac{-b}{2a}\right\}$ et s'annule en $\frac{-b}{2a}$
- si $\Delta < 0$, alors le trinôme est du signe strict de a sur tout $\mathbb{R}$.

Exemple

1) Résoudre l'inéquation $x^2-5x+6<0$, d'inconnue $x \in \mathbb{R}$.
Le discriminant est $\Delta = (-5)^2-4\cdot 1\cdot 6 = 1 > 0$, donc le trinôme admet deux zéros distincts, qui sont $x_1 = \frac{5-1}{2} = 2$, $x_2 = \frac{5+1}{2} = 3$,
d'où : $x^2-5x+6<0 \iff x \in]2\,;3[$,
autrement dit l'ensemble des solutions de l'inéquation proposée est $\mathcal{S} =]2\,;3[$.
On pouvait aussi remarquer, dans cet exemple simple, une factorisation :

$$x^2-5x+6<0 \iff (x-2)(x-3)<0 \iff 2<x<3.$$

2) Résoudre l'inéquation $-x^2+3x-1 \geqslant 0$, d'inconnue $x \in \mathbb{R}$.
Dans cet exemple, il est plus commode de remplacer d'abord l'inéquation par une inéquation logiquement équivalente en multipliant les deux membres par -1 (et en changeant donc le sens de l'inéquation), pour manipuler des nombres positifs plutôt que des nombres négatifs : $-x^2+3x-1 \geqslant 0 \iff x^2-3x+1 \leqslant 0$.
Le discriminant est $\Delta = (-3)^2-4\cdot 1\cdot 1 = 5 > 0$, donc le trinôme admet deux zéros réels distincts qui sont $\frac{3-\sqrt{5}}{2}$ et $\frac{3+\sqrt{5}}{2}$, d'où : $\mathcal{S} = \left[\frac{3-\sqrt{5}}{2}\,;\frac{3+\sqrt{5}}{2}\right]$.

3) Résoudre l'inéquation $x^2+x+1 \leqslant 0$, d'inconnue $x \in \mathbb{R}$.
Le discriminant est $\Delta = 1-4 = -3 < 0$, donc le trinôme est du signe strict de a (le coefficient de x^2) pour tout $x \in \mathbb{R}$, donc le trinôme est >0 sur tout $\mathbb{R}$, d'où : $\mathcal{S} = \varnothing$.

4 Trinômes bicarrés

Un **trinôme bicarré** est une expression du type $ax^4 + bx^2 + c$ où $a, b, c \in \mathbb{R}$ (et $a \neq 0$) et $x \in \mathbb{R}$.
En notant $y = x^2$, on peut se ramener à un trinôme du second degré, $ay^2 + by + c$.
Pour factoriser un trinôme bicarré ou pour déterminer ses zéros, on utilise l'une des deux méthodes suivantes, selon les valeurs de a, b, c.

1er cas : Si $b^2 - 4ac \geqslant 0$, on pose $y = x^2$ et on se ramène à un trinôme du second degré en y.

Exemple

1) Factoriser $f(x) = x^4 - 5x^2 + 4$ sur les réels.
En notant $y = x^2$, on a : $x^4 - 5x^2 + 4 = y^2 - 5y + 4$.
Le discriminant de ce trinôme du second degré est $\Delta = 25 - 16 = 9 > 0$, donc ce trinôme du second degré admet deux zéros réels, qui sont $\dfrac{5-3}{2} = 1$ et $\dfrac{5+3}{2} = 4$, d'où la factorisation $y^2 - 5y + 4 = (y-1)(y-4)$. (On aurait aussi pu remarquer que 1 est un zéro évident du trinôme du second degré.)
En remplaçant y par x^2, on obtient :

$$x^4 - 5x^2 + 4 = (x^2 - 1)(x^2 - 4) = (x-1)(x+1)(x-2)(x+2).$$

2) Résoudre l'équation $x^4 - 3x^2 - 4 = 0$, d'inconnue $x \in \mathbb{R}$.
En notant $y = x^2$, on a : $x^4 - 3x^2 - 4 = 0 \iff y^2 - 3y - 4 = 0$.
Le discriminant de ce trinôme du second degré est $\Delta = 9 + 16 = 25 = 5^2 > 0$, donc les racines du trinôme du second degré sont $\dfrac{3-5}{2} = -1$ et $\dfrac{3+5}{2} = 4$, d'où :
$x^4 - 3x^2 - 4 = 0 \iff (x^2 = -1 \text{ [impossible] ou } x^2 = 4) \iff (x = -2 \text{ ou } x = 2)$.
On conclut : $\mathcal{S} = \{-2, 2\}$.

2e cas : Si $b^2 - 4ac < 0$, on groupe les termes ax^4 et c.

Exemple

Factoriser $x^4 + 1$ dans les réels.
On a :

$$\begin{aligned} x^4 + 1 = (x^2+1)^2 - 2x^2 &= (x^2+1)^2 - (x\sqrt{2})^2 \\ &= (x^2 + 1 - x\sqrt{2})(x^2 + 1 + x\sqrt{2}) = (x^2 - x\sqrt{2} + 1)(x^2 + x\sqrt{2} + 1). \end{aligned}$$

Chacun des deux trinômes du second degré qui apparaît dans la factorisation n'a pas de racine réelle.
Dans cet exemple en particulier, la méthode utilisée ci-dessus est beaucoup plus simple et plus efficace que celle qui consisterait à passer par les nombres complexes.

Exercices d'apprentissage

7.1

Résoudre les équations suivantes, d'inconnue $x \in \mathbb{R}$:

a) $4x^2 - 8x + 3 = 0$

b) $9x^2 - 12x + 4 = 0$

c) $3x^2 + 2x + 7 = 0$.

Il s'agit d'équations du second degré à une inconnue, dans $\mathbb{R}$.

a) Le discriminant est $\Delta = 64 - 4 \cdot 4 \cdot 3 = 16 > 0$, donc l'équation admet deux solutions distinctes dans $\mathbb{R}$, qui sont

$$\frac{8-\sqrt{16}}{8} = \frac{1}{2} \quad \text{et} \quad \frac{8+\sqrt{16}}{8} = \frac{3}{2},$$

et on conclut : $\mathcal{S} = \left\{\frac{1}{2}, \frac{3}{2}\right\}$.

On peut contrôler que $\frac{1}{2}$ et $\frac{3}{2}$ sont bien solutions de l'équation, les calculs peuvent être faits de tête.

b) Le discriminant est $\Delta = 144 - 4 \cdot 9 \cdot 4 = 0$, donc l'équation admet une solution double, qui est $\frac{12}{18} = \frac{2}{3}$ et on conclut : $\mathcal{S} = \left\{\frac{2}{3}\right\}$.

On pouvait aussi remarquer que le trinôme est un carré parfait : $9x^2 - 12x + 4 = (3x-2)^2$.

c) Le discriminant est $\Delta = 4 - 4 \cdot 3 \cdot 7 = -80 < 0$, donc $\mathcal{S} = \varnothing$.

7.2

Résoudre les inéquations suivantes, d'inconnue $x \in \mathbb{R}$:

a) $2x^2 - 5x + 3 > 0$

b) $4x^2 - 4x + 1 \leqslant 0$

c) $x^2 + x + 2 \leqslant 0$.

a) Le discriminant du trinôme du second degré est $\Delta = 25 - 4 \cdot 2 \cdot 3 = 1 > 0$, donc le trinôme admet deux zéros distincts, qui sont $\frac{5-1}{4} = 1$ et $\frac{5+1}{4} = \frac{3}{2}$, et le coefficient de x^2 dans le trinôme est $2 > 0$, donc le trinôme est > 0 si et seulement si x est en dehors de l'intervalle des zéros, d'où :

$$\mathcal{S} =]-\infty\,; 1[\cup]3/2\,; +\infty[.$$

b) Le discriminant du trinôme du second degré est $\Delta = 16 - 4 \cdot 4 \cdot 1 = 0$, donc le trinôme admet un zéro double, qui est $\frac{-(-4)}{8} = \frac{1}{2}$, et le coefficient de x^2 dans le trinôme est $4 > 0$, donc le trinôme est $\geqslant 0$ pour tout $x \in \mathbb{R}$ et s'annule seulement en le zéro double, d'où :

$$\mathcal{S} = \{1/2\}.$$

On aurait aussi pu remarquer qu'il s'agit d'un carré parfait :

$$4x^2 - 4x + 1 \leqslant 0 \iff (2x-1)^2 \leqslant 0 \iff 2x - 1 = 0 \iff x = \frac{1}{2}.$$

c) Le discriminant du trinôme du second degré est $\Delta = 1 - 4 \cdot 2 = -7 < 0$, et le coefficient de x^2 dans le trinôme est $1 > 0$, donc le trinôme est > 0 pour tout $x \in \mathbb{R}$, d'où :

$$\mathcal{S} = \varnothing.$$

7.3

Résoudre l'équation, d'inconnue $x \in \mathbb{R}$: $\quad x^3 - 6x^2 + 11x - 6 = 0.$

On remarque que $x = 1$ est solution de l'équation, donc on peut factoriser par $x - 1$, et, en notant $(*)$ l'équation proposée :

$$(*) \iff (x-1)(x^2 - 5x + 6) = 0.$$

Ensuite, soit on voit directement que $x^2 - 5x + 6 = (x-2)(x-3)$, soit on calcule le discriminant Δ de ce trinôme du second degré, $\Delta = 25 - 24 = 1$, d'où les deux zéros réels de ce trinôme $\dfrac{5-1}{2}$ et $\dfrac{5+1}{2}$, puis la factorisation de ce trinôme en $(x-2)(x-3)$, donc :

$$(*) \iff (x-1)(x-2)(x-3) = 0 \iff \big(x = 1 \ \text{ ou } \ x = 2 \ \text{ ou } \ x = 3\big).$$

On conclut : $\mathcal{S} = \{1,\, 2,\, 3\}$.
On peut contrôler que chacun de ces trois nombres est solution de l'équation de l'énoncé, les calculs peuvent être faits de tête.

7.4

Résoudre l'inéquation, d'inconnue $x \in \mathbb{R}$: $\quad (x^2 + 3x + 1)^2 < 1.$

On a, pour tout $x \in \mathbb{R}$:

$$(x^2 + 3x + 1)^2 < 1 \iff -1 < x^2 + 3x + 1 < 1 \iff \begin{cases} x^2 + 3x + 2 > 0 \\ x^2 + 3x < 0 \end{cases}$$

$$\iff \begin{cases} (x+1)(x+2) > 0 \\ x(x+3) < 0 \end{cases} \iff \begin{cases} x < -2 \ \text{ ou } \ x > -1 \\ -3 < x < 0 \end{cases}$$

$$\iff -3 < x < -2 \ \text{ ou } \ -1 < x < 0.$$

On conclut : $\mathcal{S} =]-3\,;-2[\cup]-1\,;0[$.

7.5

Résoudre le système d'équations, d'inconnue $x \in \mathbb{R}$: $\begin{cases} x^2 - 3x + 2 > 0 \\ 4x^2 - 16x + 15 \leqslant 0. \end{cases}$

- Le discriminant du trinôme du second degré $x^2 - 3x + 2$ est $\Delta_1 = 9 - 8 = 1 > 0$, donc ce trinôme admet deux zéros réels qui sont $\dfrac{3-1}{2} = 1$ et $\dfrac{3+1}{2} = 2$, d'où :

$$x^2 - 3x + 2 > 0 \iff \big(x < 1 \ \text{ ou } \ x > 2\big).$$

- Le discriminant du trinôme du second degré $4x^2-16x+15$ est $\Delta_2 = 16^2-4\cdot4\cdot15 = 16 > 0$, donc ce trinôme admet deux zéros réels, qui sont $\dfrac{16-4}{8} = \dfrac{3}{2}$ et $\dfrac{16+4}{8} = \dfrac{5}{2}$, d'où :

$$4x^2 - 16x + 15 \leqslant 0 \iff \frac{3}{2} \leqslant x \leqslant \frac{5}{2}.$$

Ainsi :

$$\begin{cases} x^2 - 3x + 2 > 0 \\ 4x^2 - 16x + 15 \leqslant 0 \end{cases} \iff \begin{cases} x < 1 \quad \text{ou} \quad x > 2 \\ \dfrac{3}{2} \leqslant x \leqslant \dfrac{5}{2}. \end{cases}$$

Comme $1 < \dfrac{3}{2} < 2 < \dfrac{5}{2}$, on conclut : $\mathcal{S} = \left]2\,;\dfrac{5}{2}\right]$.

7.6

Résoudre le système d'équations, d'inconnue $(x, y) \in \mathbb{R}^2$: $\begin{cases} x + y = 2 \\ xy = -1. \end{cases}$

Il s'agit de déterminer deux réels connaissant leur somme ($S = 2$) et leur produit ($P = -1$). D'après le cours, x et y sont les solutions de l'équation du second degré, d'inconnue $t \in \mathbb{R}$:

$$t^2 - St + P = 0 \iff t^2 - 2t - 1 = 0.$$

Le discriminant du trinôme est $\Delta = 4 - 4\cdot(-1) = 8$, donc les zéros de l'équation sont $\dfrac{2-\sqrt{8}}{2} = 1 - \sqrt{2}$ et $\dfrac{2+\sqrt{8}}{2} = 1 + \sqrt{2}$.

On conclut : $\mathcal{S} = \{1-\sqrt{2},\ 1+\sqrt{2}\}$.

On peut contrôler que ce couple convient, le calcul peut être fait de tête.

7.7

Soient $s, p \in \mathbb{R}$ tels que $s^2 - 4p > 0$, et soient t, u les solutions de l'équation $x^2 - sx + p = 0$ d'inconnue $x \in \mathbb{R}$.
Calculer $S_k = t^k + u^k$ pour $k = 2, 3, 4$ en fonction de s et p.

D'après le cours, on a $t+u = s$ et $tu = p$, d'où, en utilisant la formule du binôme de Newton :

- $S_2 = t^2 + u^2 = (t+u)^2 - 2tu = s^2 - 2p$,
- $S_3 = t^3 + u^3 = (t+u)^3 - (3t^2u + 3tu^2) = s^3 - 3sp$,
- $S_4 = t^4 + u^4 = (t^2+u^2)^2 - 2t^2u^2 = (s^2-2p)^2 - 2p^2 = s^4 - 4s^2p + 2p^2$.

7.8

Factoriser, dans les réels :

a) $f(x) = 2x^4 - 5x^2 + 3$

b) $g(x) = x^4 + 4x^2 + 4$

c) $h(x) = x^4 - 6x^2 + 9$

d) $k(x) = x^4 + x^2 + 1$

e) $m(x) = x^4 - 5x^2 + 3$.

Il s'agit de factoriser, dans les réels, des trinômes bicarrés.

a) On remarque, dans cet exemple simple, que, si on remplace x^2 par 1, $2x^4 - 5x^2 + 3$ s'annule, et on met donc en facteur $x^2 - 1$:

$$f(x) = (x^2 - 1)(2x^2 - 3) = 2(x-1)(x+1)\left(x - \sqrt{\frac{3}{2}}\right)\left(x + \sqrt{\frac{3}{2}}\right).$$

b) On reconnaît un carré parfait :

$$g(x) = (x^2 + 2)^2.$$

c) On reconnaît un carré parfait :

$$h(x) = (x^2 - 3)^2 = \big((x - \sqrt{3})(x + \sqrt{3})\big)^2 = (x - \sqrt{3})^2(x + \sqrt{3})^2.$$

d) On groupe x^2 et 1 pour débuter un carré parfait :

$$k(x) = (x^2 + 1)^2 - x^2 = \big((x^2 + 1) - x\big)\big((x^2 + 1) + x\big) = (x^2 - x + 1)(x^2 + x + 1),$$

et la factorisation est terminée car les discriminants de ces deux trinômes du second degré sont tous les deux < 0.

e) Avec les notations classiques, $b^2 - 4ac = 25 - 12 = 13 > 0$, donc on peut poser $y = x^2$ et considérer le trinôme du second degré $G(y) = y^2 - 5y + 3$, de sorte que $m(x) = G(x^2)$, d'où :

$$m(x) = \Big(x^2 - \underbrace{\frac{5 - \sqrt{13}}{2}}_{\geqslant 0}\Big)\Big(x^2 - \underbrace{\frac{5 + \sqrt{13}}{2}}_{\geqslant 0}\Big)$$

$$= \left(x - \sqrt{\frac{5 - \sqrt{13}}{2}}\right)\left(x + \sqrt{\frac{5 - \sqrt{13}}{2}}\right)\left(x - \sqrt{\frac{5 + \sqrt{13}}{2}}\right)\left(x + \sqrt{\frac{5 + \sqrt{13}}{2}}\right).$$

7.9

Résoudre les équations suivantes, d'inconnue $x \in \mathbb{R}$:

a) $x^4 - 3x^2 + 1 = 0$

b) $4x^4 - 12x^2 + 9 = 0$

c) $x^4 + x^2 + 2 = 0$.

Il s'agit de résoudre, dans les réels, des équations bicarrées.

a) En notant $y = x^2$, on a : $x^4 - 3x^2 + 1 = 0 \iff y^2 - 3y + 1 = 0$.

Le discriminant de ce trinôme du second degré en y est $\Delta = 9 - 4 = 5 > 0$, donc :

$$y^2 - 3y + 1 = 0 \iff \left(y = \frac{3 - \sqrt{5}}{2} \text{ ou } y = \frac{3 + \sqrt{5}}{2}\right).$$

On conclut, puisque $y = x^2$, que l'ensemble $\mathcal{S}$ des solutions de l'équation de l'énoncé est :

$$\mathcal{S} = \left\{ -\sqrt{\frac{3 + \sqrt{5}}{2}}, -\sqrt{\frac{3 - \sqrt{5}}{2}}, \sqrt{\frac{3 - \sqrt{5}}{2}}, \sqrt{\frac{3 + \sqrt{5}}{2}} \right\}.$$

b) On reconnaît un carré parfait :

$$4x^4 - 12x^2 + 9 = 0 \iff (2x^2 - 3)^2 = 0 \iff 2x^2 - 3 = 0$$

$$\iff x^2 = \frac{3}{2} \iff \left(x = -\sqrt{\frac{3}{2}} \text{ ou } x = \sqrt{\frac{3}{2}}\right),$$

et on conclut : $\mathcal{S} = \left\{ -\sqrt{\frac{3}{2}}, \sqrt{\frac{3}{2}} \right\}$.

c) Directement :

$$\forall x \in \mathbb{R}, \quad \underbrace{x^4}_{\geqslant 0} + \underbrace{x^2}_{\geqslant 0} + 2 \geqslant 2 > 0,$$

donc : $\mathcal{S} = \varnothing$.

Exercices d'entraînement

7.10 Exemple de résolution d'une équation apparemment de degré 4

Résoudre l'équation, d'inconnue $x \in \mathbb{R}$: $x^4 + x^2 + 1 = (x^2 + x + 1)^2$.

7.11 Exemple de résolution d'une équation à deux inconnues

Résoudre l'équation, d'inconnue $(x, y) \in \mathbb{R}^2$:
$$(3x^2 + 9x + 12)(3y^2 - 2y + 3) = 14.$$

7.12 Exemple de résolution d'une équation à une inconnue

Résoudre l'équation, d'inconnue $x \in \mathbb{R}$:
$$\frac{x^2 + 2x + 3}{x^2 - 2x + 3} + \frac{x^2 - 2x + 3}{x^2 + 2x + 3} = \frac{10}{3}.$$

7.13 Exemple de résolution d'une inéquation de degré 4

Résoudre l'inéquation, d'inconnue $x \in \mathbb{R}$: $(x^2 - 4x + 1)^2 < 1$.

7.14 Exemple de factorisation d'un polynôme de degré 8

Factoriser, dans les réels : $f(x) = x^8 + x^4 + 1$.

Corrigés des exercices d'entraînement

7.10

On a, pour tout $x \in \mathbb{R}$, en développant le carré :

$$\begin{aligned}
&(1) \quad x^4 + x^2 + 1 = (x^2 + x + 1)^2\\
&\iff x^4 + x^2 + 1 = x^4 + 2x^3 + 3x^2 + 2x + 1\\
&\iff 2x^3 + 2x^2 + 2x = 0\\
&\iff x(x^2 + x + 1) = 0.
\end{aligned}$$

Le discriminant du trinôme du second degré $x^2 + x + 1$ est $\Delta = 1 - 4 = -3 < 0$, donc, pour tout $x \in \mathbb{R}$, $x^2 + x + 1 \neq 0$.
On obtient : $(1) \iff x = 0$
et on conclut : $\mathcal{S} = \{0\}$.

7.11

Développer le produit ne nous avancerait à rien.

Transformons chacun des deux facteurs en utilisant la mise sous forme canonique pour un trinôme du second degré :

$$\begin{aligned}
3x^2 + 9x + 12 &= 3(x^2 + 3x + 4)\\
&= 3\left[\left(x + \frac{3}{2}\right)^2 - \frac{9}{4} + 4\right]\\
&= 3\left[\left(x + \frac{3}{2}\right)^2 + \frac{7}{4}\right],\\
3y^2 - 2y + 3 &= 3\left(y^2 - \frac{2}{3}y + 1\right)\\
&= 3\left[\left(y - \frac{1}{3}\right)^2 - \frac{1}{9} + 1\right]\\
&= 3\left[\left(y - \frac{1}{3}\right)^2 + \frac{8}{9}\right].
\end{aligned}$$

D'où

$$\begin{aligned}
&(1) \quad (3x^2 + 9y + 12)(3y^2 - 2y + 3) = 14\\
&\iff 9\left[\left(x + \frac{3}{2}\right)^2 + \frac{7}{4}\right]\left[\left(y - \frac{1}{3}\right)^2 + \frac{8}{9}\right] = 14
\end{aligned}$$

$$\iff 9\left(x+\frac{3}{2}\right)^2\left(y-\frac{1}{3}\right)^2 +8\left(x+\frac{3}{2}\right)^2+9\frac{7}{4}\left(y-\frac{1}{3}\right)^2=0$$

car $9\cdot\frac{7}{4}\cdot\frac{8}{9}=14$, particularité de l'énoncé.
Comme chaque carré est $\geqslant 0$, on déduit :

$$(1)\iff \begin{cases} x+\frac{3}{2}=0 \\ y-\frac{1}{3}=0 \end{cases} \iff \begin{cases} x=-\frac{3}{2} \\ y=\frac{1}{3}. \end{cases}$$

On conclut : $\mathcal{S}=\left\{\left(-\frac{3}{2},\ \frac{1}{3}\right)\right\}$.
On peut contrôler que le triplet obtenu est bien solution de l'équation de l'énoncé, par un calcul élémentaire, mais c'est un peu fastidieux.

7.12

Soit $x\in\mathbb{R}$.
D'abord, les deux trinômes du second degré x^2-2x+3 et x^2+2x+3 ont le même discriminant Δ, et $\Delta=4-12=-8<0$, donc ces deux trinômes ne s'annulent en aucun réel.
L'ensemble de définition de l'équation proposée (1) est donc $\mathbb{R}$.
On remarque que les deux fractions dans l'énoncé sont inverses l'une de l'autre, donc, en notant $y=\dfrac{x^2+2x+3}{x^2-2x+3}$, on a :

$$(1)\iff y+\frac{1}{y}=\frac{10}{3}\iff 3y^2-10y+3=0.$$

Le discriminant de cette équation du second degré en y est $\Delta=100-36=64=8^2>0$, donc :

$$(1)\iff\left(y=\frac{10-8}{6}=\frac{1}{3}\text{ ou } y=\frac{10+8}{6}=3\right).$$

Ensuite :

$$\begin{aligned} y=\frac{1}{3} &\iff \frac{x^2+2x+3}{x^2-2x+3}=\frac{1}{3}\\ &\iff 3x^2+6x+9=x^2-2x+3\\ &\iff 2x^2+8x+6=0\\ &\iff x^2+4x+3=0\\ &\iff (x+1)(x+3)=0\\ &\iff (x=-1 \text{ ou } x=-3)\end{aligned}$$

et

$$\begin{aligned} y=3 &\iff \frac{x^2+2x+3}{x^2-2x+3}=3\\ &\iff x^2+2x+3=3x^2-6x+9\\ &\iff 2x^2-8x+6=0\\ &\iff x^2-4x+3=0\\ &\iff (x-1)(x-3)=0\\ &\iff (x=1 \text{ ou } x=3).\end{aligned}$$

On pouvait aussi remarquer que le second cas se déduit du premier en remplaçant x par $-x$.
On conclut : $\mathcal{S}=\{-3,\ -1,\ 1,\ 3\}$.
On peut contrôler que chacun des quatre nombres obtenus vérifie l'équation de l'énoncé, les calculs peuvent être faits de tête.

7.13

On a, pour tout $x\in\mathbb{R}$:

$$\begin{aligned}(x^2-4x+1)^2<1 &\iff -1<x^2-4x+1<1\\ &\iff \begin{cases} x^2-4x+2>0\\ x^2-4x<0.\end{cases}\end{aligned}$$

Le discriminant du trinôme du second degré x^2-4x+2 est $\Delta=16-8=8>0$, donc ce trinôme admet deux zéros réels distincts, qui sont $\dfrac{4-\sqrt{8}}{2}=2-\sqrt{2}$ et $\dfrac{4+2\sqrt{2}}{2}=2+\sqrt{2}$, et le coefficient de x^2 est 1 qui est >0, donc :

$$x^2-4x+2>0\iff\left(x<2-\sqrt{2}\text{ ou } x>2+\sqrt{2}\right).$$

D'autre part :

$$x^2-4x<0\iff x(x-4)<0\iff 0<x<4.$$

Comme $0<2-\sqrt{2}<2+\sqrt{2}<4$, on obtient :

$$(1)\iff\left(0<x<2-\sqrt{2}\text{ ou } 2+\sqrt{2}<x<4\right).$$

On conclut : $\mathcal{S}=]0\,;2-\sqrt{2}[\,\cup\,]2+\sqrt{2}\,;4[$.

7.14

En notant $X=x^2$, on a :

$$\begin{aligned} f(x)=x^8+x^4+1&=(x^2)^4+(x^2)^2+1\\ &=X^4+X^2+1.\end{aligned}$$

Groupons les termes X^4 et 1 pour débuter un carré :

$$\begin{aligned} X^4+X^2+1&=(X^2+1)^2-X^2\\ &=(X^2+1-X)(X^2+1+X),\end{aligned}$$

d'où : $f(x)=(x^4-x^2+1)(x^4+x^2+1)$.
De même :

$$\begin{aligned} x^4-x^2+1&=(x^2+1)^2-3x^2\\ &=(x^2+1-x\sqrt{3})(x^2+1+x\sqrt{3}).\end{aligned}$$

On conclut :

$$f(x)=(x^2-x\sqrt{3}+1)(x^2+x\sqrt{3}+1)(x^2-x+1)(x^2+x+1).$$

La factorisation est terminée puisque chacun des quatre trinômes du second degré obtenus est de discriminant <0.

8 Racines carrées, racines n-ièmes

Dans ce chapitre, nous étudions les racines carrées (de nombres réels positifs ou nuls) et les racines n-ièmes (de nombres réels), n désignant un entier tel que $n \geqslant 2$ (le cas $n = 1$ est sans intérêt) : définitions, propriétés, manipulation, calculs, résolutions d'équations, d'inéquations, de systèmes d'équations faisant intervenir des racines carrées ou des des racines n-ièmes.

Rappels de cours

1 Définitions

1.1 Cas n impair

Si n est impair, la fonction $p_n : \mathbb{R} \longrightarrow \mathbb{R}, \quad t \longmapsto t^n$ est bijective et sa fonction réciproque est la fonction **racine n-ième** $r_n : \mathbb{R} \longrightarrow \mathbb{R}, \quad x \longmapsto \sqrt[n]{x}$.

$$\text{Si } n \text{ est impair : } \quad \forall x \in \mathbb{R},\ \forall y \in \mathbb{R},\ \left(y = \sqrt[n]{x} \iff x = y^n\right)$$

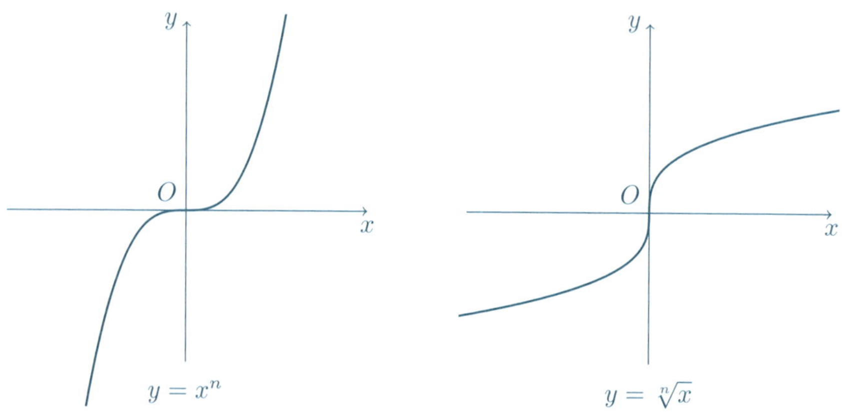

Cas n impair

Exemple

$\sqrt[3]{8} = 2, \quad \sqrt[3]{-8} = -2.$

Si $x \geqslant 0$, on peut noter $x^{\frac{1}{n}}$ (ou aussi, pour des raisons typographiques, $x^{1/n}$) à la place de $\sqrt[n]{x}$: $\ \forall x \in \mathbb{R}_+, \quad x^{\frac{1}{n}} = \sqrt[n]{x}$.

Attention
L'écriture $x^{\frac{1}{n}}$ n'est pas définie lorsque $x < 0$. Par exemple, pour $x < 0$, si on autorisait l'écriture $x^{\frac{1}{3}}$ à la place de $\sqrt[3]{x}$, alors on aurait, en anticipant sur les formules usuelles du calcul sur les puissances : $x^{\frac{1}{3}} = x^{\frac{2}{6}} = (x^2)^{\frac{1}{6}} > 0$, contradiction.

1.2 Cas n pair

Si n est pair, la fonction $p_n : \mathbb{R}_+ \longrightarrow \mathbb{R}_+, \quad t \longmapsto t^n$ est bijective et sa réciproque est la fonction **racine n-ième** $r_n : \mathbb{R}_+ \longrightarrow \mathbb{R}_+, \quad x \longmapsto \sqrt[n]{x}$.

$$\text{Si } n \text{ est pair : } \quad \forall x \in \mathbb{R}_+,\ \forall y \in \mathbb{R}_+,\quad \left(y = \sqrt[n]{x} \iff x = y^n\right)$$

Cas n pair

Attention
Lorsque $x < 0$, $\sqrt[n]{x}$ et $x^{\frac{1}{n}}$ ne sont pas définis.
Par exemple, $\sqrt{-1}$, $\sqrt[4]{-3}, (-5)^{\frac{1}{6}}$ n'existent pas (dans $\mathbb{R}$).

Pour $n = 2$ on parle de **racine carrée**, pour $n = 3$ on parle de **racine cubique**.

2 Formules

On dispose des formules suivantes :

1) Pour tout $n \in \mathbb{N}^*$ impair : $\forall x \in \mathbb{R}, \quad \sqrt[n]{x^n} = x$ et $(\sqrt[n]{x})^n = x$

2) Pour tout $n \in \mathbb{N}^*$ pair : $\forall x \in \mathbb{R}, \quad \sqrt[n]{x^n} = |x|$ et $\forall x \in \mathbb{R}_+, \quad (\sqrt[n]{x})^n = x$

en particulier, pour $n = 2$: $\quad \forall x \in \mathbb{R}, \quad \sqrt{x^2} = |x| \quad$ et $\forall x \in \mathbb{R}_+, \quad (\sqrt{x})^2 = x$

3) Pour tout $n \in \mathbb{N}^*$: $\sqrt[n]{0} = 0, \quad \sqrt[n]{1} = 1$

4) Pour tout $n \in \mathbb{N}^*$ impair : $\forall x, y \in \mathbb{R}, \quad \sqrt[n]{xy} = \sqrt[n]{x}\,\sqrt[n]{y}$

5) Pour tout $n \in \mathbb{N}^*$ pair : $\forall x \in \mathbb{R}_+,\ \forall y \in \mathbb{R}_+, \quad \sqrt[n]{xy} = \sqrt[n]{x}\,\sqrt[n]{y}$
en particulier : $\forall x \in \mathbb{R}_+,\ \forall y \in \mathbb{R}_+, \quad \sqrt{xy} = \sqrt{x}\sqrt{y}$

Attention
Si $x < 0$ et $y < 0$, on a $\sqrt{xy} = \sqrt{(-x)(-y)} = \sqrt{-x}\sqrt{-y}$ et non $\sqrt{x}\sqrt{y}$, qui n'existe pas.

6) Pour tout $n \in \mathbb{N}^*$ impair : $\forall x \in \mathbb{R}^*, \quad \sqrt[n]{\dfrac{1}{x}} = \dfrac{1}{\sqrt[n]{x}}$

7) Pour tout $n \in \mathbb{N}^*$ pair : $\forall x \in \mathbb{R}_+^*, \quad \sqrt[n]{\dfrac{1}{x}} = \dfrac{1}{\sqrt[n]{x}}$

en particulier, pour $n = 2$: $\forall x \in \mathbb{R}_+^*, \quad \sqrt{\dfrac{1}{x}} = \dfrac{1}{\sqrt{x}}$

8) Pour tout $n \in \mathbb{N}^*$ impair : $\forall (x, y) \in \mathbb{R} \times \mathbb{R}^*, \quad \sqrt[n]{\dfrac{x}{y}} = \dfrac{\sqrt[n]{x}}{\sqrt[n]{y}}$

9) Pour tout $n \in \mathbb{N}^*$ pair : $\forall (x, y) \in \mathbb{R}_+ \times \mathbb{R}_+^*, \quad \sqrt[n]{\dfrac{x}{y}} = \dfrac{\sqrt[n]{x}}{\sqrt[n]{y}}$

en particulier, pour $n = 2$: $\forall (x, y) \in \mathbb{R}_+ \times \mathbb{R}_+^*, \quad \sqrt{\dfrac{x}{y}} = \dfrac{\sqrt{x}}{\sqrt{y}}.$

Attention

Si $x \leqslant 0$ et $y < 0$, on a $\sqrt{\dfrac{x}{y}} = \sqrt{\dfrac{-x}{-y}} = \dfrac{\sqrt{-x}}{\sqrt{-y}}$ et non $\dfrac{\sqrt{x}}{\sqrt{y}}$, qui n'existe pas.

Il n'y a pas d'égalité simple pour la racine n-ième d'une somme.
On peut cependant remarquer une inégalité : $\forall (x, y) \in (\mathbb{R}_+)^2, \quad \sqrt{x + y} \leqslant \sqrt{x} + \sqrt{y}$, comme on le voit en élevant les deux membres au carré et en simplifiant ensuite.
Nous verrons plus loin (chapitre 16) la notion d'exposant réel : pour $a \in \mathbb{R}$ et $x \in \mathbb{R}_+^*$, on note $x^a = \mathrm{e}^{a \ln x}$, après avoir étudié le logarithme et l'exponentielle réels.

3 Notion d'expression conjuguée

Pour $(x, y) \in (\mathbb{R}_+)^2$, on dit que les deux expressions $\sqrt{x} + \sqrt{y}$ et $\sqrt{x} - \sqrt{y}$ sont **conjuguées** l'une de l'autre.
L'intérêt réside dans l'égalité $(\sqrt{x} + \sqrt{y})(\sqrt{x} - \sqrt{y}) = x - y$, où le second membre ne contient pas de radical.
L'utilisation d'une expression conjuguée peut faciliter la résolution de certaines questions, notamment des équations et des inéquations, et l'obtention d'égalités ou d'inégalités.

Exemple

Simplifier $A = \dfrac{\sqrt{2} + 1}{\sqrt{2} - 1}$.
On a, en multipliant le numérateur et le dénominateur de la fraction par $\sqrt{2} + 1$, qui est l'expression conjuguée du dénominateur $\sqrt{2} - 1$:

$$A = \frac{\sqrt{2} + 1}{\sqrt{2} - 1} = \frac{(\sqrt{2} + 1)^2}{(\sqrt{2} + 1)(\sqrt{2} - 1)} = \frac{2 + 2\sqrt{2} + 1}{2 - 1} = 3 + 2\sqrt{2}.$$

Dans un tel exemple, on dit que l'on a chassé les radicaux du dénominateur.

Exemple

Montrer, pour tout $x \in \mathbb{R}_+$: $\sqrt{x+4}-\sqrt{x+3} \leqslant \sqrt{x+2}-\sqrt{x+1}$.

- *1re méthode : utilisation d'une expression conjuguée :*

$$\sqrt{x+4}-\sqrt{x+3} = \frac{(\sqrt{x+4}-\sqrt{x+3})(\sqrt{x+4}+\sqrt{x+3})}{\sqrt{x+4}+\sqrt{x+3}} = \frac{(x+4)-(x+3)}{\sqrt{x+4}+\sqrt{x+3}}$$
$$= \frac{1}{\sqrt{x+4}+\sqrt{x+3}} \leqslant \frac{1}{\sqrt{x+2}+\sqrt{x+1}} = \sqrt{x+2}-\sqrt{x+1}.$$

- *2e méthode : passage d'un côté puis élévation au carré :*

$$\begin{aligned}
& \sqrt{x+4}-\sqrt{x+3} \leqslant \sqrt{x+2}-\sqrt{x+1} \\
\iff & \sqrt{x+4}+\sqrt{x+1} \leqslant \sqrt{x+3}+\sqrt{x+2} \\
\iff & (x+4)+2\sqrt{x+4}\sqrt{x+1}+(x+1) \leqslant (x+3)+2\sqrt{x+3}\sqrt{x+2}+(x+2) \\
\iff & 2\sqrt{x+4}\sqrt{x+1} \leqslant 2\sqrt{x+3}\sqrt{x+2} \\
\iff & (x+4)(x+1) \leqslant (x+3)(x+2) \\
\iff & x^2+5x+4 \leqslant x^2+5x+6 \iff 4 \leqslant 6
\end{aligned}$$

et cette dernière inégalité est vraie.

Exercices d'apprentissage

8.1

Résoudre l'équation, d'inconnue $x \in \mathbb{R}$: (1) $x^2+x+\sqrt{x^2+x+13} = 17$.

On remarque que x n'intervient que par le groupement x^2+x, ce qui nous incite à poser $t = x^2+x$:

$$\begin{aligned}
(1) & \iff t+\sqrt{t+13} = 17 \iff \sqrt{t+13} = 17-t \\
& \iff \begin{cases} 17-t \geqslant 0 \\ t+13 = (17-t)^2 \end{cases} \iff \begin{cases} t \leqslant 17 \\ t^2-35t+276 = 0. \end{cases}
\end{aligned}$$

Le discriminant du trinôme du second degré $t^2-35t+276$ est

$$\Delta = 35^2 - 4 \cdot 276 = 121 = 11^2 > 0,$$

donc les zéros de ce trinôme sont $\dfrac{35-11}{2} = 12$ et $\dfrac{35+11}{2} = 23$, d'où :

$$(1) \iff \begin{cases} t \leqslant 17 \\ t = 12 \text{ ou } t = 23 \end{cases} \iff t = 12.$$

Ensuite :

$$t = 12 \iff x^2 + x = 12 \iff x^2 + x - 12 = 0.$$

Le discriminant δ du trinôme du second degré $x^2 + x - 12$ est $\delta = 1 + 48 = 49 = 7^2 > 0$, donc les zéros de ce trinôme sont $\dfrac{-1-7}{2} = -4$ et $\dfrac{-1+7}{2} = 3$.
On conclut :

$$\mathcal{S} = \{-4,\ 3\}.$$

On peut contrôler que ces deux nombres sont bien solutions, en remplaçant dans (1), les calculs peuvent presque être faits de tête.

8.2

Résoudre l'inéquation, d'inconnue $x \in \mathbb{R}$: (1) $\sqrt{x+4} < x - 2$.

L'ensemble de définition de l'inéquation est $[-4\,;+\infty[$.
On a, pour tout $x \in [-4\,;+\infty[$, en élevant au carré :

$$(1) \iff \begin{cases} x + 4 \geqslant 0 \\ x - 2 \geqslant 0 \\ x + 4 < (x-2)^2 \end{cases} \iff \begin{cases} x \geqslant 2 \\ x^2 - 5x > 0 \end{cases} \iff \begin{cases} x \geqslant 2 \\ x(x-5) > 0 \end{cases}$$

$$\iff \begin{cases} x \geqslant 2 \\ \big(x < 0 \quad \text{ou} \quad x > 5\big) \end{cases} \iff x > 5.$$

On conclut : $\mathcal{S} = \,]5\,;+\infty[$.

8.3

Résoudre l'inéquation, d'inconnue $x \in \mathbb{R}$:

$$(1)\ \sqrt{2x + \sqrt{x+3}} + \sqrt{8x + \sqrt{x}} < 5.$$

L'ensemble de définition D de l'inéquation est donné par :

$$x + 3 \geqslant 0,\quad 2x + \sqrt{x+3} \geqslant 0,\quad x \geqslant 0,\quad 8x + \sqrt{x} \geqslant 0,$$

ce qui équivaut à $x \geqslant 0$.
D'éventuelles élévations au carré ne semblent que compliquer l'inéquation.
Utilisons une autre idée, issue de l'analyse.
La fonction $f : x \longmapsto \sqrt{2x + \sqrt{x+3}} + \sqrt{8x + \sqrt{x}}$ est strictement croissante sur $[0\,;+\infty[$, par addition et composition de fonctions strictement croissantes.
D'autre part, on remarque :

$$f(1) = \sqrt{2 + \sqrt{4}} + \sqrt{8 + \sqrt{1}} = \sqrt{4} + \sqrt{9} = 2 + 3 = 5.$$

Comme f est strictement croissante et que $f(1) = 5$, on déduit, pour tout $x \geqslant 0$:

$$(1) \iff f(x) < 5 \iff x < 1.$$

On conclut : $\mathcal{S} = [0\,;1[$.

8.4

Déterminer l'ensemble E des $(x, y, z) \in \mathbb{R}^3$ tels que :

$$(1) \qquad \sqrt{x} + \sqrt{y-1} + \sqrt{z-2} = \frac{1}{2}(x+y+z).$$

L'ensemble de définition de l'équation est donné par : $x \geqslant 0, \quad y-1 \geqslant 0, \quad z-2 \geqslant 0$.
Notons $u = \sqrt{x}, \ v = \sqrt{y-1}, \ w = \sqrt{z-2}$.
Alors u, v, w sont tous $\geqslant 0$ et : $x = u^2, \ y = v^2+1, \ z = w^2+2$, d'où :

$$\begin{aligned}
(1) &\iff u+v+w = \frac{1}{2}(u^2+v^2+w^2+3) \\
&\iff u^2+v^2+w^2-2(u+v+w)+3 = 0 \\
&\iff (u^2-2u+1)+(v^2-2v+1)+(w^2-2w+1) = 0 \\
&\iff \underbrace{(u-1)^2}_{\geqslant 0} + \underbrace{((v-1)^2}_{\geqslant 0} + \underbrace{(w-1)^2}_{\geqslant 0} = 0 \\
&\iff (u-1=0, \quad v-1=0, \quad w-1=0) \\
&\iff (u=1, \ v=1, \ w=1) \\
&\iff (x=1, \ y=2, \ z=3).
\end{aligned}$$

On conclut : $\quad E = \{(1,2,3)\}$.
On peut contrôler que le triplet $(1,2,3)$ est bien solution de l'équation, le calcul peut être fait de tête.

8.5

Écrire le réel $a = \sqrt{7+\sqrt{40}}$ sans emboîtement de radicaux.

Pour obtenir une autre expression de a, nous allons former une équation satisfaite par a puis résoudre cette équation.
On a $a^2 = 7+\sqrt{40}$, puis $(a^2-7)^2 = 40$, donc

$$a^4 - 14a^2 + 9 = 0.$$

Si on résout cette équation à l'aide du changement d'inconnue $b = a^2$, on retombe sur l'expression initiale de a, sans avancer.
En groupant les termes a^4 et 9 pour débuter un carré, on a :

$$\begin{aligned}
a^4 - 14a^2 + 9 = 0 &\iff (a^2+3)^2 - 6a^2 - 14a^2 = 0 \\
&\iff (a^2+3)^2 = 20a^2 \\
&\iff a^2+3 = \sqrt{20}\,a \quad (\text{car } a > 0) \\
&\iff a^2 - \sqrt{20}\,a + 3 = 0.
\end{aligned}$$

Le discriminant Δ de ce trinôme est $\Delta = 20 - 4 \cdot 3 = 8 > 0$, donc $a = \dfrac{\sqrt{20} \pm \sqrt{8}}{2} = \sqrt{5} \pm \sqrt{2}$.
Comme $a = \sqrt{7+\sqrt{40}} > \sqrt{7} > \sqrt{5}$ et que $\sqrt{5} - \sqrt{2} < \sqrt{5}$, on conclut :

$$a = \sqrt{5} + \sqrt{2}.$$

On peut contrôler ce résultat en calculant a^2 :

$$a^2 = (\sqrt{5}+\sqrt{2})^2 = 5 + 2\sqrt{5}\sqrt{2} + 2 = 7 + 2\sqrt{10} = 7 + \sqrt{40}.$$

8.6

Résoudre l'équation, d'inconnue $x \in \mathbb{R}$: $\sqrt[3]{x} + \sqrt[3]{2-x} = 2.$

On peut d'abord remarquer que 1 est solution.
Soit $x \in \mathbb{R}$. Notons $u = \sqrt[3]{x}$, $v = \sqrt[3]{2-x}$. On a alors $u^3 = x$ et $v^3 = 2 - x$, d'où $u^3 + v^3 = 2$.
Si x convient, alors $u + v = 2$, d'où :

$$8 = (u+v)^3 = u^3 + 3u^2v + 3uv^2 + v^3 = (u^3 + v^3) + 3uv(u+v) = 2 + 3uv \cdot 2 = 2 + 6uv,$$

donc : $6uv = 8 - 2 = 6$, $uv = 1$.
Ainsi, u et v sont connus par leur somme $u + v = 2$ et leur produit $uv = 1$, donc u et v sont les solutions de l'équation du second degré $t^2 - 2t + 1 = 0$, d'inconnue $t \in \mathbb{R}$.
Comme $t^2 - 2t + 1 = (t-1)^2$, on déduit $u = v = 1$, puis $x = u^3 = 1$.
On conclut : $\mathcal{S} = \{1\}$.

8.7

Résoudre l'équation, d'inconnue $x \in \mathbb{R}$: $\sqrt[3]{x-8} + \sqrt[3]{x+1} + \sqrt[3]{x+20} = 4.$

La fonction

$$f : x \longmapsto \sqrt[3]{x-8} + \sqrt[3]{x+1} + \sqrt[3]{x+20}$$

est strictement croissante, par addition de fonctions strictement croissantes.
On remarque :

$$f(7) = \sqrt[3]{-1} + \sqrt[3]{8} + \sqrt[3]{27} = -1 + 2 + 3 = 4.$$

Puisque f est strictement croissante et que $f(7) = 4$, on conclut :

$$\mathcal{S} = \{7\}.$$

8.8

Résoudre l'inéquation, d'inconnue $x \in \mathbb{R}$: $3\sqrt{x} + 2\sqrt[3]{x-8} \leqslant 11.$

L'ensemble de définition de l'inéquation est $\mathbb{R}_+$.
La fonction $f : x \longmapsto 3\sqrt{x} + 2\sqrt[3]{x-8}$ est strictement croissante, par addition de deux fonctions strictement croissantes.
On remarque :

$$f(9) = 3\sqrt{9} + 2\sqrt[3]{1} = 3 \cdot 3 + 2 = 11.$$

Puisque f est strictement croissante et que $f(9) = 11$, on déduit :

$$f(x) \leqslant 11 \iff x \leqslant 9.$$

On conclut : $\mathcal{S} = [0\,;9]$.

8.9

Comparer, pour tout $x \in \mathbb{R}_+$, $\sqrt{1 + \sqrt[3]{x}}$ et $\sqrt[3]{1 + \sqrt{x}}$.

Soit $x \in \mathbb{R}_+$.
Notons $t = \sqrt[6]{x}$, de sorte que $\sqrt[3]{x} = t^2$ et $\sqrt{x} = t^3$ (l'exposant 6 choisi est le PPCM de 2 et 3).
Il s'agit alors de comparer $\sqrt{1+t^2}$ et $\sqrt[3]{1+t^3}$, pour tout $t \in \mathbb{R}_+$.
En élevant à la puissance 6, ceci revient à comparer $(1+t^2)^3$ et $(1+t^3)^2$, puisqu'il s'agit de nombres tous $\geqslant 0$.
On peut, par exemple, calculer la différence :

$$\begin{aligned} D = (1+t^2)^3 - (1+t^3)^2 &= (1+3t^2+3t^4+t^6) - (1+2t^3+t^6) \\ &= 3t^2 - 2t^3 + 3t^4 = t^2(3t^2 - 2t + 3). \end{aligned}$$

Le discriminant Δ du trinôme $3t^2 - 2t + 3$ est

$$\Delta = 4 - 4 \cdot 3 \cdot 3 = -32 < 0,$$

donc ce trinôme est > 0 pour tout $t \in \mathbb{R}$.
Il en résulte $D \geqslant 0$, et $D = 0$ si et seulement si $t = 0$, c'est-à-dire $x = 0$.
On conclut : $\forall x \in \mathbb{R}_+, \quad \sqrt{1+\sqrt[3]{x}} \geqslant \sqrt[3]{1+\sqrt{x}}$
et il y a égalité si et seulement si $x = 0$.
On peut contrôler partiellement ce résultat, en vérifiant pour une valeur de x, par exemple $x = 1$:

$$\sqrt{1+\sqrt[3]{1}} = \sqrt{2} \simeq 1,41, \quad \sqrt[3]{1+\sqrt{1}} = \sqrt[3]{2} \simeq 1,26.$$

8.10

Simplifier $\quad A = \sqrt[3]{20+14\sqrt{2}} + \sqrt[3]{20-14\sqrt{2}}.$

Notons $u = \sqrt[3]{20+14\sqrt{2}}$, $v = \sqrt[3]{20-14\sqrt{2}}$, donc $A = u + v$.
On a alors $u^3 = 20 + 14\sqrt{2}$ et $v^3 = 20 - 14\sqrt{2}$, donc $u^3 + v^3 = 40$ et

$$u^3v^3 = 20^2 - 2 \cdot 14^2 = 400 - 392 = 8 = 2^3,$$

d'où $uv = 2$.
Ensuite, en développant :

$$A^3 = (u+v)^3 = u^3 + 3u^2v + 3uv^2 + v^3 = (u^3+v^3) + 3uv(u+v) = 40 + 3 \cdot 2 \cdot A,$$

donc $A^3 - 6A - 40 = 0$.
On remarque que 4 est solution de cette équation, donc on peut factoriser par $A - 4$:

$$A^3 - 6A - 40 = (A-4)(A^2 + 4A + 10).$$

Le discriminant Δ du trinôme du second degré $A^2 + 4A + 10$ est $\Delta = 16 - 40 = -24 < 0$, donc $A^2 + 4A + 10 \neq 0$, et on conclut $A = 4$.
On peut conforter ce résultat à l'aide de la calculatrice, par une valeur approchée de A.

Exercices d'entraînement

8.11 Inégalité portant sur des racines carrées

Montrer : $\forall (a,b,c,d) \in (\mathbb{R}_+)^4, \quad \sqrt{ab} + \sqrt{cd} \leqslant \sqrt{(a+c)(b+d)}$
et étudier le cas d'égalité.

8.12 Exemple de résolution d'une équation avec racines carrées

Résoudre l'équation, d'inconnue $x \in \mathbb{R}$:
$$\sqrt{x+6} + \sqrt{x+3} = \sqrt{5-x} + \sqrt{3x+4}.$$

8.13 Résolution d'une équation avec racines carrées emboîtées

Résoudre l'équation, d'inconnue $x \in \mathbb{R}$:
$$\sqrt{x + \sqrt{x+11}} + \sqrt{x + \sqrt{x-11}} = 4.$$

8.14 Exemple de résolution d'une inéquation avec racines 3e et 4e

Résoudre l'équation, d'inconnue $x \in \mathbb{R}$: $\quad 2\sqrt[3]{x} + 3\sqrt[4]{x} < 5.$

8.15 Inégalité portant sur une somme de racines carrées

Montrer, pour tout $n \in \mathbb{N}^*$: $\quad \displaystyle\sum_{k=1}^{n} \frac{1}{\sqrt{k}} < \sqrt{n+1} + \sqrt{n} - 1.$

8.16 Exemples de réels irrationnels

a) Montrer : $\sqrt{2} \notin \mathbb{Q}$.

b) Établir : $\sqrt[3]{5} + \sqrt{2} \notin \mathbb{Q}$.

Corrigés des exercices d'entraînement

8.11

1) Inégalité :

Soit $(a,b,c,d) \in (\mathbb{R}_+)^4$. On a, en élevant au carré, les deux membres de l'inégalité de l'énoncé étant $\geqslant 0$:

$$\begin{aligned}
&\sqrt{ab}+\sqrt{cd} \leqslant \sqrt{(a+b)(c+d)}\\
\iff\ & ab+2\sqrt{ab}\sqrt{cd}+cd \leqslant (a+c)(b+d)\\
\iff\ & 2\sqrt{ab}\sqrt{cd} \leqslant ad+bc\\
\iff\ & ad-2\sqrt{abcd}+bc \geqslant 0\\
\iff\ & \left(\sqrt{ad}-\sqrt{bc}\right)^2 \geqslant 0.
\end{aligned}$$

Cette dernière inégalité est vraie, ce qui établit l'inégalité demandée.

2) Étude du cas d'égalité :

On reprend les calculs précédents en remplaçant au début le symbole $\leqslant$ par le symbole $=$ et on obtient :

$$\begin{aligned}
&\sqrt{ab}+\sqrt{cd} = \sqrt{(a+b)(c+d)}\\
\iff\ & \left(\sqrt{ad}-\sqrt{bc}\right)^2 = 0\\
\iff\ & \sqrt{ad}=\sqrt{bc} \iff ad=bc.
\end{aligned}$$

On conclut qu'il y a égalité dans l'inégalité de l'énoncé si et seulement si $ad=bc$.

8.12

L'ensemble de définition D de l'équation est donné par :

$$x+6\geqslant 0,\quad x+3\geqslant 0,\quad 5-x\geqslant 0,\quad 3x+4\geqslant 0,$$

donc $D=\left[-\dfrac{4}{3}\,;5\right]$.

On a, pour tout $x\in D$, en élevant au carré et puisque les deux membres de l'inégalité (1) de l'énoncé sont $\geqslant 0$:

$$\begin{aligned}
(1) \iff\ & \left(\sqrt{x+6}+\sqrt{x+3}\right)^2\\
&= \left(\sqrt{5-x}+\sqrt{3x+4}\right)^2\\
\iff\ & (x+6)+2\sqrt{x+6}\sqrt{x+3}+(x+3)\\
&= (5-x)+2\sqrt{5-x}\sqrt{3x+4}+(3x+4)\\
\iff\ & \sqrt{(x+6)(x+3)}=\sqrt{(5-x)(3x+4)}\\
\iff\ & (x+6)(x+3)=(5-x)(3x+4)\\
\iff\ & x^2+9x+18=-3x^2+11x+20\\
\iff\ & 4x^2-2x-2=0\\
\iff\ & 2x^2-x-1=0\\
\iff\ & (x-1)(2x+1)=0 \quad \text{[car 1 est racine]}\\
\iff\ & \left(x=1 \ \text{ ou } \ x=-\frac{1}{2}\right).
\end{aligned}$$

Comme $-\dfrac{1}{2}$ et 1 sont dans D, on conclut :

$$\mathcal{S}=\left\{-\frac{1}{2}\,;1\right\}.$$

On peut contrôler que ces deux nombres sont bien solutions de l'équation de l'énoncé, le calcul peut être fait de tête, les expressions $\sqrt{\dfrac{11}{2}}$, $\sqrt{\dfrac{5}{2}}$, $\sqrt{7}$ qui apparaissent se retrouvent dans les deux membres de l'égalité.

8.13

L'ensemble de définition de l'inégalité de l'énoncé est $[11\,;+\infty[$.

On a, pour tout $x\in[11\,;+\infty[$:

$$\begin{aligned}
&\sqrt{x+\sqrt{x+11}}+\sqrt{x+\sqrt{x-11}}\\
&\geqslant \sqrt{11+\sqrt{22}}+\sqrt{11+\sqrt{0}}\\
&> \sqrt{11}+\sqrt{11}=2\sqrt{11}=\sqrt{44}>4,
\end{aligned}$$

donc $\mathcal{S}=\varnothing$.

L'équation analogue en remplaçant le second membre 4 par 10 (par exemple) semble plus compliquée à résoudre ...

8.14

L'ensemble de définition de l'inéquation de l'énoncé est $[0\,;+\infty[$.

La fonction

$$f:[0\,;+\infty[\longrightarrow\mathbb{R},\quad x\longmapsto 2\sqrt[3]{x}+3\sqrt[4]{x}$$

est strictement croissante, par addition de deux fonctions strictement croissantes.

On remarque : $f(1)=2\sqrt[3]{1}+3\sqrt[4]{1}=5$.

Puisque f est strictement croissante et que $f(1)=5$, on a :

$$f(x)<5 \iff x<1,$$

et on conclut : $\mathcal{S}=[0\,;1[$.

8.15

Récurrence sur n.

1) Pour $n = 1$, on a $\displaystyle\sum_{k=1}^{n} \frac{1}{\sqrt{k}} = \frac{1}{\sqrt{1}} = 1$

et d'autre part $\sqrt{n+1} + \sqrt{n} - 1 = \sqrt{2}$,
donc l'inégalité est vraie pour $n = 1$.

2) Supposons que l'inégalité (1) de l'énoncé est vraie pour un $n \geqslant 1$ fixé.

On a alors :

$$\sum_{k=1}^{n+1} \frac{1}{\sqrt{k}} = \Big(\sum_{k=1}^{n} \frac{1}{\sqrt{k}}\Big) + \frac{1}{\sqrt{n+1}}$$

$$\underset{[HR_n]}{<} \big(\sqrt{n+1} + \sqrt{n} - 1\big) + \frac{1}{\sqrt{n+1}}.$$

Il suffit donc de montrer :

$$(2) \quad \sqrt{n+1} + \sqrt{n} - 1 + \frac{1}{\sqrt{n+1}} \leqslant \sqrt{n+2} + \sqrt{n+1} - 1.$$

On a :

$$(2) \iff \sqrt{n+2} - \sqrt{n} \geqslant \frac{1}{\sqrt{n+1}}$$

$$\iff \sqrt{n+1} \geqslant \frac{1}{\sqrt{n+2} - \sqrt{n}}$$

$$\iff \sqrt{n+1} \geqslant \frac{\sqrt{n+2} + \sqrt{n}}{2}$$

$$\iff 2\sqrt{n+1} \geqslant \sqrt{n+2} + \sqrt{n}$$

$$\iff 4(n+1) \geqslant (n+2) + 2\sqrt{n+2}\sqrt{n} + n$$

$$\iff 2n+2 \geqslant 2\sqrt{n+2}\sqrt{n}$$

$$\iff n+1 \geqslant \sqrt{n+2}\sqrt{n}$$

$$\iff (n+1)^2 \geqslant (n+2)n$$

$$\iff n^2 + 2n + 1 \geqslant n^2 + 2n$$

$$\iff 1 \geqslant 0.$$

Comme cette dernière inégalité est vraie, l'inégalité (2) est vraie, donc l'inégalité demandée dans l'énoncé est vraie pour $n+1$.

Ce raisonnement par récurrence montre que l'inégalité de l'énoncé est vraie pour tout $n \in \mathbb{N}^*$, ce qui établit, par récurrence, l'inégalité de l'énoncé.

8.16

a) C'est un exercice très classique, et il existe de nombreuses méthodes de résolution.

Raisonnons par l'absurde : supposons $\sqrt{2} \in \mathbb{Q}$.

Il existe alors $(a, b) \in (\mathbb{N}^*)^2$ tel que :

$$\sqrt{2} = \frac{a}{b} \quad \text{et} \quad \operatorname{PGCD}(a, b) = 1.$$

On déduit, en élevant au carré, $2b^2 = a^2$, donc $2 \mid a^2$, puis, comme 2 est premier, $2 \mid a$.

Il existe donc $c \in \mathbb{N}^*$ tel que $a = 2c$.

D'où $2b^2 = a^2 = 4c^2$, donc $b^2 = 2c^2$, d'où $2 \mid b^2$ puis $2 \mid b$.

Ainsi, $2 \,|\, a$ et $2 \,|\, b$,

contradiction avec $\operatorname{PGCD}(a, b) = 1$.

Ce raisonnement par l'absurde montre :

$$\sqrt{2} \notin \mathbb{Q}.$$

b) Raisonnons encore par l'absurde : supposons $\sqrt[3]{5} + \sqrt{2} \in \mathbb{Q}$.

Notons $a = \sqrt[3]{5} + \sqrt{2} \in \mathbb{Q}$.

On déduit $a - \sqrt{2} = \sqrt[3]{5}$, puis, en élevant au cube :

$$a^3 - 3a^2\sqrt{2} + 6a - 2\sqrt{2} = 5,$$

donc $(a^3 + 6a - 5) = (3a^2 + 2)\sqrt{2}$.

Comme $3a^2 + 2 \neq 0$ (car > 0), on peut diviser par $3a^2 + 2$, d'où, par opérations : $\sqrt{2} = \dfrac{a^2 + 6a - 5}{3a^2 + 2} \in \mathbb{Q}$, contradiction.

Ce raisonnement par l'absurde montre :

$$\sqrt[3]{5} + \sqrt{2} \notin \mathbb{Q}.$$

9 Valeur absolue

Dans ce chapitre, nous étudions la notion de valeur absolue d'un nombre réel, ses propriétés et sa manipulation dans des calculs ou des résolutions d'équations, d'inéquations, de systèmes d'équations, faisant intervenir une ou plusieurs valeurs absolues.

Rappels de cours

1 Généralités

Définition

La fonction **valeur absolue**, $|\,.\,| : \mathbb{R} \longrightarrow \mathbb{R}$, est définie, pour tout $x \in \mathbb{R}$, par :

$$|x| = \begin{cases} x & \text{si } x \geqslant 0 \\ -x & \text{si } x \leqslant 0 \end{cases}$$

Exemple

$|4| = 4, \ |-3| = 3, \ \left|-\dfrac{2}{3}\right| = \dfrac{2}{3}.$

La fonction valeur absolue, $f : \mathbb{R} \longrightarrow \mathbb{R}, \quad x \longmapsto |x|$, est continue sur $\mathbb{R}$, dérivable sur $\mathbb{R}^*$, et on a : $\forall x \in \mathbb{R}^*, \quad f'(x) = \begin{cases} 1 & \text{si } x > 0 \\ -1 & \text{si } x < 0. \end{cases}$

La fonction f n'est pas dérivable en 0, mais elle est dérivable en 0 à gauche et dérivable en 0 à droite, et on a : $f'_{\mathrm{g}}(0) = -1, \ f'_{\mathrm{d}}(0) = 1$. On dit que la représentation graphique de la fonction valeur absolue admet un point anguleux en O.

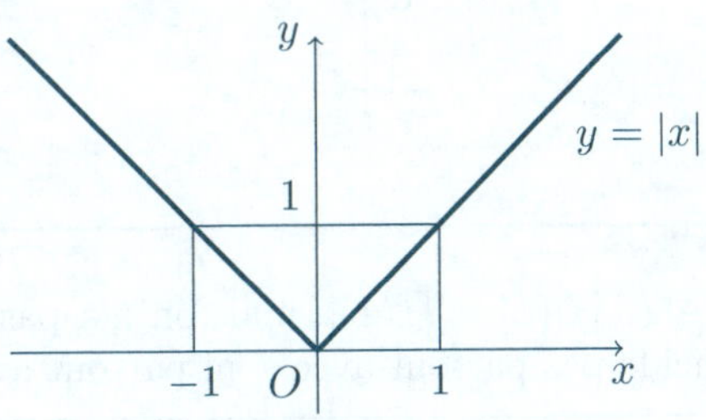

Représentation graphique
de la fonction valeur absolue

Proposition

On dispose des formules suivantes, pour tous x, y, $n \in \mathbb{N}$, $x_1, ..., x_n \in \mathbb{R}$, $a \in \mathbb{R}_+$:

$|x| \geqslant 0$, $\quad \sqrt{x^2} = |x|$, $\quad \big(|x| = 0 \iff x = 0\big)$, $\quad |-x| = |x|$,

$|xy| = |x|\,|y|$, $\quad \left|\prod_{k=1}^{n} x_k\right| = \prod_{k=1}^{n} |x_k|$, $\quad |x^n| = |x|^n$,

si $x \neq 0$, $\left|\dfrac{1}{x}\right| = \dfrac{1}{|x|}$, $\quad$ si $x \neq 0$, $|x^{-n}| = |x|^{-n}$, $\quad$ si $y \neq 0$, $\left|\dfrac{x}{y}\right| = \dfrac{|x|}{|y|}$,

$|x + y| \leqslant |x| + |y|$, **inégalité triangulaire**,

$|x + y| = |x| + |y| \iff \big(x$ et y sont de même signe, au sens large$\big)$,

$\big|\,|x| - |y|\,\big| \leqslant |x - y|$, **inégalité triangulaire renversée**,

ou aussi : seconde inégalité triangulaire,

$|x| = a \iff (x = a \text{ ou } x = -a)$, $\quad |y| = |x| \iff (y = x \text{ ou } y = -x)$,

$|x| \leqslant a \iff -a \leqslant x \leqslant a \iff x^2 \leqslant a^2$.

2 Valeur absolue d'une fonction

Définition

Soient I un intervalle de $\mathbb{R}$ et $f : I \longrightarrow \mathbb{R}$ une fonction.

On définit la fonction $|f| : I \longrightarrow \mathbb{R}$ par : $\quad \forall x \in I, \quad |f|(x) = |f(x)|$

Exemple

Représentation graphique de la fonction $|\cos|$:

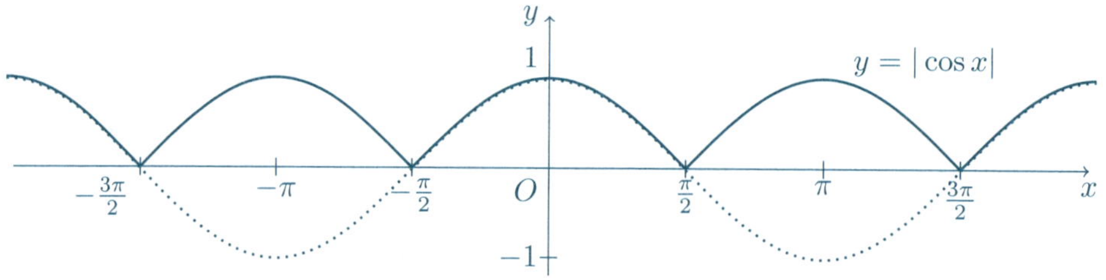

Attention

On a bien, pour tout $x \in I$, $|f|(x) = |f(x)|$, mais on n'a pas, en général, $|f| = f$ ni $|f| = -f$, car $|f|$ ne coïncide pas partout avec f ni partout avec $-f$.

3 Maximum, minimum d'un nombre fini de réels

Définition

Pour $n \in \mathbb{N}^*$ et $x_1, ..., x_n \in \mathbb{R}$, on définit le **maximum** de $x_1, ..., x_n$, noté $\text{Max}\,(x_1, ..., x_n)$, ou aussi $\underset{1 \leqslant i \leqslant n}{\text{Max}}\ x_i$, comme étant le plus grand des réels $x_1, ..., x_n$.

Exemple

$\text{Max}\,(-3, 3) = 3, \quad \text{Max}\,(1,\ 1) = 1, \quad \text{Max}\left(3, \frac{1}{2}, -\pi\right) = 3, \quad \text{Max}\left(\frac{3}{4}, -2\right) = \frac{3}{4}.$

Définition

Pour $n \in \mathbb{N}^*$ et $x_1, ..., x_n \in \mathbb{R}$, on définit le **minimum** de $x_1, ..., x_n$, noté $\text{Min}\,(x_1, ..., x_n)$, ou aussi $\underset{1 \leqslant i \leqslant n}{\text{Min}}\ x_i$, comme étant le plus petit des réels $x_1, ..., x_n$.

Exemple

$\text{Min}\,(-3, 3) = -3, \quad \text{Min}\,(1,\ 1) = 1, \quad \text{Min}\left(3, \frac{1}{2}, -\pi\right) = -\pi, \quad \text{Min}\left(\frac{3}{4}, -2\right) = -2.$

Proposition

On montre les formules suivantes, pour tout couple $(a, b) \in \mathbb{R}^2$ (cf. exercice 9.7) :

$$\text{Max}\,(a, b) = \frac{a + b + |a - b|}{2}, \qquad \text{Min}\,(a, b) = \frac{a + b - |a - b|}{2}.$$

Remarque : Ceci permet éventuellement de remplacer l'intervention du maximum ou du minimum de deux nombres réels par des opérations usuelles et la valeur absolue.

4 Supplément : notations x^+ et x^- pour $x \in \mathbb{R}$

En vue, en particulier, de l'étude des fonctions, on définit (ce n'est pas dans le Programme officiel), pour tout $x \in \mathbb{R}$, les réels x^+ et x^- par :

$$x^+ = \begin{cases} x & \text{si } x \geqslant 0 \\ 0 & \text{si } x \leqslant 0 \end{cases}, \qquad x^- = \begin{cases} 0 & \text{si } x \geqslant 0 \\ -x & \text{si } x \leqslant 0. \end{cases}$$

On vérifie facilement les formules suivantes, pour tout $x \in \mathbb{R}$:

$$x = x^+ - x^-, \quad |x| = x^+ + x^-, \quad x^+ = \text{Max}\,(x, 0), \quad x^- = \text{Max}\,(-x, 0).$$

Exemples : $3^+ = 3, \qquad (-2)^+ = 0, \qquad 4^- = 0, \qquad (-1)^- = 1.$

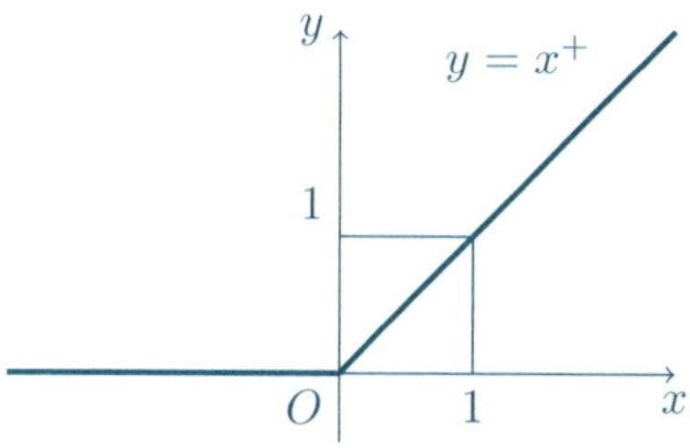

Représentation graphique de la fonction $\mathbb{R} \longrightarrow \mathbb{R}, x \longmapsto x^+$

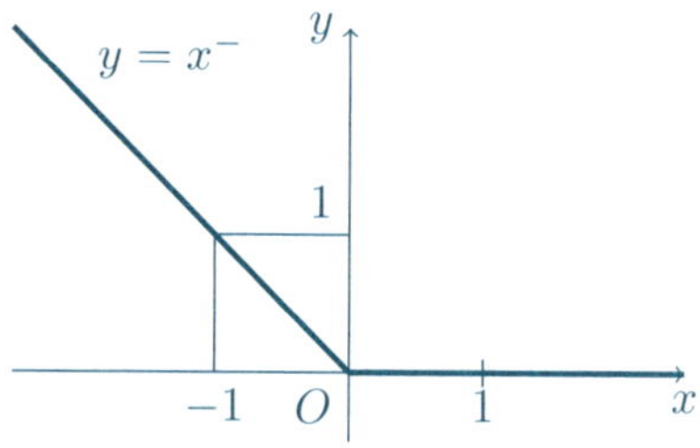

Représentation graphique de la fonction $\mathbb{R} \longrightarrow \mathbb{R}, x \longmapsto x^-$

Attention

Malgré la notation contenant un signe « − » en indice supérieur, x^- est toujours $\geqslant 0$.

Exercices d'apprentissage

9.1

Résoudre l'équation, d'inconnue $x \in \mathbb{R}$: $\quad |3x+2| + |2x-1| = 4$.

On sépare en cas selon la position de x pour éliminer l'intervention des valeurs absolues (l'inconvénient de la présence des valeurs absolues est remplacé par l'inconvénient d'une séparation en cas).

On a, pour tout $x \in \mathbb{R}$: $\quad 3x+2=0 \iff x = -\dfrac{2}{3} \quad$ et $\quad 2x-1=0 \iff x = \dfrac{1}{2}$, d'où la séparation en trois cas ci-dessous, en notant (1) l'équation de l'énoncé.

• Si $x \leqslant -\dfrac{2}{3}$, alors :

$$(1) \iff -(3x+2)-(2x-1)=4 \iff -5x=5 \iff x=-1,$$

et on a bien $-1 \leqslant -\dfrac{2}{3}$, donc -1 est solution.

• Si $-\dfrac{2}{3} \leqslant x \leqslant \dfrac{1}{2}$, alors :

$$(1) \iff (3x+2)-(2x-1)=4 \iff x+3=4 \iff x=1,$$

mais on n'a pas $-\dfrac{2}{3} \leqslant 1 \leqslant \dfrac{1}{2}$, donc 1 n'est pas solution.

• Si $x \geqslant \dfrac{1}{2}$, alors :

$$(1) \iff (3x+2)+(2x-1)=4 \iff 5x=3 \iff x=\frac{3}{5},$$

et on a bien $\dfrac{1}{2} \leqslant \dfrac{3}{5}$, donc $\dfrac{3}{5}$ est solution.

On conclut : $\quad \mathcal{S} = \left\{-1, \dfrac{3}{5}\right\}$.

On peut contrôler que ces deux valeurs de x conviennent, les calculs peuvent être faits de tête.

9.2

Résoudre l'inéquation, d'inconnue $x \in \mathbb{R}$: $\quad |x^2 + 3x - 7| < 3$.

On a, en notant (1) l'inéquation de l'énoncé, pour tout $x \in \mathbb{R}$:

$$(1) \iff -3 < x^2 + 3x - 7 < 3 \iff \begin{cases} x^2 + 3x - 4 > 0 & (2) \\ x^2 + 3x - 10 < 0. & (3) \end{cases}$$

- Le discriminant du trinôme du second degré de l'inéquation (2) est

$$\Delta_1 = 9 + 16 = 25 = 5^2 > 0,$$

donc les zéros de ce trinôme sont $\dfrac{-3-5}{2} = -4$ et $\dfrac{-3+5}{2} = 1$.

Le coefficient de x^2 est 1, qui est > 0, donc : $\quad (2) \iff \big(x < -4 \text{ ou } x > 1\big)$.

- Le discriminant du trinôme du second degré de l'inéquation (3) est :

$$\Delta_2 = 9 + 4 \cdot 10 = 49 = 7^2 > 0,$$

donc les zéros de ce trinôme sont $\dfrac{-3-7}{2} = -5$ et $\dfrac{-3+7}{2} = 2$.

Le coefficient de x^2 est 1, qui est > 0, donc : $\quad (3) \iff -5 < x < 2$.

On obtient :

$$(1) \iff \begin{cases} \big(x < -4 \text{ ou } x > 1\big) \\ -5 < x < 2 \end{cases} \iff \big(-5 < x < -4 \text{ ou } 1 < x < 2\big).$$

On conclut : $\quad \mathcal{S} =]-5\,;-4[\cup]1\,;2[$.

9.3

Résoudre l'inéquation, d'inconnue $x \in \mathbb{R}$: $\quad |x^2 + 3x + 4| < |x^2 + x + 4|$.

On a, pour tout $x \in \mathbb{R}$, en notant (1) l'inéquation de l'énoncé et en élevant au carré :

$$\begin{aligned}
(1) &\iff |x^2 + 3x + 4|^2 < |x^2 + x + 4|^2 \\
&\iff (x^2 + 3x + 4)^2 < (x^2 + x + 4)^2 \\
&\iff (x^2 + 3x + 4)^2 - (x^2 + x + 4)^2 < 0 \\
&\iff \big((x^2 + 3x + 4) - (x^2 + x + 4)\big) \\
&\qquad \big((x^2 + 3x + 4) + (x^2 + x + 4)\big) < 0 \\
&\iff 2x(2x^2 + 4x + 8) < 0 \\
&\iff x(x^2 + 2x + 4) < 0.
\end{aligned}$$

Le discriminant du trinôme su second degré $x^2 + 2x + 4$ est $\Delta = 4 - 16 = -12 < 0$ et le coefficient de x^2 est 1, qui est > 0, donc $x^2 + 2x + 4$ est toujours > 0, d'où : $\;(1) \iff x < 0$.
On conclut : $\quad \mathcal{S} =]-\infty\,;0[$.

9.4

Tracer la représentation graphique de la fonction $f : \mathbb{R} \longrightarrow \mathbb{R}$ définie, pour tout $x \in \mathbb{R}$, par : $\quad f(x) = |x + 3| + |x - 1| + |x - 4|$.

On sépare en quatre cas selon la position de x par rapport à -3, 1, 4 :

- si $x \leqslant -3$, alors $f(x) = -(x+3) - (x-1) - (x-4) = -3x+2$,
- si $-3 \leqslant x \leqslant 1$, alors $f(x) = (x+3) - (x-1) - (x-4) = -x+8$,
- si $1 \leqslant x \leqslant 4$, alors $f(x) = (x+3) + (x-1) - (x-4) = x+6$,
- si $4 \leqslant x$, alors $f(x) = (x+3) + (x-1) + (x-4) = 3x-2$.

On peut contrôler la cohérence des résultats : puisque f est continue sur $\mathbb{R}$ (par opérations), les valeurs de f aux points de raccord doivent être les mêmes des deux côtés. Les calculs peuvent être faits de tête.

La représentation graphique de f est formée de morceaux successifs de droites se raccordant entre eux.

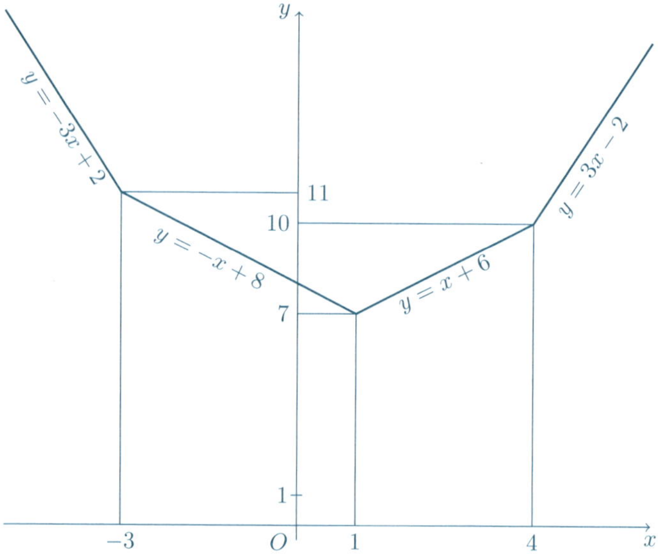

Représentation graphique de la fonction
$f : \mathbb{R} \longrightarrow \mathbb{R}, \quad x \longmapsto |x+3| + |x-1| + |x-4|$

9.5

Tracer la représentation graphique de la fonction $f : \mathbb{R} \longrightarrow \mathbb{R}, \quad x \longmapsto |x^2 - 1|$.

On a, pour tout $x \in \mathbb{R}$: $f(x) = \begin{cases} x^2 - 1 & \text{si} \quad x \leqslant -1 \quad \text{ou} \quad x \geqslant 1 \\ -x^2 + 1 & \text{si} \quad -1 \leqslant x \leqslant 1, \end{cases}$

donc la représentation graphique de f est formée de trois arcs de parabole, définis par :

$$\begin{cases} x \leqslant -1 & \text{et} \quad y = x^2 - 1 \\ -1 \leqslant x \leqslant 1 & \text{et} \quad y = 1 - x^2 \\ 1 \leqslant x & \text{et} \quad y = x^2 - 1. \end{cases}$$

Le deuxième arc est obtenu à partir de l'arc de parabole défini par ($-1 \leqslant x \leqslant 1$ et $y = x^2 - 1$) par la symétrie par rapport à $x'x$.

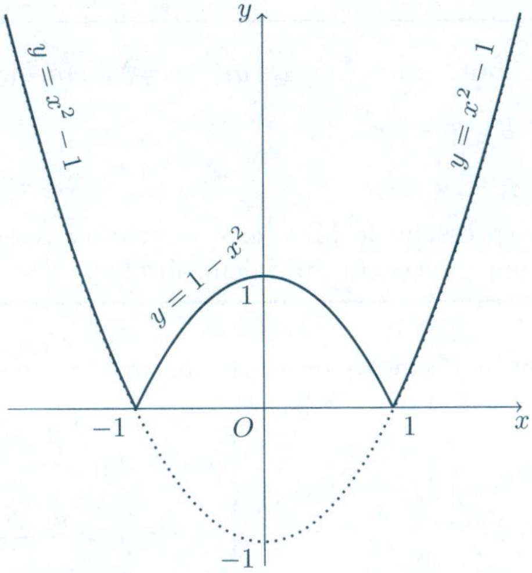

Représentation graphique de la fonction
$f : \mathbb{R} \longrightarrow \mathbb{R}, x \longmapsto |x^2 - 1|$

9.6

Montrer, pour tout $(x, y) \in \mathbb{R}^2$: $\left|\dfrac{x}{x^2+1} - \dfrac{y}{y^2+1}\right| \leqslant |x - y|$.

1) 1re méthode : calcul élémentaire :

Soit $(x, y) \in \mathbb{R}^2$.

On a :

$$\left|\frac{x}{x^2+1} - \frac{y}{y^2+1}\right| = \left|\frac{xy^2 + x - yx^2 - y}{(x^2+1)(y^2+1)}\right| = \frac{|(x-y)(1-xy)|}{(x^2+1)(y^2+1)} = \frac{|1-xy|}{(x^2+1)(y^2+1)}|x-y|.$$

Il suffit donc de montrer que le facteur devant $|x - y|$, qui est $\geqslant 0$, est $\leqslant 1$.

On a, en utilisant l'inégalité triangulaire : $|1 - xy| \leqslant 1 + |xy| = 1 + |x|\,|y|$.

Par rôles symétriques de $|x|$ et $|y|$, on peut supposer, par exemple, $|x| \leqslant |y|$, et on a alors : $1 + |x||y| \leqslant 1 + y^2$, d'où :

$$\frac{|1-xy|}{(x^2+1)(y^2+1)} = \frac{1}{x^2+1}\,\frac{|1-xy|}{y^2+1} \leqslant 1 \cdot 1 = 1,$$

ce qui entraîne l'inégalité demandée.

2) 2e méthode : utilisation de la dérivation :

La fonction $f : \mathbb{R} \longrightarrow \mathbb{R},\ t \longmapsto \dfrac{t}{t^2+1}$ est dérivable sur $\mathbb{R}$ et, pour tout $t \in \mathbb{R}$:

$$f'(t) = \frac{(1+t^2) - t \cdot 2t}{(t^2+1)^2} = \frac{1-t^2}{(1+t^2)^2}.$$

On a, pour tout $t \in \mathbb{R}$, en utilisant l'inégalité triangulaire :

$$|f'(t)| = \frac{|1-t^2|}{(1+t^2)^2} \leqslant \frac{1+t^2}{(1+t^2)^2} = \frac{1}{1+t^2} \leqslant 1,$$

d'où, par l'inégalité des accroissements finis (voir le chapitre 27), pour tout $(x, y) \in \mathbb{R}^2$, en supposant par exemple $x \leqslant y$ pour pouvoir noter commodément le segment joignant x et y :

$$\left|\frac{x}{x^2+1} - \frac{y}{y^2+1}\right| = |f(x) - f(y)| \leqslant \Big(\operatorname*{Sup}_{t\in[x;y]} |f'(t)|\Big)|x-y| \leqslant |x-y|.$$

9.7

Soit $(a, b) \in \mathbb{R}^2$. On note : $\alpha = \operatorname{Max}(a, b)$, $\beta = \operatorname{Min}(a, b)$.

a) Montrer : $\begin{cases} \alpha + \beta = a + b \\ \alpha - \beta = |a - b|. \end{cases}$

b) En déduire une expression de $\operatorname{Max}(a, b)$ et une expression de $\operatorname{Min}(a, b)$ en fonction de a, b, faisant intervenir une valeur absolue.

a) À l'ordre près, les réels α, β sont les réels a, b, donc $\alpha + \beta = a + b$ et $\beta - \alpha = b - a$ ou $a - b$, d'où, puisque $\alpha - \beta \geqslant 0$: $\alpha - \beta = |a - b|$.

b) D'après *a)* : $\begin{cases} \alpha + \beta = a + b \\ \alpha - \beta = |a - b|, \end{cases}$ d'où : $\begin{cases} \operatorname{Max}(a, b) = \dfrac{a + b + |a - b|}{2} \\ \operatorname{Min}(a, b) = \dfrac{a + b - |a - b|}{2}. \end{cases}$

Exercices d'entraînement

9.8 Exemple de résolution d'inéquation avec une valeur absolue

Résoudre l'inéquation, d'inconnue $x \in \mathbb{R}$: $|x^2 - 3x + 1| \leqslant 1$.

9.9 Exemple de résolution d'équation avec une valeur absolue

Résoudre l'équation, d'inconnue $x \in \mathbb{R}$: $x^4 - 3x|x| - 4 = 0$.

9.10 Exemple de résolution d'inéquation avec des valeurs absolues

Résoudre l'inéquation, d'inconnue $x \in \mathbb{R}$: $|x - 1| + |x - 5| > 9$.

9.11 Inégalité sur deux variables, avec une valeur absolue

Montrer, pour tout $(x, y) \in [-1\,;1]$: $|x - y| \leqslant 1 - xy$.

Corrigés des exercices d'entraînement

9.8

On a, pour tout $x \in \mathbb{R}$:

$$\begin{aligned} & |x^2-3x+1| \leqslant 1 \\ \iff & (x^2-3x+1)^2 \leqslant 1 \\ \iff & (x^2-3x+1)^2 - 1 \leqslant 0 \\ \iff & \big((x^2-3x+1)-1\big)\big((x^2-3x+1)+1\big) \leqslant 0 \\ \iff & (x^2-3x)(x^2-3x+2) \leqslant 0 \\ \iff & \big(x(x-3)\big)\big((x-1)(x-2)\big) \leqslant 0 \\ \iff & x(x-1)(x-2)(x-3) \leqslant 0 \\ \iff & (0 \leqslant x \leqslant 1 \ \text{ ou } \ 2 \leqslant x \leqslant 3), \end{aligned}$$

et on conclut : $\mathcal{S} = [0\,;1] \cup [2\,;3]$.

9.9

On sépare en deux cas selon le signe de x, pour éliminer la présence de $|x|$.
Notons (1) l'équation proposée.
1er cas : $x \geqslant 0$
On a alors : (1) $\iff x^4 - 3x^2 - 4 = 0$.
Le discriminant de ce trinôme du second degré en x^2 est $\Delta = 9 + 16 = 25 = 5^2 > 0$, donc :

$$\begin{aligned} (1) \iff & \left(x^2 = \frac{3-5}{2} \ \text{ ou } \ x^2 = \frac{3+5}{2}\right) \\ \iff & (x^2 = -1 \ [\text{impossible}] \text{ ou } \ x^2 = 4) \\ \iff & (x = -2 \ \text{ ou } \ x = 2) \\ \iff & x = 2 \ \ [\text{car } x \geqslant 0]. \end{aligned}$$

2e cas : $x \leqslant 0$
On a alors : (1) $\iff x^4 + 3x^2 - 4 = 0$.
Le discriminant de ce trinôme du second degré en x^2 est $\Delta = 9 + 16 = 25 = 5^2 > 0$, donc :

$$\begin{aligned} (1) \iff & \left(x^2 = \frac{-3-5}{2} \ \text{ ou } \ x = \frac{-3+5}{2}\right) \\ \iff & (x^2 = -4 \ [\text{impossible}] \text{ ou } x^2 = 1) \\ \iff & (x = -1 \ \text{ ou } \ x = 1) \\ \iff & x = -1 \ [\text{car } x \leqslant 0]. \end{aligned}$$

On conclut : $\mathcal{S} = \{-1, 2\}$.
On peut contrôler que -1 et 2 sont solutions de l'équation de l'énoncé, les calculs peuvent être faits de tête.

9.10

On sépare en trois cas selon la position de x par rapport à 1 et à 5 pour éliminer les présences des deux valeurs absolues.
Notons (1) l'inéquation proposée.
Si $x \leqslant 1$, alors :

$$\begin{aligned} (1) \iff & (1-x) + (5-x) > 9 \\ \iff & 6 - 2x > 9 \iff x < -\frac{3}{2}. \end{aligned}$$

Si $1 \leqslant x \leqslant 5$, alors :
(1) $\iff (x-1) + (5-x) > 9 \iff 4 > 9$, impossible.
Si $x \geqslant 5$, alors :

$$\begin{aligned} (1) \iff & (x-1) + (x-5) > 9 \\ \iff & 2x - 6 > 9 \iff x > \frac{15}{2}. \end{aligned}$$

On conclut : $\mathcal{S} = \left]-\infty\,; -\frac{3}{2}\right[\cup \left]\frac{15}{2}\,; +\infty\right[$.

9.11

Puisque $(x, y) \in [-1\,;1]^2$, on a :
$1 - xy \geqslant 0$.
Calculons la différence entre les carrés des deux membres de l'inégalité proposée :

$$\begin{aligned} & (1-xy)^2 - |x-y|^2 \\ & = (1-xy)^2 - (x-y)^2 \\ & = (1 - 2xy + x^2y^2) - (x^2 - 2xy + y^2) \\ & = 1 - x^2 - y^2 + x^2y^2 \\ & = (1-x^2)(1-y^2) \ \geqslant 0 \end{aligned}$$

d'où l'inégalité voulue.
Pour le cas d'égalité, on a, en utilisant le calcul précédent :

$$\begin{aligned} |x-y| = 1 - xy \iff & (1-x^2)(1-y^2) = 0 \\ \iff & (x^2 = 1 \ \text{ ou } \ y^2 = 1) \\ \iff & (x = \pm 1 \ \text{ ou } \ y = \pm 1). \end{aligned}$$

On conclut qu'il y a égalité dans l'inégalité de l'énoncé si et seulement si :

$$x = -1 \ \text{ ou } \ x = 1 \ \text{ ou } \ y = -1 \ \text{ ou } \ y = 1.$$

10 Partie entière

Dans ce chapitre, nous étudions la fonction partie entière $\lfloor . \rfloor : \mathbb{R} \longrightarrow \mathbb{R}, \quad x \longmapsto \lfloor x \rfloor$ et sa manipulation dans des calculs. La fonction partie entière envoie un réel x sur un entier relatif $\lfloor x \rfloor$ et on peut donc considérer qu'il s'agit d'un premier pas vers la discrétisation d'un phénomène continu.

Un lien existe avec la division euclidienne dans $\mathbb{Z}$: pour tout $(a, b) \in \mathbb{Z} \times \mathbb{N}^*$, il existe $(q, r) \in \mathbb{Z} \times \mathbb{N}$ unique tel que $\big(a = bq + r \quad \text{et} \quad 0 \leqslant r \leqslant b - 1\big)$, et on a alors $q = \left\lfloor \dfrac{a}{b} \right\rfloor$.

Rappels de cours

Définition

Pour tout $x \in \mathbb{R}$, il existe $n \in \mathbb{Z}$ unique tel que $n \leqslant x < n + 1$ et cet entier n est appelé la **partie entière** du réel x et est notée $\lfloor x \rfloor$, notation du Programme officiel (on trouve aussi les notations $[x]$, $\mathrm{E}(x)$, $\mathrm{Ent}(x)$).

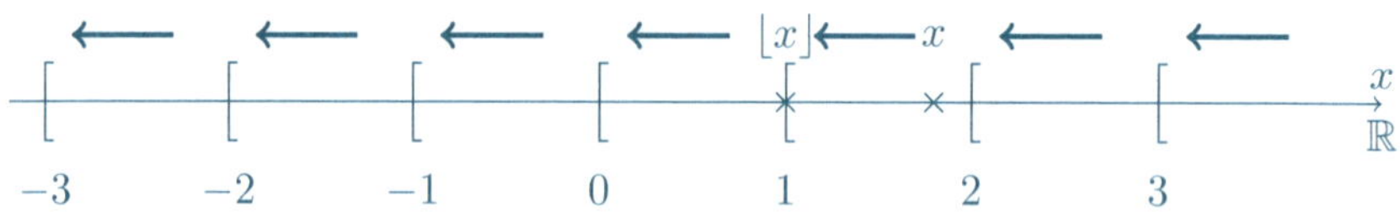

Schématisation de la fonction $\lfloor \cdot \rfloor$ qui envoie tout réel x sur l'entier relatif n tel que $n \leqslant x < n + 1$

Exemple

$\lfloor 3,21 \rfloor = 3, \qquad \lfloor -2,634 \rfloor = -3, \qquad \lfloor 4 \rfloor = 4, \qquad \lfloor 0 \rfloor = 0, \qquad \lfloor -6 \rfloor = -6.$

Remarque : On a, pour tout $x \in \mathbb{R}$: $\lfloor x \rfloor = x \iff x \in \mathbb{Z}$.

On a, par définition de la partie entière : $\quad \forall x \in \mathbb{R}, \quad \begin{cases} \lfloor x \rfloor \in \mathbb{Z} \\ \lfloor x \rfloor \leqslant x < \lfloor x \rfloor + 1 \end{cases}$

On remarquera que l'encadrement précédent est logiquement équivalent à l'encadrement $x - 1 < \lfloor x \rfloor \leqslant x$ et on ne perdra pas de vue que $\lfloor x \rfloor$ est un entier relatif.

Proposition

Une propriété des entiers relatifs, triviale mais souvent utile, est la suivante :

$$\forall (a, b) \in \mathbb{Z}^2, \quad \big(a < b \iff a \leqslant b - 1\big).$$

Autrement dit, une inégalité stricte entre entiers relatifs se traduit par une inégalité au sens large avec un décalage d'une unité.

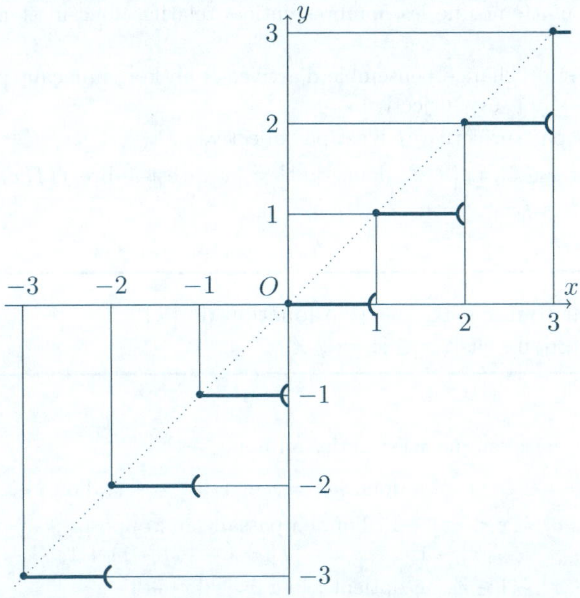

Représentation graphique de la fonction partie entière

Exercices d'apprentissage

10.1

On considère la fonction partie entière $f : \mathbb{R} \longrightarrow \mathbb{R},\quad x \longmapsto \lfloor x \rfloor$.

a) Montrer que la fonction f est croissante.

La fonction f est-elle strictement croissante ?

b) La fonction f est-elle injective ? surjective ? bijective ?

c) Vérifier : $f \circ f = f$.

a) • Soit $(x, y) \in \mathbb{R}^2$ tel que $x \leqslant y$.

On a alors : $\lfloor x \rfloor \leqslant x \leqslant y < \lfloor y \rfloor - 1$, donc : $\lfloor x \rfloor < \lfloor y \rfloor - 1$, puis, comme il s'agit de nombres entiers relatifs : $\lfloor x \rfloor \leqslant \lfloor y \rfloor$.

On conclut : l'application f est croissante.

• L'application f n'est pas strictement croissante puisque, par exemple :

$$0 < \frac{1}{2} \quad \text{et} \quad f(0) = 0 = f\left(\frac{1}{2}\right).$$

b) • On a, par exemple :

$$0 \neq \frac{1}{2} \quad \text{et} \quad f(0) = f\left(\frac{1}{2}\right),$$

donc l'application f n'est pas injective.

- Comme, pour tout $x \in \mathbb{R}$, $f(x) \in \mathbb{Z}$ et que l'arrivée de f, qui est $\mathbb{R}$, contient des nombres qui ne sont pas dans $\mathbb{Z}$, par exemple $\dfrac{1}{2}$, l'application f n'est pas surjective.

Autrement dit, f n'atteint que les nombres entiers relatifs, donc n'est pas surjective de $\mathbb{R}$ dans $\mathbb{R}$.

Remarquons que, si on change l'ensemble d'arrivée $\mathbb{R}$ en le remplaçant par $\mathbb{Z}$, l'application $g : \mathbb{R} \longrightarrow \mathbb{Z}, \quad x \longmapsto \lfloor x \rfloor$ est surjective.

- Puisque f n'est pas surjective, f n'est pas bijective.

c) On a, pour tout $x \in \mathbb{R}$, $\lfloor x \rfloor \in \mathbb{Z}$, donc $\big\lfloor \lfloor x \rfloor \big\rfloor = \lfloor x \rfloor$, c'est-à-dire $f\big(f(x)\big) = f(x)$.

On conclut : $f \circ f = f$.

10.2

Exprimer, pour tout $x \in \mathbb{R}$, $\lfloor -x \rfloor$ en fonction de $\lfloor x \rfloor$.
On séparera en deux cas : $x \in \mathbb{Z}$, $x \notin \mathbb{Z}$.

Soit $x \in \mathbb{R}$.
Séparons en deux cas selon que x est entier ou non.

- Si $x \in \mathbb{Z}$, alors $-x \in \mathbb{Z}$, et on a donc $\lfloor x \rfloor = x$ et $\lfloor -x \rfloor = -x$, d'où $\lfloor -x \rfloor = -\lfloor x \rfloor$.
- Si $x \notin \mathbb{Z}$, alors $\lfloor x \rfloor < x < \lfloor x \rfloor + 1$, d'où, en passant aux opposés :

$$-\lfloor x \rfloor - 1 < -x < -\lfloor x \rfloor = \big(-\lfloor x \rfloor - 1\big) + 1,$$

et donc, comme $-\lfloor x \rfloor - 1 \in \mathbb{Z}$, on obtient : $\lfloor -x \rfloor = -\lfloor x \rfloor - 1$.

On conclut : $\quad \forall x \in \mathbb{R}, \quad \lfloor -x \rfloor = \begin{cases} -\lfloor x \rfloor & \text{si} \quad x \in \mathbb{Z} \\ -\lfloor x \rfloor - 1 & \text{si} \quad x \notin \mathbb{Z}. \end{cases}$

10.3

Montrer que, pour tout $(x, y) \in \mathbb{R}^2$, $\lfloor x + y \rfloor$ est égal à $\lfloor x \rfloor + \lfloor y \rfloor$ ou $\lfloor x \rfloor + \lfloor y \rfloor + 1$.
En particulier, pour tout $x \in \mathbb{R}$, $\lfloor 2x \rfloor$ est égal à $2\lfloor x \rfloor$ ou $2\lfloor x \rfloor + 1$.

Soit $(x, y) \in \mathbb{R}^2$. On a : $\begin{cases} \lfloor x \rfloor \leqslant x < \lfloor x \rfloor + 1 \\ \lfloor y \rfloor \leqslant y < \lfloor y \rfloor + 1 \end{cases}$

d'où, par addition : $\lfloor x \rfloor + \lfloor y \rfloor \leqslant x + y < \lfloor x \rfloor + \lfloor y \rfloor + 2$.

Comme les deux membres extrêmes de cet encadrement de $x + y$ sont des entiers relatifs, on déduit : $\quad \lfloor x + y \rfloor = \lfloor x \rfloor + \lfloor y \rfloor \quad$ ou $\quad \lfloor x \rfloor + \lfloor y \rfloor + 1$.

Exemples :

- On a : $\lfloor 0,3 + 0,4 \rfloor = \lfloor 0,7 \rfloor = 0 \quad$ et $\quad \lfloor 0,3 \rfloor + \lfloor 0,4 \rfloor = 0 + 0 = 0$.
- On a : $\lfloor 0,3 + 0,9 \rfloor = \lfloor 1,2 \rfloor = 1 \quad$ et $\quad \lfloor 0,3 \rfloor + \lfloor 0,9 \rfloor = 0 + 0 = 0$.

En particulier, en remplaçant y par x, on obtient, pour tout $x \in \mathbb{R}$:

$$\lfloor 2x \rfloor = 2\lfloor x \rfloor \quad \text{ou} \quad 2\lfloor x \rfloor + 1.$$

Exemples :

- $\lfloor 2 \cdot 0,3 \rfloor = \lfloor 0,6 \rfloor = 0 \quad$ et $\quad 2\lfloor 0,3 \rfloor = 2 \cdot 0 = 0$.
- $\lfloor 2 \cdot 0,7 \rfloor = \lfloor 1,4 \rfloor = 1 \quad$ et $\quad 2\lfloor 0,7 \rfloor = 2 \cdot 0 = 0$.

10.4

Montrer : $\quad \forall (a, x) \in \mathbb{Z} \times \mathbb{R}, \quad \lfloor a + x \rfloor = a + \lfloor x \rfloor$.

Soit $(a, x) \in \mathbb{Z} \times \mathbb{R}$. On a : $\lfloor x \rfloor \leqslant x < \lfloor x \rfloor + 1$, d'où, en additionnant a :
$$a + \lfloor x \rfloor \leqslant a + x < a + \lfloor x \rfloor + 1.$$
Comme $a + \lfloor x \rfloor \in \mathbb{Z}$, on déduit, par la définition de $\lfloor a + x \rfloor$: $\lfloor a + x \rfloor = a + \lfloor x \rfloor$.
Ainsi, on peut sortir de la partie entière un entier qui est en addition à l'intérieur de cette partie entière.

10.5

Résoudre l'équation, d'inconnue $x \in \mathbb{R}$: $\lfloor 3x \rfloor = 2x$.

a) Soit $x \in \mathbb{R}$ convenant.
Puisque $2x = \lfloor 3x \rfloor \leqslant 3x$, on déduit $x \geqslant 0$, et, puisque $2x = \lfloor 3x \rfloor > 3x - 1$, on déduit $x < 1$.
De plus, comme $2x = \lfloor 3x \rfloor \in \mathbb{Z}$, il existe $k \in \mathbb{Z}$ tel que $x = \dfrac{k}{2}$.

Ainsi, $0 \leqslant \dfrac{k}{2} < 1$ et $k \in \mathbb{Z}$, donc $k = 0$ ou $k = 1$, puis $x = 0$ ou $x = \dfrac{1}{2}$.

b) Réciproquement, les réels $x = 0$ et $x = \dfrac{1}{2}$ conviennent, les calculs sont évidents de tête.

On conclut : $\mathcal{S} = \left\{0, \dfrac{1}{2}\right\}$.

Exercices d'entraînement

10.6 Exemple de résolution d'une équation avec parties entières emboîtées

Résoudre l'équation, d'inconnue $x \in \mathbb{R}$: $\lfloor x \lfloor x \rfloor \rfloor = 5$.

10.7 Parties entières de multiples de réels

Soit $(x, y) \in \mathbb{R}^2$ tel que : $\forall n \in \mathbb{N}, \ \lfloor nx \rfloor \leqslant \lfloor ny \rfloor$. Montrer : $x \leqslant y$.

10.8 Étude d'une équation à une inconnue avec parties entières

a) Montrer que l'ensemble E des $x \in \mathbb{R}$ tels que $\lfloor x \rfloor + \lfloor 5x \rfloor = \lfloor 2x \rfloor + \lfloor 3x \rfloor$ est une partie bornée de $\mathbb{R}$.

b) Donner au moins un élément non nul de E.

10.9 Exemples d'équations du second degré avec parties entières

Résoudre les équations suivantes, d'inconnue $x \in \mathbb{R}$:

a) $x^2 - 3x + 2 = 0$

b) $\lfloor x \rfloor^2 - 3\lfloor x \rfloor + 2 = 0$

c) $\lfloor x^2 - 3x + 2 \rfloor = 0$

d) $\lfloor x \rfloor^2 - 3x + 2 = 0$

e) $x^2 - 3\lfloor x \rfloor + 2 = 0$

f) $\lfloor x^2 \rfloor - 3\lfloor x \rfloor + 2 = 0$.

Corrigés des exercices d'entraînement

10.6

Soit $x \in \mathbb{R}_+$.

1) Supposons que x convienne.
D'une part : $5 = \lfloor x\lfloor x\rfloor\rfloor \leqslant x\lfloor x\rfloor \leqslant x \cdot x = x^2$, donc $x \geqslant \sqrt{5}$.
D'autre part, $\lfloor x\rfloor > x-1$, donc $x\lfloor x\rfloor \geqslant x(x-1)$, car $x \geqslant 0$, puis :

$$5 = \lfloor x\lfloor x\rfloor\rfloor \geqslant \lfloor x(x-1)\rfloor > x(x-1)-1,$$

donc : $x^2 - x - 6 < 0$.
Le discriminant Δ de ce trinôme du second degré est $\Delta = 1 + 24 = 25 = 5^2 > 0$,
donc les zéros de ce trinôme sont

$$x_1 = \frac{1-5}{2} = -2 \quad \text{et} \quad x_2 = \frac{1+5}{2} = 3.$$

On déduit : $-2 < x < 3$,
c'est-à-dire, puisque $x \geqslant 0$: $0 \leqslant x < 3$.

2) Ceci montre que, si x est solution, on a alors

$$\sqrt{5} \leqslant x < 3.$$

Comme $\sqrt{5} \simeq 2,236$, on déduit $\lfloor x\rfloor = 2$
puis $\lfloor\lfloor x\rfloor\rfloor = \lfloor 2x\rfloor$.

Ainsi, pour $\sqrt{5} \leqslant x < 3$, on, a :

$$\lfloor x\lfloor x\rfloor\rfloor = 5 \iff \lfloor 2x\rfloor = 5$$
$$\iff 5 \leqslant 2x < 6 \iff \frac{5}{2} \leqslant x < 3.$$

On conclut : $\mathcal{S} = \left[\frac{5}{2}\,;3\right[$.

10.7

On a, pour tout $n \in \mathbb{N}$:
$$\begin{cases} nx - 1 < \lfloor nx\rfloor = \lfloor ny\rfloor \leqslant ny \\ ny - 1 < \lfloor ny\rfloor = \lfloor nx\rfloor \leqslant nx \end{cases}$$

d'où $\begin{cases} nx - 1 < ny \\ ny - 1 < nx \end{cases}$ puis $\begin{cases} x - \dfrac{1}{n} < y \\ y - \dfrac{1}{n} < x \end{cases}$

et donc : $-\dfrac{1}{n} < x - y < \dfrac{1}{n}$.

Comme $\dfrac{1}{n} \underset{n\infty}{\longrightarrow} 0$, on déduit, par théorème d'encadrement, et puisque $x - y$ ne dépend pas de n, $x - y = 0$, et on conclut : $x = y$.

10.8

a) Soit $x \in E$.
On a :

- $(x-1) + (5x-1) < \lfloor x\rfloor + \lfloor 5x\rfloor$
$= \lfloor 2x\rfloor + \lfloor 3x\rfloor \leqslant 2x + 3x = 5x$,

d'où : $6x - 2 < 5x$, et donc $x < 2$

- $(2x-1) + (3x-1) < \lfloor 2x\rfloor + \lfloor 3x\rfloor$
$= \lfloor x\rfloor + \lfloor 5x\rfloor \leqslant x + 5x = 6x$,

d'où : $5x - 2 < 6x$, et donc $x > -2$.

On obtient $E \subset]-2\,;2[$, donc E est bornée.

b) On remarque, par exemple, que $\dfrac{1}{2} \in E$, les calculs peuvent être faits de tête.

10.9

Notons (a), ... les équations proposées et $\mathcal{S}_a$, ... les ensembles de solutions de ces équations.

a) Il s'agit d'une équation du second degré dans les réels, la notion de partie entière n'intervient pas encore dans ce premier exemple.
On peut remarquer que 1 est solution, puis factoriser par $x - 1$:

$$x^2 - 3x + 2 = 0 \iff (x-1)(x-2) = 0$$
$$\iff (x = 1 \ \text{ou}\ x = 2).$$

On conclut : $\mathcal{S}_a = \{1, 2\}$.

b) Il s'agit d'une équation du second degré, d'inconnue $\lfloor x\rfloor$, et on utilise le résultat de *a)* :

$$\lfloor x\rfloor^2 - 3\lfloor x\rfloor + 2 = 0 \iff (\lfloor x\rfloor = 1 \ \text{ou}\ \lfloor x\rfloor = 2)$$
$$\iff (x \in [1\,;2[\ \text{ou}\ x \in [2\,;3[) \iff x \in [1\,;3[.$$

On conclut : $\mathcal{S}_b = [1\,;3[$.

c) On a, pour tout $x \in \mathbb{R}$:

$$\lfloor x^2 - 3x + 2\rfloor = 0 \iff 0 \leqslant x^2 - 3x + 2 < 1$$
$$\iff \begin{cases} x^2 - 3x + 2 \geqslant 0 \\ x^2 - 3x + 1 < 0. \end{cases}$$

Les zéros du trinôme du second degré $x^2 - 3x + 2$ sont 1 et 2, cf. *a)*, donc :

$$x^2 - 3x + 2 \geqslant 0 \iff (x \leqslant 1 \ \text{ou}\ x \geqslant 2).$$

Le discriminant du trinôme du second degré $x^2 - 3x + 1$ est $\Delta = 9 - 4 = 5 > 0$, donc les zéros du trinôme sont $\dfrac{3-\sqrt{5}}{2}$ et $\dfrac{3+\sqrt{5}}{2}$, et on déduit :

$$x^2 - 3x + 1 < 0 \iff \frac{3-\sqrt{5}}{2} < x < \frac{3+\sqrt{5}}{2}.$$

Ainsi : $(c) \iff \begin{cases} x \leqslant 1 \text{ ou } x \geqslant 2 \\ \dfrac{3-\sqrt{5}}{2} < x < \dfrac{3+\sqrt{5}}{2}. \end{cases}$

Comme $\dfrac{3-\sqrt{5}}{2} \simeq 0,382$ et $\dfrac{3+\sqrt{5}}{2} \simeq 2,618$,

on a : $\dfrac{3-\sqrt{5}}{2} < 1 < 2 < \dfrac{3+\sqrt{5}}{2}$,

donc :

$(c) \iff \left(\dfrac{3-\sqrt{5}}{2} < x \leqslant 1 \text{ ou } 2 \leqslant x < \dfrac{3+\sqrt{5}}{2}\right)$

et on conclut :

$$\mathcal{S}_c = \left]\dfrac{3-\sqrt{5}}{2}\,;1\right] \cup \left[2\,;\dfrac{3+\sqrt{5}}{2}\right[.$$

d) Cette fois-ci, il ne s'agit pas d'une équation du second degré en x ou en $\lfloor x \rfloor$, car ceux-ci sont mélangés.

Si $x \in \mathbb{R}$ convient, alors $3x = \lfloor x \rfloor^2 + 2 \in \mathbb{N}$, donc x est de la forme $x = \dfrac{k}{3}$, $k \in \mathbb{N}$.

Séparons en trois cas selon la congruence de x modulo 3 :

- si $k = 3p$, $p \in \mathbb{N}$,

alors $x = p$ et $\lfloor x \rfloor = p$, et on retombe sur la question *a)*, avec la condition $x \in \mathbb{N}$, ce qui équivaut à $x = 1$ ou 2

- si $k = 3p+1$, $p \in \mathbb{N}$,

alors $x = p + \dfrac{1}{3}$ et $\lfloor x \rfloor = p$, donc :

$$(d) \iff p^2 - 3\left(p + \frac{1}{3}\right) + 2 = 0$$
$$\iff p^2 - 3p + 1 = 0$$

dont les solutions sont $\dfrac{3 \pm \sqrt{5}}{2}$ qui ne sont pas des nombres entiers, donc x ne convient pas

- si $k = 3p+2$, $p \in \mathbb{N}$,

alors $x = p + \dfrac{2}{3}$ et $\lfloor x \rfloor = p$, donc :

$$(d) \iff p^2 - 3\left(p + \frac{2}{3}\right) + 2 = 0 \iff p^2 - 3p = 0$$
$$\iff (p = 0 \text{ ou } p = 3) \iff \left(x = \frac{2}{3} \text{ ou } x = \frac{11}{3}\right).$$

On conclut : $\mathcal{S}_d = \left\{\dfrac{2}{3}, 1, 2, \dfrac{11}{3}\right\}$.

On peut contrôler que ces quatre valeurs de x vérifient (d), les calculs peuvent être faits de tête.

e) Si x convient, alors $x^2 = 3\lfloor x \rfloor - 2 \leqslant 3x - 2$, donc $x^2 - 3x + 2 \leqslant 0$, d'où $1 \leqslant x \leqslant 2$ et donc $\lfloor x \rfloor = 1$ ou 2.

Il en résulte :

$$(e) \iff \left(\begin{cases} 1 \leqslant x < 2 \\ x^2 - 3x + 2 = 0 \end{cases} \text{ou } x = 2\right)$$
$$\iff (x = 1 \text{ ou } x = 2).$$

On conclut : $\mathcal{S}_e = \{1, 2\}$.

f) Cet exemple semble moins facile que les précédents, car $\lfloor x \rfloor$ et $\lfloor x^2 \rfloor$ interviennent tous les deux.

Soit $x \in \mathbb{R}$ convenant.

Essayons d'abord de borner x.

On a, d'une part, $3\lfloor x \rfloor = \lfloor x^2 \rfloor + 2 \geqslant 2$, donc $\lfloor x \rfloor \geqslant \dfrac{2}{3}$, d'où $\lfloor x \rfloor \geqslant 1$ (car $\lfloor x \rfloor$ est un entier), puis $x \geqslant 1$,

et, d'autre part,

$x^2 - 1 < \lfloor x^2 \rfloor = 3\lfloor x \rfloor - 2 \leqslant 3x - 2$,

donc $x^2 - 3x + 1 < 0$,

d'où, par résolution d'une inéquation du second degré, $\dfrac{3-\sqrt{5}}{2} < x < \dfrac{3+\sqrt{5}}{2} < 3$.

On obtient ainsi : $1 \leqslant x < 3$

et donc $\lfloor x \rfloor = 1$ ou 2.

Séparons en deux cas, comme pour la résolution de *e)* :

- si $1 \leqslant x < 2$, alors $\lfloor x \rfloor = 1$, donc :

$$(f) \iff \lfloor x^2 \rfloor - 3 + 2 = 0 \iff \lfloor x^2 \rfloor = 1$$
$$\iff 1 \leqslant x^2 < 2 \iff 1 \leqslant x < \sqrt{2}$$

- si $2 \leqslant x < 3$, alors $\lfloor x \rfloor = 2$, donc :

$$(f) \iff \lfloor x^2 \rfloor - 6 + 2 = 0 \iff \lfloor x^2 \rfloor = 4$$
$$\iff 4 \leqslant x^2 < 5 \iff 2 \leqslant x < \sqrt{5}.$$

On obtient :

$$\mathcal{S}_f = ([1\,;2[\cap [1\,;\sqrt{2}[) \cup ([2\,;3[\cap [2\,;\sqrt{5}[)$$

et on conclut : $\mathcal{S}_f = [1\,;\sqrt{2}[\cup [2\,;\sqrt{5}[$.

11 Trigonométrie

Nous étudions dans ce chapitre la trigonométrie (ou aussi : trigonométrie circulaire, par opposition à la trigonométrie hyperbolique, voir plus loin chapitre 17) c'est-à-dire les notions de fonctions trigonométriques cosinus, sinus, tangente sur les réels (la fonction cotangente est hors programme).

Rappels de cours

Définition

Du point de vue géométrique, on définit, pour $t \in]0\,;\pi/2[$, les nombres réels $\cos t$, $\sin t$, $\tan t$ par des rapports de longueurs de côtés dans un triangle ABC rectangle en A, avec $t = \widehat{ABC}$:

$\cos t = \dfrac{AB}{BC}$, rapport du côté adjacent sur l'hypoténuse

$\sin t = \dfrac{AC}{BC}$, rapport du côté opposé sur l'hypoténuse,

$\tan t = \dfrac{AC}{AB}$, rapport du côté opposé sur le côté adjacent.

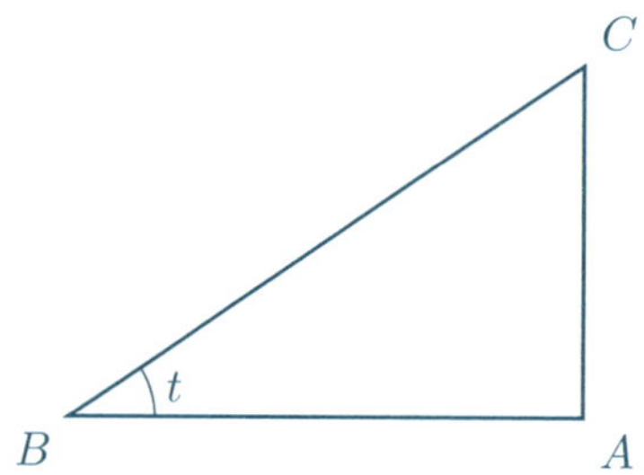

Définition

On suppose connue une définition de $\sin x$ et de $\cos x$ pour $x \in \mathbb{R}$, et on définit $\tan x$ par : $\tan x = \dfrac{\sin x}{\cos x}$ pour $x \in \mathbb{R} \setminus \left(\dfrac{\pi}{2} + \pi\mathbb{Z}\right)$ où $\dfrac{\pi}{2} + \pi\mathbb{Z} = \left\{\dfrac{\pi}{2} + k\pi\,; k \in \mathbb{Z}\right\}$.

Remarque : On note classiquement :

1) $\cos x$ pour $\cos(x)$, et de même pour $\sin x$ et, plus loin, pour $\tan x$.

2) $\cos^2 x$ pour $(\cos x)^2$, et de même pour $\sin^2 x$ et, plus loin, pour $\tan^2 x$.

3) $\cos ax$ pour $\cos(ax)$, en particulier $\cos 2x$ pour $\cos(2x)$, et de même pour $\sin ax$ et, plus loin, pour $\tan ax$.

On dispose des propriétés suivantes, qui constituent le formulaire de trigonométrie circulaire.

• Formule fondamentale : $\forall x \in \mathbb{R}, \quad \cos^2 x + \sin^2 x = 1$

et donc : $\forall x \in \mathbb{R}, \quad \big(\cos x \in [-1\,;1] \text{ et } \sin x \in [-1\,;1]\big)$.

• Les fonctions sin, cos, tan sont de classe C^∞ (c'est-à-dire : indéfiniment dérivables) sur leurs ensembles de définition respectifs et :

$\forall x \in \mathbb{R}, \quad \big(\sin' x = \cos x, \quad \cos'(x) = -\sin x\big),$

$\forall x \in \mathbb{R} \setminus \left(\dfrac{\pi}{2} + \pi\mathbb{Z}\right), \quad \tan'(x) = 1 + \tan^2 x = \dfrac{1}{\cos^2 x},$

puis : $\forall x \in \mathbb{R}, \quad \big(\sin'' x = -\sin x \quad \text{et} \quad \cos'' x = -\cos x\big),$

ces deux dernières formules seront très utiles lors de la résolution de certaines équations différentielles linéaires d'ordre 2 à coefficients constants (voir plus loin chapitre 21) et en Physique.

• Formules d'addition : pour tous $a, b \in \mathbb{R}$:

$\sin(a+b) = \sin a \cos b + \cos a \sin b, \qquad \cos(a+b) = \cos a \cos b - \sin a \sin b,$

$\sin(a-b) = \sin a \cos b - \cos a \sin b, \qquad \cos(a-b) = \cos a \cos b + \sin a \sin b,$

et, pour tous $a, b \in \mathbb{R}$ tels que tous les termes existent :

$$\tan(a+b) = \frac{\tan a + \tan b}{1 - \tan a \tan b}, \qquad \tan(a-b) = \frac{\tan a - \tan b}{1 + \tan a \tan b}.$$

• Formules de duplication : pour tout $x \in \mathbb{R}$:

$\sin 2x = 2 \sin x \cos x, \qquad \cos 2x = \cos^2 x - \sin^2 x = 2\cos^2 x - 1 = 1 - 2\sin^2 x,$

et, pour tout $x \in \mathbb{R}$ tel que tous les termes existent : $\quad \tan 2x = \dfrac{2\tan x}{1 - \tan^2 x}.$

• Formules de linéarisation : pour tous $a, b \in \mathbb{R}$:

$\sin a \sin b = \dfrac{1}{2}\big(\cos(a-b) - \cos(a+b)\big), \quad \sin a \cos b = \dfrac{1}{2}\big(\sin(a+b) + \sin(a-b)\big),$

$\cos a \cos b = \dfrac{1}{2}\big(\cos(a-b) + \cos(a+b)\big).$

Linéariser un produit de fonctions trigonométriques, c'est l'exprimer sous forme d'une somme.

• Transformation de sommes en produits : pour tous $p, q \in \mathbb{R}$:

$\sin p + \sin q = 2 \sin \dfrac{p+q}{2} \cos \dfrac{p-q}{2}, \qquad \sin p - \sin q = 2 \sin \dfrac{p-q}{2} \cos \dfrac{p+q}{2},$

$\cos p + \cos q = 2 \cos \dfrac{p+q}{2} \cos \dfrac{p-q}{2}, \qquad \cos p - \cos q = -2 \sin \dfrac{p-q}{2} \sin \dfrac{p+q}{2}.$

• Expressions de $\cos^2 x$ et $\sin^2 x$ à l'aide de $\cos 2x$, pour tout $x \in \mathbb{R}$:

$$\cos^2 x = \frac{1 + \cos 2x}{2}, \qquad \sin^2 x = \frac{1 - \cos 2x}{2}.$$

• Expressions de $\sin x$, $\cos x$, $\tan x$ en fonction de $t = \tan \dfrac{x}{2}$:

$$\sin x = \frac{2t}{1+t^2}, \qquad \cos x = \frac{1-t^2}{1+t^2}, \qquad \tan x = \frac{2t}{1-t^2}.$$

• La fonction sin est 2π-périodique, impaire, et on a, pour tout $x \in \mathbb{R}$:

$\sin(\pi + x) = -\sin x, \qquad \sin(\pi - x) = \sin x,$

$\sin\left(\dfrac{\pi}{2} + x\right) = \cos x, \qquad \sin\left(\dfrac{\pi}{2} - x\right) = \cos x.$

- La fonction cos est 2π-périodique, paire, et on a, pour tout $x \in \mathbb{R}$:

$\cos(\pi + x) = -\cos x, \quad \cos(\pi - x) = -\cos x,$

$\cos\left(\frac{\pi}{2} + x\right) = -\sin x, \quad \cos\left(\frac{\pi}{2} - x\right) = \sin x.$

- La fonction tan est π-périodique, impaire, et on a, pour tout $x \in \mathbb{R}$ tel que les termes existent : $\tan\left(\frac{\pi}{2} + x\right) = -\frac{1}{\tan x}, \quad \tan\left(\frac{\pi}{2} - x\right) = \frac{1}{\tan x}.$

- Égalités de cosinus, de sinus, de tangentes : pour tout $(x, a) \in \mathbb{R}^2$:

$\sin x = \sin a \iff (x \equiv a \ [2\pi] \text{ ou } x \equiv \pi - a \ [2\pi]),$

$\cos x = \cos a \iff (x \equiv a \ [2\pi] \text{ ou } x \equiv -a \ [2\pi]),$

et, pour tout $(x, a) \in \left(\mathbb{R} \setminus \left(\frac{\pi}{2} + \pi\mathbb{Z}\right)\right)^2$: $\tan x = \tan a \iff x \equiv a \ [\pi].$

- Paramétrisation du cercle trigonométrique :

Pour tout $(x, y) \in \mathbb{R}^2$ tel que $x^2 + y^2 = 1$, il existe $t \in]-\pi\,;\pi]$ unique tel que :

$\cos t = x$ et $\sin t = y.$

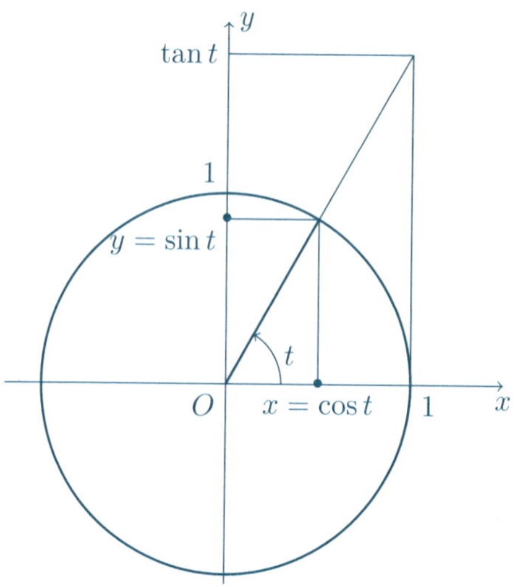

- Valeurs remarquables des fonctions sin, cos, tan :

x	0	$\frac{\pi}{6}$	$\frac{\pi}{4}$	$\frac{\pi}{3}$	$\frac{\pi}{2}$
$\sin x$	0	$\frac{1}{2}$	$\frac{\sqrt{2}}{2}$	$\frac{\sqrt{3}}{2}$	1
$\cos x$	1	$\frac{\sqrt{3}}{2}$	$\frac{\sqrt{2}}{2}$	$\frac{1}{2}$	0
$\tan x$	0	$\frac{1}{\sqrt{3}}$	1	$\sqrt{3}$	

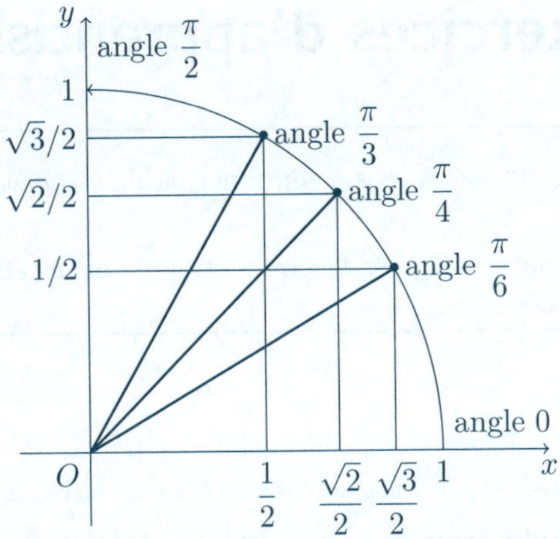

• Représentations graphiques des fonctions sin, cos, tan :

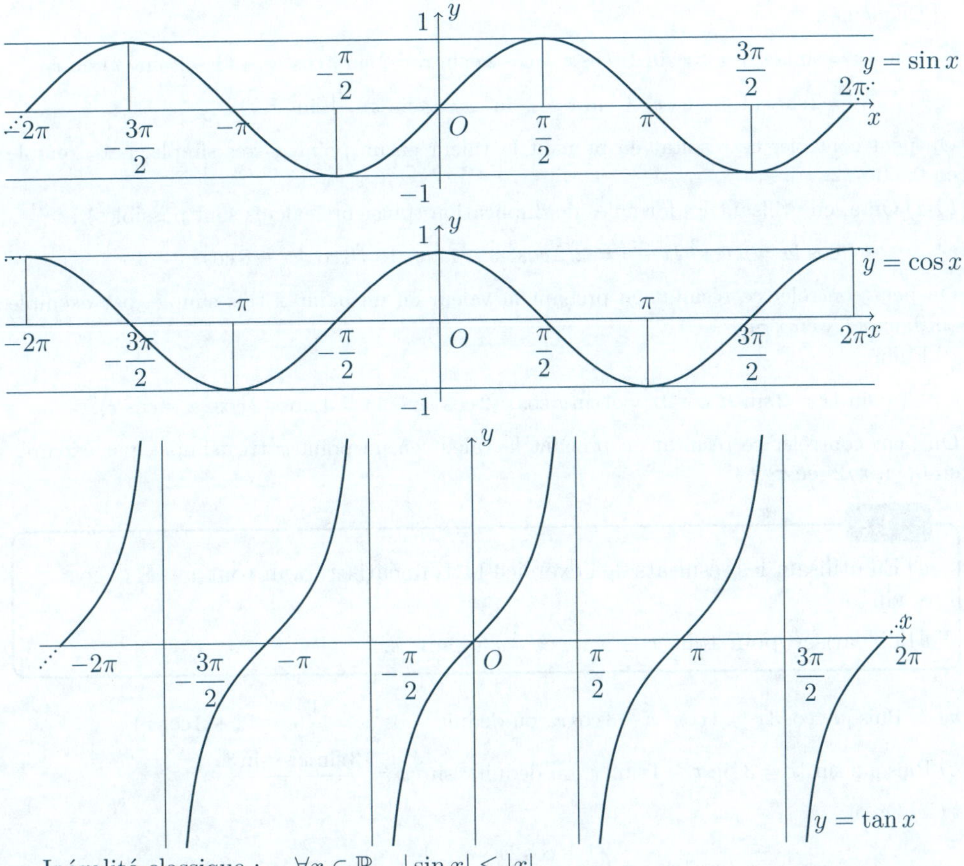

• Inégalité classique : $\forall x \in \mathbb{R}, \quad |\sin x| \leqslant |x|$
et cas d'égalité : $\forall x \in \mathbb{R}, \quad \big(|\sin x| = |x| \iff x = 0\big)$.

Nous verrons dans le chapitre 12 l'utilisation de l'exponentielle complexe en trigonométrie, et nous verrons dans le chapitre 18 les définitions et propriétés des fonctions circulaires réciproques.

Exercices d'apprentissage

11.1

a) Exprimer, pour tout $x \in \mathbb{R}$, $\cos 3x$ en fonction de $\cos x$ et exprimer $\sin 3x$ en fonction de $\sin x$.

b) Exprimer, pour tout $x \in \mathbb{R}$, $\cos 4x$ en fonction de $\cos x$, et exprimer $\sin 4x$ en fonction de $\sin x$ et $\cos x$.

a) 1) On a :

$$\cos 3x = \cos(2x + x) = \cos 2x \cos x - \sin 2x \sin x = (2\cos^2 x - 1)\cos x - 2\sin^2 x \cos x$$
$$= 2\cos^3 x - \cos x - 2(1 - \cos^2 x)\cos x = 4\cos^3 x - 3\cos x.$$

On peut contrôler ce résultat en prenant la valeur en un point x très simple, par exemple en 0, en $\pi/2$.
2) De même :

$$\sin 3x = \sin(2x + x) = \sin 2x \cos x + \cos 2x \sin x = 2\sin x \cos^2 x + (1 - 2\sin^2 x)\sin x$$
$$= 2\sin x(1 - \sin^2 x) + \sin x - 2\sin^3 x = 3\sin x - 4\sin^3 x.$$

On peut contrôler ce résultat en prenant la valeur en un point x très simple, par exemple en 0, en $\pi/2$.
b) 1) On a, en utilisant les formules de duplication (plusieurs calculs sont possibles) :

$$\cos 4x = 2\cos^2 2x - 1 = 2(2\cos^2 x - 1)^2 - 1 = 8\cos^4 x - 8\cos^2 x + 1.$$

On peut contrôler ce résultat en prenant la valeur en un point x très simple, par exemple en 0, en $\pi/2$, en $\pi/4$.
2) Enfin :

$$\sin 4x = 2\sin 2x \cos 2x = 4\sin x \cos x(2\cos^2 x - 1) = 4\sin x(2\cos^3 x - \cos x).$$

On peut contrôler ce résultat en prenant la valeur en un point x très simple, par exemple en 0, en $\pi/2$, en $\pi/4$.

11.2

a) En utilisant les résultats de l'exercice 11.1, linéariser, pour tout $x \in \mathbb{R}$: $\cos^3 x$ et $\sin^3 x$.

b) Linéariser, pour tout $x \in \mathbb{R}$: $\cos^4 x$ et $\sin^4 x$.

a) 1) Puisque $\cos 3x = 4\cos^3 x - 3\cos x$, on déduit : $\cos^3 x = \dfrac{1}{4}(\cos 3x + 3\cos x)$.

2) Puisque $\sin 3x = 3\sin x - 4\sin^3 x$, on déduit : $\sin^3 x = \dfrac{3\sin x - \sin 3x}{4}$.

b) 1) On a :

$$\cos^4 x = (\cos^2 x)^2 = \left(\frac{1 + \cos 2x}{2}\right)^2 = \frac{1}{4}(1 + 2\cos 2x + \cos^2 2x)$$
$$= \frac{1}{4}\left(1 + 2\cos 2x + \frac{1 + \cos 4x}{2}\right) = \frac{1}{8}(3 + 4\cos 2x + \cos 4x).$$

On peut contrôler ce résultat en prenant la valeur en un point x très simple, par exemple en 0, en $\pi/2$, en $\pi/4$.

2) De même :

$$\sin^4 x = (\sin^2 x)^2 = \left(\frac{1-\cos 2x}{2}\right)^2 = \frac{1}{4}(1 - 2\cos 2x + \cos^2 2x)$$
$$= \frac{1}{4}\left(1 - 2\cos 2x + \frac{1+\cos 4x}{2}\right) = \frac{1}{8}(3 - 4\cos 2x + \cos 4x).$$

On peut contrôler ce résultat en prenant la valeur en un point x très simple, par exemple en 0, en $\pi/2$,en $\pi/4$.

11.3

Résoudre les équations suivantes, d'inconnue $x \in \mathbb{R}$:

$$a)\ \sin x = \frac{1}{2}, \quad b)\ \cos x = -\frac{\sqrt{2}}{2}, \quad c)\ \tan x = \sqrt{3}.$$

a) On a, pour tout $x \in \mathbb{R}$:

$$\sin x = \frac{1}{2} \iff \sin x = \sin\frac{\pi}{6} \iff \left(x \equiv \frac{\pi}{6}\ [2\pi] \quad \text{ou} \quad x = \pi - \frac{\pi}{6}\ [2\pi]\right)$$

et on conclut : $\quad \mathcal{S} = \left(\frac{\pi}{6} + 2\pi\mathbb{Z}\right) \cup \left(\frac{5\pi}{6} + 2\pi\mathbb{Z}\right).$

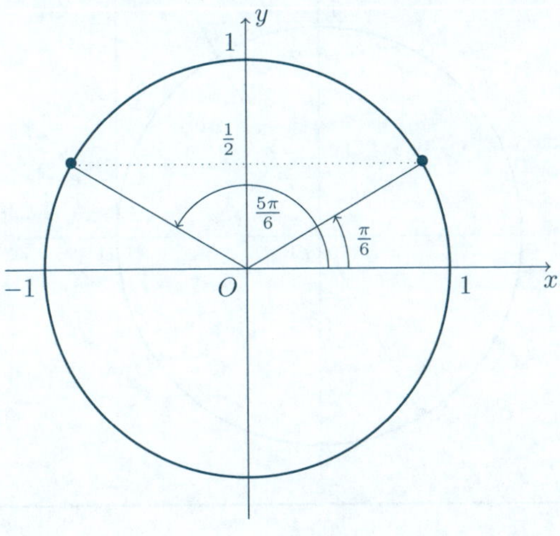

b) On a, pour tout $x \in \mathbb{R}$:

$$\cos x = -\frac{\sqrt{2}}{2} \iff \cos x = \cos\frac{3\pi}{4} \iff \left(x \equiv \frac{3\pi}{4}\ [2\pi] \quad \text{ou} \quad x = -\frac{3\pi}{4}\ [2\pi]\right),$$

et on conclut : $\quad \mathcal{S} = \left(\frac{3\pi}{4} + 2\pi\mathbb{Z}\right) \cup \left(-\frac{3\pi}{4} + 2\pi\mathbb{Z}\right).$

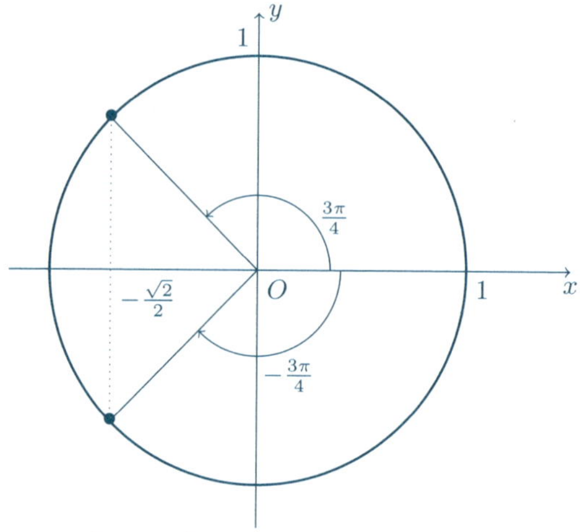

c) On a, pour tout $x \in \mathbb{R} \setminus \left(\frac{\pi}{2} + \pi\mathbb{Z}\right)$:

$$\tan x = \sqrt{3} \iff \tan x = \tan \frac{\pi}{3} \iff x \equiv \frac{\pi}{3} \ [\pi],$$

et on conclut : $\mathcal{S} = \frac{\pi}{3} + \pi\mathbb{Z}$.

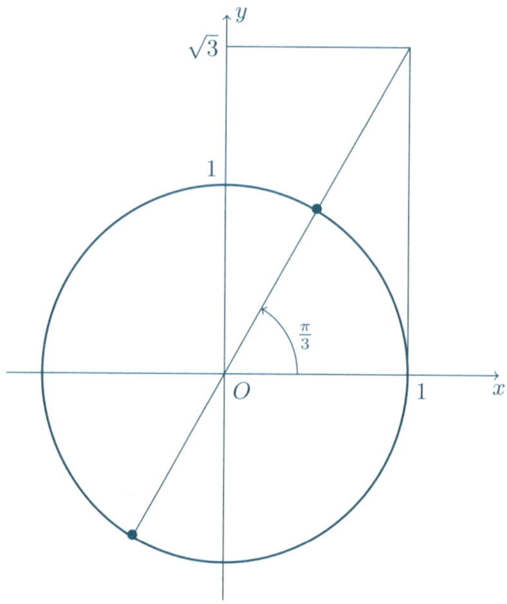

11.4

Résoudre les inéquations suivantes, d'inconnue $x \in \mathbb{R}$:

$$a)\ \sin x > -\frac{1}{2}, \qquad b)\ \cos x \leqslant \frac{\sqrt{2}}{2}, \qquad c)\ \tan x < 0.$$

a) On a, pour tout $x \in \mathbb{R}$:

$$\sin x > -\frac{1}{2} \iff \sin x > \sin\left(-\frac{\pi}{6}\right) \iff \left(\exists k \in \mathbb{Z},\ -\frac{\pi}{6} < x - 2k\pi < \frac{7\pi}{6}\right),$$

en visualisant les angles modulo 2π sur le cercle trigonométrique, et on conclut :

$$\mathcal{S} = \bigcup_{k\in\mathbb{Z}} \left] -\frac{\pi}{6} + 2k\pi \,;\, \frac{7\pi}{6} + 2k\pi \right[.$$

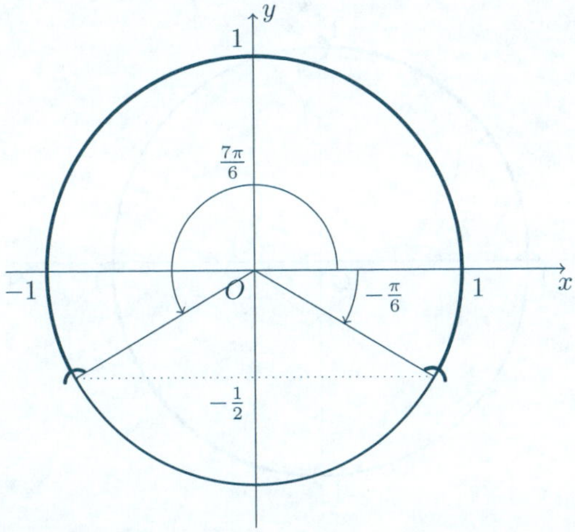

b) On a, pour tout $x \in \mathbb{R}$:

$$\cos x \leqslant \frac{\sqrt{2}}{2} \iff \cos x \leqslant \cos\frac{\pi}{4} \iff \left(\exists\, k \in \mathbb{Z},\quad \frac{\pi}{4} \leqslant x - 2k\pi \leqslant \frac{7\pi}{4}\right),$$

en visualisant les angles modulo 2π sur le cercle trigonométrique, et on conclut :

$$\mathcal{S} = \bigcup_{k\in\mathbb{Z}} \left[\frac{\pi}{4} + 2k\pi \,;\, \frac{7\pi}{4} + 2k\pi\right].$$

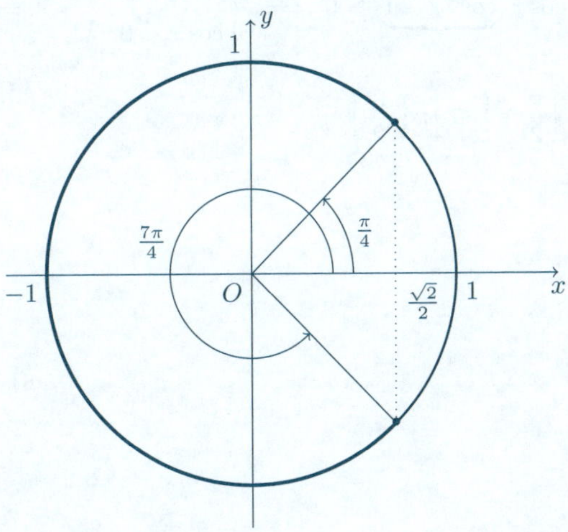

c) On a, pour tout $x \in \mathbb{R} \setminus \left(\frac{\pi}{2} + \pi\mathbb{Z}\right)$:

$$\tan x < 0 \iff \left(\exists\, k \in \mathbb{Z},\quad -\frac{\pi}{2} < x - k\pi < 0\right),$$

en visualisant les angles modulo 2π sur le cercle trigonométrique, et on conclut :

$$\mathcal{S} = \bigcup_{k \in \mathbb{Z}} \left] -\frac{\pi}{2} + k\pi \, ; k\pi \right[.$$

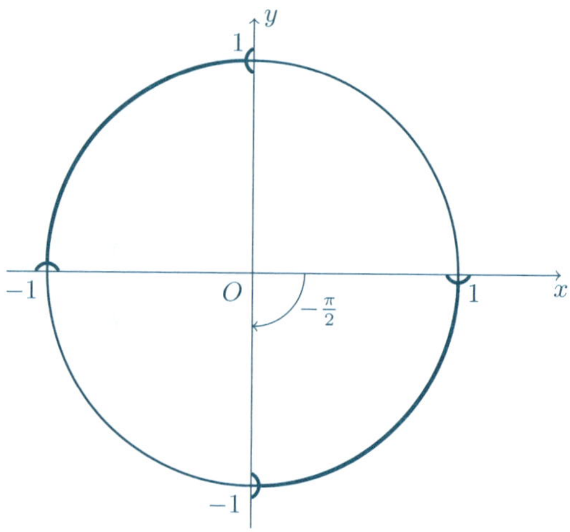

11.5

Résoudre l'inéquation, d'inconnue $x \in \left] -\frac{\pi}{2} \, ; \frac{3\pi}{2} \right]$: $\cos 3x > \cos x$.

On sait (cf. exercice 11.1) que, pour tout $x \in \left] -\frac{\pi}{2} \, ; \frac{3\pi}{2} \right]$, $\cos 3x = 4\cos^3 x - 3\cos x$, donc :

$$\cos 3x > \cos x \iff 4\cos^3 x - 3\cos x > \cos x \iff 4\cos^3 x - 4\cos x > 0$$

$$\iff \cos x \underbrace{(\cos^2 x - 1)}_{\leqslant 0} > 0 \iff \begin{cases} \cos^2 x - 1 \neq 0 \\ \cos x < 0 \end{cases} \iff \begin{cases} x \neq 0 \text{ et } x \neq \pi \\ \frac{\pi}{2} < x < \frac{3\pi}{2} \end{cases}$$

et on conclut : $\mathcal{S} = \left] \frac{\pi}{2} \, ; \pi \right[\cup \left] \pi \, ; \frac{3\pi}{2} \right[$.

Exercices d'entraînement

11.6 Exemple de résolution d'une équation trigonométrique

Résoudre l'équation, d'inconnue $x \in \mathbb{R}$: $\cos^{11} x - \sin^{11} x = 1$.

11.7 Calcul des sinus et cosinus de $\pi/5$

On considère l'application

$$f :]-\pi\,;\pi[\setminus\{0\} \longrightarrow \mathbb{R}, \quad x \longmapsto f(x) = \frac{\sin 3x - \sin 2x}{\sin x}.$$

a) Simplifier $f(x)$.

b) En déduire la valeur de $\cos \dfrac{\pi}{5}$.

11.8 Une inégalité sur des fonctions trigonométriques

a) Soient $n \in \mathbb{N} \setminus \{0, 1\}$, $a_1, ..., a_n$, $b_1, ..., b_n \in \mathbb{R}$.

Montrer : $\displaystyle \Big(\prod_{i=1}^{n} a_i + \prod_{i=1}^{n} b_i\Big)^2 \leqslant \prod_{i=1}^{n}(a_i^2 + b_i^2)$.

b) En déduire, pour tout $(x, y, z) \in \mathbb{R}^3$:

$$\big|\sin x \sin y \cos z + \cos x \cos y \sin z\big| \leqslant 1.$$

11.9 Exemple de résolution d'une équation trigonométrique

Résoudre l'équation, d'inconnue $x \in]-\pi : \pi]$: $\cos x + \cos 2x + \cos 3x = 0$.

11.10 Exemple de résolution d'une équation trigonométrique

Résoudre l'équation, d'inconnue $x \in [0\,;\pi/2]$: $\cos 2x = \sin\left(x - \dfrac{\pi}{3}\right)$.

11.11 Une inégalité sur des fonctions trigonométriques

Résoudre l'inéquation, d'inconnue $x \in \mathbb{R}$: $\cos^8 x + \sin^8 x \geqslant \dfrac{1}{8}$.

11.12 Une inégalité sur $\sin x$

Montrer : $\forall x \in [0\,;\pi]$, $\sin x < \dfrac{1+x}{2}$.

Corrigés des exercices d'entraînement

11.6

1) Soit $x \in \mathbb{R}$ convenant.

Par 2π-périodicité, on peut se ramener au cas où $x \in]-\pi\,;\pi]$.

On a alors $\cos^{11} x = 1 - \sin^{11} x \geqslant 0$,

donc $\cos x \geqslant 0$,

et de même, $\sin^{11} x = \cos^{11} x - 1 \leqslant 0$,

donc $\sin x \leqslant 0$.

Il en résulte $x \in \left[-\dfrac{\pi}{2}\,;0\right]$.

En notant $y = -x \in \left[0\,;\dfrac{\pi}{2}\right]$,

on obtient $\cos^{11} y + \sin^{11} y = 1$.

Ainsi : $\cos^{11} y + \sin^{11} y = 1 = \cos^2 y + \sin^2 y$ et :

$$0 \leqslant \cos^{11} y \leqslant \cos^2 y \quad \text{et} \quad 0 \leqslant \sin^{11} y \leqslant \sin^2 y,$$

d'où nécessairement :

$$\cos^{11} y = \cos^2 y \text{ et } \sin^{11} y = \sin^2 y$$

puis $\cos y \in \{0, 1\}$ et $\sin y \in \{0, 1\}$

et donc $y \in \left\{0, \dfrac{\pi}{2}\right\}$ puis $x = -y \in \left\{-\dfrac{\pi}{2}\,;0\right\}$.

2) Réciproquement, il est clair que ces valeurs de x conviennent.

On conclut : $\mathcal{S} = (2\pi\mathbb{Z}) \cup \left(-\dfrac{\pi}{2} + 2\pi\mathbb{Z}\right)$.

11.7

a) On a, pour tout $x \in]-\pi\,;\pi[\setminus\{0\}$, en utilisant le résultat donnant le développement de $\sin 3x$ vu dans l'exercice 11.1 :

$$\begin{aligned} f(x) &= \frac{(3\sin x - 4\sin^3 x) - 2\sin x\cos x}{\sin x} \\ &= 3 - 4\sin^2 x - 2\cos x \\ &= 3 - 4(1-\cos^2 x) - 2\cos x \\ &= 4\cos^2 x - 2\cos x - 1. \end{aligned}$$

b) Notons $a = \dfrac{\pi}{5} \in]-\pi\,;\pi[\setminus\{0\}$.

D'une part, d'après *a)*, on a :

$$f(a) = \frac{\sin 3a - \sin 2a}{\sin a} = 0$$

car $\sin 3a = \sin\dfrac{3\pi}{5} = \sin\left(\pi - \dfrac{2\pi}{5}\right)$

$= \sin\dfrac{2\pi}{5} = \sin 2a$,

et, d'autre part, $f(a) = 4\cos^2 a - 2\cos a - 1$,

d'où : $4\cos^2 a - 2\cos a - 1 = 0$.

Le discriminant Δ du trinôme du second degré $4t^2 - 2t - 1$ est $\Delta = 4 + 4\cdot 4 = 20 > 0$, donc :

$4t^2 - 2t - 1 = 0$

$$\iff t = \frac{2 \pm \sqrt{20}}{8} \iff t = \frac{1 \pm \sqrt{5}}{4}.$$

La valeur $\dfrac{1-\sqrt{5}}{4} < 0$ est à rejeter, car $\cos a \geqslant 0$,

et on conclut : $\cos\dfrac{\pi}{5} = \dfrac{1+\sqrt{5}}{4}$.

11.8

a) Récurrence sur n.

• Pour $n = 2$, on peut effectuer un calcul direct (ou utiliser l'inégalité de Cauchy et Schwarz, qui n'a pas encore été vue) :

$$\begin{aligned} &(a_1^2 + b_1^2)(a_2^2 + b_2^2) - (a_1a_2 + b_1b_2)^2 \\ &= (a_1^2a_2^2 + a_1^2b_2^2 + b_1^2a_2^2 + b_1^2b_2^2) \\ &\qquad - (a_1^2a_2^2 + b_1^2b_2^2 + 2a_1a_2b_1b_2) \\ &= a_1^2b_2^2 + a_2^2b_1^2 - 2a_1a_2b_1b_2 \\ &= (a_1b_2 - a_2b_1)^2 \geqslant 0. \end{aligned}$$

• Si la formule est vraie pour un $n \geqslant 2$, alors, en utilisant le cas de deux termes puis l'inégalité évidente $\alpha^2 + \beta^2 \leqslant (\alpha+\beta)^2$ pour tous $\alpha, \beta \in \mathbb{R}_+$, et enfin l'hypothèse de récurrence :

$$\begin{aligned} &(a_1\cdots a_n a_{n+1} + b_1\cdots b_n b_{n+1})^2 \\ &= \left(\Big(\prod_{k=1}^{n} a_k\Big)a_{n+1} + \Big(\prod_{k=1}^{n} b_k\Big)b_{n+1}\right)^2 \\ &\leqslant \Big(\prod_{k=1}^{n} a_k^2 + \prod_{k=1}^{n} b_k^2\Big)(a_{n+1}^2 + b_{n+1}^2) \\ &\leqslant \Big(\prod_{k=1}^{n} a_k + \prod_{k=1}^{n} b_k\Big)^2(a_{n+1}^2 + b_{n+1}^2) \\ &\leqslant \Big(\prod_{k=1}^{n}(a_k^2 + b_k^2)\Big)(a_{n+1}^2 + b_{n+1}^2) \\ &= \prod_{k=1}^{n+1}(a_k^2 + b_k^2), \end{aligned}$$

donc la propriété est vraie pour $n+1$.

Ceci montre, par récurrence, que la propriété est vraie pour tout $n \geqslant 2$.

b) Appliquons le résultat de *a)*, pour $n = 3$, à $a_1 = \sin x, \ldots$:

$$(\sin x \sin y \cos z + \cos x \cos y \sin y)^2 \leqslant (\sin^2 x + \cos^2 x)(\sin^2 y + \cos^2 y)(\cos^2 z + \sin^2 z) = 1,$$

d'où : $\quad |\sin x \sin y \cos z + \cos x \cos y \sin y| \leqslant 1.$

11.9

Plusieurs calculs sont possibles.
On a, pour tout $x \in]-\pi\,;\pi]$:

$$\begin{aligned}
&\cos x + \cos 2x + \cos 3x = 0 \\
\iff &(\cos x + \cos 3x) + \cos 2x = 0 \\
\iff &2\cos 2x \cos x + \cos 2x = 0 \\
\iff &\cos 2x(2\cos x + 1) = 0 \\
\iff &\big(\cos 2x = 0 \ \text{ ou } \ 2\cos x + 1 = 0\big) \\
\iff &\Big(\cos 2x = 0 \ \text{ ou } \ \cos x = -\frac{1}{2}\Big) \\
\iff &\Big(2x \equiv \frac{\pi}{2}\ [\pi] \ \text{ ou } \ x \equiv -\frac{2\pi}{3}\ [2\pi] \\
&\quad \text{ou } \ x \equiv \frac{2\pi}{3}\ [2\pi]\Big),
\end{aligned}$$

et, comme $x \in]-\pi\,;\pi]$, on conclut :

$$\mathcal{S} = \left\{-\frac{3\pi}{4},\ -\frac{2\pi}{3},\ -\frac{\pi}{4},\ \frac{\pi}{4},\ \frac{2\pi}{3},\ \frac{3\pi}{4}\right\}.$$

11.10

Soit $x \in \left[0\,;\frac{\pi}{2}\right]$. On a :

$$\begin{aligned}
(1) \qquad \cos 2x = \sin\Big(x - \frac{\pi}{3}\Big) \\
\iff \sin\Big(\frac{\pi}{2} - 2x\Big) = \sin\Big(x - \frac{\pi}{3}\Big).
\end{aligned}$$

Puisque $\frac{\pi}{2} - 2x$ et $x - \frac{\pi}{3}$ sont tous les deux dans $\left[-\frac{\pi}{2}\,;\frac{\pi}{2}\right]$ et que la fonction sinus est strictement croissante sur cet intervalle, donc injective, on a :

$$\begin{aligned}
(1) &\iff \frac{\pi}{2} - 2x = x - \frac{\pi}{3} \\
&\iff 3x = \frac{\pi}{2} + \frac{\pi}{3} = \frac{5\pi}{6} \iff x = \frac{5\pi}{18}.
\end{aligned}$$

On conclut : $\quad \mathcal{S} = \left\{\frac{5\pi}{18}\right\}.$

11.11

Soit $x \in \mathbb{R}$. On pourrait étudier les variations d'une fonction. Nous allons effectuer un calcul élémentaire.

Transformons l'expression proposée, en notant, pour la commodité, $c = \cos x$ et $s = \sin x$:

$$\begin{aligned}
&\cos^8 x + \sin^8 x \\
&= (c^4 + s^4)^2 - 2c^4 s^4 \\
&= \big((c^2 + s^2)^2 - 2c^2 s^2\big)^2 - 2c^4 s^4 \\
&= \Big(1 - \frac{1}{2}(2cs)^2\Big)^2 - \frac{1}{8}(2cs)^4 \\
&= \Big(1 - \frac{1}{2}\sin^2 2x\Big)^2 - \frac{1}{8}\sin^4 2x.
\end{aligned}$$

Comme $\sin^2 2x \in [0\,;1]$, on a :

$$1 - \frac{1}{2}\sin^2 2x \geqslant \frac{1}{2} \quad \text{et} \quad -\frac{1}{8}\sin^4 2x \geqslant -\frac{1}{8},$$

d'où : $\quad \cos^8 x + \sin^8 x \geqslant \Big(\frac{1}{2}\Big)^2 - \frac{1}{8} = \frac{1}{8}.$

On conclut : $\quad \mathcal{S} = \mathbb{R}.$

11.12

On pourrait étudier les variations d'une fonction. Nous allons effectuer un calcul élémentaire.
On sait, pour tout $x \in \mathbb{R}$:

$$|\sin x| \leqslant 1 \quad \text{et} \quad |\sin x| \leqslant |x|,$$

d'où, pour tout $x \in [0\,;\pi]$:

$$\sin x \leqslant 1 \quad \text{et} \quad \sin x \leqslant x,$$

puis, par addition : $\quad 2\sin x \leqslant 1 + x$

et donc $\ \sin x \leqslant \frac{1 + x}{2}.$

De plus, si $x \neq \pi/2$, alors $\sin x < 1$, et $\sin x \leqslant x$, d'où, par addition, l'inégalité stricte.
Enfin, si $x = \pi/2$, alors $\sin x = 1$ et l'inégalité stricte est évidente.
On conclut : $\quad \forall x \in [0\,;\pi], \quad \sin x < \frac{1 + x}{2}.$

12 Nombres complexes : algèbre

Dans ce chapitre, et dans les deux suivants, nous allons étudier les nombres complexes, généralisation des nombres réels. C'est l'absence de nombre réel x tel que $x^2 = -1$ qui a conduit à la construction des nombres complexes, très utiles en Mathématiques et en Physique (électricité). L'étude des nombres complexes est répartie sur les trois chapitres 11, 12, 13.

Rappels de cours

1 Corps des nombres complexes

Définition

On considère qu'un couple (x, y) de réels peut s'écrire comme **nombre complexe** $z = x + \mathrm{i}\, y$ (écriture algébrique d'un nombre complexe), avec un « nombre imaginaire » i, tel que $\mathrm{i}^2 = -1$, de façon que l'on puisse définir une addition et une multiplication dans les nombres complexes, par, pour tous $x, y, x', y' \in \mathbb{R}$:

$$(x + \mathrm{i}\, y) + (x' + \mathrm{i}\, y') = (x + x') + \mathrm{i}\,(y + y')$$
$$(x + \mathrm{i}\, y)(x' + \mathrm{i}\, y') = (xx' - yy') + \mathrm{i}\,(xy' + yx').$$

Remarque : En électricité, on note j au lieu de i pour éviter la confusion avec l'intensité.

Exemple

$(2 + 3\mathrm{i}) + (-1 + 4\mathrm{i}) = 1 + 7\mathrm{i}, \quad (2 - \mathrm{i})(3 + \mathrm{i}) = 7 - \mathrm{i}, \quad (1 + \mathrm{i})^2 = 2\mathrm{i}.$

Définition

L'ensemble des nombres complexes est noté $\mathbb{C}$. On note $\mathbb{C}^* = \mathbb{C} \setminus \{0\}$.

Un nombre complexe est souvent noté z.

Les nombres réels sont des nombres complexes particuliers : en effet, on a, pour tout $x \in \mathbb{R}, \quad x = x + \mathrm{i}\,0$. Ainsi, $\mathbb{R} \subset \mathbb{C}$.

Les nombres complexes de la forme $\mathrm{i}\,y$, pour $y \in \mathbb{R}$, sont appelés les nombres **imaginaires purs**.

Proposition

On a, pour tous $(x, y), (x', y') \in \mathbb{R}^2$: $\quad x + \mathrm{i}\,y = x' + \mathrm{i}\,y' \iff (x = x' \text{ et } y = y')$.

Proposition

L'ensemble $\mathbb{C}$ des nombres complexes, muni des deux lois internes $+$ et $\cdot$ (ou par l'absence de symbole d'opération pour la seconde loi) est un corps (commutatif), c'est-à-dire que l'on dispose des formules suivantes, pour tous $z, z', z'' \in \mathbb{C}$:

$z + z' = z' + z,$	l'addition est commutative
$(z + z') + z'' = z + (z' + z''),$	l'addition est associative
$0 + z = z + 0 = z,$	0 est neutre pour l'addition
$z + (-z) = (-z) + z = 0,$	tout complexe z admet un opposé, $-z$
$zz' = z'z,$	la multiplication est commutative
$(zz')z'' = z(z'z''),$	la multiplication est associative
$\begin{cases} z(z' + z'') = zz' + zz'' \\ (z + z')z'' = zz'' + z'z'', \end{cases}$	la multiplication est distributive sur l'addition
$1z = z1 = z,$	1 est neutre pour la multiplication
$zz' = 0 \iff (z = 0 \quad \text{ou} \quad z' = 0).$	

Tout $z \in \mathbb{C}^*$ admet un inverse pour la multiplication, noté z^{-1}, ou aussi $\dfrac{1}{z}$, vérifiant :

$$zz^{-1} = z^{-1}z = 1$$

On note, pour tous $z \in \mathbb{C}, z' \in \mathbb{C}^*$: $\quad \dfrac{z}{z'} = z\dfrac{1}{z'}.$

Attention

On peut montrer qu'il n'existe pas de relation d'ordre dans $\mathbb{C}$ compatible avec les opérations de $\mathbb{C}$, donc on ne peut pas écrire des inégalités portant directement sur des nombres complexes. Les inégalités qui peuvent intervenir dans le contexte des nombres complexes portent sur des modules, des parties réelles, des parties imaginaires (voir page 130).

On dispose aussi des formules suivantes, faisant intervenir des sommations, comme dans le chapitre 4 :

1) Somme des termes d'une progression géométrique :

pour tout $n \in \mathbb{N}^*$ et tout $z \in \mathbb{C}$: $\quad \displaystyle\sum_{k=0}^{n} z^k = \begin{cases} \dfrac{z^{n+1} - 1}{z - 1} & \text{si} \quad z \neq 1 \\ n + 1 & \text{si} \quad z = 1. \end{cases}$

2) Factorisation de $a^{n+1} - b^{n+1}$: pour tous $n \in \mathbb{N}$, $a, b \in \mathbb{C}$:

$$a^{n+1} - b^{n+1} = (a - b)(a^n + a^{n-1}b + \cdots + ab^{n-1} + b^n) = (a - b)\sum_{k=0}^{n} a^k b^{n-k}.$$

3) Formule du binôme de Newton : pour tous $n \in \mathbb{N}$, $a, b \in \mathbb{C}$:

$$(a + b)^n = \sum_{k=0}^{n} \binom{n}{k} a^k b^{n-k}.$$

Enfin, pour toute fonction polynomiale P à coefficients complexes admettant $a \in \mathbb{C}$ pour zéro, on peut factoriser $P(z)$ par $z - a$, c'est-à-dire qu'il existe une fonction polynomiale Q telle que, pour tout $z \in \mathbb{C}$, $P(z) = (z - a)Q(z)$.

Exemple

Résoudre l'équation, d'inconnue $z \in \mathbb{C}$: $z^3 - (2+\mathrm{i})z^2 + (1+2\mathrm{i})z - \mathrm{i} = 0$.
On remarque que 1 est solution, donc on peut factoriser par $z - 1$:

$$z^3 - (2+\mathrm{i})z^2 + (1+2\mathrm{i})z - \mathrm{i} = (z-1)\big(z^2 - (1+\mathrm{i})z + \mathrm{i}\big).$$

Et 1 est zéro du trinôme obtenu, donc on peut encore factoriser par $z - 1$:

$$z^2 - (1+\mathrm{i})z + \mathrm{i} = (z-1)(z-\mathrm{i}).$$

On conclut : $\mathcal{S} = \{1,\ \mathrm{i}\}$.

2 Conjugué, partie réelle, partie imaginaire

Définition

On définit, pour tout $z = x + \mathrm{i}y$, tel que $(x, y) \in \mathbb{R}^2$, le **conjugué** $\overline{z}$ de z par :

$$\overline{z} = x - \mathrm{i}y.$$

Exemple

$\overline{\mathrm{i}} = -\mathrm{i}$, $\qquad \overline{3 - 2\mathrm{i}} = 3 + 2\mathrm{i}$.

On dispose des propriétés suivantes, pour tous $z, z' \in \mathbb{C}$:

$\overline{\overline{z}} = z$, $\qquad \overline{z + z'} = \overline{z} + \overline{z'}$, $\qquad \overline{(zz')} = \overline{z}\,\overline{z'}$, $\qquad$ si $z' \neq 0$, alors $\overline{\left(\dfrac{z}{z'}\right)} = \dfrac{\overline{z}}{\overline{z'}}$,

$\overline{z} = z \iff z \in \mathbb{R}$, $\qquad \overline{z} = -z \iff z \in \mathrm{i}\mathbb{R}$, où $\mathrm{i}\mathbb{R}$ désigne $\{\mathrm{i}y\,;\, y \in \mathbb{R}\}$.

Des formules précédentes sur le conjugué de la somme et le conjugué du produit de deux nombres complexes, on déduit, par récurrence, les deux formules suivantes, pour tous $n \in \mathbb{N}^*$, $z_1, \ldots, z_n \in \mathbb{C}$: $\overline{\displaystyle\sum_{k=1}^{n} z_k} = \displaystyle\sum_{k=1}^{n} \overline{z_k}$, $\quad \overline{\displaystyle\prod_{k=1}^{n} z_k} = \displaystyle\prod_{k=1}^{n} \overline{z_k}$.

Dans le contexte des nombres complexes, pour des sommations ou des produits avec indexation, on évitera une indexation par la lettre i, que l'on risquerait de confondre avec le i des nombres complexes, et on optera donc plutôt pour une lettre comme k, par exemple.

On peut utiliser la conjugaison pour chasser les nombres complexes des dénominateurs des fractions : si $z \in \mathbb{C}^*$, alors : $\dfrac{1}{z} = \dfrac{\overline{z}}{z\overline{z}}$ et on a $z\overline{z} \in \mathbb{R}$ (voir aussi, page 131, la notion de module d'un nombre complexe).

Exemple

1) $\dfrac{1}{\mathrm{i}} = \dfrac{-\mathrm{i}}{-\mathrm{i}^2} = \dfrac{-\mathrm{i}}{1} = -\mathrm{i}$.

2) $\dfrac{1}{3-2\mathrm{i}} = \dfrac{3+2\mathrm{i}}{(3-2\mathrm{i})(3+2\mathrm{i})} = \dfrac{3+2\mathrm{i}}{9+4} = \dfrac{3+2\mathrm{i}}{13} = \dfrac{3}{13} + \dfrac{2}{13}\mathrm{i}$.

Définition

On définit, pour tout $z = x + \mathrm{i}\,y$, $(x, y) \in \mathbb{R}^2$, la **partie réelle** de z, $\mathrm{Re}\,(z) = x$, et la **partie imaginaire** de z, $\mathrm{Im}\,(z) = y$.

Exemple

$\mathrm{Re}\,(-4) = -4, \quad \mathrm{Re}\,(2\,\mathrm{i}) = 0, \quad \mathrm{Re}\,(-2+3\,\mathrm{i}) = -2,$
$\mathrm{Im}\,(2\,\mathrm{i}) = 2, \quad \mathrm{Im}\,(3-5\,\mathrm{i}) = -5, \quad \mathrm{Im}\,(2) = 0.$

Attention

Contrairement à son nom (*partie imaginaire*), la partie imaginaire d'un nombre complexe est un nombre *réel*.

On dispose des propriétés suivantes, pour tous $\lambda \in \mathbb{R}$, $z, z' \in \mathbb{C}$:

$$\begin{cases} z = \mathrm{Re}\,(z) + \mathrm{i}\,\mathrm{Im}\,(z) \\ \overline{z} = \mathrm{Re}\,(z) - \mathrm{i}\,\mathrm{Im}\,(z) \end{cases} \qquad \begin{cases} \mathrm{Re}\,(z) = \dfrac{1}{2}(z + \overline{z}) \\ \mathrm{Im}\,(z) = \dfrac{1}{2\,\mathrm{i}}(z - \overline{z}). \end{cases}$$

$$\begin{cases} \mathrm{Re}\,(z+z') = \mathrm{Re}\,(z) + \mathrm{Re}\,(z') \\ \mathrm{Im}\,(z+z') = \mathrm{Im}\,(z) + \mathrm{Im}\,(z') \end{cases} \qquad \begin{cases} \mathrm{Re}\,(\lambda z) = \lambda\,\mathrm{Re}\,(z) \\ \mathrm{Im}\,(\lambda z) = \lambda\,\mathrm{Im}\,(z). \end{cases}$$

Attention

1) Ne pas oublier le i dans la formule donnant $\mathrm{Im}\,(z)$ en fonction de z et $\overline{z}$.

2) Ne pas oublier l'hypothèse $\lambda \in \mathbb{R}$ pour les deux dernières formules.

3) La partie réelle du produit de deux nombres complexes n'est pas, en général, le produit des parties réelles de ces deux nombres complexes. Par exemple, $\mathrm{Re}\,(\mathrm{i}\cdot\mathrm{i}) \neq \mathrm{Re}\,(\mathrm{i})\cdot\mathrm{Re}\,(\mathrm{i})$, puisque $\mathrm{Re}\,(\mathrm{i}\cdot\mathrm{i}) = \mathrm{Re}\,(\mathrm{i}^2) = \mathrm{Re}(-1) = -1$ et $\mathrm{Re}\,(\mathrm{i})\cdot\mathrm{Re}\,(\mathrm{i}) = 0\cdot 0 = 0$.

3 Module d'un nombre complexe

Définition

On définit, pour tout $z = x + \mathrm{i}\,y \in \mathbb{C}$, $(x, y) \in \mathbb{R}^2$, le **module** $|z|$ de z par :

$$|z| = \sqrt{x^2 + y^2}.$$

Attention

Ne pas oublier la racine carrée dans cette formule.

Exemple

$|-3| = 3, \quad |2\,\mathrm{i}| = 2, \quad |1+\mathrm{i}| = \sqrt{2}, \quad |3+4\,\mathrm{i}| = 5, \quad |2-3\,\mathrm{i}| = \sqrt{13}.$

Remarque : L'application module $|.| : \mathbb{C} \longrightarrow \mathbb{R}_+, \quad z \longmapsto |z|$ prolonge l'application valeur absolue sur les réels, ce qui justifie le choix de la même notation $|.|$.

On dispose des formules suivantes, pour tous $z, z' \in \mathbb{C}$:

$|z| \in \mathbb{R}_+, \quad |z| = 0 \iff z = 0, \quad |z|^2 = z\overline{z} = \overline{z}z, \quad |\overline{z}| = |z|,$

$|zz'| = |z|\,|z'|, \quad$ si $z' \neq 0$, alors $\left|\dfrac{z}{z'}\right| = \dfrac{|z|}{|z'|},$

$|z + z'| \leqslant |z| + |z'|$, **inégalité triangulaire** dans $\mathbb{C}$,

$|z - z| \geqslant \big|\,|z| - |z'|\,\big|$, **inégalité triangulaire renversée**

(ou aussi : seconde inégalité triangulaire),

$|z + z'| = |z| + |z'| \iff \big(z = 0 \text{ ou } (\exists\,\lambda \in \mathbb{R}_+,\ z' = \lambda z)\big),$

cas d'égalité dans l'inégalité triangulaire.

Des formules (égalité, inégalité) sur le module de la somme et le module du produit de deux nombres complexes, on déduit, par récurrence, les deux formules suivantes, pour tout $n \in \mathbb{N}^*$ et tous $z_1, ..., z_n \in \mathbb{C}$: $\left|\prod_{k=1}^{n} z_k\right| = \prod_{k=1}^{n} |z_k|, \quad \left|\sum_{k=1}^{n} z_k\right| \leqslant \sum_{k=1}^{n} |z_k|.$

Définition

On note $\mathbb{U} = \{z \in \mathbb{C}\,;\, |z| = 1\}$ (voir aussi le chapitre 12).

Remarque : On a, pour tout $z \in \mathbb{U}$, $\dfrac{1}{z} = \overline{z}$, ce qui est utile dans certains exercices.

La notion d'argument d'un nombre complexe non nul sera vue dans le chapitre 12, ainsi que la forme trigonométrique d'un nombre complexe et l'intervention de l'exponentielle d'un imaginaire pur.

4 Résolution des équations du premier et du second degré dans les nombres complexes

4.1 Équation du premier degré

La résolution d'une équation du premier degré $az + b = 0$, à coefficients a, b dans $\mathbb{C}$ et à inconnue z dans $\mathbb{C}$ est la même que pour le cas réel (voir page 68), en notant $\mathcal{S}$ l'ensemble des solutions :

si $a \neq 0$, alors $\mathcal{S} = \left\{-\dfrac{b}{a}\right\}$,

si $a = 0$ et $b \neq 0$, alors $\mathcal{S} = \varnothing$,

si $a = 0$ et $b = 0$, alors $\mathcal{S} = \mathbb{C}$.

4.2 Calcul des racines carrées d'un nombre complexe

Soit $Z = X + \mathrm{i}\,Y \in \mathbb{C}$, $(X, Y) \in \mathbb{R}^2$.

On souhaite résoudre l'équation $z^2 = Z$, d'inconnue $z \in \mathbb{C}$, c'est-à-dire calculer la ou les racines carrées de Z dans $\mathbb{C}$. Cette étude sera complétée dans le chapitre 12, en utilisant la forme trigonométrique d'un nombre complexe.

La méthode générale est la suivante.

Notons $z = x + \mathrm{i}\,y$, $(x, y) \in \mathbb{R}^2$ l'inconnue.

On a : $z^2 = Z \iff (x + \mathrm{i}\,y)^2 = X + \mathrm{i}\,Y$

$$\iff x^2 - y^2 + 2\,\mathrm{i}\,xy = X + \mathrm{i}\,Y \iff \begin{cases} x^2 - y^2 = X \\ 2xy = Y. \end{cases}$$

On peut adjoindre à ce système de deux équations (d'ailleurs non linéaires) l'équation obtenue en prenant les modules, et qui est conséquence de ce système :

$$x^2 + y^2 = |z|^2 = |Z| = \sqrt{X^2 + Y^2}.$$

On a donc : $z^2 = Z \iff \begin{cases} x^2 - y^2 = X \\ 2xy = Y \\ x^2 + y^2 = \sqrt{X^2+Y^2} \end{cases} \iff \begin{cases} x^2 = \dfrac{1}{2}(\sqrt{X^2+Y^2} + X) \\ y^2 = \dfrac{1}{2}(\sqrt{X^2+Y^2} - X) \\ 2xy = Y. \end{cases}$

La première équation donne, en prenant la racine carrée dans les réels, deux valeurs opposées pour x, la deuxième donne deux valeurs opposées pour y, et la troisième permet de déterminer, par exemple, le signe de y connaissant celui de x.
Ainsi, tout nombre complexe non nul admet exactement deux « racines carrées », opposées l'une de l'autre, et 0 admet une racine carrée et une seule, qui est 0.

Attention
Pour un nombre complexe z non nul, on peut parler *des* racines carrées de z (« racines carrées » en toutes lettres), mais il ne faut pas parler de *la* racine carrée de z et il ne faut pas utiliser la notation $\sqrt{\ }$ sur un nombre complexe.

En pratique, on ne retient pas par cœur les formules obtenues ci-dessus, on refait le calcul dans chaque exemple.

Exemple
Calculer les racines carrées de $-3 + 4\,\mathrm{i}$.

On a, pour tout $z = x + \mathrm{i}\,y$, $(x, y) \in \mathbb{R}^2$: $z^2 = -3 + 4\,\mathrm{i}$

$$\iff \begin{cases} x^2 - y^2 = -3 \\ 2xy = 4 \\ x^2 + y^2 = \sqrt{(-3)^2 + 4^2} = 5 \end{cases} \iff \begin{cases} x^2 = 1 \\ y^2 = 4 \\ 2xy = 4 \end{cases} \iff \left(\begin{cases} x = 1 \\ y = 2 \end{cases} \text{ ou } \begin{cases} x = -1 \\ y = -2 \end{cases} \right).$$

On conclut que les deux racines carrées de $3 + 4\,\mathrm{i}$ sont $1 + 2\,\mathrm{i}$ et $-1 - 2\,\mathrm{i}$.
On peut contrôler le résultat en développant le carré de $1 + 2\,\mathrm{i}$:

$$(1 + 2\,\mathrm{i})^2 = 1 - 4 + 4\,\mathrm{i} = -3 + 4\,\mathrm{i}.$$

Dans certains cas très simples, les racines carrées d'un nombre complexe peuvent être apparentes.

Exemple
$z^2 = 0 \iff z = 0,$
$z^2 = 1 \iff (z = 1 \text{ ou } z = -1),$
$z^2 = -1 \iff (z = \mathrm{i} \text{ ou } z = -\mathrm{i}).$

4.3 Résolution d'une équation du second degré dans les complexes

Soit $(a, b, c) \in \mathbb{C}^* \times \mathbb{C} \times \mathbb{C}$.

On considère l'équation $az^2 + bz + c = 0$, d'inconnue $z \in \mathbb{C}$.

On peut mettre le trinôme du second degré $az^2 + bz + c$ sous **forme canonique** (comme dans le cas réel, cf. page 80) :

$$az^2 + bz + c = a\left(\left(z + \frac{b}{2a}\right)^2 - \frac{b^2 - 4ac}{4a^2}\right).$$

Notons $\Delta = b^2 - 4ac$ le **discriminant** de ce trinôme du second degré et δ une racine carrée complexe de Δ.

Si $\Delta \neq 0$, alors l'équation $az^2 + bz + c = 0$ admet exactement deux solutions, qui sont

$$z_1 = \frac{-b - \delta}{2a}, \quad z_2 = \frac{-b + \delta}{2a}$$

Si $\Delta = 0$, alors l'équation $az^2 + bz + c = 0$ admet une seule solution (appelée solution **double**), $z_1 = z_2 = -\dfrac{b}{2a}$

Exemple

Résoudre l'équation $(3 + \mathrm{i})z^2 - (8 + 6\mathrm{i})z + (25 + 5\mathrm{i}) = 0$, d'inconnue $z \in \mathbb{C}$.
Le discriminant du trinôme du second degré est

$$\Delta = (8 + 6\mathrm{i})^2 - 4(3 + \mathrm{i})(25 + 5\mathrm{i}) = (48 + 96\mathrm{i}) - 4(70 + 40\mathrm{i}) = -252 - 64\mathrm{i}.$$

En notant $\delta = x + \mathrm{i}y$, $(x, y) \in \mathbb{R}^2$, on a :

$$\delta^2 = \Delta \iff \left(x^2 - y^2 = -252,\ 2xy = -64,\ x^2 + y^2 = \sqrt{(252)^2 + (-64)^2} = 260\right)$$
$$\iff \left(x^2 = 4,\ y^2 = 256,\ xy = -32\right) \Longleftarrow \left(x = 2,\ y = -16\right).$$

Ainsi, on peut choisir $\delta = 2 - 16\mathrm{i}$, d'où les deux solutions de l'équation proposée :

$$z_1 = \frac{-b - \delta}{2a} = \frac{(8 + 6\mathrm{i}) - (2 - 16\mathrm{i})}{2(3 + \mathrm{i})} = \frac{6 + 22\mathrm{i}}{2(3 + \mathrm{i})}$$
$$= \frac{3 + 11\mathrm{i}}{3 + \mathrm{i}} = \frac{(3 + 11\mathrm{i})(3 - \mathrm{i})}{3^2 + 1^2} = \frac{20 + 30\mathrm{i}}{10} = 2 + 3\mathrm{i},$$
$$z_2 = \frac{-b + \delta}{2a} = \frac{(8 + 6\mathrm{i}) + (2 - 16\mathrm{i})}{2(3 + \mathrm{i})} = \frac{10 - 10\mathrm{i}}{2(3 + \mathrm{i})}$$
$$= \frac{5 - 5\mathrm{i}}{3 + \mathrm{i}} = \frac{(5 - 5\mathrm{i})(3 - \mathrm{i})}{10} = \frac{10 - 20\mathrm{i}}{10} = 1 - 2\mathrm{i}.$$

On peut contrôler que les nombres complexes $2 + 3\mathrm{i}$ et $1 - 2\mathrm{i}$ sont solutions de l'équation de l'énoncé, les calculs peuvent être faits à l'écrit rapidement en quelques lignes.

Remarque : Dans certains cas simples, la résolution d'une équation du second degré peut être immédiate, sans passer par la méthode générale.

Exemple

1) $z^2 - \mathrm{i}\,z = 0 \iff z(z-\mathrm{i}) = 0 \iff \big(z = 0 \text{ ou } z = \mathrm{i}\big).$

2) $z^2 + 1 = 0 \iff z^2 = -1 \iff \big(z = \mathrm{i} \text{ ou } z = -\mathrm{i}\big).$

3) $z^2 + \mathrm{i}\,z - (1+\mathrm{i}) = 0 \iff (z-1)(z+1+\mathrm{i}) = 0 \iff \big(z = 1 \text{ ou } z = -1-\mathrm{i}\big).$

Proposition

Si a, b, c sont tous réels, alors, pour tout $z \in \mathbb{C}$ solution de l'équation $az^2 + bz + c = 0$, $\overline{z}$ est aussi solution.

Nous verrons un résultat plus général pour les zéros complexes d'un polynôme à coefficients réels, voir le chapitre 33.

Proposition

1) Les deux solutions z_1, z_2 (distinctes ou confondues) de l'équation du second degré $az^2 + bz + c = 0$ vérifient : $z_1 + z_2 = -\dfrac{b}{a}$, $\quad z_1 z_2 = \dfrac{c}{a}$.

2) Réciproquement, étant donné $(s, p) \in \mathbb{C}^2$, il existe un couple unique $(z_1, z_2) \in \mathbb{C}^2$, à l'ordre près, tel que $z_1 + z_2 = s$ et $z_1 z_2 = p$, et ce couple (z_1, z_2) est formé des solutions de l'équation $az^2 + bz + c = 0$, d'inconnue $z \in \mathbb{C}$.

Exemple

Déterminer deux nombres complexes z_1, z_2, de somme $3 + 2\mathrm{i}$ et de produit $5 + \mathrm{i}$.

Les nombres cherchés z_1, z_2 sont les solutions de l'équation du second degré

$$z^2 - (3+2\mathrm{i})z + (5+\mathrm{i}) = 0.$$

Le discriminant de ce trinôme du second degré est

$$\Delta = (3+2\mathrm{i})^2 - 4(5+\mathrm{i}) = (5+12\mathrm{i}) - (20+4\mathrm{i}) = -15+8\mathrm{i}.$$

On cherche une racine carrée complexe $\delta = x + \mathrm{i}y$, $(x, y) \in \mathbb{R}^2$, de Δ :

$$\delta^2 = \Delta \iff \big(x^2 - y^2 = -15,\ 2xy = 8,\ x^2 + y^2 = \sqrt{(-15)^2 + 8^2} = \sqrt{289} = 17\big)$$
$$\iff \big(x^2 = 1,\ \ y^2 = 16,\ \ xy = 4\big) \Longleftarrow \big(x = 1,\ \ y = 4\big).$$

On choisit, par exemple, $\delta = 1 + 4\mathrm{i}$, d'où :

$$z_1 = \frac{(3+2\mathrm{i}) - (1+4\mathrm{i})}{2} = 1 - \mathrm{i}, \qquad z_2 = \frac{(3+2\mathrm{i}) + (1+4\mathrm{i})}{2} = 2 + 3\mathrm{i}.$$

On peut contrôler que $1 - \mathrm{i}$ et $2 + 3\mathrm{i}$ sont bien les nombres cherchés :

$$(1-\mathrm{i}) + (2+3\mathrm{i}) = 3 + 2\mathrm{i}, \qquad (1-\mathrm{i})(2+3\mathrm{i}) = (2+3) + (3\mathrm{i} - 2\mathrm{i}) = 5 + \mathrm{i}.$$

L'étude d'un trinôme bicarré ou d'une équation bicarrée, à coefficients complexes, est analogue au cas réel.

Exercices d'apprentissage

12.1

Résoudre l'équation, d'inconnue $z \in \mathbb{C}$: $\quad 2z - 3\,\overline{z} = -2 + 15\,\mathrm{i}\,.$

En notant $z = x + \mathrm{i}\,y,\ (x, y) \in \mathbb{R}^2$, on a :

$$2z - 3\,\overline{z} = -2 + 15\,\mathrm{i} \iff 2(x + \mathrm{i}\,y) - 3(x - \mathrm{i}\,y) = -2 + 15\,\mathrm{i} \iff -x + 5\,\mathrm{i}\,y = -2 + 15\,\mathrm{i}$$
$$\iff \begin{cases} x = 2 \\ y = 3 \end{cases} \iff z = 2 + 3\,\mathrm{i}.$$

On conclut : $\mathcal{S} = \{2 + 3\,\mathrm{i}\}$.
On peut contrôler que $2 + 3\,\mathrm{i}$ est bien solution de l'équation de l'énoncé, le calcul peut presque être fait de tête.

12.2

Égalité du parallélogramme
Montrer, pour tout $(z, z') \in \mathbb{C}^2$: $\quad |z + z'|^2 + |z - z'|^2 = 2(|z|^2 + |z'|^2)$.

On a, en développant le premier membre :

$$\begin{aligned} |z + z'|^2 + |z - z'|^2 &= (z + z')(\overline{z + z'}) + (z - z')(\overline{z - z'}) \\ &= (z + z')(\overline{z} + \overline{z'}) + (z - z')(\overline{z} - \overline{z'}) \\ &= (z\,\overline{z} + z\,\overline{z'} + z'\,\overline{z} + z'\,\overline{z'}) + (z\,\overline{z} - z\,\overline{z'} - z'\,\overline{z} + z'\,\overline{z'}) \\ &= 2z\,\overline{z} + 2z'\,\overline{z'} = 2\big(|z|^2 + |z'|^2\big). \end{aligned}$$

12.3

Résoudre les équations suivantes, d'inconnue $z \in \mathbb{C}$:

a) $2z - |z| = \overline{z}$

b) $2z - |z| = 4\,\overline{z}$.

a) Soit z convenant. On a alors $2z - |z| = \overline{z}$, d'où, par conjugaison, $2\overline{z} - |z| = z$, et donc, par soustraction : $3z = 3\overline{z}$, donc $z = \overline{z}$, $z \in \mathbb{R}$.
Puisqu'on sait que $z \in \mathbb{R}$, on a alors :

$$2z - |z| = \overline{z} \iff 2z - |z| = z \iff z = |z| \iff z \in \mathbb{R}_+.$$

On conclut : $\mathcal{S} = \mathbb{R}_+$.
b) Soit z convenant. On a alors $2z - |z| = 4\,\overline{z}$, d'où, par conjugaison, $2\,\overline{z} - |z| = 4z$, et donc, par soustraction, $6(z - \overline{z}) = 0$, donc $z = \overline{z}$, $z \in \mathbb{R}$.
Puisqu'on sait que $z \in \mathbb{R}$, on a alors :

$$2z - |z| = 4\,\overline{z} \iff 2z - |z| = 4z \iff 2z = -|z| \iff (2z \leqslant 0 \text{ et } 2z = -z) \iff z = 0.$$

On conclut : $\mathcal{S} = \{0\}$.

12.4

Résoudre les équations suivantes, d'inconnue $z \in \mathbb{C}$:

a) $z^2 - (2+4\,\mathrm{i})z + (-3+6\,\mathrm{i}) = 0$

b) $z^2 - 2\,\mathrm{i}\,z + (1-2\mathrm{i}) = 0.$

Il s'agit d'équations du second degré dans les nombres complexes.

a) Le discriminant du trinôme du second degré $z^2 - (2+4\,\mathrm{i})z + (-3+6\,\mathrm{i})$ est

$$\begin{aligned}\Delta &= (2+4\,\mathrm{i})^2 - 4(-3+6\,\mathrm{i}) = 4 - 16 + 16\,\mathrm{i} + 12 - 24\,\mathrm{i}\\ &= -8\,\mathrm{i} = 4(-2\,\mathrm{i}) = 2^2(1-\mathrm{i})^2 = (2-2\,\mathrm{i})^2.\end{aligned}$$

On applique les formules du cours donnant les solutions d'une équation du second degré dans les complexes, $z = \dfrac{-b \pm \delta}{2a}$:

$$z = \frac{2+4\mathrm{i} - (2-2\,\mathrm{i})}{2} = 3\,\mathrm{i} \quad \text{ou} \quad z = \frac{2+4\mathrm{i} + (2-2\,\mathrm{i})}{2} = 2 + \mathrm{i}.$$

On conclut : $\mathcal{S} = \{3\,\mathrm{i},\, 2+\mathrm{i}\}$.

On peut contrôler que ces deux nombres complexes sont bien solutions de l'équation de l'énoncé, les calculs peuvent presque être faits de tête.

Remarque : Dans cet exemple, préconstruit, les solutions sont des nombres complexes très simples.

b) Le discriminant du trinôme du second degré $z^2 - 2\,\mathrm{i}\,z + (1-2\,\mathrm{i})$ est

$$\Delta = (2\,\mathrm{i})^2 - 4(1-2\,\mathrm{i}) = -8 + 8\,\mathrm{i}.$$

On cherche $\delta = x + \mathrm{i}\,y$, $(x,y) \in \mathbb{R}^2$, tel que $\delta^2 = \Delta$:

$$\delta^2 = \Delta \iff \begin{cases} x^2 - y^2 = -8 \\ 2xy = 8 \\ x^2 + y^2 = |\Delta| = \sqrt{(-8)^2 + 8^2} = 8\sqrt{2} \end{cases}$$

$$\iff \begin{cases} x^2 = 4(\sqrt{2}-1) \\ y^2 = 4(\sqrt{2}+1) \\ xy = 4 \end{cases} \quad \Longleftarrow \begin{cases} x = 2\sqrt{\sqrt{2}-1} \\ y = 2\sqrt{\sqrt{2}+1}. \end{cases}$$

On choisit, par exemple $\delta = 2\sqrt{\sqrt{2}-1} + 2\,\mathrm{i}\sqrt{\sqrt{2}+1}$.

On applique les formules du cours donnant les solutions d'une équation du second degré dans les complexes, $z = \dfrac{-b \pm \delta}{2a}$:

$$z = \frac{2\,\mathrm{i} \pm \left(2\sqrt{\sqrt{2}-1} + 2\,\mathrm{i}\sqrt{\sqrt{2}+1}\right)}{2} = \mathrm{i} \pm \left(\sqrt{\sqrt{2}-1} + \mathrm{i}\sqrt{\sqrt{2}+1}\right),$$

et on conclut : $\mathcal{S} = \left\{\sqrt{\sqrt{2}-1} + \mathrm{i}\left(1 + \sqrt{\sqrt{2}+1}\right),\ -\sqrt{\sqrt{2}-1} + \mathrm{i}\left(1 - \sqrt{\sqrt{2}+1}\right)\right\}$.

Remarque : Pour une équation du second degré dans les complexes, en général, les solutions s'expriment via des racines carrées emboîtées.

12.5

Soient $a, b, c \in \mathbb{U}$. Montrer : $\quad ab + ac + bc = 0 \iff a + b + c = 0.$

Puisque $a, b, c \in \mathbb{U}$, on a $a\,\overline{a} = b\,\overline{b} = c\,\overline{c} = 1$, donc $\quad \overline{a} = \dfrac{1}{a}, \quad \overline{b} = \dfrac{1}{b}, \quad \overline{c} = \dfrac{1}{c}$, d'où :

$$\begin{aligned} ab + ac + bc = 0 &\iff \overline{ab + ac + bc} = 0 \iff \overline{a}\,\overline{b} + \overline{a}\,\overline{c} + \overline{b}\,\overline{c} = 0 \\ &\iff \frac{1}{a}\frac{1}{b} + \frac{1}{a}\frac{1}{c} + \frac{1}{b}\frac{1}{c} = 0 \iff \frac{c + a + b}{abc} = 0 \\ &\iff a + b + c = 0. \end{aligned}$$

12.6

Résoudre l'équation, d'inconnue $z \in \mathbb{C}$: $\quad z^4 - (1 + \mathrm{i})z^2 + \mathrm{i} = 0.$

On peut remarquer que, si on remplace z^2 par 1, l'égalité est satisfaite, donc on essaie de mettre $z^2 - 1$ en facteur :

$$\begin{aligned} z^4 - (1 + \mathrm{i})z^2 + \mathrm{i} = 0 &\iff (z^4 - z^2) - \mathrm{i}\,(z^2 - 1) = 0 \iff z^2(z^2 - 1) - \mathrm{i}\,(z^2 - 1) = 0 \\ &\iff (z^2 - \mathrm{i})(z^2 - 1) = 0 \iff \big(z^2 = \mathrm{i} \quad \text{ou} \quad z^2 = 1\big) \\ &\iff \Big(z = \pm\frac{1}{\sqrt{2}}(1 + \mathrm{i}) \quad \text{ou} \quad z = \pm 1\Big), \end{aligned}$$

puisque l'on sait que $(1 + \mathrm{i})^2 = 2\,\mathrm{i}$, et que donc $\dfrac{1}{\sqrt{2}}(1 + \mathrm{i})$ est une racine carrée de i.

On conclut : $\quad \mathcal{S} = \Big\{ -1,\ 1,\ -\dfrac{1}{\sqrt{2}}(1 + \mathrm{i}),\ \dfrac{1}{\sqrt{2}}(1 + \mathrm{i}) \Big\}.$

Exercices d'entraînement

12.7 Exemple d'équation de degré 4 dans $\mathbb{C}$, changement d'inconnue

Résoudre l'équation, d'inconnue $z \in \mathbb{C}$: $(z^2 - 8z)^2 + 40(z^2 - 8z) + 375 = 0$.

12.8 Expression du produit $z\,\overline{z'}$ à l'aide de quatre carrés de modules

Montrer, pour tout $(z, z') \in \mathbb{C}^2$:

$$z\,\overline{z'} = \frac{1}{4}\big(|z + z'|^2 - |z - z'|^2 + \mathrm{i}\,|z + \mathrm{i}\,z'|^2 - \mathrm{i}\,|z - \mathrm{i}\,z'|^2\big).$$

12.9 Équation de degré 2 avec un conjugué

Résoudre l'équation, d'inconnue $z \in \mathbb{C}$: $z^2 + \overline{z} + 1 = 0$.

12.10 Deux équations de degré 4, méthodes différentes

Résoudre les deux équations suivantes, d'inconnue $z \in \mathbb{C}$:

a) $z^4 + 2z^3 + 3z^2 + 2z + 1 = 0$

b) $z^4 + 2z^3 + 2z^2 + 2z + 1 = 0$.

12.11 Intervention de modules et d'inverses

Soient $a, b, c \in \mathbb{C}$ tels que : $|a| = |b| = |c|$ et $a + b + c = 0$.
Montrer : $a^3 = b^3 = c^3$.

12.12 Inégalité portant sur des modules et des quotients

Soient $n \in \mathbb{N}$, $z \in \mathbb{C}$ tel que $|z| \neq 1$. Montrer : $\left|\dfrac{1 - z^{n+1}}{1 - z}\right| \leqslant \dfrac{1 - |z|^{n+1}}{1 - |z|}$.

12.13 Intervention des racines carrées de nombres complexes

Soient $z, z' \in \mathbb{C}$. On note $m = \dfrac{z + z'}{2}$ et u un nombre complexe tel que $u^2 = zz'$.
Montrer : $|z| + |z'| = |m + u| + |m - u|$.

Corrigés des exercices d'entraînement

12.7

En notant $Z = z^2 - 8z$ et (1) l'équation de l'énoncé, on a :

$$(1) \iff Z^2 + 40Z + 375 = 0.$$

Le discriminant de ce trinôme du second degré en Z est

$$\Delta = 40^2 - 4 \cdot 375 = 100 = 10^2,$$

donc :

$$\begin{aligned}(1) &\iff \left(Z = \frac{-40-10}{2} \text{ ou } Z = \frac{-40+10}{2}\right)\\ &\iff (Z = -25 \quad \text{ou} \quad Z = -15)\\ &\iff (z^2 - 8z = -25 \quad \text{ou} \quad z^2 - 8z = -15)\\ &\iff (z^2 - 8z + 25 = 0\\ &\qquad\qquad \text{ou } z^2 - 8z + 15 = 0).\end{aligned}$$

• Le discriminant du trinôme du second degré $z^2 - 8z + 25$ est

$$\Delta_1 = 64 - 4 \cdot 25 = -36 = (6\,\mathrm{i}\,)^2,$$

donc :

$$\begin{aligned}&z^2 - 8z + 25 = 0\\ \iff &\left(z = \frac{8 - 6\,\mathrm{i}}{2} \quad \text{ou} \quad z = \frac{8 + 6\,\mathrm{i}}{2}\right)\\ \iff &(z = 4 - 3\,\mathrm{i} \quad \text{ou} \quad z = 4 + 3\,\mathrm{i}\,).\end{aligned}$$

• Le discriminant du trinôme du second degré $z^2 - 8z + 15$ est

$$\Delta_2 = 64 - 4 \cdot 15 = 4 = 2^2,$$

donc :

$$\begin{aligned}&z^2 - 8z + 15 = 0\\ \iff &\left(z = \frac{8-2}{2} \quad \text{ou} \quad z = \frac{8+2}{2}\right)\\ \iff &(z = 3 \quad \text{ou} \quad z = 5).\end{aligned}$$

On conclut : $\mathcal{S} = \{3, 5, 4 - 3\,\mathrm{i}\,, 4 + 3\,\mathrm{i}\,\}$.

12.8

Partons du côté le plus compliqué, sans le facteur 4 (qu'il ne faudra pas ensuite oublier) :

$$\begin{aligned}&|z + z'|^2 - |z - z'|^2 + \mathrm{i}\,|z + \mathrm{i}\,z'|^2 - \mathrm{i}\,|z - \mathrm{i}\,z'|^2\\ &= (z + z')(\overline{z} + \overline{z'}) - (z - z')(z - \overline{z'})\\ &\quad + \mathrm{i}\,(z + \mathrm{i}\,z')(\overline{z} - \mathrm{i}\,\overline{z'}) - \mathrm{i}\,(z - \mathrm{i}\,z')(\overline{z} + \mathrm{i}\,\overline{z'})\\ &= \left(z\,\overline{z} + z\,\overline{z'} + z'\,\overline{z} + z'\,\overline{z'}\right)\\ &\quad + \left(z\,\overline{z} - z\,\overline{z'} - z'\,\overline{z} + z'\,\overline{z'}\right)\\ &\quad + \mathrm{i}\left(z\,\overline{z} - \mathrm{i}\,z\,\overline{z'} + \mathrm{i}\,\overline{z}z' + z'\,\overline{z'}\right)\\ &\quad - \mathrm{i}\left(z\,\overline{z} + \mathrm{i}\,z\,\overline{z'} - \mathrm{i}\,\overline{z}z' + z'\,\overline{z'}\right)\\ &= 4z\,\overline{z'},\end{aligned}$$

tous les autres termes se simplifiant quatre par quatre.

12.9

En notant $z = x + \mathrm{i}\,y$, $(x, y) \in \mathbb{R}^2$, on a :

$$\begin{aligned}&(1) \quad z^2 + \overline{z} + 1 = 0\\ \iff &(x + \mathrm{i}\,y)^2 + (x - \mathrm{i}\,y) + 1 = 0\\ \iff &x^2 + 2\,\mathrm{i}\,xy - y^2 + x - \mathrm{i}\,y + 1 = 0\\ \iff &\begin{cases} x^2 - y^2 + x + 1 = 0 & (2)\\ 2xy - y = 0. & (3)\end{cases}\end{aligned}$$

Et :

$$(3) \iff (2x - 1)y = 0 \iff \left(x = \frac{1}{2} \text{ ou } y = 0\right).$$

D'où, en reportant :

$$\begin{aligned}(1) &\iff \begin{cases} x = \dfrac{1}{2}\\ y^2 = \dfrac{1}{4} + \dfrac{1}{2} + 1\end{cases} \text{ ou } \begin{cases} y = 0\\ \underbrace{x^2 + x + 1 = 0}_{\text{impossible}}\end{cases}\\ &\iff \begin{cases} x = \dfrac{1}{2}\\ y = \pm\dfrac{\sqrt{7}}{2}\end{cases} \iff z = \frac{1 \pm \mathrm{i}\sqrt{7}}{2}.\end{aligned}$$

On conclut : $\mathcal{S} = \left\{\dfrac{1 - \mathrm{i}\sqrt{7}}{2}, \dfrac{1 + \mathrm{i}\sqrt{7}}{2}\right\}$.

12.10

a) On remarque que, pour tout $z \in \mathbb{C}$:

$$z^4 + 2z^3 + 3z^2 + 2z + 1 = (z^2 + z + 1)^2,$$

donc :

$$\begin{aligned}(a) &\iff (z^2 + z + 1)^2 = 0 \iff z^2 + z + 1 = 0\\ &\iff \left(z = \frac{-1 \pm \mathrm{i}\sqrt{3}}{2}\right),\end{aligned}$$

et on conclut :

$$\mathcal{S}_{a)} = \left\{ \frac{-1-\mathrm{i}\sqrt{3}}{2}, \ \frac{-1+\mathrm{i}\sqrt{3}}{2} \right\}.$$

Remarque : Nous retrouverons ces deux nombres, qui sont j, j^2, dans l'étude des racines cubiques de 1 dans $\mathbb{C}$, voir le chapitre 12.

b) On a, pour tout $z \in \mathbb{C}$, en scindant le terme $2z^2$ en $z^2 + z^2$:

$$\begin{aligned} & z^4 + 2z^3 + 2z^2 + 2z + 1 \\ &= (z^4 + 2z^3 + z^2) + (z^2 + 2z + 1) \\ &= z^2(z^2 + 2z + 1) + (z^2 + 2z + 1) \\ &= (z^2 + 1)(z^2 + 2z + 1) \\ &= (z^2 + 1)(z + 1)^2, \end{aligned}$$

donc :

$$\begin{aligned} (b) &\iff (z^2 + 1 = 0 \ \text{ ou } \ z + 1 = 0) \\ &\iff (z = \mathrm{i} \ \text{ ou } \ z = -\mathrm{i} \ \text{ ou } \ z = -1). \end{aligned}$$

On conclut : $\mathcal{S}_{b)} = \{-1, \ \mathrm{i}, \ -\mathrm{i}\}$.

12.11

Si $a = 0$ ou $b = 0$ ou $c = 0$, le résultat est trivial.
Supposons donc a, b, c tous non nuls.
Notons $r = |a| = |b| = |c|$.
On a alors : $a\,\overline{a} = b\,\overline{b} = c\,\overline{c} = r^2$,
donc : $\overline{a} = \dfrac{r^2}{a}$, $\overline{b} = \dfrac{r^2}{b}$, $\overline{c} = \dfrac{r^2}{c}$,
d'où :

$$\begin{aligned} 0 = \overline{a + b + c} &= \overline{a} + \overline{b} + \overline{c} \\ &= \frac{r^2}{a} + \frac{r^2}{b} + \frac{r^2}{c} = \frac{r^2}{abc}(bc + ac + ab), \end{aligned}$$

donc : $ab + ac + bc = 0$.
On déduit : $(b + c)a + bc = 0$, d'où, comme $a + b + c = 0$, en remplaçant $(b + c)$ par $-a$:

$$-a^2 + bc = 0.$$

D'où : $a^3 = aa^2 = a(bc) = abc$,
et enfin, comme a, b, c ont des rôles symétriques, on conclut : $a^3 = b^3 = c^3 = abc$.

12.12

On a, en utilisant une sommation géométrique, puis l'inégalité triangulaire :

$$\left| \frac{1 - z^{n+1}}{1 - z} \right| = \left| \sum_{k=0}^{n} z^k \right| \leqslant \sum_{k=0}^{n} |z|^k = \frac{1 - |z|^{n+1}}{1 - |z|}.$$

12.13

D'après le cours (racines carrées d'un nombre complexe), il existe $t, t' \in \mathbb{C}$ tels que $t^2 = z$ et $t'^2 = z'$.
On alors : $u^2 = zz' = t^2 t'^2 = (t\,t')^2$,
donc $u = t\,t'$ ou $u = -t\,t'$.
Quitte à changer éventuellement t en $-t$, on peut donc supposer : $u = tt'$.
On a alors, d'une part :

$$|z| + |z'| = |t^2| + |t'^2| = |t|^2 + |t'|^2$$

et, d'autre part :

$$\begin{aligned} & |m + u| + |m - u| \\ &= \left| \frac{t^2 + t'^2}{2} + t\,t' \right| + \left| \frac{t^2 + t'^2}{2} - t\,t' \right| \\ &= \frac{1}{2}|t^2 + t'^2 + 2t\,t'| + \frac{1}{2}|t^2 + t'^2 - 2t\,t'| \\ &= \frac{1}{2}|t + t'|^2 + \frac{1}{2}|t - t'|^2 \\ &= \frac{1}{2}(t + t')(\overline{t} + \overline{t'}) + \frac{1}{2}(t - t')(\overline{t} - \overline{t'}) \\ &= \frac{1}{2}(2t\,\overline{t} + 2t'\,\overline{t'}) \\ &= \frac{1}{2}(2|t|^2 + 2|t'|^2) \\ &= |t|^2 + |t'|^2, \end{aligned}$$

d'où l'égalité voulue.

13 Nombres complexes : trigonométrie

Les nombres complexes correspondent aux couples de deux réels, c'est-à-dire aux points du plan usuel rapporté à un repère orthonormé (voir aussi le chapitre 13).
On peut aussi repérer un point M du plan par sa distance à l'origine et l'angle entre le vecteur base $\overrightarrow{i}$ des abscisses et le vecteur $\overrightarrow{OM}$, ce qui amène l'écriture trigonométrique d'un nombre complexe non nul, $z = r(\cos\theta + \mathrm{i}\sin\theta)$, où $r \in \mathbb{R}_+^*$ et $\theta \in \mathbb{R}$.

Rappels de cours

1 Arguments d'un nombre complexe non nul

Définition

Pour tout nombre complexe non nul $z \in \mathbb{C}^*$, $z = x + \mathrm{i}\,y$, $(x, y) \in \mathbb{R}^2$, l'ensemble $\left\{\theta \in \mathbb{R}\,;\, \cos\theta = \dfrac{x}{\sqrt{x^2+y^2}} \text{ et } \sin\theta = \dfrac{y}{\sqrt{x^2+y^2}}\right\}$ est une classe d'équivalence modulo 2π, appelée **argument** de z et notée $\operatorname{Arg}(z)$.

Par abus de langage, on note aussi $\operatorname{Arg}(z)$ n'importe quel élément de cette classe d'équivalence modulo 2π.
Ainsi, avec les notations précédentes :

$$\theta \equiv \operatorname{Arg}(z) \iff \left(\cos\theta = \frac{x}{\sqrt{x^2+y^2}} \quad \text{et} \quad \sin\theta = \frac{y}{\sqrt{x^2+y^2}}\right),$$

et on a alors : $\qquad z = |z|(\cos\theta + \mathrm{i}\sin\theta)$

En notant M le point du plan de coordonnées (x, y) dans un repère orthonormé $(O; \overrightarrow{i}, \overrightarrow{j})$ et $z = x + \mathrm{i}\,y$, on a : $|z| = OM$ et $\operatorname{Arg}(z) \equiv (\widehat{\overrightarrow{i}, \overrightarrow{OM}})\ [2\pi]$, cf. aussi le chapitre 13.

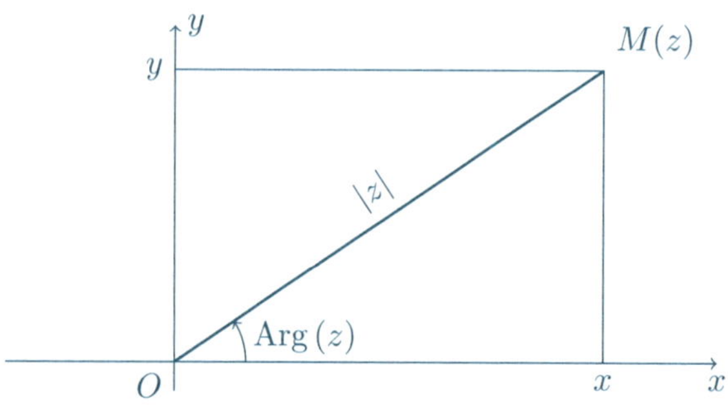

L'argument de 0 ne peut pas être défini d'une manière satisfaisante.

Exemple

$\operatorname{Arg}(1) \equiv 0 \ [2\pi], \quad \operatorname{Arg}(-1) \equiv \pi \ [2\pi], \quad \operatorname{Arg}(\mathrm{i}) \equiv \frac{\pi}{2} \ [2\pi], \quad \operatorname{Arg}(1+\mathrm{i}) \equiv \frac{\pi}{4} \ [2\pi].$

Pour des angles non usuels, voir le chapitre 18 portant sur les fonctions circulaires réciproques, par exemple : $\operatorname{Arg}(1+2\mathrm{i}) \equiv \operatorname{Arcsin}\left(\frac{2}{\sqrt{5}}\right)$.

On dispose des formules suivantes, pour tous $z, z' \in \mathbb{C}^*$, $n \in \mathbb{N}^*$, $z_1, ..., z_n \in \mathbb{C}^*$:

$\operatorname{Arg}(z) \equiv 0 \ [2\pi] \iff z \in \mathbb{R}_+^*, \qquad \operatorname{Arg}(z) \equiv 0 \ [\pi] \iff z \in \mathbb{R}^*,$

$\operatorname{Arg}(z) \equiv \frac{\pi}{2} \ [\pi] \iff z \in \mathrm{i}\mathbb{R}^*,$

$\operatorname{Arg}(\overline{z}) \equiv -\operatorname{Arg}(z) \ [2\pi], \qquad \operatorname{Arg}(zz') \equiv \operatorname{Arg}(z) + \operatorname{Arg}(z') \ [2\pi],$

$\operatorname{Arg}\left(\prod_{k=1}^{n} z_k\right) \equiv \sum_{k=1}^{n} \operatorname{Arg}(z_k) \ [2\pi], \qquad \operatorname{Arg}(z^n) \equiv n \operatorname{Arg}(z) \ [2\pi],$

$\operatorname{Arg}\frac{1}{z} \equiv -\operatorname{Arg}(z) \ [2\pi], \qquad \operatorname{Arg}\left(\frac{z}{z'}\right) \equiv \operatorname{Arg}(z) - \operatorname{Arg}(z') \ [2\pi],$

$|z+z'| = |z| + |z'| \iff \operatorname{Arg}(z) \equiv \operatorname{Arg}(z') \ [2\pi],$

cas d'égalité dans l'inégalité triangulaire.

Attention

Bien distinguer les congruences modulo $[\pi]$, modulo $[2\pi]$.

2 Exponentielle complexe

Définition

On note, pour tout $z = x + \mathrm{i}y$, $(x, y) \in \mathbb{R}^2$: $\quad \mathrm{e}^z = \mathrm{e}^x(\cos y + \mathrm{i}\sin y)$

Pour des raisons de commodité d'écriture ou de typographie, on note aussi $\exp(z)$ au lieu de e^z.

On dispose des formules suivantes, pour tous $z, z' \in \mathbb{C}$, $p \in \mathbb{N}$, $n \in \mathbb{Z}$, $z_1, ..., z_n \in \mathbb{C}$:

$\mathrm{e}^0 = 1, \quad \mathrm{e}^z \neq 0, \quad |\mathrm{e}^z| = \mathrm{e}^{\operatorname{Re}(z)}, \quad \operatorname{Arg}(\mathrm{e}^z) \equiv \operatorname{Im}(z) \ [2\pi], \quad \mathrm{e}^{\overline{z}} = \overline{\mathrm{e}^z},$

$\mathrm{e}^{z+z'} = \mathrm{e}^z \mathrm{e}^{z'}, \quad \frac{1}{\mathrm{e}^z} = \mathrm{e}^{-z}, \quad \exp\left(\sum_{k=1}^{p} z_k\right) = \prod_{k=1}^{p} \mathrm{e}^{z_k}, \quad \mathrm{e}^{nz} = (\mathrm{e}^z)^n,$

$\mathrm{e}^{z'} = \mathrm{e}^z \iff (\exists k \in \mathbb{Z}, \ z' - z = 2\mathrm{i}k\pi).$

Et donc, en particulier, en ce qui concerne les exponentielles d'imaginaires purs, pour tous $\theta, \theta' \in \mathbb{R}$, $p \in \mathbb{N}$, $n \in \mathbb{Z}$, $\theta_1, ..., \theta_p \in \mathbb{R}$:

$|\mathrm{e}^{\mathrm{i}\theta}| = 1, \quad \operatorname{Arg}(\mathrm{e}^{\mathrm{i}\theta}) \equiv \theta \ [2\pi], \quad \overline{\mathrm{e}^{\mathrm{i}\theta}} = \mathrm{e}^{-\mathrm{i}\theta} = \frac{1}{\mathrm{e}^{\mathrm{i}\theta}},$

$\mathrm{e}^{\mathrm{i}(\theta+\theta')} = \mathrm{e}^{\mathrm{i}\theta}\mathrm{e}^{\mathrm{i}\theta'}, \quad \exp\left(\mathrm{i}\sum_{k=1}^{p} \theta_k\right) = \prod_{k=1}^{p} \mathrm{e}^{\mathrm{i}\theta_k}, \quad (\mathrm{e}^{\mathrm{i}\theta})^n = \mathrm{e}^{\mathrm{i}n\theta}.$

Attention
Pour un complexe quelconque z, l'écriture $(\mathrm{e}^{z})^n$ n'est définie, dans le cadre du Programme officiel, que pour $n \in \mathbb{Z}$. Par exemple, $(\mathrm{e}^{\mathrm{i}})^{\mathrm{i}}$, $(\mathrm{e}^{1+\mathrm{i}})^{1/2}$ ne sont pas définis.

La **technique de l'angle moitié**, utile pour certains exercices, consiste, dans les expressions $1 \pm \mathrm{e}^{\mathrm{i}t}$, $t \in \mathbb{R}$, à factoriser par $\mathrm{e}^{\mathrm{i}t/2}$:

$$1 + \mathrm{e}^{\mathrm{i}t} = \mathrm{e}^{\mathrm{i}\frac{t}{2}}(\mathrm{e}^{-\mathrm{i}\frac{t}{2}} + \mathrm{e}^{\mathrm{i}\frac{t}{2}}) = \mathrm{e}^{\mathrm{i}\frac{t}{2}}\, 2\cos\frac{t}{2}$$

$$1 - \mathrm{e}^{\mathrm{i}t} = \mathrm{e}^{\mathrm{i}\frac{t}{2}}(\mathrm{e}^{-\mathrm{i}\frac{t}{2}} - \mathrm{e}^{\mathrm{i}\frac{t}{2}}) = -\mathrm{e}^{\mathrm{i}\frac{t}{2}}\, 2\mathrm{i}\sin\frac{t}{2}.$$

Pour transformer $\mathrm{e}^{\mathrm{i}p} \pm \mathrm{e}^{\mathrm{i}q}, (p, q) \in \mathbb{R}^2$, on peut commencer par mettre en facteur, par exemple, $\mathrm{e}^{\mathrm{i}p}$, puis appliquer la technique de l'angle moitié, avec $t = q - p$, ou bien mettre en facteur $\mathrm{e}^{\mathrm{i}\frac{p+q}{2}}$ ou $\mathrm{e}^{\mathrm{i}\frac{p-q}{2}}$.

On a, pour tout $a \in \mathbb{C}^*$ et tout $z \in \mathbb{C}$

$$\mathrm{e}^{z} = a \iff \Big(\exists k \in \mathbb{Z}, \quad z = \ln|a| + \mathrm{i}\big(\mathrm{Arg}\,(a) + 2k\pi\big)\Big).$$

Rappelons que l'on note $\mathbb{U} = \{z \in \mathbb{C}\,;\, |z| = 1\}$, d'où $\mathbb{U} = \{\cos\theta + \mathrm{i}\sin\theta\,;\, \theta \in \mathbb{R}\}$.

3 Racines n-ièmes d'un nombre complexe non nul

Pour $n \in \mathbb{N}^*$ et $Z \in \mathbb{C}^*$ fixés, l'équation $z^n = Z$, d'inconnue $z \in \mathbb{C}^*$, admet exactement n solutions, qui sont les $R^{\frac{1}{n}} \exp\Big(\mathrm{i}\Big(\dfrac{\theta}{n} + \dfrac{2k\pi}{n}\Big)\Big)$, $k \in \{0, ..., n-1\}$, où on a noté $R = |Z|$ et $\theta = \mathrm{Arg}\,(Z)$. Ces n nombres complexes sont appelés les n **racines n-ièmes de Z dans $\mathbb{C}$**.

En particulier, les racines n-ièmes de 1 dans $\mathbb{C}$ sont les $\mathrm{e}^{\frac{2\mathrm{i}k\pi}{n}}$, $k \in \{0, ..., n-1\}$.

On note, pour tout $n \in \mathbb{N}^*$: $\quad \mathbb{U}_n = \{z \in \mathbb{C}\,;\, z^n = 1\} = \big\{\mathrm{e}^{\frac{2\mathrm{i}k\pi}{n}}\,;\, k \in \{0, ..., n-1\}\big\}$
donc $\mathbb{U}_n \subset \mathbb{U}$.

Exemple

$$\mathbb{U}_1 = \{1\}, \quad \mathbb{U}_2 = \{-1, 1\}, \quad \mathbb{U}_3 = \{1, \mathrm{j}, \mathrm{j}^2\} \quad \text{où} \quad \mathrm{j} = \mathrm{e}^{\frac{2\mathrm{i}\pi}{3}} = \frac{-1 + \mathrm{i}\sqrt{3}}{2}$$

et on a : $\quad \overline{\mathrm{j}} = \mathrm{j}^2, \quad 1 + \mathrm{j} + \mathrm{j}^2 = 0 \quad$ (égalités très utiles pour les exercices).

Pour tout $Z \in \mathbb{C}^*$, si z_0 est une racine n-ième de Z dans $\mathbb{C}$, alors les racines n-ièmes de Z dans $\mathbb{C}$ sont les ωz_0 où ω décrit $\mathbb{U}_n$.

On dispose, pour les racines n-ièmes de 1 dans $\mathbb{C}$, c'est-à-dire les $\omega_k = \mathrm{e}^{\frac{2\mathrm{i}k\pi}{n}}$, des formules suivantes : $\quad \overline{\omega_k} = \dfrac{1}{\omega_k} = \omega_{n-k}, \quad \omega_k = \omega_1^n, \quad \displaystyle\sum_{k=0}^{n-1} \omega_k = 0$ si $n \geqslant 2$.

Ainsi, si $n \geqslant 2$, la somme des racines n-ièmes de 1 dans $\mathbb{C}$ est nulle.

Attention
Pour $n = 1$, cette somme (qui n'a qu'un terme, égal à 1) est égale à 1 et non à 0.

4 Applications des nombres complexes à la trigonométrie

Rappelons que, pour tout $\theta \in \mathbb{R}$: $\mathrm{e}^{\,\mathrm{i}\,\theta} = \cos\theta + \mathrm{i}\,\sin\theta$.

4.1 Transformation de Fresnel

Pour tout $(a, b) \in \mathbb{R}^2 \setminus \{(0,0)\}$ fixé, il existe $A \in \mathbb{R}$, $\varphi \in \mathbb{R}$ défini modulo 2π, tels que, pour tout $t \in \mathbb{R}$: $a\cos t + b\sin t = A\cos(t - \varphi)$.

Exemple

$$\cos t + \sqrt{3}\sin t = 2\Big(\frac{1}{2}\cos t + \frac{\sqrt{3}}{2}\sin t\Big) = 2\Big(\cos\frac{\pi}{3}\cos t + \sin\frac{\pi}{3}\sin t\Big) = 2\cos\Big(t - \frac{\pi}{3}\Big).$$

Pour des angles quelconques, voir le chapitre 18 sur les fonctions circulaires réciproques.

4.2 Développement de $\cos n\theta$, $\sin n\theta$, $\tan n\theta$

Soient $n \in \mathbb{N}^*$, $\theta \in \mathbb{R}$. Puisque $\mathrm{e}^{\,\mathrm{i}\,n\theta} = \left(\mathrm{e}^{\,\mathrm{i}\,\theta}\right)^n$, on a la formule de Moivre :

$$\cos n\theta + \mathrm{i}\,\sin n\theta = (\cos\theta + \mathrm{i}\,\sin\theta)^n$$

donc, en développant par la formule du binôme de Newton puis en séparant la partie réelle et la partie imaginaire, on obtient les développements de $\cos n\theta$ et $\sin n\theta$ en fonction de $\cos\theta$ et $\sin\theta$:

$$\cos n\theta = \sum_{k=0}^{\lfloor n/2 \rfloor} (-1)^k \binom{n}{2k} \cos^{n-2k}\theta \sin^{2k}\theta = \cos^n\theta - \binom{n}{2}\cos^{n-2}\theta + \cdots$$

$$\sin n\theta = \sum_{k=0}^{\lfloor n-1 \rfloor/2} (-1)^k \binom{n}{2k+1} \cos^{n-2k-1}\theta \sin^{2k+1}\theta = \binom{n}{1}\cos^{n-1}\theta\sin\theta - \cdots$$

Remarque :
En remplaçant $\sin^2\theta$ par $1 - \cos^2\theta$, on en déduit que :

- $\cos n\theta$ s'exprime selon un polynôme en $\cos\theta$, appelé polynôme de Tchébychev de 1re espèce
- $\sin n\theta$ est le produit de $\sin\theta$ par un polynôme en $\cos\theta$, et ce dernier polynôme est appelé polynôme de Tchébychev de 2e espèce.

Exemple

$\cos 3\theta = 4\cos^3\theta - 3\cos\theta, \qquad \sin 3\theta = 3\sin\theta - 4\sin^3\theta = \sin\theta(4\cos^2\theta - 1).$

On déduit, sous réserve d'existence :

$$\tan n\theta = \frac{\binom{n}{1}\cos^{n-1}\theta\sin\theta - \binom{n}{3}\cos^{n-3}\theta\sin^3\theta + \cdots}{\cos^n\theta - \binom{n}{2}\cos^{n-2}\theta + \cdots} = \frac{\binom{n}{1}\tan\theta - \binom{n}{3}\tan^3\theta + \cdots}{1 - \binom{n}{2}\tan^2\theta + \cdots}.$$

Exemple

$\tan 3\theta = \dfrac{3\tan\theta - \tan^3\theta}{1 - 3\tan^2\theta}.$

4.3 Linéarisations de $\cos^p\theta$, $\sin^p\theta$

Il s'agit ici de transformer des puissances ou des produits de fonctions trigonométriques directes en des sommes.

Soient $\theta \in \mathbb{R}$, $p \in \mathbb{N}$. On a : $\mathrm{e}^{\,\mathrm{i}\,\theta} = \cos\theta + \mathrm{i}\,\sin\theta$,

donc, par conjugaison : $\mathrm{e}^{-\mathrm{i}\,\theta} = \cos\theta - \mathrm{i}\,\sin\theta$, d'où les deux **formules d'Euler** :

$$\cos\theta = \frac{\mathrm{e}^{\,\mathrm{i}\,\theta} + \mathrm{e}^{-\mathrm{i}\,\theta}}{2}, \qquad \sin\theta = \frac{\mathrm{e}^{\,\mathrm{i}\,\theta} - \mathrm{e}^{-\mathrm{i}\,\theta}}{2\mathrm{i}}$$

Attention

Ne pas oublier le i dans le dénominateur de la seconde formule.

On déduit $2^p\cos^p\theta = (\mathrm{e}^{\,\mathrm{i}\,\theta} + \mathrm{e}^{-\mathrm{i}\,\theta})^p$ et $2^p\,\mathrm{i}^{\,p}\sin^p\theta = (\mathrm{e}^{\,\mathrm{i}\,\theta} - \mathrm{e}^{-\mathrm{i}\,\theta})^p$, ce qui permet d'exprimer $\cos^p\theta$ et $\sin^p\theta$, en développant par la formule du binôme de Newton, en fonction de puissances de $\mathrm{e}^{\,\mathrm{i}\,\theta}$ et de $\mathrm{e}^{-\mathrm{i}\,\theta}$, puis, en regroupant les termes en partant des extrêmes, en fonction de $\cos k\theta$ et $\sin k\theta$, pour $k \in \{0, ..., p\}$.

1) Lorsque $p = 2$ ou $p = 4$, on peut linéariser $\cos^p\theta$ et $\sin^p\theta$ simplement à l'aide des formules de trigonométrie vues dans le chapitre 10.

Exemple

Linéariser $\cos^4\theta$.

On a :

$$\begin{aligned}\cos^4\theta = (\cos^2\theta)^2 = \left(\frac{1+\cos 2\theta}{2}\right)^2 &= \frac{1}{4}(\cos^2 2\theta + 2\cos 2\theta + 1)\\ &= \frac{1}{4}\left(\frac{1+\cos 4\theta}{2} + 2\cos 2\theta + 1\right) = \frac{1}{8}(\cos 4\theta + 4\cos 2\theta + 3).\end{aligned}$$

2) Lorsque $p = 3$ ou $p \geqslant 5$, l'utilisation de l'exponentielle complexe est appropriée.

Exemple

Linéariser $\sin^5 \theta$.

On a :

$$\begin{aligned}
\sin^5 \theta &= \left(\frac{\mathrm{e}^{\,\mathrm{i}\,\theta} - \mathrm{e}^{-\,\mathrm{i}\,\theta}}{2\,\mathrm{i}}\right)^5 \\
&= \left(\frac{1}{2\,\mathrm{i}}\right)^5 \big(\mathrm{e}^{5\,\mathrm{i}\,\theta} - 5\,\mathrm{e}^{4\,\mathrm{i}\,\theta}\,\mathrm{e}^{-\,\mathrm{i}\,\theta} + 10\,\mathrm{e}^{3\,\mathrm{i}\,\theta}\,\mathrm{e}^{-2\,\mathrm{i}\,\theta} \\
&\qquad - 10\,\mathrm{e}^{2\mathrm{i}\theta}\,\mathrm{e}^{-3\mathrm{i}\theta} + 5\,\mathrm{e}^{\,\mathrm{i}\,\theta}\,\mathrm{e}^{-4\mathrm{i}\theta} - \mathrm{e}^{-5\,\mathrm{i}\,\theta}\big) \\
&= \frac{1}{2^5\,\mathrm{i}}\Big(\big(\mathrm{e}^{5\,\mathrm{i}\,\theta} - \mathrm{e}^{-5\,\mathrm{i}\,\theta}\big) + 5\big(-\,\mathrm{e}^{3\,\mathrm{i}\,\theta} + \mathrm{e}^{-3\,\mathrm{i}\,\theta}\big) + 10\big(\mathrm{e}^{\,\mathrm{i}\,\theta} - \mathrm{e}^{-\,\mathrm{i}\,\theta}\big)\Big) \\
&= \frac{1}{2^5\,\mathrm{i}}(2\,\mathrm{i}\,\sin 5\theta - 10\,\mathrm{i}\,\sin 3\theta + 20\,\mathrm{i}\,\sin\theta) \\
&= \frac{1}{16}(\sin 5\theta - 5\sin 3\theta + 10\sin\theta).
\end{aligned}$$

On peut contrôler la formule obtenue, en remplaçant θ par 0, par $\pi/2$.

Exercices d'apprentissage

13.1

Montrer, pour tout $(z, z') \in (\mathbb{C}^*)^2$:

a) $\operatorname{Arg}(z') = \operatorname{Arg}(z)\ \ [2\pi] \iff \dfrac{z'}{z} \in \mathbb{R}_+^*$

b) $\operatorname{Arg}(z') = \operatorname{Arg}(z)\ \ [\pi] \iff \dfrac{z'}{z} \in \mathbb{R}^*$.

a) On a, avec des congruences modulo 2π :

$$\begin{aligned}
\operatorname{Arg}(z') = \operatorname{Arg}(z)\ \ [2\pi] &\iff \operatorname{Arg}(z') - \operatorname{Arg}(z) \equiv 0\ \ [2\pi] \\
&\iff \operatorname{Arg}\frac{z'}{z} \equiv 0\ \ [2\pi] \iff \frac{z'}{z} \in \mathbb{R}_+^*.
\end{aligned}$$

b) De même, avec des congruences modulo π :

$$\begin{aligned}
\operatorname{Arg}(z') = \operatorname{Arg}(z)\ \ [\pi] &\iff \operatorname{Arg}(z') - \operatorname{Arg}(z) \equiv 0\ \ [\pi] \\
&\iff \operatorname{Arg}\frac{z'}{z} \equiv 0\ \ [\pi] \iff \frac{z'}{z} \in \mathbb{R}^*.
\end{aligned}$$

13.2

Simplifier $a = \dfrac{1-\mathrm{j}}{1+\mathrm{j}}$.

On a, en utilisant une expression conjuguée et en sachant que le conjugué de j est j^2, que $\mathrm{j}^3 = 1$ et que $1 + \mathrm{j} + \mathrm{j}^2 = 0$:

$$a = \frac{1-\mathrm{j}}{1+\mathrm{j}} = \frac{(1-\mathrm{j})(1+\mathrm{j}^2)}{(1+\mathrm{j})(1+\mathrm{j}^2)} = \frac{1-\mathrm{j}+\mathrm{j}^2-1}{1+\mathrm{j}+\mathrm{j}^2+1} = \frac{-\mathrm{j}+(-1-\mathrm{j})}{1} = -1-2\mathrm{j}.$$

Attention : Le conjugué de j est j^2 et non $-\mathrm{j}$.

13.3

Soient $n \in \mathbb{N}^*$, $\omega \in \mathbb{U}_n$, $p \in \mathbb{Z}$. Calculer la somme $S = \sum_{k=0}^{n-1} \omega^{kp}$.

On a : $S = \sum_{k=0}^{n-1} (\omega^p)^k$.

- Si $\omega^p \neq 1$, alors, par sommation géométrique :

$$S = \frac{1-(\omega^p)^n}{1-\omega^p} = \frac{1-(\omega^n)^p}{1-\omega^p} = \frac{1-1^p}{1-\omega} = 0.$$

- Si $\omega^p = 1$, alors : $S = \sum_{k=0}^{n-1} 1 = n$.

On conclut : $S = \begin{cases} 0 & \text{si} \quad \omega^p \neq 1 \\ n & \text{si} \quad \omega^p = 1. \end{cases}$

13.4

Soient $n, p \in \mathbb{N}^*$. Montrer : $\mathbb{U}_n \subset \mathbb{U}_p \iff n \mid p$.

1) Supposons $\mathbb{U}_n \subset \mathbb{U}_p$.
En notant $\omega = \mathrm{e}^{\frac{2\mathrm{i}\pi}{n}} \in \mathbb{U}_n$, on a $\omega \in \mathbb{U}_p$, d'où : $1 = \omega^p = (\mathrm{e}^{\frac{2\mathrm{i}\pi}{n}})^p = \mathrm{e}^{2\mathrm{i}\pi\frac{p}{n}}$, donc $\dfrac{p}{n} \in \mathbb{Z}$, c'est-à-dire $n \mid p$.

2) Réciproquement, supposons $n \mid p$. Il existe alors $k \in \mathbb{N}$ tel que $p = kn$.
Soit $z \in \mathbb{U}_n$.
On a $z^n = 1$, d'où $z^p = z^{kn} = (z^n)^k = 1^k = 1$, donc $z \in \mathbb{U}_p$.
Ceci montre : $\mathbb{U}_n \subset \mathbb{U}_p$.

On conclut : $\mathbb{U}_n \subset \mathbb{U}_p \iff n \mid p$.

13.5

Soient $n \in \mathbb{N}^*$, $a, b \in \mathbb{R}$.

Calculer les deux sommes : $C_n = \sum_{k=0}^{n-1} \cos(a + kb)$, $S_n = \sum_{k=0}^{n-1} \sin(a + kb)$.

Passons par l'exponentielle d'un imaginaire pur :

$$\begin{aligned} C_n + \mathrm{i}\, S_n &= \sum_{k=0}^{n-1} \cos(a + kb) + \mathrm{i} \sum_{k=0}^{n-1} \sin(a + kb) = \sum_{k=0}^{n-1} \big(\cos(a + kb) + \mathrm{i}\, \sin(a + kb)\big) \\ &= \sum_{k=0}^{n-1} \mathrm{e}^{\,\mathrm{i}\,(a+kb)} \;=\; \mathrm{e}^{\,\mathrm{i}\,a} \sum_{k=0}^{n-1} (\mathrm{e}^{\,\mathrm{i}\,b})^k. \end{aligned}$$

1er cas : Si $\mathrm{e}^{\,\mathrm{i}\,b} \neq 1$, c'est-à-dire si $b \not\equiv 0 \;\; [2\pi]$, alors :

$$C_n + \mathrm{i}\, S_n = \mathrm{e}^{\,\mathrm{i}\,a} \frac{(\mathrm{e}^{\,\mathrm{i}\,b})^n - 1}{\mathrm{e}^{\,\mathrm{i}\,b} - 1} = \mathrm{e}^{\,\mathrm{i}\,a} \frac{\mathrm{e}^{\frac{\mathrm{i}\,nb}{2}} 2\,\mathrm{i}\, \sin \frac{nb}{2}}{\mathrm{e}^{\frac{\mathrm{i}\,b}{2}} 2\,\mathrm{i}\, \sin \frac{b}{2}} = \mathrm{e}^{\,\mathrm{i}\left(a + \frac{(n-1)b}{2}\right)} \frac{\sin \frac{nb}{2}}{\sin \frac{b}{2}},$$

d'où, en séparant la partie réelle et la partie imaginaire :

$$C_n = \cos\left(a + \frac{(n-1)b}{2}\right) \frac{\sin \frac{nb}{2}}{\sin \frac{b}{2}}, \qquad S_n = \sin\left(a + \frac{(n-1)b}{2}\right) \frac{\sin \frac{nb}{2}}{\sin \frac{b}{2}}.$$

2e cas : Si $\mathrm{e}^{\,\mathrm{i}\,b} = 1$, c'est-à-dire si $b \equiv 0 \;\; [2\pi]$, alors :

$$C_n + \mathrm{i}\, S_n = \mathrm{e}^{\,\mathrm{i}\,a} \sum_{k=0}^{n-1} 1 = \mathrm{e}^{\,\mathrm{i}\,a} n = n \cos a + \mathrm{i}\, n \sin a,$$

d'où, en séparant la partie réelle et la partie imaginaire : $C_n = n \cos a$ et $S_n = n \sin a$.

13.6

Linéariser $\cos^3 t$ et $\sin^3 t$.

On peut passer par l'exponentielle d'un imaginaire pur, en utilisant la formule du binôme de Newton, puis en regroupant les termes en partant des extrêmes :

$$\begin{aligned} \cos^3 t &= \left(\frac{\mathrm{e}^{\,\mathrm{i}\,t} + \mathrm{e}^{\,-\mathrm{i}\,t}}{2} \right)^3 = \frac{1}{8} (\mathrm{e}^{\,3\mathrm{i}\,t} + 3\,\mathrm{e}^{\,2\mathrm{i}\,t} \mathrm{e}^{\,-\mathrm{i}\,t} + 3\,\mathrm{e}^{\,\mathrm{i}\,t} \mathrm{e}^{\,-2\mathrm{i}\,t} + \mathrm{e}^{\,-3\mathrm{i}\,t}) \\ &= \frac{1}{8} ((\mathrm{e}^{\,3\mathrm{i}\,t} + \mathrm{e}^{\,-3\mathrm{i}\,t}) + 3(\mathrm{e}^{\,\mathrm{i}\,t} + \mathrm{e}^{\,-\mathrm{i}\,t})) = \frac{1}{8}(2 \cos 3t + 6 \cos t) \\ &= \frac{1}{4}(\cos 3t + 3 \cos t), \end{aligned}$$

$$\begin{aligned} \sin^3 t &= \left(\frac{\mathrm{e}^{\,\mathrm{i}\,t} - \mathrm{e}^{\,-\mathrm{i}\,t}}{2\mathrm{i}} \right)^3 = -\frac{1}{8\mathrm{i}} (\mathrm{e}^{\,3\mathrm{i}\,t} - 3\,\mathrm{e}^{\,2\mathrm{i}\,t} \mathrm{e}^{\,-\mathrm{i}\,t} + 3\,\mathrm{e}^{\,\mathrm{i}\,t} \mathrm{e}^{\,-2\mathrm{i}\,t} - \mathrm{e}^{\,-3\mathrm{i}\,t}) \\ &= -\frac{1}{8\mathrm{i}} ((\mathrm{e}^{\,3\mathrm{i}\,t} - \mathrm{e}^{\,-3\mathrm{i}\,t}) - 3(\mathrm{e}^{\,\mathrm{i}\,t} - \mathrm{e}^{\,-\mathrm{i}\,t})) = -\frac{1}{8\mathrm{i}}(2\,\mathrm{i}\, \sin 3t - 6\,\mathrm{i}\, \sin t) \\ &= \frac{1}{4}(3 \sin t - \sin 3t). \end{aligned}$$

On peut contrôler les résultats en remplaçant t par des valeurs particulières simples, par exemple 0, $\frac{\pi}{2}$, π.

13.7

Linéariser $\cos^2 t \sin^4 t$.

Plusieurs méthodes sont possibles, par exemple un calcul élémentaire n'utilisant pas l'exponentielle d'un imaginaire pur :

$$\begin{aligned}\cos^2 t \sin^4 t &= (\cos^2 t \sin^2 t)\sin^2 t = \Big(\frac{1}{2}\sin 2t\Big)^2 \frac{1-\cos 2t}{2}\\ &= \frac{1}{8}\sin^2 2t\,(1-\cos 2t) = \frac{1}{8}\frac{1-\cos 4t}{2}(1-\cos 2t)\\ &= \frac{1}{16}(1-\cos 2t-\cos 4t+\cos 2t\cos 4t)\\ &= \frac{1}{16}\Big(1-\cos 2t-\cos 4t+\frac{1}{2}(\cos 2t+\cos 6t)\Big)\\ &= \frac{1}{32}(2-\cos 2t-2\cos 4t+\cos 6t).\end{aligned}$$

On peut contrôler le résultat en remplaçant t par des valeurs particulières simples, par exemple 0, $\frac{\pi}{2}$, π.

Exercices d'entraînement

13.8 Calcul d'une somme trigonométrique, utilisation du binôme de Newton

Soient $n \in \mathbb{N}^*$, $\omega_1 = \mathrm{e}^{\frac{2\,\mathrm{i}\,\pi}{n}}$. Calculer la somme $S_n = \displaystyle\sum_{k=0}^{n-1} \binom{n}{k} \omega_1^k$.

13.9 Calcul d'une somme trigonométrique, sommation géométrique

Soient $n \in \mathbb{N} \setminus \{0,1\}$, $\omega \in \mathbb{U}_n \setminus \{1\}$. Calculer la somme $S_n = \displaystyle\sum_{k=1}^{n-1} k\omega^{k-1}$.

13.10 Calculs sur des exponentielles d'imaginaires purs

Soit $(a,b,c) \in \mathbb{R}^3$ tel que : $\mathrm{e}^{\,\mathrm{i}\,a} + \mathrm{e}^{\,\mathrm{i}\,b} + \mathrm{e}^{\,\mathrm{i}\,c} = 0$.
Montrer : $\mathrm{e}^{2\,\mathrm{i}\,a} + \mathrm{e}^{2\,\mathrm{i}\,b} + \mathrm{e}^{2\,\mathrm{i}\,c} = 0$.

13.11 Calcul d'une somme trigonométrique

Soit $n \in \mathbb{N}$ tel que $n \geqslant 2$. On note $\omega = \mathrm{e}^{\frac{2\,\mathrm{i}\,\pi}{n}}$.

Calculer la somme $S_n = \displaystyle\sum_{k=0}^{n-1} |\omega^k - 1|^2$.

Corrigés des exercices d'entraînement

13.8

On a, par la formule du binôme de Newton :

$$(1+\omega_1)^n = \sum_{k=0}^{n} \binom{n}{k} \omega_1^k,$$

donc, en isolant le terme d'indice n dans la sommation :

$$S_n = (1+\omega_1)^n - \binom{n}{n} \omega_1^n.$$

Par la technique de l'angle moitié :

$$\begin{aligned}(1+\omega_1)^n &= \left(1+\mathrm{e}^{\frac{2\mathrm{i}\pi}{n}}\right)^n \\ &= \left(\mathrm{e}^{\frac{\mathrm{i}\pi}{n}}\left(\mathrm{e}^{\frac{\mathrm{i}\pi}{n}} + \mathrm{e}^{-\frac{\mathrm{i}\pi}{n}}\right)\right)^n \\ &= \mathrm{e}^{\mathrm{i}\pi}\left(2\cos\frac{\pi}{n}\right)^n = -2^n\left(\cos\frac{\pi}{n}\right)^n.\end{aligned}$$

On conclut : $S_n = -2^n\left(\cos\dfrac{\pi}{n}\right)^n - 1.$

On peut contrôler le résultat : pour $n = 2$ par exemple, les calculs peuvent être faits de tête.

13.9

On a, par sommation géométrique, pour tout $z \in \mathbb{C}$ tel que $z \neq 1$: $\displaystyle\sum_{k=0}^{n-1} z^k = \frac{1-z^n}{1-z}$,

d'où, en admettant que l'on puisse dériver comme dans le cas réel, et le terme constant disparaissant dans la dérivation :

$$\begin{aligned}\sum_{k=1}^{n-1} kz^{k-1} &= \frac{-nz^{n-1}(1-z)+(1-z^n)}{(1-z)^2} \\ &= \frac{1-nz^{n-1}+(n-1)z^n}{(1-z)^2}.\end{aligned}$$

On déduit :

$$\begin{aligned}S_n = \sum_{k=1}^{n-1} k\omega^{k-1} &= \frac{1-n\omega^{n-1}+(n-1)\omega^n}{(1-\omega)^2} \\ &= \frac{n-n\omega^{-1}}{(1-\omega)^2} = \frac{-n}{\omega(1-\omega)}.\end{aligned}$$

13.10

On a : $\mathrm{e}^{\mathrm{i}a} + \mathrm{e}^{\mathrm{i}b} + \mathrm{e}^{\mathrm{i}c} = 0,$

d'où, en conjuguant et puisque a, b, c sont réels :

$$\mathrm{e}^{-\mathrm{i}a} + \mathrm{e}^{-\mathrm{i}b} + \mathrm{e}^{-\mathrm{i}c} = 0,$$

et donc, en multipliant par $\mathrm{e}^{\mathrm{i}a}\mathrm{e}^{\mathrm{i}b}\mathrm{e}^{\mathrm{i}c}$:

$$\begin{aligned}0 &= \mathrm{e}^{\mathrm{i}a}\mathrm{e}^{\mathrm{i}b}\mathrm{e}^{\mathrm{i}c}(\mathrm{e}^{-\mathrm{i}a} + \mathrm{e}^{-\mathrm{i}b} + \mathrm{e}^{-\mathrm{i}c}) \\ &= \mathrm{e}^{\mathrm{i}b}\mathrm{e}^{\mathrm{i}c} + \mathrm{e}^{\mathrm{i}a}\mathrm{e}^{\mathrm{i}c} + \mathrm{e}^{\mathrm{i}a}\mathrm{e}^{\mathrm{i}b}.\end{aligned}$$

On déduit :

$$\begin{aligned}&\mathrm{e}^{2\mathrm{i}a} + \mathrm{e}^{2\mathrm{i}b} + \mathrm{e}^{2\mathrm{i}c} \\ &= (\mathrm{e}^{\mathrm{i}a} + \mathrm{e}^{\mathrm{i}b} + \mathrm{e}^{\mathrm{i}c})^2 \\ &\qquad - 2(\mathrm{e}^{\mathrm{i}a}\mathrm{e}^{\mathrm{i}b} + \mathrm{e}^{\mathrm{i}a}\mathrm{e}^{\mathrm{i}c} + \mathrm{e}^{\mathrm{i}b}\mathrm{e}^{\mathrm{i}c}) \\ &= 0 - 0 = 0.\end{aligned}$$

13.11

On a, pour tout $k \in \{0, ..., n-1\}$:

$$\begin{aligned}|\omega^k - 1|^2 &= (\omega^k - 1)(\overline{\omega^k} - 1) \\ &= 1 - \omega^k - \overline{\omega^k} + 1 \\ &= 2 - 2\,\mathrm{Re}\,(\omega^k) \\ &= 2 - 2\cos\frac{2k\pi}{n}.\end{aligned}$$

D'où :

$$\begin{aligned}S_n &= \sum_{k=0}^{n-1}\left(2 - 2\cos\frac{2k\pi}{n}\right) \\ &= 2n - 2\sum_{k=0}^{n-1}\cos\frac{2k\pi}{n} \\ &= 2n - 2\,\mathrm{Re}\Bigg(\underbrace{\sum_{k=0}^{n-1}\mathrm{e}^{\frac{2\mathrm{i}k\pi}{n}}}_{=0}\Bigg) = 2n.\end{aligned}$$

14 Nombres complexes : géométrie

Dans ce chapitre, nous étudions le lien entre les nombres complexes et la géométrie plane. Les questions géométriques qui se prêtent le mieux à l'utilisation des nombres complexes tournent autour des notions de rotation, et des configurations en triangle équilatéral, en carré.

Rappels de cours

1 Plan complexe, affixe d'un point, affixe d'un vecteur

Définition

Le plan usuel $\mathcal{P}$ étant muni d'un repère orthonormé direct $(O\,;\vec{i},\vec{j})$, l'application qui, à un nombre complexe $z = x + \mathrm{i}\,y$, $(x, y) \in \mathbb{R}^2$, associe le point M de $\mathcal{P}$ de coordonnées (x, y) dans le repère $\mathcal{R}$, est une bijection de $\mathbb{C}$ sur $\mathcal{P}$. On dit que le nombre complexe z est l'**affixe** du point M et que le point M est l'**image** du nombre complexe z.
Le plan $\mathcal{P}$ est alors appelé, abusivement, **plan complexe**.

On note $M(z)$ pour exprimer que le nombre complexe z est l'affixe du point M.

Attention

Ne pas confondre le nombre complexe i et le premier vecteur $\vec{i}$ de la base $\mathcal{B} = (\vec{i},\vec{j})$.

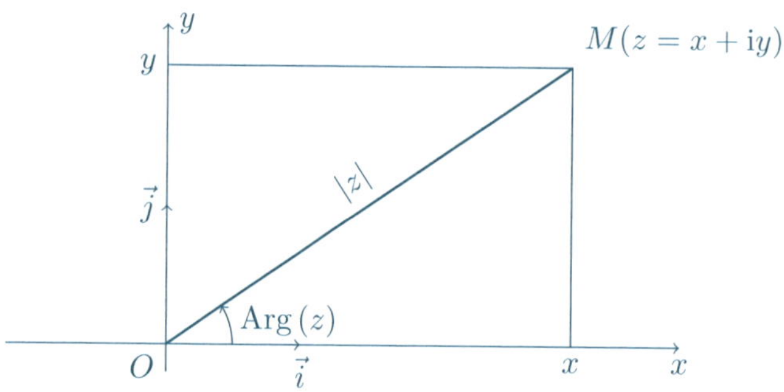

Ainsi, les parties réelles sont repérées sur l'axe $(x'x)$ des abscisses et les parties imaginaires sont repérées sur l'axe $(y'y)$ des ordonnées.

On a : $OM = |z| = \sqrt{x^2 + y^2}$ et, si $z \neq 0$, $(\widehat{\vec{i},\overrightarrow{OM}}) \equiv \operatorname{Arg}(z)\ [2\pi]$.
On note $\vec{\mathcal{P}}$ la direction du plan $\mathcal{P}$ et on munit le $\mathbb{R}$-espace vectoriel $\vec{\mathcal{P}}$ de la base orthonormée directe $\mathcal{B} = (\vec{i},\vec{j})$.

Définition

L'application qui, à un nombre complexe $z = x + \mathrm{i}\,y,\ (x, y) \in \mathbb{R}^2$, associe le vecteur $\overrightarrow{v} = x\,\overrightarrow{i} + y\,\overrightarrow{j}$ de $\overrightarrow{\mathcal{P}}$ est une bijection de $\mathbb{C}$ sur $\overrightarrow{\mathcal{P}}$. On dit que le nombre complexe z est l'**affixe** du vecteur $\overrightarrow{v}$ et que le vecteur $\overrightarrow{v}$ est l'**image** du nombre complexe z. On note $\overrightarrow{v}(z)$ pour exprimer que le nombre complexe z est l'affixe du vecteur $\overrightarrow{v}$.

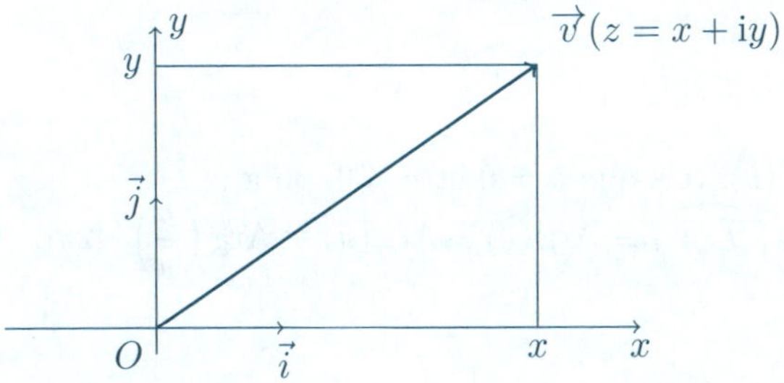

Ainsi, il y a deux sortes d'affixes : l'affixe d'un point, l'affixe d'un vecteur.

Proposition

- Pour tous $A(a)$, $\overrightarrow{v}(z)$, l'affixe du point B, tel que $\overrightarrow{AB} = \overrightarrow{v}$, est $a + z$.
- Pour tous $A(a), B(b)$, l'affixe du vecteur $\overrightarrow{AB}$ est $b - a$.

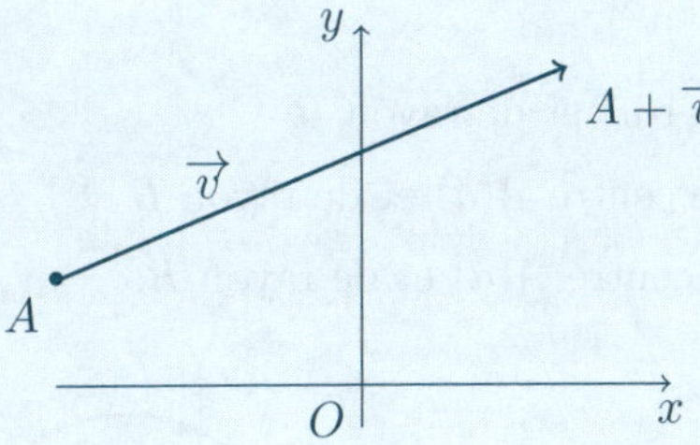

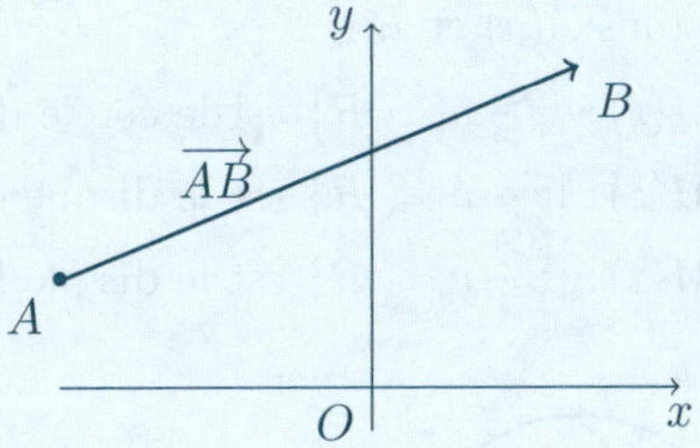

Proposition

- Les points $M(z)$ et $M'(z')$ sont symétriques par rapport à $O(0)$ si et seulement si :
$$z' = -z.$$
- Les points $M(z)$ et $M'(z')$ sont symétriques par rapport à $(x'x)$ si et seulement si :
$$z' = \overline{z}.$$
- Les points $M(z)$ et $M'(z')$ sont symétriques par rapport à $(y'y)$ si et seulement si :
$$z' = -\overline{z}.$$

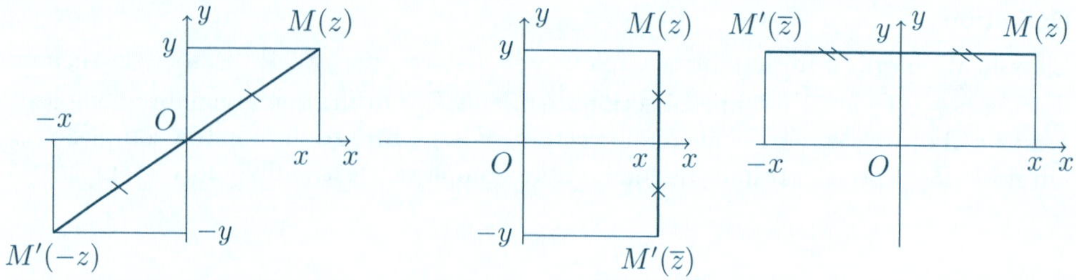

Proposition

Pour tous $\overrightarrow{u}(u)$, $\overrightarrow{v}(v)$, tels que $u \neq 0$ et $v \neq 0$, on a :

$$\widehat{(\overrightarrow{u}, \overrightarrow{v})} \equiv \operatorname{Arg}(v) - \operatorname{Arg}(u) \equiv \operatorname{Arg}\left(\frac{v}{u}\right) \quad [2\pi].$$

Proposition

- Pour tous $\overrightarrow{u}(u)$, $\overrightarrow{v}(v)$, tels que $u \neq 0$ et $v \neq 0$, on a :
$$(\overrightarrow{u} \text{ et } \overrightarrow{v} \text{ sont colinéaires}) \iff \operatorname{Arg}\left(\frac{v}{u}\right) \equiv 0 \ [\pi] \iff \frac{v}{u} \in \mathbb{R}^*.$$
- Pour tous $\overrightarrow{u}(u)$, $\overrightarrow{v}(v)$, tels que $u \neq 0$ et $v \neq 0$, on a :
$$\overrightarrow{u} \perp \overrightarrow{v} \iff \operatorname{Arg}\left(\frac{v}{u}\right) \equiv \frac{\pi}{2} \ [\pi] \iff \frac{v}{u} \in \mathrm{i}\,\mathbb{R}^* \iff \overline{u}\,v \in \mathrm{i}\,\mathbb{R}^*.$$

Proposition

Pour tous $A(a)$ et $R \in \mathbb{R}_+$:

- $\{M(z)\,;\, |z-a| = R\}$ est le cercle de centre $A(a)$ et de rayon R
- $\{M(z)\,;\, |z-a| < R\}$ est le disque ouvert de centre $A(a)$ et de rayon R
- $\{M(z)\,;\, |z-a| \leqslant R\}$ est le disque fermé de centre $A(a)$ et de rayon R.

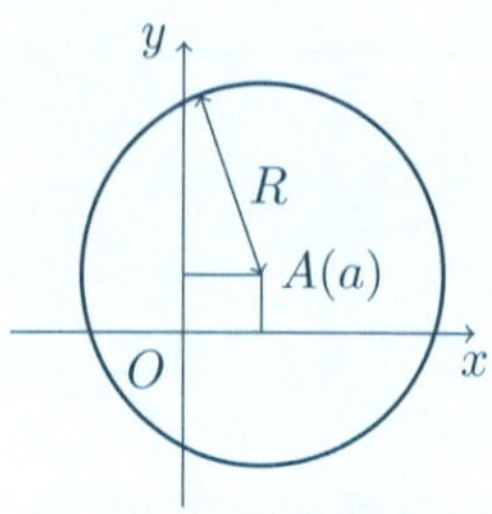

Cercle de centre $A(a)$ et de rayon R

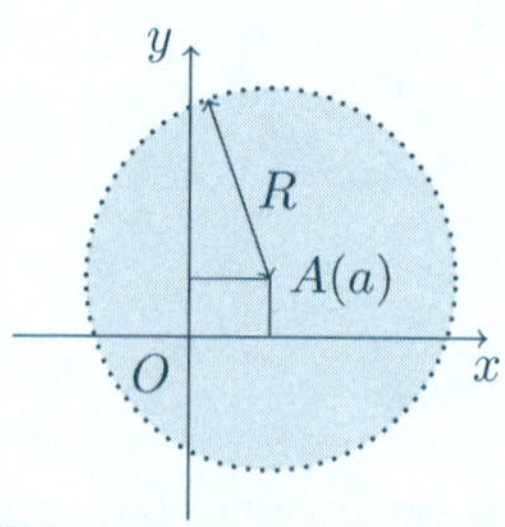

Disque ouvert de centre $A(a)$ et de rayon R

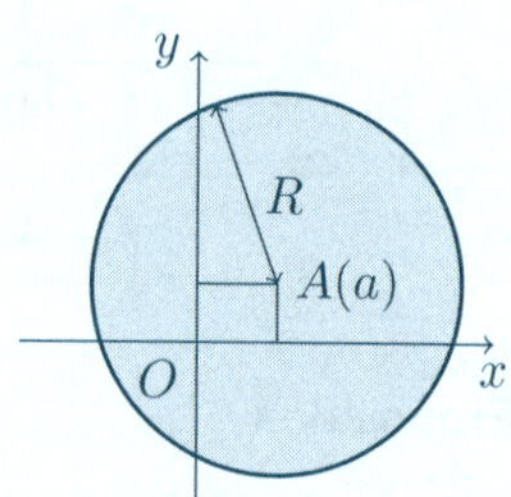

Disque fermé de centre $A(a)$ et de rayon R

2 Cercle trigonométrique, racines n-ièmes de 1 dans $\mathbb{C}$

Le **cercle trigonométrique**, c'est-à-dire le cercle de centre O d'affixe 0 et de rayon 1, est l'ensemble des points de $\mathcal{P}$ dont l'affixe est de module 1, et il correspond donc à $\mathbb{U} = \{z \in \mathbb{C}\,;\ |z| = 1\}$.

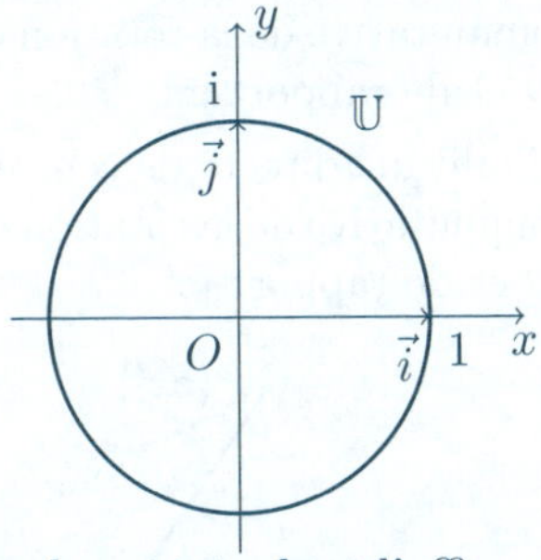

Pour tout $n \in \mathbb{N}^*$, l'ensemble des points dont l'affixe est une racine n-ième de 1 est $\mathbb{U}_n = \{z \in \mathbb{C}\,;\ z^n = 1\}$, et ces points sont les sommets d'un polygone régulier convexe, à n côtés, commençant en le point d'affixe 1, c'est-à-dire de coordonnées $(1, 0)$.

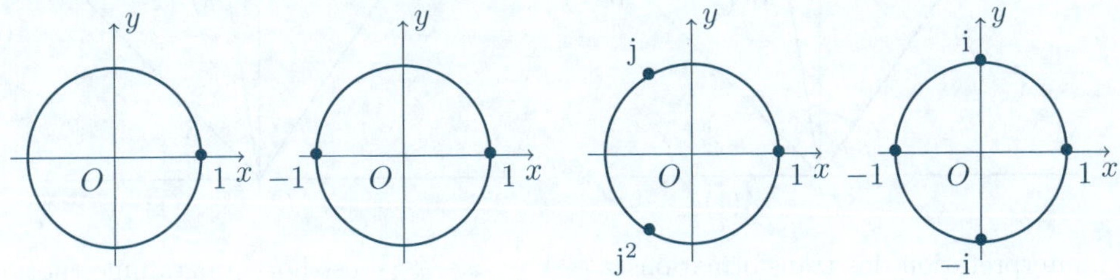

$\mathbb{U}_1 = \{1\}$ $\quad$ $\mathbb{U}_2 = \{1, -1\}$ $\quad$ $\mathbb{U}_3 = \{1, \mathrm{j}, \mathrm{j}^2\}$ $\quad$ $\mathbb{U}_4 = \{1, \mathrm{i}, -1, -\mathrm{i}\}$

3 Interprétations géométriques de l'addition, de la soustraction

Soient $z, z' \in \mathbb{C}$, $M(z)$, $M'(z')$, $S(z + z')$, $D(z' - z)$.
On a alors : $\overrightarrow{OS} = \overrightarrow{OM} + \overrightarrow{OM'}$ et $\overrightarrow{OD} = \overrightarrow{OM'} - \overrightarrow{OM}$.

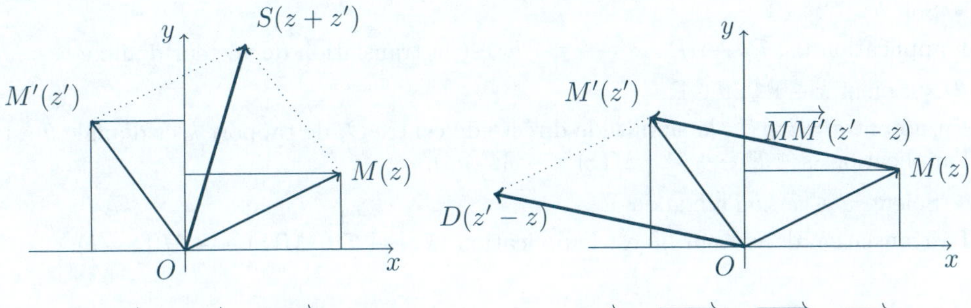

$\overrightarrow{OS} = \overrightarrow{OM} + \overrightarrow{OM'}$ $\qquad$ $\overrightarrow{OD} = \overrightarrow{MM'} = \overrightarrow{OM'} - \overrightarrow{OM}$

4 Interprétation géométrique de la multiplication

Soient $z, z' \in \mathbb{C}^*$.
Comme : $|zz'| = |z|\,|z'|$ et $\operatorname{Arg}(zz') \equiv \operatorname{Arg}(z) + \operatorname{Arg}(z')\ [2\pi]$,
on passe de M' à P par la similitude directe de centre O, de rapport $|z|$ et d'angle $\operatorname{Arg}(z)$, qui est la composée commutative de la rotation de centre O et d'angle $\operatorname{Arg}(z)$ et de l'homothétie de centre O et de rapport $|z|$,

et on passe de M à P par la similitude directe de centre O, de rapport $|z'|$ et d'angle $\operatorname{Arg}(z')$, qui est la composée commutative de la rotation de centre O et d'angle $\operatorname{Arg}(z')$ et de l'homothétie de centre O et de rapport $|z'|$.

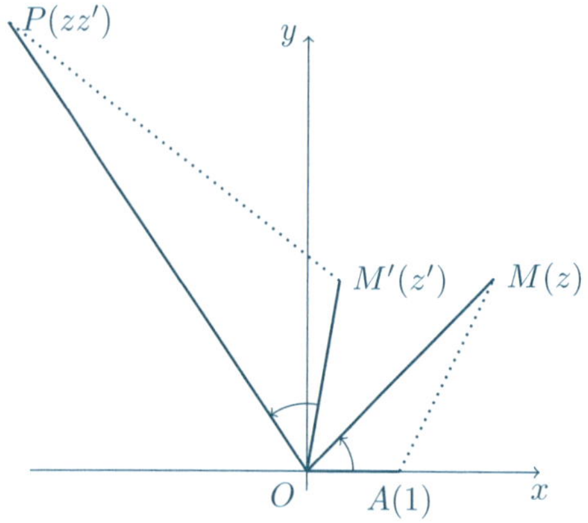

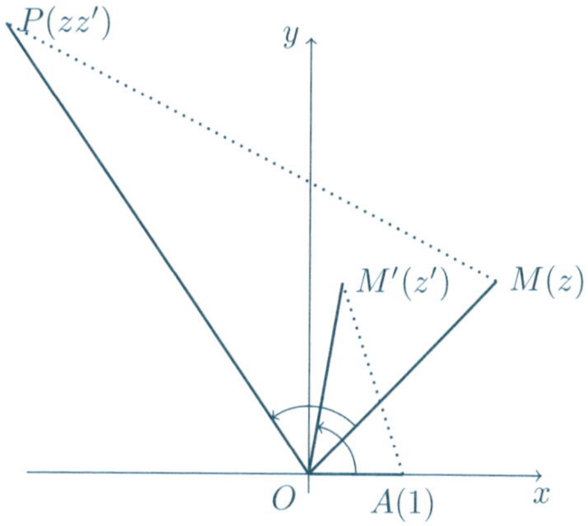

L'interprétation des transformations $z \longmapsto \dfrac{1}{z}$, $z \longmapsto \dfrac{1}{\overline{z}}$ est hors programme (notion d'inversion).

5 Applications $z \longmapsto az$ et $z \longmapsto z + b$

1) • Soit $a \in \mathbb{C}^*$.

L'application $\mathrm{s}_a : \mathcal{P} \longrightarrow \mathcal{P},\ M(z) \longmapsto M'(az)$ est la similitude directe de centre O, de rapport $|a|$, d'angle $\operatorname{Arg}(a)\ [2\pi]$, c'est la composée commutative de l'homothétie de centre O et de rapport $|a|$ et de la rotation de centre O et d'angle $\operatorname{Arg}(a)$.

• Soit $b \in \mathbb{C}$.

L'application $\mathrm{t}_b : \mathcal{P} \longrightarrow \mathcal{P},\ z \longmapsto z + b$ est la translation de vecteur d'affixe b.

2) • Soient $k \in \mathbb{R}_+^*$, $\theta \in \mathbb{R}$.

En notant $a = k\,\mathrm{e}^{\,\mathrm{i}\,\theta}$, la similitude directe de centre O, de rapport k et d'angle θ est l'application $\mathrm{s}_a : \mathcal{P} \longrightarrow \mathcal{P},\ M(z) \longmapsto M'(az)$.

• Soient $\overrightarrow{u} \in \overrightarrow{\mathcal{P}}$, b l'affixe de $\overrightarrow{u}$.

La translation de vecteur $\overrightarrow{u}$ est l'application $\mathcal{P} \longrightarrow \mathcal{P},\ M(z) \longmapsto M'(z + b)$.

Exercices d'apprentissage

14.1

Déterminer et tracer l'ensemble F des points $M(z)$ tels que : $z + \overline{z} = |z|^2$.

En notant $z = x + \mathrm{i}\,y$, $(x, y) \in \mathbb{R}^2$, on a :

$$z + \overline{z} = |z|^2 \iff 2x = x^2 + y^2 \iff x^2 + y^2 - 2x = 0 \iff (x-1)^2 + y^2 = 1,$$

donc F est le cercle de centre $(1, 0)$ et de rayon 1.

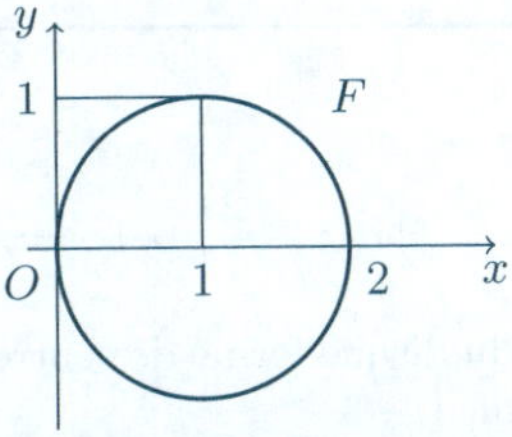

14.2

Déterminer l'ensemble G des points $M(z)$ tels que : $|z - \mathrm{i}| = 1$.

D'après le cours, l'ensemble G est le cercle de centre le point d'affixe i, c'est-à-dire de coordonnées $(0, 1)$, et de rayon 1.

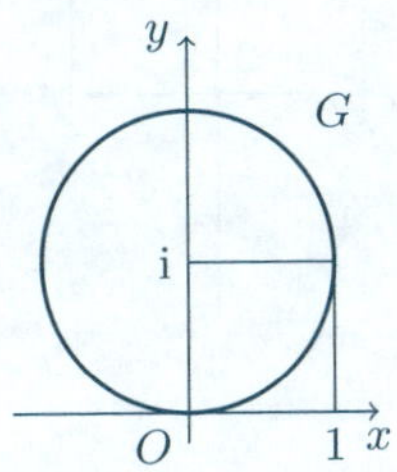

14.3

Déterminer l'ensemble H des points $M(z)$ tels que : $\big|(1 + \mathrm{i})z - \mathrm{i}\big| \leqslant 2$.

On a, pour tout $z \in \mathbb{C}$:

$$\big|(1+\mathrm{i})z - \mathrm{i}\big| \leqslant 2 \iff |1+\mathrm{i}|\Big|z - \frac{\mathrm{i}}{1+\mathrm{i}}\Big| \leqslant 2 \iff \sqrt{2}\Big|z - \frac{\mathrm{i}(1-\mathrm{i})}{2}\Big| \leqslant 2$$
$$\iff \Big|z - \frac{1+\mathrm{i}}{2}\Big| \leqslant \sqrt{2}.$$

D'après le cours, l'ensemble H est donc le disque fermé de centre le point d'affixe $\dfrac{1+\mathrm{i}}{2}$, c'est-à-dire de coordonnées $\left(\dfrac{1}{2}, \dfrac{1}{2}\right)$, et de rayon $\sqrt{2}$.

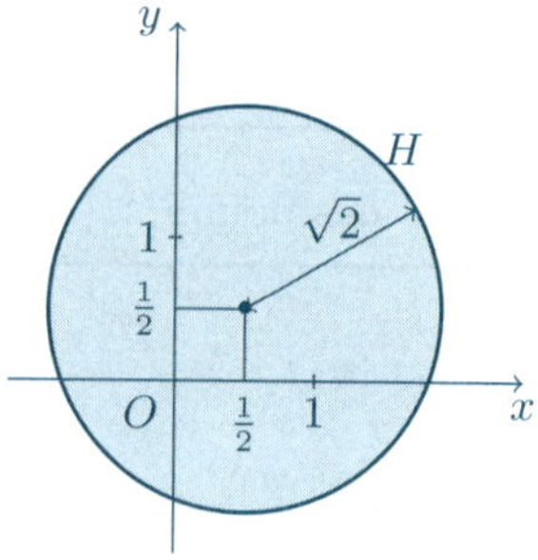

14.4

Déterminer l'ensemble K des points $M(z)$ tels que : $\quad |\,\mathrm{i}\,z - 2| > 1.$

On a, pour tout $z \in \mathbb{C}$:

$$|\,\mathrm{i}\,z - 2| > 1 \iff |\,\mathrm{i}\,|\left|z - \frac{2}{\mathrm{i}}\right| > 1 \iff |z + 2\,\mathrm{i}\,| > 1,$$

donc l'ensemble K est l'extérieur du disque fermé de centre le point d'affixe $-2\,\mathrm{i}$, c'est-à-dire de coordonnées $(0, -2)$, et de rayon 1.

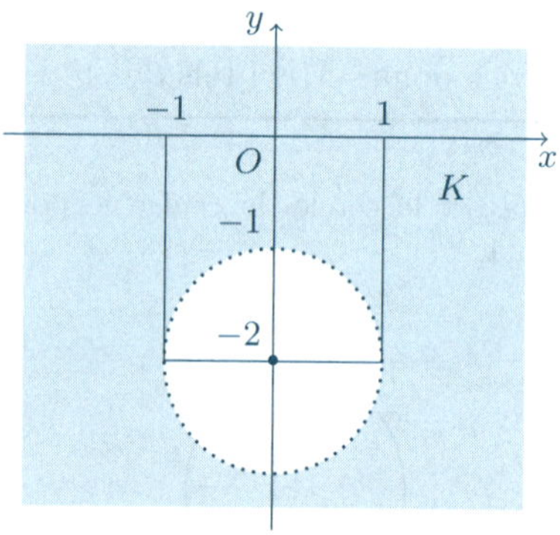

Exercices d'entraînement

14.5 Triangle équilatéral

Soient $A(a)$, $B(b)$, $C(c)$ trois points du plan. Montrer que le triangle ABC est équilatéral direct si et seulement si : $a + \mathrm{j}\,b + \mathrm{j}^2 c = 0$.

14.6 Triangle rectangle dans le cercle trigonométrique

Calculer, pour tout $(z, u) \in \mathbb{U}^2$, $|z-u|^2 + |z+u|^2$, et interpréter géométriquement le résultat.

14.7 Un parallélogramme et des carrés

Dans le plan, soit $ABCD$ un parallélogramme. On construit, à l'extérieur de $ABCD$, quatre carrés de bases les côtés de $ABCD$ et on note M, N, P, Q leurs centres respectifs.
Montrer que $MNPQ$ est un carré.

Corrigés des exercices d'entraînement

14.5

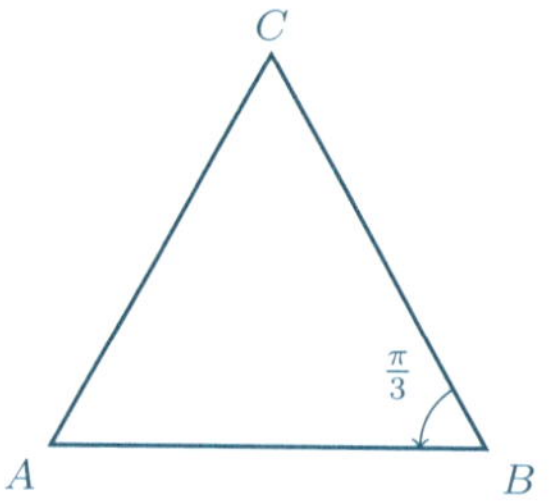

On a :

$$
\begin{aligned}
& (ABC \text{ équilatéral direct}) \\
\iff\ & A = \mathrm{Rot}_{B,\pi/3}(C) \\
\iff\ & \overrightarrow{BA} = \overrightarrow{\mathrm{Rot}_{\pi/3}}(\overrightarrow{BC}) \\
\iff\ & a - b = \mathrm{e}^{\,\mathrm{i}\frac{\pi}{3}}(c-b) \\
\iff\ & a - b = -\,\mathrm{j}^{\,2}(c-b) \\
\iff\ & a - (1+\mathrm{j}^{\,2})b + \mathrm{j}^{\,2}c = 0 \\
\iff\ & a + \mathrm{j}\,b + \mathrm{j}^{\,2}c = 0.
\end{aligned}
$$

14.6

On a :

$$
\begin{aligned}
& |z-u|^2 + |z+u|^2 \\
&= (\overline{z}-\overline{u})(z-u) + (\overline{z}+\overline{u})(z+u) \\
&= \overline{z}\,z - \overline{z}\,u - \overline{u}\,z + \overline{u}\,u + \overline{z}\,z + \overline{z}\,u + \overline{u}\,z + \overline{u}\,u \\
&= 2(\overline{z}\,z + \overline{u}\,u) \;=\; 2\big(|z|^2 + |u|^2\big) = 4.
\end{aligned}
$$

Géométriquement, en notant $A(u)$, $B(-u)$, $M(z)$, comme le côté $[AB]$ du triangle ABM est un diamètre du cercle trigonométrique, l'angle $\widehat{AMB}$ est droit, donc, en utilisant le théorème de Pythagore :

$$|z-u|^2+|z+u|^2 = MA^2+MB^2 = AB^2 = 2^2 = 4.$$

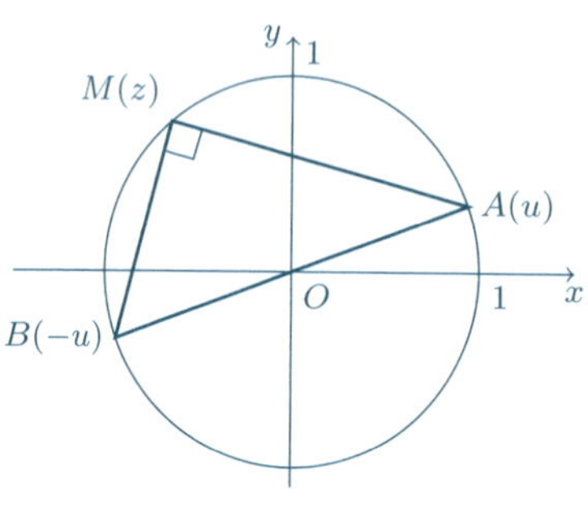

14.7

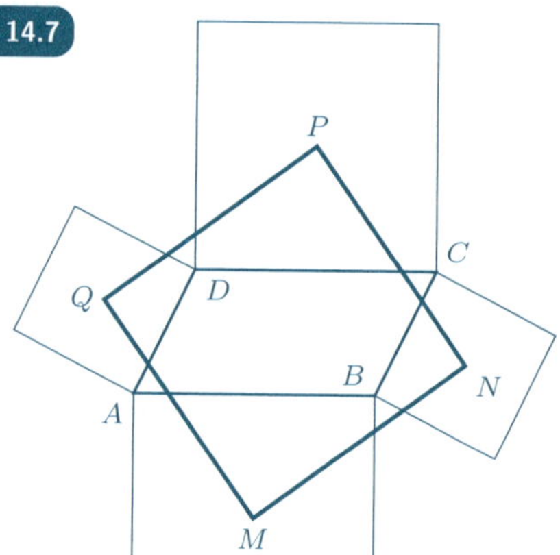

Passons par les nombres complexes.
Notons les affixes des points qui interviennent par des minuscules : $A(a), \ldots, Q(q)$.
D'une part, puisque $ABCD$ est un parallélogramme, on a : $\overrightarrow{AB} = \overrightarrow{DC}$, donc : $b-a = c-d$.
D'autre part, par construction des carrés dans l'énoncé : $B = \mathrm{Rot}_{M,\pi/2}(A)$,

donc $b - m = \mathrm{i}\,(a-m)$, d'où $m = \dfrac{b - \mathrm{i}\,a}{1-\mathrm{i}}$.

De même :

$$n = \frac{c - \mathrm{i}\,b}{1-\mathrm{i}}, \quad p = \frac{d - \mathrm{i}\,c}{1-\mathrm{i}}, \quad q = \frac{a - \mathrm{i}\,d}{1-\mathrm{i}},$$

d'où :

$$m - n = \frac{b - \mathrm{i}\,a}{1-\mathrm{i}} - \frac{c - \mathrm{i}\,b}{1-\mathrm{i}} = \frac{b - \mathrm{i}\,a - c + \mathrm{i}\,b}{1-\mathrm{i}},$$

et :

$$p - n = \frac{d - \mathrm{i}\,c}{1-\mathrm{i}} - \frac{c - \mathrm{i}\,b}{1-\mathrm{i}} = \frac{d - \mathrm{i}\,c - c + \mathrm{i}\,b}{1-\mathrm{i}}.$$

On déduit :

$$
\begin{aligned}
\mathrm{i}\,(p-n) &= \frac{\mathrm{i}\,d + c - \mathrm{i}\,c - b}{1-\mathrm{i}} \\
&= \frac{\mathrm{i}\,(c-b-a) + c - \mathrm{i}\,c - b}{1-\mathrm{i}} \\
&= \frac{-\mathrm{i}\,b + \mathrm{i}\,a + c - b}{1-\mathrm{i}} = -(n-m).
\end{aligned}
$$

Ceci montre : $m - n = -\,\mathrm{i}\,(p-n)$, donc on passe de M à P par la rotation de centre N et d'angle $-\dfrac{\pi}{2}$.
Le triangle MNP est donc rectangle isocèle indirect.
De même pour les triangles NPQ, PQM, QMN.
Finalement, $MNPQ$ est un carré (indirect si $ABCD$ est un carré direct).

15 Fonctions : généralités

Nous étudions dans ce chapitre les fonctions (ou aussi : applications) d'une partie X de $\mathbb{R}$ dans $\mathbb{K}$, où $\mathbb{K} = \mathbb{R}$ ou $\mathbb{C}$. Dans la plupart des situations, X sera un intervalle de $\mathbb{R}$.
On note $\mathbb{K}^X$ (ou aussi : $\mathcal{F}(X, \mathbb{K})$) l'ensemble des fonctions de X dans $\mathbb{K}$.

Rappels de cours

1 Généralités

Définition
L'égalité $f = g$ de deux fonctions signifie que : f et g ont le même ensemble de départ X, le même ensemble d'arrivée $\mathbb{K}$, et que : $\forall x \in X, \quad f(x) = g(x)$.

Ainsi, pour des fonctions $f, g : X \longrightarrow \mathbb{K}$, on a :

$$f = g \iff (\forall x \in X, \quad f(x) = g(x))$$

et donc, en prenant la négation : $f \neq g \iff (\exists\, x \in X, \quad f(x) \neq g(x))$.
Par exemple, pour $f : X \longrightarrow \mathbb{K}$, la relation $f \neq 0$ signifie qu'il existe au moins un $x \in X$ tel que $f(x) \neq 0$.

Attention
Pour $f, g : X \longrightarrow \mathbb{K}$, la relation $f \neq g$ ne signifie pas que, pour tout $x \in X$, on ait $f(x) \neq g(x)$, mais signifie seulement qu'il existe au moins un $x \in X$ tel que $f(x) \neq g(x)$.

Définition
La **représentation graphique** (ou aussi : **courbe représentative**) d'une fonction $f : X \longrightarrow \mathbb{R}$ est la courbe du plan usuel d'équation $y = f(x), \ x \in X$, dans un repère que l'on pourra souvent choisir orthonormé.

En Physique, Chimie, Sciences de l'ingénieur, comme les variables x et y sont, en général, de natures différentes, les repères ne sont pas souvent orthonormés, mais seulement orthogonaux.
D'autre part, il n'est guère commode de représenter une fonction $f : X \longrightarrow \mathbb{C}$, mais on peut quand même représenter la partie réelle et la partie imaginaire de cette fonction f à valeurs complexes (voir plus loin pour ces deux notions).

2 Opérations algébriques sur les fonctions

Définition

Soit X une partie de $\mathbb{R}$.
On munit l'ensemble $\mathbb{K}^X$ d'une première loi interne, appelée **addition**, notée $+$, d'une seconde loi interne, appelée **multiplication**, notée par l'absence de symbole (ou aussi : $\cdot$, ou aussi : $\times$), et d'une loi externe notée par l'absence de symbole (ou aussi : $\cdot$, ou aussi : $\times$) définies, pour toutes $f, g : X \longrightarrow \mathbb{K}$, tout $\lambda \in \mathbb{K}$ et tout $x \in X$, par : $\quad (f+g)(x) = f(x) + g(x), \qquad (fg)(x) = f(x)g(x), \qquad (\lambda f)(x) = \lambda f(x).$

On omet souvent la première paire de parenthèses pour $(fg)(x)$ en notant $fg(x)$, et pour $(\lambda f)(x)$ en notant $\lambda f(x)$.
On note souvent f^2 pour $f \cdot f$, à ne pas confondre avec la notation $f^2 = f \circ f$ dans d'autres contextes, par exemple dans l'étude des endomorphismes d'un espace vectoriel.
On dispose des propriétés suivantes, pour tous $\lambda \in \mathbb{K}$, $f, g, h : X \longrightarrow \mathbb{K}$:

- $(f+g)+h = f+(g+h)$, associativité de l'addition
- $f+g = g+f$, commutativité de l'addition
- $f+0 = 0+f = f$, où $0 : X \longrightarrow \mathbb{K}$, $x \longmapsto 0$ est l'application constante nulle (notée aussi : $\widetilde{0}$), neutre pour l'addition des fonctions
- $f+(-f) = 0$, où $-f : X \longrightarrow \mathbb{K}$, $x \longmapsto -f(x)$ est l'application opposée de f
- $(fg)h = f(gh)$, associativité de la multiplication
- $fg = gf$, commutativité de la multiplication
- $(f+g)h = fh+gh$ et $h(f+g) = hf+hg$, distributivité de la multiplication sur l'addition (on note $fh+gh$ à la place de $(fh)+(gh)$, pour abréger)
- $f1 = 1f = f$, où $1 : X \longmapsto \mathbb{K}$, $x \longmapsto 1$ est l'application constante égale à 1 (notée aussi : $\widetilde{1}$), neutre pour la multiplication des fonctions
- $(\lambda f)g = \lambda(fg) = f(\lambda g)$,
- $(\lambda+\mu)f = \lambda f + \mu f$,
- $\lambda(f+g) = \lambda f + \lambda g$.

Attention

Si $fg = 0$, on ne peut pas déduire que $f = 0$ ou $g = 0$, comme le montre l'exemple suivant : $\quad X = \mathbb{R}, \quad f : x \longmapsto \begin{cases} 1 & \text{si } x \leqslant 0 \\ 0 & \text{si } x > 0 \end{cases} \qquad g : x \longmapsto \begin{cases} 0 & \text{si } x \leqslant 0 \\ 1 & \text{si } x > 0 \end{cases}$,
dans lequel on a : $\quad fg = 0, \quad f \neq 0, \quad g \neq 0.$

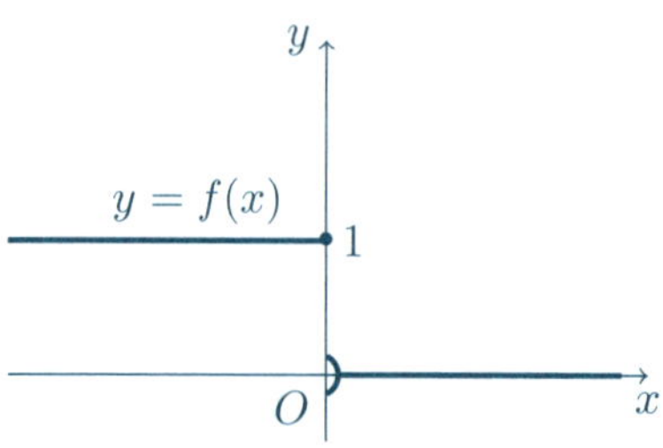

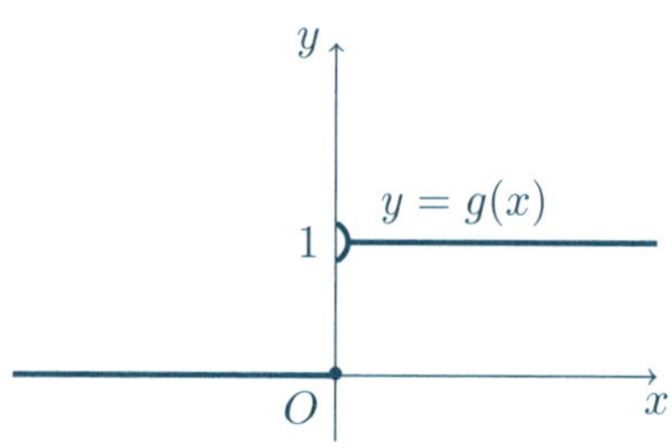

Définition

Pour $f, g : X \longrightarrow \mathbb{K}$, en supposant $(\forall x \in X, \quad g(x) \neq 0)$, on définit la fonction

$$\frac{f}{g} : X \longrightarrow \mathbb{K}, \quad x \longmapsto \frac{f(x)}{g(x)}.$$

Définition

Pour $f : X \longrightarrow \mathbb{K}$, on définit la fonction $|f| : X \longrightarrow \mathbb{R}, \quad x \longmapsto |f|(x) = |f(x)|$.

En fait, on a aussi $|f| = |\,.\,| \circ f$.

Dans le cas où f est à valeurs réelles, la représentation graphique de $|f|$ se déduit de celle de f en gardant les parties de la courbe représentative de f correspondant à $f(x) \geqslant 0$ et en symétrisant par rapport à l'axe $(x'x)$ des abscisses les parties de la courbe représentative de f correspondant à $f(x) \leqslant 0$.

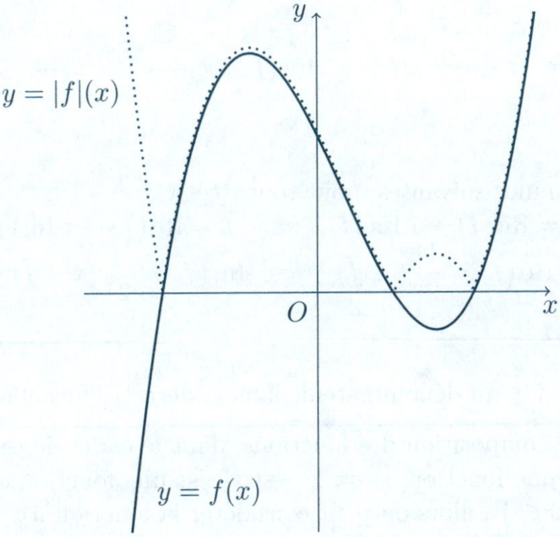

Attention

On ne peut pas écrire $|f| = f$ ou $|f| = -f$, car, en général, $|f| \neq f$ et $|f| \neq -f$, puisque $|f|$ coïncide en certains points avec f et en les autres points avec $-f$.

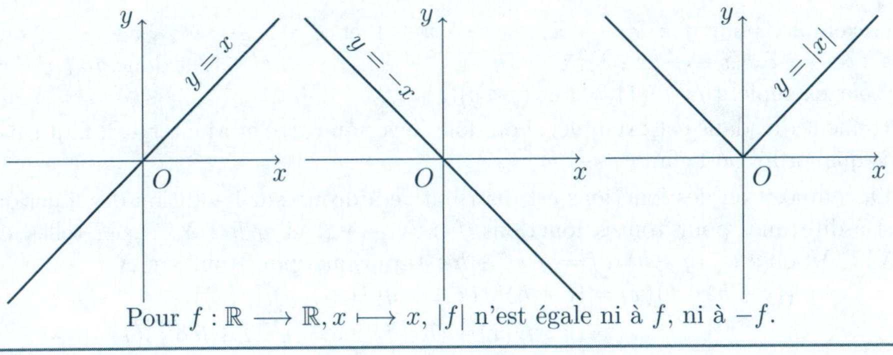

Pour $f : \mathbb{R} \longrightarrow \mathbb{R}, x \longmapsto x$, $|f|$ n'est égale ni à f, ni à $-f$.

Définition

Pour $f : X \longrightarrow \mathbb{C}$ (c'est-à-dire que f est à valeurs complexes), on définit les fonctions
$\overline{f} : X \longrightarrow \mathbb{C},\quad x \longmapsto \overline{f(x)}$,
$\mathrm{Re}\,(f) : X \longrightarrow \mathbb{R},\quad x \longmapsto \mathrm{Re}\,\big(f(x)\big)$,
$\mathrm{Im}\,(f) : X \longrightarrow \mathbb{R},\quad x \longmapsto \mathrm{Im}\,\big(f(x)\big)$.

On a ainsi, pour tout $x \in X$:
$\overline{f}(x) = \overline{f(x)}, \qquad \big(\mathrm{Re}\,(f)\big)(x) = \mathrm{Re}\,\big(f(x)\big), \qquad \big(\mathrm{Im}\,(f)\big)(x) = \mathrm{Im}\,\big(f(x)\big).$

Attention

La notation $\mathrm{Im}\,(f)$ définie ici (partie imaginaire d'une fonction à valeurs complexes) n'a rien à voir avec la notation $\mathrm{Im}\,(f)$ (sous-espace vectoriel image d'une application linéaire) que le lecteur rencontrera au second semestre.

Exemple

Pour $f : \mathbb{R} \longrightarrow \mathbb{C},\ t \longmapsto \mathrm{e}^{\,\mathrm{i}\,t}$, on a : $\quad \overline{f} : \mathbb{R} \longrightarrow \mathbb{C},\ t \longmapsto \mathrm{e}^{-\mathrm{i}\,t}$,
$\mathrm{Re}\,(f) : \mathbb{R} \longrightarrow \mathbb{R},\ t \longmapsto \cos t, \qquad \mathrm{Im}\,(f) : \mathbb{R} \longrightarrow \mathbb{R},\ t \longmapsto \sin t.$

Proposition

On dispose des formules suivantes, pour toute $f \in \mathbb{C}^X$:

$$f = \mathrm{Re}\,(f) + \mathrm{i}\ \mathrm{Im}\,(f), \qquad \overline{f} = \mathrm{Re}\,(f) - \mathrm{i}\ \mathrm{Im}\,(f),$$
$$\mathrm{Re}\,(f) = \frac{1}{2}(f + \overline{f}), \qquad \mathrm{Im}\,(f) = \frac{1}{2\,\mathrm{i}}(f - \overline{f}).$$

Attention

Ne pas oublier le « i » au dénominateur dans la dernière formule.

Enfin, rappelons la composition des fonctions, dans le cadre de ce chapitre : si $f : X \longrightarrow \mathbb{R}$ est une fonction, si $g : Y \longrightarrow \mathbb{K}$ est une fonction où Y est une partie de $\mathbb{R}$ telle que $f(X) \subset Y$, alors on peut considérer la fonction $g \circ f : X \longrightarrow \mathbb{K}$ définie par : $\forall x \in X,\ \ (g \circ f)(x) = g\big(f(x)\big)$.

Remarque :

1) La composition des fonctions n'est pas commutative, c'est-à-dire qu'en général $g \circ f \neq f \circ g$.
Par exemple, pour $f : \mathbb{R} \longrightarrow \mathbb{R},\ \ x \longmapsto x + 1$ et $g : \mathbb{R} \longrightarrow \mathbb{R},\ \ x \longmapsto x^2$, on a $g \circ f : \mathbb{R} \longrightarrow \mathbb{R},\ x \longmapsto (x+1)^2$ et $f \circ g : \mathbb{R} \longrightarrow \mathbb{R},\ x \longmapsto x^2 + 1$, et donc $g \circ f \neq f \circ g$, car, par exemple, $(g \circ f)(1) = 4$ et $(f \circ g)(1) = 2$.
Autrement dit, dans cet exemple, si on doit élever au carré et ajouter 1, il faut savoir dans quel ordre on le fait.

2) La composition des fonctions est distributive à droite sur l'addition des fonctions, c'est-à-dire que, pour toutes fonctions $f : X \longrightarrow \mathbb{R}$ et $g, h : Y \longrightarrow \mathbb{K}$ telles que $f(X) \subset Y$, on a : $\ (g + h) \circ f = g \circ f + h \circ f$, puisque, pour tout $x \in X$:

$$\big((g+h) \circ f\big)(x) = (g+h)\big(f(x)\big) = g\big(f(x)\big) + h\big(f(x)\big)$$
$$= (g \circ f)(x) + (h \circ f)(x) = (g \circ f + h \circ f)(x).$$

> **Attention**
> La composition des fonctions n'est pas distributive à gauche sur l'addition, c'est-à-dire qu'en général $h \circ (f+g) \neq h \circ f + h \circ g$, comme le montre l'exemple suivant : $f = g = \mathrm{Id}_{\mathbb{R}}$, $h : \mathbb{R} \longrightarrow \mathbb{R}$, $x \longmapsto x^2$, dans lequel on a, pour tout $x \in \mathbb{R}$:
> $$\big(h \circ (f+g)\big)(x) = h\big((f+g)(x)\big) = h(2x) = (2x)^2 = 4x^2$$
> $$\text{et} \quad (h \circ f)(x) + (h \circ g)(x) = x^2 + x^2 = 2x^2.$$

Des composées de fonctions apparaissent assez souvent sous la forme $f(x+a)$ où a est fixé, ou $f(kx)$ où k est fixé.

Pour $a \in \mathbb{R}$ et $f : X \longrightarrow \mathbb{R}$ donnés, la représentation graphique de la fonction $g : X \longrightarrow \mathbb{R}$, $x \longmapsto f(x+a)$ se déduit de celle de f par la translation de vecteur $-a\,\overrightarrow{i}$, où $\overrightarrow{i}$ est le vecteur de base de l'axe des abscisses :

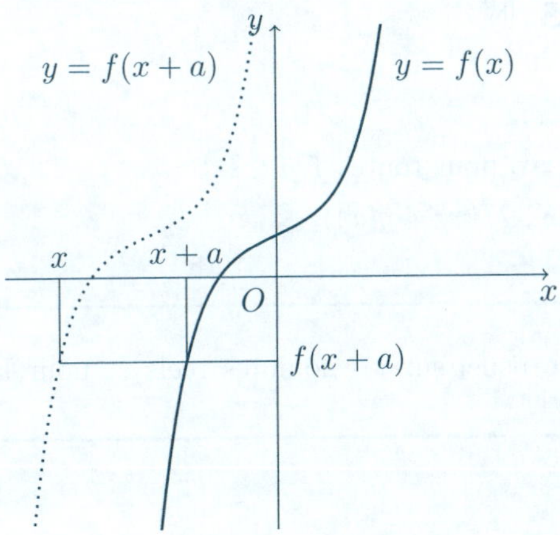

Cas $a > 0$

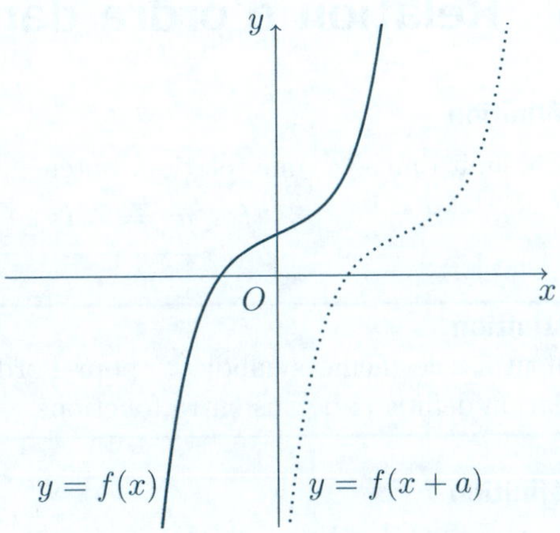

Cas $a < 0$

Pour $k \in \mathbb{R}_+^*$ et $f : X \longrightarrow \mathbb{R}$ donnés, la représentation graphique de la fonction $u : X \longrightarrow \mathbb{R}$, $x \longmapsto f(kx)$ se déduit de celle de f en remplaçant les points de coordonnées $\big(x,\, f(x)\big)$ par les points de coordonnées $\big(x,\, f(kx)\big)$.

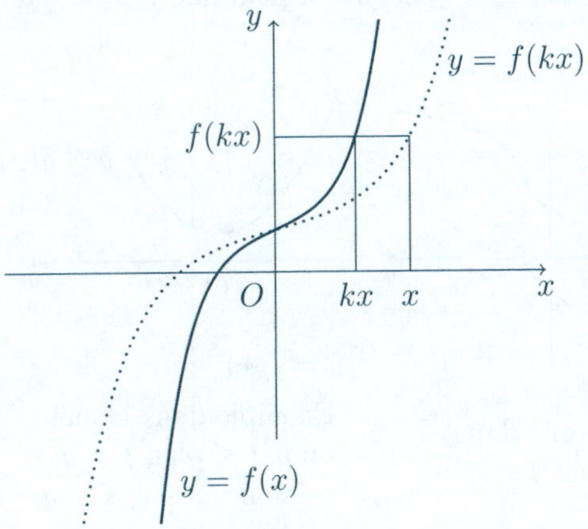

Cas $0 < k < 1$

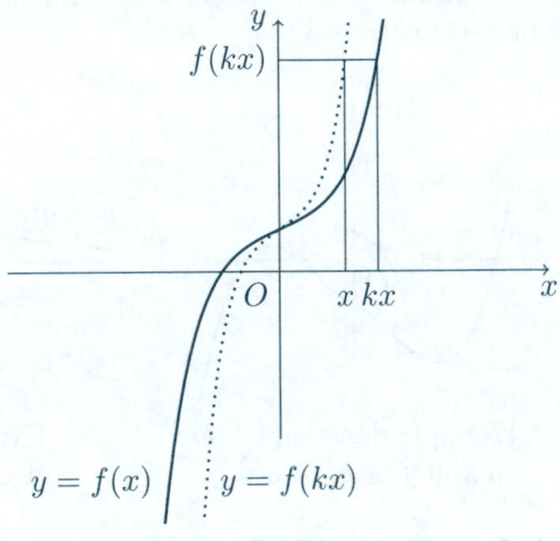

Cas $k > 1$

Pour $f : X \longrightarrow \mathbb{R}$ donnée, en notant $X' = \{-x\,;\, x \in X\}$, la représentation graphique de la fonction $v : X' \longrightarrow \mathbb{R},\ \ x \longmapsto f(-x)$ se déduit de celle de f par la symétrie par rapport à l'axe $(y'y)$ des ordonnées.

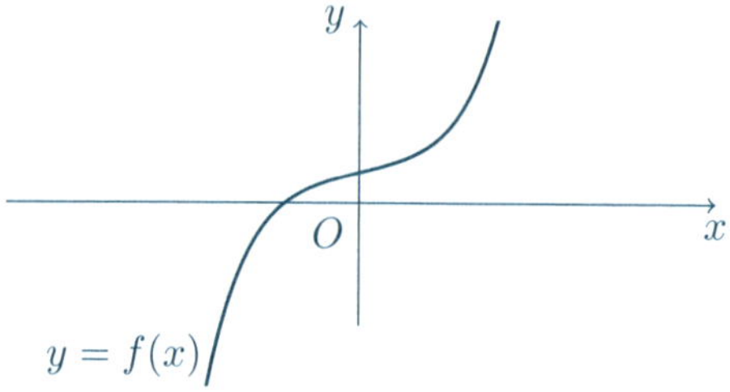

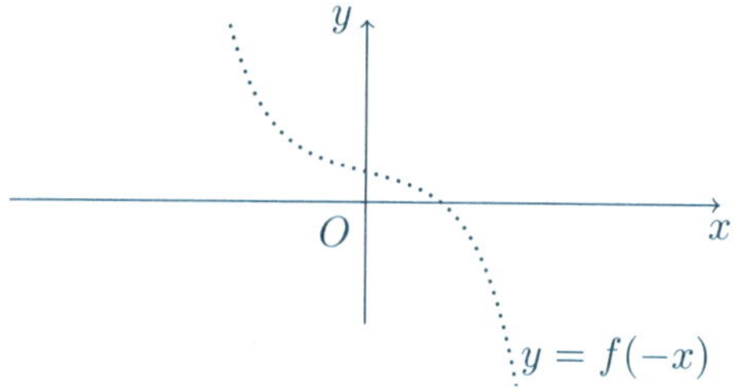

3 Relation d'ordre dans $\mathbb{R}^X$

Définition

On définit dans $\mathbb{R}^X$ une relation, notée $\leqslant$, par, pour toutes $f, g \in \mathbb{R}^X$:

$$f \leqslant g \iff \big(\forall x \in X,\ \ f(x) \leqslant g(x)\big)$$

Attention

On utilise le même symbole $\leqslant$ pour l'ordre usuel sur les nombres réels et pour la relation définie ci-dessus entre fonctions.

Définition

On définit dans $\mathbb{R}^X$ la relation $<$, par, pour toutes $f, g \in \mathbb{R}^X$:

$$f < g \iff \big(\forall x \in X,\ \ f(x) < g(x)\ \big)$$

Attention

Les conditions $f \leqslant g$ et $f \neq g$ n'entraînent pas $f < g$, puisqu'il se peut que $f(x) = g(x)$ pour certains $x \in X$.

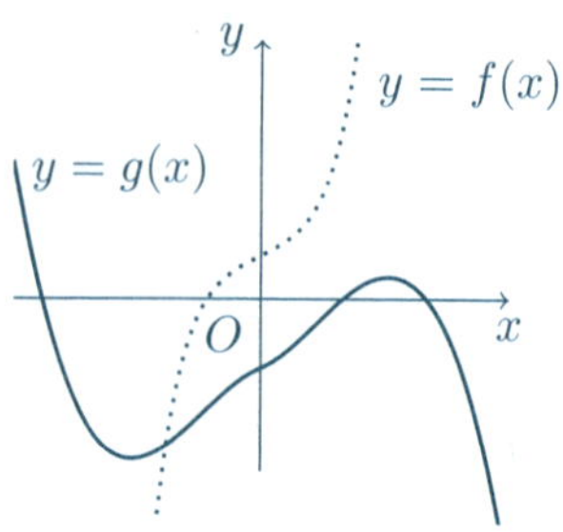

Exemple dans lequel on n'a ni $f \leqslant g$, ni $g \leqslant f$

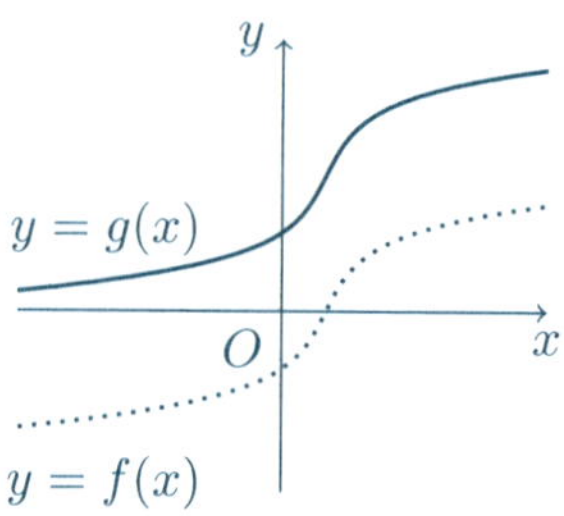

Exemple dans lequel $f < g$

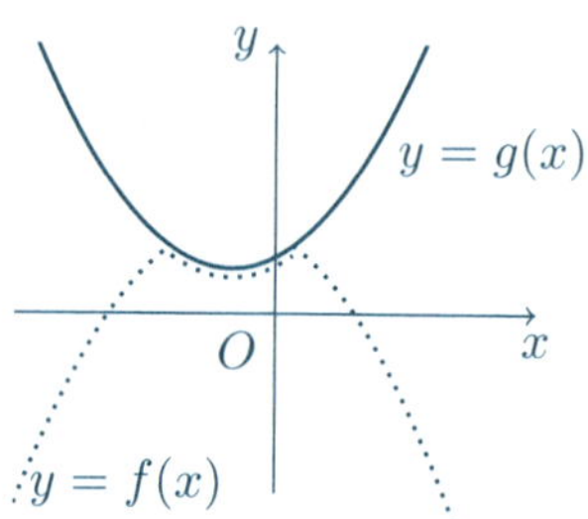

Exemple dans lequel on a $f \leqslant g$ et $f \neq g$, mais on n'a pas $f < g$

Proposition

On dispose des propriétés suivantes :

- La relation $\leqslant$ est une relation d'ordre dans $\mathbb{R}^X$.
- L'ordre $\leqslant$ dans $\mathbb{R}^X$ est compatible avec l'addition :
$$\forall f, g, h \in \mathbb{R}^X, \quad f \leqslant g \Longrightarrow f + h \leqslant g + h.$$
- L'ordre $\leqslant$ sur $\mathbb{R}^X$ est compatible avec la multiplication par un nombre réel $\geqslant 0$:
$$\forall \lambda \in \mathbb{R}_+, \ \forall f, g \in \mathbb{R}^X, \quad f \leqslant g \Longrightarrow \lambda f \leqslant \lambda g.$$
- L'ordre $\leqslant$ sur $\mathbb{R}^X$ est compatible avec la multiplication par une fonction $\geqslant 0$:
$$\forall f, g, h \in \mathbb{R}^X, \ \big(f \leqslant g \ \text{ et } \ h \geqslant 0\big) \Longrightarrow fh \leqslant gh.$$

Attention

L'ordre $\leqslant$ sur $\mathbb{R}^X$ n'est pas total, c'est-à-dire que, si $f \neq g$, on ne peut pas déduire $f \leqslant g$ ou $g \leqslant f$, comme le montre l'exemple suivant : $f = \mathrm{Id}_{\mathbb{R}}$, $g = -\mathrm{Id}_{\mathbb{R}}$, dans lequel on a : $f \neq g$ et ni $f \leqslant g$, ni $g \leqslant f$.

4 Parité

Ici, X désigne une partie de $\mathbb{R}$ **symétrique par rapport à** 0, c'est-à-dire telle que :
$$\forall x \in X, \quad -x \in X.$$

Exemple

$]-1\,;1[$ est symétrique par rapport à 0,
$\mathbb{R}^*$ est symétrique par rapport à 0,
$[-1\,;2]$ n'est pas symétrique par rapport à 0.

Définition

Soit $f : X \longrightarrow \mathbb{K}$.

- La fonction f est **paire** si et seulement si : $\forall x \in X, \quad f(-x) = f(x)$.
- La fonction f est **impaire** si et seulement si : $\forall x \in X, \quad f(-x) = -f(x)$.

Exemple

1) L'application $\mathbb{R} \longrightarrow \mathbb{R}, \quad x \longmapsto x^2$ est paire.

2) L'application $]-\pi/2\,;\pi/2[\longrightarrow \mathbb{R}, \quad x \longmapsto \tan x$ est impaire.

3) L'application $\mathbb{R} \longrightarrow \mathbb{R}, \quad x \longmapsto x^2 + x$ n'est ni paire ni impaire.

Traduction sur les représentations graphiques :

- f est paire si et seulement si la représentation graphique de f est symétrique par rapport à l'axe $(y'y)$ des ordonnées
- f est impaire si et seulement si la représentation graphique de f est symétrique par rapport à l'origine O.

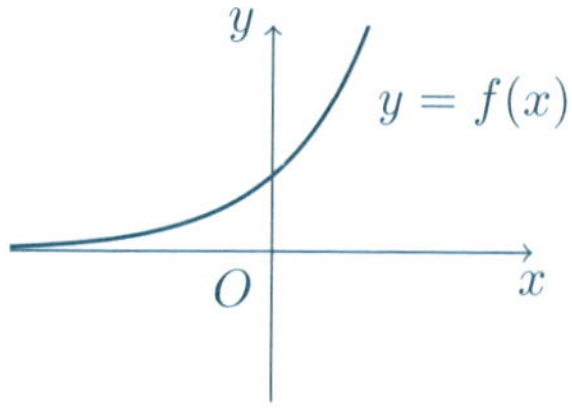

Exemple de représentation graphique d'une fonction ni paire ni impaire

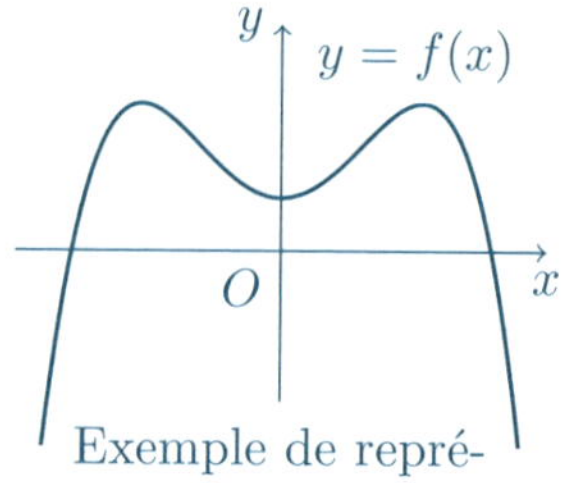

Exemple de représentation graphique d'une fonction paire

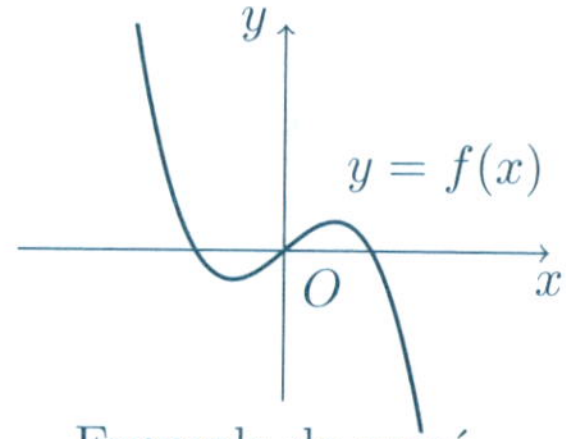

Exemple de représentation graphique d'une fonction impaire

Remarque :

1) Toute application constante est paire.

2) Si f est impaire et si f est définie en 0, alors $f(0) = 0$, mais une fonction peut être impaire sans être définie en 0, par exemple la fonction $\mathbb{R}^* \longrightarrow \mathbb{R},\quad x \longmapsto \dfrac{1}{x}$ est impaire et n'est pas définie en 0.

Pour toute application $f : X \longrightarrow \mathbb{K}$, on peut décomposer f en somme d'une application paire et d'une application impaire, de façon unique, $f = g + h$, où, pour tout $x \in X$: $\quad g(x) = \dfrac{f(x) + f(-x)}{2}, \qquad h(x) = \dfrac{f(x) - f(-x)}{2}.$

Ainsi, la somme d'une fonction paire et d'une fonction impaire peut être n'importe quelle fonction.

Remarquer l'analogie avec la décomposition d'un nombre complexe en la somme d'un nombre réel et d'un nombre imaginaire pur.

Exemple

1) La fonction polynomiale $f : \mathbb{R} \longrightarrow \mathbb{R},\quad x \longmapsto x^2 + x$ se décompose en $f = g + h$ où $g : x \longmapsto x^2$ est paire et $h : x \longmapsto x$ est impaire.

2) La fonction $f : \mathbb{R} \longrightarrow \mathbb{R},\quad x \longmapsto \mathrm{e}^x$ se décompose en $f = g + h$ où $g : x \longmapsto \operatorname{ch} x$ est paire et $h : x \longmapsto \operatorname{sh} x$ est impaire, les fonctions ch et sh étant respectivement le cosinus hyperbolique et le sinus hyperbolique, voir plus loin chapitre 17.

5 Périodicité

Définition

Soient $T \in \mathbb{R}_+^*$, $f : X \longrightarrow \mathbb{K}$ une fonction.

On dit que f est **T-périodique** si et seulement si : $\quad \forall x \in X, \quad \begin{cases} x + T \in X \\ f(x+T) = f(x). \end{cases}$

On dit alors que T est **une période** de f.

On dit que f est **périodique** si et seulement s'il existe $T \in \mathbb{R}_+^*$ tel que f est T-périodique.

Exemple

1) Toute application constante $\mathbb{R} \longrightarrow \mathbb{R}$ est T-périodique, pour tout $T \in \mathbb{R}_+^*$.

2) Les fonctions sin et cos sont 2π-périodiques.

3) La fonction $\mathbb{R} \longrightarrow \mathbb{R},\quad x \longmapsto |\sin x|$ est π-périodique.

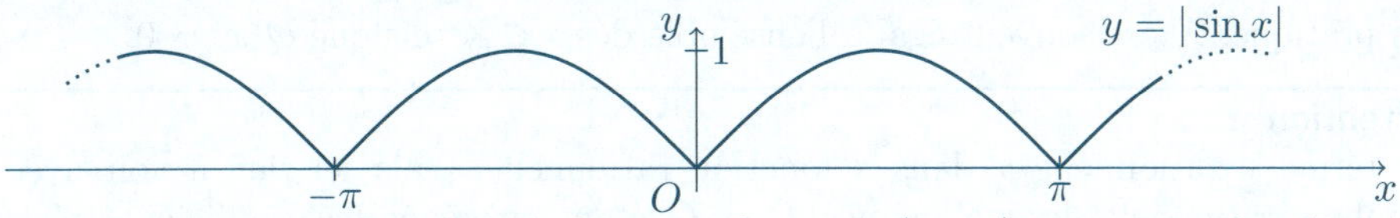

Représentation graphique de la fonction $f : x \longmapsto |\sin x|$, qui est π-périodique

4) La fonction $\mathbb{R} \longrightarrow \mathbb{R},\quad x \longmapsto x - \lfloor x \rfloor$ est 1-périodique.

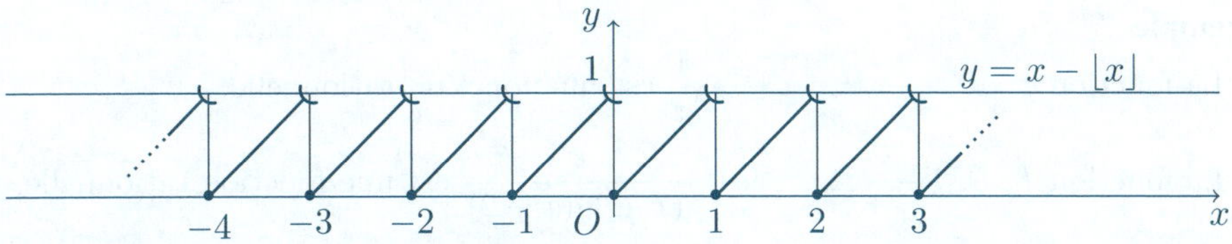

Représentation graphique de la fonction $f : x \longmapsto x - \lfloor x \rfloor$, qui est 1-périodique

5) La fonction $\mathrm{Id}_{\mathbb{R}} : \mathbb{R} \longrightarrow \mathbb{R},\quad x \longmapsto x$ n'est pas périodique.

Remarque : Quand on dit que f est T-périodique, on n'affirme pas que T est la plus petite période possible de f. Par exemple, la fonction $f : \mathbb{R} \longrightarrow \mathbb{R},\quad x \longmapsto \sin(2x)$ est 2π-périodique et est aussi π-périodique.

6 Fonctions polynomiales, fonctions rationnelles

Définition

Une fonction $f : X \longrightarrow \mathbb{K}$ est dite **polynomiale** si et seulement s'il existe $n \in \mathbb{N}$ et $(a_0, ..., a_n) \in \mathbb{K}^{n+1}$ tels que : $\quad \forall x \in X,\ \ f(x) = \sum_{k=0}^{n} a_k x^k = a_0 + a_1 x + \cdots + a_n x^n.$

On peut souvent confondre polynôme et fonction polynomiale, voir plus loin l'étude des polynômes, chapitres 33 et 34.

Exemple

1) La fonction $f : \mathbb{R} \longrightarrow \mathbb{R},\quad x \longmapsto x^3 - x + 2$ est une fonction polynomiale.

2) La fonction $g : \mathbb{R} \longrightarrow \mathbb{R},\quad x \longmapsto \mathrm{e}^x$ n'est pas une fonction polynomiale.

En effet, s'il existait $P \in \mathbb{R}[\mathrm{X}]$ tel que, pour tout $x \in \mathbb{R}$, $\mathrm{e}^x = P(x)$, alors, d'une part, pour tout $x \in \mathbb{R}$, $\dfrac{P(x)}{\mathrm{e}^x} = 1$, et, d'autre part, par prépondérance classique, $\dfrac{P(x)}{\mathrm{e}^x} \underset{x \longrightarrow +\infty}{\longrightarrow} 0$, d'où une contradiction.

Définition

Une fonction $f : X \longrightarrow K$ est dite **fonction rationnelle** si et seulement s'il existe des fonctions polynomiales P, Q telles que : $\forall x \in X, \ \left(Q(x) \neq 0 \text{ et } f(x) = \dfrac{P(x)}{Q(x)}\right)$.

En pratique, X est souvent égal à l'ensemble des $x \in \mathbb{K}$ tels que $Q(x) \neq 0$.

Attention

Le terme « rationnelle » dans « fonction rationnelle » n'a ici rien à voir avec les nombres rationnels, les polynômes P et Q étant en général à coefficients réels ou même complexes.

Exemple

1) La fonction $f : \mathbb{R}^* \longrightarrow \mathbb{R}, \ x \longmapsto \dfrac{1}{x}$ est une fonction rationnelle.

2) La fonction $f : \mathbb{R}_+^* \longrightarrow \mathbb{R}, \ x \longmapsto \dfrac{x^3}{(x+1)(x+2)}$ est une fonction rationnelle.

3) La fonction $f : \mathbb{R} \setminus \{1\} \longrightarrow \mathbb{R}, \ x \longmapsto \dfrac{1}{x-1}$ est une fonction rationnelle et la fonction $g : \mathbb{R} \setminus \{1, 2\}, \ x \longmapsto \dfrac{x-2}{(x-1)(x-2)}$ est une fonction rationnelle, elles coïncident sur $\mathbb{R} \setminus \{1, 2\}$, c'est-à-dire que, pour tout $x \in \mathbb{R} \setminus \{1, 2\}$, $f(x) = g(x)$, mais on n'a pas $f = g$ car f et g n'ont pas le même ensemble de départ.

7 Monotonie

Dans ce paragraphe, les fonctions considérées sont à valeurs réelles.

Définition

Soit $f : X \longrightarrow \mathbb{R}$ une fonction.

1) On dit que f est **croissante** si et seulement si :
$$\forall (x_1, x_2) \in X^2, \ \left(x_1 \leqslant x_2 \implies f(x_1) \leqslant f(x_2)\right).$$

2) On dit que f est **décroissante** si et seulement si :
$$\forall (x_1, x_2) \in X^2, \ \left(x_1 \leqslant x_2 \implies f(x_1) \geqslant f(x_2)\right).$$

3) On dit que f est **strictement croissante** si et seulement si :
$$\forall (x_1, x_2) \in X^2, \ \left(x_1 < x_2 \implies f(x_1) < f(x_2)\right).$$

4) On dit que f est **strictement décroissante** si et seulement si :
$$\forall (x_1, x_2) \in X^2, \left(x_1 < x_2 \implies f(x_1) > f(x_2)\right).$$

5) On dit que f est **monotone** si et seulement si f est croissante ou f est décroissante.

6) On dit que f est **strictement monotone** si et seulement si f est strictement croissante ou f est strictement décroissante.

Pour abréger, on peut noter $f \nearrow$, $f \searrow$, $f \nearrow\!\!\nearrow$, $f \searrow\!\!\searrow$ pour, respectivement, f est croissante, f est décroissante, f est strictement croissante, f est strictement décroissante.

Exemple

1) L'application $\mathbb{R} \longrightarrow \mathbb{R},\ x \longmapsto x^3$ est strictement croissante.

2) L'application $\mathbb{R} \longrightarrow \mathbb{R},\quad x \longmapsto \mathrm{e}^{-x}$ est strictement décroissante.

3) L'application $f : \mathbb{R} \longrightarrow \mathbb{R},\quad x \longmapsto \begin{cases} 0 & \text{si } x \leqslant 0 \\ x & \text{si } x > 0 \end{cases}$ est croissante mais n'est pas strictement croissante.

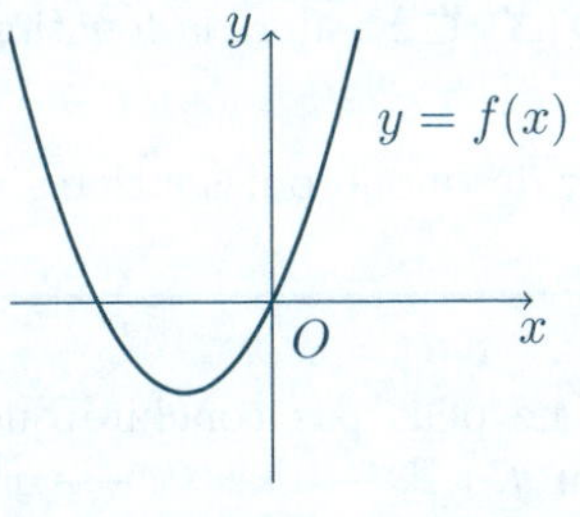

Exemple de représentation graphique d'une fonction non monotone

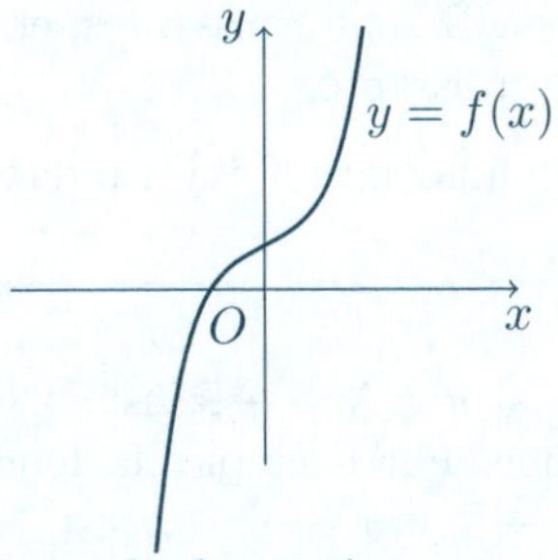

Exemple de représentation graphique d'une fonction strictement croissante

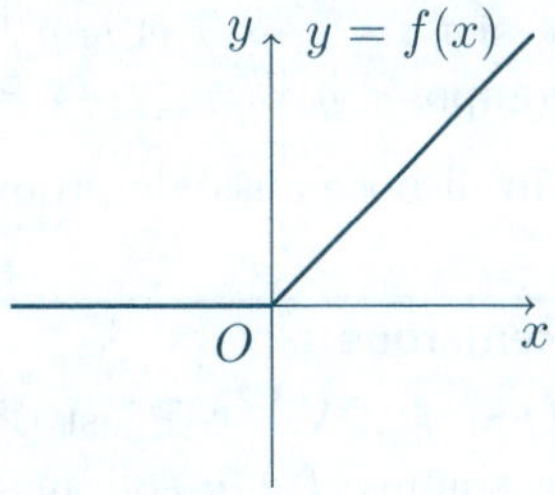

Exemple de représentation graphique d'une fonction croissante et non strictement croissante

4) L'application $\mathbb{R} \longrightarrow \mathbb{R},\quad x \longmapsto x^2$ n'est ni croissante ni décroissante, mais f est strictement décroissante sur $]-\infty\,;0]$ et strictement croissante sur $[0\,;+\infty[$.

Proposition

Toute application strictement monotone est injective.

La réciproque est fausse : une fonction peut être injective sans être strictement monotone, par exemple $f : \mathbb{R} \longrightarrow \mathbb{R},\ x \longmapsto \begin{cases} x & \text{si } x \neq -1 \text{ et } x \neq 1 \\ -x & \text{si } x = -1 \text{ ou } x = 1. \end{cases}$

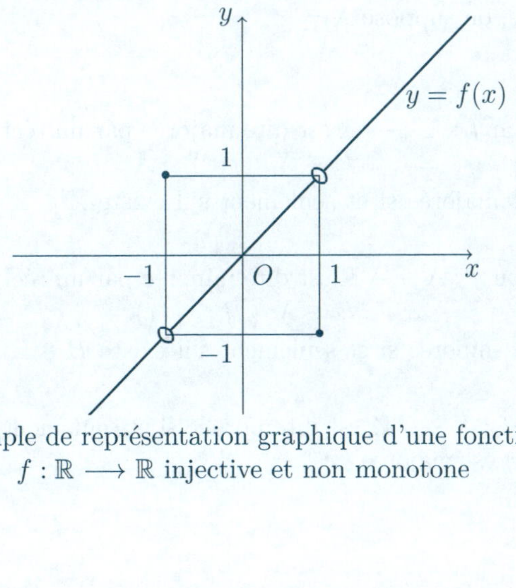

Exemple de représentation graphique d'une fonction $f : \mathbb{R} \longrightarrow \mathbb{R}$ injective et non monotone

Proposition

On dispose des propriétés suivantes, pour tous $\lambda \in \mathbb{R}_+$ et toutes $f, g : X \longrightarrow \mathbb{R}$:

- f est décroissante si seulement si $-f$ est croissante
- si f et g sont croissantes, alors $f+g$ est croissante
- si $\lambda \in \mathbb{R}_+$ et si f est croissante, alors λf est croissante
- si f et g sont croissantes et à valeurs $\geqslant 0$, alors fg est croissante
- si $f : X \longrightarrow \mathbb{R}$ et si $g : Y \longrightarrow \mathbb{R}$ sont croissantes, et si $f(X) \subset Y$, alors la fonction composée $g \circ f : X \longrightarrow \mathbb{R}$ est croissante.

On dispose aussi de propriétés analogues faisant intervenir des monotonies strictes.

Remarque :

1) Si $f : X \longrightarrow \mathbb{R}$ est $\nearrow$ et si $g : X \longrightarrow \mathbb{R}$ est $\searrow$, on ne peut pas conclure que la somme $f+g$ soit monotone. Par exemple, la fonction $f : \mathbb{R} \longrightarrow \mathbb{R},\quad x \longmapsto x^3$ est $\nearrow$, la fonction $g : \mathbb{R} \longrightarrow \mathbb{R},\quad x \longmapsto -x$ est $\searrow$, mais leur somme, qui est $f+g : \mathbb{R} \longrightarrow \mathbb{R},\quad x \longmapsto x^3 - x$, n'est pas monotone.

On peut montrer, mais c'est hors programme, que les sommes d'une fonction croissante et d'une fonction décroissante sont les fonctions à variations bornées.

2) Si $f, g : X \longrightarrow \mathbb{R}$ sont croissantes mais à valeurs de signes variables, on ne peut pas conclure que le produit fg soit monotone. Par exemple, la fonction $\mathbb{R} \longrightarrow \mathbb{R},\quad x \longmapsto x$ est croissante, mais $f^2 : \mathbb{R} \longrightarrow \mathbb{R},\quad x \longmapsto x^2$ n'est pas monotone.

Nous verrons plus loin (chapitres 15 et 27) le lien entre sens de variation et signe de la dérivée, pour une fonction à valeurs réelles, dérivable sur un intervalle de $\mathbb{R}$.

8 Fonctions majorées, minorées, bornées

Dans ce paragraphe, on suppose $X \neq \varnothing$.

Définition

1) • Une application $f : X \longrightarrow \mathbb{R}$ est dite majorée par un réel A si et seulement si :
$$\forall x \in X,\quad f(x) \leqslant A.$$

• On dit que f est majorée si et seulement s'il existe $A \in \mathbb{R}$ tel que f est majorée par A.

2) • Une application $f : X \longrightarrow \mathbb{R}$ est dite minorée par un réel B si et seulement si :
$$\forall x \in X,\quad B \leqslant f(x).$$

• On dit que f est minorée si et seulement s'il existe $B \in \mathbb{R}$ tel que f est minorée par B.

3) Une application $f : X \longrightarrow \mathbb{K}$ est dite bornée si et seulement si la fonction $|f|$ (qui est à valeurs réelles) est majorée.

Il résulte facilement des définitions précédentes que, pour toute fonction $f : X \longrightarrow \mathbb{R}$ (c'est-à-dire à valeurs réelles), les deux assertions suivantes sont équivalentes :

- f est bornée
- il existe $A, B \in \mathbb{R}$ tels que : $\forall x \in X, \ \ B \leqslant f(x) \leqslant A$.

De plus, pour toute fonction $f : X \longrightarrow \mathbb{C}$ (c'est-à-dire à valeurs complexes), f est bornée si et seulement s'il existe $M \in \mathbb{R}_+$ tel que : $\forall x \in X, \ \ |f(x)| \leqslant M$.

Exemple

1) La fonction $\mathbb{R} \longrightarrow \mathbb{R}, \quad x \longmapsto \mathrm{e}^x$ est minorée (par 0 par exemple) et n'est pas majorée.

2) La fonction sin est bornée sur $\mathbb{R}$.

3) La fonction $\mathrm{Id}_{\mathbb{R}}$ n'est ni majorée ni minorée.

Exercices d'apprentissage

15.1

Trouver toutes les fonctions $f : \mathbb{R} \longrightarrow \mathbb{R}$ telles que :
$$\forall x \in \mathbb{R}, \ \ 2f(x) + f(1-x) = x + 4.$$

1) Soit f convenant. Soit $x \in \mathbb{R}$. On a, en appliquant l'hypothèse de l'énoncé à x et à $1-x$:

$$\begin{cases} 2f(x) + f(1-x) = x + 4 \\ 2f(1-x) + f(x) = (1-x) + 4 = 5 - x, \end{cases}$$

puis, en combinant ces deux égalités avec les coefficients respectifs 2 et -1 pour faire disparaître les termes en $f(1-x)$:

$$(2 \cdot 2 - 1) f(x) = 2(x+4) - (5-x),$$

d'où $3f(x) = 3x + 3$ et enfin $f(x) = x + 1$.

2) Réciproquement, l'application $f : \mathbb{R} \longrightarrow \mathbb{R}, \quad x \longmapsto x + 1$ vérifie, pour tout $x \in \mathbb{R}$:

$$2f(x) + f(1-x) = 2(x+1) + \big((1-x) + 1\big) = x + 4,$$

donc f convient.

On conclut :

$$\mathcal{S} = \{f : \mathbb{R} \longrightarrow \mathbb{R}, \ \ x \longmapsto x + 1\}.$$

15.2

On note $f, g : \mathbb{R} \longrightarrow \mathbb{R}$ les applications définies, pour tout $x \in \mathbb{R}$, par :

$$f(x) = x^2, \qquad g(x) = 2x - 1.$$

Montrer : $f \geqslant g$ et $f \neq g$.

Peut-on affirmer : $f > g$?

1) On a, pour tout $x \in \mathbb{R}$:

$$f(x) - g(x) = x^2 - (2x - 1) = x^2 - 2x + 1 = (x-1)^2 \geqslant 0,$$

d'où $f(x) \geqslant g(x)$.

Ceci montre : $f \geqslant g$.

2) Comme, par exemple, $f(0) = 0$ et $g(0) = -1$, on a $f(0) \neq g(0)$, donc $f \neq g$.

3) Comme, par exemple, $f(1) = 1$ et $g(1) = 1$, on a $f(1) = g(1)$, donc on n'a pas $f > g$.

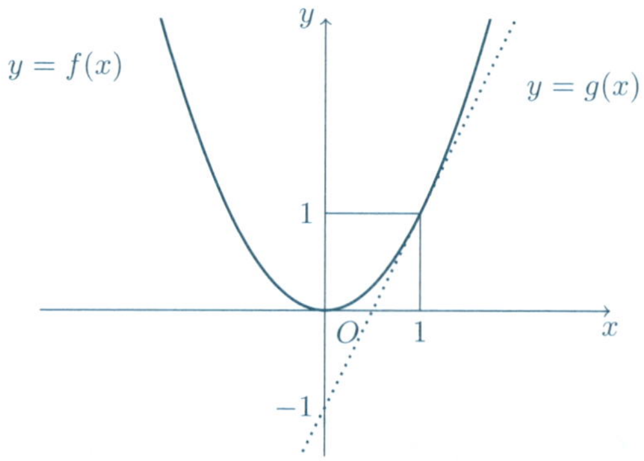

15.3

Pour des applications $f, g : X \longrightarrow \mathbb{R}$, on définit les applications

$$\mathrm{Sup}\,(f,g) : X \longrightarrow \mathbb{R}, \qquad \mathrm{Inf}\,(f,g) : X \longrightarrow \mathbb{R}$$

par, pour tout $x \in X$:

$$\mathrm{Sup}\,(f,g)(x) = \mathrm{Max}\,\big(f(x),\, g(x)\big), \qquad \mathrm{Inf}\,(f,g)(x) = \mathrm{Min}\,\big(f(x),\, g(x)\big).$$

a) Montrer, pour toutes fonctions $f, g : X \longrightarrow \mathbb{R}$:

$$\mathrm{Sup}\,(f,g) = \frac{f+g+|f-g|}{2}, \qquad \mathrm{Inf}\,(f,g) = \frac{f+g-|f-g|}{2}.$$

b) Un exemple : tracer les représentations graphiques des fonctions

$$f : \mathbb{R} \longrightarrow \mathbb{R},\ x \longmapsto x, \qquad g : \mathbb{R} \longrightarrow \mathbb{R},\ x \longmapsto x^3,$$

puis celles de $\mathrm{Sup}\,(f,g)$ et $\mathrm{Inf}\,(f,g)$.

a) On a, pour tout $x \in X$, en utilisant les formules donnant le maximum et le minimum de deux nombres réels à l'aide de valeurs absolues (cf. page 103) :

$$\big(\mathrm{Sup}\,(f,g)\big)(x) = \mathrm{Max}\,\big(f(x), g(x)\big) = \frac{f(x)+g(x)+|f(x)-g(x)|}{2},$$

$$\big(\mathrm{Inf}\,(f,g)\big)(x) = \mathrm{Min}\,\big(f(x), g(x)\big) = \frac{f(x)+g(x)-|f(x)-g(x)|}{2},$$

d'où les deux formules voulues.

b)

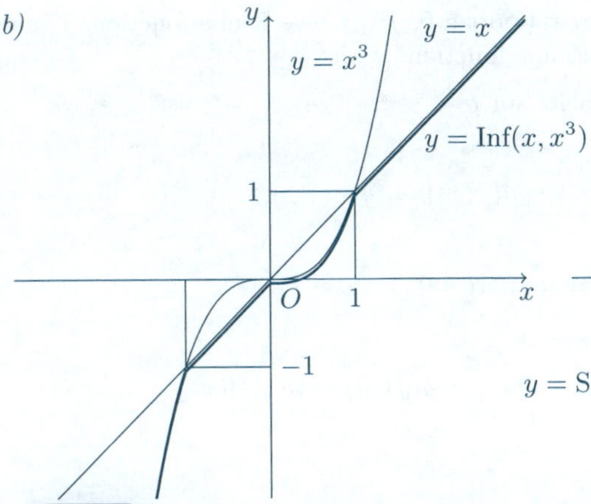

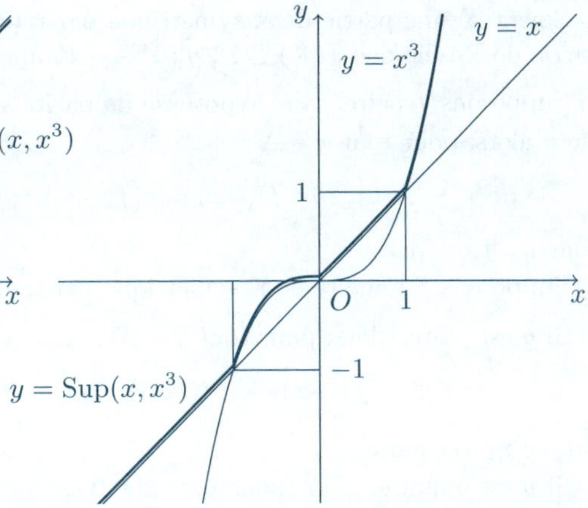

15.4

Propriétés élémentaires de la parité

a) Que peut-on dire de la somme de deux fonctions paires ? de la somme de deux fonctions impaires ?

b) Que peut-on dire du produit de deux fonctions dont chacune est paire ou est impaire ?

c) Que peut-on dire de la composée de deux fonctions dont chacune est paire ou est impaire ?

a) Soient X une partie de $\mathbb{R}$ symétrique par rapport à 0, $f, g : X \longrightarrow \mathbb{K}$ des fonctions.

1) Si f et g sont paires, alors, pour tout $x \in X$:

$$(f+g)(-x) = f(-x) + g(-x) = f(x) + g(x) = (f+g)(x),$$

donc $f+g$ est paire.

2) Si f et g sont impaires, alors, pour tout $x \in X$:

$$(f+g)(-x) = f(-x) + g(-x) = -f(x) - g(x) = -(f+g)(x),$$

donc $f+g$ est impaire.

b) Supposons que chacune des fonctions f, g est paire ou est impaire.
Il existe alors $\varepsilon_1, \varepsilon_2 \in \{-1, 1\}$ tels que, pour tout $x \in X$:

$$f(-x) = \varepsilon_1 f(x) \quad \text{et} \quad g(-x) = \varepsilon_2 g(x).$$

On déduit, pour tout $x \in X$, par multiplication :

$$(fg)(-x) = f(-x)g(-x) = \varepsilon_1 f(x) \varepsilon_2 g(x) = (\varepsilon_1 \varepsilon_2 fg)(x).$$

Il en résulte :

- si f et g sont toutes les deux paires ou toutes les deux impaires, alors fg est paire
- si l'une des deux fonctions f, g est paire et l'autre est impaire, alors fg est impaire.

Ainsi, les fonctions paires et les fonctions impaires se comportent, pour la multiplication, comme les nombres réels, avec la même « règle des signes ».

c) Soient X une partie de $\mathbb{R}$ symétrique par rapport à 0, $f : X \longrightarrow \mathbb{R}$ une fonction, Y une partie de $\mathbb{R}$ telle que $f(X) \subset Y$, $g : Y \longrightarrow \mathbb{K}$ une fonction.

1) Supposons f paire, sans hypothèse de parité sur g.
On a alors, pour tout $x \in X$:

$$(g \circ f)(-x) = g\big(f(-x)\big) = g\big(f(x)\big) = (g \circ f)(x),$$

donc $g \circ f$ est paire.
2) Supposons f impaire et Y symétrique par rapport à 0.

- Si g est paire, alors, pour tout $x \in X$:

$$(g \circ f)(-x) = g\big(f(-x)\big) = g\big(-f(x)\big) = g\big(f(x)\big) = (g \circ f)(x),$$

donc $g \circ f$ est paire.
- Si g est impaire, alors, pour tout $x \in X$:

$$(g \circ f)(-x) = g\big(f(-x)\big) = g\big(-f(x)\big) = -g\big(f(x)\big) = -(g \circ f)(x),$$

donc $g \circ f$ est impaire.

Finalement :

1) si f est paire, alors $g \circ f$ est paire, sans hypothèse de parité sur g
2) si f est impaire et si g est paire (resp. impaire), alors $g \circ f$ est impaire (resp. paire).

15.5

Propriétés élémentaires des fonctions périodiques

a) Que peut-on dire de la somme et du produit de deux fonctions T-périodiques ?

b) Montrer que, si une fonction f est T-périodique, alors, pour tout $n \in \mathbb{N}^*$, nT est une période de f.

c) Montrer, pour tous $a, b \in \mathbb{N}^*$ et tout $T \in \mathbb{R}_+^*$, que, si f est aT-périodique et si g est bT-périodique, alors $f + g$ et fg sont mT-périodique, où m désigne le PPCM de a et b.

d) Montrer que, si f est T-périodique, alors la composée $g \circ f$ est T-périodique.

Soit $T \in \mathbb{R}_+^*$, X une partie de $\mathbb{R}$ telle que $\forall x \in X, \quad x + T \in X$.
a) Si $f, g : X \longrightarrow \mathbb{K}$ sont T-périodiques (avec le même T pour f et pour g), alors, pour tout $x \in X$:

$$(f+g)(x+T) = f(x+T) + g(x+T) = f(x) + g(x) = (f+g)(x)$$
$$(fg)(x+T) = f(x+T)g(x+T) = f(x)g(x) = (fg)(x),$$

donc $f + g$ et fg sont T-périodiques.
b) Soit $f : X \longrightarrow \mathbb{K}$ une fonction T-périodique.
Montrons, par récurrence sur n, que, pour tout $n \in \mathbb{N}^*$, nT est une période de f.
Le résultat est trivial pour $n = 1$ puisque f est supposée T-périodique.
Supposons, pour un $n \in \mathbb{N}^*$ fixé, que nT est une période de f.
On a alors, pour tout $x \in X$: $f\big(x + (n+1)T\big) = f\big((x + nT) + T\big) = f(x + nT) = f(x)$, donc $(n+1)T$ est une période de f.
Ce raisonnement par récurrence montre que, si f est T-périodique, alors, pour tout $n \in \mathbb{N}^*$, nT est une période de f.

c) Soient $a, b \in \mathbb{N}^*$, $m = \text{PPCM}(a,b)$, $f : X \longrightarrow \mathbb{K}$ aT-périodique et $g : X \longrightarrow \mathbb{K}$ bT-périodique.

Puisque m est un multiple de a et de b, il existe $p, q \in \mathbb{N}^*$ tels que : $m = ap$ et $m = bq$.

D'après *b)*, puisque f est aT-périodique, $mT = p(aT)$ est aussi une période de f, et, puisque g est bT-périodique, $mT = q(bT)$ est aussi une période de g.

Enfin, comme f et g sont mT-périodique, on déduit, d'après *a)*, que $f + g$ et fg sont mT-périodiques.

d) Soient $f : X \longrightarrow \mathbb{K}$ une fonction T-périodique, Y une partie de $\mathbb{K}$ telle que $f(X) \subset Y$, $g : Y \longrightarrow \mathbb{K}$ une fonction.

On a, pour tout $x \in X$: $(g \circ f)(x+T) = g\big(f(x+T)\big) = g\big(f(x)\big) = (g \circ f)(x)$, donc $g \circ f$ est T-périodique.

On remarquera qu'il n'y a pas d'hypothèse de périodicité sur g.

Par exemple, puisque la fonction $\mathbb{R} \longrightarrow \mathbb{R}$, $x \longrightarrow \sin x$ est 2π-périodique, en composant par l'exponentielle, la fonction $\mathbb{R} \longrightarrow \mathbb{R}$, $x \longmapsto \mathrm{e}^{\sin x}$ est 2π-périodique.

15.6

Que peut-on dire de la composée de deux fonctions dont chacune est croissante ou est décroissante ?

Soient X une partie de $\mathbb{R}$, $f : X \longrightarrow \mathbb{R}$ une fonction, Y une partie de $\mathbb{R}$ telle que $f(X) \subset Y$, $g : Y \longrightarrow \mathbb{R}$ une fonction.

Séparons l'étude en quatre cas.

1) Si f et g sont toutes les deux croissantes, alors, pour tout $(x,y) \in X^2$ tel que $x \leqslant y$, on a $f(x) \leqslant f(y)$ car f est croissante, puis $g\big(f(x)\big) \leqslant g\big(f(y)\big)$ car g est croissante, c'est-à-dire $(g \circ f)(x) \leqslant (g \circ f)(y)$, et on conclut que $g \circ f$ est croissante.

2) Si f est croissante et g est décroissante, alors, pour tout $(x,y) \in X^2$ tel que $x \leqslant y$, on a $f(x) \leqslant f(y)$ car f est croissante, puis $g\big(f(x)\big) \geqslant g\big(f(y)\big)$ car g est décroissante, c'est-à-dire $(g \circ f)(x) \geqslant (g \circ f)(y)$, et on conclut que $g \circ f$ est décroissante.

3) Si f est décroissante et g est croissante, alors, pour tout $(x,y) \in X^2$ tel que $x \leqslant y$, on a $f(x) \geqslant f(y)$ car f est décroissante, puis $g\big(f(x)\big) \geqslant g\big(f(y)\big)$ car g est croissante, c'est-à-dire $(g \circ f)(x) \geqslant (g \circ f)(y)$, et on conclut que $g \circ f$ est décroissante.

4) Si f et g sont toutes les deux décroissantes, alors, pour tout $(x,y) \in X^2$ tel que $x \leqslant y$, on a $f(x) \geqslant f(y)$ car f est décroissante, puis $g\big(f(x)\big) \leqslant g\big(f(y)\big)$ car g est décroissante, c'est-à-dire $(g \circ f)(x) \leqslant (g \circ f)(y)$, et on conclut que $g \circ f$ est croissante.

On remarque donc que, vis-à-vis de la monotonie, la composition des fonctions se comporte comme la multiplication des nombres réels vis-à-vis des signes, avec la même « règle des signes ».

15.7

Propriétés élémentaires des fonctions majorées, minorées, bornées

a) Que peut-on dire de la somme de deux fonctions (à valeurs réelles) majorées ? de la somme de deux fonctions (à valeurs réelles) minorées ? de la somme de deux fonctions (à valeurs complexes) bornées ?

b) 1) Que peut-on dire du produit de deux fonctions (à valeurs réelles) majorées ? et si on suppose de plus que ces deux fonctions sont à valeurs $\geqslant 0$?

2) Que peut-on dire du produit de deux fonctions (à valeurs réelles ou complexes) bornées ?

c) Montrer que, si g est majorée (resp. minorée, resp. bornée), alors la composée $g \circ f$ est majorée (resp. minorée, resp. bornée).

a) 1) Soient $f, g : X \longrightarrow \mathbb{R}$ deux fonctions majorées.

Il existe donc $A, B \in \mathbb{R}$ tels que : $\forall x \in X, \quad \big(f(x) \leqslant A \quad \text{et} \quad g(x) \leqslant B\big)$.

On déduit, par addition : $\forall x \in X, \quad (f+g)(x) = f(x)+g(x) \leqslant A+B$, donc $f+g$ est majorée.

On conclut : la somme de deux fonctions majorées est majorée.

2) De même, avec des inégalités renversées, on montre que la somme de deux fonctions minorées est minorée.

3) Soient $f, g : X \longrightarrow \mathbb{K}$ deux fonctions bornées.

Il existe $M, N \in \mathbb{R}_+$ tels que : $\forall x \in X, \quad |f(x) \leqslant M \quad \text{et} \quad |g(x)| \leqslant N\big)$.

On déduit, en utilisant l'inégalité triangulaire et en additionnant, pour tout $x \in X$:

$$|(f+g)(x)| = |f(x)+g(x)| \leqslant |f(x)| + |g(x)| \leqslant M + N,$$

donc $f + g$ est bornée.

On conclut : la somme de deux fonctions bornées est bornée.

b) 1) i) Si f et g sont majorées, on ne peut pas déduire que fg soit majorée.

Par exemple, pour $f : \mathbb{R}_+ \longrightarrow \mathbb{R}, \quad x \longmapsto -1$, $g : \mathbb{R}_+ \longrightarrow \mathbb{R}, \quad x \longmapsto -x$, f est majorée (par le réel -1), g est majorée (par 0), mais $fg : \mathbb{R}_+ \longrightarrow \mathbb{R}, \quad x \longmapsto x$ n'est pas majorée.

ii) Supposons f, g majorées et à valeurs $\geqslant 0$.

Il existe donc $A, B \in \mathbb{R}$ tels que : $\forall x \in X, \quad \big(0 \leqslant f(x) \leqslant A \quad \text{et} \quad 0 \leqslant g(x) \leqslant B\big)$.

On déduit, par multiplication, les membres étant tous $\geqslant 0$: $\forall x \in X, \quad 0 \leqslant (fg)(x) \leqslant AB$, donc fg est majorée.

On conclut : le produit de deux fonctions positives et majorées est majoré.

2) Soient $f, g : X \longrightarrow \mathbb{K}$ bornées.

Alors, les fonctions $|f|$ et $|g|$ (qui sont à valeurs réelles) sont majorées et à valeurs $\geqslant 0$, donc, d'après *1)*, la fonction $|f|\,|g|$ est majorée, c'est-à-dire que la fonction $|fg|$ est majorée, donc fg est bornée.

On conclut : le produit de deux fonctions bornées est borné.

c) Soient $f : X \longrightarrow \mathbb{R}$ une fonction à valeurs réelles, Y une partie de $\mathbb{R}$ telle que $f(X) \subset Y$, $g : Y \longrightarrow \mathbb{R}$ une fonction.

1) Supposons f majorée. Il existe donc $A \in \mathbb{R}$ tel que : $\quad \forall y \in Y, \quad g(y) \leqslant A$. On a alors : $\forall x \in X, \quad (g \circ f)(x) = g\big(f(x)\big) \leqslant A$, donc $g \circ f$ est majorée.

2) Le même raisonnement, en renversant les inégalités, montre que, si g est minorée, alors $g \circ f$ est minorée.

3) Si g est bornée, alors g est majorée et minorée, donc, d'après les deux points précédents, $g \circ f$ est majorée et est minorée, donc $g \circ f$ est bornée.

Exercices d'entraînement

15.8 Commutant de $\mathbb{R}^{\mathbb{R}}$ pour la composition

Déterminer toutes les applications $f \in \mathbb{R}^{\mathbb{R}}$ telles que :

$$\forall g \in \mathbb{R}^{\mathbb{R}}, \quad g \circ f = f \circ g.$$

15.9 Exemple de résolution d'une équation fonctionnelle

Trouver toutes les applications $f : \mathbb{R}^* \longrightarrow \mathbb{R}$ telles que :

$$\forall x \in \mathbb{R}^*, \; f(x) + 3f\left(\frac{1}{x}\right) = x^2.$$

15.10 Étude de différences bornées

Soient X un ensemble, $f, g : X \longrightarrow \mathbb{R}$ des applications.
On note, pour tout $n \in \mathbb{N}^*$, $f^n = f \cdot \ldots \cdot f$ (n fois).

a) 1) Montrer : $\forall (t,u) \in \mathbb{R}^2, \; 4|t^3 - u^3| \geqslant |t-u|^3$.

2) En déduire que, si $f^3 - g^3$ est bornée, alors $f - g$ est bornée.

b) Peut-on affirmer que, si $f^2 - g^2$ est bornée, alors $f - g$ est bornée ?

15.11 Obtention de fonctions impaires

Soient $f, g \in \mathbb{R}^{\mathbb{R}}$ telles que : $g \circ f = f \circ g = -\operatorname{Id}_{\mathbb{R}}$.
Montrer que f et g sont impaires.

15.12 Exemple de fonction périodique

Soit $f : \mathbb{R} \longrightarrow \mathbb{R}^*$ telle que : $\forall x \in \mathbb{R}, \; f(x+2) = f(x-1)f(x+5)$.
Montrer que f est périodique.

15.13 Résolution d'une équation par utilisation de la stricte monotonie

Résoudre l'équation, d'inconnue $x \in \mathbb{R}$: $x^{12} + x^8 - 12 = 0$.

15.14 Monotonie et composition

Soient $f, g : \mathbb{R} \longrightarrow \mathbb{R}$ des applications telles que :

g est croissante et $g \circ f$ est strictement décroissante.

Montrer que f est strictement décroissante.

Corrigés des exercices d'entraînement

15.8

1) Soit $f \in \mathbb{R}^{\mathbb{R}}$ telle que : $\forall g \in \mathbb{R}^{\mathbb{R}},\ g \circ f = f \circ g$.
Soit $a \in \mathbb{R}$. Considérons la fonction constante

$$g : \mathbb{R} \longrightarrow \mathbb{R},\quad x \longmapsto a.$$

On a, d'après l'hypothèse, en particulier :

$$(f \circ g)(a) = (g \circ f(a),$$

c'est-à-dire $f\big(g(a)\big) = g\big(f(a)\big)$, ce qui revient à $f(a) = a$.
On a montré : $\forall a \in \mathbb{R},\ f(a) = a$, donc $f = \mathrm{Id}_{\mathbb{R}}$.

2) Réciproquement, il est clair que $\mathrm{Id}_{\mathbb{R}}$ commute, pour la composition, avec toute fonction $g \in \mathbb{R}^{\mathbb{R}}$.

On conclut que le commutant de $\mathbb{R}^{\mathbb{R}}$ pour la composition est $\{\mathrm{Id}_{\mathbb{R}}\}$.

15.9

1) Soit $f : \mathbb{R}^* \longrightarrow \mathbb{R}$ telle que :

$$\forall x \in \mathbb{R}^*,\ f(x) + 3f\Big(\frac{1}{x}\Big) = x^2.$$

En appliquant l'hypothèse à x et à $\dfrac{1}{x}$, on a, pour tout $x \in \mathbb{R}^*$:

$$f(x) + 3f\Big(\frac{1}{x}\Big) = x^2 \quad \text{et} \quad f\Big(\frac{1}{x}\Big) + 3f(x) = \frac{1}{x^2},$$

d'où, en combinant ces deux égalités avec les coefficients respectifs -1 et 3, en vue de faire disparaître les termes $f\Big(\dfrac{1}{x}\Big)$: $8f(x) = -x^2 + \dfrac{3}{x^2}$,

donc : $f(x) = \dfrac{-x^2 + \dfrac{3}{x^2}}{8} = \dfrac{3 - x^4}{8x^2}$.

2) Réciproquement, considérons la fonction obtenue ci-dessus : $f : \mathbb{R}^* \longrightarrow \mathbb{R},\ x \longmapsto \dfrac{3 - x^4}{8x^2}$.

On a, pour tout $x \in \mathbb{R}^*$:

$$f(x) + 3f\Big(\frac{1}{x}\Big) = \frac{3 - x^4}{8x^2} + 3\frac{3 - \dfrac{1}{x^4}}{8\dfrac{1}{x^2}}$$

$$= \frac{3 - x^4}{8x^2} + 3\frac{3x^4 - 1}{8x^2} = x^2,$$

donc f convient.

On conclut :

$$\mathcal{S} = \Big\{ f : \mathbb{R}^* \longrightarrow \mathbb{R},\quad x \longmapsto \frac{3 - x^4}{8x^2} \Big\}.$$

15.10

a) 1) On a, pour tout $(t, u) \in \mathbb{R}^2$:

$$\begin{aligned}
&4|t^3 - u^3| \\
&= 4\big|(t-u)(t^2 + tu + u^2)\big| \\
&= |t-u|\,|4t^2 + 4tu + 4u^2| \\
&= |t-u|\big((t-u)^2 + \underbrace{3(t+u)^2}_{\geqslant 0}\big) \\
&\geqslant |t-u|(t-u)^2 = |t-u|^3.
\end{aligned}$$

2) On suppose ici que $f^3 - g^3$ est bornée.
Il existe donc $M \in \mathbb{R}_+$ tel que :

$$\forall x \in X,\quad |(f^3 - g^3)|(x) \leqslant M.$$

On a alors, en utilisant le résultat de la question *1)*, pour tout $x \in X$:

$$|f(x) - g(x)| \leqslant \sqrt[3]{4\big|f(x)^3 - g(x)^3\big|} \leqslant \sqrt[3]{4M},$$

donc $f - g$ est bornée.

b) On ne peut pas affirmer que, si $f^2 - g^2$ est bornée, alors $f - g$ est bornée, comme le montre l'exemple suivant :

$$X = \mathbb{R},\quad f : x \longmapsto x,\quad g : x \longmapsto -x,$$

dans lequel $f^2 - g^2$ est bornée (c'est la constante nulle) et $f - g$ n'est pas bornée (pour tout $x \in \mathbb{R}$, $(f-g)(x) = 2x$).

15.11

1) On a, pour tout $x \in \mathbb{R}$:

$$\begin{aligned}
(g \circ f \circ g)(x) &= g\big((f \circ g)(x)\big) \\
&= g\big((-\mathrm{Id}_{\mathbb{R}})(x)\big) = g(-x) \\
(g \circ f \circ g)(x) &= (g \circ f)\big(g(x)\big) \\
&= (-\mathrm{Id}_{\mathbb{R}})\big(g(x)\big) = -g(x),
\end{aligned}$$

d'où $g(-x) = -g(x)$, et donc g est impaire.

2) De même, par rôles symétriques de f et g, f est impaire.

15.12

On a, pour tout $x \in \mathbb{R}$, en appliquant l'hypothèse de l'énoncé à $x-2$ et à $x+1$ à la place de x :

$f(x) = f\big((x-2)+2\big)$
$= f\big((x-2)-1\big)f\big((x-2)+5\big) = f(x-3)f(x+3),$

$f(x+3) = f\big((x+1)+2\big)$
$= f\big((x+1)-1\big)f\big((x+1)+5\big) = f(x)f(x+6),$

d'où, en remplaçant $f(x+3)$ par $f(x)f(x+6)$ dans le premier résultat :

$$f(x) = f(x-3)\big(f(x)f(x+6)\big),$$

donc, en divisant par $f(x)$, puisque f est à valeurs non nulles d'après l'énoncé :

$$f(x+6) = \frac{1}{f(x-3)}.$$

En appliquant ce dernier résultat à $x+3$ à la place de x, on a :

$$f(x+9) = \frac{1}{f\big((x+3)-3\big)} = \frac{1}{f(x)},$$

puis, en remplaçant x par $x+9$:

$$f(x+18) = f\big((x+9)+9\big) = \frac{1}{f(x+9)} = \frac{1}{\frac{1}{f(x)}} = f(x).$$

On conclut : f est 18-périodique.

15.13

D'abord, il est clair que, pour tout $x \in \mathbb{R}$, si x est solution, alors $-x$ est aussi solution, puisque les exposants qui interviennent sont tous pairs.

1) On peut donc se ramener au cas où $x \geqslant 0$.

Puisque les fonctions $x \longmapsto x^{12}$ et $x \longmapsto x^8$ sont strictement croissantes sur $\mathbb{R}_+$, il est immédiat que la fonction $f : x \longmapsto x^{12} + x^8 - 12$ est strictement croissante sur $\mathbb{R}_+$, donc est injective.

Il en résulte que l'équation proposée, avec l'inconnue x dans $\mathbb{R}_+$, admet au plus une solution.

2) En notant $t = x^4$, l'équation de l'énoncé se ramène à l'équation $t^3 + t^2 - 12 = 0$.

On remarque, pour cette équation d'inconnue t, la solution évidente $t = 2$.

Donc, puisque $x = t^{1/4}$, le nombre réel $2^{1/4}$ est solution de l'équation de l'énoncé.

On conclut : $\mathcal{S} = \{-2^{1/4},\, 2^{1/4}\}$.

15.14

Soit $(x, y) \in \mathbb{R}^2$ tel que $x < y$.

Supposons $f(x) \leqslant f(y)$.

D'une part, puisque g est croissante, on a

$$g\big(f(x)\big) \leqslant g\big(f(y)\big).$$

D'autre part, puisque $g \circ f$ est strictement décroissante, on a $(g \circ f)(x) > (g \circ f)(y)$, contradiction.

Ainsi, l'hypothèse $f(x) \leqslant f(y)$ est fausse, donc $f(x) > f(y)$.

On a montré que, pour tout $(x, y) \in \mathbb{R}^2$ tel que $x < y$, on a $f(x) > f(y)$, donc f est strictement décroissante.

Le raisonnement ci-dessus revient à un raisonnement par l'absurde : si f n'est pas strictement décroissante, alors il existe $(x, y) \in \mathbb{R}^2$ tel que $x < y$ et tel que l'on n'ait pas $f(x) > f(y)$, c'est-à-dire tel que $f(x) \leqslant f(y)$ et on termine comme ci-dessus.

16 Calculs de dérivées

Dans ce chapitre, nous étudions les dérivées de façon élémentaire et du point de vue du calcul. Cette étude sera reprise, approfondie et complétée dans le chapitre 27.
Dans tout le chapitre, I désigne un intervalle de $\mathbb{R}$ non vide ni réduit à un point, et on note $\mathbb{K} = \mathbb{R}$ ou $\mathbb{C}$.
On rappelle que $\mathbb{K}^I$ désigne l'ensemble des applications de I dans $\mathbb{K}$.

Rappels de cours

1 Dérivée d'une fonction en un point

Définition

Soient $a \in I$, $f \in \mathbb{K}^I$.

On dit que f est **dérivable** en a si et seulement si $\lim\limits_{h \longrightarrow 0} \dfrac{f(a+h)-f(a)}{h}$ existe et est finie ; cette limite est alors notée $f'(a)$ (ou aussi : $\dfrac{\mathrm{d}f}{\mathrm{d}x}(a)$) et appelée **dérivée** de f en a.

Ainsi, sous réserve d'existence : $$f'(a) = \lim_{h \longrightarrow 0} \frac{f(a+h)-f(a)}{h}$$

Exemple

1) Pour tout $c \in \mathbb{K}$, la fonction constante $f : I \in \mathbb{K},\quad x \longmapsto c$ est dérivable en tout point $a \in I$, et $f'(a) = 0$.

2) La fonction $g : I \longrightarrow \mathbb{K},\quad x \longmapsto x$ est dérivable en tout point $a \in I$, et $f'(a) = 1$.

Le rapport $\dfrac{f(a+h)-f(a)}{h}$ (pour $a \in I$ et $h \in \mathbb{R}^*$ tel que $a+h \in I$) est appelé le **taux d'accroissement** (ou aussi : taux de variation) de f entre a et $a+h$.
Si $\mathbb{K} = \mathbb{R}$, la dérivabilité de f en a se traduit graphiquement par l'existence d'une tangente, non parallèle à $(y'y)$, en le point de coordonnées $\big(a,\ f(a)\big)$ à la représentation graphique C_f de f.
Cette tangente a pour équation cartésienne : $y - f(a) = f'(a)(x-a)$.

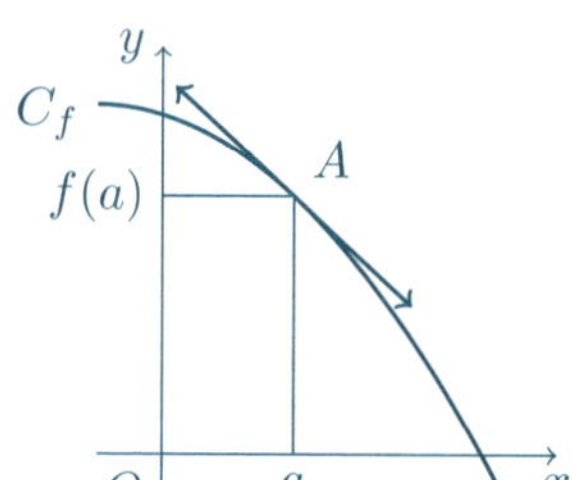

Si $\dfrac{f(a+h)-f(a)}{h} \underset{h \longrightarrow 0^{\pm}}{\longrightarrow} \pm\infty$, alors la représentation graphique C_f de f admet en $A\big(a,\, f(a)\big)$ une demi-tangente parallèle à $(y'y)$.

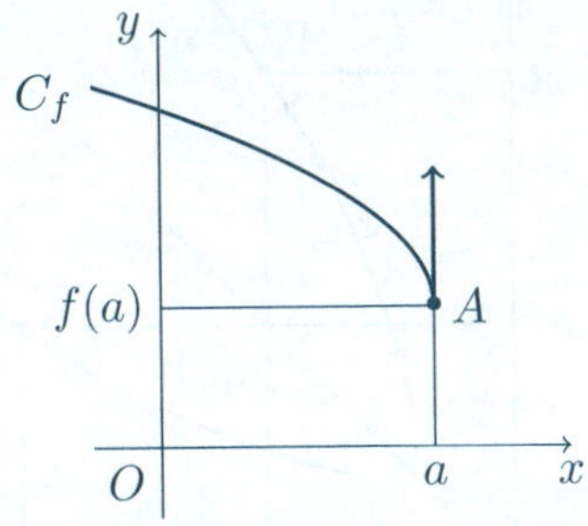

Proposition

On a, pour tous $a \in I$, $\lambda \in \mathbb{K}$, $f, g : I \longrightarrow \mathbb{K}$ dérivables en a :

- $f+g$ est dérivable en a et $(f+g)'(a) = f'(a) + g'(a)$
- λf est dérivable en a et $(\lambda f)'(a) = \lambda f'(a)$
- fg est dérivable en a et $(fg)'(a) = f'(a)g(a) + f(a)g'(a)$
- Si $g(a) \neq 0$, alors $\dfrac{1}{g}$ est dérivable en a et $\left(\dfrac{1}{g}\right)'(a) = -\dfrac{g'(a)}{\big(g(a)\big)^2}$
- Si $g(a) \neq 0$, alors $\dfrac{f}{g}$ est dérivable en a et $\left(\dfrac{f}{g}\right)'(a) = \dfrac{f'(a)g(a) - f(a)g'(a)}{\big(g(a)\big)^2}$
- Si $\mathbb{K} = \mathbb{C}$, alors les trois assertions suivantes sont deux à deux équivalentes :

(1) f est dérivable en a,
(2) $\overline{f}$ est dérivable en a,
(3) $\mathrm{Re}\,(f)$ et $\mathrm{Im}\,(f)$ sont dérivables en a.

De plus, si f est dérivable en a, alors :

$$(\overline{f})'(a) = \overline{f'(a)}, \qquad \big(\mathrm{Re}\,(f)\big)'(a) = \mathrm{Re}\,\big(f'(a)\big), \qquad \big(\mathrm{Im}\,(f)\big)'(a) = \mathrm{Im}\,\big(f'(a)\big).$$

Théorème : dérivée d'une composée en un point

Soient I un intervalle de $\mathbb{R}$, $a \in I$, $f : I \longrightarrow \mathbb{R}$ une fonction, J un intervalle de $\mathbb{R}$ tel que $f(I) \subset J$, $g : J \longrightarrow \mathbb{K}$ une fonction. Si f est dérivable en a et si g est dérivable en $f(a)$, alors $g \circ f$ est dérivable en a et : $(g \circ f)'(a) = g'\big(f(a)\big)f'(a)$

Théorème : dérivée d'une fonction réciproque en un point

Soient $a \in I$, $f : I \longrightarrow \mathbb{R}$ une fonction continue (on anticipe sur le chapitre 26) et strictement monotone sur I, dérivable en a et telle que $f'(a) \neq 0$.

Alors, la fonction $f^{-1} : f(I) \longrightarrow \mathbb{R}$, réciproque de f, est dérivable en $f(a)$ et :

$$(f^{-1})'\big(f(a)\big) = \frac{1}{f'(a)}$$

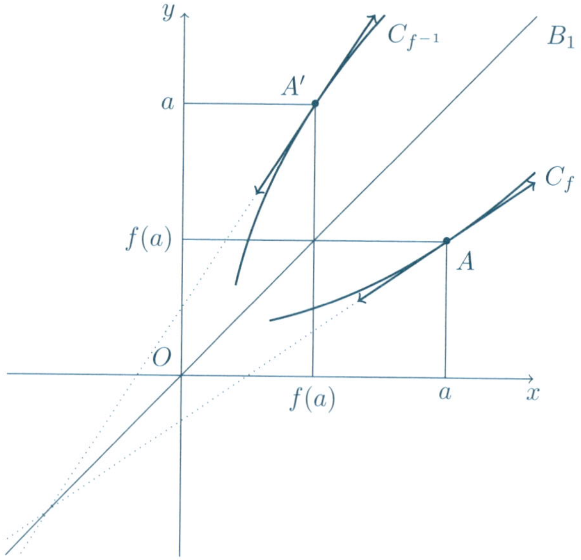

La représentation graphique $C_{f^{-1}}$ de f^{-1} est la symétrique de la représentation graphique C_f de f par rapport à la première bissectrice B_1 du repère, et la tangente en $A'\big(f(a), a\big)$ à $C_{f^{-1}}$ est la symétrique de la tangente à C_f en $A\big(a, f(a)\big)$ par rapport à B_1.

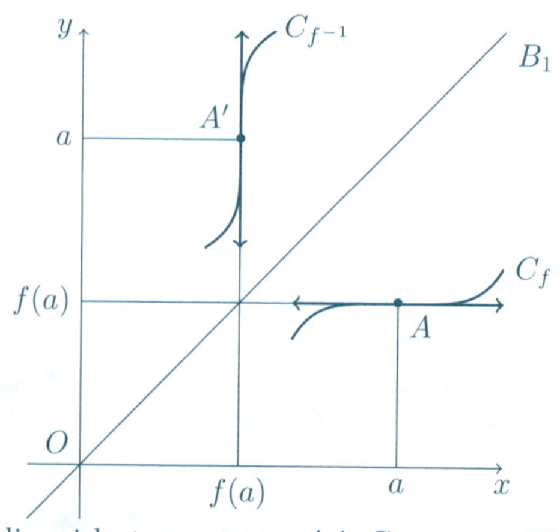

Si $f'(a) = 0$, c'est-à-dire si la tangente en A à C_f est parallèle à $(x'x)$, et si f est bijective, alors $C_{f^{-1}}$ admet une tangente en A' et celle-ci est parallèle à $(y'y)$.

2 Fonction dérivée d'une fonction

La plupart des définitions et propriétés de ce paragraphe peuvent être étendues aux fonctions définies sur la réunion d'un nombre fini d'intervalles ouverts deux à deux disjoints.

Définition

Soit $f \in \mathbb{K}^I$. On appelle **dérivée** (ou aussi : dérivée première, ou aussi : fonction dérivée) de f, et on note f' (ou aussi : $\dfrac{\mathrm{d}f}{\mathrm{d}x}$) la fonction qui, à chaque $x \in I$ tel que $f'(x)$ existe, associe $f'(x)$. Ainsi, $\mathrm{Def}\,(f')$ est l'ensemble des $x \in I$ tels que f soit dérivable en x, et on a : $f' : \mathrm{Def}\,(f') \longrightarrow \mathbb{K},\ \ x \longmapsto f'(x)$.
On dit que f est dérivable sur I si et seulement si f est dérivable en tout point de I, ce qui revient à $\mathrm{Def}\,(f') = I$.

Exemple

1) La fonction $f : \mathbb{R} \longrightarrow \mathbb{R},\ \ x \longmapsto x^2$ est dérivable sur $\mathbb{R}$ et $f' : \mathbb{R} \longrightarrow \mathbb{R},\ \ x \longmapsto 2x$.
2) La fonction $g : \mathbb{R} \longrightarrow \mathbb{R},\ \ x \longmapsto |x|$ est dérivable sur $\mathbb{R}^*$ et n'est pas dérivable en 0 (les notions de dérivée à gauche et de dérivée à droite seront vues dans le chapitre 27),
et $g' : \mathbb{R}^* \longrightarrow \mathbb{R},\ \ x \longmapsto \begin{cases} -1 & \text{si } x < 0 \\ 1 & \text{si } x > 0. \end{cases}$
3) La fonction $h : [0\,;1] \longrightarrow \mathbb{R},\ \ x \longmapsto x(1-x)$ est dérivable sur $[0\,;1]$
et sa fonction dérivée est $h' : [0\,;1] \longrightarrow \mathbb{R},\ \ x \longmapsto 1 - 2x$.

Proposition

On a, pour tous $\lambda \in \mathbb{K}$, $f, g : I \longrightarrow \mathbb{K}$ dérivables sur I :

- $f + g$ est dérivable sur I et $(f+g)' = f' + g'$
- λf est dérivable sur I et $(\lambda f)' = \lambda f'$
- fg est dérivable sur I et $(fg)' = f'g + fg'$
- Si, pour tout $x \in I$, $g(x) \neq 0$, alors $\dfrac{1}{g}$ est dérivable sur I et $\left(\dfrac{1}{g}\right)' = -\dfrac{g'}{g^2}$
- Si, pour tout $x \in I$, $g(x) \neq 0$, alors $\dfrac{f}{g}$ est dérivable sur I et $\left(\dfrac{f}{g}\right)' = \dfrac{f'g - fg'}{g^2}$
- Soit $f : I \longrightarrow \mathbb{C}$. Les assertions suivantes sont deux à deux équivalentes :
  (1) f est dérivable sur I,
  (2) $\overline{f}$ est dérivable sur I,
  (3) $\mathrm{Re}\,(f)$ et $\mathrm{Im}\,(f)$ sont dérivables sur I.

De plus, si f est dérivable sur I, alors :
$(\overline{f})' = \overline{f'}, \qquad \big(\mathrm{Re}\,(f)\big)' = \mathrm{Re}\,(f'), \qquad \big(\mathrm{Im}\,(f)\big)' = \mathrm{Im}\,(f').$

Théorème : dérivée d'une composée

Soient I, J des intervalles de $\mathbb{R}$, $f : I \longrightarrow \mathbb{R}$ telle que $f(I) \subset J$, $g : J \longrightarrow \mathbb{K}$.
On note abusivement $g \circ f : I \longrightarrow \mathbb{K},\ \ x \longmapsto g\big(f(x)\big)$.
Si f est dérivable sur I et si g est dérivable sur J, alors $g \circ f$ est dérivable sur I et

$$(g \circ f)' = (g' \circ f)\, f'$$

Dérivées des fonctions usuelles

• Pour tout $n \in \mathbb{N}^*$, la fonction $f : \mathbb{R} \longrightarrow \mathbb{R},\quad x \longmapsto x^n$ est dérivable sur $\mathbb{R}$ et, pour tout $x \in \mathbb{R}$, $f'(x) = nx^{n-1}$. Par exemple, $\dfrac{\mathrm{d}}{\mathrm{d}\,x}(x^3) = 3x^2$.

• Pour tout $n \in \mathbb{Z}^*$, la fonction $g : \mathbb{R}^* \longrightarrow \mathbb{R},\quad x \longmapsto x^n$ est dérivable sur $\mathbb{R}^*$ et, pour tout $x \in \mathbb{R}^*$, $g'(x) = nx^{n-1}$. Par exemple, $\dfrac{\mathrm{d}}{\mathrm{d}x}\left(\dfrac{1}{x^2}\right) = -\dfrac{2}{x^3}$.

• La fonction $h : \mathbb{R}_+ \longrightarrow \mathbb{R},\quad x \longmapsto \sqrt{x}$ est dérivable sur $\mathbb{R}_+^*$, n'est pas dérivable en 0, et, pour tout $x \in \mathbb{R}_+^*$, $h'(x) = \dfrac{1}{2\sqrt{x}}$.

• Pour tout $\alpha \in \mathbb{R}$, la fonction $k : \mathbb{R}_+^* \longrightarrow \mathbb{R},\quad x \longmapsto x^\alpha$ est dérivable sur $\mathbb{R}_+^*$ et, pour tout $x \in \mathbb{R}_+^*$, $k'(x) = \alpha x^{\alpha-1}$.

• Les fonctions sin et cos sont dérivables sur $\mathbb{R}$ et : $\sin' = \cos$, $\cos' = -\sin$.

• La fonction tan est dérivable sur $D = \displaystyle\bigcup_{k\in\mathbb{Z}} \left]-\frac{\pi}{2} + k\pi\,;\frac{\pi}{2} + k\pi\right[$ et on a, pour tout $x \in D$: $\tan'(x) = 1 + \tan^2 x = \dfrac{1}{\cos^2 x}$.

• La fonction $u : \mathbb{R} \longrightarrow \mathbb{R},\quad x \longmapsto \mathrm{e}^x$ est dérivable sur $\mathbb{R}$ et on a, pour tout $x \in \mathbb{R}$, $u'(x) = \mathrm{e}^x$.

• Pour tout $a \in]0\,;1 \cup]1\,;+\infty[$ fixé, la fonction $v : \mathbb{R} \longrightarrow \mathbb{R},\quad x \longmapsto a^x = \mathrm{e}^{x\ln a}$ est dérivable sur $\mathbb{R}$ et, pour tout $x \in \mathbb{R}$, $v'(x) = (\ln a)a^x$.

• Pour toute fonction $\varphi : I \longrightarrow \mathbb{C}$ dérivable sur I, la fonction

$$G : I \longrightarrow \mathbb{C},\quad x \longmapsto \mathrm{e}^{\varphi(x)}$$

est dérivable sur I et on a, pour tout $x \in I$, $G'(x) = \varphi'(x)\,\mathrm{e}^{\varphi(x)}$.

• La fonction $w : \mathbb{R}_+^* \longrightarrow \mathbb{R},\quad x \longmapsto \ln x$ est dérivable sur $\mathbb{R}_+^*$ et, pour tout $x \in \mathbb{R}_+^*$, $w'(x) = \dfrac{1}{x}$.

Ce paragraphe sera complété dans les chapitres 17 et 18 par les dérivées des fonctions hyperboliques directes et les dérivées des fonctions circulaires réciproques.

Avec la notation différentielle et selon les ensembles de définition, on a donc :

$$\frac{\mathrm{d}(x^\alpha)}{\mathrm{d}x} = \alpha x^{\alpha-1},\quad \frac{\mathrm{d}(\sin x)}{\mathrm{d}x} = \cos x,\quad \frac{\mathrm{d}(\cos x)}{\mathrm{d}x} = -\sin x,\quad \frac{\mathrm{d}(\tan x)}{\mathrm{d}x} = 1 + \tan^2 x,$$

$$\frac{\mathrm{d}(\mathrm{e}^x)}{\mathrm{d}x} = \mathrm{e}^x,\quad \frac{\mathrm{d}(a^x)}{\mathrm{d}x} = (\ln a)a^x,\quad \frac{\mathrm{d}(\mathrm{e}^{\varphi(x)})}{\mathrm{d}x} = \varphi'(x)\,\mathrm{e}^{\varphi(x)},\quad \frac{\mathrm{d}(\ln x)}{\mathrm{d}x} = \frac{1}{x}.$$

Dérivée logarithmique d'une fonction à valeurs > 0 :

Si une fonction f est un produit de puissances de fonctions, par exemple $f = u^\alpha v^\beta w^\gamma$ où $(\alpha, \beta, \gamma) \in \mathbb{R}^3$ est fixé et $u, v, w : I \longrightarrow \mathbb{R}$ sont dérivables sur I et à valeurs > 0, alors f est dérivable sur I et, au, lieu d'exprimer f' comme somme de trois produits, $f' = \alpha u^{\alpha-1}u'v^\beta w^\gamma + u^\alpha \beta v^{\beta-1}v'w^\gamma + u^\alpha v^\beta \gamma w^{\gamma-1}w'$, il peut être plus intéressant, en particulier en Physique et Chimie, d'utiliser la dérivée du logarithme de f, appelée **dérivée logarithmique** de f (le terme n'est pas dans le Programme officiel), qui est : $(\ln\circ f)' = \dfrac{f'}{f} = \alpha\dfrac{u'}{u} + \beta\dfrac{v'}{v} + \gamma\dfrac{w'}{w}$.

Notion de dérivées partielles pour une fonction de plusieurs variables réelles :
Pour une fonction de plusieurs variables réelles, par exemple $f : \mathbb{R}^3 \longrightarrow \mathbb{R}$, on peut, sous réserve d'existence, considérer les **dérivées partielles** de f par rapport à x, par rapport à y, par rapport à z, qui sont obtenues en fixant deux des trois variables et en faisant varier la troisième. Par exemple, la dérivée partielle de f par rapport à x, qui est notée $\dfrac{\partial f}{\partial x}$, est la fonction qui est obtenue en fixant y et z et en dérivant f par rapport à x.

Exemple

Pour $f : \mathbb{R}^3 \longrightarrow \mathbb{R}, \quad (x,y,z) \longmapsto x^5y^3z^2 + \mathrm{e}^{x^2y^3z^4}$, la dérivée partielle de f par rapport à x est obtenue en fixant y et z et en dérivant par rapport à x :

$$\frac{\partial f}{\partial x}(x,y,z) = 5x^4y^3z^2 + 2xy^3z^4\,\mathrm{e}^{x^2y^3z^4}$$

et, de même :

$$\frac{\partial f}{\partial y}(x,y,z) = 3x^5y^2z^2 + 3x^2y^2z^4\,\mathrm{e}^{x^2y^3z^4}, \quad \frac{\partial f}{\partial z}(x,y,z) = 2x^5y^3z + 4x^2y^3z^3\,\mathrm{e}^{x^2y^3z^4}.$$

3 Variations des fonctions

Proposition

Si $f : I \longrightarrow \mathbb{R}$ est dérivable sur I, alors :

- f est constante si et seulement si $f' = 0$
- f est croissante sur I si et seulement si $f' \geqslant 0$
- f est décroissante sur I si et seulement si $f' \leqslant 0$
- f est strictement croissante sur I si et seulement si :
$f' \geqslant 0$ et f' ne s'annule sur aucun sous-intervalle non vide ni réduit à un point de I
- f est strictement décroissante sur I si et seulement si :
$f' \leqslant 0$ et f' ne s'annule sur aucun sous-intervalle non vide ni réduit à un point de I.

Attention

Si f est strictement croissante, on ne peut pas en déduire que $f' > 0$, on déduit seulement que $f' \geqslant 0$ et, pour tout véritable sous-intervalle de I, f' n'est pas constamment nulle sur ce sous-intervalle.

Exemple

La fonction $f : \mathbb{R} \longrightarrow \mathbb{R}, \quad x \longmapsto x^3$ est dérivable sur $\mathbb{R}$ et on a, pour tout $x \in \mathbb{R}$, $f'(x) = 3x^2$, donc $f' \geqslant 0$ et f' ne s'annule qu'en 0, donc f est strictement croissante sur $\mathbb{R}$.

Les propriétés précédentes sont surtout utilisées dans l'étude des variations des fonctions, et les résultats sont, en général, consignés dans un tableau de variations.

Exemple

La fonction $f : [0\,;+\infty[\longrightarrow \mathbb{R},\ x \longmapsto \dfrac{x}{1+x^2}$ est dérivable sur $[0\,;+\infty[$ et, pour tout $x \in [0\,;+\infty[,\ f'(x) = \dfrac{1-x^2}{(1+x^2)^2}$, d'où le tableau de variations de f :

x	0		1		$+\infty$
$f'(x)$		$+$	0	$-$	
$f(x)$	0	$\nearrow$	$1/2$	$\searrow$	0

Le tableau de variations donne déjà une idée de l'allure de la représentation graphique de la fonction. Dans l'exemple ci-dessus, la fonction f admet un maximum en 1 et ce maximum est égal à $1/2$.

L'étude des variations des fonctions est un outil fondamental en analyse, entre autres pour le calcul d'extrémums et l'obtention d'inégalités.

Théorème : dérivée d'une fonction réciproque

Si une fonction $f : I \longrightarrow \mathbb{R}$ est dérivable sur l'intervalle I et si $f' > 0$ ou $f' < 0$, alors l'application (encore notée f) $f : I \longrightarrow f(I),\ x \longmapsto f(x)$ est bijective, l'application réciproque $f^{-1} : f(I) \longrightarrow I$ est dérivable sur $f(I)$ et : $(f^{-1})' = \dfrac{1}{f' \circ f^{-1}}$

4 Fonctions de classe C^1

On anticipe ici sur la notion de continuité, qui sera étudiée dans le chapitre 26.

Définition

On dit qu'une fonction $f : I \longrightarrow \mathbb{K}$ est **de classe** C^1 sur I si et seulement si :

f est dérivable sur I et f' est continue sur I.

Remarque :

1) Il se peut qu'une fonction $f : I \longrightarrow \mathbb{K}$ soit dérivable sur I sans être de classe C^1 sur I, c'est-à-dire qu'il se peut que f' existe sur I et que f' ne soit pas continue sur I, ce qui est le cas, par exemple, de la fonction :

$$f : [0\,;+\infty[\longrightarrow \mathbb{R},\ x \longmapsto \begin{cases} x^{3/2}\sin\dfrac{1}{x} & \text{si } x > 0 \\ 0 & \text{si } x = 0. \end{cases}$$

2) Les fonctions de classe C^1 seront privilégiées par rapport aux fonctions plus généralement dérivables lors de l'étude de l'intégration sur un segment (au second semestre), puis, en seconde année, lors de l'étude des suites et séries de fonctions et des intégrales à paramètre.

Proposition

- Si $\lambda \in \mathbb{K}$ est fixé et si $f, g : I \longrightarrow \mathbb{K}$ sont de classe C^1 sur I, alors $f+g$, λf, fg sont de classe C^1 sur I.
- Si $f, g : I \longrightarrow \mathbb{K}$ sont de classe C^1 sur I et si g ne s'annule en aucun point de I, alors $\dfrac{f}{g}$ est de classe C^1 sur I.
- Si $f : I \longrightarrow \mathbb{R}$ est de classe C^1 sur I, si $f(I) \subset J$ et si $g : J \longrightarrow \mathbb{K}$ est de classe C^1 sur J, alors $g \circ f$ est de classe C^1 sur I.
- Si $f : I \longrightarrow \mathbb{R}$ est de classe C^1 sur I et si $f' > 0$ ou $f' < 0$, alors f^{-1} est de classe C^1 sur $f(I)$.

En résumé : la somme, le produit, le quotient (à dénominateur ne s'annulant pas), la composée, la réciproque (avec $f' > 0$ ou $f' < 0$), de fonctions de classe C^1 sont de classe C^1.

5 Dérivées successives

On convient que, pour toute fonction $f : I \longrightarrow \mathbb{K}$, la dérivée 0-ième de f existe et est égale à f : $f^{(0)} = f$. On définit, sous réserve d'existence, les **dérivées successives** d'une fonction $f : I \longrightarrow \mathbb{K}$ en un point $a \in I$ ou sur tout l'intervalle :

$$f''(a) = (f')'(a), \quad f'' = (f')', \quad f^{(3)}(a) = (f'')'(a), \quad f^{(3)} = (f'')', \dots$$
$$f^{(n)}(a) = \big(f^{(n-1)}\big)'(a), \quad f^{(n)} = \big(f^{(n-1)}\big)', \dots$$

Exemple

1) Pour $f : \mathbb{R} \longrightarrow \mathbb{R}$, $x \longmapsto x^2$, les dérivées successives sont définies en tout point de $\mathbb{R}$ et on a, pour tout $x \in \mathbb{R}$: $f'(x) = 2x$, $f''(x) = 2$, $f^{(3)}(x) = 0$, $f^{(n)}(x) = 0$ pour tout $n \geqslant 3$.

2) Pour $\omega \in \mathbb{R}_+^*$ fixé, et $g : \mathbb{R} \longrightarrow \mathbb{C}$, $t \longmapsto \mathrm{e}^{\,\mathrm{i}\,\omega t}$ (donc à valeurs complexes), les dérivées successives sont définies en tout point de $\mathbb{R}$ et on a, pour tout $x \in \mathbb{R}$: $g'(x) = \mathrm{i}\,\omega\,\mathrm{e}^{\,\mathrm{i}\,\omega t}$, $g''(x) = -\omega^2\,\mathrm{e}^{\,\mathrm{i}\,\omega t}, \dots, g^{(n)}(t) = (\mathrm{i}\,\omega)^n\,\mathrm{e}^{\,\mathrm{i}\,\omega t}$ pour tout $n \in \mathbb{N}$.

Pour $n \in \mathbb{N}^*$ et $f : I \longrightarrow \mathbb{K}$, on dit que f est n **fois dérivable sur** I si et seulement si, pour tout $x \in I$, les dérivées successives $f'(x), \dots, f^{(n)}(x)$ existent.

Proposition

On a, pour $\lambda \in \mathbb{K}$ fixé et $f, g : I \longrightarrow \mathbb{K}$ n fois dérivables sur I :

- $f+g$ est n fois dérivable sur I et $(f+g)^{(n)} = f^{(n)} + g^{(n)}$
- λf est n fois dérivable sur I et $(\lambda f)^{(n)} = \lambda f^{(n)}$
- fg est n fois dérivable sur I et $$(fg)^{(n)} = \sum_{k=0}^{n} \binom{n}{k} f^{(k)} g^{(n-k)}$$ (formule de Leibniz)
- Si, de plus, g ne s'annule en aucun point de I, alors $\dfrac{f}{g}$ est n fois dérivable sur I.

Il n'y a pas de formule simple pour la dérivée n-ième d'une composée en général ni pour la dérivée n-ième d'une fonction réciproque en général.

Exercices d'apprentissage

16.1

Calculer les dérivées des fonctions suivantes :

$$a : x \longmapsto \cos(x^2), \qquad b : x \longmapsto \sin\frac{1}{x}, \qquad c : x \longmapsto \mathrm{e}^{-x}\sin x.$$

a) La fonction a est dérivable sur $\mathbb{R}$, par composition, et, pour tout $x \in \mathbb{R}$:

$$a'(x) = -2x\sin(x^2).$$

b) De même, la fonction b est dérivable sur $\mathbb{R}^*$ et, pour tout $x \in \mathbb{R}^*$:

$$b'(x) = -\frac{1}{x^2}\cos\frac{1}{x}.$$

c) De même, la fonction c est dérivable sur $\mathbb{R}$ et, pour tout $x \in \mathbb{R}$:

$$c'(x) = -\mathrm{e}^{-x}\sin x + \mathrm{e}^{-x}\cos x.$$

16.2

a) Soit I un intervalle de $\mathbb{R}$ symétrique par rapport à 0, c'est-à-dire tel que : $\forall x \in I,\ \ -x \in I$, et $f : I \longrightarrow \mathbb{K}$ une application dérivable sur I.
Montrer que :

1) si f est paire, alors f' est impaire,
2) si f est impaire, alors f' est paire.

b) Soient $T \in \mathbb{R}_+^*$, $f : \mathbb{R} \longrightarrow \mathbb{K}$ une application dérivable sur $\mathbb{R}$.
Montrer que, si f est T-périodique, alors f' est aussi T-périodique.

a) 1) Supposons que f est paire, c'est-à-dire :

$$\forall x \in I,\ \ f(-x) = f(x).$$

Par composition, la fonction $x \longmapsto f(-x)$ est dérivable sur I et on a, pour tout $x \in I$, en dérivant : $-f'(-x) = f'(x)$, donc f' est impaire.
2) Supposons que f est impaire, c'est-à-dire :

$$\forall x \in I,\ \ f(-x) = -f(x).$$

Par composition, la fonction $x \longmapsto f(-x)$ est dérivable sur I et on a, pour tout $x \in I$, en dérivant : $-f'(-x) = -f'(x)$, d'où $f'(-x) = f'(x)$, donc f' est paire.
b) Supposons que f est T-périodique :

$$\forall x \in \mathbb{R},\ \ f(x+T) = f(x).$$

Par composition, la fonction $x \longmapsto f(x+T)$ est dérivable sur I et, pour tout $x \in \mathbb{R}$, on a, en dérivant : $f'(x+T)\cdot 1 = f'(x)$, donc f' est T-périodique.

16.3

a) La fonction $f : \mathbb{R} \longrightarrow \mathbb{R}, \quad x \longmapsto \sqrt[3]{(\sin x)^5}$ est-elle dérivable en 0 ?
b) La fonction $g : \mathbb{R} \longrightarrow \mathbb{R}, \quad x \longmapsto \sqrt{|\sin x|}$ est-elle dérivable en 0 ?

a) On ne peut pas appliquer le théorème de dérivabilité d'une composée, puisque la fonction $t \longmapsto \sqrt[3]{t}$ n'est pas dérivable en 0. Il nous faut donc revenir à la définition de la dérivabilité en un point.

On a, pour $x \neq 0$: $\dfrac{f(x)-f(0)}{x-0} = \dfrac{\sqrt[3]{(\sin x)^5}}{x} = \underbrace{\sqrt[3]{(\sin x)^2}}_{\longrightarrow 0}\underbrace{\dfrac{\sin x}{x}}_{\longrightarrow 1} \underset{x \longrightarrow 0}{\longrightarrow} 0.$

On conclut que f est dérivable en 0 et que $f'(0) = 0$.
Le lecteur verra au second semestre que, dans certains cas, l'étude de la dérivabilité d'une fonction en un point pourra être facilitée par l'utilisation des développements limités.

b) De même, pour $x \in]0\,;\pi[$: $\dfrac{g(x)-g(0)}{x-0} = \dfrac{\sqrt{|\sin x|}}{x} = \underbrace{\sqrt{\dfrac{\sin x}{x}}}_{\longrightarrow 1}\underbrace{\dfrac{1}{\sqrt{x}}}_{\longrightarrow +\infty} \underset{x \longrightarrow 0^+}{\longrightarrow} +\infty.$

On conclut que g n'est pas dérivable en 0.

16.4

Montrer que la fonction $f : \mathbb{R}_+^* \longrightarrow \mathbb{R}, \quad x \longmapsto \dfrac{1}{x} - \ln x$ est strictement décroissante sur $\mathbb{R}_+^*$.

Par opérations, la fonction f est dérivable sur $\mathbb{R}_+^*$ et, pour tout $x \in \mathbb{R}_+^*$:

$$f'(x) = -\frac{1}{x^2} - \frac{1}{x} < 0,$$

donc, d'après le cours, f est strictement décroissante sur l'intervalle $\mathbb{R}_+^*$.
Attention : Bien s'assurer que l'on travaille sur un intervalle et non sur une réunion de plusieurs intervalles.
Par exemple, la fonction $g : \mathbb{R}^* \longrightarrow \mathbb{R}, \quad x \longmapsto \dfrac{1}{x}$ est dérivable sur $\mathbb{R}^*$ et, pour tout $x \in \mathbb{R}^*$, $g'(x) = -\dfrac{1}{x^2} < 0$, mais g n'est pas strictement décroissante sur $\mathbb{R}^*$ car $-1 < 1$ et pourtant $g(-1) < g(1)$.

16.5

Montrer, pour tout $x \in]-1\,;+\infty[$: $\quad \dfrac{x}{1+x} \leqslant \ln(1+x) \leqslant x.$

1) La fonction $f :]-1\,;+\infty[\longrightarrow \mathbb{R}, \quad x \longmapsto \ln(1+x) - \dfrac{x}{1+x}$ est dérivable sur $]-1\,;+\infty[$ et on a, pour tout $x \in]-1\,;+\infty[$:

$$f'(x) = \frac{1}{1+x} - \frac{1}{(1+x)^2} = \frac{x}{(1+x)^2},$$

d'où le tableau de variations de f :

x	-1		0		$+\infty$
$f'(x)$	‖	$-$	0	$+$	
$f(x)$	‖	↘	0	↗	

Comme $f(0) = 0$, on déduit : $\forall x \in]-1\,;+\infty[, \quad f(x) \geqslant 0$, d'où :

$$\forall x \in]-1\,;+\infty[, \quad \frac{x}{1+x} \leqslant \ln(1+x).$$

2) La fonction $g :]-1\,;+\infty[\longrightarrow \mathbb{R}, \quad x \longmapsto x - \ln(1+x)$ est dérivable sur $]-1\,;+\infty[$ et on a, pour tout $x \in]-1\,;+\infty[$:

$$g'(x) = 1 - \frac{1}{1+x} = \frac{x}{1+x},$$

d'où le tableau de variations de g :

x	-1		0		$+\infty$
$g'(x)$	‖	$-$	0	$+$	
$g(x)$	‖	↘	0	↗	

Comme $g(0) = 0$, on déduit : $\forall x \in]-1\,;+\infty[, \quad g(x) \geqslant 0$, d'où : $\forall x \in]-1\,;+\infty[, \quad \ln(1+x) \leqslant x$.
On conclut à l'encadrement demandé.

Remarque : L'inégalité

$$\forall x \in]-1+\infty[, \quad \ln(1+x) \leqslant x$$

est classique et doit être mémorisée.

16.6

Calculer, pour tout $n \in \mathbb{N}^*$, la dérivée n-ième de
$$f : \mathbb{R} \longrightarrow \mathbb{R}, \quad x \longmapsto (x^3 + x - 2)\,\mathrm{e}^{-x}.$$

Par multiplication, pour tout $n \in \mathbb{N}$, f est n fois dérivable sur $\mathbb{R}$. En notant $u : x \longmapsto x^3+x-2$ et $v : x \longmapsto \mathrm{e}^{-x}$, on a, par la formule de Leibniz, pour tout $x \in \mathbb{R}$:

$$f^{(n)}(x) = \sum_{k=0}^{n} \binom{n}{k} u^{(k)}(x) v^{(n-k)}(x).$$

Attention : Ne pas oublier les coefficients binomiaux dans la formule de Leibniz, ainsi que dans la formule du binôme de Newton.
D'une part, pour tout $x \in \mathbb{R}$:

$$u^{(0)}(x) = u(x) = x^3 + x - 2, \qquad u^{(1)}(x) = u'(x) = 3x^2 + 1,$$
$$u^{(2)}(x) = 6x, \qquad u^{(3)}(x) = 6,$$
$$u^{(k)}(x) = 0 \ \text{ pour tout } k \geqslant 4.$$

D'autre part, pour tout $x \in \mathbb{R}$:

$$v^{(0)}(x) = v(x) = \mathrm{e}^{-x}, \qquad v^{(1)}(x) = v'(x) = -\mathrm{e}^{-x},$$
$$v^{(\ell)}(x) = (-1)^{\ell}\,\mathrm{e}^{-x} \quad \text{pour tout } \ell \geqslant 0.$$

Ainsi, dans l'expression de $f^{(n)}(x)$, il ne reste au plus que les quatre premiers termes, et on obtient :

$$f^{(n)}(x) = (x^3+x-2)(-1)^n\,\mathrm{e}^{-x} + n(3x^2+1)(-1)^{n-1}\,\mathrm{e}^{-x} + \frac{n(n-1)}{2}6x(-1)^{n-2}\,\mathrm{e}^{-x} + \frac{n(n-1)(n-2)}{6}6(-1)^{n-3}\,\mathrm{e}^{-x}$$

et on conclut : $f^{(n)}(x) = (-1)^n\big(x^3 - 3nx^2 + (3n^2-3n+1)x - (n^3-3n^2+3n+2)\big)\,\mathrm{e}^{-x}$.
On peut remarquer que la première formule est vraie pour $n = 0, ..., 3$, car, dans ces cas, les facteurs $n, \dfrac{n(n-1)}{2}, ...$ sont nuls.

16.7

Calculer, pour tout $n \in \mathbb{N}^*$, la dérivée n-ième de $f : \mathbb{R}^* \longrightarrow \mathbb{R},\ x \longmapsto \dfrac{1}{x}$.

Par quotient, pour tout $n \in \mathbb{N}^*$, f est dérivable sur $\mathbb{R}^*$ et, pour tout $x \in \mathbb{R}^*$:

$$f(x) = x^{-1}, \qquad f'(x) = -x^{-2}, \qquad f''(x) = (-1)(-2)x^{-3} = 2!\,x^{-3}.$$

Montrons, par récurrence sur $n \in \mathbb{N}$: $\forall n \in \mathbb{N},\ \forall x \in \mathbb{R}^*,\ f^{(n)}(x) = (-1)^n \dfrac{n!}{x^{n+1}}$.

1) C'est vrai pour $n = 0$, évident.

2) Si c'est vrai pour un $n \in \mathbb{N}$, alors, pour tout $x \in \mathbb{R}^*$, en dérivant :

$$f^{(n+1)}(x) = (-1)^n n!\big(-(n+1)\big)x^{-(n+1)-1} = (-1)^{n+1}\frac{(n+1)!}{x^{(n+1)+1}},$$

donc c'est vrai pour $n+1$.

On conclut, par récurrence sur n : $\forall n \in \mathbb{N},\ \forall x \in \mathbb{R}^*,\ f^{(n)}(x) = (-1)^n \dfrac{n!}{x^{n+1}}$.

16.8

On considère la fonction $f : \mathbb{R} \longrightarrow \mathbb{R},\ x \longmapsto \mathrm{e}^{x}\cos x$. Calculer $f^{(100)}(1)$.

Passons par les nombres complexes :

$$\forall x \in \mathbb{R},\ f(x) = \mathrm{e}^{x}\cos x = \mathrm{e}^{x}\,\frac{\mathrm{e}^{\,\mathrm{i}\,x} + \mathrm{e}^{-\mathrm{i}\,x}}{2} = \frac{1}{2}\mathrm{e}^{(1+\mathrm{i})x} + \frac{1}{2}\mathrm{e}^{(1-\mathrm{i})x}.$$

Par opérations, pour tout $n \in \mathbb{N}$, f est n fois dérivable sur $\mathbb{R}$ et, pour tout $x \in \mathbb{R}$:

$$f^{(n)}(x) = \frac{1}{2}(1+\mathrm{i})^n\,\mathrm{e}^{(1+\mathrm{i})x} + \frac{1}{2}(1-\mathrm{i})^n\,\mathrm{e}^{(1-\mathrm{i})x}.$$

En particulier : $f^{(100)}(1) = \dfrac{1}{2}(1+\mathrm{i})^{100}\,\mathrm{e}^{1+\mathrm{i}} + \dfrac{1}{2}(1-\mathrm{i})^{100}\,\mathrm{e}^{1-\mathrm{i}}$.
On calcule : $(1+\mathrm{i})^{100} = \big((1+\mathrm{i})^2\big)^{50} = (2\,\mathrm{i})^{50} = 2^{50}(-1)^{25} = -2^{50}$ et, de même, ou par conjugaison : $(1-\mathrm{i})^{100} = -2^{50}$.
D'où :

$$f^{(100)}(1) = -2^{49}(\mathrm{e}^{1+\mathrm{i}} + \mathrm{e}^{1-\mathrm{i}}) = -2^{49}\,\mathrm{e}\,(\mathrm{e}^{\,\mathrm{i}} + \mathrm{e}^{-\mathrm{i}}) = -2^{50}\,\mathrm{e}\cos 1.$$

Exercices d'entraînement

16.9 Un encadrement classique de $\ln(1+x)$

Montrer : $\forall x \in [0\,;+\infty[,\quad x - \dfrac{x^2}{2} \leqslant \ln(1+x) \leqslant x.$

16.10 Exemple de fonction bijective, de fonction réciproque et d'étude de classe

On considère l'application $f : \mathbb{R}_+ \longrightarrow \mathbb{R}_+,\quad x \longmapsto \sqrt{x} + x.$

a) Montrer que f n'est pas de classe C^1 sur $\mathbb{R}_+$.

b) Montrer que f est une bijection de $\mathbb{R}_+$ sur $\mathbb{R}_+$ et exprimer la fonction réciproque f^{-1} de f.

c) Montrer que f^{-1} est de classe C^1 sur $\mathbb{R}_+$.

d) Tracer, sur un même schéma, les représentations graphiques de f et f^{-1}.

16.11 Une inégalité classique sur $\sin x$

a) Montrer : $\forall x \in \left[0\,;\dfrac{\pi}{2}\right],\quad \cos x \geqslant 1 - \dfrac{2x}{\pi}.$

b) En déduire : $\forall x \in \left[0\,;\dfrac{\pi}{2}\right],\quad \sin x \geqslant \dfrac{2x}{\pi}.$

16.12 L'équation fonctionnelle la plus classique, cas dérivable

Trouver toutes les applications $f : \mathbb{R} \longrightarrow \mathbb{R}$ dérivables telles que :

$$\forall (x,y) \in \mathbb{R}^2,\quad f(x+y) = f(x) + f(y).$$

16.13 Résolution d'équation par utilisation des variations d'une fonction

Résoudre l'équation, d'inconnue $x \in \mathbb{R}$: $\quad 3^x + 4^x = 5^x.$

16.14 Exemple d'inégalité à deux variables, utilisation d'une fonction auxiliaire

Montrer, pour tout $(x,y) \in \mathbb{R}^2$ tel que $0 < x < y$:

$$\mathrm{e}^y - \mathrm{e}^x < y\,\mathrm{e}^y - x\,\mathrm{e}^x.$$

16.15 Exemple d'inégalité à deux variables successives

Montrer, pour tout $(x,y) \in \mathbb{R}_+^* \times \mathbb{R}$: $\quad xy \leqslant x \ln x + \mathrm{e}^{y-1}.$

Corrigés des exercices d'entraînement

16.9

1) La fonction

$$f : [0\,;+\infty[\longrightarrow \mathbb{R},$$
$$x \longmapsto \ln(1+x) - \left(x - \frac{x^2}{2}\right)$$

est dérivable sur $[0\,;+\infty[$ et on a, pour tout $x \in [0\,;+\infty[$:

$$f\,'(x) = \frac{1}{1+x} - (1-x) = \frac{1-(1-x^2)}{1+x} = \frac{x^2}{1+x},$$

d'où le tableau de variations de f :

x	0	$+\infty$
$f'(x)$	0 $+$	
$f(x)$	0 ↗	

On déduit : $\forall x \in [0\,;+\infty[,\quad f(x) \geqslant 0$,
ce qui montre la première inégalité.

2) La seconde inégalité est classique et a déjà été montrée dans l'exercice 16.5.

16.10

a) On a, pour $x > 0$:

$$\frac{f(x)-f(0)}{x-0} = \frac{\sqrt{x}+x}{x} = \frac{1}{\sqrt{x}} + 1 \underset{x \longrightarrow 0}{\longrightarrow} +\infty,$$

donc f n'est pas dérivable en 0, et donc f n'est pas de classe C^1 sur $[0\,;+\infty[$.

b) D'abord, il est clair que f est bien une application de $\mathbb{R}_+$ dans $\mathbb{R}_+$.

On a, pour tout $(x,y) \in (\mathbb{R}_+)^2$, en notant $t = \sqrt{x} \in \mathbb{R}_+$:

$$y = f(x) \iff y = t + t^2 \iff t^2 + t - y = 0.$$

Le discriminant Δ de ce trinôme du second degré en t est $\Delta = 1 + 4y > 0$, donc ce trinôme admet, dans $\mathbb{R}$, deux zéros, qui sont

$\dfrac{-1-\sqrt{1+4y}}{2}$, qui est < 0,

$\dfrac{-1+\sqrt{1+4y}}{2}$, qui est $\geqslant 0$.

Il en résulte :

$$y = f(x) \iff t = \frac{-1+\sqrt{1+4y}}{2}$$
$$\iff x = \left(\frac{-1+\sqrt{1+4y}}{2}\right)^2.$$

On conclut que f est une bijection de $\mathbb{R}_+$ sur $\mathbb{R}_+$ et que l'application réciproque f^{-1} de f est donnée par :

$$\forall y \in \mathbb{R}_+,\quad f^{-1}(y) = \left(\frac{\sqrt{1+4y}-1}{2}\right)^2.$$

c) Puisque, pour tout $y \in \mathbb{R}_+$, $1+4y > 0$ et que la fonction racine carrée est de classe C^1 sur $\mathbb{R}_+^*$, on déduit de la formule précédente, par composition, que f^{-1} est de classe C^1 sur $\mathbb{R}_+$.

d)

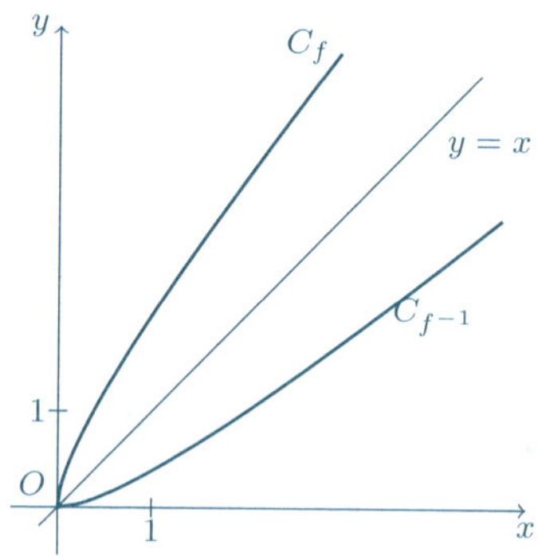

16.11

a) L'application

$$f : [0\,;\pi/2] \longrightarrow \mathbb{R},\quad x \longmapsto \cos x - 1 + \frac{2x}{\pi}$$

est deux fois dérivable sur $[0\,;\pi/2]$ et on a, pour tout $x \in [0\,;\pi/2]$:

$$f\,'(x) = -\sin x + \frac{2}{\pi},\qquad f\,''(x) = -\cos x.$$

d'où le tableau de variations de f :

x	0		α		$\pi/2$
$f''(x)$		$-$		$-$	
$f'(x)$	↘		0	↘	
$f'(x)$		$+$	0	$-$	
$f(x)$	0	↗		↘	0

Puisque f' est continue et strictement décroissante sur $[0\,;\pi/2]$ et que $f'(0) = \dfrac{2}{\pi} > 0$ et $f'(\pi/2) = \dfrac{2}{\pi} - 1 < 0$, on déduit, par le théorème de la bijection monotone, en anticipant sur le chapitre 26, que f' s'annule et change de signe en un point $\alpha \in]0\,;\pi/2[$ unique.

Enfin, comme $f(0) = 0$ et $f\left(\dfrac{\pi}{2}\right) = 0$, on déduit : $f \geqslant 0$, ce qui montre l'inégalité demandée.

b) Soit $x \in [0\,;\pi/2]$. Comme $\pi/2 - x \in [0\,;\pi/2]$, on peut appliquer le résultat de la question *a)* à $\pi/2 - x$ à la place de x, d'où :

$$\sin x = \cos\left(\frac{\pi}{2} - x\right) \geqslant 1 - \frac{2}{\pi}\left(\frac{\pi}{2} - x\right) = \frac{2}{\pi}x.$$

16.12

1) Soit f convenant.

Pour tout $x \in \mathbb{R}$, en dérivant par rapport à y, on déduit, pour tout $y \in \mathbb{R}$:

$$f'(x+y) = f'(y),$$

puis, en remplaçant y par 0 : $f'(x) = f'(0)$.

Ceci montre que la fonction f' est constante sur $\mathbb{R}$, $f' = a$, $a \in \mathbb{R}$ fixé, puis, comme la fonction $x \longmapsto f(x) - ax$ est de dérivée nulle, il existe $b \in \mathbb{R}$ tel que : $\forall x \in \mathbb{R},\ f(x) = ax + b$.

Enfin, en remplaçant x et y par 0 dans l'hypothèse de l'énoncé, on a : $f(0) = f(0) + f(0)$, d'où $f(0) = 0$, donc $b = 0$.

Ceci montre qu'il existe $a \in \mathbb{R}$ tel que :

$$\forall x \in \mathbb{R},\quad f(x) = ax.$$

2) Réciproquement, pour tout $a \in \mathbb{R}$ fixé, l'application $f : \mathbb{R} \longrightarrow \mathbb{R},\ x \longmapsto ax$ convient, car f est dérivable sur $\mathbb{R}$ et, pour tout $(x,y) \in \mathbb{R}^2$:

$$f(x+y) = a(x+y) = ax + ay = f(x) + f(y).$$

On conclut :

$$\mathcal{S} = \{f : \mathbb{R} \longrightarrow \mathbb{R},\ x \longmapsto ax\,;\ a \in \mathbb{R}\}.$$

16.13

1) On a, pour tout $x \in \mathbb{R}$:

$$3^x + 4^x = 5^x \iff \left(\frac{3}{4}\right)^x + 1 = \left(\frac{5}{4}\right)^x.$$

La fonction

$$f : \mathbb{R} \longrightarrow \mathbb{R},\quad x \longmapsto \left(\frac{3}{4}\right)^x + 1 - \left(\frac{5}{4}\right)^x$$

est dérivable sur $\mathbb{R}$ et, pour tout $x \in \mathbb{R}$:

$$f'(x) = \underbrace{\left(\ln\frac{3}{4}\right)}_{<0}\left(\frac{3}{4}\right)^x - \underbrace{\left(\ln\frac{5}{4}\right)}_{>0}\left(\frac{5}{4}\right)^x < 0$$

donc f est strictement décroissante sur $\mathbb{R}$.

Il en résulte que f s'annule en au plus un point.

2) On remarque :

$$f(2) = \left(\frac{3}{4}\right)^2 + 1 - \left(\frac{5}{4}\right)^2 = 0.$$

On conclut : $\mathcal{S} = \{2\}$.

16.14

On a, pour tout $(x,y) \in \mathbb{R}^2$ tel que $0 < x < y$:

$$\mathrm{e}^{y} - \mathrm{e}^{x} < y\,\mathrm{e}^{y} - x\,\mathrm{e}^{x} \iff \mathrm{e}^{y} - y\,\mathrm{e}^{y} < \mathrm{e}^{x} - x\,\mathrm{e}^{x}.$$

La fonction $f :]0\,;+\infty[\longrightarrow \mathbb{R},\ t \longmapsto \mathrm{e}^{t} - t\,\mathrm{e}^{t}$ est dérivable sur $]0\,;+\infty[$ et on a, pour tout $t \in]0\,;+\infty[$:

$$f'(t) = \mathrm{e}^{t} - \mathrm{e}^{t} - t\,\mathrm{e}^{t} = -t\,\mathrm{e}^{t} < 0,$$

donc f est strictement décroissante sur l'intervalle $]0\,;+\infty[$.

Il en résulte que, pour tout $(x,y) \in \mathbb{R}^2$ tel que $0 < x < y$, on a $f(y) < f(x)$, d'où l'inégalité voulue.

16.15

Soit $y \in \mathbb{R}$ fixé.

La fonction (qui dépend de y fixé précédemment)

$$f : \mathbb{R}_+^* \longrightarrow \mathbb{R},\quad x \longmapsto x\ln x + \mathrm{e}^{y-1} - xy$$

est dérivable sur $\mathbb{R}_+^*$ et, pour tout $x \in \mathbb{R}_+^*$:

$$f'(x) = \ln x + 1 - y.$$

On a, pour tout $x \in \mathbb{R}_+^*$:

$f'(x) > 0 \iff \ln x > y - 1 \iff x > \mathrm{e}^{y-1}$.

On en déduit le tableau de variations de f :

x	0		e^{y-1}		$+\infty$
$f'(x)$		$-$	0	$+$	
$f(x)$		↘		↗	

On a :

$$f(\mathrm{e}^{y-1}) = \mathrm{e}^{y-1}(y-1) + \mathrm{e}^{y-1} - \mathrm{e}^{y-1}y = 0.$$

Il en résulte : $\forall x \in \mathbb{R}_+^*,\ f(x) \geqslant 0$

et on conclut à l'inégalité demandée.

17 Fonctions logarithmes, exponentielles, puissances

Le logarithme népérien, grâce à la formule $\ln(ab) = \ln a + \ln b$, pour $(a,b) \in (\mathbb{R}_+^*)^2$, permet de faire intervenir une addition au lieu d'une multiplication, et se trouve parmi les fonctions les plus usitées. Sa réciproque, la fonction exponentielle est aussi une fonction fondamentale, en particulier pour la résolution des équations différentielles linéaires.

Rappels de cours

1 Logarithme népérien

Définition

On appelle **logarithme népérien** (ou aussi : logarithme naturel), et on note ln, l'application de $]0\,;+\infty[$ dans $\mathbb{R}$ définie par : $\forall x \in]0\,;+\infty[,\quad \ln(x) = \displaystyle\int_1^x \frac{1}{t}\,\mathrm{d}t.$

On note souvent $\ln x$, sans parenthèses, au lieu de $\ln(x)$, s'il n'y a pas de risque de confusion.
On dit que $\ln x$ est le **logarithme népérien** de x.

Proposition

On a, pour tous $a, b, x \in \mathbb{R}_+^*$, $\;n \in \mathbb{N}$, $\;p \in \mathbb{Z}$, $\;a_1, \dots, a_n \in \mathbb{R}_+^*$:

$\ln 1 = 0$,

ln est indéfiniment dérivable sur $\mathbb{R}_+^*$ et : $\forall x \in \mathbb{R}_+^*,\quad \ln'(x) = \dfrac{1}{x}$,

ln est strictement croissant sur $]0\,;+\infty[$,

$$\ln a = \ln b \iff a = b, \qquad \ln a \leqslant \ln b \iff a \leqslant b, \qquad \ln a < \ln b \iff a < b,$$

$$\ln(ab) = \ln a + \ln b, \quad \ln\frac{a}{b} = \ln a - \ln b, \quad \ln\Big(\prod_{k=1}^{n} a_k\Big) = \sum_{k=1}^{n} \ln a_k, \quad \ln(a^p) = p\ln a,$$

$$\ln x \underset{x \longrightarrow +\infty}{\longrightarrow} +\infty, \quad \ln x \underset{x \longrightarrow 0^+}{\longrightarrow} -\infty, \quad \frac{\ln x}{x} \underset{x \longrightarrow +\infty}{\longrightarrow} 0, \quad \frac{\ln(1+x)}{x} \underset{x \longrightarrow 0}{\longrightarrow} 1.$$

Attention

Ne pas transformer trop vite $\ln(ab)$ en $\ln a + \ln b$: il ne faut pas oublier de supposer, pour cela, que a et b sont tous les deux > 0. Par exemple : $\ln\big((-2)(-3)\big)$ n'est pas égal à $\ln(-2) + \ln(-3)$, car cette dernière expression n'existe pas.
Si $a < 0$ et $b < 0$, on a : $\ln(ab) = \ln\big((-a)(-b)\big) = \ln(-a) + \ln(-b)$. L'écriture $\ln(-a)$ est correcte ici, puisque $-a > 0$, vu que $a < 0$. Cela revient à remarquer qu'une expression mathématique commençant par un signe « $-$ » n'est pas forcément négative, puisque ce qui suit le signe « $-$ » peut lui-même être négatif. Le lecteur

rencontrera à nouveau cette mise en garde lors de calculs de développements en série entière, en seconde année.

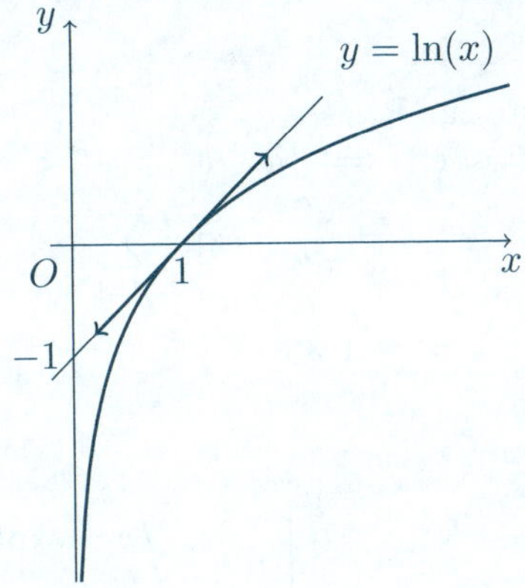

Représentation graphique de la fonction ln

2 Exponentielle

Puisque l'application ln : $\mathbb{R}_+^* \longrightarrow \mathbb{R}$ est continue, strictement croissante, et que $\ln x \underset{x \longrightarrow 0^+}{\longrightarrow} -\infty$ et $\ln x \underset{x \longrightarrow +\infty}{\longrightarrow} +\infty$, on déduit, par le théorème de la bijection monotone (voir le chapitre 26) que la fonction ln est une bijection de $\mathbb{R}_+^*$ sur $\mathbb{R}$.

Définition

L'application réciproque de la fonction ln est appelée la fonction **exponentielle** et est notée $\exp : \mathbb{R} \longrightarrow \mathbb{R}_+^*$.

On note souvent $\exp x$, sans parenthèses, au lieu de $\exp(x)$ (s'il n'y a pas de risque de confusion), comme on le fait déjà pour ln, sin, cos, tan et qu'on le fera pour sh, ch dans le chapitre 17 et pour Arcsin, Arccos, Arctan dans le chapitre 18.

On note aussi, plus souvent, e^x au lieu de $\exp x$, en anticipant sur les fonctions puissances, voir page 202. Le choix entre les deux notations, $\exp(x)$ ou e^x est souvent motivé par des raisons d'ordre typographique ou de commodité d'écriture.

On a donc : $\forall (x, y) \in \mathbb{R} \times \mathbb{R}_+^*, \quad (y = \exp x \iff x = \ln y)$

Souvent, on note aussi $\exp : \mathbb{R} \longrightarrow \mathbb{R}, \quad x \longmapsto \exp(x)$, en prenant comme arrivée $\mathbb{R}$ au lieu de $\mathbb{R}_+^*$.

On note $\mathrm{e} = \exp(1) \simeq 2,718\,282$.

Proposition

On a, pour tous $a, b, x \in \mathbb{R}$, $n \in \mathbb{N}$, $p \in \mathbb{Z}$, $a_1, ..., a_n \in \mathbb{R}$:

$\mathrm{e}^0 = 1, \qquad \mathrm{e}^1 = \mathrm{e}$,

exp est indéfiniment dérivable sur $\mathbb{R}$ et : $\forall x \in \mathbb{R}, \quad \exp'(x) = \exp(x)$,

ou aussi : $\dfrac{\mathrm{d}(\mathrm{e}^x)}{\mathrm{d}x} = \mathrm{e}^x$,

exp est strictement croissante sur $\mathbb{R}$,

$\mathrm{e}^a = \mathrm{e}^b \iff a = b, \qquad \mathrm{e}^a \leqslant \mathrm{e}^b \iff a \leqslant b, \qquad \mathrm{e}^a < \mathrm{e}^b \iff a < b,$

$\mathrm{e}^{a+b} = \mathrm{e}^a\,\mathrm{e}^b, \quad \mathrm{e}^{-b} = \dfrac{1}{\mathrm{e}^b}, \quad \mathrm{e}^{a-b} = \dfrac{\mathrm{e}^a}{\mathrm{e}^b}, \quad \exp\left(\sum_{k=1}^{n} a_k\right) = \prod_{k=1}^{n} \mathrm{e}^{a_k}, \quad (\mathrm{e}^a)^p = \mathrm{e}^{pa},$

$\mathrm{e}^x \underset{x \longrightarrow +\infty}{\longrightarrow} +\infty, \qquad \dfrac{\mathrm{e}^x}{x} \underset{x \longrightarrow +\infty}{\longrightarrow} +\infty, \qquad \mathrm{e}^x \underset{x \longrightarrow -\infty}{\longrightarrow} 0, \qquad \dfrac{\mathrm{e}^x - 1}{x} \underset{x \longrightarrow 0}{\longrightarrow} 1.$

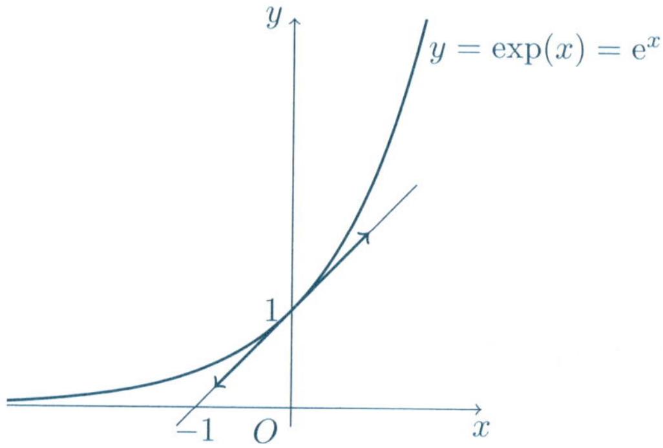

Représentation graphique de la fonction exp

3 Logarithme en base a

Définition

Soit $a \in]0\,;1[\cup]1\,;+\infty[$.

On appelle **logarithme en base** a (ou aussi : de base a), et on note $\log_a$ l'application de $\mathbb{R}_+^*$ dans $\mathbb{R}$ définie par : $\quad \forall x \in \mathbb{R}_+^*, \quad \log_a(x) = \dfrac{\ln x}{\ln a}$

On dit aussi que $\log_a(x)$ est le **logarithme de x en base a**.

On note aussi $\log_a x$, sans parenthèses, au lieu de $\log_a(x)$, s'il n'y a pas de risque de confusion.

En particulier, $\log_{\mathrm{e}} = \ln$. Les deux autres bases citées dans le Programme officiel sont $a = 2$ (logarithme en base 2, pour l'informatique et la combinatoire) et $a = 10$ (logarithme décimal, pour la Physique et la Chimie). Le cas $a \in]0\,;1[$ est peu usité.

Proposition

On a, pour tous $a \in]1\,;+\infty[$, $x, y \in \mathbb{R}$:

$$\log_a a = 1,$$

$$\log_a \text{ est indéfiniment dérivable sur } \mathbb{R}_+^* \text{ et : } \quad \forall x \in \mathbb{R}_+^*, \quad (\log_a)'(x) = \frac{1}{x \ln a},$$

$$\log_a(xy) = \log_a x + \log_a y, \qquad \log_a \frac{1}{x} = -\log_a x.$$

Attention

Dans la définition de $\log_a x$ et dans la valeur de sa dérivée, ne pas oublier le $\ln a$ au dénominateur.

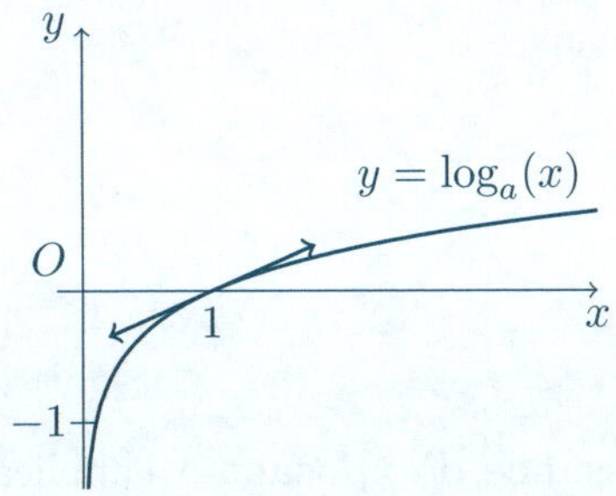

Représentation graphique de la fonction $\log_a$, $a > 1$ fixé

4 Exponentielle en base a

Définition

Soit $a \in]0\,;1[\cup]1\,;+\infty[$.
On appelle **exponentielle en base** a (ou aussi : de base a), et on note $\exp_a$, l'application de $\mathbb{R}$ dans $\mathbb{R}_+^*$ (ou aussi : dans $\mathbb{R}$) réciproque de $\log_a$.

Proposition

On a : $\quad \forall x \in \mathbb{R},\ \forall y \in \mathbb{R}_+^*, \quad \big(y = \exp_a x \iff x = \ln_a y\big).$

On note aussi a^x au lieu de $\exp_a x$ (voir aussi les puissances page 202).

Proposition

On a, pour tous $a, b \in]0\,;1[\cup]1\,;+\infty[$, $\ x, y \in \mathbb{R}$:

$$a^0 = 1, \quad a^{x+y} = a^x a^y, \quad \frac{1}{a^x} = a^{-x}, \quad (ab)^x = a^x b^x, \quad \left(\frac{a}{b}\right)^x = \frac{a^x}{b^x}, \quad (a^x)^y = a^{xy}.$$

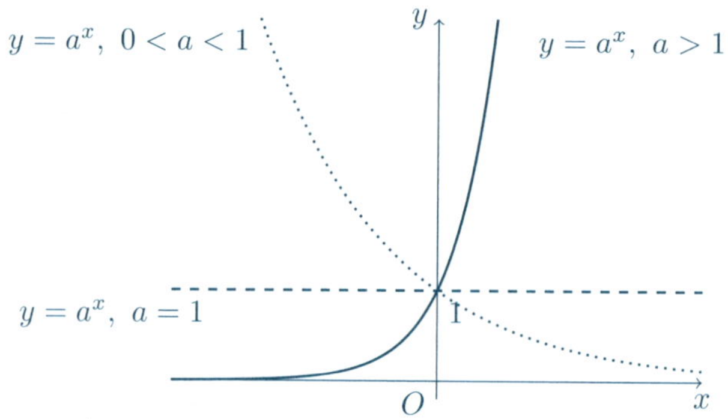

Représentation graphique de la fonction $\exp_a : x \longmapsto a^x$, $a > 0$ fixé

5 Puissances

Définition

Soit $\alpha \in \mathbb{R}$. On appelle **puissance d'exposant** α l'application, notée ici p_α, de $\mathbb{R}_+^*$ dans $\mathbb{R}$ définie par : $\forall x \in \mathbb{R}_+^*,\ \ p_\alpha(x) = x^\alpha = \mathrm{e}^{\alpha \ln x}$.

Si $\alpha > 0$, alors $\mathrm{e}^{\alpha \ln x} \underset{x \longrightarrow 0^+}{\longrightarrow} 0$, et on peut donc compléter p_α par continuité en 0 à droite en posant $p_\alpha(0) = 0$.

Si $\alpha = 0$, alors p_α est la fonction constante égale à 1 sur $]0\,;+\infty[$, et on peut donc compléter p_α par continuité en 0 à droite en posant $p_\alpha(0) = 1$.

Si $\alpha < 0$, alors $p_\alpha(x) \underset{x \longrightarrow 0^+}{\longrightarrow} +\infty$.

La fonction p_α est dérivable sur $]0\,;+\infty[$ et on a : $\forall x \in]0\,;+\infty[,\ \ p'_\alpha(x) = \alpha x^{\alpha-1}$.

Si $\alpha > 1$, alors p_α est dérivable en 0 et $p'_\alpha(0) = 0$.

Si $0 < \alpha < 1$, alors p_α est continue en 0 et non dérivable en 0, et $p'_\alpha(x) \underset{x \longrightarrow 0^+}{\longrightarrow} +\infty$, donc la représentation graphique de p_α admet en l'origine la demi-droite (Oy) comme demi-tangente.

Proposition

On a, pour tous $x, y \in \mathbb{R}_+^*$, $\alpha, \beta \in \mathbb{R}$:

$$(xy)^\alpha = x^\alpha y^\alpha, \qquad x^{\alpha+\beta} = x^\alpha x^\beta, \qquad (x^\alpha)^\beta = x^{\alpha\beta}.$$

Attention

Ne pas confondre x^{a+b} et x^{ab}.

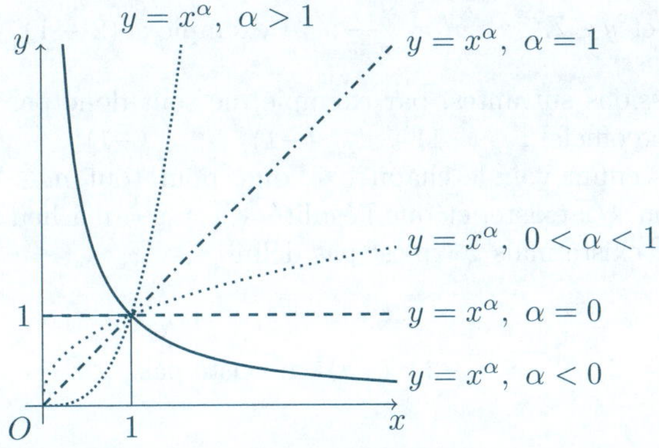

Représentation graphique de la fonction puissance $x \longmapsto x^\alpha$, $\alpha \in \mathbb{R}$ fixé

Pour $\alpha \in \mathbb{R}^*$, les applications

$$p_\alpha : \mathbb{R}_+^* \longrightarrow \mathbb{R}_+^*,\quad x \longmapsto x^\alpha \quad \text{et} \quad p_{\frac{1}{\alpha}} : \mathbb{R}_+^* \longrightarrow \mathbb{R}_+^*,\quad x \longmapsto x^{\frac{1}{\alpha}}$$

sont réciproques l'une de l'autre : $\forall x \in \mathbb{R}_+^*,\ \forall y \in \mathbb{R}_+^*,\quad \left(y = x^{\frac{1}{\alpha}} \iff x = y^\alpha\right)$

Attention

1) On a $0^0 = 1$ mais, si u, v sont des fonctions et si $u(x) \underset{x \longrightarrow a}{\longrightarrow} 0$ et $v(x) \underset{x \longrightarrow a}{\longrightarrow} 0$, il se peut que $\big(u(x)\big)^{v(x)}$ ne tende pas vers 1 lorsque x tend vers a. Autrement dit le nombre 0^0 est égal à 1 mais, pour des limites, l'écriture (abusive) 0^0 est une forme indéterminée (voir le chapitre 25).

2) L'usage veut que, pour $(a, b, c) \in \mathbb{R}_+^* \times \mathbb{R}_+^* \times \mathbb{R}$, on note a^{b^c} pour $a^{(b^c)}$.
Attention à ne pas confondre a^{b^c}, qui est égal à $a^{(b^c)}$, et a^{bc}, qui est égal à $(a^b)^c$.
Par exemple, $x^{2^3} = x^8$ et $(x^2)^3 = x^6$ sont différents (sauf valeurs particulières de x).

Remarque : Lorsque $\alpha \in \mathbb{N}$ ou $\alpha \in \mathbb{Z}$, l'ensemble de définition de la fonction puissance d'exposant α peut être étendu :

- Pour $\alpha \in \mathbb{N}$, la fonction $p_\alpha : x \longmapsto x^\alpha$ est définie sur $\mathbb{R}$, et même sur $\mathbb{C}$.

Par exemple, la fonction $x \longrightarrow x^3$ est définie sur $\mathbb{C}$.

- Pour $\alpha \in \mathbb{Z}_-^*$, la fonction $p_\alpha : x \longmapsto x^\alpha$ est définie sur $\mathbb{R}^*$, et même sur $\mathbb{C}^*$.

Par exemple, la fonction $x \longmapsto x^{-2}$ est définie sur $\mathbb{C}^*$.

Quand est-ce que x^y existe ?

L'expression x^y est définie, dans le cadre du Programme officiel, dans les cas suivants et ceux-ci seulement :

- $x \in \mathbb{R}_+^*$ et $y \in \mathbb{R}$: $x^y = \mathrm{e}^{\,y \ln x}$, exemple : $\pi^{\sqrt{2}} = \mathrm{e}^{\sqrt{2}\,\ln \pi}$
- $x = 0$ et $y \in \mathbb{R}_+^*$: $0^y = 0$, exemple : $0^{\sqrt{3}} = 0$
- $x = 0$ et $y = 0$: $0^0 = 1$
- $x \in \mathbb{C}$ et $y \in \mathbb{N}^*$: $x^y = x \cdot \ldots \cdot x$ (y facteurs),

exemple : $(1 + \mathrm{i})^3 = (1 + \mathrm{i})(1 + \mathrm{i})(1 + \mathrm{i})$

- $x \in \mathbb{C}^*$ et $y = 0$: $x^0 = 1$, exemples : $\mathrm{i}^0 = 1$, $(1 + 2\,\mathrm{i})^0 = 1$
- $x \in \mathbb{C}^*$ et $y \in \mathbb{Z}_-^*$: $x^y = \dfrac{1}{x^{-y}}$, exemple : $(2 - \mathrm{i})^{-4} = \dfrac{1}{(2-\mathrm{i})^4}$.

Les expressions suivantes, par exemple, ne sont donc pas définies, dans le cadre du Programme officiel : $(-1)^{\frac{1}{2}}$, $(-1)^{\mathrm{e}}$, $(-1)^{\mathrm{i}}$, i^{i}, 0^{-2}, 0^{i}.
Rappelons enfin, voir le chapitre 7, que, pour tout $n \in \mathbb{N}^*$ impair et tout $x \in \mathbb{R}$, l'expression $\sqrt[n]{x}$ existe, et que l'égalité $\sqrt[n]{x} = x^{\frac{1}{n}}$ n'a lieu que pour $x \geqslant 0$, car, pour $x < 0$, $\sqrt[n]{x}$ existe mais $x^{\frac{1}{n}}$ n'est pas défini.

Exemple

$\sqrt[3]{8} = 8^{\frac{1}{3}} = 2$, $\sqrt[3]{-8} = -2$, $(-8)^{\frac{1}{3}}$ n'existe pas.

6 Comparaison locale des fonctions puissances, logarithmes, exponentielles

Proposition

On a, pour tous $a, b \in]0\,;+\infty[$, $c \in]1\,;+\infty[$ fixés : $\dfrac{x^b}{(\ln x)^a} \underset{x \to +\infty}{\longrightarrow} +\infty$,

$\dfrac{c^x}{x^b} \underset{x \to +\infty}{\longrightarrow} +\infty$, $x^b(-\ln x)^a \underset{x \to 0^+}{\longrightarrow} 0$, $c^x(-x)^b \underset{x \to -\infty}{\longrightarrow} 0$.

On utilise, pour ces limites, l'expression : **par prépondérance classique** (ou aussi : **par comparaison locale, par croissance comparée**).
Si cela semble plus commode, on pourra se ramener d'un voisinage de 0^+ à un voisinage de $+\infty$ par le changement de variable $t = \dfrac{1}{x}$, et on pourra se ramener d'un voisinage de $-\infty$ à un voisinage de $+\infty$ par le changement de variable $u = -x$.

Exemple

$\dfrac{(\ln x)^2}{\sqrt{x}} \underset{x \to +\infty}{\longrightarrow} 0$, $\dfrac{\left(\frac{3}{2}\right)^x}{x^{10}} \underset{x \to +\infty}{\longrightarrow} +\infty$, $x(\ln x)^2 \underset{x \to 0^+}{\longrightarrow} 0$, $x^3\,\mathrm{e}^x \underset{x \to -\infty}{\longrightarrow} 0$.

On résume ces formules en disant que, du point de vue des limites de formes indéterminées, **les exponentielles l'emportent devant les puissances**, et **les puissances l'emportent devant les logarithmes**.

Attention

La notion de puissance utilisée ici correspond à une écriture du type x^α, où x est variable et α est fixé. Une expression du type x^x n'est pas vraiment une puissance, et, pour étudier une telle expression, il faudra, presque systématiquement, passer par une écriture exponentielle, en remplaçant x^x par $\mathrm{e}^{x \ln x}$.

Exercices d'apprentissage

17.1

Résoudre l'équation, d'inconnue $x \in \mathbb{R}$:
$$\ln(x+1) + \ln(4x-1) = \ln(2x-1) + \ln(3x+1).$$

D'abord, l'équation de l'énoncé, notée (1), est définie pour :

$$x+1>0,\ 4x-1>0,\ 2x-1>0,\ 3x+1>0,$$

ce qui revient à : $x > \frac{1}{2}$.
On a, pour tout $x > \frac{1}{2}$:

$$\begin{aligned}(1) &\iff \ln\big((x+1)(4x-1)\big) = \ln\big((2x-1)(3x+1)\big)\\ &\iff (x+1)(4x-1) = (2x-1)(3x+1)\\ &\iff 4x^2+3x-1 = 6x^2-x-1 \iff 2x^2-4x=0\\ &\iff 2x(x-2)=0 \iff x=2.\end{aligned}$$

On conclut : $\mathcal{S} = \{2\}$.

17.2

Résoudre l'inéquation, d'inconnue $x \in \mathbb{R}_+^*$: $\log_4(x+2) > \log_2(x-1)$.

D'abord, l'inéquation de l'énoncé, notée (1), est définie pour : $x+2>0$ et $x-1>0$, ce qui revient à : $x > 1$.
On a, pour tout $x > 1$:

$$\begin{aligned}(1) &\iff \frac{\ln(x+2)}{\ln 4} > \frac{\ln(x-1)}{\ln 2} \iff \frac{\ln(x+2)}{2\ln 2} > \frac{\ln(x-1)}{\ln 2}\\ &\iff \ln(x+2) > 2\ln(x-1) \iff \ln(x+2) > \ln\big((x-1)^2\big)\\ &\iff x+2 > (x-1)^2 \iff x^2-3x-1<0.\end{aligned}$$

Le discriminant Δ de ce trinôme du second degré est $\Delta = 9+4 = 13 > 0$, donc :

$$(1) \iff \frac{3-\sqrt{13}}{2} < x < \frac{3+\sqrt{13}}{2}.$$

Comme $\frac{3-\sqrt{13}}{2} < 1 < \frac{3+\sqrt{13}}{2}$, on conclut : $\mathcal{S} = \left]1\,;\frac{3+\sqrt{13}}{2}\right[$.

17.3

Résoudre l'équation, d'inconnue $x \in \mathbb{R}$: $2^{x^3} = 3^{x^2}$.

On a, pour tout $x \in \mathbb{R}$, en prenant d'abord le logarithme :

$$2^{x^3} = 3^{x^2} \iff x^3 \ln 2 = x^2 \ln 3 \iff \left(x=0 \text{ ou } x = \frac{\ln 3}{\ln 2}\right).$$

On conclut : $\mathcal{S} = \left\{0,\ \frac{\ln 3}{\ln 2}\right\}$.

17.4

Déterminer les limites suivantes :

a) $\displaystyle\lim_{x \longrightarrow +\infty} \frac{x^2}{\ln x}$, *b)* $\displaystyle\lim_{x \longrightarrow +\infty} x^4 \,\mathrm{e}^{-\frac{x}{3}}$, *c)* $\displaystyle\lim_{x \longrightarrow +\infty} \frac{\ln(x^3)}{\mathrm{e}^{x}}$.

a) Directement, par prépondérance classique, la puissance l'emportant sur le logarithme :

$$\lim_{x \longrightarrow +\infty} \frac{x^2}{\ln x} = +\infty.$$

b) En notant $t = \dfrac{x}{3}$, on a $x = 3t$, $t \underset{x \longrightarrow +\infty}{\longrightarrow} +\infty$ et, par prépondérance classique, l'exponentielle l'emportant sur le logarithme :

$$x^4 \,\mathrm{e}^{-\frac{x}{3}} = (3t)^4 \,\mathrm{e}^{-t} = 3^4\, t^4 \,\mathrm{e}^{-t} \underset{t \longrightarrow +\infty}{\longrightarrow} 0.$$

On conclut : $\displaystyle\lim_{x \longrightarrow +\infty} x^4 \,\mathrm{e}^{-\frac{x}{3}} = 0.$

c) On a, la puissance l'emportant sur le logarithme, et l'exponentielle l'emportant sur la puissance :

$$\frac{\ln(x^3)}{\mathrm{e}^{x}} = \frac{3\ln x}{\mathrm{e}^{x}} = 3\frac{\ln x}{x}\,\frac{x}{\mathrm{e}^{x}} \underset{x \longrightarrow +\infty}{\longrightarrow} 0 \cdot 0 = 0$$

et on conclut : $\displaystyle\lim_{x \longrightarrow +\infty} \frac{\ln(x^3)}{\mathrm{e}^{x}} = 0.$

17.5

Déterminer les limites suivantes :

a) $\displaystyle\lim_{x \longrightarrow 0^+} \frac{1}{x^2 \ln x}$, *b)* $\displaystyle\lim_{x \longrightarrow 0^+} \frac{x}{(\ln x)^3}$, *c)* $\displaystyle\lim_{x \longrightarrow 0^+} x(\ln x)^3$.

a) Par prépondérance classique, la puissance l'emportant sur le logarithme, on a :

$$x^2 \ln x \underset{x \longrightarrow 0^+}{\longrightarrow} 0,$$

donc, en passant à l'inverse et puisque $\ln x < 0$ pour x près de 0, on conclut :

$$\lim_{x \longrightarrow 0^+} \frac{1}{x^2 \ln x} = -\infty.$$

b) Dans cet exemple, il ne s'agit même pas d'une forme indéterminée, puisque, lorsque x tend vers 0^+, $\ln x$ tend vers $-\infty$, et on conclut, par opération sur les limites :

$$\lim_{x \longrightarrow 0^+} \frac{x}{(\ln x)^3} = 0.$$

c) Par prépondérance classique, la puissance l'emportant sur le logarithme, on a :

$$\lim_{x \longrightarrow 0^+} x(\ln x)^3 = 0.$$

17.6

Déterminer les limites suivantes :

a) $\lim\limits_{x \longrightarrow -\infty} x\,\mathrm{e}^{2x}$, *b)* $\lim\limits_{x \longrightarrow -\infty} x^3\,\mathrm{e}^{2x}$, *c)* $\lim\limits_{x \longrightarrow -\infty} \mathrm{e}^{x}\big(\ln(-x)\big)^3$.

a) On a $x\,\mathrm{e}^{2x} = \dfrac{1}{2}\left(2x\,\mathrm{e}^{2x}\right)$, donc, l'exponentielle l'emportant sur les puissances :

$$\lim_{x \longrightarrow -\infty} x\,\mathrm{e}^{2x} = 0.$$

b) En notant $t = 2x$, on a $x = \dfrac{t}{2}$, t tend vers $-\infty$ lorsque x tend vers $-\infty$, et, par prépondérance classique, l'exponentielle l'emportant sur les puissances :

$$x^3\,\mathrm{e}^{2x} = \left(\frac{t}{2}\right)^3 \mathrm{e}^{t} = \frac{1}{2^3} t^3\,\mathrm{e}^{t} \underset{t \longrightarrow -\infty}{\longrightarrow} 0$$

et on conclut : $\lim\limits_{x \longrightarrow -\infty} x^3\,\mathrm{e}^{2x} = 0.$

c) En notant $t = -x$, on a $x = -t$, t tend vers $+\infty$ lorsque x tend vers $-\infty$, et :

$$\mathrm{e}^{x}\big(\ln(-x)\big)^3 = \mathrm{e}^{-t}(\ln t)^3.$$

On peut, par exemple, intercaler t^3 :

$$\mathrm{e}^{-t}(\ln t)^3 = \left(t^3\,\mathrm{e}^{-t}\right)\left(\frac{\ln t}{t}\right)^3.$$

Par prépondérances classiques, l'exponentielle l'emportant sur les puissances et les puissances l'emportant sur le logarithme, on a :

$$\left(t^3\,\mathrm{e}^{-t}\right)\left(\frac{\ln t}{t}\right)^3 \underset{t \longrightarrow +\infty}{\longrightarrow} 0 \cdot 0^3 = 0.$$

On conclut $\lim\limits_{x \longrightarrow -\infty} \mathrm{e}^{x}\big(\ln(-x)\big)^3 = 0.$

Exercices d'entraînement

17.7 Système d'équations avec des logarithmes

Résoudre le système d'équations, d'inconnue $(x, y) \in \mathbb{R}^2$:
$$\begin{cases} 2\ln x - 3\ln y = \ln 2 \\ x - y = 2. \end{cases}$$

17.8 Inégalités sur le logarithme d'une somme

a) Montrer : $\forall x, y \in [0\,; +\infty[, \quad \ln(1 + x + y) \leqslant \ln(1 + x) + \ln(1 + y).$

b) A-t-on : $\forall x, y \in]0\,; +\infty[, \quad \ln(x + y) \leqslant \ln x + \ln y\,?$

17.9 Système d'équations avec des exponentielles

Résoudre le système d'équations, d'inconnue $(x, y) \in \mathbb{R}^2$:
$$\begin{cases} \mathrm{e}^{\,x} - y = \mathrm{e}^{\,y} - x \\ y - \ln x = \ln y + x. \end{cases}$$

17.10 Exemple de nombre irrationnel avec un logarithme

Montrer que $\log_3(2)$ est un nombre irrationnel.

17.11 Équation avec des exponentielles

Résoudre l'équation, d'inconnue $x \in \mathbb{R}$: $\quad 8^x + 13 \cdot 2^{x+1} = 11 \cdot 4^x + 16.$

17.12 Équation avec des puissances emboîtées

Résoudre l'équation, d'inconnue $x \in \mathbb{R}_+^*$: $\quad \left(x^{\frac{1}{3}}\right)^{x^{\frac{1}{2}}} = \left(x^{\frac{1}{2}}\right)^{x^{\frac{1}{3}}}.$

17.13 Levées de formes indéterminées

Déterminer les limites suivantes :

a) $\displaystyle\lim_{x \longrightarrow +\infty} \frac{\mathrm{e}^{\,3x}(\ln x)^2}{x^5}$

b) $\displaystyle\lim_{x \longrightarrow 0^+} x^3\big(\ln(x^2)\big)^4$

c) $\displaystyle\lim_{x \longrightarrow -\infty} x^2\,\mathrm{e}^{\,3x}\big(\ln(-x)\big)^4.$

Corrigés des exercices d'entraînement

17.7

Le système est défini pour :

$$x > 0 \text{ et } y > 0.$$

On a, pour tous $x > 0$, $y > 0$:

$$\begin{cases} 2\ln x - 3\ln y = \ln 2 \\ x - y = 2 \end{cases}$$

$$\iff \begin{cases} \ln \dfrac{x^2}{y^3} = \ln 2 \\ x - y = 2 \end{cases}$$

$$\iff \begin{cases} x^2 = 2y^3 \\ x = y + 2 \end{cases}$$

$$\iff \begin{cases} x = y + 2 \\ 2y^3 - (y+2)^2 = 0 \quad (1), \end{cases}$$

et :

$$(1) \iff 2y^3 - y^2 - 4y - 4 = 0$$

$$[y = 2 \text{ est solution évidente}]$$

$$\iff (y-2)(2y^2 + 3y + 2) = 0.$$

Le discriminant Δ du trinôme du second degré ci-dessus est $\Delta = 9 - 16 = -7 < 0$, donc : $(1) \iff y = 2$, puis $x = y + 2 = 4$.

On conclut : $\mathcal{S} = \{(4, 2)\}$.

On peut contrôler que ce couple est bien solution du système de l'énoncé, le calcul peut être fait de tête.

17.8

a) On a, pour tous $x, y \in [0\,; +\infty[$:

$$\ln(1 + x + y) \leqslant \ln(1 + x) + \ln(1 + y)$$

$$\iff \ln(1 + x + y) \leqslant \ln\big((1 + x)(1 + y)\big)$$

$$\iff 1 + x + y \leqslant (1 + x)(1 + y)$$

$$\iff 1 + x + y \leqslant 1 + x + y + xy$$

$$\iff 0 \leqslant xy$$

et cette dernière inégalité est vraie.

Ceci montre l'inégalité demandée.

b) On a, pour tous $x, y \in]0\,; +\infty[$:

$$\ln(x + y) \leqslant \ln x + \ln y$$

$$\iff \ln(x + y) \leqslant \ln(xy)$$

$$\iff x + y \leqslant xy$$

$$\iff xy - x - y + 1 \geqslant 0$$

$$\iff (x - 1)(y - 1) \geqslant 1$$

et cette dernière inégalité peut ne pas être vraie, par exemple pour $x = y = \dfrac{1}{2}$.

Ceci montre que la réponse à la question posée est : non.

On peut cependant remarquer que l'inégalité envisagée est vraie si on suppose : $x \geqslant 1$ et $y \geqslant 1$.

17.9

D'abord, le système d'équations de l'énoncé, noté (S), est défini pour :

$$x > 0 \text{ et } y > 0.$$

On a, pour $x > 0$ et $y > 0$:

$$(S) \iff \begin{cases} \mathrm{e}^{x} + x = \mathrm{e}^{y} + y & (1) \\ y - x = \ln x + \ln y & (2). \end{cases}$$

La fonction $f : t \longmapsto \mathrm{e}^{t} + t$ est dérivable sur $]0\,; +\infty[$ (au moins) et :

$$\forall t \in]0\,; +\infty[, \quad f'(t) = \mathrm{e}^{t} + 1 > 0,$$

donc f est strictement croissante sur l'intervalle $]0\,; +\infty[$, donc (cours) f est injective.

Il en résulte : $(1) \iff x = y$.

Puis, sachant $x = y$:

$$(2) \iff 2\ln x = 0 \iff x = 1.$$

On conclut : $\mathcal{S} = \{(1,\, 1)\}$.

On peut contrôler que le couple $(1, 1)$ est bien solution du système de l'énoncé, c'est immédiat.

17.10

Raisonnons par l'absurde : supposons que $\log_3(2)$ est rationnel.

Il existe alors $(a, b) \in (\mathbb{N}^*)^2$ tel que :

$$\log_3(2) = \frac{a}{b},$$

d'où $\dfrac{\ln 2}{\ln 3} = \dfrac{a}{b}$, puis $b \ln 2 = a \ln 3$, donc $\ln(2^b) = \ln(3^a)$, et enfin $2^b = 3^a$.

Mais 2^b est un nombre entier pair et 3^a est un nombre entier impair, contradiction.

On conclut : $\log_3(2)$ est irrationnel.

17.11

On utilise le changement d'inconnue $t = 2^x > 0$:

$$\begin{aligned} & 8^x + 13 \cdot 2^{x+1} = 11 \cdot 4^x + 16 \\ \iff & (2^x)^3 + 26 \cdot 2^x - 11(2^x)^2 - 16 = 0 \\ \iff & t^3 - 11t^2 + 26t - 16 = 0 \quad [1 \text{ est solution}] \\ \iff & (t-1)(t^2 - 10t + 16) = 0 \\ \iff & (t-1)(t-2)(t-8) = 0 \\ \iff & t \in \{1, 2, 8\} \\ \iff & x \in \{0, 1, 3\}. \end{aligned}$$

On conclut : $\mathcal{S} = \{0, 1, 3\}$.
On peut contrôler que ces trois nombres sont bien solutions de l'équation de l'énoncé, les calculs peuvent presque être faits de tête.

17.12

Puisque $x > 0$, on peut prendre le logarithme, d'où :

$$\begin{aligned} & \left(x^{\frac{1}{3}}\right)^{x^{\frac{1}{2}}} = \left(x^{\frac{1}{2}}\right)^{x^{\frac{1}{3}}} \\ \iff & x^{\frac{1}{2}} \ln\left(x^{\frac{1}{3}}\right) = x^{\frac{1}{3}} \ln\left(x^{\frac{1}{2}}\right) \\ \iff & x^{\frac{1}{2}} \frac{1}{3} \ln x = x^{\frac{1}{3}} \frac{1}{2} \ln x \\ \iff & \left(2x^{\frac{1}{2}} - 3x^{\frac{1}{3}}\right) \ln x = 0 \\ \iff & \left(2x^{\frac{1}{2}} = 3x^{\frac{1}{3}} \quad \text{ou} \quad \ln x = 0\right) \end{aligned}$$

et :

$$\begin{aligned} 2x^{\frac{1}{2}} = 3x^{\frac{1}{3}} & \iff \left(2x^{\frac{1}{2}}\right)^6 = \left(3x^{\frac{1}{3}}\right)^6 \\ & \iff 2^6 x^3 = 3^6 x^2 \iff x = \left(\frac{3}{2}\right)^6. \end{aligned}$$

On conclut : $\mathcal{S} = \left\{1, \left(\frac{3}{2}\right)^6\right\}$.

On peut contrôler que 1 est bien solution de l'équation de l'énoncé, c'est évident, et contrôler que l'autre nombre est aussi solution, par un petit calcul sur des puissances.

17.13

a) On a, en utilisant une prépondérance classique :

$$\begin{aligned} \frac{e^{3x}(\ln x)^2}{x^5} &= \frac{e^{3x}}{x^5}(\ln x)^2 \\ &= \Big(\underbrace{\frac{e^x}{x^{5/3}}}_{\longrightarrow +\infty}\Big)^3 \underbrace{(\ln x)^2}_{\longrightarrow +\infty} \end{aligned}$$

donc, par produit : $\lim\limits_{x \longrightarrow +\infty} \dfrac{e^{3x}(\ln x)^2}{x^5} = +\infty$.

b) On a, en utilisant une prépondérance classique :

$$\begin{aligned} x^3\big(\ln(x^2)\big)^4 &= x^3(2\ln x)^4 \\ &= 2^4 x^3 (\ln x)^4 \underset{x \longrightarrow 0^+}{\longrightarrow} 0. \end{aligned}$$

On conclut : $\lim\limits_{x \longrightarrow 0^+} x^3\big(\ln(x^2)\big)^4 = 0$.

c) Pour la commodité, comme $x \longrightarrow -\infty$ et que $-x$ apparaît dans l'énoncé, effectuons le changement de variable $t = -x$.
On a alors $x = -t$, t tend vers $+\infty$ lorsque x tend vers $-\infty$, et :

$$x^2 e^{3x}\big(\ln(-x)\big)^4 = t^2 e^{-3t}(\ln t)^4.$$

Intercalons, par exemple, t^4 :

$$t^2 e^{-3t}(\ln t)^4 = \big(\underbrace{t^6 e^{-3t}}_{\longrightarrow 0}\big)\Big(\underbrace{\frac{\ln t}{t}}_{\longrightarrow 0}\Big)^4 \longrightarrow 0.$$

On conclut : $\lim\limits_{x \longrightarrow -\infty} x^2 e^{3x}\big(\ln(-x)\big)^4 = 0$.

18 Fonctions hyperboliques

Dans ce chapitre, nous étudions les fonctions hyperboliques (ou aussi : fonctions hyperboliques directes, car il existe des fonctions hyperboliques réciproques, mais ces dernières ne sont pas au Programme officiel). Les fonctions hyperboliques présentent une analogie avec les fonctions circulaires directes, le regroupement de ces deux types de fonctions sera fait en seconde année, lors de l'étude des séries entières.

Rappels de cours

Définition

On appelle **sinus hyperbolique**, et on note sh, l'application

$$\mathrm{sh} : \mathbb{R} \longrightarrow \mathbb{R},\quad x \longmapsto \mathrm{sh}\, x = \frac{\mathrm{e}^x - \mathrm{e}^{-x}}{2}$$

On appelle **cosinus hyperbolique**, et on note ch, l'application

$$\mathrm{ch} : \mathbb{R} \longrightarrow \mathbb{R},\quad x \longmapsto \mathrm{ch}\, x = \frac{\mathrm{e}^x + \mathrm{e}^{-x}}{2}$$

Remarque : On note classiquement $\mathrm{ch}\, x$ (sans parenthèses) pour $\mathrm{ch}(x)$, et de même pour $\mathrm{sh}\, x$ et, plus loin, pour $\mathrm{th}\, x$.

Proposition

La fonction sh est impaire, la fonction ch est paire.

Les fonctions sh et ch sont indéfiniment dérivables sur $\mathbb{R}$ et : $\mathrm{sh}' = \mathrm{ch}$, $\mathrm{ch}' = \mathrm{sh}$.

On a : $\mathrm{sh}(0) = 0$, $\mathrm{ch}(0) = 1$, $\mathrm{sh}\, x \underset{x \longrightarrow +\infty}{\longrightarrow} +\infty$, $\mathrm{ch}\, x \underset{x \longrightarrow +\infty}{\longrightarrow} +\infty$.

On a : $\forall x \in \mathbb{R},\ \mathrm{sh}\, x < \dfrac{\mathrm{e}^x}{2} < \mathrm{ch}\, x$.

x	0		$+\infty$
$\mathrm{sh}' = \mathrm{ch}$	1	$+$	
sh	0	$\nearrow$	$+\infty$

x	0		$+\infty$
$\mathrm{ch}' = \mathrm{sh}$	0	$+$	
ch	1	$\nearrow$	$+\infty$

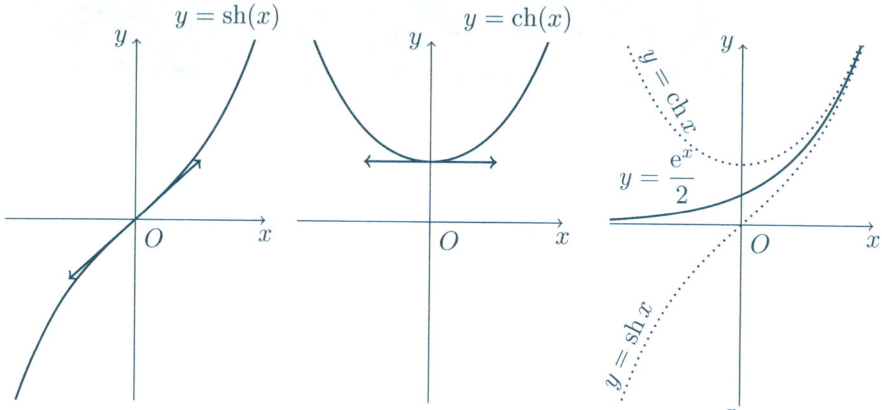

Représentations graphiques de sh, ch et de $x \longmapsto \dfrac{e^x}{2}$

Proposition

On dispose des formules suivantes, pour tout $x \in \mathbb{R}$:

$$\mathrm{ch}\,x + \mathrm{sh}\,x = \mathrm{e}^{\,x}, \qquad \mathrm{ch}\,x - \mathrm{sh}\,x = \mathrm{e}^{\,-x}, \qquad \mathrm{ch}^2\,x - \mathrm{sh}^2\,x = 1$$

Remarque : On utilise classiquement la notation $\mathrm{ch}^2\,x$ pour $(\mathrm{ch}\,x)^2$, et de même pour $\mathrm{sh}^2\,x$ et, plus loin, pour $\mathrm{th}^2\,x$.

On déduit de la formule $\mathrm{ch}^2\,x - \mathrm{sh}^2\,x = 1$ une représentation paramétrique, dans le plan muni d'un repère orthonormé, de l'hyperbole (H) d'équation cartésienne $\dfrac{x^2}{a^2} - \dfrac{y^2}{b^2} = 1$ où $(a, b) \in (\mathbb{R}_+^*)^2$ est fixé : $\begin{cases} x = \varepsilon a\,\mathrm{ch}\,t \\ y = b\,\mathrm{sh}\,t \end{cases}$, $\varepsilon \in \{-1, 1\}$, $t \in \mathbb{R}$.

C'est de là que vient le qualificatif « hyperbolique » pour les deux fonctions ch et sh.

Remarque : Le lecteur verra en seconde année que les fonctions circulaires cos, sin et les fonctions hyperboliques ch, sh peuvent être définies sur les nombres complexes par, pour tout $z \in \mathbb{C}$:

$$\cos z = \frac{\mathrm{e}^{\,\mathrm{i}\,z} + \mathrm{e}^{\,-\mathrm{i}\,z}}{2}, \quad \sin z = \frac{\mathrm{e}^{\,\mathrm{i}\,z} - \mathrm{e}^{\,-\mathrm{i}\,z}}{2\,\mathrm{i}}, \quad \mathrm{ch}\,z = \frac{\mathrm{e}^{\,z} + \mathrm{e}^{\,-z}}{2}, \quad \mathrm{sh}\,z = \frac{\mathrm{e}^{\,z} - \mathrm{e}^{\,-z}}{2}.$$

On a alors, pour tout $z \in \mathbb{C}$: $\mathrm{ch}\,z = \cos(\mathrm{i}\,z)$ et $\mathrm{sh}\,z = -\mathrm{i}\,\sin(\mathrm{i}\,z)$.

On en déduit la règle pratique suivante, pour obtenir une formule de trigonométrie hyperbolique à partir d'une formule de trigonométrie circulaire (cette règle pratique n'est pas au Programme officiel) : il suffit de remplacer cos par ch et sin par i sh, les i s'élimineront.

Exemple

1) De la formule connue $\cos(a + b) = \cos a \cos b - \sin a \sin b$, on déduit

$$\mathrm{ch}(a + b) = \mathrm{ch}\,a\,\mathrm{ch}\,b - (\mathrm{i}\,\mathrm{sh}\,a)(\mathrm{i}\,\mathrm{sh}\,b) = \mathrm{ch}\,a\,\mathrm{ch}\,b + \mathrm{sh}\,a\,\mathrm{sh}\,b.$$

2) De la formule connue $\sin(2x) = 2 \sin x \cos x$, on déduit $\mathrm{i}\,\mathrm{sh}(2x) = 2\,\mathrm{i}\,\mathrm{sh}\,x\,\mathrm{ch}\,x$, d'où $\mathrm{sh}(2x) = 2\,\mathrm{sh}\,x\,\mathrm{ch}\,x$.

Exercices d'apprentissage

18.1

Résoudre l'équation, d'inconnue $x \in \mathbb{R}$: $\quad 2\operatorname{ch} x + 3\operatorname{sh} x = 2$.

On a, pour tout $x \in \mathbb{R}$:

$$\begin{aligned}(1) \qquad 2\operatorname{ch} x + 3\operatorname{sh} x = 2 &\iff \mathrm{e}^{x} + \mathrm{e}^{-x} + 3\frac{\mathrm{e}^{x} - \mathrm{e}^{-x}}{2} = 2 \\ &\iff 2\,\mathrm{e}^{x} + 2\,\mathrm{e}^{-x} + 3\,\mathrm{e}^{x} - 3\,\mathrm{e}^{-x} = 4 \\ &\iff 5\,\mathrm{e}^{x} - 4 - \mathrm{e}^{-x} = 0 \iff 5\,\mathrm{e}^{2x} - 4\,\mathrm{e}^{x} - 1 = 0.\end{aligned}$$

Par le changement d'inconnue $t = \mathrm{e}^{x} > 0$, on a :

$$\begin{aligned}(1) &\iff 5t^2 - 4t - 1 = 0 \iff (t-1)(5t+1) = 0 \\ &\iff \left(t = 1 \text{ ou } t = -\frac{1}{5} \text{ [impossible car } t > 0]\right) \\ &\iff t = 1 \iff x = 0.\end{aligned}$$

On conclut : $\quad \mathcal{S} = \{0\}$.

18.2

Résoudre le système d'équations, d'inconnue $(x, y) \in \mathbb{R}^2$: $\begin{cases} \operatorname{ch} x + \operatorname{ch} y = \dfrac{27}{8} \\ \operatorname{sh} x + \operatorname{sh} y = \dfrac{21}{8}. \end{cases}$

Par addition et soustraction, le système (S) de l'énoncé est équivalent au système

$$(S') \quad \begin{cases} \mathrm{e}^{x} + \mathrm{e}^{y} = \dfrac{27}{8} + \dfrac{21}{8} = 6 \\ \mathrm{e}^{-x} + \mathrm{e}^{-y} = \dfrac{27}{8} - \dfrac{21}{8} = \dfrac{3}{4}. \end{cases}$$

En notant $\quad u = \mathrm{e}^{x} > 0, \ v = \mathrm{e}^{y} > 0$,
le système (S') est équivalent au système :

$$(S'') \begin{cases} u + v = 6 \\ \dfrac{1}{u} + \dfrac{1}{v} = \dfrac{3}{4} \end{cases} \iff \begin{cases} u + v = 6 \\ \dfrac{v+u}{uv} = \dfrac{3}{4} \end{cases} \iff \begin{cases} u + v = 6 \\ uv = 8. \end{cases}$$

Ainsi, (u, v) est solution de (S'') si et seulement si u et v sont les zéros du trinôme du second degré $T^2 - 6T + 8$. Le discriminant Δ de ce trinôme est $\Delta = 36 - 32 = 4 > 0$, donc ses zéros sont $\dfrac{6 \pm 2}{2}$, c'est-à-dire 2 et 4.
D'où, à l'ordre près :

$$(S'') \iff \begin{cases} u = 2 \\ v = 4 \end{cases} \iff \begin{cases} x = \ln 2 \\ y = \ln 4. \end{cases}$$

On conclut : $\quad \mathcal{S} = \{(\ln 2, \ln 4),\ (\ln 4, \ln 2)\}$.

18.3

Résoudre l'équation : $\operatorname{sh} x = y$,
d'inconnue $x \in \mathbb{R}$, de paramètre fixé $y \in \mathbb{R}$.

Soit $(x, y) \in \mathbb{R}^2$. On a :

$$\operatorname{sh} x = y \iff \frac{\mathrm{e}^{x} - \mathrm{e}^{-x}}{2} = y \iff \mathrm{e}^{x} - 2y - \mathrm{e}^{-x} = 0 \iff \mathrm{e}^{2x} - 2y\,\mathrm{e}^{x} - 1 = 0.$$

Notons $X = \mathrm{e}^{x}$. On a alors : $\operatorname{sh} x = y \iff X^2 - 2yX - 1 = 0$. Il s'agit d'une équation du second degré, d'inconnue X. Le discriminant est $\Delta = 4(y^2 + 1) > 0$, donc les solutions en X sont :

$$X_1 = y - \sqrt{y^2 + 1}, \quad X_2 = y + \sqrt{y^2 + 1}.$$

Mais $X = \mathrm{e}^{x} > 0$, $X_1 < 0$ et $X_2 > 0$, donc : $X = y + \sqrt{1 + y^2}$.
On conclut :

$$\forall (x, y) \in \mathbb{R}^2, \quad \big(\operatorname{sh} x = y \iff x = \ln(y + \sqrt{y^2 + 1})\big).$$

Ceci montre que la fonction $\operatorname{sh} : \mathbb{R} \longrightarrow \mathbb{R}, \quad x \longmapsto \operatorname{sh} x$ est bijective et que sa réciproque est la fonction

$$\mathbb{R} \longrightarrow \mathbb{R}, \quad y \longmapsto \ln(y + \sqrt{y^2 + 1}).$$

Remarque : Nous verrons au chapitre 19 qu'une primitive, sur $\mathbb{R}$, de la fonction $x \longmapsto \dfrac{1}{\sqrt{x^2 + 1}}$ est la fonction $x \longmapsto \ln(x + \sqrt{x^2 + 1})$.

18.4

Résoudre l'équation : $\operatorname{ch} x = y$,
d'inconnue $x \in [0\,; +\infty[$, de paramètre fixé $y \in [1\,; +\infty[$.

Soit $(x, y) \in [0\,; +\infty[\times [1\,; +\infty[$. On a :

$$\operatorname{ch} x = y \iff \frac{\mathrm{e}^{x} + \mathrm{e}^{-x}}{2} = y \iff \mathrm{e}^{x} - 2y + \mathrm{e}^{-x} = 0 \iff \mathrm{e}^{2x} - 2y\,\mathrm{e}^{x} + 1 = 0.$$

Notons $X = \mathrm{e}^{x}$.
On a alors : $\operatorname{ch} x = y \iff X^2 - 2yX + 1 = 0$. Il s'agit d'une équation du second degré, d'inconnue X. Le discriminant est $\Delta = 4(y^2 - 1) \geqslant 0$, donc les solutions sont

$$X_1 = y - \sqrt{y^2 - 1}, \quad X_2 = y + \sqrt{y^2 - 1}.$$

Mais $x \geqslant 0$, donc $X = \mathrm{e}^{x} \geqslant 1$, et on a $0 < X_1 \leqslant X_2$ et $X_1 X_2 = 1$, donc nécessairement $X_1 \leqslant 1 \leqslant X_2$, d'où $X = X_2$.
On conclut :

$$\forall (x, y) \in [0\,; +\infty[\times [1\,; +\infty[, \quad \big(\operatorname{ch} x = y \iff x = \ln(y + \sqrt{y^2 - 1})\big).$$

Ceci montre que la fonction $\operatorname{ch} : [0\,; +\infty[\longrightarrow [1\,; +\infty[, \quad x \longmapsto \operatorname{ch} x$ est bijective et que sa réciproque est la fonction

$$[1\,; +\infty[\longrightarrow [0\,; +\infty[, \quad y \longmapsto \ln(y + \sqrt{y^2 - 1}).$$

Remarque : Nous verrons au chapitre 19 qu'une primitive, sur $]1\,; +\infty[$, de la fonction $x \longmapsto \dfrac{1}{\sqrt{x^2 - 1}}$ est la fonction $x \longmapsto \ln(x + \sqrt{x^2 - 1})$.

Exercices d'entraînement

18.5 Inéquation avec $\operatorname{ch} x$ et $\operatorname{sh} x$

Résoudre l'inéquation, d'inconnue $x \in \mathbb{R}$: $\operatorname{ch}^2 x + \operatorname{sh} x \operatorname{ch} x + \operatorname{sh}^2 x < 1$.

18.6 Inégalités sur des ch et sh composés

Montrer :

a) $\forall x \in \mathbb{R}, \quad \operatorname{ch}(\operatorname{sh} x) > \operatorname{sh}(\operatorname{sh} x)$

b) $\forall x \in \mathbb{R}, \quad \operatorname{ch}(\operatorname{ch} x) > \operatorname{ch}(\operatorname{sh} x)$.

18.7 Calcul d'un produit de ch, télescopage

Calculer, pour tout $(n, x) \in \mathbb{N}^* \times \mathbb{R}$: $C_n(x) = \displaystyle\prod_{k=1}^{n} \operatorname{ch}\left(\frac{x}{2^k}\right)$.

18.8 Inéquation avec ch et valeurs absolues

Résoudre l'inéquation, d'inconnue $x \in \mathbb{R}$: $\big||\operatorname{ch} x - 2| - 1\big| \leqslant 2$.

18.9 Inéquation avec des ch et sh en exposants

Résoudre l'inéquation, d'inconnue $x \in \mathbb{R}$: $2^{\operatorname{ch} x} < 3^{\operatorname{sh} x}$.

18.10 Fonction bijective avec sh et ch, expression de la réciproque

Montrer que la fonction $f : x \longmapsto \dfrac{1 + \operatorname{sh} x}{1 + \operatorname{ch} x}$ est une bijection de $\mathbb{R}$ sur un intervalle I à préciser, et exprimer, pour tout $y \in I$, $f^{-1}(y)$ en fonction de y.

Corrigés des exercices d'entraînement

18.5

On a, pour tout $x \in \mathbb{R}$:

$$\begin{aligned}
(1) \quad & \operatorname{ch}^2 x + \operatorname{sh} x \operatorname{ch} x + \operatorname{sh}^2 x < 1 \\
\iff & \frac{1}{4}\big((\mathrm{e}^{x} + \mathrm{e}^{-x})^2 \\
& + (\mathrm{e}^{x} - \mathrm{e}^{-x})(\mathrm{e}^{x} + \mathrm{e}^{-x}) \\
& \qquad + (\mathrm{e}^{x} - \mathrm{e}^{-x})^2\big) < 1 \\
\iff & (\mathrm{e}^{2x} + 2 + \mathrm{e}^{-2x}) + (\mathrm{e}^{2x} - \mathrm{e}^{-2x}) \\
& \qquad + (\mathrm{e}^{2x} - 2 + \mathrm{e}^{-2x}) < 4 \\
\iff & 3\,\mathrm{e}^{2x} + \mathrm{e}^{-2x} < 4.
\end{aligned}$$

En notant $y = \mathrm{e}^{2x} > 0$, on a :

$$\begin{aligned}
(1) \iff & 3y + \frac{1}{y} < 4 \\
\iff & 3y^2 - 4y + 1 < 0 \\
\iff & (y-1)(3y-1) < 0 \quad [1 \text{ est solution}] \\
\iff & \frac{1}{3} < y < 1 \\
\iff & \frac{1}{3} < \mathrm{e}^{2x} < 1 \\
\iff & -\ln 3 < 2x < 0 \\
\iff & -\frac{\ln 3}{2} < x < 0.
\end{aligned}$$

On conclut : $\mathcal{S} = \left]-\frac{\ln 3}{2}\,; 0\right[$.

18.6

D'abord, on sait :

$$\forall t \in \mathbb{R}, \quad \operatorname{ch} t - \operatorname{sh} t = \mathrm{e}^{-t} > 0,$$

donc : $\forall t \in \mathbb{R}, \quad \operatorname{ch} t > \operatorname{sh} t \quad (*)$.

a) En remplaçant t par $\operatorname{sh} x$ dans $(*)$, on obtient l'inégalité demandée :

$$\forall x \in \mathbb{R}, \quad \operatorname{ch}(\operatorname{sh} x) > \operatorname{sh}(\operatorname{sh} x).$$

b) Puisque ch est paire et sh est impaire, il suffit de montrer l'inégalité demandée pour $x \geqslant 0$.
D'après $(*)$ et puisque la fonction ch est strictement croissante sur $\mathbb{R}_+$, on obtient l'inégalité demandée :

$$\forall x \in \mathbb{R}, \quad \operatorname{ch}(\operatorname{ch} x) > \operatorname{ch}(\operatorname{sh} x).$$

18.7

On a, pour tout $a \in \mathbb{R}$ (plusieurs calculs sont possibles) :

$$\begin{aligned}
\operatorname{sh} 2a &= \frac{\mathrm{e}^{2a} - \mathrm{e}^{-2a}}{2} = \frac{(\mathrm{e}^{a} - \mathrm{e}^{-a})(\mathrm{e}^{a} + \mathrm{e}^{-a})}{2} \\
&= 2\frac{\mathrm{e}^{a} - \mathrm{e}^{-a}}{2}\,\frac{\mathrm{e}^{a} + \mathrm{e}^{-a}}{2} = 2 \operatorname{sh} a \operatorname{ch} a,
\end{aligned}$$

d'où, si $a \neq 0$: $\operatorname{ch} a = \dfrac{\operatorname{sh} 2a}{2 \operatorname{sh} a}$.

Séparons en deux cas selon que x est nul ou non.

1er cas: $x = 0$

Chaque facteur du produit demandé est égal à 1, donc :

$$C_n(x) = 1.$$

2e cas : $x \neq 0$.

On a alors, pour tout $k \in \mathbb{N}^*$, $\operatorname{sh} \dfrac{x}{2^k} \neq 0$, donc :

$$\operatorname{ch} \frac{x}{2^k} = \frac{\operatorname{sh}\left(2\frac{x}{2^k}\right)}{2 \operatorname{sh} \frac{x}{2^k}} = \frac{\operatorname{sh} \frac{x}{2^{k-1}}}{2 \operatorname{sh} \frac{x}{2^k}},$$

puis, pour tout $n \in \mathbb{N}^*$, par télescopage :

$$\begin{aligned}
C_n(x) &= \prod_{k=1}^{n} \frac{\operatorname{sh} \frac{x}{2^{k-1}}}{2 \operatorname{sh} \frac{x}{2^k}} \\
&= \frac{\operatorname{sh} x}{2 \operatorname{sh} \frac{x}{2}} \cdot \frac{\operatorname{sh} \frac{x}{2}}{2 \operatorname{sh} \frac{x}{4}} \cdots \frac{\operatorname{sh} \frac{x}{2^{n-1}}}{2 \operatorname{sh} \frac{x}{2^n}} = \frac{\operatorname{sh} x}{2^n \operatorname{sh} \frac{x}{2^n}}.
\end{aligned}$$

On conclut : $C_n(x) = \begin{cases} \dfrac{\operatorname{sh} x}{2^n \operatorname{sh} \frac{x}{2^n}} & \text{si} \quad x \neq 0 \\ 1 & \text{si} \quad x = 0. \end{cases}$

18.8

On a, pour tout $x \in \mathbb{R}$:

$$\begin{aligned}
(1) \quad & \big|\,|\operatorname{ch} x - 2| - 1\big| \leqslant 2 \\
\iff & -2 \leqslant |\operatorname{ch} x - 2| - 1 \leqslant 2 \\
\iff & -1 \leqslant \underbrace{|\operatorname{ch} x - 2|}_{\geqslant 0} \leqslant 3 \\
\iff & 0 \leqslant |\operatorname{ch} x - 2| \leqslant 3 \\
\iff & -3 \leqslant \operatorname{ch} x - 2 \leqslant 3 \\
\iff & -1 \leqslant \underbrace{\operatorname{ch} x}_{\geqslant 1} \leqslant 5
\end{aligned}$$

$$\begin{aligned}
&\iff \operatorname{ch} x \leqslant 5\\
&\iff \frac{\mathrm{e}^{x}+\mathrm{e}^{-x}}{2} \leqslant 5\\
&\iff \mathrm{e}^{x}+\mathrm{e}^{-x} \leqslant 10\\
&\iff \mathrm{e}^{2x}-10\,\mathrm{e}^{x}+1 \leqslant 0\\
&\iff \frac{10-\sqrt{96}}{2} \leqslant \mathrm{e}^{x} \leqslant \frac{10+\sqrt{96}}{2}\\
&\iff 5-\sqrt{24} \leqslant \mathrm{e}^{x} \leqslant 5+\sqrt{24}\\
&\iff \ln\left(5-\sqrt{24}\right) \leqslant x \leqslant \ln(5+\sqrt{24}).
\end{aligned}$$

On conclut : $\mathcal{S} = [\ln(5-\sqrt{24})\,;\ln(5+\sqrt{24})]$.

18.9

On a, pour tout $x \in \mathbb{R}$, en prenant le logarithme puis en utilisant le résultat de l'exercice **??** :

$$\begin{aligned}
2^{\operatorname{ch} x} < 3^{\operatorname{sh} x} &\iff \operatorname{ch} x \ln 2 < \operatorname{sh} x \ln 3\\
&\iff \operatorname{th} x > \frac{\ln 2}{\ln 3}\\
&\iff x > \frac{1}{2} \ln \frac{1+\frac{\ln 2}{\ln 3}}{1-\frac{\ln 2}{\ln 3}}\\
&\iff x > \frac{1}{2} \ln \frac{\ln 3+\ln 2}{\ln 3-\ln 2}\\
&\iff x > \frac{1}{2} \ln \frac{\ln 6}{\ln \frac{3}{2}}.
\end{aligned}$$

On conclut : $\mathcal{S} = \left]\frac{1}{2} \ln \frac{\ln 6}{\ln \frac{3}{2}}\,;+\infty\right[$.

18.10

D'abord, pour tout $x \in \mathbb{R}$, comme $|\operatorname{sh} x| < \operatorname{ch} x$ et $1+\operatorname{ch} x > 0$, on a :

$$f(x) = \frac{1+\operatorname{sh} x}{1+\operatorname{ch} x} \in]-1\,;1[.$$

On a, pour tous $x \in \mathbb{R}$ et $y \in]-1\,;1[$:

$$\begin{aligned}
(1) \qquad & y = f(x)\\
\iff\ & y = \frac{1+\operatorname{sh} x}{1+\operatorname{ch} x}\\
\iff\ & y\Big(1+\frac{\mathrm{e}^{x}+\mathrm{e}^{-x}}{2}\Big) = 1+\frac{\mathrm{e}^{x}-\mathrm{e}^{-x}}{2}\\
\iff\ & 2y+y\,\mathrm{e}^{x}+y\,\mathrm{e}^{-x} = 2+\mathrm{e}^{x}-\mathrm{e}^{-x}\\
\iff\ & (1-y)\,\mathrm{e}^{x}+(2-2y)-(1+y)\,\mathrm{e}^{-x} = 0\\
\iff\ & (1-y)\,\mathrm{e}^{2x}+2(1-y)\,\mathrm{e}^{x}-(1+y) = 0.
\end{aligned}$$

Par le changement d'inconnue $t = \mathrm{e}^{x} > 0$, on a :

$$(1) \iff (1-y)t^2+2(1-y)t-(1+y) = 0.$$

Le discriminant Δ de ce trinôme du second degré en t est

$$\Delta = 4(1-y)^2+4((1-y)(1+y) = 8(1-y) > 0$$

car $y < 1$, d'où :

$$\begin{aligned}
(1) \iff t &= \frac{-2(1-y) \pm 2\sqrt{2}\sqrt{1-y}}{2(1-y)}\\
\iff t &= -1 \pm \frac{\sqrt{2}}{\sqrt{1-y}}.
\end{aligned}$$

On a $-1-\dfrac{\sqrt{2}}{\sqrt{1-y}} < 0$ et :

$$\begin{aligned}
&-1+\frac{\sqrt{2}}{\sqrt{1-y}} > 0\\
&\qquad \iff \sqrt{2} > \sqrt{1-y} \iff y > -1,
\end{aligned}$$

et cette dernière inégalité est vraie.

On déduit : (1) $\iff x = \ln\Big(-1+\dfrac{\sqrt{2}}{\sqrt{1-y}}\Big)$.

Ceci montre que f est une bijection de $\mathbb{R}$ sur $I =]-1\,;1[$ et que l'application réciproque de f est :

$$f^{-1} :]-1\,;1[\longrightarrow \mathbb{R},\ y \longmapsto \ln\Big(-1+\frac{\sqrt{2}}{\sqrt{1-y}}\Big).$$

19 Fonctions circulaires réciproques

Dans ce chapitre, nous étudions les fonctions circulaires réciproques, qui sont utilisées, entre autres, pour des calculs de primitives, voir le chapitre 19.

Le lecteur pourra d'abord réviser les fonctions circulaires directes, voir le chapitre 10.

1 Fonction Arcsin

Proposition

L'application $\sin : \left[-\frac{\pi}{2}\,;\frac{\pi}{2}\right] \longrightarrow [-1\,;1]$ est continue, strictement croissante, et on a $\sin\left(-\frac{\pi}{2}\right) = -1$, $\sin\left(\frac{\pi}{2}\right) = 1$, donc, d'après le théorème de la bijection monotone (cf. page 323), cette application sin est bijective et admet une application réciproque, notée $\operatorname{Arcsin} : [-1\,;1] \longrightarrow \left[-\frac{\pi}{2}\,;\frac{\pi}{2}\right]$.

On a : $$\forall x \in [-1\,;1],\ \forall y \in \left[-\frac{\pi}{2}\,;\frac{\pi}{2}\right],\quad \big(y = \operatorname{Arcsin} x \iff x = \sin y\big),$$

ou encore :

$$\forall x \in [-1\,;1],\ \forall y \in \mathbb{R},\quad \left(y = \operatorname{Arcsin} x \iff \left(x = \sin y \quad \text{et} \quad y \in \left[-\frac{\pi}{2}\,;\frac{\pi}{2}\right]\right)\right)$$

Remarque : On lit classiquement « Arc sinus x », mais il serait préférable de lire « Arc dont le sinus est égal à x ».

Proposition

La fonction Arcsin est impaire, continue sur $[-1\,;1]$, dérivable sur $]-1\,;1[$ et :

$$\forall x \in]-1\,;1[,\quad \operatorname{Arcsin}'(x) = \frac{1}{\sqrt{1-x^2}}$$

x	-1		0		1
$\operatorname{Arcsin}' x$	‖ $+\infty$	$+$		$+$	$+\infty$ ‖
$\operatorname{Arcsin} x$	$-\pi/2$	↗	0	↗	$\pi/2$

Courbe représentative

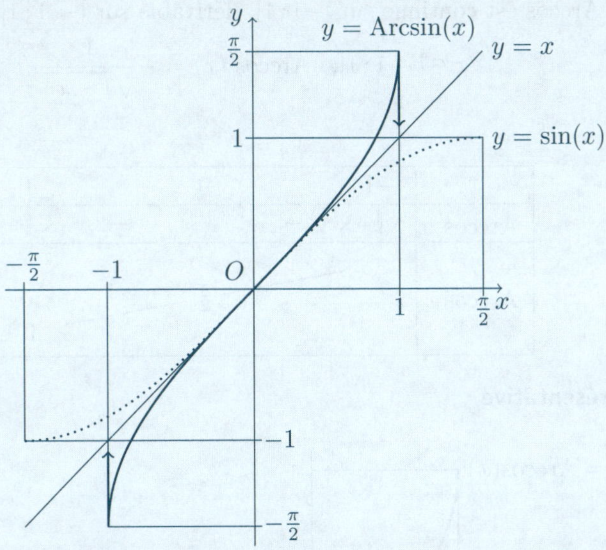

On a : $\forall x \in [-1\,;1], \quad \sin(\text{Arcsin}\, x) = x.$

Attention
Pour $x \in \mathbb{R}$, $\text{Arcsin}\,(\sin x)$ n'est pas toujours égal à x, voir l'exercice 19.3.

2 Fonction Arccos

Proposition
L'application $\cos : [0\,;\pi] \longrightarrow [-1\,;1]$ est continue, strictement décroissante et on a $\cos 0 = 1, \quad \cos\pi = -1$, donc, d'après le théorème de la bijection monotone (cf. page 323), cette application cos est bijective et admet une application réciproque, notée $\text{Arccos} : [-1\,;1] \longrightarrow [0\,;\pi]$.

On a : $\quad \forall x \in [-1\,;1], \ \forall y \in [0\,;\pi], \quad (y = \text{Arccos}\, x \iff x = \cos y)$
ou encore :

$$\forall x \in [-1\,;1], \ \forall y \in \mathbb{R}, \quad \Big(y = \text{Arccos}\, x \iff (x = \cos y \quad \text{et} \quad y \in [0\,;\pi])\Big)$$

Remarque : On lit classiquement « Arc cosinus x », mais il serait préférable de lire « Arc dont le cosinus est égal à x ».

Attention
La fonction Arccos n'est ni paire ni impaire.

Proposition

La fonction Arccos est continue sur $[-1\,;1]$, dérivable sur $]-1\,;1[$, et :

$$\forall x \in]-1\,;1[, \quad \text{Arccos}'(x) = -\frac{1}{\sqrt{1-x^2}}$$

x	-1		0		1
$\text{Arccos}'\,x$	$\Vert -\infty$	$-$		$-$	$-\infty \Vert$
$\text{Arccos}\,x$	π	$\searrow$	$\frac{\pi}{2}$	$\searrow$	0

Courbe représentative

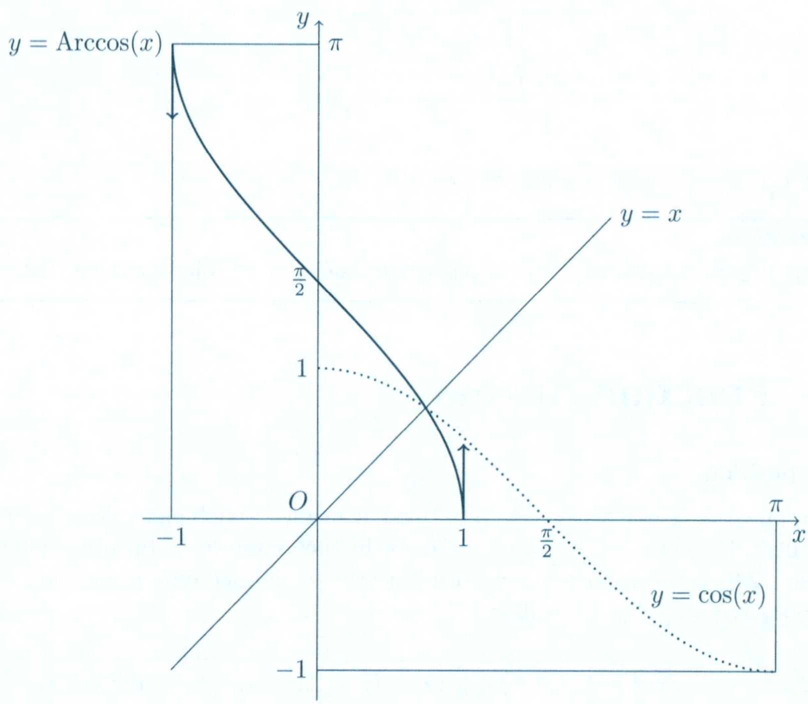

On a : $\forall x \in [-1\,;1], \quad \cos(\text{Arccos}\,x) = x$.

> **Attention**
> Pour $x \in \mathbb{R}$, on n'a pas toujours $\text{Arccos}\,(\cos x) = x$, voir l'exercice 19.4.

On dispose de la formule suivante (qui n'est cependant pas dans le Programme officiel), cf. exercice 19.2 : $\forall x \in [-1\,;1], \quad \text{Arcsin}\,x + \text{Arccos}\,x = \frac{\pi}{2}$,
qui peut permettre de se ramener d'un Arccos à un Arcsin, plus commode à manipuler en général.

3 Fonction Arctan

Proposition

L'application $\tan : \left]-\frac{\pi}{2}\,;\frac{\pi}{2}\right[\longrightarrow \mathbb{R},\ x \longmapsto \tan x$ est continue, strictement croissante et $\tan x \underset{x \longrightarrow -(\pi/2)^+}{\longrightarrow} -\infty$, $\tan x \underset{x \longrightarrow (\pi/2)^-}{\longrightarrow} +\infty$, donc, d'après le théorème de la bijection monotone (cf. page 323), cette application tan est bijective et admet une application réciproque, notée $\operatorname{Arctan} : \mathbb{R} \longrightarrow \left]-\frac{\pi}{2}\,;\frac{\pi}{2}\right[$.

On a : $\quad \forall x \in \mathbb{R},\ \forall y \in \left]-\frac{\pi}{2}\,;\frac{\pi}{2}\right[,\quad \left(y = \operatorname{Arctan} x \iff x = \tan y\right)$

ou encore :

$$\forall x \in \mathbb{R},\ \forall y \in \mathbb{R},\quad \left(y = \operatorname{Arctan} x \iff \left(x = \tan y \quad \text{et} \quad y \in \left]-\frac{\pi}{2}\,;\frac{\pi}{2}\right[\right)\right)$$

Remarque : On lit classiquement « Arc tangente x », mais il serait préférable de lire « Arc dont la tangente est égale à x ».

Proposition

La fonction Arctan est impaire, dérivable sur $\mathbb{R}$ et :

$$\forall x \in \mathbb{R},\quad \operatorname{Arctan}'(x) = \frac{1}{1+x^2}$$

x	$-\infty$ $\qquad$ $+\infty$
$\operatorname{Arctan}' x$	$+$
$\operatorname{Arctan} x$	$-\frac{\pi}{2} \nearrow \frac{\pi}{2}$

On a : $\quad \forall x \in \mathbb{R},\quad \tan(\operatorname{Arctan} x) = x$.

Attention

$\operatorname{Arctan}(\tan x)$ n'est pas toujours égal à x, voir l'exercice 19.5.

On dispose de la formule suivante (qui n'est pas cependant pas dans le Programme officiel), cf. exercice 19.7 : $\forall x \in \mathbb{R}^*,\quad \operatorname{Arctan} x + \operatorname{Arctan} \frac{1}{x} = \begin{cases} \frac{\pi}{2} & \text{si} \quad x > 0 \\ -\frac{\pi}{2} & \text{si} \quad x < 0. \end{cases}$

Courbe représentative

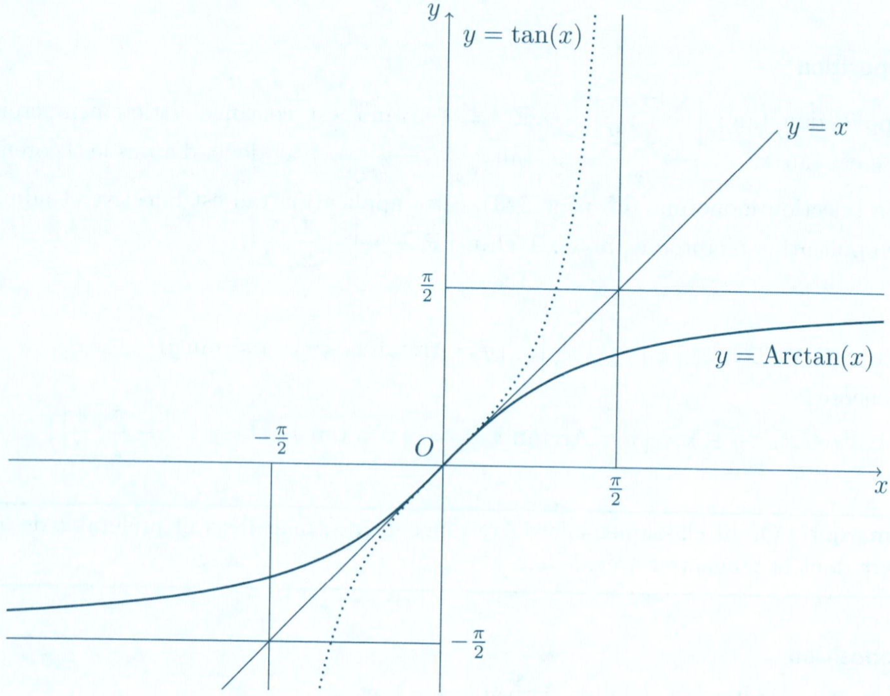

Exercices d'apprentissage

19.1

Simplifier, sur des ensembles à préciser, les (neuf) composées $g \circ f$ où $f \in \{\text{Arcsin, Arccos, Arctan}\}$ et $g \in \{\sin, \cos, \tan\}$.

a) D'après le cours, on a, pour tout $x \in [-1\,;1]$: $\sin(\operatorname{Arcsin} x) = x$, $\cos(\operatorname{Arccos} x) = x$ et, pour tout $x \in \mathbb{R}$: $\tan(\operatorname{Arctan} x) = x$.

b) Soit $x \in [-1\,;1]$.

En notant $t = \operatorname{Arcsin} x \in [-\pi/2\,;\pi/2]$, on a $\sin t = x$ et $\cos t \geqslant 0$, donc $\cos t = \sqrt{1-\sin^2 t} = \sqrt{1-x^2}$.

Ceci montre, pour tout $x \in [-1\,;1]$: $\cos(\operatorname{Arcsin} x) = \sqrt{1-x^2}$.

De même, on montre, pour tout $x \in [-1\,;1]$: $\sin(\operatorname{Arccos} x) = \sqrt{1-x^2}$.

On déduit, pour tout $x \in]-1\,;1[$: $\tan(\operatorname{Arcsin} x) = \dfrac{\sin(\operatorname{Arcsin} x)}{\cos(\operatorname{Arcsin} x)} = \dfrac{x}{\sqrt{1-x^2}}$.

De même, pour tout $x \in [-1\,;1] \setminus \{0\}$: $\tan(\operatorname{Arccos} x) = \dfrac{\sqrt{1-x^2}}{x}$.

c) Soit $x \in \mathbb{R}$.

En notant $t = \operatorname{Arctan} x \in]-\pi/2\,;\pi/2[$, on a $x = \tan t$, $\dfrac{1}{\cos^2 t} = 1 + \tan^2 t = 1 + x^2$, et $\cos t > 0$, donc : $\cos t = \dfrac{1}{\sqrt{1+x^2}}$.

Ceci montre, pour tout $x \in \mathbb{R}$: $\cos(\operatorname{Arctan} x) = \dfrac{1}{\sqrt{1+x^2}}$.

Enfin : $\sin t = \tan t \cos t = \dfrac{x}{\sqrt{1+x^2}}$.

On peut regrouper ces résultats dans un tableau donnant $g \circ f(x)$:

g \ f	Arcsin	Arccos	Arctan
sin	x	$\sqrt{1-x^2}$	$\dfrac{x}{\sqrt{1-x^2}}$
cos	$\sqrt{1-x^2}$	x	$\dfrac{1}{\sqrt{1+x^2}}$
tan	$\dfrac{x}{\sqrt{1-x^2}}$	$\dfrac{\sqrt{1+x^2}}{x}$	x

19.2

Montrer, pour tout $x \in [-1\,;1]$: $\operatorname{Arcsin} x + \operatorname{Arccos} x = \dfrac{\pi}{2}$.

La fonction

$$f :]-1\,;1[\longrightarrow \mathbb{R}, \quad x \longmapsto \operatorname{Arcsin} x + \operatorname{Arccos} x$$

est continue sur $[-1\,;1]$, dérivable sur $]-1\,;1[$ et, pour tout $x \in]-1\,;1[$:

$$f'(x) = \frac{1}{\sqrt{1-x^2}} - \frac{1}{\sqrt{1-x^2}} = 0,$$

donc il existe $C \in \mathbb{R}$ tel que : $\forall x \in [-1\,;1],\quad f(x) = C$.
On a, par exemple, $C = f(0) = 0 + \dfrac{\pi}{2}$, et on conclut :

$$\forall x \in [-1\,;1],\quad \operatorname{Arcsin} x + \operatorname{Arccos} x = \frac{\pi}{2}.$$

19.3

Étude et représentation graphique de $\quad f : \mathbb{R} \longrightarrow \mathbb{R},\quad x \longmapsto \operatorname{Arcsin}(\sin x)$.

La fonction f est 2π-périodique et impaire, on peut donc se ramener au cas où $x \in [0\,;\pi]$, et effectuer la symétrie par rapport à O, puis effectuer des translations répétées de vecteur $\pm 2\pi\,\overrightarrow{i}$.
Si $x \in [0\,;\pi/2]$, alors, par définition de Arcsin, on a $f(x) = x$.
Si $x \in [\pi/2\,;\pi]$, on cherche $y \in [-\pi/2\,;\pi/2]$ de façon que $\sin y = \sin x$, et il est clair que y est égal à $\pi - x$. Ainsi, pour $x \in [\pi/2,\,;\pi]$, on a $f(x) = \pi - x$.
On obtient une courbe en dents de scie.

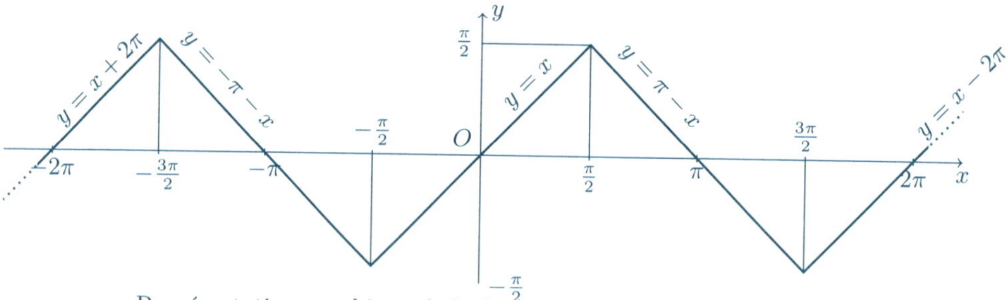

Représentation graphique de la fonction $f : x \longmapsto \operatorname{Arcsin}(\sin x)$

19.4

Étude et représentation graphique de $\quad f : \mathbb{R} \longrightarrow \mathbb{R},\quad x \longmapsto \operatorname{Arccos}(\cos x)$.

La fonction f est 2π-périodique et paire, on peut donc se ramener au cas où $x \in [0\,;\pi]$, et effectuer la symétrie par rapport à (Oy), puis effectuer des translations de vecteur $\pm 2\pi\,\overrightarrow{i}$.
Si $x \in [0\,;\pi]$, alors, par définition de Arccos, on a $f(x) = x$.
On obtient une courbe en dents de scie.

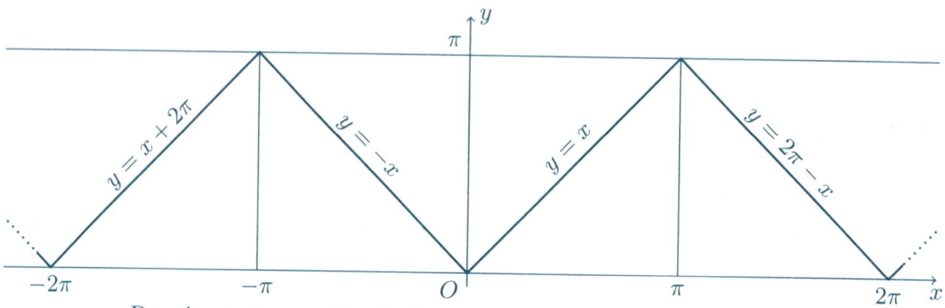

Représentation graphique de la fonction $f : x \longmapsto \operatorname{Arccos}(\cos x)$

19.5

Étude et représentation graphique de $f : D \longrightarrow \mathbb{R},\ x \longmapsto \operatorname{Arctan}(\tan x)$, où $D = \mathbb{R} \setminus \left(\dfrac{\pi}{2} + \pi\mathbb{Z}\right)$.

La fonction f est π-périodique, donc on peut se ramener au cas où $x \in]-\pi/2\,;\pi/2[$, puis effectuer des translations répétées de vecteur $\pm\pi\,\vec{i}$.
Si $x \in]-\pi/2\,;\pi/2[$, alors, par définition de Arctan, on a $f(x) = x$.

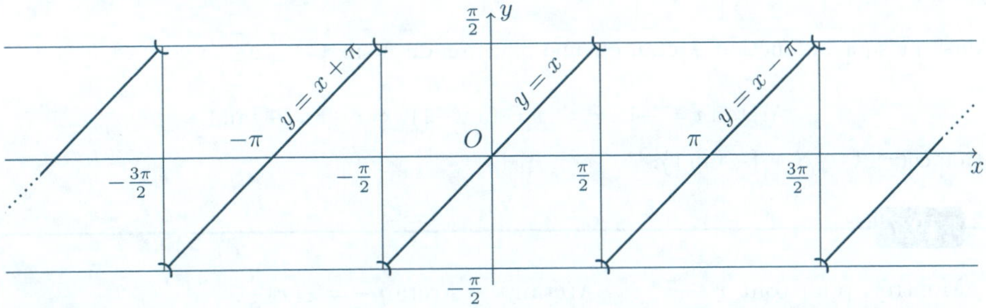

Représentation graphique de la fonction $f : x \longmapsto \operatorname{Arctan}(\tan x)$

19.6

Résoudre les équations suivantes, d'inconnue $x \in \mathbb{R}$:

a) $\operatorname{Arcsin} x = \dfrac{\pi}{4}$, *b)* $\operatorname{Arcsin} x = \dfrac{1}{2}$, *c)* $\operatorname{Arcsin} x = -\dfrac{3\pi}{4}$, *d)* $\operatorname{Arccos} x = \dfrac{\pi}{6}$,

e) $\operatorname{Arccos} x = -\dfrac{\pi}{6}$, *f)* $\operatorname{Arctan} x = \dfrac{\pi}{4}$, *g)* $\operatorname{Arctan} x = -1$.

a) On a : $\dfrac{\pi}{4} \in \left[-\dfrac{\pi}{2}\,;\dfrac{\pi}{2}\right]$.
Ainsi, puisque la fonction Arcsin est une bijection de $[-1\,;1]$ sur $\left[-\dfrac{\pi}{2}\,;\dfrac{\pi}{2}\right]$:

$$\operatorname{Arcsin} x = \frac{\pi}{4} \Longleftrightarrow x = \sin\frac{\pi}{4} \Longleftrightarrow x = \frac{1}{\sqrt{2}}$$

et on conclut : $\mathcal{S} = \left\{\dfrac{1}{\sqrt{2}}\right\}$.

b) On a : $\dfrac{1}{2} \in \left[-\dfrac{\pi}{2}\,;\dfrac{\pi}{2}\right]$.
Ainsi, puisque la fonction Arcsin est une bijection de $[-1\,;1]$ sur $\left[-\dfrac{\pi}{2}\,;\dfrac{\pi}{2}\right]$:

$$\operatorname{Arcsin} x = \frac{1}{2} \iff x = \sin\frac{1}{2}$$

et on conclut : $\mathcal{S} = \left\{\sin\dfrac{1}{2}\right\}$.

c) On a $-\dfrac{3\pi}{4} \notin \left[-\dfrac{\pi}{2}\,;\dfrac{\pi}{2}\right]$ et la fonction Arcsin est à valeurs dans $\left[-\dfrac{\pi}{2}\,;\dfrac{\pi}{2}\right]$.
On conclut : $\mathcal{S} = \varnothing$.

d) On a $\dfrac{\pi}{6} \in [0\,;\pi]$ d'où, puisque la fonction Arccos est une bijection de $[-1\,;1]$ sur $[0\,;\pi]$:

$$\operatorname{Arccos} x = \frac{\pi}{6} \iff x = \cos\frac{\pi}{6} \iff x = \frac{\sqrt{3}}{2}$$

et on conclut : $\mathcal{S} = \left\{\dfrac{\sqrt{3}}{2}\right\}$.

e) On a $-\dfrac{\pi}{6} \notin [0\,;\pi]$ et la fonction Arccos est à valeurs dans $[0\,;\pi]$, donc : $\mathcal{S} = \varnothing$.

f) On a $\dfrac{\pi}{4} \in \left]-\dfrac{\pi}{2}\,;\dfrac{\pi}{2}\right[$.

Ainsi, puisque la fonction Arctan est une bijection de $\mathbb{R}$ sur $\left]-\dfrac{\pi}{2}\,;\dfrac{\pi}{2}\right[$:

$$\operatorname{Arctan} x = \frac{\pi}{4} \iff x = \tan\frac{\pi}{4} \iff x = 1,$$

et on conclut : $\mathcal{S} = \{1\}$.

g) On a $-1 \in \left]-\dfrac{\pi}{2}\,;\dfrac{\pi}{2}\right[$.

Ainsi, puisque la fonction Arctan est une bijection de $\mathbb{R}$ sur $\left]-\dfrac{\pi}{2}\,;\dfrac{\pi}{2}\right[$:

$$\operatorname{Arctan} x = -1 \iff x = \tan(-1) \iff x = -\tan 1,$$

et on conclut : $\mathcal{S} = \{-\tan 1\}$.

19.7

Montrer, pour tout $x \in \mathbb{R}^*$: $\quad \operatorname{Arctan} x + \operatorname{Arctan}\dfrac{1}{x} = \varepsilon(x)\dfrac{\pi}{2}$,

où $\varepsilon(x)$ est le signe de x, défini par : $\quad \varepsilon(x) = \begin{cases} -1 & \text{si } x < 0 \\ 1 & \text{si } x > 0. \end{cases}$

1re méthode : utilisation d'un changement de variable :

1) Soit $x \in \mathbb{R}_+^*$. Notons $t = \operatorname{Arctan} x$.

On a alors : $t \in \left]0\,;\dfrac{\pi}{2}\right[$ d'où : $\dfrac{\pi}{2} - t \in \left]0\,;\dfrac{\pi}{2}\right[\subset \left]-\dfrac{\pi}{2}\,;\dfrac{\pi}{2}\right[$, et $x = \tan t$, et ainsi $\dfrac{1}{x} = \dfrac{1}{\tan t} = \tan\left(\dfrac{\pi}{2} - t\right)$, et donc, comme tan est une bijection de $\left]-\dfrac{\pi}{2}\,;\dfrac{\pi}{2}\right[$ sur $\mathbb{R}$, on déduit : $\operatorname{Arctan}\dfrac{1}{x} = \dfrac{\pi}{2} - t$.

Enfin :

$$\operatorname{Arctan} x + \operatorname{Arctan}\frac{1}{x} = t + \left(\frac{\pi}{2} - t\right) = \frac{\pi}{2}.$$

2) Pour tout $x \in \mathbb{R}_-^*$, on a alors, en appliquant le résultat précédent à $-x$ (qui est > 0) et puisque Arctan est impaire :

$$\operatorname{Arctan} x + \operatorname{Arctan}\frac{1}{x} = -\left(\operatorname{Arctan}(-x) + \operatorname{Arctan}\left(\frac{1}{-x}\right)\right) = -\frac{\pi}{2}.$$

2e méthode : utilisation d'une dérivation :

La fonction $f :]0\,;+\infty[\longrightarrow \mathbb{R}$, $\quad x \longmapsto \operatorname{Arctan} x + \operatorname{Arctan}\frac{1}{x}$ est dérivable sur l'intervalle $]0\,;+\infty[$ et, pour tout $x \in]0\,;+\infty[$:

$$f'(x) = \frac{1}{1+x^2} + \frac{-\dfrac{1}{x^2}}{1+\left(\dfrac{1}{x}\right)^2} = \frac{1}{1+x^2} - \frac{1}{1+x^2} = 0.$$

Il existe donc $C \in \mathbb{R}$ tel que : $\forall x \in]0\,;+\infty[, \quad f(x) = C$.

Comme $f(1) = 2\operatorname{Arctan}(1) = 2\dfrac{\pi}{4} = \dfrac{\pi}{2}$, on obtient le résultat voulu pour $x > 0$, et on termine comme dans la 1re méthode pour le cas $x < 0$.

Exercices d'entraînement

19.8 Équation avec Arcsin **et** Arccos

Résoudre l'équation, d'inconnue $x \in \mathbb{R}$: $\operatorname{Arcsin} x = \operatorname{Arccos} x$.

19.9 Intervention de fonctions circulaires dans un contexte algébrique

Montrer, pour tout $(x, y) \in [-1\,;1]^2$:

a) $x\sqrt{1-y^2} + y\sqrt{1-x^2} \in [-1\,;1]$

b) $xy + \sqrt{1-x^2}\sqrt{1-y^2} \in [-1\,;1]$.

19.10 Expression à deux variables avec Arccos

Simplifier, pour $(x, y) \in \mathbb{R}^2$: $f(x, y) = \operatorname{Arccos} \dfrac{1 - xy}{\sqrt{1+x^2}\sqrt{1+y^2}}$.

19.11 Argument d'un nombre complexe à l'aide de Arctan

Montrer : $\forall z \in \mathbb{C} \setminus \mathbb{R}_-, \quad \operatorname{Arg}(z) = 2 \operatorname{Arctan} \dfrac{\operatorname{Im}(z)}{|z| + \operatorname{Re}(z)}$.

19.12 Somme de trois Arctan

Calculer : $A = \operatorname{Arctan} \dfrac{1}{2} + \operatorname{Arctan} \dfrac{1}{5} + \operatorname{Arctan} \dfrac{1}{8}$.

19.13 Une inégalité sur sin **et** Arcsin

Montrer : $\forall x \in [0\,;1], \quad \sin x + \operatorname{Arcsin}(x) \geqslant 2x$.

19.14 Intervention de Arctan **dans un contexte combinatoire**

Soient $x_1, ..., x_{13} \in \mathbb{R}$ deux à deux distincts.

Montrer qu'il existe $(i, j) \in \{1, ..., 13\}^2$ tel que : $0 < \dfrac{x_i - x_j}{1 + x_i x_j} < 2 - \sqrt{3}$.

Corrigés des exercices d'entraînement

19.8

L'ensemble de définition de l'équation est $[-1\,;1]$.

1) Si $x \in [-1\,;1]$ convient, alors, en composant par sin :

$$\sin(\operatorname{Arcsin} x) = \sin(\operatorname{Arccos} x),$$

c'est-à-dire : $x = \sqrt{1-x^2}$,

d'où $x \geqslant 0$ et $x^2 = (1-x^2)$, donc $x^2 = \dfrac{1}{2}$, puis $x = \dfrac{1}{\sqrt{2}}$.

2) Réciproquement, pour $x = \dfrac{1}{\sqrt{2}}$, on a :

$$\operatorname{Arcsin} x = \frac{\pi}{4} \quad \text{et} \quad \operatorname{Arccos} x = \frac{\pi}{4},$$

donc x convient.

On conclut : $\mathcal{S} = \left\{\dfrac{1}{\sqrt{2}}\right\}$.

19.9

Soit $(x,y) \in [-1\,;1]^2$.
Notons $a = \operatorname{Arcsin} x$, $b = \operatorname{Arcsin} y$.
On a alors $x = \sin a$ et $y = \sin b$, d'où :

a) $x\sqrt{1-y^2} + y\sqrt{1-x^2}$
$= \sin a \cos b + \sin b \cos a = \sin(a+b) \in [-1\,;1]$

b) $xy + \sqrt{1-x^2}\sqrt{1-y^2}$
$= \sin a \sin b + \cos a \cos b = \cos(a-b) \in [-1\,;1]$.

19.10

Soit $(x,y) \in \mathbb{R}^2$. Puisque $\sqrt{1+x^2}$ et $\sqrt{1+y^2}$ interviennent, effectuons le changement de variables

$$u = \operatorname{Arctan} x \quad \text{et} \quad v = \operatorname{Arctan} y,$$

d'où : $u, v \in]-\pi/2\,;\pi/2[$, $x = \tan u$, $y = \tan v$.
On déduit :

$$\frac{1-xy}{\sqrt{1+x^2}\sqrt{1+y^2}} = \frac{1-\tan u \tan v}{\sqrt{1+\tan^2 u}\sqrt{1+\tan^2 v}}$$

$$= \frac{1-\tan u \tan v}{\sqrt{\dfrac{1}{\cos^2 u}}\sqrt{\dfrac{1}{\cos^2 v}}} = \frac{1 - \dfrac{\sin u}{\cos u}\dfrac{\sin v}{\cos v}}{\dfrac{1}{\cos u}\dfrac{1}{\cos v}}$$

$= \cos u \cos v - \sin u \sin v = \cos(u+v) \in [-1\,;1]$,

donc $f(x,y)$ existe et

$$f(x,y) = \operatorname{Arccos}\big(\cos(u+v)\big).$$

Comme $u, v \in]-\pi/2\,;\pi/2[$, on a $u+v \in]-\pi\,;\pi[$.

- Si $u+v \in [0\,;\pi[$, alors $f(x,y) = u+v$.
- Si $u+v \in]-\pi\,;0]$, alors $f(x,y) = -(u+v)$.

Il nous faut maintenant remplacer la condition $u+v \geqslant 0$ en une condition équivalente portant sur x, y.
On a, puisque $\cos u > 0$ et $\cos v > 0$:

$$\begin{aligned} u+v \in [0\,;\pi[&\iff \sin(u+v) \geqslant 0 \\ &\iff \sin u \cos v + \sin v \cos u \geqslant 0 \\ &\iff \frac{\sin u \cos v + \sin v \cos u}{\cos u \cos v} \geqslant 0 \\ &\iff \tan u + \tan v \geqslant 0 \iff x+y \geqslant 0. \end{aligned}$$

On conclut :

$$f(x,y) = \begin{cases} \operatorname{Arctan} x + \operatorname{Arctan} y & \text{si} \quad x+y \geqslant 0 \\ -(\operatorname{Arctan} x + \operatorname{Arctan} y) & \text{si} \quad x+y \leqslant 0. \end{cases}$$

19.11

Soit $z \in \mathbb{C} \setminus \mathbb{R}_-$.
Notons $r = |z| \in \mathbb{R}_+$ et $t = \operatorname{Arg}(z) \in]-\pi\,;\pi]$, de sorte que $z = r(\cos t + \mathrm{i} \sin t)$.
Comme $z \notin \mathbb{R}_-$, on a, plus précisément :

$$t \in]-\pi\,;\pi[.$$

On a :

$$\frac{\operatorname{Im} z}{|z| + \operatorname{Re}(z)} = \frac{r \sin t}{r + r\cos t} = \frac{\sin t}{1+\cos t} = \frac{2\sin\dfrac{t}{2}\cos\dfrac{t}{2}}{2\cos^2\dfrac{t}{2}} = \tan\frac{t}{2}.$$

Comme $\dfrac{t}{2} \in \left]-\dfrac{\pi}{2}\,;\dfrac{\pi}{2}\right[$, on déduit :

$$\frac{t}{2} = \operatorname{Arctan} \frac{\operatorname{Im} z}{|z| + \operatorname{Re}(z)},$$

d'où le résultat voulu.

19.12

On connaît la formule, sous réserve d'existence, pour $a, b \in \mathbb{R}$:

$$\tan(a+b) = \frac{\tan a + \tan b}{1 - \tan a \tan b},$$

d'où, sous réserve d'existence, pour $a, b, c \in \mathbb{R}$:

$$\begin{aligned}
&\tan(a+b+c)\\
&= \tan\big((a+b)+c\big)\\
&= \frac{\tan(a+b)+\tan c}{1-\tan(a+b)\tan c}\\
&= \frac{\dfrac{\tan a+\tan b}{1-\tan a\tan b}+\tan c}{1-\dfrac{\tan a+\tan b}{1-\tan a\tan b}\tan c}\\
&= \frac{\tan a+\tan b+\tan c-\tan a\tan b\tan c}{1-\big(\tan a\tan b+\tan a\tan c+\tan b\tan c\big)}.
\end{aligned}$$

On obtient :

$$\tan A = \frac{\frac{1}{2}+\frac{1}{5}+\frac{1}{8}-\frac{1}{2}\frac{1}{5}\frac{1}{8}}{1-\left(\frac{1}{2}\frac{1}{5}+\frac{1}{2}\frac{1}{8}+\frac{1}{5}\frac{1}{8}\right)} = \frac{\dfrac{20+8+5}{40}-\dfrac{1}{80}}{1-\dfrac{8+5+2}{80}} = \frac{65}{65} = 1.$$

Il en résulte : $A \equiv \frac{\pi}{4} \quad [\pi]$.

De plus, comme $\frac{1}{2}, \frac{1}{5}, \frac{1}{8}$ sont dans $[0\,;1]$, a, b, c sont dans $\left[0\,;\frac{\pi}{4}\right]$, donc $A \in \left[0\,;\frac{3\pi}{4}\right]$, et on conclut : $A = \frac{\pi}{4}$.

19.13

On a, pour tout $x \in [0\,;1]$, en notant (1) l'inégalité dans l'énoncé :

$$(1) \iff \operatorname{Arcsin} x - x \leqslant x - \sin x.$$

La fonction $f : [0\,;1] \longrightarrow \mathbb{R}, \quad x \longmapsto x - \sin x$ est dérivable et, pour tout $x \in [0\,;1]$:

$$f'(x) = 1 - \cos x \geqslant 0,$$

donc f est croissante.
De plus, $f(0) = 0$, donc f est à valeurs $\geqslant 0$, d'où, pour tout $t \in [0\,;1]$, $\sin t \leqslant t$.
Puisque $\sin x \leqslant x$ et que la fonction Arcsin est croissante, on déduit : $\operatorname{Arcsin}(\sin x) \leqslant \operatorname{Arcsin} x$, c'est-à-dire, puisque $x \in [0\,;1] \subset [-\pi/2\,;\pi/2]$: $x \leqslant \operatorname{Arcsin} x$.
Puisque f est croissante sur $[0\,;1]$ et que x et $\operatorname{Arcsin} x$ sont dans $[0\,;1]$, on déduit :

$$f(x) \leqslant f(\operatorname{Arcsin} x),$$

c'est-à-dire :

$$x - \sin x \leqslant \operatorname{Arcsin} x - \underbrace{\sin(\operatorname{Arcsin} x)}_{=x}$$

et on conclut : $\operatorname{Arcsin} x + \sin x \geqslant 2x$.

19.14

L'expression $\dfrac{x_i - x_j}{1 + x_i x_j}$ fait penser à la formule de trigonométrie $\tan(a+b) = \dfrac{\tan a + \tan b}{1 - \tan a \tan b}$.
Notons donc, pour tout $i \in \{1, ..., 13\}$,

$$u_i = \operatorname{Arctan} x_i.$$

Puisque la fonction Arctan est une bijection de $\mathbb{R}$ sur $\left]-\frac{\pi}{2}\,;\frac{\pi}{2}\right[$, les nombres u_i sont tous dans $\left]-\frac{\pi}{2}\,;\frac{\pi}{2}\right[$ et sont deux à deux distincts.
On peut décomposer l'intervalle $\left]-\frac{\pi}{2}\,;\frac{\pi}{2}\right[$ en douze intervalles successifs (par exemple tous ouverts à gauche, pour obtenir l'inégalité stricte finale), chacun de longueur $\frac{\pi}{12}$, donc, d'après le principe des tiroirs (que l'on peut considérer comme une évidence), l'un de ces intervalles contient deux des u_k.
Il existe donc $(i, j) \in \{1, ..., 13\}^2$ tel que :

$$i \neq j \quad \text{et} \quad 0 < u_i - u_j < \frac{\pi}{12},$$

donc tel que : $\quad 0 < \tan(u_i - u_j) < \tan\frac{\pi}{12}$,

c'est-à-dire : $\quad 0 < \dfrac{x_i - x_j}{1 + x_i x_j} < \tan\dfrac{\pi}{12}$.

Il reste à calculer $a = \tan\frac{\pi}{12}$.
On a, par exemple :

$$\frac{1}{\sqrt{3}} = \tan\frac{\pi}{6} = \tan\left(2\frac{\pi}{12}\right) = \frac{2a}{1-a^2},$$

d'où : $\quad a^2 + 2\sqrt{3}\,a - 1 = 0$.
Le discriminant Δ de ce trinôme du second degré en a est $\Delta = 4 \cdot 3 + 4 = 16 > 0$, donc :

$$a = \frac{-2\sqrt{3} \pm 4}{2} = -\sqrt{3} \pm 2.$$

Comme $a > 0$, on obtient : $a = 2 - \sqrt{3}$, et on conclut au résultat demandé.

20 Calculs de primitives

Les calculs d'intégrales s'effectuent souvent, à un niveau élémentaire, à l'aide de primitives, la primitivation étant, en première approche, l'opération réciproque de la dérivation.
Ce chapitre est consacré aux méthodes de calcul de primitives :

- connaissance des primitives usuelles
- linéarité de la primitivation
- changement de variable dans une primitive
- primitivation par parties.

La plupart des fonctions considérées dans ce chapitre sont définies sur un intervalle de $\mathbb{R}$ (ou une certaine réunion d'intervalles ouverts de $\mathbb{R}$) et à valeurs dans $\mathbb{C}$ (le plus souvent : à valeurs dans $\mathbb{R}$).

Rappels de cours

1 Généralités

Définition

Soient I un intervalle de $\mathbb{R}$, et $f, \phi : I \longrightarrow \mathbb{C}$ des applications.
On dit que ϕ est une **primitive** de f sur I si et seulement si :

$$\phi \text{ est dérivable sur } I \quad \text{et} \quad \phi' = f.$$

On dispose du théorème suivant, d'existence et d'unicité (à une constante additive près) de primitives.

Théorème

Si $f : I \longrightarrow \mathbb{C}$ est une application continue sur l'intervalle I, alors :

- pour tout $x_0 \in I$, l'application $F : I \longrightarrow \mathbb{C}, \quad x \longmapsto \displaystyle\int_{x_0}^{x} f(t)\,\mathrm{d}t$ est une primitive de f sur I, et les primitives de f sur I sont les applications $F + \lambda, \quad \lambda \in \mathbb{C}$;
- pour toute primitive ϕ de f sur I, et tous $a, b \in I$, on a :

$$\int_a^b f(t)\,\mathrm{d}t = [\phi(t)]_a^b = \phi(b) - \phi(a).$$

Ainsi, si $\phi : I \longrightarrow \mathbb{C}$ est de classe C^1 sur l'intervalle I, on a, pour tous $a, b \in I$:

$$\int_a^b \phi'(t)\,\mathrm{d}t = \phi(b) - \phi(a)$$

ce qui constitue ce que l'on peut appeler la formule fondamentale de l'Analyse.

En pratique, on note $\int f(x)\,\mathrm{d}x$ l'une quelconque des primitives de f sur I.

On utilise aussi cette notation $\int f(x)\,\mathrm{d}x$ dans le cas plus général où l'ensemble de définition de f est une certaine réunion d'intervalles ouverts de $\mathbb{R}$.
La lettre C (ou aussi : $C(x)$), utilisée dans des égalités du type $\int f(x)\,\mathrm{d}x = \phi(x) + C$ désigne une fonction constante sur chaque intervalle ouvert inclus dans l'ensemble de définition de f. On dit que C est une fonction localement constante (ou aussi : C est une constante locale), ces expressions ne sont pas dans le Programme officiel.

Exemple

$$\int \frac{1}{x}\,\mathrm{d}x = \ln|x| + C(x) \text{ où } C : \mathbb{R}^* \longrightarrow \mathbb{R},\quad x \longmapsto \begin{cases} C_1 & \text{si } x < 0 \\ C_2 & \text{si } x > 0 \end{cases} \qquad (C_1, C_2) \in \mathbb{R}^2.$$

Des égalités successives, du genre $\int f(x)\,\mathrm{d}x = \int g(x)\,\mathrm{d}x = \int h(x)\,\mathrm{d}x = \ldots$ sont à comprendre de la façon suivante : les membres de ces égalités diffèrent par des constantes (locales).
La constante de primitivation apparaît au moment où le symbole $\int$ disparaît, ou, par commodité, à la fin du calcul.

Exemple

$$\int \sin 2x\,\mathrm{d}x = -\frac{1}{2}\cos 2x + C, \quad C \text{ constante sur } \mathbb{R}.$$

Remarque : Certaines primitives ne peuvent pas être exprimées à l'aide des fonctions usuelles par une succession finie d'opérations prises parmi : addition, multiplication, composition. Nous ne pourrons donc pas « calculer » ces primitives. Par exemple, $\int \frac{\mathrm{e}^x}{x}\,\mathrm{d}x$ ne peut être « calculée » (une démonstration de ce résultat dépasserait largement le cadre de cet ouvrage). On dit que ces primitives sont des fonctions « spéciales ».

Les logiciels de calcul formel savent calculer les primitives (lorsque celles-ci ne sont pas des fonctions spéciales) et rendent donc vaine toute virtuosité mentale dans le calcul de primitives. Cependant, il est nécessaire de connaître les méthodes et les types classiques de calcul de primitives pour pouvoir aborder avec succès la suite du cours d'Analyse, en particulier pour la résolution d'équations différentielles.

Le Programme officiel indique que l'on pourra noter $\int^x f(t)\,\mathrm{d}t$ (sans borne en bas de l'intégrale) une primitive quelconque de f. Ceci nous semble dangereux, car l'étudiant risque de croire que, pour toute primitive ϕ de f, il existe $a \in I$ tel que, pour tout $x \in I$, $\phi(x) = \int_a^x f(t)\,\mathrm{d}t$, ce qui est faux, comme le montre l'exemple $f : \mathbb{R} \longrightarrow \mathbb{R},\ t \longmapsto 2t$, pour lequel, pour tous $a, x \in \mathbb{R}$, $\int_a^x f(t)\,\mathrm{d}t = [t^2]_a^x = x^2 - a^2$

et la primitive particulière $\phi_1 : \mathbb{R} \longrightarrow \mathbb{R},\ x \longmapsto x^2+1$ n'est pas de cette forme, puisqu'il n'existe pas de $a \in \mathbb{R}$ tel que $1 = -a^2$.

Nous n'utiliserons donc, dans tout l'ouvrage, que la notation classique $\displaystyle\int f(x)\,\mathrm{d}x$ pour désigner une primitive quelconque de f, à une constante locale près.

2 Liste des primitives usuelles

Dans le tableau suivant, à connaître par cœur :

- la première colonne contient la fonction f dont on veut donner les primitives, la variable étant notée x
- la deuxième colonne contient une primitive F de f, la variable étant notée x
- la troisième colonne contient l'ensemble de validité, qui est un intervalle de $\mathbb{R}$ ou une certaine réunion d'intervalles de $\mathbb{R}$. Pour obtenir toutes les primitives de f, on ajoute à F une fonction constante sur chaque intervalle de l'ensemble de validité.

Liste des primitives usuelles

Fonction f	Une primitive F de f	Ensemble de validité
$\mathrm{e}^{\alpha x}$, $\alpha \in \mathbb{C}^*$ fixé	$\dfrac{1}{\alpha}\mathrm{e}^{\alpha x}$	$\mathbb{R}$
$\operatorname{ch} x$	$\operatorname{sh} x$	$\mathbb{R}$
$\operatorname{sh} x$	$\operatorname{ch} x$	$\mathbb{R}$
$\cos x$	$\sin x$	$\mathbb{R}$
$\sin x$	$-\cos x$	$\mathbb{R}$
x^n, $n \in \mathbb{N}$ fixé	$\dfrac{x^{n+1}}{n+1}$	$\mathbb{R}$
x^n, $n \in \mathbb{Z}$, $n \leqslant -2$	$\dfrac{x^{n+1}}{n+1}$	$\mathbb{R}^*$
$\dfrac{1}{x}$	$\ln\lvert x\rvert$	$\mathbb{R}^*$
x^α, $\alpha \in \mathbb{R}\setminus\mathbb{Z}$ fixé	$\dfrac{x^{\alpha+1}}{\alpha+1}$	$\mathbb{R}_+^*$
$\dfrac{1}{1+x^2}$	$\operatorname{Arctan} x$	$\mathbb{R}$
$\dfrac{1}{\sqrt{1-x^2}}$	$\operatorname{Arcsin} x$	$]-1\,;1[$

3 Changement de variable

Le théorème de changement de variable dans une primitive revient au théorème de dérivation d'une fonction composée.

Proposition

Si I, J sont des intervalles de $\mathbb{R}$, $\varphi : I \longrightarrow J$ une application de classe C^1 sur I, $f : J \longrightarrow \mathbb{C}$ une application continue sur J, alors :

$$\int f\big(\varphi(x)\big)\varphi'(x)\,\mathrm{d}x = \int f(u)\,\mathrm{d}u + C$$

où C est une fonction constante sur I.

On dit que l'on effectue le changement de variable $u = \varphi(x)$, l'égalité précédente pouvant bien sûr être lue dans un sens comme dans l'autre.

Dans certains cas, on aura besoin d'exprimer x en fonction de u, ce qui pourra nécessiter que φ soit bijective.

Exemple

1) Calculer $I(x) = \displaystyle\int \frac{\sin x}{1+\cos^2 x}\,\mathrm{d}x$.

La fonction $x \longmapsto \dfrac{\sin x}{1+\cos^2 x}$ est continue sur $\mathbb{R}$, donc I existe sur $\mathbb{R}$.

Le changement de variable $t = \cos x$ est apparent dans cet exemple, puisqu'on peut remarquer $-\sin x\,\mathrm{d}x = \mathrm{d}(\cos x)$, d'où :

$$I(x) \underset{[t=\cos x]}{=} \int \frac{-1}{1+t^2}\,\mathrm{d}t = -\operatorname{Arctan} t = -\operatorname{Arctan}(\cos x) + C,$$

où C est une (fonction) constante sur $\mathbb{R}$.

On peut, comme ci-dessus, indiquer le changement de variable par la notation $\underset{[\ldots]}{=}$, lorsque le changement de variable n'est pas trop compliqué.

2) Calculer $I(x) = \displaystyle\int \frac{1}{\sqrt{1+x^2}}\,\mathrm{d}x$.

La fonction $x \longmapsto \dfrac{1}{\sqrt{1+x^2}}$ est continue sur $\mathbb{R}$, donc I existe sur $\mathbb{R}$.

L'expression $\sqrt{1+x^2}$ fait penser à la formule $1+\operatorname{sh}^2 t = \operatorname{ch}^2 t$. On souhaite donc poser $x = \operatorname{sh} t$. Cependant, il faut définir la nouvelle variable (t) en fonction de l'ancienne variable (x). On a vu, cf. exercice 18.3, que, pour tout $(x, t) \in \mathbb{R}^2$:

$$x = \operatorname{sh} t \iff t = \ln\big(x + \sqrt{1+x^2}\big).$$

On effectue donc le changement de variable $t = \ln\big(x+\sqrt{1+x^2}\big)$, d'où $x = \operatorname{sh} t$ et $\mathrm{d}x = \operatorname{ch} t\,\mathrm{d}t$, donc :

$$I(x) = \int \frac{1}{\sqrt{1+\operatorname{sh}^2 t}}\operatorname{ch} t\,\mathrm{d}t = \int \frac{1}{\operatorname{ch} t}\operatorname{ch} t\,\mathrm{d}t = \int \mathrm{d}t = t + C = \ln\big(x+\sqrt{1+x^2}\big) + C,$$

où C est une (fonction) constante sur $\mathbb{R}$.

Remarque :

1) Lors d'un changement de variable dans une primitive, ne pas oublier de remplacer le « $\mathrm{d}x$ » et ne pas oublier le retour à la variable x. Pour le calcul d'intégrales (voir plus loin, page 240), c'est-à-dire de primitives avec des bornes, le retour en x sera inutile, puisque les bornes auront été changées lors du changement de variable.

2) Il ne nous semble pas gênant d'avoir des égalités entre des expressions dépendant de x ou de t, à condition de bien se rappeler quel est le lien entre x et t.

4 Primitivation par parties

4.1 Généralités

Le théorème de **primitivation par parties** (ou aussi : **intégration par parties**) revient au théorème de dérivation d'un produit.

Proposition

Si $u, v : I \longrightarrow \mathbb{C}$ sont de classe C^1 sur l'intervalle I, alors : $$\int u'v = uv - \int uv'$$

Ainsi, pour calculer les primitives d'un produit de deux fonctions, on peut essayer de faire apparaître une des deux fonctions du produit comme une dérivée u' et on se ramène à calculer $\int uv'$ au lieu de calculer $\int u'v$. Il faut, à cet effet, que uv' soit plus simple que $u'v$. Ce sera le cas lorsque v' est plus simple que v, typiquement lorsque $v(x) = \ln x$, ou $v(x) = \operatorname{Arctan} x$, ou $v(x) = \operatorname{Arcsin} x$.

Exemple

Calculer $I(x) = \int \ln x \, \mathrm{d}x, \quad x \in \mathbb{R}_+^*$.

L'ensemble de définition de la fonction $f : x \longmapsto \ln x$ est $\mathbb{R}_+^*$, et f est continue sur $\mathbb{R}_+^*$, donc I existe sur $\mathbb{R}_+^*$.

Pour cet exemple, on choisit $u'(x) = 1$ et $v(x) = \ln x$, d'où $u(x) = x$ (par exemple, à une constante additive près), et on a $v'(x) = \dfrac{1}{x}$:

$$I(x) = \int 1 \cdot \ln x \, \mathrm{d}x \underset{\text{ipp}}{=} x \ln x - \int x \frac{1}{x} \, \mathrm{d}x = x \ln x - \int \mathrm{d}x = x \ln x - x + C,$$

où C est une (fonction) constante sur $\mathbb{R}_+^*$.

On pourra retenir le résultat de cet exemple simple, très classique et utile.

On peut indiquer l'utilisation d'une primitivation par parties en le signalant sous le signe = concerné, par exemple par « ipp ».

En pratique, soit on pose $u'(x)$ et $v(x)$ et on en déduit $u(x)$ (à une constante additive près) et $v'(x)$, soit on effectue les opérations mentalement.

4.2 Calcul de $\displaystyle\int P(x)\,\mathrm{e}^{\alpha x}\,\mathrm{d}x$, où $P \in \mathbb{C}[\mathrm{X}]$ et $\alpha \in \mathbb{C}^*$ sont fixés

1re méthode : utilisation de primitivations par parties, successives

Une primitivation par parties (en primitivant $\mathrm{e}^{\alpha x}$) donne, à une constante additive près : $\displaystyle\int P(x)\,\mathrm{e}^{\alpha x}\,\mathrm{d}x = \frac{1}{\alpha}P(x)\,\mathrm{e}^{\alpha x} - \frac{1}{\alpha}\int P'(x)\,\mathrm{e}^{\alpha x}\,\mathrm{d}x$

et on réitère de façon à diminuer le degré du polynôme qui intervient, jusqu'à le faire disparaître.

Exemple

Calculer $\displaystyle I(x) = \int x^2\,\mathrm{e}^{x}\,\mathrm{d}x$.

La fonction $x \longmapsto x^2\,\mathrm{e}^{x}$ est continue sur $\mathbb{R}$, donc I existe sur $\mathbb{R}$.

On a, par deux primitivations par parties successives :

$$I(x) = x^2\,\mathrm{e}^{x} - \int 2x\,\mathrm{e}^{x}\,\mathrm{d}x = x^2\,\mathrm{e}^{x} - \left(2x\,\mathrm{e}^{x} - \int 2\,\mathrm{e}^{x}\,\mathrm{d}x\right)$$
$$= x^2\,\mathrm{e}^{x} - (2x\,\mathrm{e}^{x} - 2\,\mathrm{e}^{x}) = (x^2 - 2x + 2)\,\mathrm{e}^{x} + C,$$

où $C \in \mathbb{R}$ est une constante.

On peut contrôler le résultat obtenu, en dérivant :

$$\frac{\mathrm{d}}{\mathrm{d}x}\big((x^2 - 2x + 2)\,\mathrm{e}^{x}\big) = (x^2 - 2x + 2)\,\mathrm{e}^{x} + (2x - 2)\,\mathrm{e}^{x} = x^2\,\mathrm{e}^{x}.$$

2e méthode : recherche par coefficients indéterminés

La 1re méthode montre que, en notant n le degré de P, il existe un polynôme Q de $\mathbb{C}[\mathrm{X}]$, de degré n, tel que $I(x) = Q(x)\,\mathrm{e}^{\alpha x}$, et on peut donc chercher Q par coefficients indéterminés, en égalant $P(x)\,\mathrm{e}^{\alpha x}$ et $\dfrac{\mathrm{d}}{\mathrm{d}x}\big(Q(x)\,\mathrm{e}^{\alpha x}\big)$.

Exemple

Calculer $\displaystyle I(x) = \int (x^3 - 2x + 1)\,\mathrm{e}^{\mathrm{i}\,x}\,\mathrm{d}x$.

La fonction $x \longmapsto (x^3 - 2x + 1)\,\mathrm{e}^{\mathrm{i}\,x}$ est continue sur $\mathbb{R}$, donc I existe sur $\mathbb{R}$.

D'après le cours, une primitive est de la forme: $I(x) = (ax^3 + bx^2 + cx + d)\,\mathrm{e}^{\mathrm{i}\,x}$, où $(a, b, c, d) \in \mathbb{C}^4$ est à calculer.

On a, en dérivant :

$$\frac{\mathrm{d}}{\mathrm{d}x}\big((ax^3 + bx^2 + cx + d)\,\mathrm{e}^{\mathrm{i}\,x}\big) = \big(\mathrm{i}\,(ax^3 + bx^2 + cx + d) + (3ax^2 + 2bx + c)\big)\,\mathrm{e}^{\mathrm{i}\,x}$$
$$= \big(\mathrm{i}\,ax^3 + (\mathrm{i}\,b + 3a)x^2 + (\mathrm{i}\,c + 2b)x + (\mathrm{i}\,d + c)\big)\,\mathrm{e}^{\mathrm{i}\,x}.$$

Il *suffit* donc que : $\mathrm{i}\,a = 1, \quad \mathrm{i}\,b + 3a = 0, \quad \mathrm{i}\,c + 2b = -2, \quad \mathrm{i}\,d + c = 1.$

On résout ce système linéaire de quatre équations à quatre inconnues, qui est en cascade, et on obtient :

$a = \dfrac{1}{\mathrm{i}} = -\mathrm{i}$, $b = \dfrac{-3a}{\mathrm{i}} = 3$, $c = \dfrac{-2b-2}{\mathrm{i}} = \dfrac{-8}{\mathrm{i}} = 8\,\mathrm{i}$, $d = \dfrac{-c+1}{\mathrm{i}} = \dfrac{1-8\,\mathrm{i}}{\mathrm{i}} = -8-\mathrm{i}$.

On conclut : $I(x) = \big(-\mathrm{i}\,x^3 + 3x^2 + 8\,\mathrm{i}\,x - (8+\mathrm{i})\big)\,\mathrm{e}^{\,\mathrm{i}\,x} + C$,
où $C \in \mathbb{C}$ est une constante.
On peut contrôler le résultat, en dérivant, le calcul peut être fait en deux lignes.

4.3 Calcul de $I(x) = \displaystyle\int \mathrm{e}^{\,ax}\cos(bx)\,\mathrm{d}x$ et $J(x) = \displaystyle\int \mathrm{e}^{\,ax}\sin(bx)\,\mathrm{d}x$, où $(a,b) \in \mathbb{R}^2 \setminus \{(0,0)\}$ est fixé

1re méthode : utilisation de deux primitivations par parties, successives
S'il s'agit de ne calculer que l'une des deux primitives, on peut primitiver deux fois par parties.
Par exemple, pour $I(x)$, si $a \neq 0$:

$$\begin{aligned}
I(x) = \int \mathrm{e}^{\,ax}\cos(bx)\,\mathrm{d}x &\underset{\text{ipp}}{=} \frac{\mathrm{e}^{\,ax}}{a}\cos(bx) - \int \frac{\mathrm{e}^{\,ax}}{a}\big(-b\sin(bx)\big)\,\mathrm{d}x \\
&= \frac{1}{a}\,\mathrm{e}^{\,ax}\cos(bx) + \frac{b}{a}\int \mathrm{e}^{\,ax}\sin(bx)\,\mathrm{d}x \\
&\underset{\text{ipp}}{=} \frac{1}{a}\,\mathrm{e}^{\,ax}\cos(bx) + \frac{b}{a}\Big(\frac{\mathrm{e}^{\,ax}}{a}\sin(bx) - \int \frac{\mathrm{e}^{\,ax}}{a} b\cos(bx)\,\mathrm{d}x\Big) \\
&= \frac{1}{a}\,\mathrm{e}^{\,ax}\cos(bx) + \frac{b}{a^2}\,\mathrm{e}^{\,ax}\sin(bx) - \frac{b^2}{a^2} I(x),
\end{aligned}$$

d'où : $\quad \Big(1 + \dfrac{b^2}{a^2}\Big) I(x) = \dfrac{a\,\mathrm{e}^{\,ax}\cos(bx) + b\,\mathrm{e}^{\,ax}\sin(bx)}{a^2}$,

et on conclut : $\quad I(x) = \dfrac{\mathrm{e}^{\,ax}}{a^2+b^2}\big(a\cos(bx) + b\sin(bx)\big)$.

D'autre part, le résultat obtenu est aussi valable lorsque $a = 0$ (et $b \neq 0$).

2e méthode : passage par les nombres complexes
S'il s'agit de calculer simultanément $I(x)$ et $J(x)$, on pourra passer par les nombres complexes :

$$\begin{aligned}
I(x) + \mathrm{i}\,J(x) &= \int \mathrm{e}^{\,ax}\big(\cos(bx) + \mathrm{i}\,\sin(bx)\big)\,\mathrm{d}x = \int \mathrm{e}^{\,ax}\,\mathrm{e}^{\,\mathrm{i}\,bx}\,\mathrm{d}x = \int \mathrm{e}^{\,ax+\mathrm{i}\,bx}\,\mathrm{d}x \\
&= \int \mathrm{e}^{\,(a+\mathrm{i}\,b)x}\,\mathrm{d}x = \frac{1}{a+\mathrm{i}\,b}\,\mathrm{e}^{\,(a+\mathrm{i}\,b)x} = \frac{a-\mathrm{i}\,b}{a^2+b^2}\,\mathrm{e}^{\,ax}\big(\cos(bx) + \mathrm{i}\,\sin(bx)\big),
\end{aligned}$$

d'où, en séparant la partie réelle et la partie imaginaire (rappelons que a et b sont supposés réels) :

$$I(x) = \frac{\mathrm{e}^{\,ax}}{a^2+b^2}\big(a\cos(bx) + b\sin(bx)\big), \qquad J(x) = \frac{\mathrm{e}^{\,ax}}{a^2+b^2}\big(a\sin(bx) - b\cos(bx)\big).$$

5 Primitivation des fonctions rationnelles

Il s'agit ici de calculer $I(x) = \displaystyle\int F(x)\,\mathrm{d}x$, où F est une fonction rationnelle (ou aussi : fraction rationnelle, à ne pas confondre avec l'intervention de l'ensemble $\mathbb{Q}$ des nombres rationnels), $F = \dfrac{P}{Q}$, où P, Q sont des polynômes de $\mathbb{C}[\mathrm{X}]$, $Q \neq 0$.

Avant d'appliquer la méthode générale (utilisation d'une décomposition en éléments simples), on regarde s'il y a un changement de variable simple possible (c'est le cas en particulier si la fraction rationnelle F est impaire) ou si une primitivation par parties pourrait simplifier les calculs.

Exemple

1) Calculer $\quad I(x) = \displaystyle\int \frac{x}{x^4+1}\,\mathrm{d}x.$

La fonction $x \longmapsto \dfrac{x}{x^4+1}$ est continue sur $\mathbb{R}$, donc I existe sur $\mathbb{R}$.

Le changement de variable $t = x^2$, $\mathrm{d}t = 2x\,\mathrm{d}x$, donne :

$$I(x) = \int \frac{1}{t^2+1}\frac{1}{2}\,\mathrm{d}t = \frac{1}{2}\mathrm{Arctan}\,t = \frac{1}{2}\mathrm{Arctan}\,(x^2) + C, \quad \text{où } C \in \mathbb{R} \text{ est constante.}$$

2) Calculer $\quad I(x) = \displaystyle\int \frac{x^2}{(x^2+1)^2}\,\mathrm{d}x.$

La fonction $x \longmapsto \dfrac{x^2}{(x^2+1)^2}$ est continue sur $\mathbb{R}$, donc I existe sur $\mathbb{R}$.

En notant $u'(x) = \dfrac{x}{(x^2+1)^2}$ et $v(x) = x$, on peut choisir $u(x) = -\dfrac{1}{2}\dfrac{1}{x^2+1}$ et on a $v'(x) = 1$, d'où, par primitivation par parties :

$$I(x) = -\frac{x}{2(x^2+1)} + \int \frac{1}{2}\frac{1}{x^2+1}\,\mathrm{d}x = -\frac{x}{2(x^2+1)} + \frac{1}{2}\mathrm{Arctan}\,x + C,$$

où $C \in \mathbb{R}$ est une constante.

La méthode générale utilise une décompositions en éléments simples de la fraction rationnelle F (voir le chapitre 35).

5.1 Calcul de $I(x) = \displaystyle\int \frac{1}{(x-a)^n}\,\mathrm{d}x$, où $a \in \mathbb{R}$ et $n \in \mathbb{N}^*$ sont fixés

Si $n \geqslant 2$, on a directement $I(x) = \displaystyle\int \frac{1}{(x-a)^n}\,\mathrm{d}x = \frac{(x-a)^{-n+1}}{-n+1} + C(x)$,

et, si $n = 1$, on a : $I(x) = \displaystyle\int \frac{1}{x-a}\,\mathrm{d}x = \ln|x-a| + C(x)$,

où $C : \mathbb{R}\setminus\{a\} \longrightarrow \mathbb{R}$, $x \longmapsto \begin{cases} C_1 & \text{si } x < a \\ C_2 & \text{si } x > a \end{cases}$, $(C_1, C_2) \in \mathbb{R}^2$.

5.2 Calcul de $I(x) = \displaystyle\int \frac{\lambda x + \mu}{ax^2 + bx + c}\,\mathrm{d}x$, où $(\lambda, \mu) \in \mathbb{R}^2$, $(a, b, c) \in \mathbb{R}^3$, $a \neq 0$, sont fixés

On note $\Delta = b^2 - 4ac$ le discriminant du trinôme du second degré $ax^2 + bx + c$.

1er cas : $\Delta = 0$

Il ne s'agit pas alors d'un élément simple et on peut décomposer en plusieurs fractions plus simples.

Exemple

Calculer $\quad I(x) = \displaystyle\int \frac{2x+1}{x^2 - 4x + 4}\,\mathrm{d}x.$

On remarque : $x^2 - 4x + 4 = (x-2)^2$, donc l'ensemble de définition de la fonction $f : x \longmapsto \dfrac{2x+1}{x^2-4x+4}$ est $\mathbb{R} \setminus \{2\}$, et f est continue sur $\mathbb{R} \setminus \{2\}$, donc I est définie sur $\mathbb{R} \setminus \{2\}$.

On a, par le changement de variable $t = x - 2$:

$$\begin{aligned} I(x) = \int \frac{2(2+t)+1}{t^2}\,\mathrm{d}t = \int \frac{2t+5}{t^2}\,\mathrm{d}t = 2\int \frac{1}{t}\,\mathrm{d}t + 5\int \frac{1}{t^2}\,\mathrm{d}t \\ = 2\ln|t| - \frac{5}{t} = 2\ln|x-2| - \frac{5}{x-2} + C(x), \end{aligned}$$

où $\quad C : \mathbb{R} \setminus \{2\} \longrightarrow \mathbb{R}, \quad x \longmapsto \begin{cases} C_1 & \text{si } x < 2 \\ C_2 & \text{si } x > 2 \end{cases} \qquad (C_1, C_2) \in \mathbb{R}^2.$

2e cas : $\Delta > 0$

Il ne s'agit pas alors d'un élément simple et on peut décomposer en plusieurs fractions plus simples.

Exemple

Calculer $\quad I(x) = \displaystyle\int \frac{2x-1}{x^2 - 3x + 2}\,\mathrm{d}x.$

On a : $x^2 - 3x + 2 = (x-1)(x-2)$, donc l'ensemble de définition de la fonction $f : x \longmapsto \dfrac{2x-1}{x^2-3x+2}$ est $\mathbb{R} \setminus \{1, 2\}$, et f est continue sur $\mathbb{R} \setminus \{1, 2\}$, donc I existe sur $\mathbb{R} \setminus \{1, 2\}$.

Par décomposition en éléments simples, il existe $\alpha, \beta \in \mathbb{R}$ tels que :

$$\frac{2\mathrm{X} - 1}{(\mathrm{X}-1)(\mathrm{X}-2)} = \frac{\alpha}{\mathrm{X}-1} + \frac{\beta}{\mathrm{X}-2}.$$

En multipliant par $\mathrm{X} - 1$ puis en remplaçant X par 1, on obtient : $\alpha = \dfrac{1}{-1} = -1.$

En multipliant par $\mathrm{X} - 2$ puis en remplaçant X par 2, on obtient : $\beta = \dfrac{3}{1} = 3.$

D'où : $\dfrac{2X-1}{(X-1)(X-2)} = -\dfrac{1}{X-1} + \dfrac{3}{X-2}$, ce que l'on peut contrôler par réduction au même dénominateur (le calcul peut presque être fait de tête).

On déduit : $I(x) = \displaystyle\int -\frac{1}{x-1}\,dx + 3\int \frac{1}{x-2}\,dx = -\ln|x-1| + 3\ln|x-2| + C(x)$,

où $C : \mathbb{R}\setminus\{1,2\} \longrightarrow \mathbb{R},\ x \longmapsto \begin{cases} C_1 & \text{si} \quad x<1 \\ C_2 & \text{si} \quad 1<x<2 \\ C_3 & \text{si} \quad 2<x \end{cases} \qquad (C_1, C_2, C_3) \in \mathbb{R}^3.$

3e cas : $\Delta < 0$

On met le trinôme du second degré sous forme canonique :

$$ax^2+bx+c = a\Big(x^2+\frac{b}{a}x+\frac{c}{a}\Big) = a\Big(\Big(x+\frac{b}{2a}\Big)^2 - \frac{b^2}{4a^2}+\frac{c}{a}\Big) = a\Big(\Big(x+\frac{b}{2a}\Big)^2 - \frac{\Delta}{4a^2}\Big)$$
$$= a\Big(\Big(x+\frac{b}{2a}\Big)^2 + \Big(\frac{\sqrt{-\Delta}}{2a}\Big)^2\Big) = \frac{(\sqrt{-\Delta})^2}{4a}\Big(\Big(\frac{2ax+b}{\sqrt{-\Delta}}\Big)^2+1\Big),$$

puis on utilise le changement de variable affine $t = \dfrac{2ax+b}{\sqrt{-\Delta}}$.

On ramène alors le calcul de $I(x)$ au calcul de $J(t) = \displaystyle\int \frac{\alpha t+\beta}{t^2+1}\,dt$, où $(\alpha,\beta)\in\mathbb{R}^2$, que l'on peut terminer par linéarité et avec les primitives usuelles.

Exemple

Calculer $I(x) = \displaystyle\int \frac{x}{x^2+x+1}\,dx.$

Le discriminant Δ du trinôme du second degré x^2+x+1 est $\Delta = 1-4 = -3 < 0$, donc, pour tout $x\in\mathbb{R}$, $x^2+x+1>0$. Il en résulte que la fonction $x \longmapsto \dfrac{x}{x^2+x+1}$ est continue sur $\mathbb{R}$, donc I existe sur $\mathbb{R}$.

On met le trinôme sous forme canonique :

$$x^2+x+1 = \Big(x+\frac{1}{2}\Big)^2+\frac{3}{4} = \frac{3}{4}\Big(\frac{4}{3}\Big(x+\frac{1}{2}\Big)^2+1\Big) = \frac{3}{4}\Big(\Big(\frac{2x+1}{\sqrt{3}}\Big)^2+1\Big),$$

puis on effectue le changement de variable $t = \dfrac{2x+1}{\sqrt{3}}$, $dt = \dfrac{2}{\sqrt{3}}dx$, $dx = \dfrac{\sqrt{3}}{2}dt$:

$$I(x) = \int \frac{\frac{\sqrt{3}t-1}{2}}{\frac{3}{4}(t^2+1)}\frac{\sqrt{3}}{2}\,dt = \frac{1}{\sqrt{3}}\int \frac{\sqrt{3}t-1}{t^2+1}\,dt = \int\frac{t}{t^2+1}\,dt - \frac{1}{\sqrt{3}}\int\frac{1}{t^2+1}\,dt$$
$$= \frac{1}{2}\ln(t^2+1) - \frac{1}{\sqrt{3}}\operatorname{Arctan} t = \frac{1}{2}\ln\Big(\frac{4}{3}(x^2+x+1)\Big) - \frac{1}{\sqrt{3}}\operatorname{Arctan}\frac{2x+1}{\sqrt{3}}$$
$$= \frac{1}{2}\ln(x^2+x+1) - \frac{1}{\sqrt{3}}\operatorname{Arctan}\frac{2x+1}{\sqrt{3}} + C,$$

où $C\in\mathbb{R}$ est une constante.

6 Calcul d'intégrales

Proposition

Si I est un intervalle de $\mathbb{R}$, $a, b \in I$, $f : I \longrightarrow \mathbb{C}$ continue, $F : I \longrightarrow \mathbb{C}$ une primitive de f sur I, alors : $\displaystyle\int_a^b f(x)\,\mathrm{d}x = F(b) - F(a)$.

De manière simpliste, une intégrale est une primitive entre deux bornes.

Pour calculer une intégrale $\displaystyle\int_a^b f(x)\,\mathrm{d}x$, à ce niveau, on calcule une primitive F de f sur I puis on applique la formule vue ci-dessus.

On dispose des deux théorèmes suivants, pour les intégrales, se déduisant des théorèmes analogues sur les primitives :

Intégration par parties

Si $u, v : I \longrightarrow \mathbb{C}$ sont de classe C^1 sur un intervalle I de $\mathbb{R}$, $a, b \in I$, alors :

$$\int_a^b u'(x)v(x)\,\mathrm{d}x = [u(x)v(x)]_a^b - \int_a^b u(x)v'(x)\,\mathrm{d}x$$

Changement de variable dans une intégrale

Si $f : I \longrightarrow J$ est continue sur un intervalle I de $\mathbb{R}$, $\varphi : J \longrightarrow \mathbb{C}$ est de classe C^1 sur un intervalle J de $\mathbb{R}$, $\alpha, \beta \in J$, alors :

$$\int_\alpha^\beta f(\varphi(x))\varphi'(x)\,\mathrm{d}x = \int_{\varphi(\alpha)}^{\varphi(\beta)} f(t)\,\mathrm{d}t$$

Dans quelques cas particuliers, on pourra éviter le calcul d'une primitive, typiquement en faisant un changement de variable qui échange les bornes.

Exemple

1) Calculer $\displaystyle I = \int_0^1 x\,\mathrm{e}^x\,\mathrm{d}x$.

La fonction $x \longmapsto x\,\mathrm{e}^x$ est continue sur le segment $[0\,;1]$, donc I existe.

On a, par intégration par parties :

$$I = \int_0^1 x\,\mathrm{e}^x\,\mathrm{d}x = [x\,\mathrm{e}^x]_0^1 - \int_0^1 \mathrm{e}^x\,\mathrm{d}x = \mathrm{e} - [\mathrm{e}^x]_0^1 = \mathrm{e} - (\mathrm{e} - 1) = 1.$$

2) Calculer $\displaystyle I = \int_0^1 \frac{1}{1+\sqrt{1+x}}\,\mathrm{d}x$.

La fonction $x \longmapsto \dfrac{1}{1+\sqrt{1+x}}$ est continue sur le segment $[0\,;1]$, donc I existe.

On a, par le changement de variable $t = \sqrt{1+x}$, $x = t^2 - 1$, $\mathrm{d}x = 2t\,\mathrm{d}t$:

$$I = \int_1^{\sqrt{2}} \frac{1}{1+t} 2t \, \mathrm{d}t = 2 \int_1^{\sqrt{2}} \frac{t}{1+t} \, \mathrm{d}t = 2 \int_1^{\sqrt{2}} \Big(1 - \frac{1}{1+t}\Big) \, \mathrm{d}t$$

$$= 2\big[t - \ln(1+t)\big]_1^{\sqrt{2}} = 2\big(\sqrt{2} - 1 - \ln(1+\sqrt{2})\big).$$

3) Si $a \in \mathbb{R}$ et $f : [-a\,;a] \longrightarrow \mathbb{C}$ est continue et paire, alors, en utilisant la relation de Chasles sur les intégrales :

$$\int_{-a}^{a} f(x) \, \mathrm{d}x = \int_{-a}^{0} f(x) \, \mathrm{d}x + \int_{0}^{a} f(x) \, \mathrm{d}x \underset{[t=-x]}{=} \int_{a}^{0} f(-t)(-\,\mathrm{d}t) + \int_{0}^{a} f(x) \, \mathrm{d}x$$

$$= \int_{0}^{a} f(t) \, \mathrm{d}t + \int_{0}^{a} f(x) \, \mathrm{d}x = 2 \int_{0}^{a} f(x) \, \mathrm{d}x.$$

4) De même, si $a \in \mathbb{R}$ et $f : [-a\,;a] \longrightarrow \mathbb{C}$ est continue et impaire, alors :

$$\int_{-a}^{a} f(x) \, \mathrm{d}x = \int_{-a}^{0} f(x) \, \mathrm{d}x + \int_{0}^{a} f(x) \, \mathrm{d}x \underset{[t=-x]}{=} \int_{a}^{0} f(-t)(-\mathrm{d}t) + \int_{0}^{a} f(t) \, \mathrm{d}t$$

$$= -\int_{0}^{a} f(t) \, \mathrm{d}t + \int_{0}^{a} f(t) \, \mathrm{d}t = 0.$$

5) Calculer $\quad I = \displaystyle\int_{1/2}^{2} \frac{\ln x}{1+x^2} \, \mathrm{d}x.$

La fonction $x \longmapsto \dfrac{\ln x}{1+x^2}$ est continue sur le segment $[1/2\,;2]$, donc I existe.
On remarque que les bornes de l'intégrale sont inverses l'une de l'autre, donc on peut penser à effectuer un changement de variable qui échange les bornes.
En posant $t = \dfrac{1}{x}$, on a $x = \dfrac{1}{t}$, $\quad \mathrm{d}x = -\dfrac{1}{t^2} \, \mathrm{d}t$, d'où :

$$I = \int_{2}^{1/2} \frac{\ln \frac{1}{t}}{\frac{1}{t^2} + 1} \Big(-\frac{1}{t^2}\Big) \, \mathrm{d}t = \int_{1/2}^{2} \frac{-\ln t}{1+t^2} \, \mathrm{d}t = -I,$$

et on conclut : $\quad I = 0.$

Attention
Lors d'un changement de variable dans une intégrale, ne pas oublier de changer les bornes.

Exercices d'apprentissage

20.1

Calculer $I(x) = \displaystyle\int \operatorname{th} x \, \mathrm{d}x.$

La fonction th est continue sur $\mathbb{R}$, donc I existe sur $\mathbb{R}$.
On reconnaît directement une dérivée :

$$\int \operatorname{th} x \, \mathrm{d}x = \int \frac{\operatorname{sh} x}{\operatorname{ch} x} \, \mathrm{d}x = \ln(\operatorname{ch} x) + C,$$

où $C \in \mathbb{R}$ est constante.

20.2

Calculer $I(x) = \displaystyle\int \tan x \, \mathrm{d}x.$

L'ensemble de définition de la fonction tan est $D = \bigcup_{k \in \mathbb{Z}} \left] -\frac{\pi}{2} + k\pi \,; \frac{\pi}{2} + k\pi \right[$, et tan est continue sur D, donc I existe sur D.
On reconnaît directement une dérivée :

$$\int \tan x \, \mathrm{d}x = \int \frac{\sin x}{\cos x} \, \mathrm{d}x = -\ln(\cos x) + C(x),$$

où $C : D \longrightarrow \mathbb{R}$ est une fonction constante sur chaque intervalle $\left] -\frac{\pi}{2} + k\pi \,; \frac{\pi}{2} + k\pi \right[$, $k \in \mathbb{Z}$.

20.3

Calculer $I(x) = \displaystyle\int \frac{x}{\sqrt[4]{x^2+1}} \, \mathrm{d}x.$

La fonction $x \longmapsto \dfrac{x}{\sqrt[4]{x^2+1}}$ est définie et continue sur $\mathbb{R}$, donc I existe sur $\mathbb{R}$.
Effectuons le changement de variable $t = \sqrt[4]{x^2+1}$, $t^4 = x^2 + 1$, $4t^3 \, \mathrm{d}t = 2x \, \mathrm{d}x$ d'où :

$$I(x) = \frac{1}{2} \int \frac{2x}{\sqrt[4]{x^2+1}} \, \mathrm{d}x = \frac{1}{2} \int \frac{4t^3}{t} \, \mathrm{d}t = \int 2t^2 \, \mathrm{d}t = \frac{2t^3}{3} = \frac{2}{3}(x^2+1)^{\frac{3}{4}} + C,$$

où $C \in \mathbb{R}$ est une constante

20.4

Calculer $I(x) = \displaystyle\int \frac{1}{1-x^2} \, \mathrm{d}x.$

L'ensemble de définition de la fonction $f : x \longmapsto \dfrac{1}{1-x^2}$ est

$$D = \mathbb{R} \setminus \{-1, 1\} =]-\infty \,; -1[\cup]-1 \,; 1[\cup]1 \,; +\infty[,$$

et f est continue sur D, donc I existe sur D.
On a, par décomposition en éléments simples, ou par calcul élémentaire :

$$\frac{1}{1-x^2} = \frac{1}{2}\Big(\frac{1}{1-x} + \frac{1}{1+x}\Big),$$

d'où :

$$\begin{aligned} I(x) &= \frac{1}{2}\int\Big(\frac{1}{1-x} + \frac{1}{1+x}\Big)\,\mathrm{d}x = \frac{1}{2}\big(-\ln|1-x| + \ln|1+x|\big) \\ &= \frac{1}{2}\ln\Big|\frac{1+x}{1-x}\Big| + C(x), \end{aligned}$$

où C est une fonction séparément constante sur chacun des trois intervalles ouverts formant D.
Le résultat de cet exemple est souvent utile.

20.5

Calculer $I(x) = \displaystyle\int \frac{1}{\sqrt{1+\mathrm{e}^{2x}}}\,\mathrm{d}x.$

La fonction sous l'intégrale est continue sur $\mathbb{R}$, donc I existe sur $\mathbb{R}$.
On a, par le changement de variable
$t = \sqrt{1+\mathrm{e}^{2x}},\ t^2 = 1+\mathrm{e}^{2x}, t^2-1 = \mathrm{e}^{2x},\ x = \frac{1}{2}\ln(t^2-1),\ \mathrm{d}x = \frac{1}{2}\frac{2t}{t^2-1}\,\mathrm{d}t = \frac{t}{t^2-1}\,\mathrm{d}t$:

$$\begin{aligned} I(x) &= \int \frac{1}{\sqrt{1+\mathrm{e}^{2x}}}\,\mathrm{d}x = \int \frac{1}{t}\,\frac{t}{t^2-1}\,\mathrm{d}t = \int \frac{1}{t^2-1}\,\mathrm{d}t \\ &= -\int \frac{1}{1-t^2}\,\mathrm{d}t = -\frac{1}{2}\ln\Big|\frac{1+t}{1-t}\Big| = -\frac{1}{2}\ln\frac{1+\sqrt{1+\mathrm{e}^{2x}}}{-1+\sqrt{1+\mathrm{e}^{2x}}} + C, \end{aligned}$$

Remarque : On pourrait ensuite transformer, sous diverses formes, le résultat obtenu, par exemple en utilisant une expression conjuguée.

20.6

Calculer : *a)* $I(x) = \displaystyle\int \frac{x^3}{x^4+1}\,\mathrm{d}x,$ *b)* $J(x) = \displaystyle\int \frac{x}{x^4+1}\,\mathrm{d}x.$

a) La fonction $x \longmapsto \dfrac{x^3}{x^4+1}$ est continue sur $\mathbb{R}$, donc I existe sur $\mathbb{R}$.
On remarque que x^3 est presque la dérivée de x^4, et on reconnaît alors la dérivée d'une fonction composée, d'où :

$$I(x) = \frac{1}{4}\int \frac{4x^3}{x^4+1}\,\mathrm{d}x = \frac{1}{4}\ln(x^4+1) + C,$$

où $C \in \mathbb{R}$ est une constante.
Remarque : Le calcul précédent revient à effectuer le changement de variable $t = x^4+1$.

b) La fonction $x \longmapsto \dfrac{x}{x^4+1}$ est continue sur $\mathbb{R}$, donc I existe sur $\mathbb{R}$.
On a, par le changement de variable $t = x^2$:

$$I(x) = \int \frac{\frac{1}{2}}{t^2+1}\,\mathrm{d}t = \frac{1}{2}\mathrm{Arctan}\, t = \frac{1}{2}\mathrm{Arctan}\,(x^2) + C,$$

où $C \in \mathbb{R}$ est une constante.

20.7

Calculer :

a) $I(x) = \displaystyle\int \sin^2 x \cos x \,\mathrm{d}x$,

b) $J(x) = \displaystyle\int \cos^2 x \sin x \,\mathrm{d}x$,

c) $K(x) = \displaystyle\int \sin^2 x \cos^2 \,\mathrm{d}x$.

a) Par le changement de variable $t = \sin x$:

$$I(x) = \int t^2 \,\mathrm{d}t = \frac{1}{3}t^3 = \frac{1}{3}\sin^3 x + C,$$

où $C \in \mathbb{R}$ est une constante.
b) Par le changement de variable $t = \cos x$:

$$J(x) = \int t^2(-1)\mathrm{d}t = -\frac{1}{3}t^3 + C = -\frac{1}{3}\cos^3 x + C,$$

où $C \in \mathbb{R}$ est une constante.
c) Par linéarisation :

$$\begin{aligned} K(x) &= \int (\sin x \cos x)^2 \,\mathrm{d}x = \int \left(\frac{1}{2}\sin 2x\right)^2 \mathrm{d}x = \frac{1}{4}\int \sin^2 2x \,\mathrm{d}x \\ &= \frac{1}{4}\int \frac{1-\cos 4x}{2}\,\mathrm{d}x = \frac{1}{8}\left(x - \frac{\sin 4x}{4}\right) = \frac{x}{8} - \frac{\sin 4x}{32} + C, \end{aligned}$$

où $C \in \mathbb{R}$ est une constante.

20.8

Calculer $I(x) = \displaystyle\int \frac{\cos^3 x}{\sin^2 x}\,\mathrm{d}x$, pour $x \in \,]0\,;\pi[$.

La fonction sous l'intégrale est continue sur $]0\,;\pi[$, donc I existe sur $]0\,;\pi[$.
On remarque que, si on groupe en facteur $\cos x$ avec $\mathrm{d}x$, le reste de l'écriture ne dépend que de $\sin x$. Effectuons donc le changement de variable $t = \sin x$, $\mathrm{d}t = \cos x \,\mathrm{d}x$:

$$\begin{aligned} I(x) &= \int \frac{\cos^2 x}{\sin^2 x}\cos x \,\mathrm{d}x = \int \frac{1-\sin^2 x}{\sin^2 x}\cos x \,\mathrm{d}x = \int \frac{1-t^2}{t^2}\mathrm{d}t \\ &= \int \left(\frac{1}{t^2} - 1\right)\mathrm{d}t = -\frac{1}{t} - t = -\frac{1}{\sin x} - \sin x + C, \end{aligned}$$

où $C \in \mathbb{R}$ est une constante.

Exercices d'entraînement

20.9 Reconnaître la dérivée d'une fonction

Calculer :

a) $I(x) = \displaystyle\int \frac{1}{\cos^2 x}\,\mathrm{d}x$

b) $J(x) = \displaystyle\int \frac{1}{\sin^2 x}\,\mathrm{d}x.$

20.10 Utilisation de la linéarité de la primitivation

Calculer $\quad I(x) = \displaystyle\int \frac{1}{\sqrt{x+1}+\sqrt{x-1}}\,\mathrm{d}x.$

20.11 Changement de variable

Calculer $\quad I(x) = \displaystyle\int \ln(1+\sqrt{x})\,\mathrm{d}x.$

20.12 Primitives d'une fraction rationnelle

Calculer $\quad \displaystyle\int \frac{x^2+x}{x^2-4x+3}\,\mathrm{d}x.$

20.13 Primitivation par parties

Calculer $\quad \displaystyle\int x\,\mathrm{Arctan}\,x\,\mathrm{d}x.$

20.14 Utilisation d'un changement de variable qui échange les bornes

Calculer $\quad I = \displaystyle\int_{\frac{1}{a}}^{a} \frac{\mathrm{Arctan}\,x}{x}\,\mathrm{d}x, \quad a \in \mathbb{R}_+^*$ fixé.

Corrigés des exercices d'entraînement

20.9

a) L'ensemble de définition de la fonction

$$f : x \longmapsto \frac{1}{\cos^2 x}$$

est

$$D = \mathbb{R} \setminus \left(\frac{\pi}{2} + \pi\mathbb{Z}\right) = \bigcup_{k\in\mathbb{Z}} \left] -\frac{\pi}{2} + k\pi\,;\frac{\pi}{2} + k\pi\right[,$$

et la fonction f est continue sur D, donc I existe sur D.

On reconnaît en $\frac{1}{\cos^2 x}$ la dérivée, par rapport à x, de $\tan x$, donc :

$$I(x) = \tan x + C(x),$$

où C est une fonction réelle constante sur chaque intervalle $\left] -\frac{\pi}{2} + k\pi\,;\frac{\pi}{2} + k\pi\right[$, $k \in \mathbb{Z}$.

b) L'ensemble de définition de la fonction

$$g : x \longmapsto \frac{1}{\sin^2 x}$$

est $E = \mathbb{R} \setminus \pi\mathbb{Z} = \bigcup_{k\in\mathbb{Z}}]k\pi\,;(k+1)\pi[$, et la fonction g est continue sur E, donc J existe sur E.

On a, par le changement de variable $t = \frac{\pi}{2} - x$:

$$J(x) = \int \frac{1}{\sin^2 x}\,\mathrm{d}x = -\int \frac{1}{\cos^2 t}\,\mathrm{d}t$$

$$\underset{a)}{=} -\frac{\sin t}{\cos t} = -\frac{\cos x}{\sin x} + C(x),$$

où C est une fonction réelle constante sur chaque intervalle $]k\pi\,;(k+1)\pi[$, $k \in \mathbb{Z}$.

Remarque : L'écriture $J(x) = -\frac{1}{\tan x} + C(x)$, qui vient à l'esprit, n'est pas correcte, car la fraction $\frac{1}{\tan x}$ n'est pas définie en les $\frac{\pi}{2} + k\pi$, $k \in \mathbb{Z}$, qui sont cependant dans E.

20.10

L'ensemble de définition de la fonction

$$f : x \longmapsto \frac{1}{\sqrt{x+1} + \sqrt{x-1}}$$

est $D = [1\,;+\infty[$ et f est continue sur D, donc I existe sur D.

Pour séparer les rôles de $\sqrt{x+1}$ et $\sqrt{x-1}$, utilisons une expression conjuguée :

$$I(x) = \int \frac{\sqrt{x+1} - \sqrt{x-1}}{(x+1)-(x-1)}\,\mathrm{d}x$$

$$= \frac{1}{2}\int \sqrt{x+1}\,\mathrm{d}x - \frac{1}{2}\int \sqrt{x-1}\,\mathrm{d}x$$

$$= \frac{1}{2}\frac{(x+1)^{3/2}}{3/2} - \frac{1}{2}\frac{(x-1)^{3/2}}{3/2}$$

$$= \frac{1}{3}(x+1)^{3/2} - \frac{1}{3}(x-1)^{3/2} + C,$$

où $C \in \mathbb{R}$ est une constante.

20.11

L'ensemble de définition de la fonction

$$f : x \longmapsto \ln(1+\sqrt{x})$$

est $[0\,;+\infty[$, et f est continue sur $[0\,;+\infty[$, donc I existe sur $[0\,;+\infty[$.

Par le changement de variable

$$t = 1+\sqrt{x}, \quad x = (t-1)^2 = t^2 - 2t + 1,$$

$$\mathrm{d}x = (2t-2)\mathrm{d}t,$$

on a : $I(x) = \int \ln t \cdot (2t-2)\,\mathrm{d}t.$

Ensuite, par primitivation par parties :

$$I(x) = (t^2-2t)\ln t - \int (t^2-2t)\frac{1}{t}\,\mathrm{d}t$$

$$= (t^2-2t)\ln t - \frac{t^2}{2} + 2t$$

et, en remplaçant t en fonction de x, on obtient, après quelques lignes de calcul immédiat :

$$I(x) = (x-1)\ln(1+\sqrt{x}) + \sqrt{x} - \frac{x}{2} + C,$$

où $C \in \mathbb{R}$ est une constante.

20.12

Comme $x^2 - 4x + 3 = (x-1)(x-3)$, l'ensemble de définition D de la fonction

$$f : x \longmapsto \frac{x^2+x}{x^2-4x+3}$$

est $D = \mathbb{R} \setminus \{1,3\} =]-\infty\,;1[\cup]1\,;3[\cup]3\,;+\infty[$, et f est continue sur D, donc I existe sur D.

Effectuons une décomposition en éléments simples.

Le quotient dans la division euclidienne est égal à 1 et :

$$\frac{\mathrm{X}^2+\mathrm{X}}{(\mathrm{X}-1)(\mathrm{X}-3)} = 1 + \frac{a}{\mathrm{X}-1} + \frac{b}{\mathrm{X}-3},$$

où $a, b \in \mathbb{R}$ sont à calculer.
En multipliant par $X - 1$ puis en remplaçant X par 1, on obtient : $a = \dfrac{2}{-2} = -1$.
En multipliant par $X - 3$ puis en remplaçant X par 3, on obtient : $b = \dfrac{12}{2} = 6$.

Ainsi : $\dfrac{X^2 + X}{X^2 - 4X + 3} = 1 - \dfrac{1}{X - 1} + \dfrac{6}{X - 3}$,
ce que l'on peut contrôler par réduction au même dénominateur.
D'où :

$$\begin{aligned} I(x) &= \int \left(1 - \frac{1}{x-1} + \frac{6}{x-3}\right) \mathrm{d}x \\ &= x - \ln|x-1| + 6\ln|x-3| + C(x), \end{aligned}$$

où C est une fonction constante séparément sur chacun des trois intervalles

$$]-\infty\,;1[,\ ]1\,;3[,\ ]3\,;+\infty[.$$

20.13

La fonction $f : x \longmapsto x \operatorname{Arctan} x$ est continue sur $\mathbb{R}$, donc I existe sur $\mathbb{R}$.
On a, par primitivation par parties :

$$\begin{aligned} I(x) &= \frac{x^2}{2}\operatorname{Arctan} x - \int \frac{x^2}{2}\frac{1}{1+x^2}\,\mathrm{d}x \\ &= \frac{x^2}{2}\operatorname{Arctan} x - \frac{1}{2}\underbrace{\int \frac{x^2}{1+x^2}\,\mathrm{d}x}_{\text{notée } J(x)}. \end{aligned}$$

Pour calculer $J(x)$ (à une constante additive près), on utilise l'astuce qui consiste à remplacer x^2 par $(x^2+1) - 1$, ce qui revient d'ailleurs ici à une décomposition en éléments simples :

$$\begin{aligned} J(x) = \int \frac{(x^2+1)-1}{1+x^2}\,\mathrm{d}x &= \int \left(1 - \frac{1}{1+x^2}\right)\mathrm{d}x \\ &= x - \operatorname{Arctan} x. \end{aligned}$$

On conclut :

$$I(x) = \frac{x^2+1}{2}\operatorname{Arctan} x - \frac{x}{2} + C,$$

où $C \in \mathbb{R}$ est une constante.

20.14

Soit $a \in \mathbb{R}_+^*$ fixé.

L'application $x \longmapsto \dfrac{\operatorname{Arctan} x}{x}$ est continue sur le segment joignant $\dfrac{1}{a}$ et a, donc $I(a)$ existe.

On a, par le changement de variable $t = \dfrac{1}{x}$, qui échange les bornes, $x = \dfrac{1}{t}$, $\mathrm{d}x = -\dfrac{1}{t^2}\mathrm{d}t$, donc :

$$\begin{aligned} I(a) &= \int_a^{\frac{1}{a}} \frac{\operatorname{Arctan}\frac{1}{t}}{\frac{1}{t}}\left(-\frac{1}{t^2}\right)\mathrm{d}t \\ &= \int_{\frac{1}{a}}^a \frac{\operatorname{Arctan}\frac{1}{t}}{t}\,\mathrm{d}t, \end{aligned}$$

d'où, en additionnant :

$$\begin{aligned} 2\,I(a) &= \int_{\frac{1}{a}}^a \frac{\operatorname{Arctan} t + \operatorname{Arctan}\frac{1}{t}}{t}\,\mathrm{d}t = \int_{\frac{1}{a}}^a \frac{\frac{\pi}{2}}{t}\,\mathrm{d}t \\ &= \frac{\pi}{2}[\ln t]_{\frac{1}{a}}^a = \frac{\pi}{2}\left(\ln a - \ln\frac{1}{a}\right) = \frac{\pi}{2}2\ln a, \end{aligned}$$

et on conclut : $I(a) = \dfrac{\pi}{2}\ln a$.

21 Équations différentielles linéaires du premier ordre

De nombreux problèmes de la Physique sont modélisés à l'aide d'une équation différentielle du premier ordre, c'est-à-dire une équation dans laquelle interviennent la fonction inconnue et sa dérivée première. À ce niveau, dans la plupart des exemples, on pourra exprimer la ou les solutions par des formules faisant intervenir les fonctions usuelles. Nous n'envisageons ici, conformément au Programme officiel, que les équations différentielles linéaires du premier ordre, de la forme $y' + ay = b$.

Rappels de cours

1 Généralités

Définition

Soient I un intervalle de $\mathbb{R}$, $a, b : I \longrightarrow \mathbb{K}$ des fonctions continues sur I, $y : I \longrightarrow \mathbb{K}$ une fonction inconnue.

On dit que y est solution de **l'équation différentielle linéaire du premier ordre** (en abrégé : EDL1) (E) $y' + ay = b$ sur I si et seulement si :

y est dérivable sur I et, pour tout $x \in I$, $y'(x) + a(x)y(x) = b(x)$.

On note ici $\mathcal{S}$ l'ensemble des solutions de (E) sur I.

Les fonctions considérées sont à variable réelle et à valeurs réelles ou complexes.

On note quelquefois abusivement $y' + a(x)y = b(x)$ au lieu de $y' + ay = b$.

Résoudre (E), c'est déterminer toutes les solutions de (E) sur I, c'est-à-dire déterminer l'ensemble $\mathcal{S}$.

Attention

Les lettres a, b désignent des fonctions, pas nécessairement des constantes.

Remarque : Dans le cas particulier où $a = 0$ (fonction constante égale à 0), la résolution de (E) revient au calcul des primitives de la fonction b sur I.

Notre but, en général, est d'exprimer les solutions de (E) à l'aide de primitives, et de calculer ces primitives, lorsque c'est possible, et ce sera le cas à ce niveau.

Définition

On note (E_0) $y' + ay = 0$, appelée **équation différentielle linéaire sans second membre** (ou aussi : **homogène**) **associée à** (E). L'équation (E) est, elle, appelée **équation différentielle linéaire avec second membre**.

Par commodité, on peut utiliser les abréviations ASM (avec second membre) et SSM (sans second membre).

Remarque :

1) La résolution d'EDL1 plus générales du type $\alpha y' + \beta y = \gamma$ et le problème des raccords ne figurent pas au Programme officiel.

2) Dans les exercices, s'assurer que les fonctions a, b sont continues sur un intervalle I de $\mathbb{R}$, sinon ce serait en dehors du Programme officiel.

2 Résolution de l'équation sans second membre

Proposition

Soient I un intervalle de $\mathbb{R}$, $a : I \longrightarrow \mathbb{K}$ une fonction continue sur I, (E_0) $y' + ay = 0$ une EDL1 SSM, où $y : I \longrightarrow \mathbb{K}$ est la fonction inconnue, supposée dérivable sur I. On dispose du résultat suivant : les solutions de (E_0) sur I sont les fonctions

$$y : I \longrightarrow \mathbb{K}, \quad x \longmapsto \lambda \exp\Big(-\int a(x)\,\mathrm{d}x\Big)$$

où $\lambda \in \mathbb{K}$ et $\displaystyle\int a(x)\,\mathrm{d}x$ est une primitive de a sur I.

Autrement dit, l'ensemble $\mathcal{S}_0$ des solutions de (E_0) sur I est

$$\mathcal{S}_0 = \Big\{y : I \longrightarrow \mathbb{K}, \quad x \longmapsto \lambda \exp\Big(-\int a(x)\,\mathrm{d}x\Big)\,;\lambda \in \mathbb{K}\Big\}.$$

On dit aussi que la solution générale (en abrégé : SG) de (E_0) sur I est la fonction

$$y : x \longmapsto \lambda \exp\Big(-\int a(x)\,\mathrm{d}x\Big), \quad \lambda \in \mathbb{K}.$$

Exemple

1) Pour $a \in \mathbb{K}$ fixé, résoudre (E_0) $y' + ay = 0$, d'inconnue $y : \mathbb{R} \longrightarrow \mathbb{K}$ dérivable sur $\mathbb{R}$.

D'après le cours, l'ensemble des solutions de (E_0) sur $\mathbb{R}$ est :

$$\mathcal{S} = \{y : \mathbb{R} \longrightarrow \mathbb{R}, \quad x \longmapsto \lambda\,\mathrm{e}^{-ax}\,;\lambda \in \mathbb{K}\}.$$

2) Résoudre (E_0) $y' + (\cos x)y = 0$, d'inconnue $y : \mathbb{R} \longrightarrow \mathbb{R}$ dérivable sur $\mathbb{R}$.

D'après le cours, l'ensemble des solutions de (E_0) sur $\mathbb{R}$ est :

$$\mathcal{S} = \{y : \mathbb{R} \longrightarrow \mathbb{R}, \quad x \longmapsto \lambda\,\mathrm{e}^{-\sin x}\,;\lambda \in \mathbb{R}\}.$$

3) Résoudre (E_0) $y' - \dfrac{1}{1-x^2}y = 0$, d'inconnue $y :]-1\,;1[\longrightarrow \mathbb{R}$ dérivable sur $]-1\,;1[$.

On calcule une primitive :

$$\int \frac{1}{1-x^2}\,\mathrm{d}x = \int \frac{1}{2}\Big(\frac{1}{1+x} + \frac{1}{1-x}\Big)\,\mathrm{d}x$$
$$= \frac{1}{2}\big(\ln|1+x| - \ln|1-x|\big) = \frac{1}{2}\ln\Big|\frac{1+x}{1-x}\Big| = \frac{1}{2}\ln\frac{1+x}{1-x},$$

donc la SG de (E_0) sur $]-1\,;1[$ est donnée par :

$$y(x) = \lambda \exp\Big(-\int -\frac{1}{1-x^2}\,\mathrm{d}x\Big) = \lambda \exp\Big(\frac{1}{2}\ln\frac{1+x}{1-x}\Big) = \lambda\sqrt{\frac{1+x}{1-x}}, \quad \lambda \in \mathbb{R}.$$

On conclut : $\mathcal{S}_0 = \Big\{y :]-1\,;1[\longrightarrow \mathbb{R},\ x \longmapsto \lambda\sqrt{\dfrac{1+x}{1-x}}\,;\lambda \in \mathbb{R}\Big\}.$

3 Résolution de l'équation avec second membre

Soient I un intervalle de $\mathbb{R}$, $a, b : I \longrightarrow \mathbb{K}$ des fonctions continues sur I,

(E) $y' + ay = b$, $\mathcal{S}$ l'ensemble des solutions de (E) sur I,

(E_0) $y' + ay = 0$, $\mathcal{S}_0$ l'ensemble des solutions de (E_0) sur I.

Attention

Il est d'usage d'utiliser la même lettre (ici, y) pour désigner la fonction inconnue de (E) et la fonction inconnue de (E_0), mais ces deux fonctions ne sont pas les mêmes (sauf si $b = 0$).

On montre que, pour tout $y_1 \in \mathcal{S}$, on a : $\mathcal{S} = \{y_1 + y_0 \,;\, y_0 \in \mathcal{S}_0\}$, autrement dit :

Théorème

La solution générale de (E) est la somme d'une solution particulière de (E) et de la solution générale de (E_0).

Par commodité, on peut abréger solution particulière en SP.

Schématiquement : SG de (E) = SP de (E) + SG de (E_0).

On voit ainsi que la résolution de (E) revient, après avoir résolu (E_0), à la recherche d'une solution particulière de (E), toute solution de (E) étant, en fait, une solution particulière de (E).

Pour trouver une solution particulière de (E), après avoir résolu (E_0), on essaie les méthodes suivantes :

1) Il se peut que (E) admette une solution évidente, ou une solution d'une forme particulière.

Exemple : Une solution particulière de (E) $y' + \mathrm{e}^x y = \mathrm{e}^x$ est $y : x \longmapsto 1$.

2) Si le second membre b de (E) se décompose de manière simple en la somme de plusieurs fonctions de types variés, $b = \sum_{k=1}^{n} b_k$, on détermine, pour chaque équation $y' + ay = b_k$, une solution particulière y_k, et alors $y = \sum_{k=1}^{n} y_k$ est une solution particulière de (E).

Cette propriété s'appelle le **principe de superposition** et est utilisée en Physique.

3) La méthode générale s'appelle la **méthode de variation de la constante** (en abrégé : VDC).

En notant y_0 une solution non nulle (c'est-à-dire telle que $y_0 \neq 0$) de (E_0), on cherche une solution particulière y de (E) sous la forme $y = \lambda y_0$, où $\lambda : I \longrightarrow \mathbb{K}$ est la nouvelle fonction inconnue, supposée dérivable sur I.

Remarque : Le nom de « variation de la constante » (qui n'est pas très heureux, mais est classique) vient de ce que λ désigne une constante (multiplicative) dans la SG y_0 de (E_0) et que, pour trouver une SP de (E), on garde la même écriture, mais en considérant que λ est variable.

Exemple

Résoudre l'EDL1 $y' - \dfrac{x}{1-x^2}y = \dfrac{1}{1-x^2}$, d'inconnue $y :]-1\,;1[\longrightarrow \mathbb{R}$.
D'après le cours, la solution générale de l'équation SSM associée est la fonction donnée, pour tout $x \in]-1\,;1[$, par :

$$y(x) = \lambda \exp\Big(\int \frac{x}{1-x^2}\,\mathrm{d}x\Big) = \lambda \exp\Big(-\frac{1}{2}\ln|1-x^2|\Big) = \frac{\lambda}{\sqrt{1-x^2}}, \quad \lambda \in \mathbb{R}.$$

On ne voit pas de solution évidente pour (E).
On cherche une solution de (E) par la méthode de variation de la constante, sous la forme $y = \lambda y_0$, c'est-à-dire $y(x) = \dfrac{\lambda(x)}{\sqrt{1-x^2}} = \lambda(x)(1-x^2)^{-\frac{1}{2}}$, où $\lambda :]-1\,;1[\longrightarrow \mathbb{R}$ est la nouvelle fonction inconnue, supposée dérivable sur $]-1\,;1[$.
On a alors, pour tout $x \in]-1\,;1[$:

$$\begin{aligned} y'(x) - \frac{x}{1-x^2}y &= \frac{\lambda'(x)}{\sqrt{1-x^2}} + \lambda(x)\Big(-\frac{1}{2}\Big)(1-x^2)^{-\frac{3}{2}}(-2x) - \frac{x}{1-x^2}\frac{\lambda(x)}{\sqrt{1-x^2}} \\ &= \frac{\lambda'(x)}{\sqrt{1-x^2}}. \end{aligned}$$

Remarque : Les deux termes en $\lambda(x)$ doivent s'éliminer, d'après la méthode.
Il suffit donc que, pour tout $x \in]-1\,;1[$, $\dfrac{\lambda'(x)}{\sqrt{1-x^2}} = \dfrac{1}{1-x^2}$ (second membre de (E)),

c'est-à-dire que $\lambda'(x) = \dfrac{1}{\sqrt{1-x^2}}$ et on peut donc choisir $\lambda(x) = \operatorname{Arcsin} x$.

Ainsi, une solution particulière de (E) est la fonction $x \longmapsto \dfrac{\operatorname{Arcsin} x}{\sqrt{1-x^2}}$ (qui n'est effectivement pas une solution évidente...).
On conclut :

$$\mathcal{S} = \Big\{y :]-1\,;1[\longrightarrow \mathbb{R},\quad x \longmapsto \frac{\operatorname{Arcsin} x}{\sqrt{1-x^2}} + \lambda\frac{1}{\sqrt{1-x^2}}\,;\lambda \in \mathbb{R}\Big\}.$$

Attention

Ne pas oublier le facteur $y_0(x)$ dans l'égalité $y(x) = \lambda(x)y_0(x)$, c'est-à-dire ne pas confondre $\lambda(x)$ et $y_0(x)$.

4 Problème de Cauchy linéaire du premier ordre

Définition

Soient I un intervalle de $\mathbb{R}$, $a, b : I \longrightarrow \mathbb{K}$ des fonctions continues sur I, $x_0 \in I$, $y_0 \in \mathbb{K}$.

On appelle **problème de Cauchy linéaire du premier ordre** (ou, plus court : problème de Cauchy) le problème (C) $\begin{cases} \text{(E)} \;\; y' + ay = b \\ y(x_0) = y_0 \end{cases}$ où $y : I \longrightarrow \mathbb{K}$ est la fonction inconnue.

Autrement dit, un problème de Cauchy linéaire du premier ordre, c'est une EDL1 avec une condition en un point pour la fonction inconnue. En Physique, il s'agit souvent, la variable étant le temps, d'une condition initiale (en l'extrémité gauche de l'intervalle I) ou finale (en l'extrémité droite de l'intervalle I), lorsque ces extrémités appartiennent à I.

Attention

Ne pas confondre y_0 ici (qui est un réel ou un complexe fixé) avec une fonction y_0 solution de (E_0).

On dispose du résultat suivant, appelé théorème de Cauchy linéaire du premier ordre :

Théorème

Le problème de Cauchy linéaire du premier ordre (C) admet une solution et une seule.

Autrement dit, il existe une solution et une seule y de l'EDL1 $y' + ay = b$ telle que $y(x_0) = y_0$.

En pratique, pour résoudre un problème de Cauchy linéaire du premier ordre (C), on résout l'EDL1 (E), puis on calcule la constante (λ) pour que y satisfasse $y(x_0) = y_0$.

Remarque : Une équation différentielle linéaire du premier ordre admet une infinité de solutions, un problème de Cauchy linéaire du premier ordre n'admet qu'une solution et une seule.

Exemple

Résoudre le problème de Cauchy (C) $\begin{cases} y' + \dfrac{1}{x}y = \dfrac{1}{x^2} \\ y(1) = 1 \end{cases}$ d'inconnue $y :]0\,;+\infty[\longrightarrow \mathbb{R}$ supposée dérivable sur $]0\,;+\infty[$.

1) On résout d'abord l'EDL1 SSM associée (E_0) $y' + \dfrac{1}{x}y = 0$.

D'après le cours, la solution générale de (E_0) est donnée par :

$$y : x \longmapsto \lambda \exp\Big(-\int \frac{1}{x}\,\mathrm{d}x\Big) = \lambda \exp(-\ln x) = \frac{\lambda}{x}, \quad \lambda \in \mathbb{R}.$$

2) Ne voyant pas de solution évidente de (E), on cherche une solution y de (E) par la méthode de variation de la constante, sous la forme $y(x) = \dfrac{\lambda(x)}{x}$, $\lambda :]0\,;+\infty[\longrightarrow \mathbb{R}$ fonction inconnue, supposée dérivable sur $]0\,;+\infty[$.

On a :

$$\begin{aligned}(E) &\iff \forall x \in]0\,;+\infty[,\quad y'(x) + \frac{1}{x}y(x) = \frac{1}{x^2}\\ &\iff \forall x \in]0\,;+\infty[,\quad \left(\frac{\lambda'(x)}{x} - \frac{\lambda(x)}{x^2}\right) + \frac{1}{x}\frac{\lambda(x)}{x} = \frac{1}{x^2}\\ &\iff \forall x \in]0\,;+\infty[,\quad \frac{\lambda'(x)}{x} = \frac{1}{x^2} \iff \forall x \in]0\,;+\infty[,\quad \lambda'(x) = \frac{1}{x}.\end{aligned}$$

Il suffit donc de prendre $\lambda(x) = \ln x$.

Ainsi, une solution particulière de (E) est $y : x \longmapsto \dfrac{\ln x}{x}$,

et donc, d'après le cours , la solution générale de (E) est $y : x \longmapsto \dfrac{\ln x}{x} + \dfrac{\lambda}{x}$, $\lambda \in \mathbb{R}$.

3) Enfin : $y(1) = 1 \iff 0 + \dfrac{\lambda}{1} = 1 \iff \lambda = 1$.

On conclut :

la solution du problème de Cauchy (C) est $y :]0\,;+\infty[\longrightarrow \mathbb{R}$, $x \longmapsto \dfrac{1+\ln x}{x}$.

Exercices d'apprentissage

21.1

Résoudre l'EDL1 (E_0) $y' - \dfrac{1}{x\ln x}y = 0$, d'inconnue $y :]0\,;+\infty[\longrightarrow \mathbb{R}$.

L'équation (E_0) est une EDL1 SSM et la fonction $x \longmapsto \dfrac{1}{x\ln x}$ est continue sur $]0\,;+\infty[$.
D'après le cours, la solution générale de (E_0) est donnée par :

$$y(x) = \lambda \exp\left(\int \frac{1}{x\ln x}\,\mathrm{d}x\right) = \lambda \exp\big(\ln(\ln x)\big) = \lambda \ln x,\quad \lambda \in \mathbb{R}.$$

On conclut : $\mathcal{S}_0 = \{y : \mathbb{R} \longrightarrow \mathbb{R},\ x \longmapsto \lambda \ln x\,;\ \lambda \in \mathbb{R}\}$.

21.2

Résoudre l'EDL1 (E) $y' - y = x^2 - 3x + 1$, d'inconnue $y : \mathbb{R} \longrightarrow \mathbb{R}$.

L'équation (E) est une EDL1 ASM et les fonctions $x \longmapsto -1$ et $x \longmapsto x^2 - 3x + 1$ sont continues sur $\mathbb{R}$.

1) D'après le cours, la solution générale de l'EDL1 SSM associée (E_0) $y' - y = 0$ est

$$y : x \longmapsto \lambda \exp\left(-\int -1\,\mathrm{d}x\right) = \lambda\,\mathrm{e}^{x},\quad \lambda \in \mathbb{R}.$$

2) Vu le second membre de (E), on peut espérer que (E) admette une solution polynomiale (mais ce n'est pas sûr), de degré 2, de la forme $y : x \longmapsto ax^2 + bx + c$, où $a, b, c \in \mathbb{R}$ sont à trouver.
On a alors, pour tout $x \in \mathbb{R}$:

$$y'(x) - y(x) = (2ax + b) - (ax^2 + bx + c) = -ax^2 + (2a - b)x + (b - c).$$

Il *suffit* donc que : $-a = 1, \quad 2a - b = -3, \quad b - c = 1$. On résout ce système linéaire de trois équations à trois inconnues par cascade, et on obtient :

$$a = -1, \quad b = 2a + 3 = 1, \quad c = b - 1 = 0.$$

Ainsi, la fonction $y : x \longmapsto -x^2 + x$ est solution de (E), ce que l'on peut d'ailleurs contrôler par un calcul presque de tête.
D'après le cours, la solution générale de (E) est la somme d'une solution particulière de (E), ici $x \longmapsto -x^2 + x$, et de la solution générale de (E_0), ici $x \longmapsto \lambda\, e^x, \ \lambda \in \mathbb{R}$:

$$y : x \longmapsto -x^2 + x + \lambda\, e^x, \quad \lambda \in \mathbb{R}.$$

On conclut : $\mathcal{S} = \{y : \mathbb{R} \longrightarrow \mathbb{R}, \ x \longmapsto -x^2 + x + \lambda\, e^x \,; \lambda \in \mathbb{R}\}$.

21.3

Résoudre l'EDL1 (E) $y' - y \tan x = \sin x$, d'inconnue $y :]-\pi/2\,;\pi/2[\longrightarrow \mathbb{R}$.

L'équation (E) est une EDL1 ASM et les fonctions $x \longmapsto -\tan x$ et $x \longmapsto \sin x$ sont continues sur $]-\pi/2\,;\pi/2[$.
1) D'après le cours, la solution générale de l'EDL1 SSM associée (E_0) $y' - y \tan x = 0$ est

$$y : x \longmapsto \lambda \exp\left(-\int -\tan x \, dx\right) = \lambda\, e^{-\ln|\cos x|} = \frac{\lambda}{\cos x}, \quad \lambda \in \mathbb{R}.$$

2) Ne voyant pas de solution évidente de (E), cherchons une solution particulière de (E) par la méthode de variation de la constante, sous la forme $y(x) = \dfrac{\lambda(x)}{\cos x}$, où $\lambda :]-\pi/2\,;\pi/2[\longrightarrow \mathbb{R}$ est une fonction inconnue, supposée dérivable. On a alors :

$$y'(x) - y(x)\tan x = \frac{\lambda'(x)}{\cos x} + \lambda(x)\frac{\sin x}{\cos^2 x} - \frac{\lambda(x)}{\cos x}\tan x = \frac{\lambda'(x)}{\cos x}.$$

Il suffit donc que, pour tout x : $\dfrac{\lambda'(x)}{\cos x} = \sin x$, c'est-à-dire $\lambda'(x) = \sin x \cos x$, et il suffit donc, par primitivation, que $\lambda(x) = \dfrac{1}{2}\sin^2 x$.

Ainsi, une solution particulière de (E) est $y : x \longmapsto \dfrac{1}{2}\dfrac{\sin^2 x}{\cos x}$.

D'après le cours, la solution générale de (E) est la somme d'une solution particulière de (E), ici $x \longmapsto \dfrac{\sin^2 x}{2\cos x}$, et de la solution générale de (E_0), ici $x \longmapsto \dfrac{\lambda}{\cos x}$, $\lambda \in \mathbb{R}$, et on conclut :

$$\mathcal{S} = \left\{y : \left]-\frac{\pi}{2}\,;\frac{\pi}{2}\right[\longrightarrow \mathbb{R}, \ x \longmapsto \frac{\sin^2 x}{2\cos x} + \frac{\lambda}{\cos x}\,; \ \lambda \in \mathbb{R}\right\}.$$

21.4

Pour chacune des EDL1 suivantes, dire s'il existe ou non une solution évidente, et, si oui, donner une solution évidente :

a) $y' - y = 1$, *b)* $y' - y = 3 - 3x$, *c)* $y' + e^x y = \ln x$,

d) $y' - x^2 y = -x^4 - x^2 + 2x$, *e)* $y' - \dfrac{3}{x} y = -\dfrac{4}{x^2}$, *f)* $y' + \dfrac{3}{x} y = \dfrac{4}{x^2}$.

a) Oui, $y : x \longmapsto -1$ est solution évidente.

b) Oui, $y : x \longmapsto 3x$ est solution évidente.

c) Non, il n'y a pas de solution évidente.

d) Oui, $y : x \longmapsto x^2 + 1$ est solution évidente.

e) Oui, $y : x \longmapsto \dfrac{1}{x}$ est solution évidente.

f) Oui, $y : x \longmapsto \dfrac{2}{x}$ est solution évidente.

21.5

Résoudre le problème de Cauchy linéaire du premier ordre :

$$(\text{C}) \begin{cases} y' + \dfrac{1}{x} y = 2 \\ y(1) = 3 \end{cases} \qquad \text{d'inconnue } y :]0\,;+\infty[\longrightarrow \mathbb{R}.$$

L'équation (E) $y' + \dfrac{1}{x} y = 2$ est une EDL1 ASM, les fonctions $x \longmapsto \dfrac{1}{x}$ et $x \longrightarrow 2$ sont continues sur $\mathbb{R}$, et $1 \in]0\,;+\infty[$, donc (C) est bien un problème de Cauchy linéaire du premier ordre.

1) D'après le cours, la solution générale de l'EDL1 SSM associée (E_0) $y' + \dfrac{1}{x} y = 0$ est donnée par :

$$y : x \longmapsto \lambda \exp\left(-\int \frac{1}{x}\,\mathrm{d}x\right) = \lambda \exp(-\ln x) = \frac{\lambda}{x}, \quad \lambda \in \mathbb{R}.$$

2) On remarque que la fonction $x \longmapsto x$ est solution évidente de (E).
D'après le cours, la solution générale de (E) est la somme d'une solution particulière de (E), ici la fonction $x \longmapsto x$, et de la solution générale de (E_0), ici la fonction $x \longmapsto \dfrac{\lambda}{x}$:

$$y : x \longmapsto x + \frac{\lambda}{x}, \quad \lambda \in \mathbb{R}.$$

3) Enfin :

$$y(1) = 3 \iff 1 + \frac{\lambda}{1} = 3 \iff \lambda = 2.$$

On conclut :

$$\mathcal{S} = \left\{ y :]0\,;+\infty[\longrightarrow \mathbb{R},\ \ x \longmapsto x + \frac{2}{x} \right\}.$$

Exercices d'entraînement

21.6 Exemple d'EDL1 ASM

Résoudre l'EDL1 (E) $y' - \dfrac{1}{x-1}y = \dfrac{1}{x}$, d'inconnue $y :]1\,;+\infty[\longrightarrow \mathbb{R}$.

21.7 Exemple de problème de Cauchy

Résoudre le problème de Cauchy linéaire du premier ordre :

$$(C) \begin{cases} y' - \dfrac{1}{x^2}y = 1 - \dfrac{1}{x} \\ y(1) = 0 \end{cases} \quad \text{d'inconnue } y :]0\,;+\infty[\longrightarrow \mathbb{R}.$$

21.8 Exemple d'EDL1 avec condition sur la dérivée

Existe-t-il une solution $y : \mathbb{R} \longrightarrow \mathbb{R}$, dérivable sur $\mathbb{R}$, de l'EDL1
(E) $y' + 2(x-1)y = x - 1$ telle que $y'(1) = 1$?
Le résultat obtenu contredit-il le théorème de Cauchy linéaire ?

21.9 Exemple d'EDL1 avec condition au bord

a) Résoudre l'EDL1 (E) $y' - y = x$, d'inconnue $y : \mathbb{R} \longrightarrow \mathbb{R}$.

b) Existe-t-il des solutions y de (E) telles que $y(x) \underset{x \longrightarrow +\infty}{\longrightarrow} 0$?

21.10 Exemple d'EDL1, non-existence d'une solution impaire

Existe-t-il une solution $y : \mathbb{R} \longrightarrow \mathbb{R}$ de l'EDL1 (E) $y' - x^3(\operatorname{ch} x)y = x^5$ qui soit impaire ?

Corrigés des exercices d'entraînement

21.6

L'équation (E) est une EDL1 ASM et les fonctions $x \longmapsto -\dfrac{1}{x-1}$ et $x \longmapsto \dfrac{1}{x}$ sont continues sur $]1\,;+\infty[$.

1) D'après le cours, la solution générale de l'EDL1 SSM associée (E_0) $y' - \dfrac{1}{x-1}y = 0$ est donnée par :

$$y : x \longmapsto \lambda \exp\Big(-\int -\frac{1}{x-1}\,\mathrm{d}x\Big)$$
$$= \lambda \exp\big(\ln|x-1|\big) = \lambda(x-1), \quad \lambda \in \mathbb{R}.$$

2) Ne voyant pas de solution évidente, nous allons chercher une solution particulière de (E) par la méthode de variation de la constante, sous la forme $y(x) = \lambda(x)(x-1)$, où λ est une fonction inconnue, supposée dérivable.

On a alors :

$$\text{(E)} \iff \forall x \in]1\,;+\infty[,\quad \lambda'(x)(x-1) + \lambda(x) - \lambda(x) = \frac{1}{x}$$
$$\iff \forall x \in]1\,;+\infty[,\quad \lambda'(x) = \frac{1}{x(x-1)}.$$

On calcule λ par primitivation en utilisant une décomposition en éléments simples, ou une primitive connue :

$$\lambda(x) = \int \frac{1}{x(x-1)}\,\mathrm{d}x = \int \Big(\frac{1}{x-1} - \frac{1}{x}\Big)\,\mathrm{d}x$$
$$= \ln|x-1| - \ln|x| = \ln(x-1) - \ln x.$$

Une solution particulière de (E) est donc

$$y : x \longmapsto \lambda(x)(x-1) = (x-1)\big(\ln(x-1) - \ln x\big).$$

D'après le cours, la solution générale de (E) est la somme d'une solution particulière de (E), ici $x \longmapsto (x-1)\big(\ln(x-1) - \ln x\big)$, et de la solution générale de (E_0), ici $x \longmapsto \lambda\,(x-1)$:

$$y : x \longmapsto (x-1)\big(\ln(x-1) - \ln x\big) + \lambda\,(x-1), \quad \lambda \in \mathbb{R}.$$

On conclut :

$$\mathcal{S} = \big\{y : x \longmapsto (x-1)\big(\ln(x-1) - \ln x\big) + \lambda\,(x-1), \quad \lambda \in \mathbb{R}\big\}.$$

21.7

L'équation (E) $y' - \dfrac{1}{x^2}y = 1 - \dfrac{1}{x}$ est une EDL1 ASM et les fonctions $x \longmapsto -\dfrac{1}{x^2}$ et $x \longmapsto 1 - \dfrac{1}{x}$ sont continues sur $]0\,;+\infty[$, et $1 \in]0\,;+\infty[$, donc (C) est un problème de Cauchy linéaire du premier ordre.

1) D'après le cours, la solution générale de l'EDL1 SSM associée $y' - \dfrac{1}{x^2}y = 0$ est donnée par :

$$y : x \longmapsto \lambda \exp\Big(-\int -\frac{1}{x^2}\,\mathrm{d}x\Big) = \lambda\,\mathrm{e}^{-\frac{1}{x}},\ \lambda \in \mathbb{R}.$$

2) On remarque que la fonction $x \longmapsto x$ est solution évidente de (E).

D'après le cours, la solution générale de (E) est la somme d'une solution particulière de (E), ici $x \longmapsto x$ et de la solution générale de (E_0), ici $x \longmapsto \lambda\,\mathrm{e}^{-\frac{1}{x}}$:

$$y : x \longmapsto x + \lambda\,\mathrm{e}^{-\frac{1}{x}}, \quad \lambda \in \mathbb{R}.$$

3) Enfin, on a alors :

$$y(1) = 0 \iff 1 + \lambda\,\mathrm{e}^{-1} = 0 \iff \lambda = -\,\mathrm{e}.$$

On conclut :

$$\mathcal{S} = \big\{y :]0\,;+\infty[\longrightarrow \mathbb{R},\quad x \longmapsto x - \mathrm{e}^{1-\frac{1}{x}}\big\}.$$

21.8

1) Si une fonction y, dérivable sur $\mathbb{R}$, vérifie (E), alors, en prenant la valeur pour $x = 1$, on déduit $y'(1) + 0 \cdot y(1) = 0$, donc $y'(1) = 0$, d'où $y'(1) \neq 1$.

On conclut qu'il n'existe pas de solution y de (E) telle que $y'(1) = 1$.

2) Ce résultat ne contredit pas le théorème de Cauchy linéaire du premier ordre car le problème de l'énoncé n'est pas un problème de Cauchy, puisque la condition $y'(1) = 1$ porte sur y' et non sur y, cette condition n'est pas de la forme $y(x_0) = y_0$.

21.9

a) L'équation (E) est une EDL1 ASM et les fonctions $x \longmapsto -1$ et $x \longmapsto x$ sont continues sur $\mathbb{R}$.

1) D'après le cours, la solution générale de l'EDL1 SSM associée (E_0) $y' - y = 0$ est :

$$y : x \longmapsto \lambda \exp\Big(-\int -1\,\mathrm{d}x\Big) = \lambda\,\mathrm{e}^{x}, \quad \lambda \in \mathbb{R}.$$

2) Ne voyant pas de solution évidente de (E), on cherche une solution particulière de (E) par la méthode de variation de la constante, sous la forme $y(x) = \lambda(x)\,\mathrm{e}^{x}$, où λ est une fonction inconnue, supposée dérivable.
On a alors, pour tout $x \in]0\,;+\infty[$:

$$y'(x) - y(x) = \big(\lambda'(x)\,\mathrm{e}^{x} + \lambda(x)\,\mathrm{e}^{x}\big) - \lambda(x)\,\mathrm{e}^{x} = \lambda'(x)\,\mathrm{e}^{x}.$$

Pour que y convienne, il suffit que, pour tout x, $\lambda'(x)\,\mathrm{e}^{x} = x$ (second membre de (E)), c'est-à-dire $\lambda'(x) = x\,\mathrm{e}^{-x}$.
On calcule $\lambda(x)$ par une primitivation par parties :

$$\begin{aligned}\lambda(x) &= \int x\,\mathrm{e}^{-x}\,\mathrm{d}x\\ &= x(-\mathrm{e}^{-x}) - \int 1\cdot(-\mathrm{e}^{-x})\,\mathrm{d}x\\ &= -x\,\mathrm{e}^{-x} + \int \mathrm{e}^{-x}\,\mathrm{d}x\\ &= -x\,\mathrm{e}^{-x} - \mathrm{e}^{-x} = -(x+1)\,\mathrm{e}^{-x}.\end{aligned}$$

D'où une solution particulière de (E) :

$$y : x \longmapsto \lambda(x)\,\mathrm{e}^{x} = -(x+1).$$

On aurait presque pu remarquer que cette fonction est solution évidente de (E).

D'après le cours, la solution générale de (E) est la somme d'une solution particulière de (E), ici $x \longmapsto -(x+1)$, et de la solution générale de (E_0), ici $x \longmapsto \lambda\,\mathrm{e}^{x}$:

$$y : x \longmapsto -(x+1) + \lambda\,\mathrm{e}^{x}\,;\ \lambda \in \mathbb{R}.$$

On conclut :

$$\mathcal{S} = \big\{y : x \longmapsto -(x+1) + \lambda\,\mathrm{e}^{x}\,;\ \lambda \in \mathbb{R}\big\}.$$

b) Pour $\lambda \in \mathbb{R}^*$ fixé, on a, par prépondérance classique :

$$y(x) = -(x+1) + \lambda\,\mathrm{e}^{x} \underset{x \longrightarrow +\infty}{\longrightarrow} \pm\infty.$$

Pour $\lambda = 0$, on a

$$y(x) = -(x+1) \underset{x \longrightarrow +\infty}{\longrightarrow} -\infty.$$

On conclut qu'il n'existe aucune solution y de (E) telle que $y(x) \underset{x \longrightarrow +\infty}{\longrightarrow} 0$.

21.10

Supposons qu'il existe une solution $y : \mathbb{R} \longrightarrow \mathbb{R}$ de (E) qui soit impaire.
Puisque y est dérivable et impaire, y' est paire.
Les fonctions $x \longmapsto x^3 \operatorname{ch} x$ et y sont impaires, donc, par produit, la fonction $x \longmapsto x^3 \operatorname{ch} x\, y(x)$ est paire, et y' est paire, donc, par différence, la fonction $x \longmapsto y'(x) - x^3 \operatorname{ch} x\, y(x)$ est paire.
Mais cette dernière fonction est égale à la fonction $x \longmapsto x^5$, donc la fonction $x \longmapsto x^5$ est paire, contradiction en prenant, par exemple, la valeur en 1.
On conclut qu'il n'existe pas de solution y de (E) qui soit impaire.

22 Équations différentielles linéaires du second ordre à coefficients constants

De nombreux problèmes de la Physique sont modélisés à l'aide d'une équation différentielle linéaire du second ordre, c'est-à-dire une équation dans laquelle interviennent la fonction inconnue, sa dérivée première et sa dérivée seconde. À ce niveau, dans la plupart des exemples, on pourra exprimer la ou les solutions par des formules faisant intervenir les fonctions usuelles. Nous n'envisageons ici, conformément au Programme officiel, que les équations différentielles linéaires du second ordre à coefficients constants, de la forme $y'' + ay' + by = f(x)$.

Rappels de cours

1 Généralités

Définition

Soient I un intervalle de $\mathbb{R}$, $a, b \in \mathbb{K}$, $f : I \longrightarrow \mathbb{K}$ une fonction continue sur I, $y : I \longrightarrow \mathbb{K}$ une fonction inconnue.

On dit que y est solution de **l'équation différentielle linéaire du second ordre** (en abrégé : EDL2) à coefficients constants (E) $y'' + ay' + by = f$ sur I si et seulement si :

y est deux fois dérivable sur I et, pour tout $x \in I$, $y''(x) + ay'(x) + by(x) = f(x)$.

On note ici $\mathcal{S}$ l'ensemble des solutions de (E) sur I.

Remarque : Les fonctions considérées sont à variable réelle et à valeurs réelles ou complexes.

On note quelquefois abusivement $y'' + ay' + by = f(x)$ au lieu de $y'' + ay' + by = f$.
Résoudre (E), c'est déterminer toutes les solutions de (E) sur I, c'est-à-dire déterminer l'ensemble $\mathcal{S}$.
Rappelons que, dans ce chapitre, a et b sont des éléments fixés de $\mathbb{K}$, c'est-à-dire des constantes.

Remarque : Dans le cas particulier où $b = 0$, par le changement de fonction inconnue $z = y'$, la résolution de l'EDL2 $y'' + ay' = f$ revient à la résolution de l'EDL1 $z' + az = f$, d'inconnue z, puis au calcul d'une primitive pour obtenir y à partir de $y' = z$.

Notre but, en général, est d'exprimer les solutions de (E) à l'aide de primitives, et de calculer ces primitives lorsque c'est possible, et ce sera le cas à ce niveau.
L'équation (E_0) $y'' + ay' + by = 0$ est appelée **équation différentielle linéaire sans second membre** (ou aussi : homogène) associée à (E). L'équation (E) est, elle, appelée **équation différentielle linéaire avec second membre**.

Par commodité, on peut utiliser les abréviations ASM (avec second membre) et SSM (sans second membre).

Remarque :

1) La résolution d'équations plus générales $y'' + ay' + by = f$, où a, b seraient des fonctions, n'est pas au Programme officiel.

2) Dans les exercices, s'assurer que la fonction f est continue sur l'intervalle I, sinon ce serait en dehors du Programme officiel.

2 Résolution de l'équation sans second membre

Soient I un intervalle de $\mathbb{R}$, $a, b \in \mathbb{K}$, (E_0) $y'' + ay' + by = 0$ une EDL2 SSM où $y : I \longrightarrow \mathbb{K}$ est la fonction inconnue, supposée deux fois dérivable sur I, $\mathcal{S}_0$ l'ensemble des solutions de (E_0) sur I.
On considère l'équation, d'inconnue $r \in \mathbb{K}$, $r^2 + ar + b = 0$, appelée **équation caractéristique** (en abrégé EC) associée à l'EDL2 SSM (E_0), et on note $\Delta = a^2 - 4b$ le discriminant de cette équation du second degré.
On dispose des résultats suivants :

Proposition

1) Si l'EC $r^2 + ar + b = 0$ associée à (E_0) admet deux solutions r_1, r_2 distinctes, c'est-à-dire si ($\mathbb{K} = \mathbb{C}$ et $\Delta \neq 0$) ou si ($\mathbb{K} = \mathbb{R}$ et $\Delta > 0$), alors :

$$\mathcal{S}_0 = \left\{ y : I \longrightarrow \mathbb{K},\quad x \longmapsto \lambda_1 \,\mathrm{e}^{r_1 x} + \lambda_2 \,\mathrm{e}^{r_2 x} \,;\, (\lambda_1, \lambda_2) \in \mathbb{K}^2 \right\}$$

2) Si l'EC $r^2 + ar + b = 0$ associée à (E_0) admet une solution double $r_0 = -\dfrac{b}{a}$, c'est-à-dire si $\Delta = 0$, alors :

$$\mathcal{S}_0 = \left\{ y : I \longrightarrow \mathbb{K},\quad x \longmapsto (\lambda x + \mu) \,\mathrm{e}^{r_0 x} \,;\, (\lambda, \mu) \in \mathbb{K}^2 \right\}$$

3) Si l'EC $r^2 + ar + b = 0$ associée à (E_0) n'admet pas de solution dans $\mathbb{K}$, c'est-à-dire si ($\mathbb{K} = \mathbb{R}$ et $\Delta < 0$), alors :

$$\mathcal{S}_0 = \left\{ y : I \longrightarrow \mathbb{R},\ x \longmapsto \mathrm{e}^{-\frac{a}{2}x} \left(A \cos\left(\frac{\sqrt{-\Delta}}{2} x \right) + B \sin\left(\frac{\sqrt{-\Delta}}{2} x \right) \right) ; (A, B) \in \mathbb{R}^2 \right\}$$

Exemple

1) Résoudre (E_0) $y'' - 4y' + 3y = 0$, d'inconnue $y : \mathbb{R} \longrightarrow \mathbb{R}$, $x \longmapsto y(x)$.
Il s'agit d'une EDL2 SSM à coefficients constants.
L'EC $r^2 - 4r + 3 = 0$ admet deux zéros réels distincts, qui sont 1 et 3, donc, d'après le cours : $\mathcal{S}_0 = \left\{ y : \mathbb{R} \longrightarrow \mathbb{R},\ x \longmapsto \lambda \,\mathrm{e}^{x} + \mu \,\mathrm{e}^{3x} \,;\, (\lambda, \mu) \in \mathbb{R}^2 \right\}$.

2) Résoudre (E_0) $y'' + 2y' + y = 0$, d'inconnue $y : \mathbb{R} \longrightarrow \mathbb{R}$, $x \longmapsto y(x)$.
Il s'agit d'une EDL2 SSM à coefficients constants.
L'EC $r^2 + 2r + 1 = 0$ admet une solution double qui est -1, donc, d'après le cours :

$$\mathcal{S}_0 = \left\{ y : \mathbb{R} \longrightarrow \mathbb{R},\ x \longmapsto (\lambda x + \mu) \,\mathrm{e}^{-x} \,;\, (\lambda, \mu) \in \mathbb{R}^2 \right\}.$$

3) Résoudre (E_0) $y'' - 2\,\mathrm{i}\,y' - y = 0$, d'inconnue $y : \mathbb{R} \longrightarrow \mathbb{C}, \quad x \longmapsto y(x)$.

Il s'agit d'une EDL2 SSM à coefficients constants.

L'EC $r^2 - 2\,\mathrm{i}\,r - 1 = 0$ admet une solution double $r = \mathrm{i}$, donc, d'après le cours :

$$\mathcal{S}_0 = \{y : \mathbb{R} \longrightarrow \mathbb{C}, \quad x \longmapsto (\lambda x + \mu)\,\mathrm{e}^{\,\mathrm{i}\,x}\,;\,(\lambda, \mu) \in \mathbb{C}^2\}.$$

4) Résoudre (E_0) $y'' + \omega^2 y = 0$, d'inconnue $y : \mathbb{R} \longrightarrow \mathbb{R}, \quad x \longmapsto y(x)$, où $\omega \in \mathbb{R}_+^*$ est fixé.

Il s'agit d'une EDL2 SSM à coefficients constants.

L'EC $r^2 + \omega^2 = 0$ admet deux solutions complexes distinctes, conjuguées, non réelles, qui sont $\mathrm{i}\,\omega$ et $-\,\mathrm{i}\,\omega$, donc, d'après le cours :

$$\mathcal{S}_0 = \left\{y : \mathbb{R} \longrightarrow \mathbb{R}, \quad x \longmapsto A\cos\omega x + B\sin\omega x\,;\,(A, B) \in \mathbb{R}^2\right\}.$$

5) Résoudre (E_0) $y'' + 4y' + 5y = 0$, d'inconnue $y : \mathbb{R} \longrightarrow \mathbb{R}, \quad x \longmapsto y(x)$.

Il s'agit d'une EDL2 SSM à coefficients constants.

L'équation caractéristique $r^2 + 4r + 5 = 0$ admet deux solutions complexes conjuguées non réelles, qui sont $-2 \pm \mathrm{i}$, donc, d'après le cours :

$$\mathcal{S}_0 = \{y : \mathbb{R} \longrightarrow \mathbb{R}, \quad x \longmapsto \mathrm{e}^{-2x}(A\cos x + B\sin x)\,;\,(A, B) \in \mathbb{R}^2\}.$$

3 Résolution de l'équation avec second membre

Soient I un intervalle de $\mathbb{R}$, $a, b \in \mathbb{K}$, $f : I \longrightarrow \mathbb{K}$ une application continue sur I, (E) $y'' + ay' + by = f$ une EDL2 ASM, $\mathcal{S}$ l'ensemble des solutions de (E), (E_0) $y'' + ay' + by = 0$ l'EDL2 SSM associée à (E), $\mathcal{S}_0$ l'ensemble des solutions de (E_0).

On montre facilement les deux résultats suivants :

Proposition

- $\forall y_1 \in \mathcal{S},\ \forall y_2 \in \mathcal{S},\quad y_1 - y_2 \in \mathcal{S}_0$
- $\forall y_1 \in \mathcal{S},\ \forall y_0 \in \mathcal{S}_0,\quad y_1 + y_0 \in \mathcal{S}$.

Il en résulte que, pour tout $y_1 \in \mathcal{S}$, on a : $\mathcal{S} = \{y_1 + y_0\,;\, y_0 \in \mathcal{S}_0\}$.

Autrement dit, la solution générale de (E) est la somme d'une solution particulière de (E) et de la solution générale de (E_0).

Par commodité, on peut abréger solution générale en SG et solution particulière en SP.

Schématiquement : SG de (E) = SP de (E) + SG de (E_0)

On voit ainsi que la résolution de (E) revient, après avoir résolu (E_0), à la recherche d'une solution particulière de (E).

Pour trouver une solution particulière de (E), on essaie les méthodes suivantes :

1) Il se peut que (E) admette une solution évidente ou une solution d'une forme particulière.

Exemple

1) Donner une solution particulière de l'EDL2 (E) $y'' + y' + y = \cos x$, d'inconnue $y : \mathbb{R} \longrightarrow \mathbb{R},\ x \longmapsto y(x)$.

L'EDL2 (E) admet la solution évidente $y_1 : x \longmapsto \sin x$.

2) Déterminer une solution particulière de l'EDL2 (E) $y'' + 3y' + y = x^2$, d'inconnue $y : \mathbb{R} \longrightarrow \mathbb{R},\ x \longmapsto y(x)$.

Cherchons une solution de (E) sous la forme d'une fonction polynomiale de degré 2, $y : x \longmapsto ax^2 + bx + c$, $(a, b, c) \in \mathbb{R}^3$ à trouver (nous ne sommes pas sûr, a priori, qu'une telle solution existe, voir la remarque ci-dessous).

On a alors, pour tout $x \in \mathbb{R}$:

$$\begin{aligned} y''(x) + 3y'(x) + y(x) &= 2a + 3(2ax + b) + (ax^2 + bx + c) \\ &= ax^2 + (6a + b)x + (2a + 3b + c). \end{aligned}$$

Il *suffit* donc que : $a = 1,\quad 6a + b = 0,\quad 2a + 3b + c = 0$,

c'est-à-dire, par résolution de ce système linéaire de trois équations à trois inconnues, en cascade : $a = 1,\quad b = -6a = -6,\quad c = -2a - 3b = 16$.

On conclut que la fonction $y_1 : x \longmapsto x^2 - 6x + 16$ est une solution particulière de (E).

Plus généralement, par la même méthode que dans l'exemple précédent, pour une EDL2 à coefficients constants (E) $y'' + ay' + by = P$ où P est une fonction polynomiale et $b \neq 0$, il existe une solution y polynomiale de même degré que P, et on peut obtenir cette solution par coefficients indéterminés, en résolvant un système linéaire de $n + 1$ équations à $n + 1$ inconnues, en cascade.

2) Si le second membre de (E) est de la forme $f : x \longmapsto A\,\mathrm{e}^{\lambda x}$, $(A, \lambda) \in \mathbb{K}^2$, on montre qu'il existe au moins une solution y de la forme suivante :

- $y : x \longmapsto C\,\mathrm{e}^{\lambda x}$, $C \in \mathbb{K}$, si λ n'est pas solution de l'EC $r^2 + ar + b = 0$,
- $y : x \longmapsto Cx\,\mathrm{e}^{\lambda x}$, $C \in \mathbb{K}$, si λ est solution simple de l'EC $r^2 + ar + b = 0$,
- $y : x \longmapsto Cx^2\,\mathrm{e}^{\lambda x}$, $C \in \mathbb{K}$, si λ est solution double de l'EC $r^2 + ar + b = 0$.

Exemple

1) Déterminer une solution de l'EDL2 (E) $y'' - 3y' + 2y = 4\,\mathrm{e}^{3x}$, d'inconnue $y : \mathbb{R} \longrightarrow \mathbb{R},\ x \longmapsto y(x)$.

Il s'agit d'une EDL2 ASM à coefficients constants et à second membre du type $x \longmapsto A\,\mathrm{e}^{\lambda x}$, où $(A, \lambda) \in \mathbb{C}^2$, et λ, qui est égal à 3, n'est pas solution de l'EC $r^2 - 3r + 2 = 0$, donc, d'après le cours, il existe une solution du type $x \longmapsto C\,\mathrm{e}^{3x}$, $C \in \mathbb{R}$ à calculer.

On a alors, pour tout $x \in \mathbb{R}$:

$$y''(x) - 3y'(x) + 2y(x) = 9C\,\mathrm{e}^{3x} - 3 \cdot 3C\,\mathrm{e}^{3x} + 2C\,\mathrm{e}^{3x} = 2C\,\mathrm{e}^{3x},$$

donc, pour que y soit solution de (E), il *suffit* que $2C = 4$, c'est-à-dire $C = 2$.

On conclut que la fonction $y_1 : x \longmapsto 2\,\mathrm{e}^{3x}$ est solution de (E).

On peut contrôler que la fonction y_1 obtenue est bien solution de (E), le calcul peut être fait de tête.

2) Déterminer une solution de l'EDL2 (E) $y'' - 3y' + 2y = 3\,\mathrm{e}^{2x}$, d'inconnue $y : \mathbb{R} \longrightarrow \mathbb{R},\ x \longmapsto y(x)$.

Il s'agit d'une EDL2 ASM à coefficients constants et à second membre du type $x \longmapsto A\,\mathrm{e}^{\lambda x}$, où $(A, \lambda) \in \mathbb{C}^2$, et λ, qui est égal à 2, est solution simple de l'EC $r^2 - 3r + 2 = 0$, donc, d'après le cours, il existe une solution du type $x \longmapsto Cx\,\mathrm{e}^{2x}$, $C \in \mathbb{R}$ à calculer.

On a alors, pour tout $x \in \mathbb{R}$:

$$y(x) = Cx\,\mathrm{e}^{2x}, \qquad y'(x) = 2Cx\,\mathrm{e}^{2x} + C\,\mathrm{e}^{2x},$$
$$y''(x) = 2(2Cx + C)\,\mathrm{e}^{2x} + 2C\,\mathrm{e}^{2x} = (4Cx + 4C)\,\mathrm{e}^{2x},$$

d'où : $y''(x) - 3y'(x) + 2y(x) = C(4x + 4)\,\mathrm{e}^{2x} - 3C(2x + 1)\,\mathrm{e}^{2x} + 2Cx\,\mathrm{e}^{2x} = C\,\mathrm{e}^{2x}$,

et donc, pour que y soit solution de (E), il *suffit* que $C = 3$.

On conclut que la fonction $y_1 : x \longmapsto 3x\,\mathrm{e}^{2x}$ est solution de (E).

On peut contrôler que la fonction y_1 obtenue est bien solution de (E), le calcul peut être fait en deux lignes.

Attention

En reportant les expressions de $y(x)$, $y'(x)$, $y''(x)$: elles sont calculées dans cet ordre, mais on doit les reporter dans l'EDL2 en sens inverse, en commençant par $y''(x)$.

3) Déterminer une solution de l'EDL2 (E) $y'' - 4y' + 4y = 6\,\mathrm{e}^{2x}$, d'inconnue $y : \mathbb{R} \longrightarrow \mathbb{R},\ x \longmapsto y(x)$.

Il s'agit d'une EDL2 ASM à coefficients constants et à second membre du type $x \longmapsto A\,\mathrm{e}^{\lambda x}$, où $(A, \lambda) \in \mathbb{C}^2$, et λ, qui est égal à 2, est solution double de l'EC $r^2 - 4r + 4 = 0$, donc, d'après le cours, il existe une solution du type $x \longmapsto Cx^2\,\mathrm{e}^{2x}$, $C \in \mathbb{R}$ à calculer.

On a alors, pour tout $x \in \mathbb{R}$:

$$y(x) = Cx^2\,\mathrm{e}^{2x}, \qquad y'(x) = 2Cx^2\,\mathrm{e}^{2x} + 2Cx\,\mathrm{e}^{2x},$$
$$y''(x) = 4Cx^2\,\mathrm{e}^{2x} + 8Cx\,\mathrm{e}^{2x} + 2C\,\mathrm{e}^{2x},$$

d'où : $y''(x) - 4y'(x) + 4y(x)$

$$= C(4x^2 + 8x + 2)\,\mathrm{e}^{2x} - 4C(2x^2 + 2x)\,\mathrm{e}^{2x} + 4Cx^2\,\mathrm{e}^{2x} = 2C\,\mathrm{e}^{2x},$$

et donc, pour que y soit solution de (E), il suffit que $2C = 6$, c'est-à-dire $C = 3$.

On conclut que la fonction $y_1 : x \longmapsto 3x^2\,\mathrm{e}^{2x}$ est solution de (E).

On peut contrôler que la fonction y_1 obtenue est bien solution de (E), le calcul peut être fait en deux ou trois lignes.

3) Si $(a, b) \in \mathbb{R}^2$ et si le second membre f de (E) est de la forme

$$x \longmapsto \alpha \cos \omega x + \beta \sin \omega x,$$

où $(\alpha, \beta) \in \mathbb{R}^2$ et $\omega \in \mathbb{R}_+^*$, on montre qu'il existe une solution de (E) de la forme :

- $y : x \longmapsto A \cos \omega x + B \sin \omega x$, $(A, B) \in \mathbb{R}^2$, si $a \neq 0$ ou $b \neq \omega^2$
- $y : x \longmapsto x(A \cos \omega x + B \sin \omega x)$, $(A, B) \in \mathbb{R}^2$, si $a = 0$ et $b = \omega^2$.

Remarque :

Le Programme officiel n'indique que les cas $x \longmapsto \alpha \cos \omega x$ et $x \longmapsto \alpha \sin \omega x$ pour la fonction du second membre, mais le cas plus général traité ci-dessus ne demande pas plus de travail que ces deux cas, et notre cas peut se présenter en Physique.

Exemple

1) Déterminer une solution particulière de l'équation (E) $y''+y = 3\sin 2x$, d'inconnue $y : \mathbb{R} \longrightarrow \mathbb{R},\ \ x \longmapsto y(x)$.

Il s'agit d'une EDL2 à coefficients constants et à second membre du type $x \longmapsto \alpha \cos \omega x + \beta \sin \omega x$, où $(\alpha, \beta) \in \mathbb{R}^2$ et $\omega \in \mathbb{R}_+^*$, avec $\alpha = 0,\ \beta = 3,\ \omega = 2$, et $b \neq \omega^2$, donc, d'après le cours, il existe une solution du type

$$y : x \longmapsto A\cos 2x + B\sin 2x,$$

$(A, B) \in \mathbb{R}^2$ à calculer.

On a alors, pour tout $x \in \mathbb{R}$:

$$y(x) = A\cos 2x + B\sin 2x, \qquad y'(x) = -2A\sin 2x + 2B\cos 2x,$$

$$y''(x) = -4A\cos 2x - 4B\sin 2x,$$

d'où : $$y''(x) + y(x) = -3A\cos 2x - 3B\sin 2x,$$

et donc, pour que y soit solution de (E), il *suffit* que $-3A = 0$ et $-3B = 3$, c'est-à-dire que $A = 0$ et $B = -1$.

On conclut que la fonction $y_1 : x \longmapsto -\sin 2x$ est solution de (E).

On peut contrôler que la fonction y_1 obtenue est bien solution de (E), le calcul peut être fait de tête, et on aurait peut-être même pu remarquer dès le début cette solution presque évidente.

2) Déterminer une solution particulière de l'équation (E) $y''+y = 2\cos x$, d'inconnue $y : \mathbb{R} \longrightarrow \mathbb{R},\ \ x \longmapsto y(x)$.

Il s'agit d'une EDL2 à coefficients constants et à second membre du type $x \longmapsto \alpha \cos \omega x + \beta \sin \omega x$, où $(\alpha, \beta) \in \mathbb{R}^2$ et $\omega \in \mathbb{R}_+^*$, avec $\alpha = 2,\ \beta = 0,\ \omega = 1$, et $a = 0$ et $b = \omega^2$, donc, d'après le cours, il existe une solution du type

$$y : x \longmapsto x(A\cos x + B\sin x),$$

$(A, B) \in \mathbb{R}^2$ à calculer.

On a alors, pour tout $x \in \mathbb{R}$:

$$y(x) = x(A\cos x + B\sin x),$$

$$y'(x) = x(-A\sin x + B\cos x) + (A\cos x + B\sin x),$$

$$y''(x) = -x(A\cos x + B\sin x) + 2(-A\sin x + B\cos x),$$

d'où : $$y''(x) + y(x) = -2A\sin x + 2B\cos x,$$

et donc, pour que y soit solution de (E), il *suffit* que $-2A = 0$ et $2B = 2$, c'est-à-dire que $A = 0$ et $B = 1$.

On conclut que la fonction $y_1 : x \longmapsto x\sin x$ est solution de (E).

On peut contrôler que la fonction y_1 obtenue est bien solution de (E), le calcul peut presque être fait de tête.,

4 Problème de Cauchy linéaire du second ordre

Définition

Soient I un intervalle de $\mathbb{R}$, $a, b \in \mathbb{K}$, $f : I \longrightarrow \mathbb{K}$ une fonction continue sur I, $x_0 \in I$, $(y_0, z_0) \in \mathbb{K}^2$.
On appelle **problème de Cauchy linéaire du second ordre** (ou, plus court : problème de Cauchy) le problème

$$\begin{cases} \text{(E)} \quad y'' + ay' + by = f \\ y(x_0) = y_0 \\ y'(x_0) = z_0 \end{cases} \quad \text{où } y : I \longrightarrow \mathbb{K}, \quad x \longmapsto y(x) \text{ est la fonction inconnue.}$$

Autrement dit, un problème de Cauchy linéaire du second ordre, c'est une EDL2 à coefficients constants avec des valeurs imposées *en un même point* x_0 pour la fonction inconnue et pour sa dérivée première.
En Physique, il s'agit souvent, la variable étant le temps, de conditions initiales (en l'extrémité gauche de l'intervalle I) ou finales (en l'extrémité droite de I), lorsque ces extrémités appartiennent à I.

Attention

Ne pas confondre ici y_0 (qui est un réel ou un complexe fixé) avec une fonction y_0 solution de (E_0).

On dispose du théorème suivant :

Proposition

Le problème de Cauchy linéaire du second ordre (C) admet une solution et une seule.

Autrement dit, il existe une solution et une seule y de l'EDL2 $y'' + ay' + by = f$ telle que : $y(x_0) = y_0$ et $y'(x_0) = z_0$.
En pratique, pour résoudre un problème de Cauchy linéaire du second ordre (C), on résout l'EDL2 (E) puis on calcule les constantes (λ, μ, par exemple) pour que y satisfasse $y(x_0) = y_0$ et $y'(x_0) = z_0$.

Remarque : Une équation différentielle linéaire du second ordre admet une infinité (que l'on peut qualifier de double) de solutions, un problème de Cauchy linéaire du second ordre admet une solution et une seule.

Exemple

Résoudre le problème de Cauchy (C) $\begin{cases} \text{(E)} \quad y'' - y = 2x \\ y(0) = 0, \quad y'(0) = 0 \end{cases}$

d'inconnue $y : \mathbb{R} \longrightarrow \mathbb{R}$, $x \longmapsto y(x)$.

1) On résout d'abord l'EDL2 SSM associée (E_0) $y'' - y = 0$.
L'EC $r^2 - 1 = 0$ admet deux solutions réelles distinctes, qui sont -1 et 1, donc, d'après

le cours, la solution générale de (E_0) est $y : x \longmapsto \lambda\,e^{-x} + \mu\,e^{x}, \quad (\lambda, \mu) \in \mathbb{R}^2$.

2) Une solution évidente de (E) est $y : x \longmapsto -2x$.

On déduit, d'après le cours, la solution générale de (E) :

$$y : x \longmapsto -2x + \lambda\,e^{-x} + \mu\,e^{x}, \quad (\lambda, \mu) \in \mathbb{R}^2.$$

3) On a alors : $\begin{cases} y(0) = 0 \\ y'(0) = 0 \end{cases} \iff \begin{cases} \lambda + \mu = 0 \\ -2 - \lambda + \mu = 0 \end{cases} \iff \begin{cases} \lambda = -1 \\ \mu = 1. \end{cases}$

On conclut : la solution du problème de Cauchy (C) est

$$y : \mathbb{R} \longrightarrow \mathbb{R}, \quad x \longmapsto -2x - e^{-x} + e^{x}.$$

On peut facilement contrôler que la fonction y obtenue est bien solution du problème de Cauchy (C).

Exercices d'apprentissage

22.1

Résoudre l'EDL2 $\quad (E_0) \quad y'' - 3y' + 2y = 0$,
d'inconnue $y : \mathbb{R} \longrightarrow \mathbb{R}, \quad x \longmapsto y(x)$.

Il s'agit d'une EDL2 SSM à coefficients constants.
L'équation caractéristique $r^2 - 3r + 2 = 0$ admet deux zéros réels distincts, qui sont 1 et 2, donc, d'après le cours :

$$\mathcal{S} = \left\{ y : \mathbb{R} \longrightarrow \mathbb{R},\ x \longmapsto \lambda\,e^{x} + \mu\,e^{2x}\ ;\ (\lambda, \mu) \in \mathbb{R}^2 \right\}.$$

22.2

Résoudre l'EDL2 $\quad (E_0) \quad y'' - 6y' + 9y = 0$,
d'inconnue $y : \mathbb{R} \longrightarrow \mathbb{R}, \quad x \longmapsto y(x)$.

Il s'agit d'une EDL2 SSM à coefficients constants.
L'équation caractéristique $r^2 - 6r + 9 = 0$ admet une solution double, qui est 3, donc, d'après le cours :

$$\mathcal{S} = \left\{ y : \mathbb{R} \longrightarrow \mathbb{R},\ x \longmapsto (\lambda x + \mu)\,e^{3x}\ ;\ (\lambda, \mu) \in \mathbb{R}^2 \right\}.$$

22.3

Résoudre l'EDL2 $\quad (E_0) \quad y'' + y' + y = 0$,
d'inconnue $y : \mathbb{R} \longrightarrow \mathbb{R}, \quad x \longmapsto y(x)$.

Il s'agit d'une EDL2 SSM à coefficients constants.
L'équation caractéristique $r^2 + r + 1 = 0$ admet deux zéros complexes non réels, qui sont $-\dfrac{1}{2} \pm i\,\dfrac{\sqrt{3}}{2}$, donc, d'après le cours :

$$\mathcal{S} = \left\{ y : \mathbb{R} \longrightarrow \mathbb{R}, x \longmapsto e^{-\frac{1}{2}x}\left(A\cos\left(\frac{\sqrt{3}}{2}x\right) + B\sin\left(\frac{\sqrt{3}}{2}x\right)\right)\ ;\ (A, B) \in \mathbb{R}^2 \right\}.$$

22.4

Résoudre l'EDL2 (E) $y'' + y' + y = x^2 + x + 1$,
d'inconnue $y : \mathbb{R} \longrightarrow \mathbb{R},\ x \longmapsto y(x)$.

Il s'agit d'une EDL2 ASM à coefficients constants.

1) L'équation caractéristique $r^2 + r + 1 = 0$ admet deux solutions complexes non réelles, qui sont $-\dfrac{1}{2} \pm \mathrm{i}\,\dfrac{\sqrt{3}}{2}$, donc, d'après le cours, la solution générale de l'EDL2 SSM associée (E_0) $y'' + y' + y = 0$ est :

$$y : x \longmapsto \mathrm{e}^{-\frac{1}{2}x}\left(A\cos\left(\frac{\sqrt{3}}{2}x\right) + B\sin\left(\frac{\sqrt{3}}{2}x\right)\right),\quad (A,B) \in \mathbb{R}^2.$$

2) Cherchons une solution particulière de (E) de la forme $y = ax^2 + bx + c$, où $(a,b,c) \in \mathbb{R}^3$ est à trouver.

On a alors : $y = ax^2 + bx + c,\quad y' = 2ax + b,\quad y'' = 2a$, d'où :

$$y'' + y' + y = 2a + (2ax + b) + (ax^2 + bx + c) = ax^2 + (b + 2a)x + (c + b + 2a).$$

Pour que y soit solution de (E), il suffit donc que :

$$a = 1,\quad b + 2a = 1,\quad c + b + 2a = 1,$$

c'est-à-dire : $a = 1,\ b = -1,\ c = 0$. Ainsi, la fonction $y : x \longmapsto x^2 - x$ est solution de (E), ce que l'on peut contrôler par un calcul de tête.

3) D'après le cours, la solution générale de (E) est la somme d'une solution particulière de (E) et de la solution générale de (E_0), et on conclut :

$$\mathcal{S} = \left\{y : \mathbb{R} \longrightarrow \mathbb{R}, x \longmapsto x^2 - x + \mathrm{e}^{-\frac{x}{2}}\left(A\cos\left(\frac{\sqrt{3}}{2}x\right) + B\sin\left(\frac{\sqrt{3}}{2}x\right)\right);\ (A,B) \in \mathbb{R}^2\right\}.$$

22.5

Résoudre l'EDL2 (E) $y'' - 4y' + 3y = -\,\mathrm{e}^{2x}$,
d'inconnue $y : \mathbb{R} \longrightarrow \mathbb{R},\ x \longmapsto y(x)$.

Il s'agit d'une EDL2 ASM, à coefficients constants.

1) L'EC $r^2 - 4r + 3 = 0$ admet deux solutions réelles, distinctes, qui sont 1 et 3, donc, d'après le cours, la solution générale de l'EDL2 SSM associée (E_0) $y'' - 4y' + 3y = 0$ est :

$$y : x \longmapsto \lambda\,\mathrm{e}^{x} + \mu\,\mathrm{e}^{3x},\quad (\lambda,\mu) \in \mathbb{R}^2.$$

2) Le second membre de (E) est de la forme $A\,\mathrm{e}^{\alpha x}$ et $\alpha = 2$ n'est pas solution de l'équation caractéristique, donc, d'après le cours, (E) admet au moins une solution de la forme $y : x \longmapsto C\,\mathrm{e}^{2x},\ C \in \mathbb{R}$ à calculer.

On a alors : $y = C\,\mathrm{e}^{2x},\quad y' = 2C\,\mathrm{e}^{2x},\quad y'' = 4C\,\mathrm{e}^{2x}$, d'où :

$$y'' - 4y' + 3y = -C\,\mathrm{e}^{2x}.$$

Pour que y soit solution de (E), il *suffit* donc que $-C = -1$, c'est-à-dire $C = 1$.

Ainsi, la fonction $y : x \longmapsto \mathrm{e}^{2x}$ est solution de (E).

3) D'après le cours, la solution générale de (E) est la somme d'une solution particulière de (E) et de la solution générale de (E_0), et on conclut :

$$\mathcal{S} = \left\{y : \mathbb{R} \longrightarrow \mathbb{R},\ x \longmapsto \mathrm{e}^{2x} + \lambda\,\mathrm{e}^{x} + \mu\,\mathrm{e}^{3x},\ (\lambda,\mu) \in \mathbb{R}^2\right\}.$$

22.6

Résoudre l'EDL2 (E) $y'' - 4y' + 3y = 4\,\mathrm{e}^{3x}$,
d'inconnue $y : \mathbb{R} \longrightarrow \mathbb{R},\ \ x \longmapsto y(x)$.

Il s'agit d'une EDL2 ASM, à coefficients constants.

1) L'EC $r^2 - 4r + 3 = 0$ admet deux solutions réelles, distinctes, qui sont 1 et 3, donc, d'après le cours, la solution générale de l'EDL2 SSM associée $(\mathrm{E}_0)\ \ y'' - 4y' + 3y = 0$ est :

$$y : x \longmapsto \lambda\,\mathrm{e}^{x} + \mu\,\mathrm{e}^{3x},\quad (\lambda, \mu) \in \mathbb{R}^2.$$

2) Le second membre de (E) est de la forme $A\,\mathrm{e}^{\alpha x}$ et $\alpha = 3$ est zéro simple de l'équation caractéristique, donc, d'après le cours, (E) admet au moins une solution de la forme $y : x \longmapsto Cx\,\mathrm{e}^{3x},\ C \in \mathbb{R}$ à calculer.
On a alors : $y = Cx\,\mathrm{e}^{3x},\ \ y' = C(3x+1)\,\mathrm{e}^{3x},\ \ y'' = C(9x+6)\,\mathrm{e}^{3x}$, d'où :

$$y'' - 4y' + 3y = C\big((9x+6) - 4(3x+1) + 3x\big)\,\mathrm{e}^{3x} = 2C\,\mathrm{e}^{3x}.$$

Pour que y soit solution de (E), il suffit donc que $2C = 4$, c'est-à-dire $C = 2$.
Ainsi, la fonction $y : x \longmapsto 2x\,\mathrm{e}^{3x}$ est solution de (E).

3) D'après le cours, la solution générale de (E) est la somme d'une solution particulière de (E) et de la solution générale de (E_0), et on conclut :

$$\mathcal{S} = \big\{y : \mathbb{R} \longrightarrow \mathbb{R},\ \ x \longmapsto 2x\,\mathrm{e}^{3x} + \lambda\,\mathrm{e}^{x} + \mu\,\mathrm{e}^{3x}\ ;\ (\lambda, \mu) \in \mathbb{R}^2\big\}.$$

22.7

Résoudre l'EDL2 (E) $y'' - 6y' + 9y = 4\,\mathrm{e}^{3x}$,
d'inconnue $y : \mathbb{R} \longrightarrow \mathbb{R},\ \ x \longmapsto y(x)$.

Il s'agit d'une EDL2 ASM à coefficients constants.

1) L'équation caractéristique $r^2 - 6r + 9 = 0$ admet une solution double, qui est 3, donc, d'après le cours, la solution générale de l'EDL2 SSM $(\mathrm{E}_0)\ \ y'' - 6y' + 9y = 0$ associée est :

$$y : \mathbb{R} \longrightarrow \mathbb{R},\ \ x \longmapsto (\lambda x + \mu)\,\mathrm{e}^{3x}\ ;\ (\lambda, \mu) \in \mathbb{R}^2.$$

2) Le second membre de (E) est de la forme $A\,\mathrm{e}^{\alpha x}$ et $\alpha = 3$ est solution double de l'équation caractéristique, donc, d'après le cours, (E) admet au moins une solution de la forme $y : x \longmapsto Cx^2\,\mathrm{e}^{3x},\ C \in \mathbb{R}$ à calculer.
On a alors : $y = Cx^2\,\mathrm{e}^{3x},\ \ y' = C(3x^2 + 2x)\,\mathrm{e}^{3x},\ \ y'' = C(9x^2 + 12x + 2)\,\mathrm{e}^{3x}$, d'où :

$$y'' - 6y' + 9y = C\big((9x^2 + 12x + 2) - 6(3x^2 + 2x) + 9x^2\big)\,\mathrm{e}^{3x} = 2C\,\mathrm{e}^{3x}.$$

Pour que y soit solution de (E), il suffit donc que $2C = 4$, c'est-à-dire $C = 2$. Ainsi, la fonction $y : x \longmapsto 2x^2\,\mathrm{e}^{3x}$ est solution de (E).

3) D'après le cours, la solution générale de (E) est la somme d'une solution particulière de (E) et de la solution générale de (E_0), et on conclut :

$$\mathcal{S} = \big\{y : \mathbb{R} \longrightarrow \mathbb{R},\ \ x \longmapsto 2x^2\,\mathrm{e}^{3x} + (\lambda x + \mu)\,\mathrm{e}^{3x}\ ;\ (\lambda, \mu) \in \mathbb{R}^2\big\}.$$

22.8

Résoudre l'EDL2 (E) $y'' + y = \cos 2x$, d'inconnue $y : \mathbb{R} \longrightarrow \mathbb{R},\ x \longmapsto y(x)$.

Il s'agit d'une EDL2 ASM à coefficients constants.

1) L'équation caractéristique $r^2 + 1 = 0$ admet deux solutions complexes non réelles, distinctes, qui sont $\pm\,\mathrm{i}$, donc, d'après le cours, la solution générale de l'EDL2 SSM associée (E_0) $y'' + y = 0$ est

$$y : \mathbb{R} \longrightarrow \mathbb{R},\quad x \longmapsto A\cos x + B\sin x, (A, B) \in \mathbb{R}^2.$$

2) Le second membre de (E) est de la forme $\alpha\cos\omega x + \beta\sin\omega x$, avec $\omega = 2$, et on a $b \neq \omega^2$ (b est le coefficient de y dans (E)), donc, d'après le cours, (E) admet une solution de la forme $y : x \longmapsto \lambda\cos 2x + \mu\sin 2x$, $(\lambda, \mu) \in \mathbb{R}^2$ à trouver.
On a alors, pour tout $x \in \mathbb{R}$:

$$y'' + y = -3\lambda\cos 2x - 3\mu\sin 2x.$$

Pour que y soit solution de (E), il *suffit* donc que : $-3\lambda = 1$ et $-3\mu = 0$, c'est-à-dire :

$$\lambda = -\frac{1}{3} \text{ et } \mu = 0.$$

Ainsi, la fonction $y : x \longmapsto -\dfrac{1}{3}\cos 2x$ est solution de (E).

3) D'après le cours, la solution générale de (E) est la somme d'une solution particulière de (E) et de la solution générale de (E_0), et on conclut :

$$\mathcal{S} = \left\{ -\frac{1}{3}\sin 2x + \lambda\cos x + \mu\sin x\,;\ (\lambda, \mu) \in \mathbb{R}^2 \right\}.$$

22.9

Résoudre le problème de Cauchy (C) $\begin{cases} y'' - 4y' + 4y = 2\,\mathrm{e}^{2x} \\ y(0) = -\dfrac{1}{2},\quad y'(0) = -2 \end{cases}$

d'inconnue $y : \mathbb{R} \longrightarrow \mathbb{R},\ x \longmapsto y(x)$.

D'abord, on constate qu'il s'agit bien d'un problème de Cauchy, c'est-à-dire une EDL2 ASM à coefficients constants et la donnée des valeurs de y et y' au même point.

1) On résout d'abord l'EDL2 SSM associée (E_0) $y'' - 4y' + 4y = 0$. L'équation caractéristique $r^2 - 4r + 4 = 0$ admet une solution double, qui est 2, donc, d'après le cours, la solution générale de (E_0) est

$$y : x \longmapsto (\alpha x + \beta)\,\mathrm{e}^{2x},\quad (\alpha, \beta) \in \mathbb{R}^2.$$

2) Puisque le second membre de (E) $y'' - 4y' + 4y = 2\,\mathrm{e}^{2x}$ est de la forme $A\,\mathrm{e}^{\lambda x}$ et que $\lambda = 2$ est zéro double de l'équation caractéristique, d'après le cours il existe une solution y de (E) de la forme $y : x \longmapsto Cx^2\,\mathrm{e}^{2x}$, $C \in \mathbb{R}$ à calculer.
On a alors, pour tout $x \in \mathbb{R}$: $y = Cx^2\,\mathrm{e}^{2x}$, $y' = C(2x^2 + 2x)\,\mathrm{e}^{2x}$, $y'' = C(4x^2 + 8x + 2)\,\mathrm{e}^{2x}$, d'où :

$$y'' - 4y' + 4y = C\big((4x^2 + 8x + 2) - 4(2x^2 + 2x) + 4x^2\big)\,\mathrm{e}^{2x} = 2C\,\mathrm{e}^{2x}.$$

Pour que y soit solution de (E), il suffit donc que $2C = 2$, c'est-à-dire $C = 1$.
Ainsi, la fonction $y : x \longmapsto x^2\,\mathrm{e}^{2x}$ est solution de (E).

3) D'après le cours, la solution générale de (E) est la somme d'une solution particulière de (E) et de la solution générale de (E_0) :

$$y : x \longmapsto x^2 \,\mathrm{e}^{2x} + (\alpha x + \beta)\,\mathrm{e}^{2x}, \quad (\alpha, \beta) \in \mathbb{R}^2.$$

4) On calcule y' : $y' = (2x^2 + 2x)\,\mathrm{e}^{2x} + 2(\alpha x + \beta)\,\mathrm{e}^{2x} + \alpha\,\mathrm{e}^{2x}$, d'où :

$$\begin{cases} y(0) = -\dfrac{1}{2} \\ y'(0) = -2 \end{cases} \Longleftrightarrow \begin{cases} \beta = -\dfrac{1}{2} \\ 2\beta + \alpha = -2 \end{cases} \Longleftrightarrow \begin{cases} \alpha = -1 \\ \beta = -\dfrac{1}{2}. \end{cases}$$

On conclut :

$$\mathcal{S} = \left\{ y : \mathbb{R} \longrightarrow \mathbb{R}, \quad x \longmapsto \left(x^2 - x - \frac{1}{2}\right)\mathrm{e}^{2x} \right\}.$$

Exercices d'entraînement

22.10 Résolution d'une EDL2 ASM par changement de fonction inconnue

Résoudre l'EDL2

$$\text{(E)} \quad y'' - 3y' + 2y = 4\,\mathrm{e}^{3x},$$

d'inconnue $y : \mathbb{R} \longrightarrow \mathbb{R}, \quad x \longmapsto y(x)$, en utilisant le changement de fonction inconnue $z = \mathrm{e}^{-3x} y$.

22.11 Exemple de résolution d'un problème de Cauchy linéaire d'ordre 2

Résoudre le problème de Cauchy (C) $\begin{cases} y'' - 3y' + 2y = 2x - 1 - \mathrm{e}^{x} \\ y(0) = 3, \quad y'(0) = 5 \end{cases}$

d'inconnue $y : \mathbb{R} \longrightarrow \mathbb{R}, \quad x \longmapsto y(x)$.

Corrigés des exercices d'entraînement

22.10

Utilisons le changement de fonction inconnue $z = \mathrm{e}^{-3x} y$.

La fonction z est deux fois dérivable si et seulement si y l'est.

On a alors, avec des notations classiques abusives :

$$\begin{aligned} y &= \mathrm{e}^{3x} z, \\ y' &= \mathrm{e}^{3x}(z' + 3z), \\ y'' &= \mathrm{e}^{3x}(z'' + 6z' + 9z), \end{aligned}$$

d'où :

$$\begin{aligned}&y'' - 3y' + 2y\\&= e^{3x}\big((z''+6z'+9z) - 3(z'+3z) + 2z\big)\\&= e^{3x}(z''+3z'+2z).\end{aligned}$$

La fonction y est solution de (E) si et seulement si la fonction z est solution de (F), où :

$$\text{(F)}\quad (z''+3z'+2z)\,e^{3x} = 4\,e^{3x} \iff z''+3z'+2z = 4.$$

L'équation (F) est une EDL2 ASM à coefficients constants, avec second membre constant.
L'équation caractéristique $r^2+3r+2=0$ admet deux solutions réelles distinctes, qui sont -1 et -2, donc la solution générale de l'EDL2 SSM associée (F_0) $z''+3z'+2z=0$ est :

$$z : x \longmapsto \lambda\,e^{-x} + \mu\,e^{-2x},\quad (\lambda,\mu)\in\mathbb{R}^2.$$

Une solution particulière évidente de (F) est $z : x \longmapsto 2$, fonction constante.
D'après le cours, la solution générale de (F) est donc :

$$z : x \longmapsto 2 + \lambda\,e^{-x} + \mu\,e^{-2x},\quad (\lambda,\mu)\in\mathbb{R}^2.$$

Enfin, comme $y = z\,e^{3x}$, on conclut :

$$\mathcal{S} = \big\{y : \mathbb{R}\longrightarrow\mathbb{R},\ \ x\longmapsto 2\,e^{3x} + \lambda\,e^{2x} + \mu\,e^{x}\ ;\ (\lambda,\mu)\in\mathbb{R}^2\big\}.$$

22.11

D'abord, il s'agit bien d'un problème de Cauchy linéaire du second ordre.

1) L'équation caractéristique $r^2-3r+2=0$ de cette EDL2 admet deux solutions réelles distinctes, qui sont 1 et 2, donc, d'après le cours, la solution générale de l'EDL2 SSM associée (E_0) $y''-3y'+2y=0$ est :

$$y : x\longmapsto \lambda\,e^{x} + \mu\,e^{2x},\quad (\lambda,\mu)\in\mathbb{R}^2.$$

2) Puisque le second membre, $2x-1-e^{x}$, est la somme de deux fonctions de natures différentes, utilisons le principe de superposition des solutions.

$*$ Cherchons une solution de

$$(\mathrm{E}_1)\quad y''-3y'+2y = 2x-1$$

sous la forme $y : x\longmapsto ax+b$, $(a,b)\in\mathbb{R}^2$ à calculer.
On a alors, pour tout $x\in\mathbb{R}$:

$$\begin{aligned}y''-3y'+2y &= 0 - 3a + 2(ax+b)\\&= 2ax + (2b-3a).\end{aligned}$$

Pour que y soit solution de (E_1), il suffit donc que : $2a=2$ et $2b-3a=-1$, c'est-à-dire : $a=1$ et $b=1$.
Ainsi, la fonction $y_1 : x\longmapsto x+1$ est solution de (E_1).

$*$ Cherchons une solution de

$$(\mathrm{E}_2)\quad y''-3y'+2y = -\,e^{x}.$$

Puisque le second membre, $-\,e^{x}$, est de la forme $A\,e^{\lambda x}$, $(A,\lambda)\in\mathbb{R}^2$ et que $\lambda=1$ est solution simple de l'équation caractéristique, il existe, d'après le cours, une solution de (E_2) de la forme $y : x\longmapsto Cx\,e^{x}$, $C\in\mathbb{R}$ à calculer.
On a alors, pour tout $x\in\mathbb{R}$:

$$\begin{aligned}y &= Cx\,e^{x},\\ y' &= C(x+1)\,e^{x},\\ y'' &= C(x+2)\,e^{x},\end{aligned}$$

d'où :

$$\begin{aligned}&y''-3y'+2y\\&= C(x+2)\,e^{x} - 3C(x+1)\,e^{x} + 2Cx\,e^{x} = -C\,e^{x}.\end{aligned}$$

Pour que y soit solution de (E_2), il suffit donc que $-C=-1$, c'est-à-dire $C=1$.
Ainsi, la fonction $y_2 : x\longmapsto x\,e^{x}$ est solution de (E_2).
D'après le principe de superposition des solutions, la fonction $y : x\longmapsto x+1+x\,e^{x}$ est solution de (E).

3) D'après le cours, la solution générale de (E) est donc :

$$y : x\longmapsto x+1+x\,e^{x}+\lambda\,e^{x}+\mu\,e^{2x},\quad (\lambda,\mu)\in\mathbb{R}^2.$$

4) Enfin, on a, pour tout $x\in\mathbb{R}$:

$$y'(x) = 1 + (x+1)\,e^{x} + \lambda\,e^{x} + 2\mu\,e^{2x},$$

donc :

$$\begin{cases}y(0)=3\\ y'(0)=5\end{cases} \iff \begin{cases}1+\lambda+\mu=3\\ 2+\lambda+2\mu=5\end{cases} \iff \begin{cases}\lambda=1\\ \mu=1.\end{cases}$$

On conclut :

$$\mathcal{S} = \big\{y : \mathbb{R}\longrightarrow\mathbb{R},\ x\longmapsto x+1+x\,e^{x}+e^{x}+e^{2x}\big\}.$$

23 Suites numériques : généralités, suites remarquables

La considération d'objets successifs, cette succession se poursuivant indéfiniment, appelle la notion de suite. Une suite numérique est la donnée de nombres réels ou complexes, indexée par les entiers naturels ; plus précisément, une suite numérique est une application de $\mathbb{N}$ dans $\mathbb{K}$, où $\mathbb{K} = \mathbb{R}$ ou $\mathbb{C}$. La notion de limite pour une suite fera l'objet du chapitre 24.

Les paragraphes 2 et 3 ne concernent que les suites réelles, les autres paragraphes concernent les suites réelles ou complexes.

Rappels de cours

1 Généralités sur les suites numériques

Définition

Une **suite numérique** (ou aussi, plus brièvement : une suite) est une application de $\mathbb{N}$ dans $\mathbb{K}$.

Au lieu de la noter $u : \mathbb{N} \longrightarrow \mathbb{K},\ \ n \longmapsto u(n)$, on la note le plus souvent $(u_n)_{n\in\mathbb{N}}$, ou aussi $(u_n)_{n\geqslant 0}$, ou même encore $(u_n)_n$. Les u_n sont appelés les **termes** de la suite, u_n est appelé le **n-ième terme** de la suite. Une suite est dite **réelle** (resp. **complexe**) lorsque tous ses termes sont réels (resp. complexes). On appelle aussi suite numérique toute application de $\{n \in \mathbb{N}\,;\, n \geqslant n_0\}$ dans $\mathbb{K}$, où $n_0 \in \mathbb{N}$ est fixé. Par exemple, on peut considérer la suite $\left(\dfrac{1}{n}\right)_{n\in\mathbb{N}^*}$.

L'exemple le plus simple de suite est celui d'une suite constante, et, un peu plus généralement, celui d'une suite **stationnaire** (ou aussi : constante à partir d'un certain rang), c'est-à-dire une suite $(u_n)_{n\in\mathbb{N}}$ telle qu'il existe $N \in \mathbb{N}$ tel que, pour tout $n \geqslant N$, $u_n = u_N$.

Il y a plusieurs modes de définition d'une suite :

1) Le mode explicite, par exemple :

la suite $(u_n)_{n\in\mathbb{N}}$ définie par, pour tout $n \in \mathbb{N},\ \ u_n = n^3 - n$.

2) Le mode récurrent, par exemple :

la suite réelle $(u_n)_{n\in\mathbb{N}*}$ définie par $u_0 = 1$ et, pour tout $n \in \mathbb{N},\ \ u_{n+1} = \dfrac{1}{1+u_n^2}$.

3) Le mode implicite, par exemple :

la suite $(u_n)_{n\in\mathbb{N}^*}$ des solutions successives, dans $\mathbb{R}_+^*$, de l'équation $\tan x = x$.

2 Suites réelles majorées, minorées, bornées

Définition

Une suite réelle $(u_n)_{n\in\mathbb{N}}$ est dite **majorée** si et seulement s'il existe $M \in \mathbb{R}$ tel que :
$$\forall n \in \mathbb{N}, \quad u_n \leqslant M.$$
Une suite réelle $(u_n)_{n\in\mathbb{N}}$ est dite **minorée** si et seulement s'il existe $m \in \mathbb{R}$ tel que :
$$\forall n \in \mathbb{N}, \quad u_n \geqslant m.$$
Une suite réelle $(u_n)_{n\in\mathbb{N}}$ est dite **bornée** si et seulement si elle est majorée et minorée.

Exemple

1) La suite $(2-n)_{n\in\mathbb{N}}$ est majorée (par 2 par exemple) et n'est pas minorée.

2) La suite $\left(n+\dfrac{1}{n}\right)_{n\geqslant 1}$ est minorée (par 1 par exemple) et n'est pas majorée.

3) La suite $\big((-1)^n\big)_{n\in\mathbb{N}}$ est bornée.

4) La suite $\big(n(-1)^n\big)_{n\in\mathbb{N}}$ n'est ni majorée ni minorée.

Il est clair qu'une suite réelle $(u_n)_{n\in\mathbb{N}}$ est bornée si et seulement si la suite $\big(|u_n|\big)_{n\in\mathbb{N}}$ est majorée.

Exemple

La suite $\left((-1)^n\left(1+\dfrac{1}{n}\right)\right)_{n\geqslant 1}$ est bornée, car, pour tout $n \in \mathbb{N}^*$:
$$\left|(-1)^n\left(1+\frac{1}{n}\right)\right| = 1+\frac{1}{n} \leqslant 2.$$

3 Monotonie

Définition

Une suite réelle $(u_n)_{n\in\mathbb{N}}$ est dite **croissante** si et seulement si :
$$\forall n \in \mathbb{N}, \quad u_{n+1} \geqslant u_n.$$
Une suite réelle $(u_n)_{n\in\mathbb{N}}$ est dite **strictement croissante** si et seulement si :
$$\forall n \in \mathbb{N}, \quad u_{n+1} > u_n.$$
Une suite réelle $(u_n)_{n\in\mathbb{N}}$ est dite **décroissante** si et seulement si :
$$\forall n \in \mathbb{N}, \quad u_{n+1} \leqslant u_n.$$
Une suite réelle $(u_n)_{n\in\mathbb{N}}$ est dite **strictement décroissante** si et seulement si :
$$\forall n \in \mathbb{N}, \quad u_{n+1} < u_n.$$
Une suite réelle $(u_n)_{n\in\mathbb{N}}$ est dite **monotone** si et seulement si elle est croissante ou elle est décroissante.
Une suite réelle $(u_n)_{n\in\mathbb{N}}$ est dite **strictement monotone** si et seulement si elle est strictement croissante ou elle est strictement décroissante.

Il est clair qu'une suite réelle $(u_n)_{n\in\mathbb{N}}$ est décroissante (resp. strictement décroissante) si et seulement si la suite $(-u_n)_{n\in\mathbb{N}}$ est croissante (resp. strictement croissante).

Exemple

1) La suite $(n^2)_{n\in\mathbb{N}}$ est strictement croissante.

2) La suite $\big(n(n-1)\big)_{n\in\mathbb{N}}$ est croissante et n'est pas strictement croissante.

3) La suite $\left(\dfrac{1}{n}\right)_{n\geqslant 1}$ est strictement décroissante.

Attention
Une suite peut n'être ni croissante ni décroissante, exemple : $\big((-1)^n\big)_{n\in\mathbb{N}}$.

4 Suites extraites

Définition
On appelle **extractrice** toute application $\sigma : \mathbb{N} \longrightarrow \mathbb{N}$ strictement croissante.

Exemple

1) Pour tout $n_0 \in \mathbb{N}$ fixé, l'application $\sigma : \mathbb{N} \longrightarrow \mathbb{N},\ \ n \longmapsto n+n_0$ est une extractrice.

2) Les applications $f : \mathbb{N} \longrightarrow \mathbb{N},\ \ p \longmapsto 2p$ et $g : \mathbb{N} \longrightarrow \mathbb{N},\ \ p \longmapsto 2p+1$ sont des extractrices.

On montre que, si σ est une extractrice, alors : $\forall n \in \mathbb{N},\ \ \sigma(n) \geqslant n$.

Définition
Étant donné une suite numérique $(u_n)_{n\in\mathbb{N}}$, on appelle suite **extraite** de $(u_n)_{n\in\mathbb{N}}$ toute suite $(u_{\sigma(n)})_{n\in\mathbb{N}}$ où σ est une extractrice.

Remarque : À partir d'une suite $(u_n)_{n\in\mathbb{N}}$ donnée, considérer une suite extraite, c'est ne prendre que certains termes de la suite $(u_n)_{n\in\mathbb{N}}$, avec des indices allant en croissant strictement.

Visuellement, partant de la suite $(u_n)_{n\in\mathbb{N}} = (u_0,\ u_1,\ u_2,\ u_3,\ u_4,\ u_5,\ \ldots)$ considérer, par exemple, la suite extraite $(u_{2p})_{p\in\mathbb{N}} = (u_0,\ u_2,\ u_4,\ \ldots)$, c'est ne prendre qu'un terme sur deux en commençant par celui d'indice 0.

Exemple
La suite $\big((-1)^n\big)_{n\in\mathbb{N}}$ admet une infinité de suites extraites, parmi lesquelles on peut remarquer cette suite elle-même et les deux suites constantes égales à -1, à 1.

Une suite extraite $(u_{\sigma(n)})_{n\in\mathbb{N}}$ peut aussi être notée $(u_{n_p})_{p\in\mathbb{N}}$, où la suite $(n_p)_{p\in\mathbb{N}}$ est une suite dans $\mathbb{N}$ strictement croissante. Par exemple, la suite $(u_{2p})_{p\in\mathbb{N}}$ est extraite de la suite $(u_n)_{n\in\mathbb{N}}$.

5 Suites complexes

Pour une suite complexe, les notions de suite majorée, suite minorée ne sont pas définies (ou aussi : n'ont pas de sens).

Définition

Une suite complexe $(u_n)_{n\in\mathbb{N}}$ est dite bornée si et seulement s'il existe $M \in \mathbb{R}_+$ tel que : $\forall n \in \mathbb{N}, \quad |u_n| \leqslant M$.

Exemple

1) La suite $(\,\mathrm{i}^{\,n})_{n\in\mathbb{N}}$ est bornée, elle est 4-périodique, mais la notion de suite périodique ne figure pas dans le Programme officiel.

2) La suite $\big((1+\mathrm{i}\,)^n\big)_{n\in\mathbb{N}}$ n'est pas bornée.

6 Suites remarquables

6.1 Suites arithmétiques

Définition

On appelle suite **arithmétique** toute suite numérique $(u_n)_{n\in\mathbb{N}}$ telle qu'il existe $r \in \mathbb{K}$ tel que, pour tout $n \in \mathbb{N}$, $u_{n+1} = u_n + r$. Le nombre r est appelé la **raison** de la suite arithmétique considérée.

On a alors : $\forall n \in \mathbb{N}, \quad u_n = u_0 + nr$.

On parle aussi de **progression arithmétique** pour désigner une « suite finie », c'est-à-dire en fait un $(N+1)$-uple, $N \in \mathbb{N}$, de la forme $(a,\ a+r,\ ...,\ a+Nr)$, où $(a,r) \in \mathbb{K}^2$ est fixé.

6.2 Suites géométriques

Définition

On appelle suite **géométrique** toute suite numérique $(u_n)_{n\in\mathbb{N}}$ telle qu'il existe $q \in \mathbb{K}$ tel que, pour tout $n \in \mathbb{N}$, $u_{n+1} = qu_n$. Le nombre q s'appelle la **raison** de la suite géométrique considérée.

On a alors : $\forall n \in \mathbb{N}, \quad u_n = u_0 q^n$.

Les suites géométriques interviennent dans de nombreux contextes en mathématiques, en particulier dans les séries, les séries entières, les probabilités.

Proposition

On a, pour tout $q \in \mathbb{K}$ et tout $n \in \mathbb{N}$: $$\sum_{k=0}^{n} q^k = \begin{cases} \dfrac{1-q^{n+1}}{1-q} & \text{si } q \neq 1 \\ n+1 & \text{si } q = 1 \end{cases}$$

6.3 Suites arithmético-géométriques

Définition
On appelle suite **arithmético-géométrique** toute suite numérique $(u_n)_{n\in\mathbb{N}}$ telle qu'il existe $(a,b) \in \mathbb{K}^2$ tel que, pour tout $n \in \mathbb{N}$, $u_{n+1} = au_n + b$.

Remarque : Toute suite arithmétique est arithmético-géométrique, avec $a = 1$.
Toute suite géométrique est arithmético-géométrique, avec $b = 0$.
D'où le qualificatif de « arithmético-géométrique ».

Proposition

Avec ces notations, si $a \neq 1$, alors, en notant $\lambda = \dfrac{b}{1-a}$ la solution de l'équation $\lambda = a\lambda + b$, la suite $(v_n)_{n\in\mathbb{N}}$ définie par, pour tout $n \in \mathbb{N}$, $v_n = u_n - \lambda$ est une suite géométrique, ce qui permet de calculer v_n, puis u_n, en fonction de a, b, n.

Exemple
Calculer le terme général de la suite $(u_n)_{n\in\mathbb{N}}$ définie par $u_0 = 7$ et, pour tout $n \in \mathbb{N}$, $u_{n+1} = 3u_n - 4$.
Il s'agit bien d'une suite arithmético-géométrique.
La solution de l'équation $\lambda = 3\lambda - 4$ est $\lambda = 2$.
Notons donc, pour tout $n \in \mathbb{N}$, $v_n = u_n - 2$.
On a alors, pour tout $n \in \mathbb{N}$:
$$v_{n+1} = u_{n+1} - 2 = (3u_n - 4) - 2 = 3u_n - 6 = 3(u_n - 2) = 3v_n,$$
donc la suite $(v_n)_{n\in\mathbb{N}}$ est géométrique.
On a donc, pour tout $n \in \mathbb{N}$: $v_n = v_0 2^n$. Comme $u_0 = 7$, on a $v_0 = u_0 - 2 = 7 - 2 = 5$.
On obtient, pour tout $n \in \mathbb{N}$, $v_n = 5 \cdot 3^n$, puis $u_n = 5 \cdot 3^n + 2$.
On peut contrôler ce résultat sur les premiers termes de la suite, les calculs peuvent être faits de tête.

6.4 Suites récurrentes linéaires homogènes d'ordre 2 à coefficients constants

Définition

On appelle **suite récurrente linéaire homogène d'ordre 2 à coefficients constants** toute suite numérique $(u_n)_{n\in\mathbb{N}}$ telle qu'il existe $(a,b) \in \mathbb{K}^2$ tel que :

$$\forall n \in \mathbb{N}, \quad u_{n+2} = au_{n+1} + bu_n.$$

Pour une telle suite, on appelle **équation caractéristique** l'équation $r^2 - ar - b = 0$, d'inconnue $r \in \mathbb{K}$.

Notons $\Delta = a^2 + 4b$ le discriminant de ce trinôme du second degré en r.

On peut toujours calculer le terme général u_n en fonction de a, b, n, car on dispose des résultats suivants.

1er cas : Si l'équation caractéristique admet deux solutions dans $\mathbb{K}$, distinctes, notées r_1 et r_2, ce qui revient à ($\mathbb{K} = \mathbb{R}$ et $\Delta > 0$) ou ($\mathbb{K} = \mathbb{C}$ et $\Delta \neq 0$), alors il existe $(\lambda_1, \lambda_2) \in \mathbb{K}^2$ tel que, pour tout $n \in \mathbb{N}$, $u_n = \lambda_1 r_1^n + \lambda_2 r_2^n$.

En pratique, on calcule λ_1, λ_2 à partir de u_0, u_1, a, b, c'est-à-dire à partir des conditions initiales.

2e cas : Si l'équation caractéristique admet une solution double, notée r_0, ce qui revient à $\Delta = 0$, alors il existe $(\lambda, \mu) \in \mathbb{K}^2$ tel que, pour tout $n \in \mathbb{N}$, $u_n = \lambda r_0^n + \mu n r_0^{n-1}$.

Remarque : si $r_0 = 0$ et $n = 0$, nr_0^{n-1} est considéré comme égal à 0, donc, dans ce cas, la suite $(nr_0^{n-1})_{n\in\mathbb{N}}$ est la suite $(0, 1, 0, 0, ..., 0, ...)$.

En pratique, on calcule (λ, μ) à partir de u_0, u_1, a, b, c'est-à-dire à partir des conditions initiales .

3e cas : Si l'équation caractéristique n'admet pas de solution dans $\mathbb{K}$, ce qui revient à ($\mathbb{K} = \mathbb{R}$ et $\Delta < 0$), alors l'équation caractéristique admet deux solutions dans $\mathbb{C}$, qui sont $r_1 = \dfrac{a - \mathrm{i}\sqrt{-\Delta}}{2}$ et $r_2 = \dfrac{a + \mathrm{i}\sqrt{-\Delta}}{2}$, et, en notant $\rho = |r_1|$ et $\theta = \mathrm{Arg}\,(r_1)$, il existe $(A, B) \in \mathbb{R}^2$ tel que, pour tout $n \in \mathbb{N}$:

$$u_n = \rho^n (A \cos n\theta + B \sin n\theta).$$

En pratique, on calcule (A, B) à partir de u_0, u_1, a, b, c'est-à-dire à partir des conditions initiales.

Exemple

1) Calculer le terme général de la suite de Fibonacci $(\phi_n)_{n\in\mathbb{N}}$, définie par $\phi_0 = 0$, $\phi_1 = 1$, et, pour tout $n \in \mathbb{N}$, $\phi_{n+2} = \phi_{n+1} + \phi_n$.

Il s'agit bien d'une suite récurrente linéaire homogène de degré 2 à coefficients constants.

L'équation caractéristique $r^2 - r - 1 = 0$ admet deux solutions réelles distinctes,

$$r_1 = \frac{1+\sqrt{5}}{2}, \quad r_2 = \frac{1-\sqrt{5}}{2}.$$

D'après le cours, il existe $(\lambda_1, \lambda_2) \in \mathbb{R}^2$ tel que : $\forall n \in \mathbb{N}, \quad \phi_n = \lambda_1 r_1^n + \lambda_2 r_2^n$.

On a : $\begin{cases} \phi_0 = 0 \\ \phi_1 = 1 \end{cases} \iff \begin{cases} \lambda_1 + \lambda_2 = 0 \\ \lambda_1 \dfrac{1+\sqrt{5}}{2} + \lambda_2 \dfrac{1-\sqrt{5}}{2} = 1 \end{cases} \iff \begin{cases} \lambda_1 = \dfrac{1}{\sqrt{5}} \\ \lambda_2 = -\dfrac{1}{\sqrt{5}}. \end{cases}$

On conclut : $\forall n \in \mathbb{N}, \quad \phi_n = \dfrac{1}{\sqrt{5}}\left(\left(\dfrac{1+\sqrt{5}}{2}\right)^n - \left(\dfrac{1-\sqrt{5}}{2}\right)^n\right)$.

On peut contrôler le résultat obtenu pour $n = 0$, pour $n = 1$, pour $n = 2$.

2) Calculer le terme général u_n de la suite complexe définie par $u_0 = 1$, $u_1 = \mathrm{i}$, et, pour tout $n \in \mathbb{N}$, $u_{n+2} = 4u_{n+1} - 4u_n$.

Il s'agit bien d'une suite récurrente linéaire homogène de degré 2 à coefficients constants.

L'équation caractéristique $r^2 - 4r + 4 = 0$ admet une solution double $r_0 = 2$.

D'après le cours, il existe $(\lambda, \mu) \in \mathbb{C}^2$ tel que : $\forall n \in \mathbb{N}, \quad u_n = \lambda 2^n + \mu n 2^{n-1}$.

On a : $\begin{cases} u_0 = 1 \\ u_1 = \mathrm{i} \end{cases} \iff \begin{cases} \lambda = 1 \\ 2\lambda + \mu = \mathrm{i} \end{cases} \iff \begin{cases} \lambda = 1 \\ \mu = \mathrm{i} - 2. \end{cases}$

On conclut : $\forall n \in \mathbb{N}, \quad u_n = 2^n + n(\mathrm{i} - 2)2^{n-1}$.

On peut contrôler le résultat obtenu pour $n = 0$, pour $n = 1$, pour $n = 2$.

3) Calculer u_n sachant $u_0 = 0$, $u_1 = 1$, et, pour tout $n \in \mathbb{N}$, $u_{n+2} = -2u_{n+1} - 4u_n$.

Il s'agit bien d'une suite récurrente linéaire homogène de degré 2 à coefficients constants.

L'équation caractéristique $r^2 + 2r + 4 = 0$ n'admet pas de solution réelle mais admet deux solutions complexes conjuguées, qui sont $2\,\mathrm{j}$ et $2\,\mathrm{j}^2$.

On a : $|2\,\mathrm{j}| = 2$ et $\mathrm{Arg}(2\,\mathrm{j}) = \dfrac{2\pi}{3} \ [2\pi]$.

D'après le cours, il existe $(A, B) \in \mathbb{R}^2$ tel que :

$$\forall n \in \mathbb{N}, \quad u_n = 2^n\left(A\cos\frac{2n\pi}{3} + B\sin\frac{2n\pi}{3}\right).$$

On a : $\begin{cases} u_0 = 0 \\ u_1 = 1 \end{cases} \iff \begin{cases} A = 0 \\ 2\left(A\cos\dfrac{2\pi}{3} + B\sin\dfrac{2\pi}{3}\right) = 1 \end{cases} \iff \begin{cases} A = 0 \\ B = \dfrac{1}{\sqrt{3}}. \end{cases}$

On conclut : $\forall n \in \mathbb{N}, \quad u_n = \dfrac{2^n}{\sqrt{3}} \sin\dfrac{2n\pi}{3}$.

On peut contrôler le résultat obtenu pour $n = 0$, pour $n = 1$, pour $n = 2$.

Exercices d'apprentissage

23.1

Montrer que la suite $(u_n)_{n \geqslant 2}$ définie par $u_n = \mathrm{e}^{-n} \ln n$ est strictement décroissante.

Comme les études de $u_{n+1} - u_n$ et de $\dfrac{u_{n+1}}{u_n}$ ne semblent pas commodes, nous allons faire intervenir une fonction d'une variable réelle.
La fonction $f : [2\,;+\infty[\longrightarrow \mathbb{R},\quad x \longmapsto \mathrm{e}^{-x} \ln x$ est dérivable et, pour tout $x \in [2\,;+\infty[$:

$$f'(x) = -\,\mathrm{e}^{-x} \ln x + \mathrm{e}^{-x}\frac{1}{x} = \frac{\mathrm{e}^{-x}}{x}(1 - x \ln x).$$

La fonction $g : [2\,;+\infty[\longrightarrow \mathbb{R},\quad x \longmapsto 1 - x \ln x$ est dérivable et, pour tout $x \in [2\,;+\infty[$:

$$g'(x) = -\ln x - 1 < 0,$$

donc g est strictement décroissante sur $[2\,;+\infty[$.
Puisque $g(2) = 1 - 2\ln 2 < 0$, il en résulte $g' < 0$, puis $f' < 0$, donc f est strictement décroissante sur $[2\,;+\infty[$.
En particulier, pour tout entier n tel que $n \geqslant 2$, on a $f(n+1) < f(n)$, c'est-à-dire $u_{n+1} < u_n$.
On conclut : la suite $(u_n)_{n \geqslant 2}$ est strictement décroissante.

23.2

On considère la suite de Fibonacci $(\phi_n)_{n \in \mathbb{N}}$ définie par $\phi_0 = 0$, $\phi_1 = 1$, et, pour tout $n \in \mathbb{N}$, $\phi_{n+2} = \phi_{n+1} + \phi_n$.
Montrer, pour tout $n \in \mathbb{N}^*$: $\quad \phi_{n+1}\phi_{n-1} - \phi_n^2 = (-1)^n$.

Procédons par récurrence sur n.

1) Pour $n = 1$, comme $\phi_0 = 0$, $\phi_1 = 1$, $\phi_2 = 1$, l'égalité voulue est vraie.

2) Supposons que l'égalité est vraie pour un $n \in \mathbb{N}^*$ fixé. On a alors :

$$\begin{aligned}\phi_{n+2}\phi_n - \phi_{n+1}^2 &= (\phi_{n+1} + \phi_n)\phi_n - \phi_{n+1}^2 = \phi_{n+1}\phi_n + \phi_n^2 - \phi_{n+1}^2 = \phi_{n+1}(\phi_n - \phi_{n+1}) + \phi_n^2 \\ &= -\phi_{n+1}\phi_{n-1} + \phi_n^2 = -(\phi_{n+1}\phi_{n-1} - \phi_n^2) \underset{[HR_n]}{=} -(-1)^n = (-1)^{n+1},\end{aligned}$$

donc l'égalité est vraie pour $n + 1$.

Ce raisonnement par récurrence montre que l'égalité est vraie pour tout $n \in \mathbb{N}^*$.

23.3

On considère la suite réelle $(u_n)_{n \in \mathbb{N}}$ définie par $u_0 = 0$ et, pour tout $n \in \mathbb{N}$,

$$u_{n+1} = 1 - 2u_n.$$

Calculer u_n en fonction de n, pour tout $n \in \mathbb{N}$.

Il s'agit d'une suite arithmético-géométrique.
Le réel λ tel que $\lambda = 1 - 2\lambda$ est $\lambda = \dfrac{1}{3}$.

On considère donc, pour tout $n \in \mathbb{N}$: $v_n = u_n - \frac{1}{3}$. On a, pour tout $n \in \mathbb{N}$:

$$v_{n+1} = u_{n+1} - \frac{1}{3} = (1 - 2u_n) - \frac{1}{3} = \frac{2}{3} - 2u_n = -2\Big(u_n - \frac{1}{3}\Big) = -2v_n.$$

Ainsi, la suite $(v_n)_{n\in\mathbb{N}}$ est géométrique, de raison -2.
De plus, $v_0 = u_0 - \frac{1}{3} = -\frac{1}{3}$.
On déduit, pour tout $n \in \mathbb{N}$: $v_n = v_0(-2)^n = \frac{(-1)^{n+1}2^n}{3}$. Comme $u_n = v_n + \frac{1}{3}$, on conclut :

$$\forall n \in \mathbb{N}, \quad u_n = \frac{1 - (-1)^n 2^n}{3}.$$

On peut contrôler cette formule sur les premières valeurs de n.

23.4

Calculer le terme général de la suite $(u_n)_{n\in\mathbb{N}}$, définie par $u_0 = 1$, $u_1 = 0$, et, pour tout $n \in \mathbb{N}$: $u_{n+2} = 4u_{n+1} - 3u_n$.

Il s'agit d'une suite récurrente linéaire homogène de degré 2 à coefficients constants.
L'équation caractéristique $r^2 - 4r + 3 = 0$ admet deux solutions réelles distinctes, $r_1 = 1$, $r_2 = 3$. D'après le cours, il existe $(\lambda_1, \lambda_2) \in \mathbb{R}^2$ tel que :

$$\forall n \in \mathbb{N}, \quad u_n = \lambda_1 r_1^n + \lambda_2 r_2^n.$$

On a :

$$\begin{cases} u_0 = 1 \\ u_1 = 0 \end{cases} \iff \begin{cases} \lambda_1 + \lambda_2 = 1 \\ \lambda_1 + 3\lambda_2 = 0 \end{cases} \iff \begin{cases} \lambda_1 = \frac{3}{2} \\ \lambda_2 = -\frac{1}{2}. \end{cases}$$

On conclut :

$$\forall n \in \mathbb{N}, \quad u_n = \frac{3}{2} - \frac{1}{2}3^n.$$

On peut contrôler le résultat obtenu, pour $n = 0,\ 1,\ 2$.

23.5

Calculer le terme général de la suite $(u_n)_{n\in\mathbb{N}}$, définie par $u_0 = 1$, $u_1 = 1$, et, pour tout $n \in \mathbb{N}$: $u_{n+2} = 6u_{n+1} - 9u_n$.

Il s'agit d'une suite récurrente linéaire homogène de degré 2 à coefficients constants.
L'équation caractéristique $r^2 - 6r + 9 = 0$ admet une solution double $r_0 = 3$.
D'après le cours, il existe $(\lambda, \mu) \in \mathbb{R}^2$ tel que :

$$\forall n \in \mathbb{N}, \quad u_n = \lambda 3^n + \mu n 3^{n-1}.$$

On a :

$$\begin{cases} u_0 = 1 \\ u_1 = 1 \end{cases} \iff \begin{cases} \lambda = 1 \\ 3\lambda + \mu = 1 \end{cases} \iff \begin{cases} \lambda = 1 \\ \mu = -2. \end{cases}$$

On conclut :

$$\forall n \in \mathbb{N}, \quad u_n = 3^n - 2n3^{n-1} = -(2n-3)3^{n-1}.$$

On peut contrôler le résultat obtenu, pour $n = 0,\ 1,\ 2$.

23.6

Calculer le terme général de la suite $(u_n)_{n\in\mathbb{N}}$, définie par $u_0 = 1$, $u_1 = 1$, et, pour tout $n \in \mathbb{N}$: $\quad u_{n+2} = \sqrt{3}\, u_{n+1} - u_n$.

Il s'agit d'une suite récurrente linéaire homogène de degré 2 à coefficients constants. L'équation caractéristique $r^2 - \sqrt{3}\, r + 1 = 0$ n'admet pas de solution réelle mais admet deux solutions complexes conjuguées distinctes, qui sont $\dfrac{\sqrt{3} \pm \mathrm{i}}{2} = \mathrm{e}^{\pm \mathrm{i}\frac{\pi}{6}}$.
D'après le cours, il existe $(A, B) \in \mathbb{R}^2$ tel que :

$$\forall n \in \mathbb{N}, \quad u_n = 1^n \Big(A \cos \frac{n\pi}{6} + B \sin \frac{n\pi}{6} \Big).$$

On a :

$$\begin{cases} u_0 = 1 \\ u_1 = 1 \end{cases} \iff \begin{cases} A = 1 \\ A\dfrac{\sqrt{3}}{2} + B\dfrac{1}{2} = 1 \end{cases} \iff \begin{cases} A = 1 \\ B = 2 - \sqrt{3}. \end{cases}$$

On conclut :

$$\forall n \in \mathbb{N}, \quad u_n = \cos \frac{n\pi}{6} + (2 - \sqrt{3}) \sin \frac{n\pi}{6}.$$

On peut contrôler le résultat obtenu, pour $n = 0,\ 1,\ 2$.

Exercices d'entraînement

23.7 Exemple de suite récurrente avec somme, utilisation d'une suite auxiliaire

On considère la suite réelle $(u_n)_{n\in\mathbb{N}^*}$ définie par $u_1 = 1$ et, pour tout $n \in \mathbb{N}^*$:

$$u_{n+1} = \frac{n+2}{n}(u_1 + \cdots + u_n).$$

Calculer, pour tout $n \in \mathbb{N}^*$, u_n en fonction de n.

Indication : On pourra considérer $S_n = u_1 + \cdots + u_n$ et remarquer que :

$$S_{n+1} - S_n = u_{n+1}.$$

23.8 Exemple de suite récurrente se ramenant à une suite récurrente linéaire

Calculer u_n sachant $u_0 = 1$, $u_1 = 4$ et : $\quad \forall n \in \mathbb{N},\quad u_{n+2} = \dfrac{u_{n+1}^5}{u_n^4}$.

23.9 Exemple de suite homographique

On considère la suite $(u_n)_{n\in\mathbb{N}}$ définie par $u_0 = 2$ et, pour tout $n \in \mathbb{N}$, $u_{n+1} = \dfrac{u_n + 4}{2u_n + 3}$.

a) Montrer que, pour tout $n \in \mathbb{N}$, u_n existe et $u_n > 0$.

b) En considérant la suite $(a_n)_{n\in\mathbb{N}}$ définie, pour tout $n \in \mathbb{N}$, par $a_n = \dfrac{u_n - 1}{u_n + 2}$, calculer u_n en fonction de n, pour tout $n \in \mathbb{N}$.

23.10 Exemple de suite récurrente affine d'ordre 2 à coefficients constants

On considère la suite réelle $(u_n)_{n\in\mathbb{N}}$ définie par $u_0 = 3$, $u_1 = 8$ et, pour tout $n \in \mathbb{N}$:

$$u_{n+2} = 5u_{n+1} - 6u_n + 2n^2 - 4n - 2.$$

a) Déterminer des réels a, b, c pour que la suite réelle $(v_n)_{n\in\mathbb{N}}$ définie, pour tout $n \in \mathbb{N}$, par $v_n = an^2 + bn + c$, vérifie la même relation de récurrence que la suite $(u_n)_{n\in\mathbb{N}}$.

b) En considérant $w_n = u_n - v_n$, calculer u_n en fonction de n, pour tout $n \in \mathbb{N}$.

23.11 Deux suites récurrentes linéaires simultanées, à coefficients constants

On considère les deux suites réelles $(u_n)_{n\in\mathbb{N}}$, $(v_n)_{n\in\mathbb{N}}$ définies par $u_0 = 1$, $v_0 = \dfrac{5}{3}$ et,

pour tout $n \in \mathbb{N}$: $\quad \begin{cases} u_{n+1} = 6u_n - 3v_n \\ v_{n+1} = 4u_n - v_n. \end{cases}$

a) Montrer que les suites $(u_n)_{n\in\mathbb{N}}$ et $(v_n)_{n\in\mathbb{N}}$ sont aussi des suites récurrentes linéaires homogènes d'ordre 2 à coefficients constants.

b) Calculer u_n et v_n en fonction de n, pour tout $n \in \mathbb{N}$.

Corrigés des exercices d'entraînement

23.7

Considérons, pour tout $n \in \mathbb{N}^*$,
$$S_n = u_1 + \cdots + u_n.$$
On a alors, pour tout $n \in \mathbb{N}^*$:
$$S_{n+1} - S_n = u_{n+1} = \frac{n+2}{n}(u_1 + \cdots + u_n) = \frac{n+2}{n}S_n,$$
donc :
$$S_{n+1} = \Big(1 + \frac{n+2}{n}\Big)S_n = \frac{2n+2}{n}S_n = 2\frac{n+1}{n}S_n.$$
Ainsi, de proche en proche :
$$S_n = \Big(2\frac{n}{n-1}\Big)S_{n-1} = \Big(2\frac{n}{n-1}\Big)\cdots\Big(2\frac{2}{1}\Big)S_1 = 2^{n-1}\frac{n!}{(n-1)!}S_1 = 2^{n-1}nu_1 = 2^{n-1}n.$$
On déduit, pour tout $n \geqslant 2$:
$$u_n = S_n - S_{n-1} = 2^{n-1}n - 2^{n-2}(n-1) = 2^{n-2}\big(2n - (n-1)\big) = (n+1)2^{n-2}.$$
D'autre part, pour $n = 1$, on a
$$u_n = 1 \quad \text{et} \quad (n+1)2^{n-2} = 2 \cdot 2^{-1} = 1,$$
donc la formule obtenue est aussi vraie pour $n = 1$.
On conclut : $\forall n \in \mathbb{N}^*, \ \ u_n = (n+1)2^{n-2}$.
On peut contrôler ce résultat sur les premières valeurs de n.

23.8

Une récurrence immédiate montre que, pour tout $n \in \mathbb{N}$, u_n existe et $u_n > 0$.
Nous pouvons donc considérer, pour tout $n \in \mathbb{N}$,
$$v_n = \ln u_n.$$
On a, pour tout $n \in \mathbb{N}$:
$$v_{n+2} = \ln u_{n+2} = \ln \frac{u_{n+1}^5}{u_n^4} = 5\ln u_{n+1} - 4\ln u_n = 5v_{n+1} - 4v_n.$$
La suite $(v_n)_{n\in\mathbb{N}}$ est donc une suite récurrente linéaire homogène d'ordre 2 à coefficients constants.
L'équation caractéristique $r^2 - 5r + 4 = 0$ admet deux zéros réels distincts, qui sont 1 et 4, donc, d'après le cours, il existe $(\lambda_1, \lambda_2) \in \mathbb{R}^2$ tel que :
$$\forall n \in \mathbb{N}, \quad v_n = \lambda_1 1^n + \lambda_2 4^n.$$
On a :
$$\begin{cases} v_0 = 0 \\ v_1 = 2\ln 2 \end{cases} \iff \begin{cases} \lambda_1 + \lambda_2 = 0 \\ \lambda_1 + 4\lambda_2 = 2\ln 2 \end{cases} \iff \begin{cases} \lambda_1 = -\dfrac{2}{3}\ln 2 \\ \lambda_2 = \dfrac{2}{3}\ln 2. \end{cases}$$
D'où, pour tout $n \in \mathbb{N}$, $v_n = \dfrac{2}{3}\ln 2 \cdot (-1 + 4^n)$,
et enfin :
$$u_n = \mathrm{e}^{v_n} = 2^{\frac{2}{3}(4^n - 1)}.$$
On peut contrôler le résultat final sur les premières valeurs de n.

23.9

a) Récurrence sur n.
Pour $n = 0$, $u_0 = 2$ existe et $u_0 > 0$.
Si, pour un $n \in \mathbb{N}$ fixé, u_n existe et $u_n > 0$, alors, par opérations, $u_{n+1} = \dfrac{u_n + 4}{2u_n + 3}$ existe et $u_{n+1} > 0$.
Ceci montre, par récurrence sur n, que, pour tout $n \in \mathbb{N}$, u_n existe et $u_n > 0$.
Remarque : On peut considérer que la récurrence précédente est « immédiate ».

b) Pour tout $n \in \mathbb{N}$, puisque $u_n > 0$, le réel a_n défini par $a_n = \dfrac{u_n - 1}{u_n + 2}$ existe.
On a, pour tout $n \in \mathbb{N}$:
$$a_{n+1} = \frac{u_{n+1} - 1}{u_{n+1} + 2} = \frac{\dfrac{u_n + 4}{2u_n + 3} - 1}{\dfrac{u_n + 4}{2u_n + 3} + 2} = \frac{u_n + 4 - 2u_n - 3}{u_n + 4 + 4u_n + 6} = \frac{-u_n + 1}{5(u_n + 2)} = -\frac{1}{5}\frac{u_n - 1}{u_n + 2} = -\frac{1}{5}a_n.$$
Ainsi, la suite $(a_n)_{n\in\mathbb{N}}$ est une suite géométrique de raison $-\dfrac{1}{5}$.

Comme $a_0 = \dfrac{u_0 - 1}{u_0 + 2} = \dfrac{1}{4}$, on déduit, pour tout $n \in \mathbb{N}$:
$$a_n = u_0\Big(-\frac{1}{5}\Big)^n = \frac{1}{4}\Big(-\frac{1}{5}\Big)^n.$$

Enfin :

$$a_n = \frac{u_n - 1}{u_n + 2} \iff a_n u_n + 2a_n = u_n - 1$$
$$\iff 2a_n + 1 = (1 - a_n)u_n,$$

d'où, puisque $a_n \neq 1$:

$$u_n = \frac{2a_n + 1}{1 - a_n} = \frac{1 + \frac{1}{2}\left(-\frac{1}{5}\right)^n}{1 - \frac{1}{4}\left(-\frac{1}{5}\right)^n} = \frac{4 + 2\left(-\frac{1}{5}\right)^n}{4 - \left(-\frac{1}{5}\right)^n}.$$

On peut contrôler le résultat final sur les premières valeurs de n.

23.10

a) Soit $(a,b,c) \in \mathbb{R}^3$ fixé et $(v_n)_{n\in\mathbb{N}}$ la suite définie par :

$$\forall n \in \mathbb{N}, \quad v_n = an^2 + bn + c.$$

On a, pour tout $n \in \mathbb{N}$:

$$\begin{aligned} &v_{n+2} - 5v_{n+1} + 6v_n \\ &= \big(a(n+2)^2 + b(n+2) + c\big) \\ &\quad - 5\big(a(n+1)^2 + b(n+1) + c\big) \\ &\quad + 6(an^2 + bn + c) \\ &= 2an^2 + (-6a + 2b)n + (-a - 3b + 2c). \end{aligned}$$

Pour que le triplet (a,b,c) convienne, il suffit que :

$$2a = 2, \quad -6a + 2b = -4, \quad -a - 3b + 2c = -2.$$

On résout ce système linéaire de trois équations à trois inconnues, en cascade, et on obtient :

$$a = 1, \quad b = 3a - 2 = 1, \quad c = \frac{a + 3b - 2}{2} = 1.$$

On conclut que le triplet $(a,b,c) = (1,1,1)$ convient.

Ainsi, la suite de terme général $v_n = n^2 + n + 1$ vérifie la même relation de récurrence que la suite de terme général u_n.

b) Notons, pour tout $n \in \mathbb{N}$, $w_n = u_n - v_n$.

On a, pour tout $n \in \mathbb{N}$:

$$\begin{aligned} w_{n+2} &= u_{n+2} - v_{n+2} \\ &= (5u_{n+1} - 6u_n + 2n^2 - 4n - 2) \\ &\quad - (5v_{n+1} - 6v_n + 2n^2 - 4n - 2) \\ &= 5(u_{n+1} - v_{n+1}) - 6(u_n - v_n) \\ &= 5w_{n+1} - 6w_n. \end{aligned}$$

Ainsi, la suite $(w_n)_{n\in\mathbb{N}}$ est une suite récurrente linéaire homogène d'ordre 2 à coefficients constants.

L'équation caractéristique $r^2 - 5r + 6 = 0$ admet deux solutions réelles distinctes, qui sont 2 et 3.

D'après le cours, il existe $(\lambda_1, \lambda_2) \in \mathbb{R}^2$ tel que :

$$\forall n \in \mathbb{N}, \quad w_n = \lambda_1 2^n + \lambda_2 3^n.$$

On a : $\quad w_0 = u_0 - v_0 = 3 - 1 = 2$

et $\quad w_1 = u_1 - v_1 = 8 - 3 = 5,$

donc :

$$\begin{cases} w_0 = 2 \\ w_1 = 5 \end{cases} \iff \begin{cases} \lambda_1 + \lambda_2 = 2 \\ 2\lambda_1 + 3\lambda_2 = 5 \end{cases} \iff \begin{cases} \lambda_1 = 1 \\ \lambda_2 = 1. \end{cases}$$

On obtient : $\forall n \in \mathbb{N}, \quad w_n = 2^n + 3^n.$

Enfin :

$$\forall n \in \mathbb{N}, \quad u_n = v_n + w_n = n^2 + n + 1 + 2^n + 3^n.$$

On peut contrôler le résultat final sur les premières valeurs de n.

23.11

a) On a, pour tout $n \in \mathbb{N}$:

$$\begin{aligned} u_{n+2} &= 6u_{n+1} - 3v_{n+1} \\ &= 6u_{n+1} - 3(4u_n - v_n) \\ &= 6u_{n+1} - 12u_n + 3v_n \\ &= 6u_{n+1} - 12u_n + (6u_n - u_{n+1}) \\ &= 5u_{n+1} - 6u_n. \end{aligned}$$

Un calcul analogue donne, pour tout $n \in \mathbb{N}$:

$$v_{n+2} = 5v_{n+1} - 6v_n.$$

Ceci montre que les suites $(u_n)_{n\in\mathbb{N}}$ et $(v_n)_{n\in\mathbb{N}}$ sont des suites récurrentes linéaires homogènes d'ordre 2 à coefficients constants.

b) L'équation caractéristique

$$r^2 - 5r + 6 = 0$$

admet deux solutions réelles distinctes, qui sont

$$2 \text{ et } 3,$$

donc, d'après le cours, il existe $(\lambda_1, \lambda_2) \in \mathbb{R}^2$ tel que :

$$\forall n \in \mathbb{N}, \quad u_n = \lambda_1 2^n + \lambda_2 3^n.$$

On a :

$$\begin{cases} u_0 = 1 \\ u_1 = 6u_0 - 3v_0 = 1 \end{cases} \iff \begin{cases} \lambda_1 + \lambda_2 = 1 \\ 2\lambda_1 + 3\lambda_2 = 1 \end{cases} \iff \begin{cases} \lambda_1 = 2 \\ \lambda_2 = -1. \end{cases}$$

D'où, pour tout $n \in \mathbb{N}$:

$$u_n = 2 \cdot 2^n - 3^n = 2^{n+1} - 3^n,$$

puis :

$$\begin{aligned} v_n &= \frac{1}{3}(6u_n - u_{n+1}) \\ &= \frac{1}{3}(6 \cdot 2^{n+1} - 6 \cdot 3^n - 2^{n+2} + 3^{n+1}) \\ &= \frac{1}{3}(2^{n+3} - 3^{n+1}). \end{aligned}$$

On peut contrôler le résultat final, par exemple sur les premières valeurs de n.

24 Suites numériques : convergence, divergence

Dans l'étude des suites numériques, on s'attache essentiellement à l'évolution à long terme, c'est-à-dire à la convergence ou la divergence, ou, de façon plus approfondie, au comportement asymptotique de la suite considérée.
On note $\mathbb{K} = \mathbb{R}$ ou $\mathbb{C}$.
Les paragraphes 2, 3.2, 5, 6, 9 concernent les suites réelles, et les autres paragraphes concernent les suites réelles ou complexes.

Rappels de cours

1 Généralités

Définition

1) On dit qu'une suite numérique $(u_n)_{n\in\mathbb{N}}$ **converge** vers un élément $\ell \in \mathbb{K}$ si et seulement si : $\forall \varepsilon > 0,\ \exists N \in \mathbb{N},\ \forall n \geqslant N,\ |u_n - \ell| \leqslant \varepsilon.$

2) On dit qu'une suite numérique $(u_n)_{n\in\mathbb{N}}$ **converge** si et seulement s'il existe $\ell \in \mathbb{K}$ tel que $(u_n)_{n\in\mathbb{N}}$ converge vers ℓ, c'est-à-dire :

$$\exists \ell \in \mathbb{K},\ \forall \varepsilon > 0,\ \exists N \in \mathbb{N},\ \forall n \geqslant N,\quad |u_n - \ell| \leqslant \varepsilon.$$

3) On dit qu'une suite numérique $(u_n)_{n\in\mathbb{N}}$ **diverge** si et seulement si elle ne converge pas, c'est-à-dire : $\forall \ell \in \mathbb{K},\ \exists \varepsilon > 0,\ \forall N \in \mathbb{N},\ \exists n \geqslant N,\ \ |u_n - \ell| > \varepsilon.$

Déterminer la **nature** d'une suite, c'est déterminer si cette suite converge ou diverge.

Exemple
Toute suite stationnaire converge : s'il existe $N \in \mathbb{N}$ et $a \in \mathbb{K}$ tels que, pour tout $n \geqslant N$, $u_n = a$, alors la suite $(u_n)_{n\in\mathbb{N}}$ converge vers a.

Remarque : Une suite $(u_n)_{n\in\mathbb{N}}$ converge vers ℓ si et seulement si la suite $(u_n - \ell)_{n\in\mathbb{N}}$ converge vers 0.

Proposition
Si une suite $(u_n)_{n\in\mathbb{N}}$ converge vers ℓ_1 et converge vers ℓ_2, alors $\ell_1 = \ell_2$.

Ceci justifie que l'on puisse utiliser un symbole fonctionnel : si $(u_n)_{n\in\mathbb{N}}$ converge vers ℓ, on dit que ℓ est la **limite** de la suite $(u_n)_{n\in\mathbb{N}}$, ce que l'on note de l'une des façons suivantes :

$$u_n \underset{n\infty}{\longrightarrow} \ell, \qquad u_n \underset{n \longrightarrow +\infty}{\longrightarrow} \ell \qquad \ell = \lim_{n\infty} u_n, \qquad \ell = \lim_{n \longrightarrow +\infty} u_n.$$

Lorsqu'une suite admet une limite, celle-ci est unique.

Nous utiliserons de préférence la notation $u_n \underset{n\infty}{\longrightarrow} \ell$, car les deux dernières notations, avec égalité, risquent de faire croire que toute suite a une limite (ce qui est faux), et nous évitons la seconde notation, avec $n \longrightarrow +\infty$, réservant la notation avec flèche, $x \longrightarrow +\infty$, pour les fonctions d'une variable réelle.

Définition

1) On dit qu'une suite réelle $(u_n)_{n\in\mathbb{N}}$ **tend vers** $+\infty$ (ou aussi : admet $+\infty$ pour limite) si et seulement si : $\forall A > 0,\ \exists N \in \mathbb{N},\ \forall n \geqslant N,\ \ u_n \geqslant A$,
ce que l'on note de l'une des façons suivantes :

$$u_n \underset{n\infty}{\longrightarrow} +\infty, \quad u_n \underset{n \longrightarrow +\infty}{\longrightarrow} +\infty, \quad \lim_{n\infty} u_n = +\infty, \quad \lim_{n \longrightarrow +\infty} u_n = +\infty.$$

2) On dit qu'une suite réelle $(u_n)_{n\in\mathbb{N}}$ **tend vers** $-\infty$ (ou aussi : admet $-\infty$ pour limite) si et seulement si : $\forall B < 0,\ \exists N \in \mathbb{N},\ \forall n \geqslant N,\ \ u_n \leqslant B$,
ce que l'on note de l'une des façons suivantes :

$$u_n \underset{n\infty}{\longrightarrow} -\infty, \quad u_n \underset{n \longrightarrow +\infty}{\longrightarrow} -\infty, \quad \lim_{n\infty} u_n = -\infty, \quad \lim_{n \longrightarrow +\infty} u_n = -\infty.$$

Remarque :

1) On a, pour toute suite réelle $(u_n)_{n\in\mathbb{N}}$: $u_n \underset{n\infty}{\longrightarrow} -\infty \iff -u_n \underset{n\infty}{\longrightarrow} +\infty$.

2) Toute suite réelle de limite $+\infty$ ou de limite $-\infty$ diverge, mais la réciproque est fausse : une suite réelle divergente ne tend pas nécessairement vers $+\infty$ ou vers $-\infty$, comme le montre l'exemple de la suite $\big((-1)^n\big)_{n\in\mathbb{N}}$.

On montre les propriétés suivantes :

Proposition

1) Toute suite complexe convergente est bornée.

2) Toute suite réelle tendant vers $+\infty$ est minorée.

3) Toute suite réelle tendant vers $-\infty$ est majorée.

Remarque :

1) Par contraposition, toute suite complexe non bornée est divergente.

2) Si une suite est bornée, elle n'est pas nécessairement convergente, comme le montre l'exemple de la suite $\big((-1)^n\big)_{n\in\mathbb{N}}$.

3) Si une suite réelle tend vers $+\infty$, alors elle n'est pas majorée, mais la réciproque est fausse : une suite non majorée ne tend pas nécessairement vers $+\infty$, comme le montre l'exemple de la suite $\big((-1)^n n\big)_{n\in\mathbb{N}}$.

4) De même, une suite réelle tendant vers $-\infty$ n'est pas minorée, mais la réciproque est fausse.

2 Propriétés relatives à l'ordre

La proposition suivante permet, sachant qu'une suite converge et que sa limite est strictement comparée à un ou des réels fixés, de placer les termes de la suite, à partir d'un certain rang, par rapport à ce ou à ces réels.

Proposition

Soient $(u_n)_{n\in\mathbb{N}}$ une suite réelle convergente, ℓ sa limite, $(a,b)\in\mathbb{R}^2$.

1) Si $\ell > a$, alors il existe $N_1 \in \mathbb{N}$ tel que : $\forall n \geqslant N_1, \quad u_n > a$.

2) Si $\ell < b$, alors il existe $N_2 \in \mathbb{N}$ tel que : $\forall n \geqslant N_2, \quad u_n < b$.

3) Si $a < \ell < b$, alors il existe $N \in \mathbb{N}$ tel que : $\forall n \geqslant N, \quad a < u_n < b$.

Attention

Dans cette proposition, on suppose que la suite $(u_n)_{n\in\mathbb{N}}$ converge et que la ou les inégalités sur a, b, ℓ formulées en hypothèse sont *strictes*.

La proposition suivante permet, sachant qu'une suite converge et que ses termes sont comparés à un ou à des réels fixés, de placer sa limite par rapport à ce ou à ces réels.

Proposition

Soient $(u_n)_{n\in\mathbb{N}}$ une suite réelle convergente, ℓ sa limite, $(a,b)\in\mathbb{R}^2$.

1) S'il existe $N_1 \in \mathbb{N}$ tel que $\left(\forall n \geqslant N_1, \quad u_n \geqslant a\right)$, alors $\ell \geqslant a$.

2) S'il existe $N_2 \in \mathbb{N}$ tel que $\left(\forall n \geqslant N_2, \quad u_n \leqslant b\right)$, alors $\ell \leqslant b$.

3) S'il existe $N \in \mathbb{N}$ tel que $\left(\forall n \geqslant N, \quad a \leqslant u_n \leqslant b\right)$, alors $a \leqslant \ell \leqslant b$.

Quand on applique cette proposition, on dit que l'on passe à la limite dans une ou des inégalités.

Attention

Quand on passe à la limite dans une inégalité, on obtient, sur la limite, une inégalité large, même si on est parti d'une inégalité stricte sur les termes de la suite.

Par exemple, pour la suite de terme général $u_n = \dfrac{1}{n}$, on a, pour tout $n \in \mathbb{N}^*$, $u_n > 0$, et sa limite, qui est 0, n'est pas > 0 mais est $\geqslant 0$.

Le théorème suivant, appelé **théorème d'encadrement** (ou aussi : théorème des gendarmes), d'utilisation très fréquente en pratique, permet, s'il s'applique, de montrer qu'une suite converge et de trouver sa limite.

Théorème d'encadrement

Soient $(a_n)_{n\in\mathbb{N}}$, $(u_n)_{n\in\mathbb{N}}$, $(b_n)_{n\in\mathbb{N}}$ des suites réelles telles que :

$$\exists N \in \mathbb{N}, \ \forall n \geqslant N, \quad a_n \leqslant u_n \leqslant b_n.$$

Si les suites $(a_n)_{n\in\mathbb{N}}$ et $(b_n)_{n\in\mathbb{N}}$ convergent et ont la **même limite** ℓ, alors la suite $(u_n)_{n\in\mathbb{N}}$ converge vers ℓ.

Remarque :

1) Le théorème d'encadrement, contrairement aux deux propositions précédentes, permet de conclure à l'existence d'une limite.

2) On peut schématiser le théorème d'encadrement sous la forme :

$$\begin{array}{ccccc} a_n & \leqslant & u_n & \leqslant & b_n \\ & \searrow & & \swarrow & \\ & & \ell & & \end{array} \quad \Longrightarrow \quad u_n \longrightarrow \ell.$$

On déduit du théorème d'encadrement (par exemple) la méthode pratique suivante, pour montrer qu'une suite converge vers un certain ℓ, quand on connaît ℓ :
la suite $(u_n)_{n\in\mathbb{N}}$ converge vers ℓ si et seulement s'il existe une suite $(\varepsilon_n)_{n\in\mathbb{N}}$ de limite 0, telle que : $\exists N \in \mathbb{N},\ \forall n \geqslant N,\ \ |u_n - \ell| \leqslant \varepsilon_n$.
Pour obtenir une limite infinie, on dispose de la proposition suivante, appelée **théorème de minoration** pour *1)* et **théorème de majoration** pour *2)* :

Proposition

1) Soient $(a_n)_{n\in\mathbb{N}}$, $(u_n)_{n\in\mathbb{N}}$ des suites réelles telles que : $\exists N \in \mathbb{N},\ \forall n \geqslant N,\ \ a_n \leqslant u_n$.
Si $a_n \underset{n\infty}{\longrightarrow} +\infty$, alors $u_n \underset{n\infty}{\longrightarrow} +\infty$.

2) Soient $(u_n)_{n\in\mathbb{N}}$, $(b_n)_{n\in\mathbb{N}}$ des suites réelles telles que : $\exists N \in \mathbb{N},\ \forall n \geqslant N,\ \ u_n \leqslant b_n$.
Si $b_n \underset{n\infty}{\longrightarrow} -\infty$, alors $u_n \underset{n\infty}{\longrightarrow} -\infty$.

3 Propriétés algébriques

3.1 Cas des limites finies

Proposition

Soient $\lambda \in \mathbb{K}$, $(u_n)_{n\in\mathbb{N}}$, $(v_n)_{n\in\mathbb{N}}$ des suites numériques, $\ell, \ell' \in \mathbb{K}$.

1) Si $u_n \underset{n\infty}{\longrightarrow} \ell$ alors $|u_n| \underset{n\infty}{\longrightarrow} |\ell|$

2) $u_n \underset{n\infty}{\longrightarrow} 0$ si et seulement si $|u_n| \underset{n\infty}{\longrightarrow} 0$

3) Si $u_n \underset{n\infty}{\longrightarrow} \ell$ et $v_n \underset{n\infty}{\longrightarrow} \ell'$, alors $u_n + v_n \underset{n\infty}{\longrightarrow} \ell + \ell'$

4) Si $u_n \underset{n\infty}{\longrightarrow} \ell$ alors $\lambda u_n \underset{n\infty}{\longrightarrow} \lambda\ell$

5) Si $u_n \underset{n\infty}{\longrightarrow} 0$ et si $(v_n)_{n\in\mathbb{N}}$ est bornée, alors $u_n v_n \underset{n\infty}{\longrightarrow} 0$

6) Si $u_n \underset{n\infty}{\longrightarrow} \ell$ et $v_n \underset{n\infty}{\longrightarrow} \ell'$, alors $u_n v_n \underset{n\infty}{\longrightarrow} \ell\ell'$

7) Si $v_n \underset{n\infty}{\longrightarrow} \ell'$ et si $\ell' \neq 0$, alors $\dfrac{1}{v_n}$ est défini à partir d'un certain rang et $\dfrac{1}{v_n} \underset{n\infty}{\longrightarrow} \dfrac{1}{\ell'}$

8) Si $u_n \underset{n\infty}{\longrightarrow} \ell$, $v_n \underset{n\infty}{\longrightarrow} \ell'$, et $\ell' \neq 0$, alors $\dfrac{u_n}{v_n} \underset{n\infty}{\longrightarrow} \dfrac{\ell}{\ell'}$.

L'étude d'une suite complexe peut éventuellement se ramener à l'étude de deux suites réelles par la proposition suivante :

Proposition

Soient $(z_n)_{n\in\mathbb{N}}$ une suite complexe, $L \in \mathbb{C}$.
Notons, pour tout $n \in \mathbb{N}$, $x_n = \mathrm{Re}\,(z_n)$, $y_n = \mathrm{Im}\,(z_n)$, et $\ell = \mathrm{Re}\,(L)$, $\ell' = \mathrm{Im}\,(L)$.

Alors : $z_n \underset{n\infty}{\longrightarrow} L \iff \begin{cases} x_n \underset{n\infty}{\longrightarrow} \ell \\ y_n \underset{n\infty}{\longrightarrow} \ell'. \end{cases}$

3.2 Cas des limites infinies

Proposition

Soient $(u_n)_{n\in\mathbb{N}}$, $(v_n)_{n\in\mathbb{N}}$ des suites réelles.

1) Si $u_n \underset{n\infty}{\longrightarrow} +\infty$ et si $(v_n)_{n\in\mathbb{N}}$ est minorée, alors $u_n + v_n \underset{n\infty}{\longrightarrow} +\infty$.

En particulier :

- Si $u_n \underset{n\infty}{\longrightarrow} +\infty$ et $v_n \underset{n\infty}{\longrightarrow} +\infty$, alors $u_n + v_n \underset{n\infty}{\longrightarrow} +\infty$
- Si $u_n \underset{n\infty}{\longrightarrow} +\infty$ et $v_n \underset{n\infty}{\longrightarrow} \ell' \in \mathbb{R}$, alors $u_n + v_n \underset{n\infty}{\longrightarrow} +\infty$.

2) Si $u_n \underset{n\infty}{\longrightarrow} +\infty$ et s'il existe $C \in \mathbb{R}_+^*$ et $N \in \mathbb{N}$ tels que $(\forall n \geqslant N,\ \ v_n \geqslant C)$,

alors $u_n v_n \underset{n\infty}{\longrightarrow} +\infty$.

En particulier :

- Si $u_n \underset{n\infty}{\longrightarrow} +\infty$ et $v_n \underset{n\infty}{\longrightarrow} +\infty$, alors $u_n v_n \underset{n\infty}{\longrightarrow} +\infty$
- Si $u_n \underset{n\infty}{\longrightarrow} +\infty$ et $v_n \underset{n\infty}{\longrightarrow} \ell' \in \mathbb{R}_+^*$, alors $u_n v_n \underset{n\infty}{\longrightarrow} +\infty$.

3) Si $v_n \underset{n\infty}{\longrightarrow} +\infty$ alors $\dfrac{1}{v_n} \underset{n\infty}{\longrightarrow} 0$.

4) Si $v_n \underset{n\infty}{\longrightarrow} 0$ et s'il existe $N \in \mathbb{N}$ tel que, pour tout $n \geqslant N$, $v_n > 0$,

alors $\dfrac{1}{v_n} \underset{n\infty}{\longrightarrow} +\infty$.

On dispose bien sûr de propriétés analogues pour $-\infty$, déduites des propriétés ci-dessus en passant aux opposés.

3.3 Récapitulatif : limite d'une somme, limite d'un produit

On obtient les tableaux suivants, pour des suites réelles.

v_n \ u_n	ℓ	$+\infty$	$-\infty$	PL
ℓ'	$\ell+\ell'$	$+\infty$	$-\infty$	PL
$+\infty$	$+\infty$	$+\infty$	?	?
$-\infty$	$-\infty$	?	$-\infty$	?
PL	PL	?	?	?

Tableau pour $u_n + v_n$

- PL signifie que la suite considérée n'a pas de limite, ni finie ni infinie.
- ? signifie que les hypothèses sur $(u_n)_n$ et $(v_n)_n$ ne permettent pas de conclure ; on dit dans ce cas qu'il s'agit d'une **forme indéterminée**.
- Les résultats du tableau sont symétriques par rapport à la diagonale principale, car l'addition est commutative.

Exemple

1) Pour $u_n = n^2$ et $v_n = -n$, $u_n + v_n$ se présente sous une forme indéterminée, mais $u_n + v_n = n^2 - n = n(n-1)$, donc $u_n + v_n \underset{n\infty}{\longrightarrow} +\infty$.

2) Pour $u_n = n+1$ et $v_n = -n$, $u_n + v_n$ se présente sous une forme indéterminée, mais $u_n + v_n = (n+1) - n = 1$, donc $u_n + v_n \underset{n\infty}{\longrightarrow} 1$.

3) Pour $u_n = n + (-1)^n$ et $v_n = -n$, $u_n + v_n$ se présente sous une forme indéterminée, mais $u_n + v_n = \big(n + (-1)^n\big) - n = (-1)^n$, donc $u_n + v_n$ n'admet pas de limite.

v_n \ u_n	$\ell > 0$	$\ell = 0$	$\ell < 0$	$+\infty$	$-\infty$	PL
$\ell' > 0$	$\ell\ell'$	0	$\ell\ell'$	$+\infty$	$-\infty$	PL
$\ell' = 0$	0	0	0	?	?	?
$\ell' < 0$	$\ell\ell'$	0	$\ell\ell'$	$-\infty$	$+\infty$	PL
$+\infty$	$+\infty$	?	$-\infty$	$+\infty$	$-\infty$	?
$-\infty$	$-\infty$	?	$+\infty$	$-\infty$	$+\infty$	?
PL	PL	?	PL	?	?	?

Tableau pour $u_n v_n$

Remarque : On peut formuler sur ce tableau des remarques analogues à celles formulées pour le tableau relatif à l'addition.

4 Limites de suites remarquables

On montre les résultats suivants.

Proposition

1) Pour tout $q \in \mathbb{K}$ fixé, la suite géométrique $(q^n)_{n\in\mathbb{N}}$ converge si et seulement si $|q| < 1$, et de plus, si $|q| < 1$, alors $q^n \underset{n\infty}{\longrightarrow} 0$.

2) Si q est un réel fixé et si $q > 1$, alors $q^n \underset{n\infty}{\longrightarrow} +\infty$.

Exemple

$\left(\frac{1}{2}\right)^n \underset{n\infty}{\longrightarrow} 0$, $3^n \underset{n\infty}{\longrightarrow} +\infty$, la suite $\left((-2)^n\right)_{n\in\mathbb{N}}$ n'a pas de limite finie ni infinie.

3) Pour tout $a \in \mathbb{R}_+^*$ fixé, $\sqrt[n]{a} \underset{n\infty}{\longrightarrow} 1$.

Exemple

$\sqrt[n]{2} \underset{n\infty}{\longrightarrow} 1$, $\sqrt[n]{0,000\,001} \underset{n\infty}{\longrightarrow} 1$.

4) Pour tous $a \in]1\,;+\infty[$ et $k \in \mathbb{N}^*$ fixés, $\dfrac{a^n}{n^k} \underset{n\infty}{\longrightarrow} +\infty$.

Exemple

$\dfrac{3^n}{n^2} \underset{n\infty}{\longrightarrow} +\infty$, $\dfrac{(1,000\,001)^n}{n^{1\,000\,000}} \underset{n\infty}{\longrightarrow} +\infty$, et, en passant à des inverses, $\dfrac{n^3}{2^n} \underset{n\infty}{\longrightarrow} 0$.

5) Pour tout $a \in \mathbb{K}$ fixé, $\dfrac{a^n}{n!} \underset{n\infty}{\longrightarrow} 0$.

Exemple

$\dfrac{2^n}{n!} \underset{n\infty}{\longrightarrow} 0$, $\dfrac{(3+2\,\mathrm{i})^n}{n!} \underset{n\infty}{\longrightarrow} 0$.

On résume ces propriétés en disant que, pour les suites, les puissances sont négligeables devant les exponentielles, et les exponentielles sont négligeables devant la factorielle.

5 Convergence ou divergence pour une suite réelle monotone

On montre le théorème suivant.

Théorème de la limite monotone

1) Toute suite réelle croissante et majorée est convergente, et sa limite est la borne supérieure de ses termes.

2) Toute suite réelle décroissante et minorée est convergente, et sa limite est la borne inférieure de ses termes.

Exemple

Montrer que la suite réelle $(u_n)_{n\in\mathbb{N}^*}$ définie, pour tout $n \in \mathbb{N}^*$, par $u_n = \displaystyle\sum_{k=1}^{n} \frac{1}{n+k}$ est convergente.

On a, pour tout $n \in \mathbb{N}^*$, par télescopage :

$$u_{n+1} - u_n = \sum_{k=1}^{n+1} \frac{1}{(n+1)+k} - \sum_{k=1}^{n} \frac{1}{n+k}$$
$$= \frac{1}{2n+1} + \frac{1}{2n+2} - \frac{1}{n+1} = \frac{1}{(2n+1)(2n+2)} > 0,$$

donc la suite $(u_n)_{n\in\mathbb{N}^*}$ est croissante.

D'autre part : $\forall n \in \mathbb{N}^*,\quad u_n = \displaystyle\sum_{k=1}^{n} \frac{1}{n+k} \leqslant \sum_{k=1}^{n} \frac{1}{n+1} = n\frac{1}{n+1} = \frac{n}{n+1} \leqslant 1.$

Ainsi, la suite $(u_n)_{n\in\mathbb{N}^*}$ est croissante et majorée, donc, d'après le théorème de la limite monotone, elle converge.

On peut trouver la limite (qui est $\ln 2$) de cette suite en utilisant les sommes de Riemann, lors de l'étude de l'intégration, au second semestre.

Théorème

1) Toute suite réelle croissante et non majorée tend vers $+\infty$.

2) Toute suite réelle décroissante et non minorée tend vers $-\infty$.

Remarque : On déduit des deux théorèmes précédents que, si une suite réelle est croissante, alors ou bien elle converge, ou bien elle tend vers $+\infty$.
Ainsi, si une suite réelle est croissante et n'a pas de limite finie, alors elle tend vers $+\infty$.

Exemple

Montrer que la suite réelle $(u_n)_{n\in\mathbb{N}}$ définie par $u_0 > 0$ et, pour tout $n \in \mathbb{N}$, $u_{n+1} = \sqrt{1+u_n^2}$ tend vers $+\infty$.

Il est clair, par récurrence immédiate, que, pour tout $n \in \mathbb{N}$, u_n existe et $u_n > 0$.

Puisque, pour tout $n \in \mathbb{N}$, $u_{n+1} = \sqrt{1+u_n^2} \geqslant \sqrt{u_n^2} = u_n$, la suite $(u_n)_{n\in\mathbb{N}}$ est croissante.

Si la suite $(u_n)_{n\in\mathbb{N}}$ converge, alors, en notant ℓ sa limite, on a, en passant à la limite dans l'égalité de définition de la suite, $\ell = \sqrt{1+\ell^2}$, d'où $\ell^2 = 1+\ell^2$, contradiction.

Ainsi, la suite réelle $(u_n)_{n\in\mathbb{N}}$ est croissante et n'a pas de limite finie, donc, d'après le cours, elle tend vers $+\infty$.

6 Suites adjacentes

Définition

Deux suites réelles $(u_n)_{n\in\mathbb{N}}$, $(v_n)_{n\in\mathbb{N}}$ sont dites **adjacentes** si et seulement si :
$(u_n)_{n\in\mathbb{N}}$ est croissante, $(v_n)_{n\in\mathbb{N}}$ est décroissante, $v_n - u_n \underset{n\infty}{\longrightarrow} 0$.

Proposition

Si deux suites réelles $(u_n)_{n\in\mathbb{N}}$, $(v_n)_{n\in\mathbb{N}}$ sont adjacentes, alors elles convergent et ont la même limite.
De plus, en notant ℓ cette limite, on a, pour tout $n \in \mathbb{N}$: $u_n \leqslant u_{n+1} \leqslant \ell \leqslant v_{n+1} \leqslant v_n$.

Exemple

Pour tout réel fixé a, les suites des approximations décimales par défaut et par excès de a sont adjacentes et convergent vers a.

7 Suites extraites

Rappelons (cf. page 274) que, par définition, une extractrice est une application $\sigma : \mathbb{N} \longrightarrow \mathbb{N}$ strictement croissante, et que, pour une suite $(u_n)_{n\in\mathbb{N}}$ donnée, on appelle suite extraite de $(u_n)_{n\in\mathbb{N}}$ toute suite $(u_{\sigma(n)})_{n\in\mathbb{N}}$ où σ est une extractrice.

Proposition

Si une suite $(u_n)_{n\in\mathbb{N}}$ converge vers un élément ℓ de $\mathbb{K}$, alors toute suite extraite de $(u_n)_{n\in\mathbb{N}}$ converge aussi vers ℓ.

Remarque : Par contraposition, on peut montrer que certaines suites divergent, en trouvant deux suites extraites ayant des limites différentes.

Exemple

La suite $\left((-1)^n\right)_{n\in\mathbb{N}}$ diverge, car cette suite admet (au moins) deux suites extraites $\left((-1)^{2n}\right)_{n\in\mathbb{N}}$ et $\left((-1)^{2n+1}\right)_{n\in\mathbb{N}}$ qui ont des limites, respectivement 1 et -1, différentes.

Proposition

Soient $(u_n)_{n\in\mathbb{N}}$ une suite dans $\mathbb{K}$ et $\ell \in \mathbb{K}$. Pour que $(u_n)_{n\in\mathbb{N}}$ converge vers ℓ, il faut et il suffit que les deux suites extraites particulières $(u_{2n})_{n\in\mathbb{N}}$ et $(u_{2n+1})_{n\in\mathbb{N}}$ convergent vers ℓ.

8 Traduction séquentielle de certaines propriétés

Définition

On dit qu'une partie A de $\mathbb{R}$ est **dense dans** $\mathbb{R}$ si et seulement si, pour tout $(x,y) \in \mathbb{R}^2$ tel que $x < y$, il existe $a \in A$ tel que $x < a < y$.

Nous avons vu page 24 que $\mathbb{Q}$ et $\mathbb{R} \setminus \mathbb{Q}$ sont denses dans $\mathbb{R}$.

Proposition

Une partie A de $\mathbb{R}$ est dense dans $\mathbb{R}$ si et seulement si tout réel est limite d'une suite d'éléments de A.

Exemple

1) Puisque tout réel est limite d'une suite de ses approximations décimales, l'ensemble $\{a \cdot 10^{-n}\ ;\ (a,n) \in \mathbb{Z} \times \mathbb{N}\}$ des nombres décimaux est dense dans $\mathbb{R}$.

2) Puisque $\mathbb{Q}$ et $\mathbb{R} \setminus \mathbb{Q}$ sont denses dans $\mathbb{R}$, tout réel est limite d'une suite de rationnels et tout réel est limite d'une suite d'irrationnels.

On dispose des propriétés suivantes.

Proposition

1) Si une partie A de $\mathbb{R}$ est non vide et majorée, alors A admet une borne supérieure et il existe une suite $(u_n)_{n\in\mathbb{N}}$ dans A telle que u_n tende vers $\mathrm{Sup}\,(A)$.

2) Si une partie A de $\mathbb{R}$ est non vide et non majorée, alors il existe une suite $(u_n)_{n\in\mathbb{N}}$ dans A telle que u_n tende vers $+\infty$.

3) Si une partie A de $\mathbb{R}$ est non vide et minorée, alors A admet une borne inférieure et il existe une suite $(u_n)_{n\in\mathbb{N}}$ dans A telle que u_n tende vers $\mathrm{Inf}\,(A)$.

4) Si une partie A de $\mathbb{R}$ est non vide et non minorée, alors il existe une suite $(u_n)_{n\in\mathbb{N}}$ dans A telle que u_n tende vers $-\infty$.

9 Suites récurrentes du type $u_{n+1} = f(u_n)$

Il s'agit ici d'étudier des suites réelles $(u_n)_{n\in\mathbb{N}}$ définies par la donnée de u_0 et l'expression de u_{n+1} en fonction de u_n, sous la forme $u_{n+1} = f(u_n)$, où f est une fonction d'une variable réelle et où f est indépendante de n.
Pour une fonction f d'une variable réelle et à valeurs réelles, on dit qu'un intervalle I de $\mathbb{R}$ est stable par f si et seulement si $f(I) \subset I$, c'est-à-dire si et seulement si : pour tout x de I, $f(x)$ est dans I (voir aussi, dans le chapitre 2, la notion de partie stable par une application d'un ensemble dans lui-même).
Soient I un intervalle fermé de $\mathbb{R}$, $f : I \longrightarrow I$ une application continue sur I.
On suppose que I est stable par f et on considère la suite réelle $(u_n)_{n\in\mathbb{N}}$ définie par $u_0 \in I$ et, pour tout $n \in \mathbb{N}$, $u_{n+1} = f(u_n)$.

Supposons que la suite $(u_n)_{n\in\mathbb{N}}$ converge vers un réel ℓ.
Alors, comme les u_n sont dans I et que I est un intervalle fermé, on a $\ell \in I$
De plus, on a aussi $u_{n+1} \underset{n\infty}{\longrightarrow} \ell$ par suite extraite, et, comme f est continue en ℓ, on a $f(u_n) \underset{n\infty}{\longrightarrow} f(\ell)$, d'où, en passant à la limite lorsque l'entier n tend vers l'infini dans l'égalité de définition de la suite, $\ell = f(\ell)$.
Souvent, on pourra résoudre l'équation $f(x) = x$, d'inconnue $x \in I$, et on pourra donc déterminer les seules « limites possibles » de la suite $(u_n)_{n\in\mathbb{N}}$.
En sens inverse, l'étude d'une suite bien choisie du type $u_{n+1} = f(u_n)$ peut permettre d'obtenir des valeurs approchées d'un réel inconnu x tel que $f(x) = x$.
Un réel x tel que $f(x) = x$ est appelé un point fixe de f (le terme n'est pas dans le Programme officiel).
Pour connaître les intervalles stables par f, il peut être utile d'étudier la fonction $g : x \longmapsto f(x) - x$, en particulier le signe de $g(x)$ selon la position de x.
On montre que, si I stable par f et si f est croissante sur I, alors la suite $(u_n)_{n\in\mathbb{N}}$ est monotone, le sens de la monotonie de la suite dépendant de la position relative de u_0 et u_1.
Si I est stable par f et si f est décroissante sur I, alors I est aussi stable par $f \circ f$ et $f \circ f$ est croissante. Il peut être alors utile, mais pas nécessaire, d'étudier les deux suites extraites $(u_{2p})_{p\in\mathbb{N}}$ et $(u_{2p+1})_{p\in\mathbb{N}}$.

Exemple

Étudier la suite réelle $(u_n)_{n\in\mathbb{N}}$ définie par $u_0 \geqslant 0$ et, pour tout $n \in \mathbb{N}$, $u_{n+1} = \dfrac{u_n^2}{1+u_n}$.
D'abord, par récurrence immédiate, pour tout $n \in \mathbb{N}$, u_n existe et $u_n \geqslant 0$.
On a, pour tout $n \in \mathbb{N}$: $u_{n+1} = \dfrac{u_n^2}{1+u_n} \leqslant u_n$, donc la suite $(u_n)_{n\in\mathbb{N}}$ est décroissante.
Ainsi, la suite $(u_n)_{n\in\mathbb{N}}$ est décroissante et minorée, donc, d'après le cours, elle converge vers un réel ℓ.
On a, en passant à la limite dans l'égalité de définition de la suite : $\ell = \dfrac{\ell^2}{1+\ell}$, d'où $\ell + \ell^2 = \ell^2$, donc $\ell = 0$.
On conclut : $u_n \underset{n\infty}{\longrightarrow} 0$.

Exemple

Étudier la suite réelle $(u_n)_{n\in\mathbb{N}}$ définie par $u_0 \geqslant 0$ et, pour tout $n \in \mathbb{N}$, $u_{n+1} = \dfrac{u_n^2+2}{3}$.
D'abord, par récurrence immédiate, pour tout $n \in \mathbb{N}$, u_n existe et $u_n \geqslant 0$.
Considérons la fonction $f : \mathbb{R}_+ \longrightarrow \mathbb{R}_+,\ x \longmapsto \dfrac{x^2+2}{3}$.
Il est clair que f est croissante.
On a, pour tout $x \in \mathbb{R}$:

$$f(x) = x \iff \frac{x^2+2}{3} = x \iff x^2 - 3x + 2 = 0 \iff (x = 1 \text{ ou } x = 2).$$

Comme f est continue, ceci montre que, si la suite $(u_n)_{n\in\mathbb{N}}$ converge, alors c'est vers 1 ou vers 2.
Des points précédents, il résulte que chacun des trois intervalles $[0\,;1]$, $[1\,;2]$, $[2\,;+\infty[$

est stable par f, puis, comme f est croissante, il résulte du cours que la suite $(u_n)_{n\in\mathbb{N}}$ est monotone, le sens de sa monotonie dépendant de la position de u_0.
À cet effet, étudions le signe de $g(x) = f(x) - x$:

$$g(x) = f(x) - x = \frac{x^2+2}{3} - x = \frac{x^2-3x+2}{3} = \frac{1}{3}(x-1)(x-2),$$

d'où :

si $0 \leqslant x \leqslant 1$, alors $f(x) \geqslant x$,
si $1 \leqslant x \leqslant 2$, alors $f(x) \leqslant x$,
si $2 \leqslant x$, alors $f(x) \geqslant x$.

Séparons donc en cas selon la position de u_0 par rapport à 1 et à 2.
On peut s'aider d'un schéma pour soutenir le raisonnement.

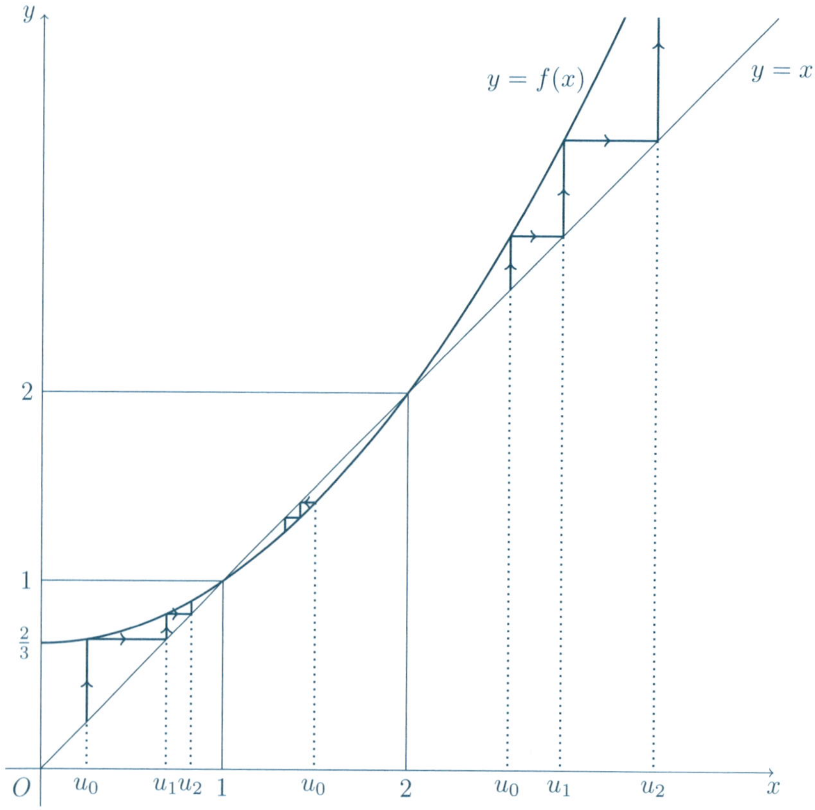

Si $0 \leqslant u_0 \leqslant 1$, alors la suite $(u_n)_{n\in\mathbb{N}}$ est à termes dans $[0\,;1]$, elle est croissante et majorée par 1, donc elle converge et sa limite ℓ vérifie $0 \leqslant \ell \leqslant 1$, donc, comme $\ell \in \{1, 2\}$, on a $\ell = 1$.
Si $1 \leqslant u_0 < 2$, alors la suite $(u_n)_{n\in\mathbb{N}}$ est à termes dans $[1\,;2]$, elle est décroissante et minorée par 1, donc elle converge et sa limite ℓ vérifie $1 \leqslant \ell \leqslant u_0$, donc comme $\ell \in \{1, 2\}$, on a $\ell = 1$.
Si $u_0 = 2$, alors la suite $(u_n)_{n\in\mathbb{N}}$ est constante égale à 2, donc converge vers 2.
Si $2 < u_0$, alors la suite $(u_n)_{n\in\mathbb{N}}$ est à termes dans $]2\,;+\infty[$, elle est croissante et,

si elle converge, alors sa limite ℓ vérifie $u_0 \leqslant \ell$, contradiction avec $\ell \in \{1, 2\}$, donc, d'après le cours, sa limite est $+\infty$.

On conclut : $$u_n \underset{n\infty}{\longrightarrow} \begin{cases} 1 & \text{si } 0 \leqslant u_0 < 2 \\ 2 & \text{si } u_0 = 2 \\ +\infty & \text{si } 2 < u_0. \end{cases}$$

Exemple

Étudier la suite réelle $(u_n)_{n\in\mathbb{N}}$ définie par $u_0 \geqslant 0$ et, pour tout $n \in \mathbb{N}$, $u_{n+1} = \dfrac{1}{3+u_n}$.

D'abord, par récurrence immédiate, pour tout $n \in \mathbb{N}$, u_n existe et $u_n \geqslant 0$.

L'étude de la monotonie de la suite $(u_n)_{n\in\mathbb{N}}$ ne semble pas immédiate.

Si la suite $(u_n)_{n\in\mathbb{N}}$ converge, alors, par passage à la limite dans l'égalité de définition de la suite, on a $\ell = \dfrac{1}{3+\ell}$, d'où $\ell^2 + 3\ell - 1 = 0$, donc $\ell = \dfrac{-3 \pm \sqrt{13}}{2}$, puis, comme $\ell \geqslant 0$, $\ell = \dfrac{\sqrt{13}-3}{2}$, noté α.

On a, pour tout $n \geqslant 1$:
$$|u_{n+1} - \alpha| = \left|\frac{1}{3+u_n} - \frac{1}{3+\alpha}\right| = \frac{1}{(3+u_n)(3+\alpha)}|u_n - \alpha| \leqslant \frac{1}{9}|u_n - \alpha|.$$

Par récurrence immédiate, on déduit : $\forall n \in \mathbb{N},\ |u_n - \alpha| \leqslant \left(\dfrac{1}{9}\right)^n |u_0 - \alpha|$.

Comme $\left|\dfrac{1}{9}\right| < 1$, on a $\left(\dfrac{1}{9}\right)^n \underset{n\infty}{\longrightarrow} 0$,

d'où, par théorème d'encadrement, $|u_n - \alpha| \underset{n\infty}{\longrightarrow} 0$.

On conclut : $$u_n \underset{n\infty}{\longrightarrow} \frac{\sqrt{13}-3}{2}.$$

Exercices d'apprentissage

24.1

Étudier, au point de vue d'une limite, les suites de termes généraux suivants :

a) $\dfrac{\sin n}{n}$, *b)* $\sqrt{n+1}-\sqrt{n}$, *c)* $(\mathrm{e}+\cos n)^n$,

d) $\dfrac{n!}{n^n}$, *e)* $\displaystyle\sum_{k=1}^{n}\frac{k}{\sqrt{n^2+k}}$, *f)* $\displaystyle\sum_{k=1}^{n}\frac{1}{\sqrt{n^2+k}}$.

a) On a, pour tout $n \in \mathbb{N}^*$:

$$\left|\frac{\sin n}{n}\right| \leqslant \frac{1}{n},$$

et $\dfrac{1}{n} \underset{n\infty}{\longrightarrow} 0$, donc, par théorème d'encadrement : $\left|\dfrac{\sin n}{n}\right| \underset{n\infty}{\longrightarrow} 0$, et on conclut :

$$\frac{\sin n}{n} \underset{n\infty}{\longrightarrow} 0.$$

b) On a, pour tout $n \in \mathbb{N}$, en utilisant une expression conjuguée :

$$0 \leqslant \sqrt{n+1}-\sqrt{n} = \frac{(n+1)-n}{\sqrt{n+1}+\sqrt{n}} = \frac{1}{\sqrt{n+1}+\sqrt{n}}.$$

Comme $\dfrac{1}{\sqrt{n+1}+\sqrt{n}} \underset{n\infty}{\longrightarrow} 0$, on déduit, par théorème d'encadrement :

$$\sqrt{n+1}-\sqrt{n} \underset{n\infty}{\longrightarrow} 0.$$

c) On a, pour tout $n \in \mathbb{N}^*$: $\mathrm{e}+\cos n \geqslant \mathrm{e}-1 > 0$, donc, pour tout $n \in \mathbb{N}^*$:

$$(\mathrm{e}+\cos n)^n \geqslant (\mathrm{e}-1)^n.$$

Comme $\mathrm{e} > 2$, on a $\mathrm{e}-1 > 1$, donc, par suite géométrique : $(\mathrm{e}-1)^n \underset{n\infty}{\longrightarrow} +\infty$, et on conclut, par théorème de minoration :

$$(\mathrm{e}+\cos n)^n \underset{n\infty}{\longrightarrow} +\infty.$$

d) On a, pour tout $n \in \mathbb{N}$ tel que $n \geqslant 2$:

$$0 \leqslant \frac{n!}{n^n} = \frac{n\cdot(n-1)\cdots 2}{n^{n-1}}\cdot\frac{1}{n} \leqslant \frac{1}{n}.$$

Comme $\dfrac{1}{n} \underset{n\infty}{\longrightarrow} 0$, on déduit, par théorème d'encadrement :

$$\frac{n!}{n^n} \underset{n\infty}{\longrightarrow} 0.$$

e) On a, pour tout $n \in \mathbb{N}^*$:

$$\sum_{k=1}^{n} \frac{k}{\sqrt{n^2+k}} \geqslant \sum_{k=1}^{n} \frac{k}{\sqrt{n^2+n}} = \frac{1}{\sqrt{n^2+n}} \sum_{k=1}^{n} k = \frac{1}{\sqrt{n^2+n}} \frac{n(n+1)}{2}$$

$$= \frac{1}{\sqrt{1+\frac{1}{n}}} \frac{n+1}{2} \underset{n\infty}{\longrightarrow} +\infty,$$

et on conclut, par théorème de minoration :

$$\sum_{k=1}^{n} \frac{k}{\sqrt{n^2+k}} \underset{n\infty}{\longrightarrow} +\infty.$$

f) Notons, pour tout $n \in \mathbb{N}^*$, $u_n = \displaystyle\sum_{k=1}^{n} \frac{1}{\sqrt{n^2+k}}$. On a, pour tout $n \in \mathbb{N}^*$:

$$u_n \leqslant \sum_{k=1}^{n} \frac{1}{\sqrt{n^2}} = n\frac{1}{n} = 1$$

et :

$$u_n \geqslant \sum_{k=1}^{n} \frac{1}{\sqrt{n^2+n}} = n\frac{1}{\sqrt{n^2+n}} = \frac{1}{\sqrt{1+\frac{1}{n}}}.$$

Ainsi : $\dfrac{1}{\sqrt{1+\frac{1}{n}}} \leqslant u_n \leqslant 1$. Comme $\dfrac{1}{\sqrt{1+\frac{1}{n}}}$ et 1 tendent vers 1, on conclut, par théorème d'encadrement :

$$\sum_{k=1}^{n} \frac{1}{\sqrt{n^2+k}} \underset{n\infty}{\longrightarrow} 1.$$

24.2

Quelle est la nature de la suite de terme général $n(-1)^n$?

Si la suite de terme général $n(-1)^n$ convergeait, alors, en notant ℓ sa limite, la suite de terme général $|n(-1)^n|$ convergerait vers $|\ell|$, impossible car $|n(-1)^n| = n \underset{n\infty}{\longrightarrow} +\infty$.
On conclut que la suite de terme général $n(-1)^n$ diverge (le résultat peut être considéré comme évident).

24.3

On considère la suite réelle $(u_n)_{n\in\mathbb{N}}$ définie par $u_0 \in [0\,;1]$ et, pour tout $n \in \mathbb{N}$:

$$u_{n+1} = u_n - u_n^2.$$

Montrer que $(u_n)_{n\in\mathbb{N}}$ est décroissante et converge vers 0.

1) Montrons, par récurrence sur n : $\forall n \in \mathbb{N},\quad u_n \in [0\,;1]$.
C'est vrai pour $n = 0$, d'après l'énoncé.
Si, pour un $n \in \mathbb{N}$ fixé, on a $u_n \in [0\,;1]$,
alors $u_{n+1} = u_n(1-u_n) \in [0\,;1]$ comme produit de deux réels de $[0\,;1]$.
Ce raisonnement par récurrence montre :

$$\forall n \in \mathbb{N},\quad u_n \in [0\,;1].$$

2) On a, pour tout $n \in \mathbb{N}$:
$$u_{n+1} = u_n - u_n^2 \leqslant u_n,$$
donc la suite $(u_n)_{n\in\mathbb{N}}$ est décroissante.

Ainsi, la suite $(u_n)_{n\in\mathbb{N}}$ est décroissante et minorée par 0, donc (cours) elle converge, vers un réel noté ℓ.

3) En passant à la limite lorsque l'entier n tend vers l'infini dans l'égalité de définition de la suite, on obtient $\ell = \ell - \ell^2$, d'où $\ell^2 = 0$, puis $\ell = 0$.

On conclut : la suite $(u_n)_{n\in\mathbb{N}}$ est décroissante et converge vers 0.

24.4

Déterminer $\lim\limits_{n\infty}\left(\lim\limits_{k\infty}\left(\dfrac{n}{n+1}\right)^k\right)$ et $\lim\limits_{k\infty}\left(\lim\limits_{n\infty}\left(\dfrac{n}{n+1}\right)^k\right)$.

1) Pour $n \in \mathbb{N}^*$ fixé, on a $0 \leqslant \dfrac{n}{n+1} < 1$, donc, par suite géométrique,
$$\lim_{k\infty}\left(\frac{n}{n+1}\right)^k = 0.$$
Ainsi, la suite $\left(\lim\limits_{k\infty}\left(\dfrac{n}{n+1}\right)^k\right)_{n\in\mathbb{N}^*}$ est constante égale à 0, donc :
$$\lim_{n\infty}\left(\lim_{k\infty}\left(\frac{n}{n+1}\right)^k\right) = 0.$$
2) Pour $k \in \mathbb{N}^*$ fixé, comme $\dfrac{n}{n+1} \underset{n\infty}{\longrightarrow} 1$, on a :
$$\lim_{n\infty}\left(\frac{n}{n+1}\right)^k = 1.$$
Ainsi, la suite $\left(\lim\limits_{n\infty}\left(\dfrac{n}{n+1}\right)^k\right)_{k\in\mathbb{N}^*}$ est constante égale à 1, donc :
$$\lim_{k\infty}\left(\lim_{n\infty}\left(\frac{n}{n+1}\right)^k\right) = 1.$$

Exercices d'entraînement

24.5 Mise sous forme canonique pour un trinôme du second degré

a) Soient $(u_n)_{n\in\mathbb{N}}$, $(v_n)_{n\in\mathbb{N}}$ des suites réelles telles que :

$$u_n^2 + u_n v_n + v_n^2 \underset{n\infty}{\longrightarrow} 0.$$

Montrer : $u_n \underset{n\infty}{\longrightarrow} 0$ et $v_n \underset{n\infty}{\longrightarrow} 0$.

b) Le résultat précédent est-il vrai si on remplace « réelles » par « complexes » ?

24.6 Somme et produit tendant tous les deux vers 0

Soient $(u_n)_{n\in\mathbb{N}}$, $(v_n)_{n\in\mathbb{N}}$ des suites réelles telles que :

$$u_n + v_n \underset{n\infty}{\longrightarrow} 0 \text{ et } u_n v_n \underset{n\infty}{\longrightarrow} 0.$$

Montrer : $u_n \underset{n\infty}{\longrightarrow} 0$ et $v_n \underset{n\infty}{\longrightarrow} 0$.

24.7 Exemple de manipulation de suites extraites pairs/impairs

Soient $a, b \in \mathbb{C}$ et $(z_n)_{n\in\mathbb{N}}$ une suite complexe telle que :

$$z_{2n} \underset{n\infty}{\longrightarrow} a \text{ et } z_{2n+1} \underset{n\infty}{\longrightarrow} b.$$

Montrer que la suite $(z_n z_{n+1})_{n\in\mathbb{N}}$ converge.

24.8 Monotonie et suite extraite

Soit $(u_n)_{n\in\mathbb{N}}$ une suite réelle monotone admettant au moins une suite extraite convergente. Montrer que la suite $(u_n)_{n\in\mathbb{N}}$ converge.

24.9 Exemple de suite récurrente du type $u_{n+1} = f(u_n)$, limite 0

Étudier la suite réelle $(u_n)_{n\in\mathbb{N}}$ définie par $u_0 \geqslant 0$ et, pour tout $n \in \mathbb{N}$,

$$u_{n+1} = \frac{1}{2}\ln(1 + u_n).$$

24.10 Exemple de suite récurrente du type $u_{n+1} = f(u_n)$, limite $+\infty$

Étudier la suite réelle $(u_n)_{n\in\mathbb{N}}$ définie par $u_0 > 0$ et, pour tout $n \in \mathbb{N}$, $u_{n+1} = \mathrm{e}^{u_n} - 1$.

24.11 Exemple de suite récurrente du type $u_{n+1} = f(u_n)$, sans limite

Montrer que, si une suite réelle $(u_n)_{n\in\mathbb{N}}$, à termes tous non nuls, est telle que :

$$\forall n \in \mathbb{N}, \quad u_{n+1} = 1 - \frac{3}{u_n},$$

alors cette suite n'a pas de limite, ni finie ni infinie.

Corrigés des exercices d'entraînement

24.5

a) On a, pour tout $n \in \mathbb{N}$, par mise sous forme canonique d'un trinôme du second degré :

$$u_n^2 + u_n v_n + v_n^2 = \underbrace{\left(u_n + \frac{v_n}{2}\right)^2}_{\geqslant 0} + \underbrace{\frac{3}{4}v_n^2}_{\geqslant 0}.$$

Il en résulte, pour tout $n \in \mathbb{N}$:

$$\begin{cases} 0 \leqslant \left(u_n + \dfrac{v_n}{2}\right)^2 \leqslant u_n^2 + u_n v_n + v_n^2 \\ 0 \leqslant \dfrac{3}{4}v_n^2 \leqslant u_n^2 + u_n v_n + v_n^2. \end{cases}$$

Comme $u_n^2 + u_n v_n + v_n^2 \underset{n\infty}{\longrightarrow} 0$,

on déduit par théorème d'encadrement :

$$\left(u_n + \frac{v_n}{2}\right)^2 \underset{n\infty}{\longrightarrow} 0 \quad \text{et} \quad \frac{3}{4}v_n^2 \underset{n\infty}{\longrightarrow} 0,$$

d'où : $u_n + \dfrac{v_n}{2} \underset{n\infty}{\longrightarrow} 0$ et $v_n \underset{n\infty}{\longrightarrow} 0$,

et enfin, par opérations : $u_n \underset{n\infty}{\longrightarrow} 0$.

b) La réponse est non, comme le montre l'exemple suivant.

Considérons les deux suites constantes définies, pour tout $n \in \mathbb{N}$, par $u_n = 1$ et $v_n = \mathrm{j}$, où $\mathrm{j} = \mathrm{e}^{\frac{2\,\mathrm{i}\,\pi}{3}}$ est une racine cubique de l'unité.

Alors, pour tout $n \in \mathbb{N}$,

$$u_n^2 + u_n v_n + v_n^2 = 1 + \mathrm{j} + \mathrm{j}^2 = 0,$$

donc : $u_n^2 + u_n v_n + v_n^2 \underset{n\infty}{\longrightarrow} 0$.

Mais, par exemple, $u_n \underset{n\infty}{\not\longrightarrow} 0$.

24.6

On a, pour tout $n \in \mathbb{N}$:

$$\begin{aligned}(u_n - v_n)^2 &= u_n^2 - 2u_n v_n + v_n^2 \\ &= (u_n + v_n)^2 - 4u_n v_n.\end{aligned}$$

Comme $u_n + v_n \underset{n\infty}{\longrightarrow} 0$ et $u_n v_n \underset{n\infty}{\longrightarrow} 0$,

on déduit, par opérations : $(u_n - v_n)^2 \underset{n\infty}{\longrightarrow} 0$,

puis : $u_n - v_n \underset{n\infty}{\longrightarrow} 0$.

Enfin, comme, pour tout $n \in \mathbb{N}$,

$$u_n = \frac{(u_n + v_n) + (u_n - v_n)}{2},$$

on déduit, par opérations, $u_n \underset{n\infty}{\longrightarrow} 0$

et, de même, $v_n \underset{n\infty}{\longrightarrow} 0$.

24.7

Notons, pour tout $n \in \mathbb{N}$,

$$u_n = z_n z_{n+1}.$$

On a $u_{2n} = z_{2n} z_{2n+1} \underset{n\infty}{\longrightarrow} ab$, par produit,

et $u_{2n+1} = z_{2n+1} z_{2n+2} \underset{n\infty}{\longrightarrow} ba$, par produit.

Comme les deux suites d'indices pairs/impairs $(u_{2n})_{n\in\mathbb{N}}$ et $(u_{2n+1})_{n\in\mathbb{N}}$ convergent et ont la même limite, qui est ab, on conclut, par le cours, que la suite $(u_n)_{n\in\mathbb{N}}$ converge vers ab.

24.8

Puisque $(u_n)_{n\in\mathbb{N}}$ est monotone, séparons en deux cas selon que $(u_n)_{n\in\mathbb{N}}$ est croissante ou est décroissante.

1) Supposons $(u_n)_{n\in\mathbb{N}}$ croissante.

Par hypothèse, il existe une extractrice σ telle que la suite $(u_{\sigma(n)})_{n\in\mathbb{N}}$ converge, vers un réel noté ℓ.

Soit $\varepsilon > 0$ fixé.

Puisque $u_{\sigma(n)} \underset{n\infty}{\longrightarrow} \ell$, il existe $N \in \mathbb{N}$ tel que :

$$\forall n \geqslant N, \quad |u_{\sigma(n)} - \ell| \leqslant \varepsilon,$$

c'est-à-dire : $\forall n \geqslant N, \quad \ell - \varepsilon \leqslant u_{\sigma(n)} \leqslant \ell + \varepsilon$.

Soit $p \in \mathbb{N}$ tel que $p \geqslant \sigma(N) \geqslant N$.

Puisque la suite $(u_n)_{n\in\mathbb{N}}$ est croissante, on a $u_p \geqslant u_{\sigma(N)}$ donc $u_p \geqslant \ell - \varepsilon$.

D'autre part, comme $\sigma(n) \underset{n\infty}{\longrightarrow} +\infty$, il existe $q \in \mathbb{N}$ tel que $\sigma(q) \geqslant p$.

Puisque $(u_n)_{n\in\mathbb{N}}$ est croissante et que $p \leqslant \sigma(q)$, on a alors $u_p \leqslant u_{\sigma(q)}$, et d'autre part, puisque $\sigma(q) \geqslant p \geqslant \sigma(N) \geqslant N$, on a $u_{\sigma(q)} \leqslant \ell + \varepsilon$.

Ainsi : $\forall p \geqslant \sigma(N), \quad \ell - \varepsilon \leqslant u_p \leqslant \ell + \varepsilon$,

ce qui montre que la suite $(u_n)_{n\in\mathbb{N}}$ converge vers ℓ.

2) Supposons $(u_n)_{n\in\mathbb{N}}$ décroissante.

Par hypothèse, il existe une extractrice σ telle que la suite $(u_{\sigma(n)})_{n\in\mathbb{N}}$ converge, vers un réel noté ℓ.

En notant, pour tout $n \in \mathbb{N}$, $v_n = -u_n$,

la suite $(v_n)_{n\in\mathbb{N}}$ est croissante et :

$$v_{\sigma(n)} = -u_{\sigma(n)} \underset{n\infty}{\longrightarrow} -\ell.$$

D'après *1)*, la suite $(v_n)_{n\in\mathbb{N}}$ converge, et donc, comme, pour tout $n \in \mathbb{N}$, $u_n = -v_n$, on conclut que la suite $(u_n)_{n\in\mathbb{N}}$ converge.

24.9

D'abord, par récurrence immédiate, pour tout $n \in \mathbb{N}$, u_n existe et $u_n > 0$.
De l'inégalité classique

$$\forall x \in]-1\,;+\infty[, \quad \ln(1+x) \leqslant x,$$

on déduit, pour tout $n \in \mathbb{N}$:

$$0 \leqslant u_{n+1} = \frac{1}{2}\ln(1+u_n) \leqslant \frac{1}{2}u_n,$$

d'où, par récurrence immédiate :

$$\forall n \in \mathbb{N}, \quad 0 \leqslant u_n \leqslant \left(\frac{1}{2}\right)^n u_0.$$

Comme $\left|\dfrac{1}{2}\right| < 1$, on a, par suite géométrique,

$$\left(\frac{1}{2}\right)^n \underset{n\infty}{\longrightarrow} 0,$$

et enfin, par théorème d'encadrement, on conclut :

$$u_n \underset{n\infty}{\longrightarrow} 0.$$

24.10

D'abord, par récurrence immédiate, pour tout $n \in \mathbb{N}$, u_n existe et $u_n > 0$.
De l'inégalité classique : $\forall x \in \mathbb{R}, \quad \mathrm{e}^x \geqslant 1 + x$, on déduit, pour tout $n \in \mathbb{N}$:

$$u_{n+1} = \mathrm{e}^{u_n} - 1 \geqslant u_n,$$

donc la suite $(u_n)_{n\in\mathbb{N}}$ est croissante.
Supposons que la suite $(u_n)_{n\in\mathbb{N}}$ converge, vers un réel noté ℓ.
Puisque les u_n sont tous $\geqslant 0$, on a alors $\ell \geqslant 0$, et, d'autre part, en passant à la limite dans l'égalité de définition de la suite, on a $\ell = \mathrm{e}^\ell - 1$.
La fonction $h : [0\,;+\infty[\longrightarrow \mathbb{R}, \ x \longmapsto \mathrm{e}^x - 1 - x$ est dérivable sur $[0\,;+\infty[$ et $h'(0) = 0$ et, pour tout $x \in]0\,;+\infty[$, $h'(x) > 0$, donc h est strictement croissante.
Ainsi, comme $h(0) = 0$, on déduit, pour tout $x \in]0\,;+\infty[$, $h(x) > 0$.
Comme $h(\ell) = 0$, il est impossible que ℓ soit > 0, donc $\ell = 0$.
Mais, d'autre part, la suite $(u_n)_{n\in\mathbb{N}}$ est croissante, donc, pour tout $n \in \mathbb{N}$, $u_n \geqslant u_0$, d'où, en passant à la limite, $\ell \geqslant u_0$, et donc, comme $u_0 > 0$ (énoncé), on déduit $\ell > 0$, contradiction.
Ainsi, la suite $(u_n)_{n\in\mathbb{N}}$ est croissante et divergente, donc, d'après le cours :

$$u_n \underset{n\infty}{\longrightarrow} +\infty.$$

24.11

Raisonnons par l'absurde : supposons qu'une telle suite existe et qu'elle admette une limite finie ou infinie.
Séparons en deux cas.
1er cas : Supposons : $u_n \underset{n\infty}{\longrightarrow} \ell \in \mathbb{R}$.
Comme : $\quad \forall n \in \mathbb{N}, \ u_{n+1}u_n = u_n - 3$,
on déduit, en passant à la limite lorsque l'entier n tend vers l'infini, $\ell^2 = \ell - 3$, c'est-à-dire

$$\ell^2 - \ell + 3 = 0.$$

Le discriminant Δ de ce trinôme du second degré en ℓ est $\Delta = 1 - 12 = -11 < 0$, donc ce trinôme n'a pas de zéro réel, d'où une contradiction.
2e cas : Supposons :

$$u_n \underset{n\infty}{\longrightarrow} +\infty \quad \text{ou} \quad u_n \underset{n\infty}{\longrightarrow} -\infty.$$

Comme : $\quad \forall n \in \mathbb{N}, \ u_{n+1} = 1 - \dfrac{3}{u_n}$,
on déduit, en passant à la limite lorsque l'entier n tend vers l'infini, $\pm\infty = 1$, contradiction.
Ce raisonnement par l'absurde montre que la suite $(u_n)_{n\in\mathbb{N}}$ n'a pas de limite ni finie ni infinie.

25 Fonctions : limites

Dans ce chapitre, les fonctions envisagées sont définies sur une partie de $\mathbb{R}$, le plus souvent un intervalle de $\mathbb{R}$, et sont à valeurs réelles ou complexes. Pour la pratique du calcul des limites, on se borne à ce stade, conformément au Programme officiel, à des calculs très simples, en attendant de disposer des outils efficaces que sont les équivalents et les développements limités (au second semestre).

Les résultats de ce chapitre sur les limites pour les fonctions d'une variable réelle sont analogues, mais pas identiques, aux résultats sur les limites de suites vus dans le chapitre 24.

Les paragraphes 1 et 3 concernent les fonctions à valeurs réelles ou complexes, les paragraphes 2 et 4 concernent les fonctions à valeurs réelles.

Dans tout le chapitre, I désigne un intervalle de $\mathbb{R}$, et on note $\mathbb{K} = \mathbb{R}$ ou $\mathbb{C}$.

On dit qu'une propriété portant sur une fonction f définie sur I est vraie au voisinage de a si elle est vraie sur l'intersection de I avec un intervalle ouvert centré en a si a est réel, avec un intervalle $]A\,;+\infty[$ si $a = +\infty$, avec un intervalle $]-\infty\,;B[$ si $a = -\infty$.

Rappels de cours

1 Généralités

Définition

Soient $f : I \longrightarrow \mathbb{K}$ une fonction, $\ell \in \mathbb{K}$.

1) Soit a un élément de I ou une extrémité de I. On dit que f admet ℓ pour **limite** en a si et seulement si : $\forall \varepsilon \geqslant 0,\ \exists \eta > 0,\ \forall x \in I,\ \ \big(|x-a| \leqslant \eta \implies |f(x)-\ell| \leqslant \varepsilon\big)$.

2) Si I admet $+\infty$ pour extrémité, on dit que f admet ℓ pour **limite** en $+\infty$ si et seulement si : $\forall \varepsilon > 0,\ \exists A \in \mathbb{R},\ \forall x \in I,\ \ \big(x \geqslant A \implies |f(x)-\ell| \leqslant \varepsilon\big)$.

3) Si I admet $-\infty$ pour extrémité, on dit que f admet ℓ pour **limite** en $-\infty$ si et seulement si : $\forall \varepsilon > 0,\ \exists B \in \mathbb{R},\ \forall x \in I,\ \ \big(x \leqslant B \implies |f(x)-\ell| \leqslant \varepsilon\big)$.

Lorsque f admet une limite $\ell \in \mathbb{K}$ en a, on dit que f admet une **limite finie** en a.

Remarque :

1) Si f est définie en a et si f admet une limite finie ℓ en a, alors $\ell \in \mathbb{K}$ et $\ell = f(a)$.
En effet, dans la définition de la notion de limite finie, si f est définie en a, alors on peut remplacer x par a, d'où $|f(a)-\ell| \leqslant \varepsilon$ pour tout $\varepsilon > 0$, et donc $|f(a)-\ell| = 0$, d'où $f(a) = \ell$.

Par exemple, la fonction $f : [0\,;1] \longrightarrow \mathbb{R},\ x \longmapsto \begin{cases} 1 & \text{si } x = 0 \\ 0 & \text{si } 0 < x \leqslant 1 \end{cases}$ n'a pas de limite en 0.

2) Il est clair que f admet ℓ pour limite en $-\infty$ si et seulement si la fonction $x \longmapsto f(-x)$ admet ℓ pour limite en $+\infty$.

On définit la notion de **limite infinie**, pour une fonction à valeurs réelles :

Définition

Soit $f : I \longrightarrow \mathbb{R}$ une fonction.

- *1)* Si a est un élément de I ou une extrémité de I, on dit que f admet $+\infty$ pour **limite** en a si et seulement si :

$$\forall A \in \mathbb{R},\ \exists \eta > 0,\ \forall x \in I,\quad \big(|x-a| \leqslant \eta \implies f(x) \geqslant A\big).$$

2) Si I admet $+\infty$ comme extrémité, on dit que f admet $+\infty$ pour **limite** en $+\infty$ si et seulement si : $\forall A \in \mathbb{R},\ \exists A' \in \mathbb{R},\ \forall x \in I,\quad \big(x \geqslant A' \implies f(x) \geqslant A\big)$.

3) Si I admet $-\infty$ comme extrémité, on dit que f admet $+\infty$ pour **limite** en $-\infty$ si et seulement si : $\forall A \in \mathbb{R},\ \exists B' \in \mathbb{R},\ \forall x \in I,\quad \big(x \leqslant B' \implies f(x) \geqslant A\big)$.

- On dit que f admet $-\infty$ pour **limite** en a si et seulement si $-f$ admet $+\infty$ pour limite en a.

Remarque : Il est clair que f admet ℓ pour limite en $-\infty$ si et seulement si la fonction $x \longmapsto f(-x)$ admet ℓ pour limite en $+\infty$.

Proposition

Si une fonction f admet ℓ pour limite en a et admet ℓ' pour limite en a, alors $\ell = \ell'$.

Lorsqu'une limite existe, celle-ci est unique.
Ceci justifie que l'on puisse utiliser un symbole fonctionnel : si f admet ℓ pour limite en a, on dit que ℓ est la **limite** de f en a, ce que l'on note de l'une des façons suivantes :

$$f(x) \underset{x \longrightarrow a}{\longrightarrow} \ell, \qquad f \underset{a}{\longrightarrow} \ell, \qquad \lim_{x \longrightarrow a} f(x) = \ell, \qquad \lim_{a} f = \ell.$$

Nous utiliserons surtout les deux premières notations, la seconde dans un cadre théorique, car les deux dernières notations, avec égalité, risquent de faire croire que toute fonction admet une limite (ce qui est faux).

Proposition

Si deux fonctions $f, g : I \longrightarrow \mathbb{K}$ coïncident au voisinage de a, alors les existences de limites pour f et pour g en a sont logiquement équivalentes, et, dans le cas où ces limites existent, elles sont égales.

Autrement dit, vis-à-vis d'une étude de limite en a, f et g se comportent de la même façon.

Proposition

Si $f : I \longrightarrow \mathbb{K}$ admet une limite finie en a, alors f est bornée au voisinage de a.

On dispose de la caractérisation séquentielle pour une limite de fonctions, qui peut permettre de se ramener à des études de suites :

Proposition

Pour que $f : I \longrightarrow \mathbb{K}$ admette ℓ pour limite en a, il faut et il suffit que :
pour toute suite $(u_n)_{n\in\mathbb{N}}$ dans I telle que $u_n \underset{n\infty}{\longrightarrow} a$, on a $f(u_n) \underset{n\infty}{\longrightarrow} \ell$.

Par contraposition, cette proposition permet de montrer que certaines fonctions n'ont pas de limite.

Exemple

Montrer que la fonction sin n'a pas de limite en $+\infty$.
La suite $(u_n)_{n\in\mathbb{N}}$ définie, pour tout $n \in \mathbb{N}$, par $u_n = 2n\pi$, tend vers $+\infty$ et $\sin u_n = 0$ tend vers 0, et la suite $(v_n)_{n\in\mathbb{N}}$ définie, pour tout $n \in \mathbb{N}$, par $v_n = 2n\pi + \frac{\pi}{2}$, tend vers $+\infty$ et $\sin v_n = 1$ tend vers 1. On dispose ainsi de deux suites $(u_n)_{n\in\mathbb{N}}$ et $(v_n)_{n\in\mathbb{N}}$ tendant vers $+\infty$ et dont les images par sin ont des limites différentes, donc sin n'a pas de limite en $+\infty$.

On définit les notions de limite à gauche, limite à droite :

Définition

Soient $f : I \longrightarrow \mathbb{K}$, a un point à l'intérieur de l'intervalle I, $\ell \in \mathbb{K} \cup \{-\infty, +\infty\}$.

1) On dit que f admet ℓ pour limite à gauche en a si et seulement si la restriction de f à $]-\infty\,; a[\, \cap I$ admet ℓ pour limite en a.

2) On dit que f admet ℓ pour limite à droite en a si et seulement si la restriction de f à $I \cap]a\,; +\infty[$ admet ℓ pour limite en a.

Remarque : Si $\ell \in \mathbb{K}$, f admet ℓ pour limite à gauche en a si et seulement si :

$$\forall \varepsilon > 0,\ \exists \eta > 0,\ \forall x \in I,\ \big(a - \eta \leqslant x < a \implies |f(x) - \ell| \leqslant \varepsilon\big).$$

C'est analogue pour les autres cas.

Lorsque f admet ℓ pour limite à gauche en a, on le note de l'une des façons suivantes :

$$\lim_{x \longrightarrow a^-} f(x) = \ell,\quad \lim_{a^-} f = \ell,\quad f(x) \underset{x \longrightarrow a^-}{\longrightarrow} \ell,\quad f \underset{a^-}{\longrightarrow} \ell,\quad f(a^-) = \ell,$$

ou avec $x \underset{x<a}{\longrightarrow} a$ à la place de $x \longrightarrow a^-$, et de manière analogue pour la droite.

2 Ordre et limite

Dans ce paragraphe, les fonctions considérées sont à valeurs réelles.
La proposition suivante permet, sachant qu'une fonction admet une limite finie en un point et que sa limite est strictement comparée à un ou à des réels fixés, de situer cette fonction, au voisinage de ce point, par rapport à ce ou à ces réels.

Proposition

Soient a un élément de I ou une extrémité de I, $f : I \longrightarrow \mathbb{R}$ une application, $\ell \in \mathbb{R}$, $(c, d) \in \mathbb{R}^2$.

1) Si $c < \ell$, alors, au voisinage de a : $c < f(x)$.

2) Si $\ell < d$, alors, au voisinage de a : $f(x) < d$.

3) Si $c < \ell < d$, alors, au voisinage de a : $c < f(x) < d$.

Attention

Dans cette proposition, on suppose que la fonction admet une limite finie et on suppose que la ou les inégalités sur c, d, ℓ formulées en hypothèse sont *strictes*.

La proposition suivante permet, sachant qu'une fonction admet une limite en un point et que ses valeurs sont comparées à un ou à des réels, de situer sa limite par rapport à ce ou à ces réels.

Proposition

Soient a un élément de I ou une extrémité de I, $f : I \longrightarrow \mathbb{R}$ une application, $\ell \in \mathbb{R}$, $(c, d) \in \mathbb{R}^2$.

1) Si $c \leqslant f(x)$ au voisinage de a, alors $c \leqslant \ell$.

2) Si $f(x) \leqslant d$ au voisinage de a, alors $\ell \leqslant d$.

3) Si $c \leqslant f(x) \leqslant d$ au voisinage de a, alors $c \leqslant \ell \leqslant d$.

Quand on applique cette proposition, on dit que l'on **passe à la limite** dans une ou des inégalités.

Attention

Quand on passe à la limite dans une inégalité, on obtient, sur la limite, une inégalité large, même si on est parti d'une inégalité stricte sur la fonction.
Autrement dit : par passage à la limite, des inégalités strictes passent en inégalités larges.

Le théorème suivant, appelé **théorème d'encadrement** (ou aussi : théorème des gendarmes), d'utilisation très fréquente en pratique, permet, s'il s'applique, de montrer qu'une fonction admet une limite et de trouver cette limite.

Théorème d'encadrement

Soient a un élément de I ou une extrémité de I, $f, g, h : I \longrightarrow \mathbb{R}$ des applications, $\ell \in \mathbb{R}$.
On suppose : $\forall x \in I, \quad f(x) \leqslant g(x) \leqslant h(x)$.
Si les fonctions f et h admettent la **même limite** ℓ en a, alors g admet ℓ pour limite en a.

Remarque :

1) Le théorème d'encadrement, contrairement aux deux propositions précédentes, permet de conclure à l'existence d'une limite.

2) On peut schématiser le théorème d'encadrement sous la forme

$$\begin{array}{ccccc} f(x) \leqslant & g(x) & \leqslant h(x) & & \\ \searrow & & \swarrow & \Longrightarrow & g(x) \longrightarrow \ell. \\ & \ell & & & \end{array}$$

On déduit du théorème d'encadrement (par exemple) la méthode pratique suivante, pour montrer qu'une fonction f admet une certaine limite finie ℓ en a, quand on connaît ℓ : $f(x)$ tend vers ℓ quand x tend vers a si et seulement s'il existe une fonction ε, définie au voisinage de a, de limite 0 en a, telle que, au voisinage de a, $|f(x) - \ell| \leqslant \varepsilon(x)$.
Pour obtenir une limite infinie, on dispose de la proposition suivante, appelée **théorème de minoration** pour *1)* et **théorème de majoration** pour *2)*.

Proposition

1) Soient f, g deux fonctions telles que, au voisinage de a, $g(x) \leqslant f(x)$.
Si $g(x) \underset{x \longrightarrow a}{\longrightarrow} +\infty$, alors $f(x) \underset{x \longrightarrow a}{\longrightarrow} +\infty$.

2) Soient f, h deux fonctions telles que, au voisinage de a, $f(x) \leqslant h(x)$.
Si $h(x) \underset{x \longrightarrow a}{\longrightarrow} -\infty$, alors $f(x) \underset{x \longrightarrow a}{\longrightarrow} -\infty$.

3 Opérations algébriques sur les fonctions admettant des limites

3.1 Cas des limites finies

Proposition

Soient $\lambda \in \mathbb{K}$, a un élément de I ou une extrémité de I, $f, g : I \longrightarrow \mathbb{K}$ des fonctions, $\ell, \ell' \in \mathbb{K}$.

1) Si $f(x) \underset{x \longrightarrow a}{\longrightarrow} \ell$, alors $|f(x)| \underset{x \longrightarrow a}{\longrightarrow} |\ell|$.

2) $f(x) \underset{x \longrightarrow a}{\longrightarrow} 0$ si et seulement si $|f(x)| \underset{x \longrightarrow a}{\longrightarrow} 0$.

3) Si $f(x) \underset{x \longrightarrow a}{\longrightarrow} \ell$ et $g(x) \underset{x \longrightarrow a}{\longrightarrow} \ell'$, alors $f(x) + g(x) \underset{x \longrightarrow a}{\longrightarrow} \ell + \ell'$.

4) Si $f(x) \underset{x \longrightarrow a}{\longrightarrow} \ell$, alors $\lambda f(x) \underset{x \longrightarrow a}{\longrightarrow} \lambda \ell$.

5) Si $f(x) \underset{x \longrightarrow a}{\longrightarrow} 0$ et si g est bornée au voisinage de a, alors $f(x)g(x) \underset{x \longrightarrow a}{\longrightarrow} 0$.

6) Si $f(x) \underset{x \longrightarrow a}{\longrightarrow} \ell$ et $g(x) \underset{x \longrightarrow a}{\longrightarrow} \ell'$, alors $f(x)g(x) \underset{x \longrightarrow a}{\longrightarrow} \ell\ell'$.

7) Si $g(x) \underset{x \longrightarrow a}{\longrightarrow} \ell'$ et si $\ell' \neq 0$, alors $\dfrac{1}{g}$ est définie au voisinage de a et $\dfrac{1}{g(x)} \underset{x \longrightarrow a}{\longrightarrow} \dfrac{1}{\ell'}$.

8) Si $f(x) \underset{x \longrightarrow a}{\longrightarrow} \ell$ et $g(x) \underset{x \longrightarrow a}{\longrightarrow} \ell'$ et si $\ell' \neq 0$, alors $\dfrac{f}{g}$ est définie au voisinage de a et $\dfrac{f(x)}{g(x)} \underset{x \longrightarrow a}{\longrightarrow} \dfrac{\ell}{\ell'}$.

L'étude d'une fonction à valeurs complexes peut éventuellement se ramener à l'étude de deux fonctions à valeurs réelles par la proposition suivante :

Proposition

Soient $f : I \longrightarrow \mathbb{C}$, $(\alpha, \beta) \in \mathbb{R}^2$. On a :

1) $f(x) \underset{x \longrightarrow a}{\longrightarrow} \alpha + \mathrm{i}\beta \iff \begin{cases} \mathrm{Re}(f)(x) \underset{x \longrightarrow a}{\longrightarrow} \alpha \\ \mathrm{Im}(f)(x) \underset{x \longrightarrow a}{\longrightarrow} \beta \end{cases}$

2) $f(x) \underset{x \longrightarrow a}{\longrightarrow} \ell \iff \overline{f(x)} \underset{x \longrightarrow a}{\longrightarrow} \overline{\ell}$.

3.2 Cas des limites infinies

Proposition

Soient a un élément de I ou une extrémité de I, $f, g : I \longrightarrow \mathbb{R}$.

1) Si $f(x) \underset{x \longrightarrow a}{\longrightarrow} +\infty$ et si g est minorée au voisinage de a, alors :

$$f(x) + g(x) \underset{x \longrightarrow a}{\longrightarrow} +\infty.$$

En particulier :

- Si $f(x) \underset{x \longrightarrow a}{\longrightarrow} +\infty$ et $g(x) \underset{x \longrightarrow a}{\longrightarrow} +\infty$, alors : $f(x) + g(x) \underset{x \longrightarrow a}{\longrightarrow} +\infty$
- Si $f(x) \underset{x \longrightarrow a}{\longrightarrow} +\infty$ et $g(x) \underset{x \longrightarrow a}{\longrightarrow} \ell' \in \mathbb{R}$, alors : $f(x) + g(x) \underset{x \longrightarrow a}{\longrightarrow} +\infty$.

2) Si $f(x) \underset{x \longrightarrow a}{\longrightarrow} +\infty$ et si g est minorée au voisinage de a par une constante strictement positive, alors : $f(x)g(x) \underset{x \longrightarrow a}{\longrightarrow} +\infty$.

En particulier :

- Si $f(x) \underset{x \longrightarrow a}{\longrightarrow} +\infty$ et $g(x) \underset{x \longrightarrow a}{\longrightarrow} +\infty$, alors : $f(x)g(x) \underset{x \longrightarrow a}{\longrightarrow} +\infty$
- Si $f(x) \underset{x \longrightarrow a}{\longrightarrow} +\infty$ et $g(x) \underset{x \longrightarrow a}{\longrightarrow} \ell' \in \mathbb{R}_+^*$, alors : $f(x)g(x) \underset{x \longrightarrow a}{\longrightarrow} +\infty$.

On dispose bien sûr de propriétés analogues pour $-\infty$, déduites des propriétés ci-dessus en passant aux fonctions opposées.

On peut dresser des tableaux de limites pour $f+g$ et pour fg analogues à ceux relatifs aux suites, cf. page 290.

3.3 Composition des limites

Proposition

Soient a un élément de I ou une extrémité de I, $f : I \longrightarrow \mathbb{R}$, J un intervalle tel que $f(I) \subset J$, b un élément de J ou une extrémité de J, $g : J \longrightarrow \mathbb{K}$, $\ell \in \mathbb{K} \cup \{-\infty, +\infty\}$. Si f admet b pour limite en a et si g admet ℓ pour limite en b, alors $g \circ f$ admet ℓ pour limite en a.

Schématiquement : $$\begin{cases} f(x) \underset{x \longrightarrow a}{\longrightarrow} b \\ g(y) \underset{y \longrightarrow b}{\longrightarrow} \ell \end{cases} \Longrightarrow (g \circ f)(x) \underset{x \longrightarrow a}{\longrightarrow} \ell.$$

4 Cas des fonctions monotones

Dans ce paragraphe, les fonctions envisagées sont à valeurs réelles.
On dispose du théorème suivant :

Proposition

Soient $a, b \in \mathbb{R} \cup \{-\infty, +\infty\}$ tel que $a < b$, $f :]a\,; b[\longrightarrow \mathbb{R}$ une fonction croissante.

1) Si f est majorée, alors f admet une limite finie en b et : $\displaystyle\lim_{x \longrightarrow b} f(x) = \underset{x \in]a\,;b[}{\text{Sup}} f(x)$.

2) Si f n'est pas majorée, alors f admet $+\infty$ pour limite en b.

Remarque : Ainsi, une fonction croissante sur $]a\,; b[$ admet toujours une limite, finie ou infinie, en b.

En considérant les fonctions $x \longmapsto -f(x)$ et $x \longmapsto f(a+b-x)$ si $b \in \mathbb{R}$, les fonctions $x \longmapsto -f(x)$ et $x \longmapsto f(-x)$ si $b = +\infty$, on déduit du théorème précédent les résultats consignés dans le tableau suivant.

Si $f :]a;b[\to \mathbb{R}$ est ... alors ...			
croissante et majorée	$\lim_b f = \operatorname{Sup}_{x \in]a;b[} f(x)$	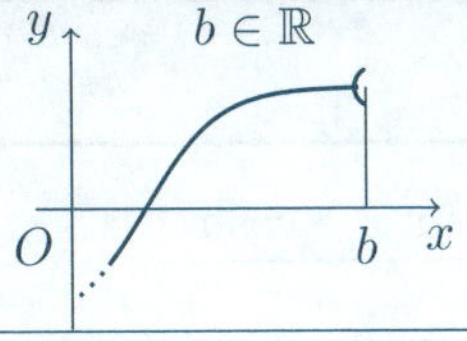	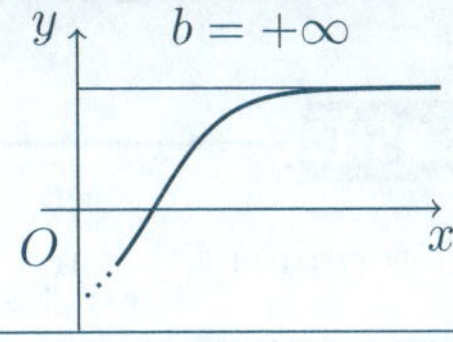
croissante et non majorée	$\lim_b f = +\infty$	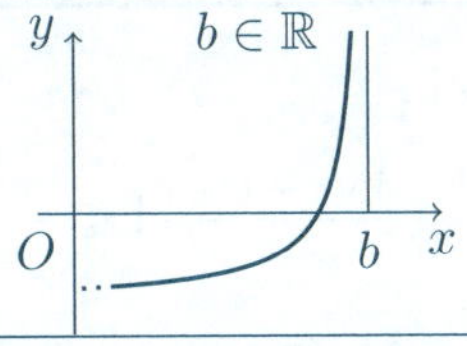	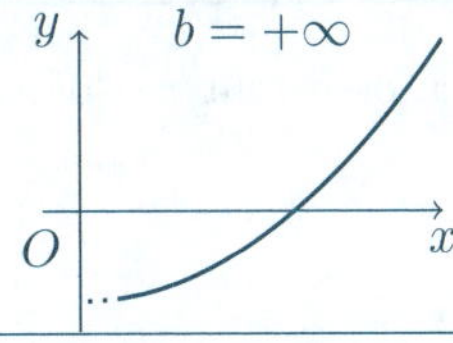
décroissante et minorée	$\lim_b f = \operatorname{Inf}_{x \in]a;b[} f(x)$	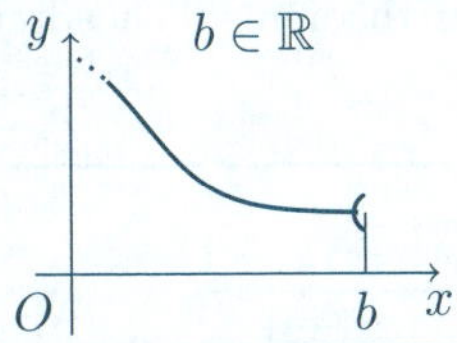	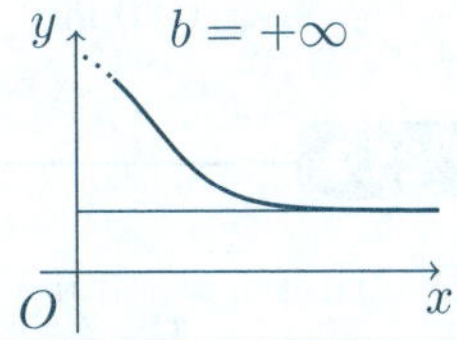
décroissante et non minorée	$\lim_b f = -\infty$	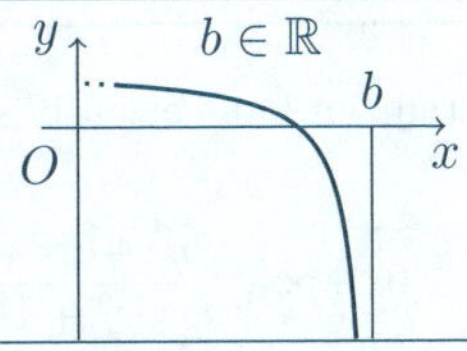	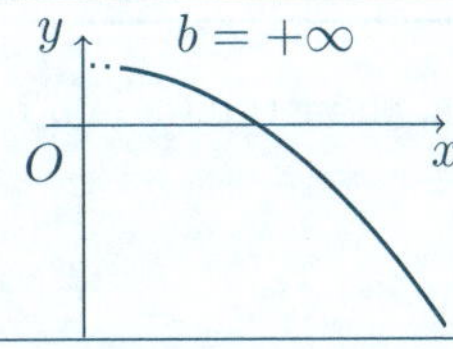
décroissante et majorée	$\lim_a f = \operatorname{Sup}_{x \in]a;b[} f(x)$	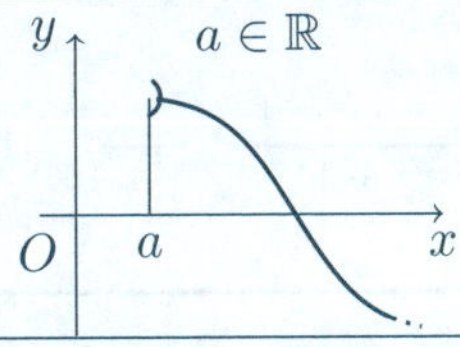	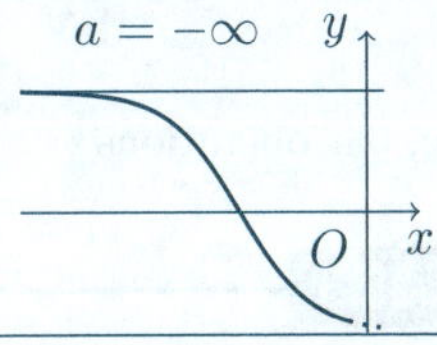
décroissante et non majorée	$\lim_a f = +\infty$	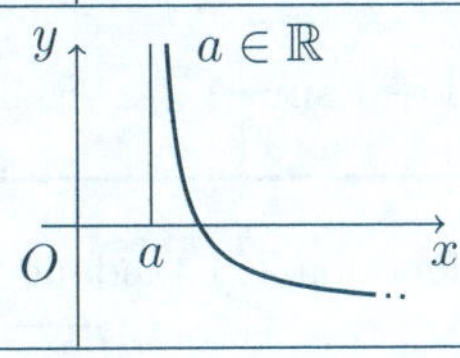	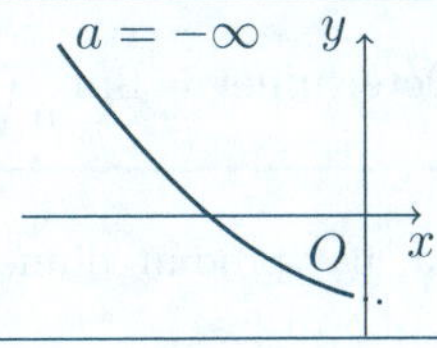
croissante et minorée	$\lim_a f = \operatorname{Inf}_{x \in]a;b[} f(x)$	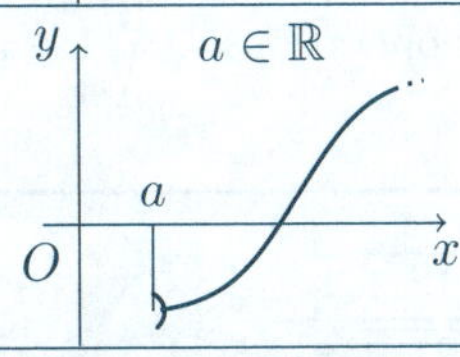	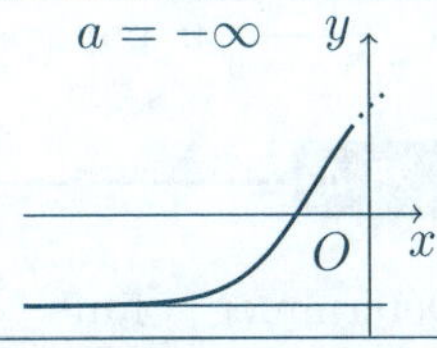
croissante et non minorée	$\lim_a f = -\infty$	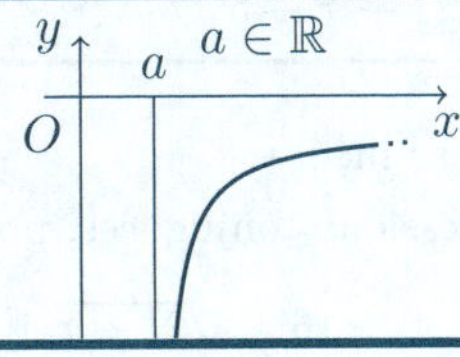	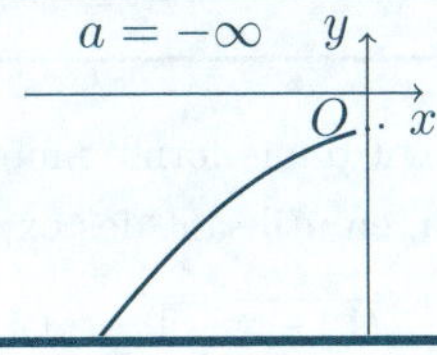

Exercices d'apprentissage

25.1

Déterminer $\lim_{x \longrightarrow +\infty} \dfrac{\sin x + \cos x}{x}$.

On a, pour tout $x \in]0\,;+\infty[$:

$$0 \leqslant \left|\frac{\sin x + \cos x}{x}\right| \leqslant \frac{|\sin x| + |\cos x|}{x} \leqslant \frac{2}{x},$$

et $\dfrac{2}{x} \underset{x \longrightarrow +\infty}{\longrightarrow} 0$, donc, par théorème d'encadrement : $\dfrac{\sin x + \cos x}{x} \underset{x \longrightarrow +\infty}{\longrightarrow} 0$.

25.2

Déterminer $\lim_{x \longrightarrow +\infty} \dfrac{x^2 + \mathrm{i}\,x - 1}{x^2 + 1}$.

On a, en mettant x^2 en facteur en haut et en bas :

$$\forall x \in]0\,;+\infty[, \quad \frac{x^2 + \mathrm{i}\,x - 1}{x^2 + 1} = \frac{1 + \dfrac{\mathrm{i}}{x} - \dfrac{1}{x^2}}{1 + \dfrac{1}{x^2}},$$

donc, par opérations : $\dfrac{x^2 + \mathrm{i}\,x - 1}{x^2 + 1} \underset{x \longrightarrow +\infty}{\longrightarrow} 1$.

25.3

Déterminer $\lim_{x \longrightarrow 0} \sqrt{1 + x \sin \dfrac{1}{x}}$.

On a, par produit d'une fonction (x) tendant vers 0 par une fonction bornée $\left(\sin \dfrac{1}{x}\right)$: $x \sin \dfrac{1}{x} \underset{x \longrightarrow 0}{\longrightarrow} 0$, puis, par opérations : $\sqrt{1 + x \sin \dfrac{1}{x}} \underset{x \longrightarrow 0}{\longrightarrow} \sqrt{1+0} = 1$.

25.4

Déterminer $\lim_{x \longrightarrow 4} \dfrac{\sqrt{12+x} - 4}{\sqrt{21+x} - 5}$.

Il s'agit d'une forme indéterminée $\dfrac{0}{0}$.
On a, en utilisant des expressions conjuguées, pour tout $x \neq 4$:

$$\frac{\sqrt{12+x} - 4}{\sqrt{21+x} - 5} = \frac{(12+x) - 16}{\sqrt{12+x} + 4} \cdot \frac{\sqrt{21+x} + 5}{(21+x) - 5} = \frac{\sqrt{21+x} + 5}{\sqrt{12+x} + 4} \underset{x \longrightarrow 4}{\longrightarrow} \frac{5+5}{4+4} = \frac{5}{4}.$$

25.5

Déterminer $\lim\limits_{x \longrightarrow +\infty} (x + \sin x)$.

Par addition de x qui tend vers $+\infty$ et de $\sin x$ qui est minoré, on déduit, d'après le cours :

$$x + \sin x \underset{x \longrightarrow +\infty}{\longrightarrow} +\infty.$$

25.6

Déterminer $\lim\limits_{x \longrightarrow +\infty} \dfrac{1}{\sqrt{x}} \mathrm{e}^{\,\mathrm{i}\,x^2}$.

Par produit de $\dfrac{1}{\sqrt{x}}$ qui tend vers 0 et de $\mathrm{e}^{\,\mathrm{i}\,x^2}$ qui est borné, puisque $|\,\mathrm{e}^{\,\mathrm{i}\,x^2}| = 1$, on a :

$$\frac{1}{\sqrt{x}} \mathrm{e}^{\,\mathrm{i}\,x^2} \underset{x \longrightarrow +\infty}{\longrightarrow} 0.$$

25.7

Déterminer $\lim\limits_{x \longrightarrow -2} \left(\dfrac{3}{x^2 + x - 2} - \dfrac{1}{x^2 + 3x + 2} \right)$.

Il s'agit d'une forme indéterminée $\infty - \infty$.
On a, pour $x \neq -2$ et au voisinage de -2 :

$$\begin{aligned}
\frac{3}{x^2 + x - 2} - \frac{1}{x^2 + 3x + 2} &= \frac{3}{(x+2)(x-1)} - \frac{1}{(x+1)(x+2)} = \frac{3(x+1) - (x-1)}{(x+2)(x-1)(x+1)} \\
&= \frac{2x+4}{(x+2)(x-1)(x+1)} = \frac{2}{(x-1)(x+1)} \\
&\underset{x \longrightarrow -2}{\longrightarrow} \frac{2}{(-3)(-1)} = \frac{2}{3}.
\end{aligned}$$

Exercices d'entraînement

25.8 Exemples de limites avec partie entière

On considère la fonction $f : \mathbb{R}^* \longrightarrow \mathbb{R}, \quad x \longmapsto x\left\lfloor \frac{1}{x} \right\rfloor$.
Déterminer les limites de f en $-\infty$, en 0^-, en 0^+, en $+\infty$.

25.9 Limite infinie par minoration

Soit $f : [0\,;+\infty[\longrightarrow \mathbb{R}$ une fonction telle que $\dfrac{f(x)}{x} \underset{x \longrightarrow +\infty}{\longrightarrow} 1$.
Montrer : $f(x) - \dfrac{x}{2} \underset{x \longrightarrow +\infty}{\longrightarrow} +\infty$.

25.10 Pas de limite, avec partie entière

La fonction $f : \mathbb{R} \longrightarrow \mathbb{R}, \quad x \longmapsto x^2 - \lfloor x \rfloor^2$ a-t-elle une limite en $+\infty$?

25.11 Pas de limite, valeurs complexes

La fonction $f : \mathbb{R} \longrightarrow \mathbb{C}, \quad t \longmapsto \mathrm{e}^{\,\mathrm{i}\,t}$ a-t-elle une limite en $+\infty$?

25.12 Encadrement de valeur et de limites pour une fonction croissante

Soient I un intervalle de $\mathbb{R}$ non vide ni réduit à un point, $c \in I$ tel que c ne soit pas une extrémité de I, $f : I \longrightarrow \mathbb{R}$ une fonction croissante. Montrer que f admet une limite finie à gauche en c et une limite finie à droite en c et que :

$$\lim_{x \longrightarrow c^-} f(x) \leqslant f(c) \leqslant \lim_{c \longrightarrow c^+} f(x).$$

Corrigés des exercices d'entraînement

25.8

1) On a, pour tout $x \in]-\infty\,;-1]$:

$$-1 \leqslant \frac{1}{x} < 0,$$

donc $\left\lfloor \frac{1}{x} \right\rfloor = -1$, puis $f(x) = -x$.
Ainsi, sur $]-\infty\,;-1]$, f coïncide avec la fonction $x \longmapsto -x$, donc $\lim\limits_{x \longrightarrow -\infty} f(x) = +\infty$.

2) On a, pour tout $x \in]-1\,;0[$:

$$\frac{1}{x} - 1 < \left\lfloor \frac{1}{x} \right\rfloor \leqslant \frac{1}{x},$$

donc, en multipliant par x qui est < 0 :

$$1 - x > f(x) \geqslant 1.$$

Comme $1-x$ et 1 tendent vers 1 lorsque le réel x tend vers 0^-, on déduit, par théorème d'encadrement : $\lim\limits_{x \longrightarrow 0^-} f(x) = 1$.

3) On a, pour tout $x \in]0\,;1[$:

$$\frac{1}{x} - 1 < \left\lfloor \frac{1}{x} \right\rfloor \leqslant \frac{1}{x},$$

donc, en multipliant par x qui est > 0 :

$$1 - x < f(x) \leqslant 1.$$

Comme $1-x$ et 1 tendent vers 1 lorsque le réel x tend vers 0^+, on déduit, par théorème d'encadrement : $\lim\limits_{x \longrightarrow 0^+} f(x) = 1$.

4) On a, pour tout $x \in]1\,;+\infty[$:

$$0 < \frac{1}{x} < 1,$$

donc $\left\lfloor \frac{1}{x} \right\rfloor = 0$.
Ainsi, sur $]1\,;+\infty[$, f coïncide avec la fonction constante $x \longmapsto 0$, donc $\lim\limits_{x \longrightarrow +\infty} f(x) = 0$.

25.9

Puisque $\dfrac{f(x)}{x} \underset{x \longrightarrow +\infty}{\longrightarrow} 1$ et $\dfrac{3}{4} < 1$, on déduit, d'après le cours, qu'il existe $A \geqslant 1$ tel que :

$$\forall x \in [A\,;+\infty[,\quad \frac{f(x)}{x} \geqslant \frac{3}{4},$$

d'où $f(x) \geqslant \dfrac{3}{4}x$,

puis : $f(x) - \dfrac{x}{2} \geqslant \dfrac{3}{4}x - \dfrac{1}{2}x = \dfrac{1}{4}x$.

Comme $\dfrac{1}{4}x \underset{x \longrightarrow +\infty}{\longrightarrow} +\infty$, on conclut, par théorème de minoration :

$$f(x) - \frac{x}{2} \underset{x \longrightarrow +\infty}{\longrightarrow} +\infty.$$

25.10

On a, pour $n \in \mathbb{N}^*$:

$$f(n) = n^2 - n^2 = 0 \underset{n\infty}{\longrightarrow} 0,$$

$$f\Big(n + \frac{1}{2}\Big) = \Big(n + \frac{1}{2}\Big)^2 - n^2 = n + \frac{1}{4} \underset{n\infty}{\longrightarrow} +\infty,$$

donc f n'a pas de limite, ni finie ni infinie, en $+\infty$.

25.11

Notons, pour tout $n \in \mathbb{N}$,

$$u_n = 2n\pi \quad\text{et}\quad v_n = 2n\pi + \pi.$$

On a alors : $u_n \underset{n\infty}{\longrightarrow} +\infty$, $\quad v_n \underset{n\infty}{\longrightarrow} +\infty$ et, pour tout $n \in \mathbb{N}$:

$$f(u_n) = \mathrm{e}^{2\,\mathrm{i}\,n\pi} = 1,\quad f(v_n) = \mathrm{e}^{2\,\mathrm{i}\,n\pi + \mathrm{i}\,\pi} = -1,$$

donc les suites $\big(f(u_n)\big)_{n\in\mathbb{N}}$ et $\big(f(v_n)\big)_{n\in\mathbb{N}}$ convergent vers des limites différentes.
Il en résulte que f n'a pas de limite, ni finie ni infinie, en $+\infty$.

25.12

L'application $f|_{]-\infty\,;c]\,\cap\, I}$, restriction de f à $]-\infty\,;c] \cap I$, est croissante et majorée par $f(c)$, donc, d'après le cours, f admet une limite en c à gauche et $\lim\limits_{x \longrightarrow c^-} f(x) \leqslant f(c)$.

L'application $f|_{I\,\cap\,[c\,;+\infty[}$, restriction de f à $I \cap [c\,;+\infty[$, est croissante et minorée par $f(c)$, donc, d'après le cours, f admet une limite en c à droite et $f(c) \leqslant \lim\limits_{x \longrightarrow c^+} f(x)$.

D'où le résultat demandé.

26 Fonctions : continuité

Les fonctions continues d'une variable réelle jouent un rôle important dans toute l'analyse, en particulier dans la théorie de l'intégration (au second semestre). La notion de continuité en un point est très proche de celle de limite. Les fonctions continues sur un intervalle de $\mathbb{R}$, et en particulier sur un segment de $\mathbb{R}$, et à valeurs réelles, ont des propriétés remarquables,

Dans tout le chapitre, I désigne un intervalle de $\mathbb{R}$, ni vide ni réduit à un point, et on note $\mathbb{K} = \mathbb{R}$ ou $\mathbb{C}$.

Rappels de cours

1 Généralités

Définition

Soient $f : I \longrightarrow \mathbb{K}$, $a \in I$. On dit que f est **continue** en a si et seulement si :

$$\forall \varepsilon > 0,\ \exists \eta > 0,\ \forall x \in I,\quad \big(|x - a| \leqslant \eta \implies |f(x) - f(a)| \leqslant \varepsilon\big).$$

On dit que f est **discontinue** en a (ou aussi : a est un point de discontinuité de f) si et seulement si f n'est pas continue en a.

Exemple

1) Toute fonction constante est continue en tout point.

2) Toute fonction polynomiale est continue en tout point.

3) La fonction valeur absolue est continue en tout point de $\mathbb{R}$.

4) La fonction partie entière est continue en tout point de $\mathbb{R} \setminus \mathbb{Z}$ et discontinue en tout point de $\mathbb{Z}$.

Remarque : Si une fonction f est continue en un point a, alors f est définie en a, mais la réciproque est fausse.

On définit les notions de continuité à gauche, continuité à droite en un point :

Définition

1) Si a n'est pas l'extrémité gauche de I, on dit que $f : I \longrightarrow \mathbb{K}$ est **continue à gauche en** a (ou aussi : continue en a à gauche) si et seulement si :

$$\forall \varepsilon > 0,\ \exists \eta > 0,\ \forall x \in I,\quad \big(a - \eta \leqslant x \leqslant a \implies |f(x) - f(a)| \leqslant \varepsilon\big).$$

2) Si a n'est pas l'extrémité droite de I, on dit que $f : I \longrightarrow \mathbb{K}$ est **continue à droite en** a (ou aussi : continue en a à droite) si et seulement si :

$$\forall \varepsilon > 0,\ \exists \eta > 0,\ \forall x \in I,\quad \big(a \leqslant x \leqslant a + \eta \implies |f(x) - f(a)| \leqslant \varepsilon\big).$$

Exemple

La fonction $f : \mathbb{R} \longrightarrow \mathbb{R},\quad x \longmapsto \begin{cases} 0 & \text{si} \quad x \leqslant 0 \\ 1 & \text{si} \quad x > 0 \end{cases}$ est continue à gauche en 0 et n'est pas continue à droite en 0.

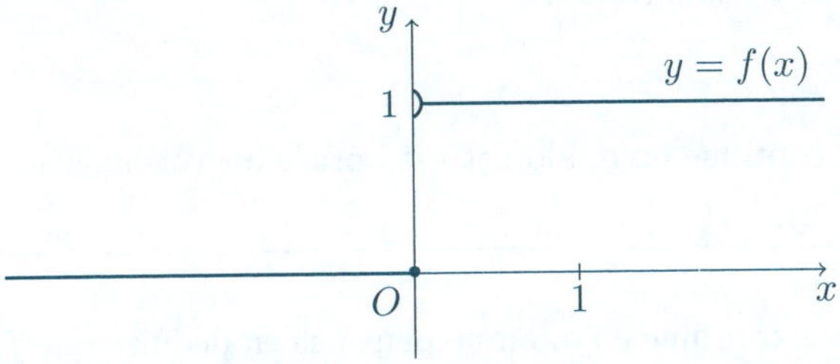

Il est clair que, si a n'est pas une extrémité de I, f est continue en a si et seulement si :

$$f \text{ est continue à gauche en } a \quad \text{et} \quad f \text{ est continue à droite en } a.$$

La proposition suivante est immédiate.

Proposition

Soient $f : I \longrightarrow \mathbb{K}$, $a \in I$. Pour que f soit continue en a, il faut et il suffit que f admette $f(a)$ pour limite en a.

Schématiquement : $\quad \big(f \text{ est continue en } a\big) \iff f(x) \underset{x \longrightarrow a}{\longrightarrow} f(a)$

Exemple

La fonction $f : \mathbb{R} \longrightarrow \mathbb{R},\quad x \longmapsto \begin{cases} x \sin \dfrac{1}{x} & \text{si} \quad x \neq 0 \\ 0 & \text{si} \quad x = 0 \end{cases}$ est continue en 0

car $f(x) \underset{x \longrightarrow 0}{\longrightarrow} 0 = f(0)$, par produit d'une fonction tendant vers 0 et d'une fonction bornée.

Définition

Soient I un intervalle ouvert en une de ses extrémités a réelle, $f : I \longrightarrow \mathbb{R}$ une fonction. On dit que f admet un **prolongement par continuité** en a (ou aussi : admet un prolongement continu en a) si et seulement si f admet une limite finie ℓ en a, et on appelle alors **prolongement continu** de f en a la fonction

$$g : I \cup \{a\} \longrightarrow \mathbb{R},\quad x \longmapsto \begin{cases} f(x) & \text{si} \quad x \neq a \\ \ell & \text{si} \quad x = a. \end{cases}$$

Exemple

Puisque $x \sin \dfrac{1}{x} \underset{x \longrightarrow 0}{\longrightarrow} 0$, la fonction $f :]0\,;+\infty[\longrightarrow \mathbb{R},\quad x \longmapsto x \sin \dfrac{1}{x}$ admet un prolongement continu en 0, et ce prolongement continu est la fonction

$$g : [0\,;+\infty[\longrightarrow \mathbb{R}, \quad x \longmapsto \begin{cases} x \sin \dfrac{1}{x} & \text{si} \quad x \neq 0 \\ 0 & \text{si} \quad x = 0. \end{cases}$$

On montre la proposition suivante.

Proposition

Si $f : I \longrightarrow \mathbb{K}$ est continue en a, alors f est bornée au voisinage de a.

Remarque :

1) Si $f : I \longrightarrow \mathbb{K}$ est continue en a, on ne peut pas en déduire que f est bornée sur I. Par exemple, la fonction $f : \mathbb{R} \longrightarrow \mathbb{R}, \quad x \longmapsto x$ est continue en 0 mais f n'est pas bornée sur $\mathbb{R}$.

On dit que la continuité en un point est une propriété locale, par opposition à la notion de propriété globale.

2) La réciproque est fausse : une fonction peut être bornée au voisinage de a sans être continue en a. Par exemple, la fonction $f : \mathbb{R} \longrightarrow \mathbb{R}, \quad x \longmapsto x - \lfloor x \rfloor$ est bornée sur $\mathbb{R}$ (car, pour tout $x \in \mathbb{R}$, $0 \leqslant x - \lfloor x \rfloor < 1$), mais f n'est pas continue en 0.

2 Opérations sur les fonctions continues

2.1 Continuité en un point

On dispose des résultats suivants.

Proposition

Soient $a \in I$, $\lambda \in \mathbb{K}$, $f, g : I \longrightarrow \mathbb{K}$ des fonctions.

1) Si f est continue en a, alors $|f|$ est continue en a.

2) Si f et g sont continues en a, alors $f + g$ est continue en a.

3) Si f est continue en a, alors λf est continue en a.

4) Si f et g sont continues en a, alors fg est continue en a.

5) Si g est continue en a et si $g(a) \neq 0$, alors $\dfrac{1}{g}$ est définie au voisinage de a et $\dfrac{1}{g}$ est continue en a.

6) Si f et g sont continues en a et si $g(a) \neq 0$, alors $\dfrac{f}{g}$ est définie au voisinage de a et $\dfrac{f}{g}$ est continue en a.

On dispose du théorème de composition suivant.

Composée de deux fonctions continues en un point

Soient I, J des intervalles de $\mathbb{R}$, $a \in I$, $f : I \longrightarrow \mathbb{R}$, $g : J \longrightarrow \mathbb{K}$ des fonctions telles que $f(I) \subset J$. On note $g \circ f : I \longrightarrow \mathbb{K}, \quad x \longmapsto g\big(f(x)\big)$.
Si f est continue en a et si g est continue en $f(a)$, alors $g \circ f$ est continue en a.

Pour les fonctions à valeurs complexes, on dispose de la proposition suivante.

Proposition

Soient $a \in I$, $f : I \longrightarrow \mathbb{C}$. Les assertions suivantes sont deux à deux équivalentes :
(1) f est continue en a,
(2) $\mathrm{Re}(f)$ et $\mathrm{Im}\,(f)$ sont continues en a,
(3) $\overline{f}$ est continue en a.

2.2 Continuité globale

Définition

On dit qu'une fonction $f : I \longrightarrow \mathbb{K}$ est **continue sur** I si et seulement si f est continue en chaque point de I.
On note $C(I, \mathbb{K})$ l'ensemble des fonctions de I dans $\mathbb{K}$ continues sur I.

Remarque : L'éventuelle définition de continuité sur une partie de l'ensemble de définition, notion pouvant prêter à confusion, ne figure pas dans le Programme officiel.

On déduit les propositions suivantes.

Proposition

Soient $\lambda \in \mathbb{K}$, $f, g : I \longrightarrow \mathbb{K}$ des fonctions.

1) Si f est continue sur I, alors $|f|$ est continue sur I.

2) Si f et g sont continues sur I, alors $f + g$ est continue sur I.

3) Si f est continue sur I, alors λf est continue sur I.

4) Si f et g sont continues sur I, alors fg est continue sur I.

5) Si g est continue sur I et si, pour tout $a \in I$, $\; g(a) \neq 0$, alors $\dfrac{1}{g}$ est continue sur I.

6) Si f et g sont continues sur I et si, pour tout $a \in I$, $\; g(a) \neq 0$, alors $\dfrac{f}{g}$ est continue sur I.

Composée de deux fonctions continues sur un intervalle

Soient I, J des intervalles de $\mathbb{R}$, $f : I \longrightarrow \mathbb{R}$, $g : J \longrightarrow \mathbb{K}$ des fonctions telles que $f(I) \subset J$. On note $g \circ f : I \longrightarrow \mathbb{K}, \quad x \longmapsto g\big(f(x)\big)$.
Si f est continue sur I et si g est continue sur J, alors $g \circ f$ est continue sur I.

Brièvement : la composée deux fonctions continues est continue.

Pour les fonctions à valeurs complexes, on dispose de la proposition suivante.

Proposition

Soit $f : I \longrightarrow \mathbb{C}$. Les assertions suivantes sont deux à deux équivalentes :
(1) f est continue sur I,
(2) $\mathrm{Re}(f)$ et $\mathrm{Im}(f)$ sont continues sur I,
(3) $\overline{f}$ est continue sur I.

Exemple

Puisque les fonctions réelles cos et sin sont continues sur $\mathbb{R}$, la fonction complexe $t \longmapsto \mathrm{e}^{\,\mathrm{i}\,t} = \cos t + \mathrm{i}\,\sin t$ est continue sur $\mathbb{R}$.

3 Continuité sur un intervalle

Théorème des valeurs intermédiaires

Soient I un intervalle de $\mathbb{R}$, $f : I \longrightarrow \mathbb{R}$ continue sur I, $a, b \in I$ tels que, par exemple, $a < b$ et $f(a) \leqslant f(b)$.
Alors f atteint, sur $[a\,;b]$, toute valeur intermédiaire entre $f(a)$ et $f(b)$, c'est-à-dire :

$$\forall \gamma \in [f(a)\,;f(b)],\ \exists\, c \in [a\,;b],\quad f(c) = \gamma.$$

On dit aussi : une fonction continue sur un intervalle et à valeurs réelles atteint toute valeur intermédiaire entre deux valeurs qu'elle atteint déjà.

Exemple

Sur le graphique suivant, la fonction f étant supposée continue sur l'intervalle I, f atteint la valeur γ trois fois.

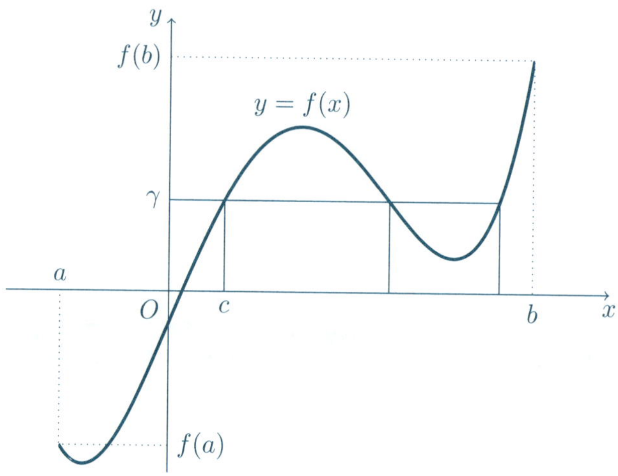

Remarque : On utilise souvent le théorème des valeurs intermédiaires dans le cas où $\gamma = 0$: si une fonction $f : I \longrightarrow \mathbb{R}$ est continue sur un intervalle I et si f prend au moins une valeur $\leqslant 0$ et au moins une valeur $\geqslant 0$, alors f prend au moins une fois la valeur 0.

Exemple

Montrer que l'équation $x^5 - x + 1 = 0$, d'inconnue $x \in \mathbb{R}$, admet au moins une solution.
L'application $f : \mathbb{R} \longrightarrow \mathbb{R}, \quad x \longmapsto x^5 - x + 1$ est continue sur $\mathbb{R}$ et, par exemple, $f(-2) = -29 < 0$ et $f(0) = 1 > 0$, donc, d'après le théorème des valeurs intermédiaires, il existe $c \in [-2\,;0]$ tel que $f(c) = 0$, ce qui montre que l'équation proposée admet au moins une solution dans $\mathbb{R}$.

On peut exprimer le théorème des valeurs intermédiaires sous la forme condensée suivante : l'image d'un intervalle de $\mathbb{R}$, par une fonction continue et à valeurs réelles, est un intervalle de $\mathbb{R}$.

Le résultat suivant est utile pour les exercices.

Proposition

Si $f : I \longrightarrow \mathbb{R}$ est continue sur l'intervalle I et est injective, alors f est strictement monotone.

4 Continuité sur un segment

Rappel : un segment de $\mathbb{R}$ est un intervalle fermé borné $[a\,;b]$, $a, b \in \mathbb{R}$, $a \leqslant b$.

Théorème de continuité sur un segment

Soient $a, b \in \mathbb{R}$ tels que $a \leqslant b$, $f : [a\,;b] \longrightarrow \mathbb{R}$ une fonction.
Si f est continue sur $[a\,;b]$, alors f est bornée et atteint ses bornes.

La conclusion de ce théorème signifie que $\operatorname*{Inf}_{x\in[a;b]} f(x)$ et $\operatorname*{Sup}_{x\in[a;b]} f(x)$ existent dans $\mathbb{R}$ et qu'il existe $x_1, x_2 \in [a\,;b]$ tels que : $\operatorname*{Inf}_{x\in[a;b]} f(x) = f(x_1)$ et $\operatorname*{Sup}_{x\in[a;b]} f(x) = f(x_2)$.

On peut exprimer le théorème de continuité sur un segment sous la forme condensée suivante : l'image d'un segment de $\mathbb{R}$, par une fonction continue et à valeurs réelles, est un segment de $\mathbb{R}$.

Exemple

Pour la fonction continue sur $[-2\,;3]$ représentée par le graphique suivant, l'image du segment $[-2\,;3]$ est le segment $[-1\,;2]$:

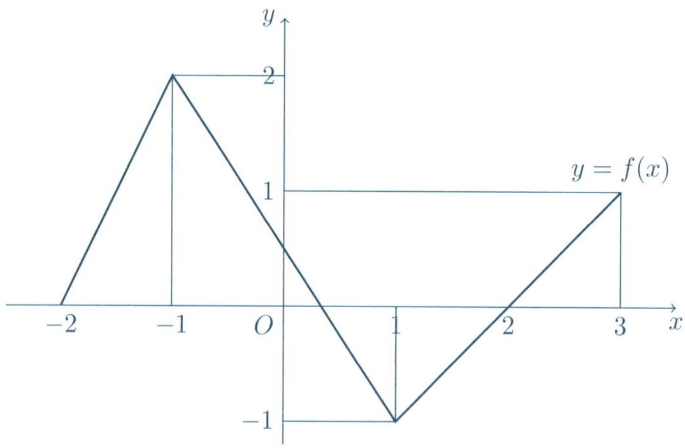

Dans cet exemple, $f([-2;3]) = [-1;2]$

Attention

1) Si une fonction $f : I \longrightarrow \mathbb{R}$ est continue sur un intervalle qui n'est pas un segment, alors f peut ne pas être bornée. Par exemple, la fonction $f :]0\,;1] \longrightarrow \mathbb{R},\ \ x \longmapsto \dfrac{1}{x}$ est continue sur l'intervalle $]0\,;1]$ et n'est pas bornée.

2) Si une fonction $f : I \longrightarrow \mathbb{R}$ est continue sur un intervalle qui n'est pas un segment et si f est bornée, alors f n'atteint pas nécessairement ses bornes. Par exemple, la fonction $f :]0\,;1[\longrightarrow \mathbb{R},\ \ x \longmapsto x$ est continue sur $]0\,;1[$, bornée, et n'atteint pas ses bornes.

5 Fonction réciproque

Pour une fonction $f : I \longrightarrow \mathbb{R}$ donnée, nous nous intéressons ici à l'éventuelle existence d'une fonction réciproque pour f, ce qui suppose que f est bijective. En remplaçant f par sa restriction $\widetilde{f}$ à $f(I)$ à l'arrivée, $\widetilde{f}$ est bijective si et seulement si f est injective.

Si f est bijective, alors, dans un repère orthonormé $(O\,; \overrightarrow{i}, \overrightarrow{j})$ du plan usuel, les courbes représentatives (C) de f, et (C') de f^{-1} sont symétriques l'une de l'autre par rapport à la première bissectrice B_1 (d'équation $y = x$), car, pour tout point $M(x, y)$

du plan : $M(x, y) \in (C) \iff y = f(x) \iff x = f^{-1}(y) \iff M'(y, x) \in (C')$.

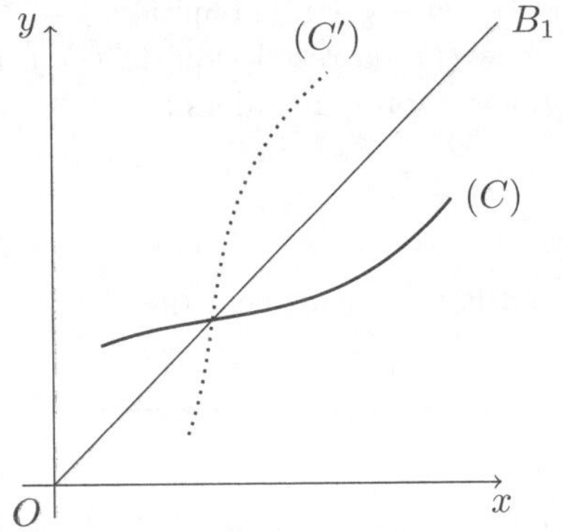

Remarque : Il se peut qu'une fonction f admette une fonction réciproque sans que f soit continue. Par exemple, la fonction $f : [0\,;1] \longrightarrow [0\,;1]$ définie par :

$$f(0) = 1,\ f(1) = 0 \text{ et, pour tout } x \in]0\,;1[,\ f(x) = x$$

n'est pas continue (en 0 par exemple) et est bijective (sa réciproque est elle-même).

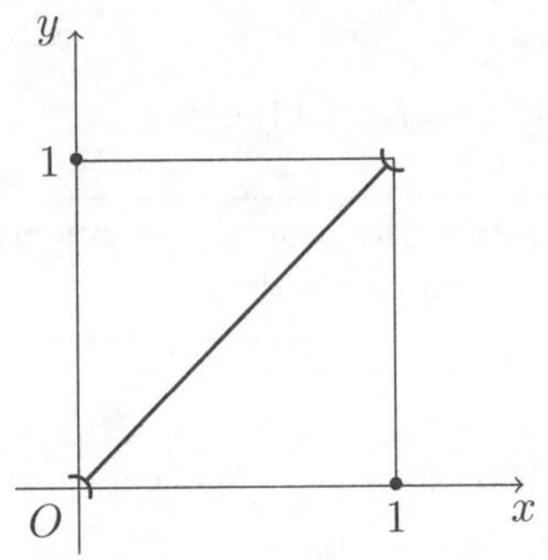

Représentation graphique de f

La définition suivante ne figure pas dans le Programme officiel mais est classique. Soient $f : I \longrightarrow \mathbb{R}$ une fonction, U un intervalle de $\mathbb{R}$ inclus dans I, V un intervalle de $\mathbb{R}$. On dit que f **réalise une bijection** de U sur V si et seulement si la restriction de f à U au départ et à V à l'arrivée est bijective.

Exemple

L'application $f : x \longmapsto \mathrm{e}^x$ réalise une bijection de $\mathbb{R}$ sur $]0\,;+\infty[$.

Théorème de la bijection monotone

Soient I un intervalle de $\mathbb{R}$, $f : I \longrightarrow \mathbb{R}$ une fonction.
Notons $\widetilde{f} : I \longrightarrow f(I),\quad x \longmapsto f(x)$ la restriction de f à $f(I)$ pour l'arrivée.
Si f est continue et strictement monotone, alors :

1) $f(I)$ est un intervalle

2) $\widetilde{f}$ est bijective

3) $\widetilde{f}^{-1}$ est strictement monotone de même sens que f

4) $\widetilde{f}^{-1}$ est continue sur $f(I)$.

Exemple

1) Montrer que la fonction $f : \mathbb{R} \longrightarrow \mathbb{R},\quad x \longmapsto x^2 + 1$ réalise une bijection de $[0\,;2]$ sur un intervalle J à préciser.

Il est clair que f est continue et strictement croissante sur l'intervalle $[0\,;2]$ et que $f([0\,;2]) = [1\,;5]$, donc, d'après le cours, f réalise une bijection de l'intervalle $[0\,;2]$ sur l'intervalle $J = [1\,;5]$.

2) Montrer que la fonction $f : \mathbb{R} \longrightarrow \mathbb{R},\quad x \longmapsto x^5 + x + 1$ est bijective.

La fonction f est dérivable sur $\mathbb{R}$, donc continue sur $\mathbb{R}$, et on a, pour tout $x \in \mathbb{R}$, $f'(x) = 5x^4 + 1 > 0$, donc f est strictement croissante sur $\mathbb{R}$.
On a : $f(x) \underset{x \longrightarrow -\infty}{\longrightarrow} -\infty$ et $f(x) \underset{x \longrightarrow +\infty}{\longrightarrow} +\infty$.
D'après le cours, on conclut que f est bijective.

Remarque : Selon les exemples, lorsque f est bijective, il se peut que l'on puisse exprimer ou non la fonction réciproque de f.

Exemple

1) On a vu ci-dessus que $f : [0\,;2] \longrightarrow [1\,;5],\quad x \longmapsto x^2+1$ est bijective, et on a, pour tout $(x, y) \in [0\,;2] \times [1\,;5]$:

$$y = f(x) \iff y = 1 + x^2 \iff x^2 = y - 1 \iff x = \sqrt{y-1},$$

donc la fonction réciproque de f est $f^{-1} : [1\,;5] \longrightarrow [0\,;2],\quad y \longmapsto \sqrt{y-1}$.

2) Dans l'exemple $f : \mathbb{R} \longrightarrow \mathbb{R},\quad x \longmapsto x^5+x+1$, on ne peut pas exprimer simplement la fonction réciproque f^{-1} de f.

Exercices d'apprentissage

26.1

Montrer que la fonction $f : \mathbb{R} \longrightarrow \mathbb{R}, \quad x \longmapsto \begin{cases} 1 & \text{si } x \in \mathbb{Q} \\ 0 & \text{si } x \notin \mathbb{Q} \end{cases}$

est discontinue en tout point de $\mathbb{R}$.

Soit $a \in \mathbb{R}$.
Raisonnons par l'absurde : supposons que f est continue en a.

• Puisque $\mathbb{Q}$ est dense dans $\mathbb{R}$, il existe une suite $(u_n)_{n\in\mathbb{N}}$ dans $\mathbb{Q}$ convergeant vers a. Comme f est continue en a, on déduit, par la caractérisation séquentielle de la limite d'une fonction en un point, que la suite $\big(f(u_n)\big)_{n\in\mathbb{N}}$ converge vers $f(a)$, donc, comme les $f(u_n)$ sont tous nuls, $f(a) = 0$.

• Puisque $\mathbb{R} \setminus \mathbb{Q}$ est dense dans $\mathbb{R}$, il existe une suite $(v_n)_{n\in\mathbb{N}}$ dans $\mathbb{R} \setminus \mathbb{Q}$ convergeant vers a. Comme f est continue en a, on déduit, par la caractérisation séquentielle de la limite d'une fonction en un point, que la suite $\big(f(v_n)\big)_{n\in\mathbb{N}}$ converge vers $f(a)$, donc, comme les $f(v_n)$ sont tous égaux à 1, $f(a) = 1$.

On obtient ainsi $f(a) = 0$ et $f(a) = 1$, contradiction.
Ce raisonnement par l'absurde montre que, pour tout $a \in \mathbb{R}$, f n'est pas continue en a, autrement dit, f est discontinue en tout point de $\mathbb{R}$.

26.2

Montrer que, si des fonctions $f, g : I \longrightarrow \mathbb{R}$ sont continues sur I, alors les fonctions $\operatorname{Sup}(f,g)$, $\operatorname{Inf}(f,g)$ sont continues sur I.

Les fonctions $\operatorname{Sup}(f,g)$, $\operatorname{Inf}(f,g)$ ont été définies dans l'exercice 15.3, et on a montré :

$$\operatorname{Sup}(f,g) = \frac{f+g+|f-g|}{2}, \qquad \operatorname{Inf}(f,g) = \frac{f+g-|f-g|}{2}.$$

Comme f et g sont continues sur I, on déduit, par opérations, que $\operatorname{Sup}(f,g)$, et $\operatorname{Inf}(f,g)$ sont continues sur I.

26.3

Montrer que l'équation $x^{10} - x^7 - 1 = 0$ admet au moins une solution x dans $\mathbb{R}$.

L'application $f : \mathbb{R} \longrightarrow \mathbb{R}, \quad x \longmapsto x^{10} - x^7 - 1$ est continue sur l'intervalle $\mathbb{R}$, $f(-1) = 1 > 0$ et $f(0) = -1 < 0$, donc, d'après le théorème des valeurs intermédiaires, f prend au moins une fois la valeur 0 et on conclut que l'équation proposée admet au moins une solution.

26.4

Montrer que tout polynôme à coefficients réels, de degré impair, admet au moins un zéro réel.

Soit P un polynôme à coefficients réels, de degré impair.
Quitte à changer P en $-P$, on peut supposer que le coefficient dominant de P est > 0.
Alors, la fonction polynomiale P est continue sur l'intervalle $\mathbb{R}$, et on a

$$P(x) \underset{x \longrightarrow -\infty}{\longrightarrow} -\infty \quad \text{et} \quad P(x) \underset{x \longrightarrow +\infty}{\longrightarrow} +\infty,$$

donc, d'après le théorème des valeurs intermédiaires, P prend toute valeur entre $-\infty$ et $+\infty$, en particulier la valeur 0.
On conclut que P admet au moins un zéro réel.

26.5

Montrer que la fonction $f : \mathbb{R} \longrightarrow \mathbb{R},\ x \longmapsto x + \sin x$ est bijective.

La fonction f est dérivable sur $\mathbb{R}$, donc continue sur $\mathbb{R}$, et, pour tout $x \in \mathbb{R}$, $f'(x) = 1+\cos x$, donc f' est $\geqslant 0$ et ne s'annule qu'en les points $\dfrac{\pi}{2} + n\pi$, $n \in \mathbb{Z}$, donc, d'après le cours sur la dérivation, f est strictement croissante, et, d'autre part,

$$f(x) \underset{x \longrightarrow -\infty}{\longrightarrow} -\infty \quad \text{et} \quad f(x) \underset{x \longrightarrow +\infty}{\longrightarrow} +\infty.$$

D'après le théorème de la bijection monotone, on conclut que f est bijective.

26.6

a) Montrer que la fonction $f : \mathbb{R} \longrightarrow \mathbb{R}_+^*,\ x \longmapsto \mathrm{e}^{x} + \mathrm{e}^{2x}$ est une bijection de $\mathbb{R}$ sur $\mathbb{R}_+^*$.

b) Exprimer, pour tout $y \in \mathbb{R}$, $f^{-1}(y)$ en fonction de y à l'aide de fonctions usuelles.

a) L'application f est dérivable sur $\mathbb{R}$, donc continue sur $\mathbb{R}$, et, pour tout $x \in \mathbb{R}$, $f'(x) = \mathrm{e}^{x} + 2\,\mathrm{e}^{2x} > 0$, donc f est strictement croissante sur $\mathbb{R}$, et, d'autre part,

$$f(x) \underset{x \longrightarrow -\infty}{\longrightarrow} 0 \quad \text{et} \quad f(x) \underset{x \longrightarrow +\infty}{\longrightarrow} +\infty,$$

donc, d'après le théorème de la bijection monotone, f est une bijection de $\mathbb{R}$ sur $]0\,;+\infty[$.
b) On a, pour tout $(x, y) \in \mathbb{R} \times \mathbb{R}_+^*$:

$$y = f(x) \iff y = \mathrm{e}^{x} + \mathrm{e}^{2x} \iff \mathrm{e}^{2x} + \mathrm{e}^{x} - y = 0.$$

Par le changement d'inconnue $t = \mathrm{e}^{x} > 0$, on a : $y = f(x) \iff t^2 + t - y = 0$.
Le discriminant Δ du trinôme du second degré $t^2 + t - y$ est $\Delta = 1 + 4y$, donc les zéros de ce trinôme sont

$$t_1 = \frac{-1 - \sqrt{1+4y}}{2} \quad \text{et} \quad t_2 = \frac{-1 + \sqrt{1+4y}}{2}.$$

Comme $t = e^{x} > 0$ et que $t_1 < 0$ et $t_2 > 0$, on a donc :

$$y = f(x) \iff t = \frac{-1 + \sqrt{1+4y}}{2}$$

et on conclut que l'application réciproque f^{-1} de f est donnée par, pour tout $y \in]0\,;+\infty[$:

$$f^{-1}(y) = \ln\left(\frac{\sqrt{1+4y} - 1}{2}\right).$$

Exercices d'entraînement

26.7 Deux fonctions continues qui coïncident sur $\mathbb{Q}$ coïncident sur $\mathbb{R}$

Soient $f, g : \mathbb{R} \longrightarrow \mathbb{R}$ continues telles que : $\forall x \in \mathbb{Q},\quad f(x) = g(x)$. Montrer : $f = g$.

26.8 Condition suffisante d'existence d'un point fixe

Soit $f : [0\,;1] \longrightarrow [0\,;1]$ continue. Montrer qu'il existe $c \in [0\,;1]$ tel que $f(c) = c$.

26.9 Fonction continue et périodique sur $\mathbb{R}$

Soit $f : \mathbb{R} \longrightarrow \mathbb{R}$ continue et périodique. Montrer que f est bornée.

26.10 Une condition suffisante d'existence d'un minimum

Soit $f : \mathbb{R} \longrightarrow \mathbb{R}$ continue telle que

$$f(x) \underset{x \longrightarrow -\infty}{\longrightarrow} +\infty \quad \text{et} \quad f(x) \underset{x \longrightarrow +\infty}{\longrightarrow} +\infty.$$

Montrer que f est minorée et atteint sa borne inférieure.

26.11 Exemples divers d'applications continues, injectives ou surjectives

a) Existe-t-il une application $f : [0\,;1] \longrightarrow \,]0\,;1[$ continue et injective ?

b) Existe-t-il une application $g : [0\,;1] \longrightarrow \,]0\,;1[$ continue et surjective ?

c) Existe-t-il une application $h :]0\,;1[\longrightarrow [0\,;1]$ continue et injective ?

d) Existe-t-il une application $k :]0\,;1[\longrightarrow [0\,;1]$ continue et surjective ?

26.12 Exemple de fonction réciproque, résolution d'équations

On considère l'application $\quad f : \mathbb{R} \longrightarrow \mathbb{R},\quad x \longmapsto x^3 + x + 1.$

a) Montrer que f est bijective et tracer l'allure des représentations graphiques de f et f^{-1}.

b) Résoudre l'équation, d'inconnue $x \in \mathbb{R}$, $\;(f \circ f)(x) = 31.$

c) Résoudre l'équation, d'inconnue $x \in \mathbb{R}$, $\;f(x) = f^{-1}(x).$

Corrigés des exercices d'entraînement

26.7

Soit $a \in \mathbb{R}$. Puisque $\mathbb{Q}$ est dense dans $\mathbb{R}$, il existe une suite $(u_n)_{n\in\mathbb{N}}$ dans $\mathbb{Q}$ convergeant vers a.
Comme f et g sont continues en a, on déduit, par la caractérisation séquentielle de la limite d'une fonction en un point, que la suite $\big(f(u_n)\big)_{n\in\mathbb{N}}$ converge vers $f(a)$ et que la suite $\big(g(u_n)\big)_{n\in\mathbb{N}}$ converge vers $g(a)$.
Puisque, pour tout $n \in \mathbb{N}$, $f(u_n) = g(u_n)$, on déduit, par unicité de la limite d'une suite, que $f(a) = g(a)$.
On conclut : $f = g$.

26.8

Considérons l'application
$g : [0\,;1] \longrightarrow \mathbb{R},\quad x \longmapsto g(x) = f(x) - x.$
Puisque f est continue sur $[0\,;1]$, on déduit, par opération, que g est continue sur l'intervalle $[0\,;1]$.

On a : $\begin{cases} g(0) = f(0) - 0 = f(0) \geqslant 0 \\ g(1) = f(1) - 1 \leqslant 0 \end{cases}$

car f est à valeurs dans $[0\,;1]$.
D'après le théorème des valeurs intermédiaires, on déduit qu'il existe $c \in [0\,;1]$ tel que $g(c) = 0$, c'est-à-dire tel que $f(c) = c$.

26.9

Supposons que $f : \mathbb{R} \longrightarrow \mathbb{R}$ est continue et périodique.
Il existe donc $T > 0$ tel que f est T-périodique.
Puisque f est continue sur le segment $[0\,;T]$, on déduit, d'après le cours, que f est bornée sur $[0\,;T]$, c'est-à-dire qu'il existe $M \in \mathbb{R}_+$ tel que :

$$\forall u \in [0\,;T],\quad |f(u)| \leqslant M.$$

Soit $x \in \mathbb{R}$. En ajoutant ou en retranchant à x un nombre entier de fois T, on peut se ramener à un élément de $[0\,;T]$.
Plus précisément, en notant $n = \left\lfloor \dfrac{x}{T} \right\rfloor$,
on a $n \leqslant \dfrac{x}{T} < n+1$,
d'où $nT \leqslant x < (n+1)T = nT + T$,
donc $0 \leqslant x - nT < T$.
Puisque f est T-périodique et $x - nT \in [0\,;T]$, on a alors : $f(x) = f(x - nT)$,
donc $|f(x)| = |f(x - nT)| \leqslant M$.
On conclut que f est bornée.

26.10

Puisque $f(x) \underset{x \longrightarrow -\infty}{\longrightarrow} +\infty$, il existe $a \in \mathbb{R}_-$ tel que :

$$\forall x \leqslant a,\quad f(x) \geqslant f(0),$$

et, puisque $f(x) \underset{x \longrightarrow +\infty}{\longrightarrow} +\infty$, il existe $b \in \mathbb{R}_+$ tel que :

$$\forall x \geqslant b,\quad f(x) \geqslant f(0).$$

L'application f est continue sur le segment $[a\,;b]$, donc, d'après le cours, la restriction de f à $[a\,;b]$ est bornée sur $[a\,;b]$ et atteint ses bornes, donc, en particulier, il existe $c \in [a\,;b]$ tel que :

$$\forall x \in [a\,;b],\quad f(x) \geqslant f(c).$$

En particulier, puisque $0 \in [a\,;b]$, on a

$$f(0) \geqslant f(c).$$

On a alors, pour tout $x \in \mathbb{R}$, $f(x) \geqslant f(c)$, comme on le voit en séparant en trois cas,

$$x \leqslant a,\qquad a \leqslant x \leqslant b,\qquad b \leqslant x.$$

On conclut que f est minorée et atteint sa borne inférieure (en c au moins).

26.11

a) La réponse est oui, comme le montre l'exemple de l'application

$$f : [0\,;1] \longrightarrow\ ]0\,;1[,\quad x \longmapsto \frac{1}{2}x + \frac{1}{4}.$$

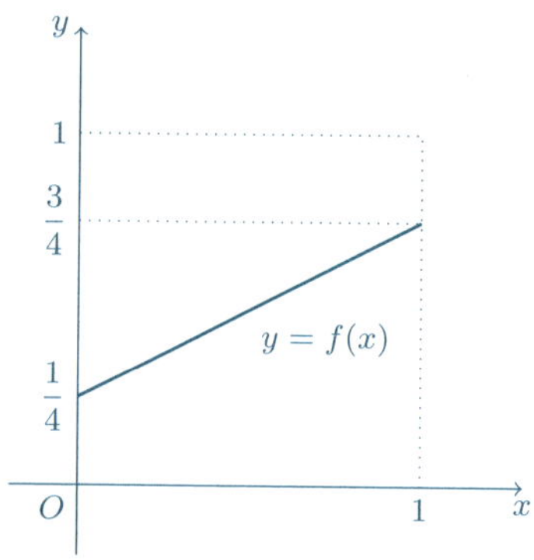

b) La réponse est non, comme nous allons le montrer par un raisonnement par l'absurde.

Supposons qu'il existe $g : [0\,;1] \longrightarrow]0\,;1[$ surjective.

Puisque g est continue sur le segment $[0\,;1]$ et à valeurs réelles, d'après le cours $g([0\,;1])$ est un segment de $\mathbb{R}$.

Comme g est surjective, $g([0\,;1]) =]0\,;1[$, donc $]0\,;1[$ est un segment de $\mathbb{R}$, contradiction.

c) La réponse est oui, comme le montre l'exemple de l'application

$$h :]0\,;1[\longrightarrow [0\,;1], \quad x \longmapsto x.$$

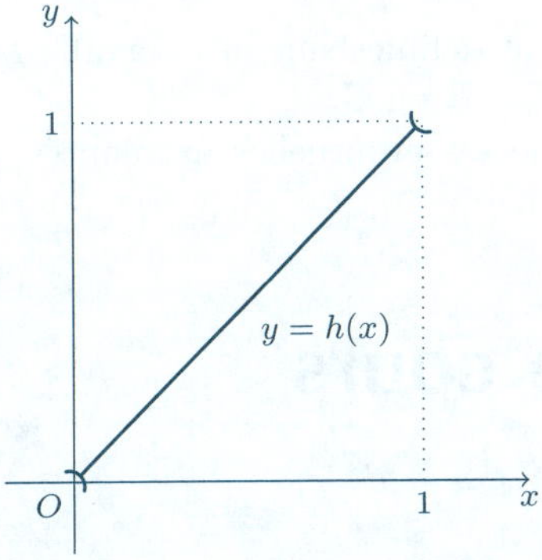

d) La réponse est oui, comme le montre l'exemple de l'application $k :]0\,;1[\longrightarrow [0\,;1]$, affine par morceaux et continue, définie par la représentation graphique suivante :

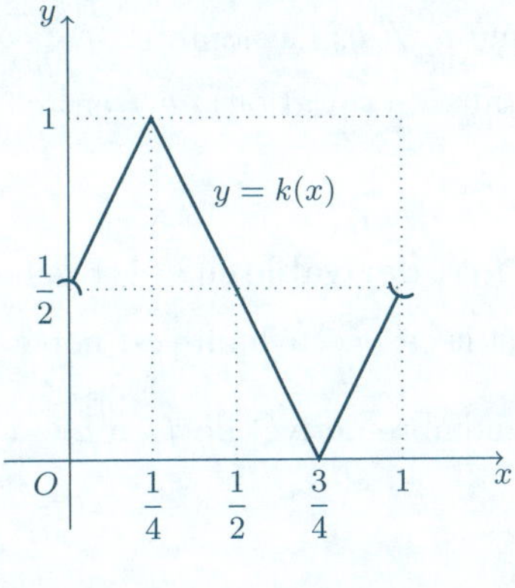

26.12

a) L'application $f : x \longmapsto x^3 + x + 1$ est dérivable sur $\mathbb{R}$, donc continue sur $\mathbb{R}$, et, pour tout $x \in \mathbb{R}$, $f'(x) = 3x^2 + 1 > 0$, donc f est strictement croissante sur $\mathbb{R}$.
De plus,

$$f(x) \underset{x \longrightarrow -\infty}{\longrightarrow} -\infty \quad \text{et} \quad f(x) \underset{x \longrightarrow +\infty}{\longrightarrow} +\infty.$$

On déduit, par le théorème de la bijection monotone, que f est bijective.

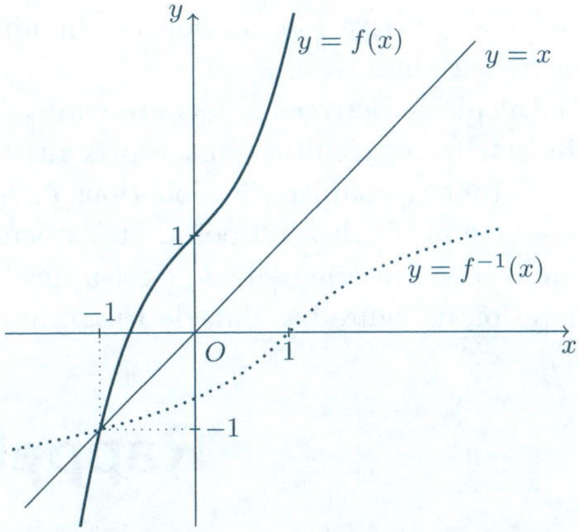

b) D'une part, puisque f est strictement croissante sur $\mathbb{R}$, on déduit, par composition, que $f \circ f$ l'est aussi, donc $f \circ f$ est injective, et il en résulte que l'équation $(f \circ f)(x) = 31$, d'inconnue $x \in \mathbb{R}$, admet au plus une solution.
D'autre part, on remarque $f(1) = 3$,
donc $(f \circ f)(1) = f(3) = 3^3 + 3 + 1 = 31$, donc 1 est solution.
On conclut : $\mathcal{S} = \{1\}$.

c) On remarque que $f(-1) = -1$, donc, par fonction réciproque, $f^{-1}(-1) = -1$, d'où

$$f(-1) = f^{-1}(-1).$$

D'autre part, soit $x \in \mathbb{R}$ tel que $f(x) = f^{-1}(x)$.
Si $f(x) < x$, alors, en composant par f^{-1} qui est strictement croissante, on déduit $x < f^{-1}(x)$, contradiction puisque $f^{-1}(x) = f(x)$.
De même, si $f(x) > x$, alors $x > f^{-1}(x) = f(x)$, contradiction.
Ceci montre $f(x) = x$, d'où successivement $x^3 + x + 1 = x$, $x^3 + 1 = 0$, $x^3 = -1$, $x = -1$.
On conclut : $\mathcal{S} = \{-1\}$.

27 Fonctions : dérivation

La notion de dérivée d'une fonction numérique f en un point a, issue de la notion de taux d'accroissement par passage à la limite lorsque l'accroissement sur la variable tend vers 0, indique le comportement de $f(x) - f(a)$ lorsque x est près de a.
La notion de fonction dérivée permet ensuite d'étudier les variations locales et les variations globales de fonctions d'une variable réelle, de déterminer des extrémums, de calculer des vitesses.
Grâce à la dérivation, on pourra obtenir certaines inégalités portant sur une ou plusieurs variables réelles.
Le calcul des dérivées a déjà été traité dans le chapitre 15, mais, pour la commodité du lecteur, les résultats sont repris aussi ici.
Dans tout ce chapitre, les fonctions envisagées sont définies sur un intervalle I de $\mathbb{R}$ non vide ni réduit à un point, et à valeurs dans $\mathbb{K} = \mathbb{R}$ ou $\mathbb{C}$.
On note $\mathring{I}$ l'intérieur de I, c'est-à-dire I privé de ses éventuelles extrémités (cette notation ne figure pas dans le Programme officiel).

Rappels de cours

1 Dérivées

1.1 Dérivée en un point

Définition

Soient $f : I \longrightarrow \mathbb{K}$ une fonction, $a, b \in I$ tels que $a \neq b$. Le nombre $\dfrac{f(b) - f(a)}{b - a}$ s'appelle le **taux d'accroissement** (ou, mieux : taux de variation) de f entre a et b.

Définition

Soient $a \in I$, $f : I \longrightarrow \mathbb{K}$ une fonction. On dit que f est **dérivable** en a si et seulement si $\lim\limits_{h \longrightarrow 0} \dfrac{f(a+h) - f(a)}{h}$ existe et est finie ; si c'est le cas, cette limite est notée $f'(a)$ (ou aussi : $\dfrac{\mathrm{d}f}{\mathrm{d}x}(a)$) et appelée **dérivée** (ou aussi : nombre dérivé) de f en a.

Proposition

Soient $a \in I$, $f : I \longrightarrow \mathbb{K}$ une fonction. Pour que f soit dérivable en a, il faut et il suffit que f admette un développement limité à l'ordre 1 en a (les développements limités seront vus au second semestre), c'est-à-dire qu'il existe une fonction ε telle que : pour h au voisinage de 0, $f(a+h) = f(a) + hf'(a) + h\varepsilon(h)$ et $\varepsilon(h) \underset{h \longrightarrow 0}{\longrightarrow} 0$.

Cette caractérisation a l'avantage d'éviter la présence d'un quotient (le taux d'accroissement) et est commode, par exemple pour une étude de composition de fonctions.

Ainsi, sous réserve d'existence de la limite : $f'(a) = \lim\limits_{h \longrightarrow 0} \dfrac{f(a+h)-f(a)}{h}$

Exemple

Toute fonction constante $f : I \longrightarrow \mathbb{K}, \quad x \longmapsto \lambda$ (où $\lambda \in \mathbb{K}$ est fixé) est dérivable en tout point $a \in I$ et on a $f'(a) = 0$.

Remarque :

1) Si f est à valeurs réelles, la dérivabilité de f en a se traduit géométriquement par l'existence d'une tangente, non parallèle à l'axe des ordonnées $(y'y)$, en le point A de coordonnées $\big(a, f(a)\big)$ de la représentation graphique C_f de f.

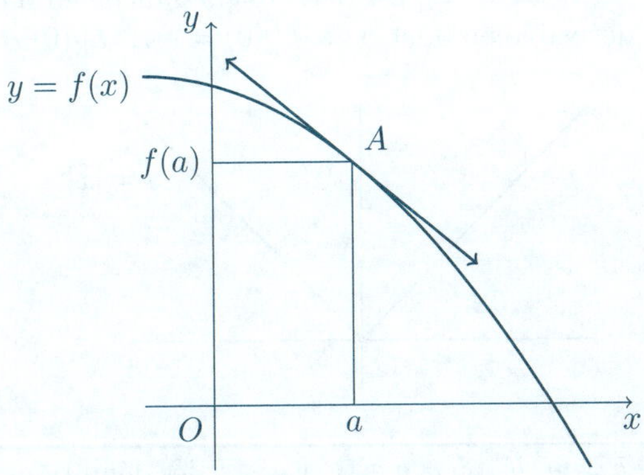

2) Si f est à valeurs réelles et si $\dfrac{f(a+h)-f(a)}{h} \underset{h \longrightarrow 0}{\longrightarrow} +\infty$, alors f n'est pas dérivable en a et la représentation graphique C_f de f admet en $A\big(a, f(a)\big)$ une tangente parallèle à l'axe $(y'y)$ des ordonnées, et de même pour la limite $-\infty$.

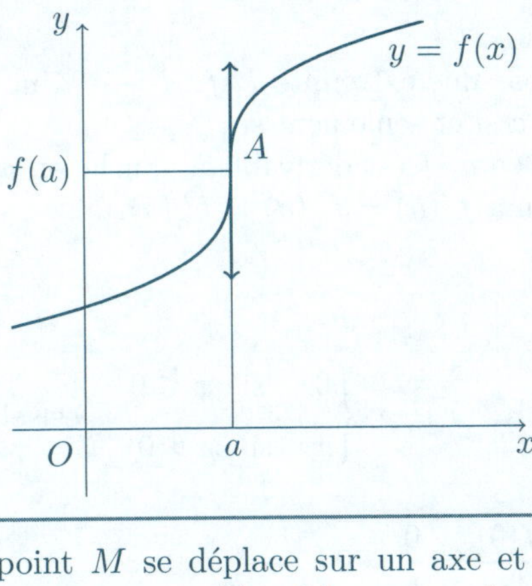

En cinématique, si un point M se déplace sur un axe et si on note $x : I \longrightarrow \mathbb{R}$, $t \longmapsto x(t)$ l'abscisse de M et si x est dérivable en $t_0 \in I$, alors $x'(t_0)$ est la **vitesse instantanée** de M à l'instant t_0.

Définition

Soient $a \in I$, $f : I \longrightarrow \mathbb{K}$ une fonction.

1) On dit que f est **dérivable à droite** en a si et seulement si

$$\lim_{h \longrightarrow 0^+} \frac{f(a+h) - f(a)}{h} \text{ existe et est finie ;}$$

cette limite est alors notée $f'_{\mathrm{d}}(a)$ et appelée dérivée de f à droite en a.

2) On dit que f est **dérivable à gauche** en a si et seulement si

$$\lim_{h \longrightarrow 0^-} \frac{f(a+h) - f(a)}{h} \text{ existe et est finie ;}$$

cette limite est alors notée $f'_{\mathrm{g}}(a)$ et appelée dérivée de f à gauche en a.

Exemple

La fonction $f : \mathbb{R} \longrightarrow \mathbb{R}, \quad x \longmapsto |x|$ est dérivable à gauche en 0 et dérivable à droite en 0, mais n'est pas dérivable en 0, et on a $f'_{\mathrm{g}}(0) = -1, \ f'_{\mathrm{d}}(0) = 1$.

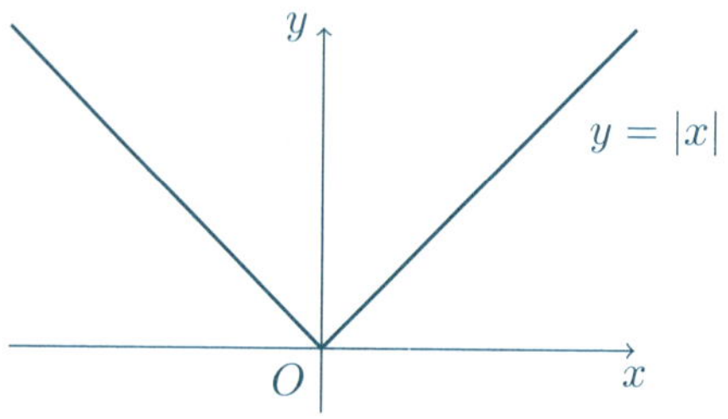

Remarque : Lorsque $I = [a\,;b[$, où $a, b \in \mathbb{R}$ et $a < b$, les définitions de « f est dérivable en a » et de « f est dérivable à droite en a » sont logiquement équivalentes.

On dispose du résultat suivant.

Proposition

Soient $a \in I$ qui ne soit pas une extrémité I, $f : I \longrightarrow \mathbb{K}$ une fonction.
Alors, f est dérivable en a si et seulement si :

f est dérivable à droite en a, f est dérivable à gauche en a, et $f'_{\mathrm{g}}(a) = f'_{\mathrm{d}}(a)$,

et, sous ces conditions, on a $f'(a) = f'_{\mathrm{g}}(a) = f'_{\mathrm{d}}(a)$.

Exemple

1) La fonction $f : \mathbb{R} \longrightarrow \mathbb{R}, \quad x \longmapsto \begin{cases} 0 & \text{si } \ x \leqslant 0 \\ x & \text{si } \ x > 0 \end{cases}$ est-elle dérivable en 0 ?

On a, pour tout $h \in \mathbb{R}^*$:

si $h < 0$, alors $\dfrac{f(h) - f(0)}{h} = \dfrac{0}{h} = 0 \underset{x \longrightarrow 0^-}{\longrightarrow} 0$,

si $h > 0$, alors $\dfrac{f(h) - f(0)}{h} = \dfrac{h}{h} = 1 \underset{h \longrightarrow 0^+}{\longrightarrow} 1$, donc f est dérivable à gauche en 0 et dérivable à droite en 0, mais $f'_{\mathrm{g}}(0) \neq f'_{\mathrm{d}}(0)$, donc f n'est pas dérivable en 0.

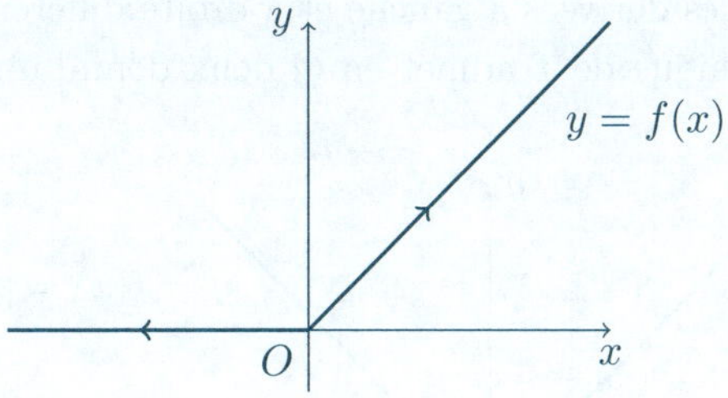

2) La fonction $g : \mathbb{R} \longrightarrow \mathbb{R}, \quad x \longmapsto \begin{cases} 0 & \text{si} \quad x \leqslant 0 \\ x^2 & \text{si} \quad x > 0 \end{cases}$ est-elle dérivable en 0 ?

On a, pour tout $h \in \mathbb{R}^*$:

si $h < 0$, alors $\dfrac{g(h) - f(0)}{h} = \dfrac{0}{h} = 0 \underset{x \longrightarrow 0^-}{\longrightarrow} 0$,

si $h > 0$, alors $\dfrac{g(h) - f(0)}{h} = \dfrac{h^2}{h} = h \underset{h \longrightarrow 0^+}{\longrightarrow} 0$,

donc g est dérivable à gauche en 0 et dérivable à droite en 0, et $g'_{\mathrm{g}}(0) = g'_{\mathrm{d}}(0)$, d'où il résulte que g est dérivable en 0 et que $g'(0) = 0$.

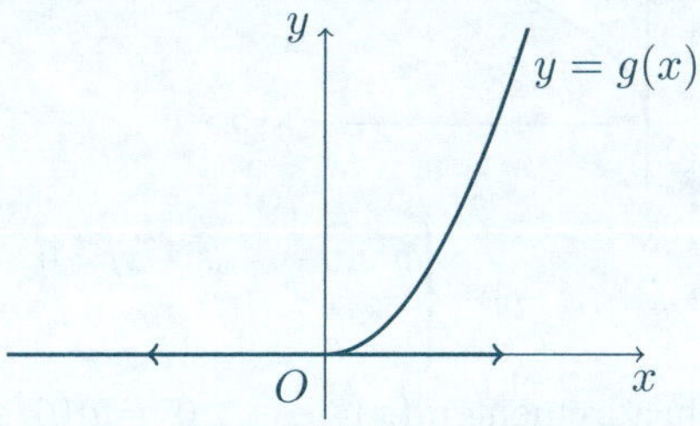

On montre le résultat suivant :

Proposition

Soient $a \in I$, $f : I \longrightarrow \mathbb{K}$ une fonction. Si f est dérivable en a, alors f est continue en a.

Attention

La réciproque est fausse : une fonction peut être continue en a sans être dérivable en a, comme le montrent les trois exemples suivants, très classiques.

Exemple

1) La fonction $f : \mathbb{R} \longrightarrow \mathbb{R}, \quad x \longmapsto |x|$ est continue en 0 et n'est pas dérivable en 0, puisque f admet en 0 des dérivées à gauche et à droite différentes.

La représentation graphique de f admet en O deux demi-tangentes de pentes différentes.

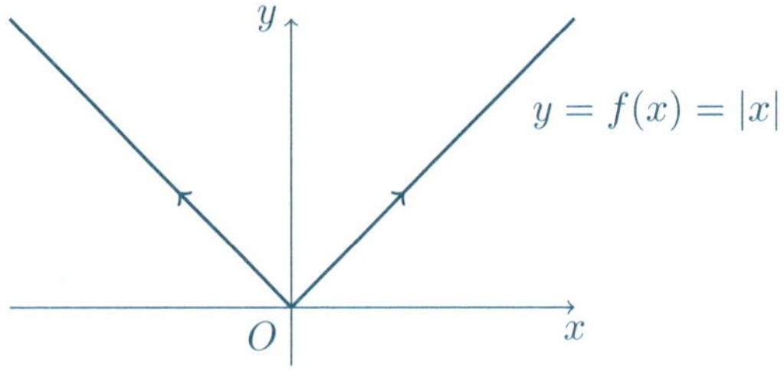

2) La fonction $g : [0\,;+\infty[\longrightarrow \mathbb{R}, \ x \longmapsto \sqrt{x}$ est continue en 0 et n'est pas dérivable en 0, puisque, pour $h > 0$: $\dfrac{g(h) - g(0)}{h} = \dfrac{\sqrt{h}}{h} = \dfrac{1}{\sqrt{h}} \underset{h \longrightarrow 0}{\longrightarrow} +\infty$.

La représentation graphique de g admet en O une demi-tangente parallèle à $(y'y)$.

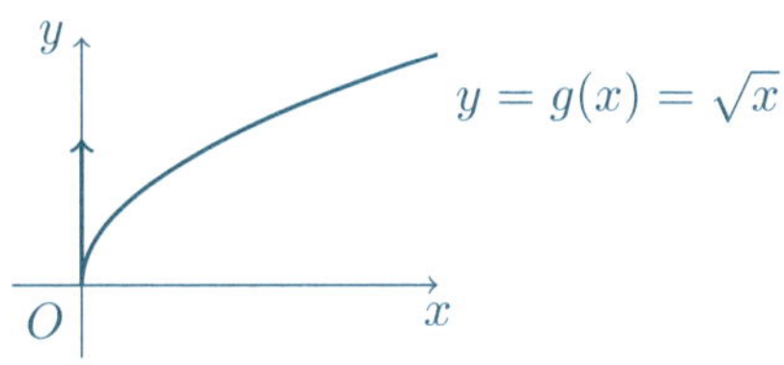

3) La fonction $u : \mathbb{R} \longrightarrow \mathbb{R}, \quad x \longmapsto \begin{cases} x \sin \dfrac{1}{x} & \text{si} \quad x \neq 0 \\ 0 & \text{si} \quad x = 0 \end{cases}$ est continue en 0, car $|u(x)| \leqslant |x|$, donc, par encadrement, $u(x) \underset{x \longrightarrow 0}{\longrightarrow} 0 = u(0)$, et u n'est pas dérivable en 0, car $\dfrac{u(h) - u(0)}{h} = \sin \dfrac{1}{h}$ n'a pas de limite lorsque le réel h tend vers 0.

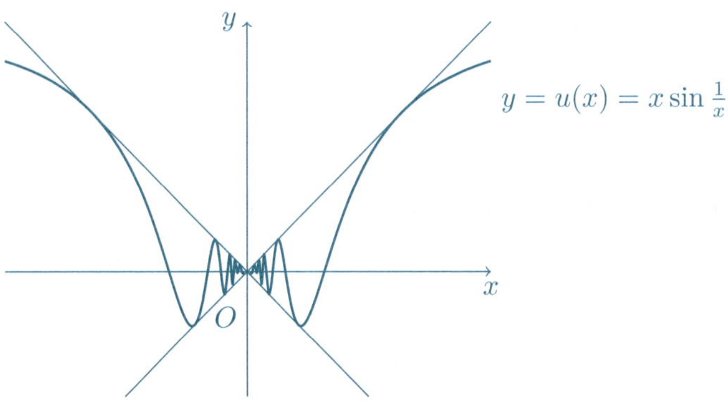

1.2 Propriétés algébriques des fonctions dérivables en un point

On dispose des propriétés suivantes, pour tous $a \in I$, $\lambda \in \mathbb{K}$, $f, g : I \longrightarrow \mathbb{K}$ dérivables en a :

Proposition

1) $f+g$ est dérivable en a et $(f+g)'(a) = f'(a) + g'(a)$.

2) λf est dérivable en a et $(\lambda f)'(a) = \lambda f'(a)$.

3) fg est dérivable en a et $(fg)'(a) = f'(a)g(a) + f(a)g'(a)$.

4) Si $g(a) \neq 0$, alors $\dfrac{1}{g}$ est dérivable en a et $\left(\dfrac{1}{g}\right)'(a) = -\dfrac{g'(a)}{\big(g(a)\big)^2}$.

5) Si $g(a) \neq 0$, alors $\dfrac{f}{g}$ est dérivable en a et $\left(\dfrac{f}{g}\right)'(a) = \dfrac{f'(a)g(a) - f(a)g'(a)}{\big(g(a)\big)^2}$.

Proposition

Si $\mathbb{K} = \mathbb{C}$, alors les trois assertions suivantes sont deux à deux équivalentes :

(1) f est dérivable en a,

(2) $\mathrm{Re}\,(f)$ et $\mathrm{Im}\,(f)$ sont dérivables en a,

(3) $\overline{f}$ est dérivable en a.

De plus, si f est dérivable en a, alors :

$$f'(a) = \big(\mathrm{Re}\,(f)\big)'(a) + \mathrm{i}\,\big(\mathrm{Im}\,(f)\big)'(a), \qquad (\overline{f})'(a) = \overline{f'(a)},$$

$$\big(\mathrm{Re}\,(f)\big)'(a) = \mathrm{Re}\,\big(f'(a)\big), \qquad \big(\mathrm{Im}\,(f)\big)'(a) = \mathrm{Im}\,\big(f'(a)\big).$$

Dérivée d'une composée en un point

Soient I un intervalle de $\mathbb{R}$, $a \in I$, $f : I \longrightarrow \mathbb{R}$ une fonction, J un intervalle de $\mathbb{R}$ tel que $f(I) \subset J$, $g : J \longrightarrow \mathbb{K}$ une fonction. Si f est dérivable en a et si g est dérivable en $f(a)$, alors $g \circ f$ est dérivable en a et : $(g \circ f)'(a) = g'\big(f(a)\big)f'(a)$.

Dérivée d'une fonction réciproque en un point

Soient $a \in I$, $f : I \longrightarrow \mathbb{R}$ une fonction continue et strictement monotone sur I, dérivable en a et telle que $f'(a) \neq 0$. Alors, la fonction $f^{-1} : f(I) \longrightarrow \mathbb{R}$, réciproque de f, est dérivable en $f(a)$ et : $(f^{-1})'\big(f(a)\big) = \dfrac{1}{f'(a)}$.

La tangente en le point de coordonnées $\big(f(a), a\big)$ à la représentation graphique $C_{f^{-1}}$ de f^{-1} est la droite symétrique de la tangente en le point de coordonnées $\big(a, f(a)\big)$ à la représentation graphique C_f de f.

1.3 Fonction dérivée

La plupart des définitions et propriétés de ce paragraphe peuvent être étendues aux fonctions définies sur la réunion d'un nombre fini d'intervalles ouverts deux à deux disjoints.

Définition

Soit $f \in \mathbb{K}^I$. On appelle **dérivée** (ou aussi : dérivée première, ou aussi : fonction dérivée) de f, et on note f' (ou aussi : $\frac{\mathrm{d}f}{\mathrm{d}x}$) la fonction qui, à chaque $x \in I$ tel que $f'(x)$ existe, associe $f'(x)$.

Ainsi, $\mathrm{Def}\,(f')$ est l'ensemble des $x \in I$ tels que f soit dérivable en x, et on a :

$$f' : \mathrm{Def}\,(f') \longrightarrow \mathbb{K}, \quad x \longmapsto f'(x).$$

Définition

On dit que f est **dérivable sur** I si et seulement si f est dérivable en tout point de I, ce qui revient à $\mathrm{Def}\,(f') = I$.

Remarque : L'éventuelle notion de dérivabilité sur une partie de l'ensemble de définition, notion pouvant prêter à confusion, ne figure pas dans le Programme officiel. Cependant, en vue de l'énonciation du théorème de Rolle et du théorème des accroissements finis (voir page 339), si f est définie sur un segment $[a\,;b]$ de $\mathbb{R}$, on pourra utiliser l'expression « f est dérivable sur $]a\,;b[$ » pour dire que f est dérivable en tout point de $]a\,;b[$.

On dispose des propriétés suivantes, pour tous $\lambda \in \mathbb{K}$, $f, g : I \longrightarrow \mathbb{K}$ dérivables sur I :

Proposition

1) $f + g$ est dérivable sur I et $(f+g)' = f' + g'$.

2) λf est dérivable sur I et $(\lambda f)' = \lambda f'$.

3) fg est dérivable sur I et $(fg)' = f'g + fg'$.

4) Si, pour tout $x \in I$, $g(x) \neq 0$, alors $\frac{1}{g}$ est dérivable sur I et $\left(\frac{1}{g}\right)' = -\frac{g'}{g^2}$.

5) Si, pour tout $x \in I$, $g(x) \neq 0$, alors $\frac{f}{g}$ est dérivable sur I et $\left(\frac{f}{g}\right)' = \frac{f'g - fg'}{g^2}$.

Proposition

Soit $f : I \longrightarrow \mathbb{C}$. Les assertions suivantes sont deux à deux équivalentes :

(1) f est dérivable sur I,
(2) $\overline{f}$ est dérivable sur I,
(3) $\mathrm{Re}\,(f)$ et $\mathrm{Im}\,(f)$ sont dérivables sur I.

De plus, si f est dérivable sur I, alors :

$$f' = \big(\mathrm{Re}\,(f)\big)' + \mathrm{i}\,\big(\mathrm{Im}\,(f)\big)', \qquad (\overline{f})' = \overline{f'},$$

$$\big(\mathrm{Re}\,(f)\big)' = \mathrm{Re}\,(f'), \qquad \big(\mathrm{Im}\,(f)\big)' = \mathrm{Im}\,(f').$$

Dérivée d'une composée

Soient I, J des intervalles de $\mathbb{R}$, $f : I \longrightarrow \mathbb{R}$ telle que $f(I) \subset J$, $g : J \longrightarrow \mathbb{K}$.
On note abusivement $g \circ f : I \longrightarrow \mathbb{K}, \quad x \longmapsto g\big(f(x)\big)$.
Si f est dérivable sur I et si g est dérivable sur J, alors $g \circ f$ est dérivable sur I et :

$$(g \circ f)' = (g' \circ f)\,f'$$

Dans le tableau suivant, la variable est notée x, les lettres n, α, a désignent des constantes réelles.

Liste des dérivées usuelles

Fonction	Dérivée	Ensemble de dérivation
$x^n, \quad n \in \mathbb{N}^*$	nx^{n-1}	$\mathbb{R}$
$x^n, \quad n \in \mathbb{Z}_-^*$	nx^{n-1}	$\mathbb{R}^*$
$x^\alpha, \quad \alpha \in \mathbb{R} \setminus \mathbb{Z}$	$\alpha x^{\alpha-1}$	$\mathbb{R}_+^*$
e^x	e^x	$\mathbb{R}$
$\ln x$	$\dfrac{1}{x}$	$\mathbb{R}_+^*$
$\cos x$	$-\sin x$	$\mathbb{R}$
$\sin x$	$\cos x$	$\mathbb{R}$
$\tan x$	$1 + \tan^2 x = \dfrac{1}{\cos^2 x}$	$\mathbb{R} \setminus \left\{\dfrac{\pi}{2} + k\pi\,;\, k \in \mathbb{Z}\right\}$
$\mathrm{ch}\,x$	$\mathrm{sh}\,x$	$\mathbb{R}$
$\mathrm{sh}\,x$	$\mathrm{ch}\,x$	$\mathbb{R}$
$\mathrm{Arcsin}\,x$	$\dfrac{1}{\sqrt{1-x^2}}$	$]-1\,;1[$
$\mathrm{Arccos}\,x$	$-\dfrac{1}{\sqrt{1-x^2}}$	$]-1\,;1[$
$\mathrm{Arctan}\,x$	$\dfrac{1}{1+x^2}$	$\mathbb{R}$

1.4 Dérivées successives

On convient que, pour toute fonction $f : I \longrightarrow \mathbb{K}$, la dérivée 0-ième de f existe et est égale à f : $f^{(0)} = f$.

Définition

On définit, sous réserve d'existence, les **dérivées successives** d'une fonction $f : I \longrightarrow \mathbb{K}$ en un point $a \in I$ ou sur tout l'intervalle :

$$f''(a) = (f')'(a),\ f'' = (f')', \qquad f^{(3)}(a) = (f'')'(a),\ f^{(3)} = (f'')', \ldots,$$
$$f^{(n)}(a) = \left(f^{(n-1)}\right)'(a),\ f^{(n)} = \left(f^{(n-1)}\right)', \ldots$$

Pour $n \in \mathbb{N}^*$ et $f : I \longrightarrow \mathbb{K}$, on dit que f est n **fois dérivable sur** I si et seulement si, pour tout $x \in I$, les dérivées successives $f'(x), \ldots, f^{(n)}(x)$ existent.

On dispose des propriétés suivantes, pour $n \in \mathbb{N}^*$, $\lambda \in \mathbb{K}$ fixé et $f, g : I \longrightarrow \mathbb{K}$ n fois dérivables sur I :

Proposition

1) $f + g$ est n fois dérivable sur I et $(f+g)^{(n)} = f^{(n)} + g^{(n)}$.

2) λf est n fois dérivable sur I et $(\lambda f)^{(n)} = \lambda f^{(n)}$.

3) fg est n fois dérivable sur I et $$(fg)^{(n)} = \sum_{k=0}^{n} \binom{n}{k} f^{(k)} g^{(n-k)}$$

(formule de Leibniz).

4) Si, de plus, g ne s'annule en aucun point de I, alors $\dfrac{f}{g}$ est n fois dérivable sur I.

Remarque : Il n'y a pas de formule simple, en général, pour la dérivée n-ième d'un quotient, ni d'une composée, ni d'une fonction réciproque.

1.5 Classe d'une fonction

Définition

Soit $f : I \longrightarrow \mathbb{K}$ une fonction.

1) Soit $k \in \mathbb{N}$. On dit que f est **de classe** C^k sur I si et seulement si :

f est k fois dérivable sur I et $f^{(k)}$ est continue sur I.

2) On dit que f est **de classe** C^∞ sur I si et seulement si f est indéfiniment dérivable sur I.

Remarque : Lorsqu'une fonction $f : I \longrightarrow \mathbb{K}$ est k fois dérivable sur I, sa dérivée k-ième $f^{(k)}$ existe sur I . Comme on sera souvent conduit à utiliser $f^{(k)}$ dans une intégrale (voir au second semestre), on sera amené à supposer que $f^{(k)}$ est continue, ce qui motive la définition précédente.

On note $C^k(I, \mathbb{K})$ l'ensemble des fonctions de classe C^k sur I (cette notation classique n'est pas dans le Programme officiel).

Remarque :

1) La fonction f est de classe C^0 sur I si et seulement si f est continue sur I.

2) On a, pour tout $(p, n) \in (\mathbb{N} \cup \{+\infty\})^2$ tel que $p \geqslant n$, $C^p(I, \mathbb{K}) \subset C^n(I, \mathbb{K})$.

3) Une fonction $f : I \longrightarrow \mathbb{K}$ peut être n fois dérivable sur I sans être de classe C^n sur I.

4) On peut montrer (théorème de Darboux, hors programme) que, si f est dérivable sur l'intervalle I, alors f a la propriété des valeurs intermédiaires, sans être nécessairement continue.

5) Nous verrons plus loin (théorème limite de la dérivée) que, sous certaines hypothèses, si f' admet une limite finie ℓ en a, alors f est dérivable en a.

On montre les propriétés suivantes.

Proposition

Soient $\lambda \in \mathbb{K}$, $k \in \mathbb{N} \cup \{+\infty\}$, $f, g : I \longrightarrow \mathbb{K}$ de classe C^k sur I. Alors :

1) $f + g$ est de classe C^k sur I

2) λf est de classe C^k sur I

3) fg est de classe C^k sur I

4) Si $(\forall x \in I, \ g(x) \neq 0)$, alors $\dfrac{f}{g}$ est de classe C^k sur I.

Composée de deux fonctions de classe C^k

Proposition

Soient $k \in \mathbb{N} \cup \{+\infty\}$, I, J des intervalles de $\mathbb{R}$, $f : I \longrightarrow \mathbb{R}$, $g : J \longrightarrow \mathbb{K}$ des fonctions telles que $f(I) \subset J$.
On note $g \circ f : I \longrightarrow \mathbb{K}$, $x \longmapsto g(f(x))$.
Si f et g sont de classe C^k sur I, alors $g \circ f$ est de classe C^k sur I.

2 Théorème de Rolle, théorème des accroissements finis

Les fonctions considérées dans ce paragraphe sont à valeurs *réelles*.

2.1 Théorème de Rolle

Théorème de Rolle

Soient $a, b \in \mathbb{R}$ tels que $a < b$, $f : [a\,;b] \longrightarrow \mathbb{R}$ une fonction.
Si f est continue sur $[a\,;b]$, dérivable sur $]a\,;b[$ et si $f(a) = f(b)$, alors il existe $c \in]a\,;b[$ tel que $f'(c) = 0$.

Remarque :

1) La conclusion du théorème de Rolle s'interprète graphiquement : il existe (au moins) un point de la représentation graphique C_f de f en lequel la tangente à C_f est parallèle à l'axe $(x'x)$ des abscisses.

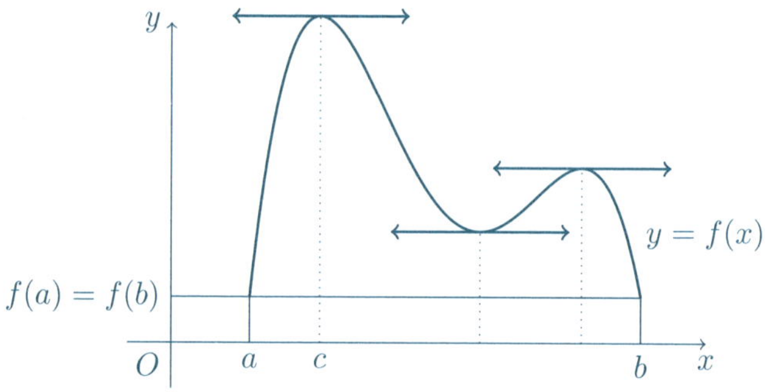

2) En général, il n'y a pas unicité de l'élément noté c.

3) Puisque l'application $]0\,;1[\longrightarrow]a\,;b[$, $\theta \longmapsto a+\theta(b-a)$ est bijective, la conclusion du théorème de Rolle peut s'écrire : $\exists \theta \in]0\,;1[, \quad f'\big(a + \theta(b-a)\big) = 0.$

Attention

Le théorème de Rolle ne s'applique pas aux fonctions à valeurs complexes.
Par exemple, la fonction $f : \mathbb{R} \longrightarrow \mathbb{C}, \quad x \longmapsto \mathrm{e}^{\,\mathrm{i}\,x}$ est dérivable sur $\mathbb{R}$ et on a $f(0) = f(2\pi)$, mais il n'existe pas $c \in]0\,;2\pi[$ tel que $f'(c) = 0$, puisque, pour tout $x \in \mathbb{R}$, on a $f'(x) = \mathrm{i}\,\mathrm{e}^{\,\mathrm{i}\,x} \neq 0$.

2.2 Théorème des accroissements finis

Théorème (ou aussi : égalité) des accroissements finis

Soient $a, b \in \mathbb{R}$ tels que $a < b$, $f : [a\,;b] \longrightarrow \mathbb{R}$ une fonction.
Si f est continue sur $[a\,;b]$ et dérivable sur $]a\,;b[$, alors il existe $c \in]a\,;b[$ tel que :

$$f(b) - f(a) = (b-a)f'(c).$$

Le théorème des accroissements finis se déduit du théorème de Rolle en utilisant la fonction auxiliaire $\varphi : [a\,;b] \longrightarrow \mathbb{R}, \quad x \longmapsto f(x) - \dfrac{f(b)-f(a)}{b-a}x.$

Remarque : La conclusion du théorème des accroissements finis s'interprète graphiquement : il existe (au moins) un point de la représentation graphique C_f de f en lequel la tangente est parallèle à la droite qui joint les deux points de C_f de coordonnées $\big(a, f(a)\big)$ et $\big(b, f(b)\big)$.

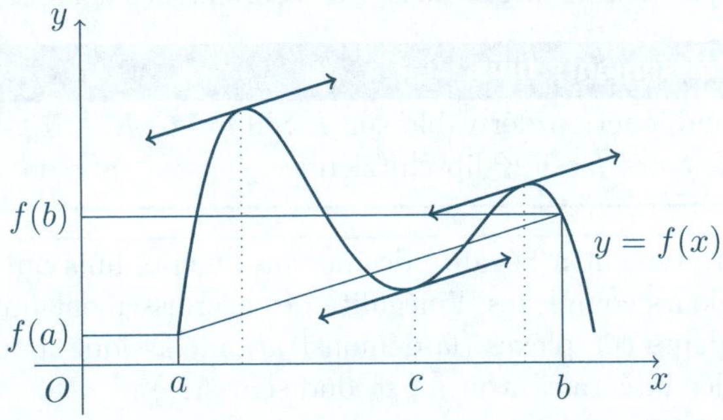

Attention

L'égalité des accroissements finis ne s'applique pas aux fonctions à valeurs complexes.

Définition

1) Soit $K \in \mathbb{R}_+$. On dit qu'une fonction $f : I \longrightarrow \mathbb{R}$ est K-lipschitzienne si et seulement si : $\forall (x_1, x_2) \in I^2, \quad |f(x_1) - f(x_2)| \leqslant K|x_1 - x_2|$.

2) On dit qu'une fonction $f : I \longrightarrow \mathbb{R}$ est lipschitzienne si et seulement s'il existe $K \in \mathbb{R}_+$ tel que f soit K-lipschitzienne.

Remarque : Une fonction $f : I \longrightarrow \mathbb{R}$ est lipschitzienne sur I si et seulement si le taux d'accroissement $\dfrac{f(x_1) - f(x_2)}{x_1 - x_2}$ est borné lorsque (x_1, x_2) décrit I^2 avec $x_1 \neq x_2$.

Exemple

1) La fonction $f : \mathbb{R} \longrightarrow \mathbb{R}, x \longmapsto |x|$ est 1-lipschitzienne car, pour tout $(x_1, x_2) \in \mathbb{R}^2$, en utilisant l'inégalité triangulaire renversée :

$$|f(x_1) - f(x_2)| = \big| |x_1| - |x_2| \big| \leqslant |x_1 - x_2|.$$

2) La fonction $g : \mathbb{R} \longrightarrow \mathbb{R}, \quad x \longmapsto x^2$ n'est pas lipschitzienne, car, pour $(x_1, x_2) \in \mathbb{R}^2$ tel que $x_1 \neq x_2$, le rapport $\dfrac{g(x_1) - g(x_2)}{x_1 - x_2} = \dfrac{x_1^2 - x_2^2}{x_1 - x_2} = x_1 + x_2$ n'est pas borné, comme on le voit en prenant, par exemple, $x_2 = x_1 + 1$ et en faisant tendre x_1 vers $+\infty$.

On montre facilement, en revenant aux définitions, la proposition suivante :

Proposition

Si une fonction f est lipschitzienne sur un intervalle I, alors f est continue sur I.

Attention
La réciproque est fausse : une fonction peut être continue sans être lipschitzienne, par exemple, la fonction $g : \mathbb{R} \longrightarrow \mathbb{R}, \quad x \longmapsto x^2$ est continue et n'est pas lipschitzienne.

Le résultat suivant se déduit directement du théorème des accroissements finis.

Inégalité des accroissements finis
Soit $f : I \longrightarrow \mathbb{R}$ une fonction dérivable sur I. S'il existe $K \in \mathbb{R}_+$ tel que, pour tout $x \in I$, $|f'(x)| \leqslant K$, alors f est K-lipschitzienne.

Remarque : Contrairement à l'égalité des accroissements finis qui ne s'applique pas aux fonctions à valeurs complexes, l'inégalité des accroissement finis s'applique aussi aux fonctions à valeurs complexes (la démonstration classique, pour une fonction de classe C^1, utilise des intégrales, voir au second semestre) :

Proposition

Soit $f : I \longrightarrow \mathbb{C}$ une fonction dérivable sur I. S'il existe $K \in \mathbb{R}_+$ tel que, pour tout $x \in I$, $|f'(x)| \leqslant K$, alors f est K-lipschitzienne.

Théorème limite de la dérivée
Soient $a \in I$, $f : I \longrightarrow \mathbb{R}$ une fonction.

1) Si f est continue sur I, dérivable sur $I \setminus \{a\}$ et si $f'(x)$ admet une limite finie ℓ lorsque x tend vers a et $x \neq a$, alors f est dérivable en a, $f'(a) = \ell$, et f' est continue en a.

2) Si f est continue sur I, dérivable sur $I \setminus \{a\}$ et si $f'(x)$ admet la limite $+\infty$ (resp. $-\infty$) lorsque x tend vers a et $x \neq a$, alors f n'est pas dérivable en a et $\dfrac{f(a+h) - f(a)}{h} \underset{h \longrightarrow 0}{\longrightarrow} +\infty$ (resp. $-\infty$).

2.3 Application à l'étude de suites du type $u_{n+1} = f(u_n)$

Nous complétons ici l'étude des suites récurrentes du type $u_{n+1} = f(u_n)$, amorcée page 294.

Proposition

Soient I un intervalle fermé de $\mathbb{R}$, $f : I \longrightarrow I$ une fonction dérivable sur I telle qu'il existe $K \in [0\,;1[$ tel que, pour tout $x \in I$, $|f'(x)| \leqslant K$. Alors, il existe $\ell \in I$ unique tel que $f(\ell) = \ell$, et, pour tout $u_0 \in I$, la suite $(u_n)_{n\in\mathbb{N}}$ définie par, pour tout $n \in \mathbb{N}$, $u_{n+1} = f(u_n)$, converge vers ℓ.

Attention
Bien noter, en hypothèse, l'inégalité *stricte* $K < 1$.

Exemple

Montrer que la suite réelle $(u_n)_{n\in\mathbb{N}}$ définie par $u_0 = 1$ et $\forall n \in \mathbb{N},\ \ u_{n+1} = \dfrac{1}{2 + \mathrm{e}^{u_n}}$ converge et que sa limite ℓ vérifie $0 < \ell < 1$.
Par récurrence immédiate, pour tout $n \in \mathbb{N}$, u_n existe et $u_n > 0$.
L'application $f : [0\,;+\infty[\longrightarrow \mathbb{R},\ \ x \longmapsto \dfrac{1}{2 + \mathrm{e}^x}$ est dérivable sur $[0\,;+\infty[$ et, pour tout $x \in [0\,;+\infty[$, $f'(x) = -\dfrac{\mathrm{e}^x}{(2 + \mathrm{e}^x)^2}$, donc

$$|f'(x)| = \frac{\mathrm{e}^x}{(2 + \mathrm{e}^x)^2} = \frac{\mathrm{e}^x}{4 + 4\,\mathrm{e}^x + \mathrm{e}^{2x}} \leqslant \frac{\mathrm{e}^x}{4\,\mathrm{e}^x} = \frac{1}{4},$$

ce qui montre que f est $\dfrac{1}{4}$-lipschitzienne.
D'après le cours, comme $\left|\dfrac{1}{4}\right| < 1$, il existe $\ell \in [0\,;+\infty[$ unique tel que $f(\ell) = \ell$ et la suite $(u_n)_{n\in\mathbb{N}}$ converge vers ℓ.
D'autre part, la fonction $g : [0\,;+\infty[\longrightarrow \mathbb{R},\ \ x \longmapsto f(x) - x$ est continue sur l'intervalle $[0\,;+\infty[$ et $g(0) = \dfrac{1}{3} > 0,\ \ g(1) = \dfrac{1}{2 + \mathrm{e}} - 1 < 0$, donc, par le théorème des valeurs intermédiaires, g s'annule au moins une fois dans l'intervalle $]0\,;1[$, et, comme, pour tout $x \in [0\,;+\infty[$, $g(x) = 0$ équivaut à $f(x) = x$, on conclut : $0 < \ell < 1$.

3 Variations des fonctions

Les fonctions considérées dans ce paragraphe sont à valeurs *réelles.*

3.1 Caractérisation des fonctions constantes parmi les fonctions dérivables

Proposition

Soit $f : I \longrightarrow \mathbb{R}$ continue sur I, dérivable en tout point de $\mathring{I}$.
Pour que f soit constante sur I, il faut et il suffit que : $\forall x \in \mathring{I},\ \ f'(x) = 0$.

3.2 Caractérisation des fonctions monotones parmi les fonctions dérivables

Proposition

Soit $f : I \longrightarrow \mathbb{R}$ continue sur I, dérivable en tout point de $\mathring{I}$.

1) Pour que f soit croissante sur I, il faut et il suffit que : $\forall x \in \mathring{I},\ \ f'(x) \geqslant 0$.

2) Pour que f soit décroissante sur I, il faut et il suffit que : $\forall x \in \mathring{I},\ \ f'(x) \leqslant 0$.

Proposition

Soit $f : I \longrightarrow \mathbb{R}$ continue sur I, dérivable en tout point de $\mathring{I}$.

1) Pour que f soit strictement croissante sur I, il faut et il suffit que :
$\left(\forall x \in \mathring{I},\ \ f'(x) \geqslant 0\right)$
et $\{x \in \mathring{I}\,;\, f'(x) = 0\}$ ne contient aucun intervalle d'intérieur non vide.

2) Pour que f soit strictement décroissante sur I, il faut et il suffit que :
$\left(\forall x \in \mathring{I},\ \ f'(x) \leqslant 0\right)$
et $\{x \in \mathring{I}\,;\, f'(x) = 0\}$ ne contient aucun intervalle d'intérieur non vide.

Remarque :

1) En particulier, si f est dérivable sur I et si, pour tout $x \in I$, $f'(x) > 0$, alors f est strictement croissante sur I.

2) Il se peut que f soit dérivable sur I, strictement croissante sur I, et que f' s'annule en au moins un point de I, par exemple : $f : \mathbb{R} \longrightarrow \mathbb{R},\ \ x \longmapsto x^3$.

3) Les théorèmes précédents sont utilisés surtout dans l'étude des variations d'une fonction réelle d'une variable réelle, et les résultats sont consignés dans un tableau, appelé tableau de variations de la fonction.

Les flèches indiquent, par convention, une monotonie stricte.

Exemple

Étudier les variations de la fonction $f :]0\,;+\infty[\longrightarrow \mathbb{R},\ \ x \longmapsto \dfrac{\ln x}{x}$.

La fonction f est dérivable sur $]0\,;+\infty[$ et, pour tout $x \in]0\,;+\infty[$: $f'(x) = \dfrac{1 - \ln x}{x^2}$, donc f' s'annule et change de signe en e, d'où le tableau de variations de f :

x	0		e		$+\infty$
$f'(x)$	‖	$+$	0	$-$	
$f(x)$	‖ $-\infty$	↗	$1/\mathrm{e}$	↘	0

3.3 Dérivée d'une fonction réciproque

Proposition

Si $f : I \longrightarrow \mathbb{R}$ est dérivable sur I et si $\left(\forall x \in I,\ \ f'(x) > 0\right)$ ou $\left(\forall x \in I,\ \ f'(x) < 0\right)$, alors la fonction $\widetilde{f} : I \longrightarrow f(I),\ \ x \longmapsto f(x)$ est bijective, la fonction réciproque $\widetilde{f}^{-1}$ (souvent notée abusivement f^{-1}) est dérivable sur $f(I)$ et : $\quad (f^{-1})' = \dfrac{1}{f' \circ f^{-1}}$

3.4 Étude des extrémums pour une fonction dérivable

Définition

Soient $a \in I$, $f : I \longrightarrow \mathbb{R}$ une fonction.

1) On dit que f admet un **maximum local** en a si et seulement si :

$$\text{au voisinage de } a, \quad f(x) \leqslant f(a).$$

2) On dit que f admet un **minimum local** en a si et seulement si :

$$\text{au voisinage de } a, \quad f(x) \geqslant f(a).$$

3) On dit que f admet un **extrémum local** en a si et seulement si f admet un maximum local en a ou un minimum local en a.

Exemple

1) Toute fonction constante admet, en tout point, un maximum local et un minimum local.

2) La fonction $\mathrm{Id}_{\mathbb{R}} : \mathbb{R} \longrightarrow \mathbb{R}, \quad x \longmapsto x$ n'admet aucun maximum local et aucun minimum local.

3) La fonction $|.| : \mathbb{R} \longrightarrow \mathbb{R}, \quad x \longmapsto |x|$ admet un minimum local en 0.

Remarque : Une fonction $f : I \longrightarrow \mathbb{R}$ admet un minimum local en a si et seulement si la fonction $-f$ admet un maximum local en a.

Définition

Soit $f : I \longrightarrow \mathbb{R}$ dérivable sur I.
On appelle **point critique** de f tout zéro de f'.

On dispose du résultat suivant.

Proposition

Soient $a \in I$, $f : I \longrightarrow \mathbb{R}$ une fonction.
Si $a \in \mathring{I}$, si f est dérivable en a et si f admet un extrémum local en a, alors $f'(a) = 0$.

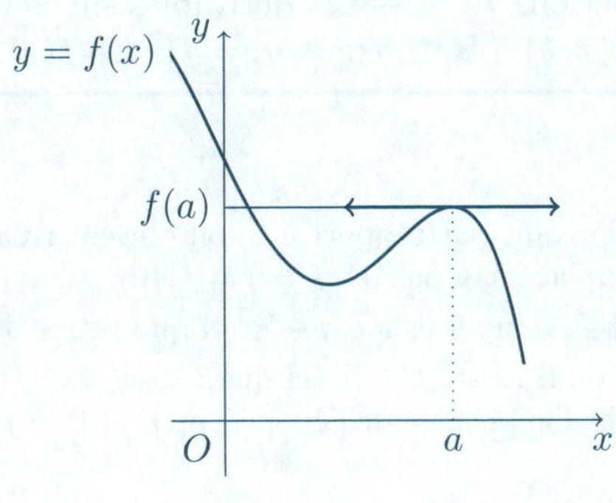

Attention

1) Bien noter l'hypothèse $a \in \mathring{I}$, la condition $a \in I$ ne suffit pas : par exemple, la fonction $f : [0\,;1] \longrightarrow \mathbb{R}, \quad x \longmapsto x$ est dérivable en 1 et admet un maximum local en 1, mais on n'a pas $f\,'(1) = 0$, puisque $f\,'(1) = 1$.

2) Une fonction peut admettre un extrémum local en un point a sans être dérivable en a : par exemple, la fonction $|.| : \mathbb{R} \longrightarrow \mathbb{R}, \quad x \longmapsto |x|$ admet un minimum local en 0 et n'est pas dérivable en 0.

3) Si f est dérivable en a et si $f\,'(a) = 0$, on ne peut pas en déduire que f admette un extrémum local en a : par exemple, la fonction $f : \mathbb{R} \longrightarrow \mathbb{R}, \quad x \longmapsto x^3$ est dérivable en 0 et $f\,'(0) = 0$, mais f n'admet pas d'extrémum local en 0.

Remarque : En pratique, on voit souvent s'il y a un extrémum local ou pas en dressant le tableau de variations de la fonction.

Exercices d'apprentissage

27.1

La fonction $\quad f : \mathbb{R} \longrightarrow \mathbb{R}, \quad x \longmapsto |x|^{\frac{3}{2}} \quad$ est-elle dérivable en 0 ?

On a, pour tout $x \in \mathbb{R}^*$: $0 \leqslant \left|\dfrac{f(x) - f(0)}{x - 0}\right| = \dfrac{|x|^{3/2}}{|x|} = |x|^{1/2}$.

Comme $|x|^{1/2} \underset{x \longrightarrow 0}{\longrightarrow} 0$, on déduit, par théorème d'encadrement : $\dfrac{f(x) - f(0)}{x - 0} \underset{x \longrightarrow 0}{\longrightarrow} 0$ et on conclut que f est dérivable en 0 et que $f\,'(0) = 0$.

27.2

Trouver toutes les fonctions $f : \mathbb{R} \longrightarrow \mathbb{R}$ dérivables sur $\mathbb{R}$, telles que :

$$\forall (x, y) \in \mathbb{R}^2, \quad f(x + y) = f(x) + f(y).$$

1) Soit f convenant.

Pour tout $x \in \mathbb{R}$ fixé, en dérivant par rapport à y, on obtient : $\forall y \in \mathbb{R},\ f\,'(x + y) = f\,'(y)$, d'où, en particulier, en remplaçant y par 0 : $f\,'(x) = f\,'(0)$.

Ainsi, $f\,'$ est constante sur $\mathbb{R}$, donc il existe $a \in \mathbb{R}$ tel que : $\forall x \in \quad f\,'(x) = a$.

En primitivant, on déduit qu'il existe $b \in \mathbb{R}$ tel que : $\forall x \in \mathbb{R}, \quad f(x) = ax + b$. De plus, en remplaçant x et y par 0 dans l'hypothèse de l'énoncé, on a $f(0) = f(0) + f(0)$, donc $f(0) = 0$, d'où $b = 0$.

Ceci montre : $\quad \forall x \in \mathbb{R}, \quad f(x) = ax$.

2) Réciproquement, pour tout $a \in \mathbb{R}$ fixé, la fonction $f : \mathbb{R} \longrightarrow \mathbb{R},\ \ x \longmapsto ax$ est dérivable sur $\mathbb{R}$ et on a, pour tout $(x, y) \in \mathbb{R}^2$: $f(x+y) = a(x+y) = ax + ay = f(x) + f(y)$, donc f convient.

On conclut : $\mathcal{S} = \big\{f : \mathbb{R} \longrightarrow \mathbb{R},\ \ x \longmapsto ax\,;\ a \in \mathbb{R}\big\}$.

27.3

Combien la fonction $f : \mathbb{R} \longrightarrow \mathbb{R},\ \ x \longmapsto x^5 - 5x + 1$ admet-elle de zéros ?

La fonction f est dérivable sur $\mathbb{R}$ et, pour tout $x \in \mathbb{R}$: $f'(x) = 5x^4 - 5 = 5(x^4 - 1)$, d'où le tableau de variations de f :

x	$-\infty$		-1		1		$+\infty$
$f'(x)$		$+$	0	$-$	0	$+$	
$f(x)$	$-\infty$	$\nearrow$	$5 > 0$	$\searrow$	$-3 < 0$	$\nearrow$	$+\infty$

D'après la stricte monotonie par intervalles et le théorème des valeurs intermédiaires, on conclut que f admet exactement trois zéros.

27.4

Calculer, pour tout $n \in \mathbb{N}^*$, la dérivée n-ième de la fonction
$$f : \mathbb{R} \longrightarrow \mathbb{R},\ \ x \longmapsto (x^2 + x + 1)\,\mathrm{e}^{-x}.$$

Par opérations, la fonction f est indéfiniment dérivable sur $\mathbb{R}$.
On a, par la formule de Leibniz, pour tout $n \in \mathbb{N}$, avec des notations classiques abusives :

$$f^{(n)}(x) = \sum_{k=0}^{n} \binom{n}{k} (x^2 + x + 1)^{(k)} (\mathrm{e}^{-x})^{(n-k)}.$$

Comme les dérivées successives de la fonction $x \longmapsto x^2 + x + 1$ sont nulles à partir de la troisième, la somme précédente se réduit aux termes correspondants à $k \leqslant 2$.
D'autre part, les dérivées successives de $x \longmapsto \mathrm{e}^{-x}$ sont alternativement $x \longmapsto \mathrm{e}^{-x}$ et $x \longmapsto -\,\mathrm{e}^{-x}$.
D'où :

$$\begin{aligned} f^{(n)}(x) &= (x^2 + x + 1)\,\mathrm{e}^{-x} - n(2x+1)\,\mathrm{e}^{-x} + \frac{n(n-1)}{2}\,2\,\mathrm{e}^{-x} \\ &= \big(x^2 + (-2n+1)x + (n^2 - 2n + 1)\big)\,\mathrm{e}^{-x}. \end{aligned}$$

27.5

Calculer, pour tout $n \in \mathbb{N}^*$, la dérivée n-ième de la fonction
$$f : \mathbb{R}^* \longrightarrow \mathbb{R},\ \ x \longmapsto \frac{1}{x}.$$

Par opérations f est indéfiniment dérivable sur $\mathbb{R}^*$.
Les dérivées successives de f sont données, pour tout $x \in \mathbb{R}^*$ par :

$$f^{(0)}(x) = \frac{1}{x}, \quad f^{(1)}(x) = -\frac{1}{x^2}, \quad f^{(2)}(x) = \frac{2}{x^3}, \quad f^{(3)}(x) = -\frac{6}{x^4}, \ldots$$

Montrons, par récurrence sur n :

$$\forall n \in \mathbb{N}, \ \forall x \in \mathbb{R}^*, \quad f^{(n)}(x) = \frac{(-1)^n n!}{x^{n+1}}.$$

La formule est trivialement vraie pour $n = 0$.
Si la formule est vraie pour un $n \in \mathbb{N}$, on a, pour tout $x \in \mathbb{R}^*$, $f^{(n)}(x) = \dfrac{(-1)^n n!}{x^{n+1}}$, d'où, en dérivant, pour tout $x \in \mathbb{R}^*$:

$$f^{(n+1)}(x) = \big(f^{(n)}\big)'(x) = (-1)^n n!\Big(-\frac{n+1}{x^{n+2}}\Big) = \frac{(-1)^{n+1}(n+1)!}{x^{n+2}}$$

donc la formule est vraie pour $n + 1$.
On conclut, par récurrence sur n : $\forall n \in \mathbb{N}, \quad f^{(n)}(x) = \dfrac{(-1)^n n!}{x^{n+1}}$.

27.6

Calculer la dérivée 4-ième de la fonction $f : \mathbb{R} \longrightarrow \mathbb{R}, \quad x \longmapsto \sin^2 x \cos^2 x$.

Par opérations, la fonction f est indéfiniment dérivable sur $\mathbb{R}$.
On a, par linéarisation, pour tout $x \in \mathbb{R}$:

$$f(x) = (\sin x \cos x)^2 = \Big(\frac{1}{2}\sin 2x\Big)^2 = \frac{1}{4}\sin^2 2x = \frac{1 - \cos 4x}{8}.$$

Par dérivation, la constante additive $\dfrac{1}{8}$ disparaît et on obtient :

$$f^{(4)}(x) = -\frac{1}{8}4^4 \cos 4x = -32\cos 4x.$$

27.7

Soient I un intervalle de $\mathbb{R}$, $f : I \longrightarrow \mathbb{R}$ deux fois dérivable sur I, $a, b, c \in I$ tels que $a < b < c$. On suppose : $f(a) = f(b) = f(c)$.
Montrer qu'il existe $c \in I$ tel que : $f''(c) = 0$.

Puisque f est continue sur $[a\,;b]$, dérivable sur $]a\,;b[$ et que $f(a) = f(b)$, d'après le théorème de Rolle, il existe $u \in]a\,;b[$ tel que $f'(u) = 0$.
Puisque f est continue sur $[b\,;c]$, dérivable sur $]b\,;c[$ et que $f(b) = f(c)$, d'après le théorème de Rolle, il existe $v \in]b\,;c[$ tel que $f'(v) = 0$.
On a alors, en particulier, $u < v$.
Puisque f' est continue sur $[u\,;v]$, dérivable sur $]u\,;v[$ et que $f'(u) = f'(v)$, d'après le théorème de Rolle, il existe $c \in]u\,;v[\subset I$ tel que $(f')'(c) = 0$, c'est-à-dire $f''(c) = 0$.

27.8

Dresser le tableau de variations de la fonction
$$f :]0\,;+\infty[\longrightarrow \mathbb{R}, \quad x \longmapsto \mathrm{e}^{x-1} - \ln x.$$

La fonction f est deux fois dérivable sur $]0\,;+\infty[$ et, pour tout $x \in]0\,;+\infty[$:

$$f'(x) = \mathrm{e}^{x-1} - \frac{1}{x}, \qquad f''(x) = \mathrm{e}^{x-1} + \frac{1}{x^2} > 0.$$

De plus, $f'(1) = 0$, $f(1) = 1$ et, par prépondérance classique, $f(x) \underset{x \longrightarrow +\infty}{\longrightarrow} +\infty$.
On dresse le tableau de variations de f :

x	0		1		$+\infty$
$f''(x)$		$+$		$+$	
$f'(x)$		$\nearrow$	0	$\nearrow$	
$f'(x)$		$-$	0	$+$	
$f(x)$	$+\infty$	$\searrow$	1	$\nearrow$	$+\infty$

27.9

Montrer que l'application $\quad f : [0\,;+\infty[\longrightarrow \mathbb{R}, \quad x \longmapsto \ln\left(1 + \sqrt{x+1}\right)$
est lipschitzienne.

Par opérations, f est dérivable sur $[0\,;+\infty[$ et, pour tout $x \in [0\,;+\infty[$:

$$f'(x) = \frac{\dfrac{1}{2\sqrt{x+1}}}{1 + \sqrt{x+1}} = \frac{1}{2\sqrt{x+1}\left(1 + \sqrt{x+1}\right)},$$

d'où, pour tout $x \in [0\,;+\infty[$: $|f'(x)| = \dfrac{1}{2\sqrt{x+1}\left(1 + \sqrt{x+1}\right)} \leqslant \dfrac{1}{2 \cdot (1+1)} = \dfrac{1}{4}$.

D'après le cours, il en résulte que f est $\dfrac{1}{4}$-lipschitzienne, donc f est lipschitzienne.

Exercices d'entraînement

27.10 Exemple de fonction dérivable à dérivée non continue

Étudier la continuité, la dérivabilité, la continuité de la dérivée de la fonction $f : \mathbb{R} \longrightarrow \mathbb{R}$ définie, pour tout $x \in \mathbb{R}$, par : $f(x) = \begin{cases} x^2 \sin \dfrac{1}{x} & \text{si } x \neq 0 \\ 0 & \text{si } x = 0. \end{cases}$

27.11 Accroissements finis généralisés, deux fonctions

Soient $(a, b) \in \mathbb{R}^2$ tel que $a < b$, $f, g : [a\,;b] \longrightarrow \mathbb{R}$ continues sur $[a\,;b]$, dérivables sur $]a\,;b[$, telles que : $\forall x \in]a\,;b[, \ g'(x) \neq 0$.

Montrer que $g(b) - g(a) \neq 0$ et qu'il existe $c \in]a\,;b[$ tel que : $\dfrac{f(b) - f(a)}{g(b) - g(a)} = \dfrac{f'(c)}{g'(c)}$.

27.12 Accroissements finis généralisés, sur $\mathbb{R}$ tout entier

Soit $f : \mathbb{R} \longrightarrow \mathbb{R}$ une fonction dérivable sur $\mathbb{R}$ et admettant en $-\infty$ et en $+\infty$ une même limite finie. Montrer : $\exists c \in \mathbb{R}, \ f'(c) = 0$.

27.13 Zéros d'un polynôme et de sa dérivée

Soit P une fonction polynomiale réelle de degré $\geqslant 2$.
Montrer que, si les zéros de P sont tous réels et simples, alors il en est de même de P'.

27.14 Exemple de fonction réciproque

On considère la fonction $f : \mathbb{R}_+ \longrightarrow \mathbb{R}_+, \ x \longmapsto \sqrt{x} + x$.

a) Déterminer la classe exacte de f sur $\mathbb{R}_+$.

b) Montrer que f est bijective.

c) Exprimer la fonction réciproque f^{-1} de f et déterminer la classe exacte de f^{-1} sur $\mathbb{R}_+$.

27.15 Exemple d'obtention d'une inégalité, une variable

Montrer : $\forall x \in]1\,;+\infty[, \ \ln x < \dfrac{x-1}{\sqrt{x}}$.

Corrigés des exercices d'entraînement

27.10

1) Étude de la continuité de f :

Par opérations, f est continue en tout point de $\mathbb{R}^*$.

D'autre part, par produit d'une fonction tendant vers 0 par une fonction bornée, $f(x) \underset{x \to 0}{\longrightarrow} 0 = f(0)$, donc f est continue en 0.

On conclut que f est continue sur $\mathbb{R}$.

2) Étude de la dérivabilité de f :

Par théorème généraux, f est dérivable en tout point de $\mathbb{R}^*$.

D'autre part, pour $x \in \mathbb{R}^*$:

$$\frac{f(x) - f(0)}{x - 0} = x \sin \frac{1}{x} \underset{x \to 0}{\longrightarrow} 0,$$

par produit d'une fonction tendant vers 0 par une fonction bornée.

Ceci montre que f est dérivable en 0 et que

$$f'(0) = 0.$$

On conclut que f est dérivable sur $\mathbb{R}$.

3) Étude de la continuité de f′ :

Par théorèmes généraux, f' est continue en tout point de $\mathbb{R}^*$.

On a, par dérivation d'un produit et d'une composée, pour tout $x \in \mathbb{R}^*$:

$$f'(x) = 2x \sin \frac{1}{x} - x^2 \Big(- \frac{1}{x^2} \Big) \cos \frac{1}{x} = 2x \sin \frac{1}{x} + \cos \frac{1}{x}.$$

Comme $2x \sin \frac{1}{x} \underset{x \to 0}{\longrightarrow} 0$ et que $\cos \frac{1}{x}$ n'a pas de limite lorsque le réel x tend vers 0, on déduit, par addition (ou raisonnement par l'absurde), que $f'(x)$ n'a pas de limite lorsque le réel x tend vers 0, donc f' n'est pas continue en 0.

On conclut que f' est continue en tout point de $\mathbb{R}^*$ et n'est pas continue en 0.

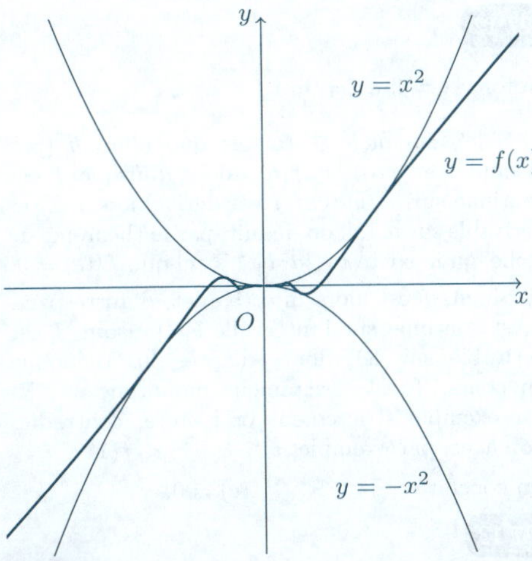

27.11

1) Si $g(a) = g(b)$, alors, comme g est continue sur $[a\,;b]$ et dérivable sur $]a\,;b[$, on déduit, par le théorème de Rolle, qu'il existe $c \in]a\,;b[$ tel que $g'(c) = 0$, contradiction avec l'hypothèse de l'énoncé.

Ceci montre $g(a) \neq g(b)$, donc $g(b) - g(a) \neq 0$.

2) Considérons, de manière analogue à la démonstration du théorème des accroissements finis, la fonction auxiliaire

$\varphi : [a\,;b] \longrightarrow \mathbb{R}$,

$x \longmapsto \big(g(b) - g(a)\big) f(x) - \big(f(b) - f(a)\big) g(x)$.

Puisque f et g sont continues sur $[a\,;b]$ et dérivables sur $]a\,;b[$, on déduit, par opérations, que φ est continue sur $[a\,;b]$ et dérivable sur $]a\,;b[$.

De plus :

$$\varphi(a) = \big(g(b) - g(a)\big) f(a) - \big(f(b) - f(a)\big) g(a) = g(b)f(a) - f(b)g(a),$$

$$\varphi(b) = \big(g(b) - g(a)\big) f(b) - \big(f(b) - f(a)\big) g(b) = -g(a)f(b) + f(a)g(b),$$

donc $\varphi(a) = \varphi(b)$.

D'après le théorème de Rolle, il existe donc $c \in]a\,;b[$ tel que $\varphi'(c) = 0$.

Par dérivation, on a :

$$\forall x \in]a\,;b[, \quad \varphi'(x) = \big(g(b) - g(a)\big) f'(x) - \big(f(b) - f(a)\big) g'(x),$$

d'où :

$$\big(g(b)-g(a)\big)f'(c)-\big(f(b)-f(a)\big)g'(c)=0,$$

puis, comme $g(b)-g(a)\neq 0$ et $g'(c)\neq 0$, on conclut :

$$\frac{f(b)-f(a)}{g(b)-g(a)}=\frac{f'(c)}{g'(c)}.$$

27.12

Notons $\ell=\lim\limits_{-\infty} f=\lim\limits_{+\infty} f\in\mathbb{R}$.

1) S'il existe $a,b\in\mathbb{R}$ tels que $a<b$ (par exemple) et $f(a)=f(b)$, alors, puisque f est continue sur $[a\,;b]$ (car f est dérivable sur $\mathbb{R}$) et dérivable sur $]a\,;b[$, on déduit, par le théorème de Rolle, qu'il existe $c\in\,]a\,;b[\subset\mathbb{R}$ tel que $f'(c)=0$.

2) Sinon, f est alors injective, et, d'autre part, f est continue sur l'intervalle $\mathbb{R}$ (puisque f est dérivable sur $\mathbb{R}$), donc, d'après un théorème du cours, f est strictement monotone sur $\mathbb{R}$, par exemple strictement croissante, contradiction avec, par exemple, $\ell\leqslant f(-1)<f(1)\leqslant\ell$.

On conclut : $\exists\, c\in\mathbb{R},\quad f'(c)=0$.

27.13

Par hypothèse, il existe $n\in\mathbb{N}\setminus\{0,1\}$, $\lambda\in\mathbb{R}^*$, $(x_1,...,x_n)\in\mathbb{R}^n$ tels que :

$$x_1<...<x_n \quad\text{et}\quad P=\lambda\prod_{k=1}^{n}(\mathrm{X}-x_k).$$

Pour chaque $k\in\{1,...,n-1\}$, la fonction polynomiale P est continue sur $[x_k\,;x_{k+1}]$, dérivable sur $]x_k\,;x_{k+1}[$, et on a $P(x_k)=P(x_{k+1})(=0)$, donc, d'après le théorème de Rolle, il existe $y_k\in\,]x_k\,;x_{k+1}[$ tel que $P'(y_k)=0$.

Puisque $x_1<y_1<x_2<...<y_{n-1}<x_n$, les réels $y_1,...,y_{n-1}$ sont deux à deux distincts. Comme P' est de degré $n-1$, il en résulte que les zéros de P' sont tous réels et simples et que ce sont $y_1,...,y_{n-1}$.

27.14

a) D'abord, il est clair que, pour tout $x\in\mathbb{R}_+$, $f(x)$ existe et $f(x)\geqslant 0$, donc f est bien une application de $\mathbb{R}_+$ dans $\mathbb{R}_+$.

Par opérations, la fonction f est continue (c'est-à-dire C^0) sur $\mathbb{R}_+$.

On a, pour $x>0$:

$$\frac{f(x)-f(0)}{x-0}=\frac{\sqrt{x}+x}{x}=\frac{1}{\sqrt{x}}+1\underset{x\longrightarrow 0}{\longrightarrow}+\infty,$$

donc f n'est pas dérivable en 0.

Il en résulte que f n'est pas de classe C^1 sur $\mathbb{R}_+$.

On conclut que la classe exacte de f est C^0.

b) L'application f est continue sur $\mathbb{R}_+$, dérivable sur $\mathbb{R}_+^*$ et :

$$\forall x\in\mathbb{R}_+^*,\quad f'(x)=\frac{1}{2\sqrt{x}}+1>0,$$

donc f est strictement croissante sur $\mathbb{R}_+$.

On a : $f(0)=0$ et $f(x)\underset{x\longrightarrow+\infty}{\longrightarrow}+\infty$.

D'après le théorème de la bijection monotone, on conclut que f est bijective.

c) On a, pour tout $(x,y)\in(\mathbb{R}_+)^2$:

$$y=f(x)\iff y=\sqrt{x}+x$$
$$\iff x+\sqrt{x}-y=0.$$

En notant $t=\sqrt{x}\geqslant 0$, on a donc :

$$y=f(x)\iff t^2+t-y=0.$$

Le discriminant Δ de cette équation du second degré, d'inconnue t, est $\Delta=1+4y>0$, donc cette équation du second degré admet, dans $\mathbb{R}$, deux solutions, qui sont $\dfrac{-1\pm\sqrt{1+4y}}{2}$.

Comme $\dfrac{-1-\sqrt{1+4y}}{2}<0<\dfrac{-1+\sqrt{1+4y}}{2}$, et que $t\geqslant 0$, on a :

$$y=f(x)\iff t=\frac{-1+\sqrt{1+4y}}{2}.$$

Enfin, comme $x=t^2$, on conclut que la fonction réciproque f^{-1} de f est donnée, pour tout $y\in\mathbb{R}_+$, par :

$$f^{-1}(y)=\left(\frac{\sqrt{1+4y}-1}{2}\right)^2=\frac{1+2y-\sqrt{1+4y}}{2}.$$

27.15

La fonction

$$f:[1\,;+\infty[\longrightarrow\mathbb{R},$$
$$x\longmapsto\frac{x-1}{\sqrt{x}}-\ln x=\sqrt{x}-\frac{1}{\sqrt{x}}-\ln x$$

est dérivable sur $[1\,;+\infty[$ et on a, pour tout $x\in[1\,;+\infty[$:

$$f'(x)=\frac{1}{2\sqrt{x}}+\frac{1}{2x^{3/2}}-\frac{1}{x}$$
$$=\frac{x+1-2\sqrt{x}}{2x^{3/2}}=\frac{(\sqrt{x}-1)^2}{2x^{3/2}}$$

donc $f'(x)>0$ si $x\in\,]1\,;+\infty[$ et $f'(1)=0$.

Il en résulte que f est strictement croissante sur $[1\,;+\infty[$.

Comme $f(1)=0$, on déduit :

$$\forall x\in\,]1\,;+\infty[,\ f(x)>0$$

d'où l'inégalité voulue.

28 Fonctions : convexité

Les fonctions convexes interviennent dans de nombreux domaines de mathématiques appliquées, en particulier dans l'obtention d'inégalités à plusieurs variables réelles. Dans tout ce chapitre, les fonctions envisagées sont définies sur un intervalle I de $\mathbb{R}$, ni vide ni réduit à un point, et sont à valeurs réelles.

On note $\mathring{I}$ l'intervalle I privé de ses éventuelles extrémités ; par exemple, si $I = [a\,;b]$, alors $\mathring{I} =]a\,;b[$.

Rappels de cours

1 Généralités

Définition

Une fonction $f : I \longrightarrow \mathbb{R}$ est dite **convexe** (ou aussi : convexe sur I) si et seulement si :

$$\forall (x_1, x_2) \in I^2,\ \forall \lambda \in [0\,;1],\quad f\big((1-\lambda)x_1 + \lambda x_2\big) \leqslant (1-\lambda)f(x_1) + \lambda f(x_2).$$

Remarque : Puisque I est un intervalle de $\mathbb{R}$, il est clair que, pour tout $(x_1, x_2) \in I^2$ et tout $\lambda \in [0,;1]$, le réel $x = (1-\lambda)x_1 + \lambda x_2$ est bien dans I.

Par exemple :

- pour $\lambda = 0$, on a $x = x_1$,
- pour $\lambda = \dfrac{1}{2}$, on a $x = \dfrac{x_1 + x_2}{2}$, milieu de (x_1, x_2),
- pour $\lambda = 1$, on a $x = x_2$.

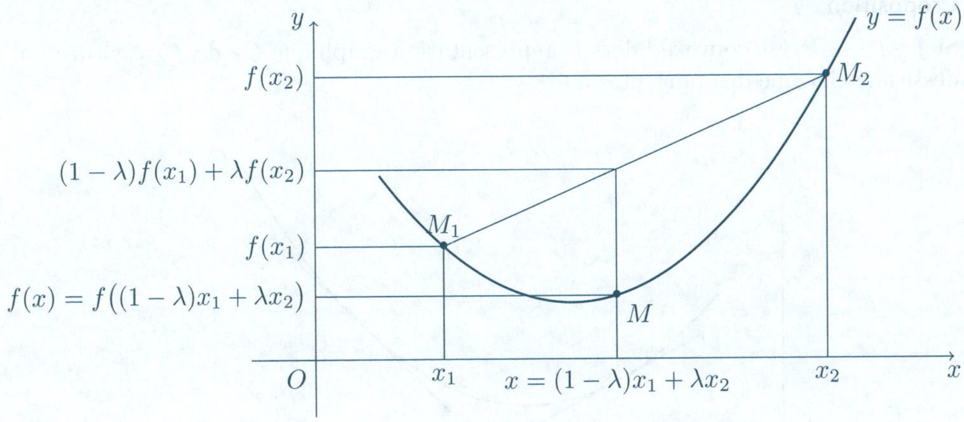

Notons $x = (1-\lambda)x_1 + \lambda x_2$, $M_1\big(x_1, f(x_1)\big)$, $M_2\big(x_2, f(x_2)\big)$, $M\big(x, f(x)\big)$ les points de la représentation graphique C_f de f, d'abscisses respectives x_1, x_2, x.

Proposition

La fonction f est convexe si et seulement si, pour tout couple (M_1, M_2) de points de C_f, tout point de C_f d'abscisse comprise entre celles de M_1 et M_2 est en dessous du segment qui joint M_1 et M_2.

Autrement dit, f est convexe si et seulement si C_f est en dessous de chacune de ses cordes (une corde étant ici un segment joignant deux points de C_f).

2 Utilisation de dérivées dans l'étude de la convexité

On montre le théorème suivant.

Proposition

Soit $f : I \longrightarrow \mathbb{R}$ une fonction dérivable sur I.
Alors, f est convexe si et seulement si f' est croissante sur I.

Exemple

La fonction $f : \mathbb{R} \longrightarrow \mathbb{R}, \quad x \longmapsto x^2$ est convexe, car f est dérivable et sa dérivée $f' : \mathbb{R} \longrightarrow \mathbb{R}, \quad x \longmapsto 2x$ est croissante.

Remarque : Une fonction peut être convexe sans être dérivable.
Par exemple la fonction $f : \mathbb{R} \longrightarrow \mathbb{R}, \quad x \longmapsto |x|$ est convexe sur $\mathbb{R}$ et n'est pas dérivable en 0.

On montre le résultat suivant.

Proposition

Si $f : I \longrightarrow \mathbb{R}$ est convexe, alors la représentation graphique C_f de f est située au-dessus de chacune des tangentes à C_f.

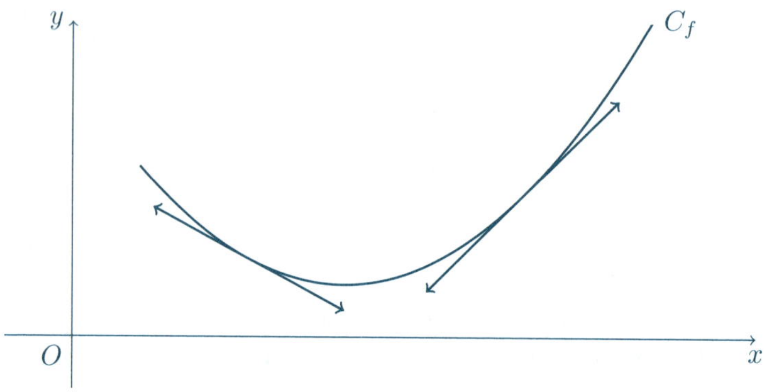

Le résultat suivant est, en pratique, le plus utile pour montrer qu'une fonction est convexe.

Théorème

Soit $f : I \longrightarrow \mathbb{R}$ une fonction deux fois dérivable sur I.
Alors, f est convexe si et seulement si $f'' \geqslant 0$.

Exemple

La fonction $f :]0\,;+\infty[\longrightarrow \mathbb{R}, \quad x \longmapsto \ln(x+1) - \ln x$ est deux fois dérivable sur $\mathbb{R}$ et on a, pour tout $x \in \mathbb{R}$, $f'(x) = \dfrac{1}{x+1} - \dfrac{1}{x}$, $\quad f''(x) = -\dfrac{1}{(x+1)^2} + \dfrac{1}{x^2} \geqslant 0$, donc f est convexe.

Exercices d'apprentissage

28.1

Soient $\alpha \in \mathbb{R}_+, \quad f, g : I \longrightarrow \mathbb{R}$ des fonctions convexes.
Montrer que les fonctions $f + g$ et αf sont convexes.

1) On a, pour tous $\lambda \in [0\,;1], \quad (x_1, x_2) \in I^2$:

$$\begin{aligned}(f+g)\big((1-\lambda)x_1 + \lambda x_2\big) &= f\big((1-\lambda)x_1 + \lambda x_2\big) + g\big((1-\lambda)x_1 + \lambda x_2\big)\\ &\leqslant \big((1-\lambda)f(x_1) + \lambda f(x_2)\big) + \big((1-\lambda)g(x_1) + \lambda g(x_2)\big)\\ &= (1-\lambda)\big(f(x_1) + g(x_1)\big) + \lambda\big(f(x_2) + g(x_2)\big)\\ &= (1-\lambda)(f+g)(x_1) + \lambda(f+g)(x_2),\end{aligned}$$

donc $f + g$ est convexe.

2) On a, pour tous $\lambda \in [0\,;1], \quad (x_1, x_2) \in I^2$:

$$\begin{aligned}(\alpha f)\big((1-\lambda)x_1 + \lambda x_2\big) &= \alpha\, f\big((1-\lambda)x_1 + \lambda x_2\big)\\ &\leqslant \alpha\big((1-\lambda)f(x_1) + \lambda f(x_2)\big)\\ &= (1-\lambda)(\alpha f)(x_1) + \lambda(\alpha f)(x_2)\end{aligned}$$

Remarque : La condition $\alpha \geqslant 0$ ne peut pas être supprimée, car, par exemple, la fonction $f : \mathbb{R} \longrightarrow \mathbb{R}, \quad x \longmapsto x^2$ est convexe et la fonction $-f : \mathbb{R} \longrightarrow \mathbb{R}, \quad x \longmapsto -x^2$ n'est pas convexe.

28.2

Soient $f : I \longrightarrow \mathbb{R}$ une fonction.
On note $J = \{x \in \mathbb{R}\,;\, -x \in I\}$ et $g : J \longrightarrow \mathbb{R}, \quad x \longmapsto f(-x)$.
Montrer que g est convexe si et seulement si f est convexe.

1) Supposons f convexe.
Soient $\lambda \in [0\,;1]$, $(x_1, x_2) \in J^2$. On a alors $(-x_1, -x_2) \in I^2$, d'où :

$$\begin{aligned} g\big((1-\lambda)x_1 + \lambda x_2\big) &= f\big(-\big((1-\lambda)x_1 + \lambda x_2\big)\big) = f\big((1-\lambda)(-x_1) + \lambda(-x_2)\big) \\ &\leqslant (1-\lambda)f(-x_1) + \lambda f(-x_2) = (1-\lambda)g(x_1) + \lambda g(x_2), \end{aligned}$$

donc g est convexe.

2) Réciproquement, si g est convexe, comme, pour tout $x \in J$, on a $-x \in I$ et $f(x) = g(-x)$, en appliquant *1)* à (J, g) à la place de (I, f), on déduit que f est convexe.

On conclut que g est convexe si et seulement si f est convexe.

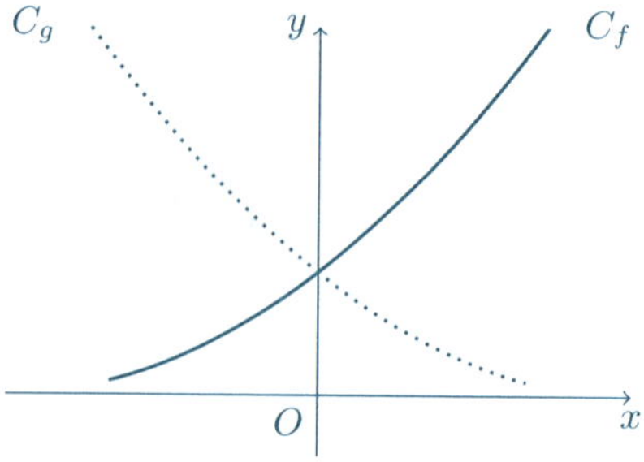

28.3

La fonction $f :]-1\,;1[\longrightarrow \mathbb{R}, \quad x \longmapsto \dfrac{1+x^2}{1-x^2}$ est-elle convexe ?

La fonction f est deux fois dérivable sur l'intervalle $]-1\,;1[$ et, pour tout $x \in]-1\,;1[$:

$$\begin{aligned} f'(x) &= \frac{2x(1-x^2) - (1+x^2)(-2x)}{(1-x^2)^2} = \frac{4x}{(1-x^2)^2}, \\ f''(x) &= \frac{4(1-x^2)^2 - 4x \cdot 2(1-x^2)(-2x)}{(1-x^2)^4} = \frac{4+12x^2}{(1-x^2)^3} \geqslant 0, \end{aligned}$$

donc, d'après le cours, f est convexe.

28.4

a) Peut-on affirmer que, si deux fonctions sont convexes, alors leur produit est convexe ?

b) Soient $f, g : I \longrightarrow \mathbb{R}$ convexes, croissantes et à valeurs $\geqslant 0$.
Montrer que fg est convexe.

a) La réponse est non, comme le montre l'exemple suivant.
Les fonctions $f : \mathbb{R} \longrightarrow \mathbb{R}, \quad x \longmapsto x, \quad g : \mathbb{R} \longrightarrow \mathbb{R}, \quad x \longmapsto x^2$ sont convexes, mais leur produit, qui est la fonction $h : \mathbb{R} \longrightarrow \mathbb{R}, \quad x \longmapsto x^3$ n'est pas convexe, comme on le voit en calculant les dérivées secondes.

b) Formons, pour tous $\lambda \in [0\,;1]$, $(x_1, x_2) \in I^2$ tels que, par exemple $x_1 \leqslant x_2$, la différence :

$$\begin{aligned}
&(fg)\big((1-\lambda)x_1+\lambda x_2\big) - \big((1-\lambda)(fg)(x_1)+\lambda(fg)(x_2)\big)\\
&\quad = f\big((1-\lambda)x_1+\lambda x_2\big)g\big((1-\lambda)x_1+\lambda x_2\big) - (1-\lambda)f(x_1)g(x_1) - \lambda f(x_2)g(x_2)\\
&\quad \leqslant \big((1-\lambda)f(x_1)+\lambda f(x_2)\big)\big((1-\lambda)g(x_1)+\lambda g(x_2)\big) - (1-\lambda)f(x_1)g(x_1) - \lambda f(x_2)g(x_2)\\
&\quad = \big((1-\lambda)^2-(1-\lambda)\big)f(x_1)g(x_1) + \lambda(1-\lambda)\big(f(x_1)g(x_2)+f(x_2)g(x_1)\big)\\
&\qquad\qquad + (\lambda^2-\lambda)f(x_2)g(x_2)\\
&\quad = -\underbrace{\lambda(1-\lambda)}_{\leqslant 0}\underbrace{\big(f(x_2)-f(x_1)\big)}_{\geqslant 0}\underbrace{\big(g(x_2)-g(x_1)\big)}_{\geqslant 0} \geqslant 0,
\end{aligned}$$

et on conclut que fg est convexe.

28.5

Soit $f :]0\,;+\infty[\longrightarrow \mathbb{R}$ deux fois dérivable, convexe, $\geqslant 0$.

Montrer que la fonction $g :]0\,;+\infty[\longrightarrow \mathbb{R},\ x \longmapsto \dfrac{f(x^3)}{x}$ est convexe.

D'abord, puisque f est deux fois dérivable et convexe, on a : $f'' \geqslant 0$.
Puisque f est deux fois dérivable, on déduit, par opérations, que g est deux fois dérivable, et on a, pour tout $x \in]0\,;+\infty[$:

$$g'(x) = -\frac{1}{x^2}f(x^3) + \frac{1}{x}\cdot 3x^2 f'(x^3) = -\frac{1}{x^2}f(x^3) + 3xf'(x^3),$$

$$g''(x) = \frac{2}{x^3}f(x^3) - \frac{1}{x^2}\cdot 3x^2 f'(x^3) + 3f'(x^3) + 3x\cdot 3x^2 f''(x^3) = \frac{2}{x^3}f(x^3) + 9x^3 f''(x^3) \geqslant 0,$$

donc, d'après le cours, g est convexe.

Exercices d'entraînement

28.6 Étude de la convexité pour une fonction réciproque

Soient I, J deux intervalles de $\mathbb{R}$, ni vides ni réduits à un point, $f : I \longrightarrow J$ une application continue, strictement croissante, bijective, convexe.
Montrer que $-f^{-1}$ est convexe.

28.7 Équivalence logique de deux convexités

Soit $f :]0\,;+\infty[\longrightarrow \mathbb{R}$ de classe C^2.

On note $g :]0\,;+\infty[\longrightarrow \mathbb{R},\ x \longmapsto xf\Big(\dfrac{1}{x}\Big)$.

Montrer que f est convexe si et seulement si g est convexe.

28.8 Étude de convexité sur $[0\,;+\infty[$

Soit $f : [0\,;+\infty[\longrightarrow \mathbb{R}$ convexe sur $[0\,;+\infty[$, telle que $f(0) = 0$.

Montrer, pour tout $(x, y) \in \mathbb{R}^2$ tel que $0 < x < y$: $\dfrac{f(x)}{x} \leqslant \dfrac{f(y)}{y}$.

Corrigés des exercices d'entraînement

28.6

Soient $\lambda \in [0\,;1]$, $u, v \in J$.
Notons $w = (1-\lambda)u + \lambda v$, $x = f^{-1}(u)$, $y = f^{-1}(v)$.
Puisque f est convexe, on a :

$$f\big((1-\lambda)x + \lambda y\big) \leqslant (1-\lambda)f(x) + \lambda f(y) = (1-\lambda)u + \lambda v = w.$$

Puisque f est bijective et strictement croissante, on déduit que f^{-1} est strictement croissante, d'où, en composant par f^{-1} :

$$(1-\lambda)x + \lambda y \leqslant f^{-1}(w),$$

c'est-à-dire :

$$(1-\lambda)f^{-1}(u) + \lambda f^{-1}(v) \leqslant f^{-1}(w),$$

ou encore :

$$(-f^{-1})(w) \leqslant (1-\lambda)(-f^{-1})(u) + \lambda(-f^{-1})(v).$$

On conclut que $-f^{-1}$ est convexe.

28.7

Puisque f est de classe C^2 sur $]0\,;+\infty[$, on déduit, par opérations, que $g : x \longmapsto xf\Big(\dfrac{1}{x}\Big)$ est de classe C^2 sur $]0\,;+\infty[$, et on a, pour tout $x \in]0\,;+\infty[$:

$$g'(x) = f\Big(\frac{1}{x}\Big) + x\Big(-\frac{1}{x^2}\Big)f'\Big(\frac{1}{x}\Big) = f\Big(\frac{1}{x}\Big) - \frac{1}{x}f'\Big(\frac{1}{x}\Big),$$

$$g''(x) = -\frac{1}{x^2}f'\Big(\frac{1}{x}\Big) + \frac{1}{x^2}f'\Big(\frac{1}{x}\Big) - \frac{1}{x}\Big(-\frac{1}{x^2}\Big)f''\Big(\frac{1}{x}\Big) = \frac{1}{x^3}f''\Big(\frac{1}{x}\Big).$$

Il en résulte :

$$\begin{aligned} & g \text{ convexe} \\ \iff\ & g'' \geqslant 0 \\ \iff\ & \forall x \in]0\,;+\infty[,\ \frac{1}{x^3}f''\Big(\frac{1}{x}\Big) \geqslant 0 \\ \iff\ & \forall x \in]0\,;+\infty[,\ f''\Big(\frac{1}{x}\Big) \geqslant 0 \\ \iff\ & \forall t \in]0\,;+\infty[,\ f''(t) \geqslant 0 \\ \iff\ & f \text{ convexe.} \end{aligned}$$

28.8

Soit $(x, y) \in \mathbb{R}^2$ tel que $0 < x < y$.
En notant $\lambda = \dfrac{x}{y}$, on a $\lambda \in [0\,;1]$ et

$$x = (1-\lambda)0 + \lambda y,$$

d'où, puisque f est convexe sur $[0\,;+\infty[$:

$$f\big((1-\lambda)0 + \lambda y\big) \leqslant (1-\lambda)f(0) + \lambda f(y),$$

c'est-à-dire, puisque $\lambda y = x$: $\quad f(x) \leqslant \dfrac{x}{y}f(y)$,

et on conclut : $\quad \dfrac{f(x)}{x} \leqslant \dfrac{f(y)}{y}$.

29 Calcul matriciel

Nous étudions dans ce chapitre les matrices en tant que tableaux rectangulaires de nombres. Le lien avec les applications linéaires en dimension finie sera traité au second semestre.
Dans tout le chapitre, K désigne un corps, le plus souvent, $K = \mathbb{R}$ ou $\mathbb{C}$.

Rappels de cours

1 Définition et opérations sur les matrices

1.1 Notion de matrice

Définition
Soient $n, p \in \mathbb{N}^*$.
On appelle **matrice** à n lignes, à p colonnes et à **coefficients** (ou aussi : éléments, ou aussi : termes) dans K tout tableau rectangulaire

$$A = (a_{ij})_{1 \leqslant i \leqslant n,\ 1 \leqslant j \leqslant p} = \begin{pmatrix} a_{11} & a_{12} & \dots & a_{1p} \\ a_{21} & a_{22} & \dots & a_{2p} \\ \vdots & \vdots & & \vdots \\ a_{n1} & a_{n2} & \dots & a_{np} \end{pmatrix},$$

où les a_{ij} sont dans K.
On appelle format (ou aussi : type) de la matrice A ci-dessus le couple (n, p) (ces termes, classiques, ne figurent pas dans le Programme officiel).
Pour $(i, j) \in \{1, ..., n\} \times \{1, ..., p\}$, le coefficient a_{ij} situé à la i-ème ligne et à la j-ème colonne est appelé le **(i, j)-ème coefficient** de A.
On appelle **colonnes** de A les matrices à une colonne qui forment A :

$$\begin{pmatrix} a_{11} \\ a_{21} \\ \vdots \\ a_{n1} \end{pmatrix}, ..., \begin{pmatrix} a_{1p} \\ a_{2p} \\ \vdots \\ a_{np} \end{pmatrix},$$

et on appelle **lignes** de A les matrices à une ligne qui forment A :

$$\begin{pmatrix} a_{11} & a_{12} & \dots & a_{1p} \end{pmatrix}, ..., \begin{pmatrix} a_{n1} & a_{n2} & \dots & a_{np} \end{pmatrix},$$

On appelle **matrice colonne** toute matrice de $\mathbf{M}_{n,1}(K)$, c'est-à-dire une matrice qui n'est formée que d'une seule colonne.
On appelle **matrice ligne** toute matrice de $\mathbf{M}_{1,p}(K)$, c'est-à-dire une matrice qui n'est formée que d'une seule ligne.
On note $\mathbf{M}_{n,p}(K)$ l'ensemble des matrices à n lignes, p colonnes et à coefficients dans K.

Remarque :

1) De manière plus abstraite, de même qu'un n-uplet appartenant à K^n est en théorie une application de $\{1, ..., n\}$ dans K, une matrice à n lignes et p colonnes est en théorie une application de $\{1, ..., n\} \times \{1, ..., p\}$ dans K, qui, à chaque couple $(i, j) \in \{1, ..., n\} \times \{1, ...p\}$, associe un élément a_{ij} de K.

2) On note a_{ij} (sans virgule) pour $a_{i,j}$ s'il n'y a pas de risque de confusion ; par exemple, on note a_{11} le coefficient situé en haut à gauche dans la matrice, le nombre 11 (onze) n'intervient pas, sauf exception.

3) Il peut être commode de noter $(A)_{ij}$ (ou aussi : $[A]_{ij}$) le coefficient de A situé à la ligne i et à la colonne j.

Remarque : Une matrice $A \in \mathbf{M}_{n,p}(K)$ peut être vue soit comme une juxtaposition de n lignes à p coefficients dans chaque ligne, les unes en dessous des autres, soit comme une juxtaposition de p colonnes à n coefficients dans chaque colonne, les unes à côté des autres.

Définition

On dit que la matrice A est **carrée** si et seulement si $n = p$.
On note $\mathbf{M}_n(K)$, au lieu de $\mathbf{M}_{n,n}(K)$, l'ensemble des matrices carrées à n lignes, à n colonnes et à coefficients dans K.

Lorsque $A \in \mathbf{M}_n(K)$, on dit que A est une matrice carrée d'ordre n (ce terme, ordre d'une matrice carrée, ne figure pas dans le Programme officiel).

Définition

Pour une matrice carrée $A = (a_{ij})_{ij} \in \mathbf{M}_n(K)$, les coefficients a_{ii} sont appelés les **coefficients diagonaux** de A, et le n-uplet $(a_{11}, ..., a_{nn})$ est appelée la **diagonale** de A.

Exemple

1) Pour tout $a \in K$, $(a) \in \mathbf{M}_1(K)$ est la matrice carrée à une ligne et une colonne formée par le seul coefficient a. Cette matrice (a) est souvent confondue avec l'élément a de K, ce qui peut engendrer des ambiguïtés de lecture.

2) La matrice $A = \begin{pmatrix} -1 & \sqrt{2} & \mathrm{e} \end{pmatrix}$ est une matrice ligne à trois coefficients dans $\mathbb{R}$, $A \in \mathbf{M}_{1,3}(\mathbb{R})$.

3) La matrice $B = \begin{pmatrix} 1 \\ -1 \end{pmatrix}$ est une matrice colonne à deux coefficients dans $\mathbb{R}$, $B \in \mathbf{M}_{2,1}(\mathbb{R})$.

4) La matrice $C = \begin{pmatrix} 1 & \mathrm{i} & 2-\mathrm{i} \\ -\mathrm{i} & -2 & 4+\mathrm{i} \end{pmatrix}$ est une matrice à deux lignes et trois colonnes, à coefficients dans $\mathbb{C}$, $C \in \mathbf{M}_{2,3}(\mathbb{C})$.

5) La matrice $M = \begin{pmatrix} 0 & 1 \\ 1 & 0 \end{pmatrix}$ est une matrice carrée à deux lignes et deux colonnes, à coefficients dans $\mathbb{R}$, $M \in \mathbf{M}_2(\mathbb{R})$. La diagonale de M est $(0, 0)$.

Définition

On appelle matrice nulle (le terme ne figure pas dans le Programme officiel), et on note 0_{np} (ou aussi, plus simplement : 0) la matrice de $\mathbf{M}_{n,p}(K)$ dont tous les coefficients sont nuls.

Définition

On appelle **matrice identité**, et on note I_n, la matrice carrée de $\mathbf{M}_n(K)$ dont les coefficients diagonaux sont tous égaux à 1 et les autres coefficients sont tous nuls :

$$\mathrm{I}_n = \begin{pmatrix} 1 & & (0) \\ & \ddots & \\ (0) & & 1 \end{pmatrix}.$$

1.2 Opérations algébriques sur les matrices

Définition

Soient $n, p \in \mathbb{N}^*$.

1) On appelle **addition** dans $\mathbf{M}_{n,p}(K)$ la loi interne, notée $+$, définie par :

$$\forall A = (a_{ij})_{ij},\ \forall B = (b_{ij})_{ij} \in \mathbf{M}_{n,p}(K),\quad A + B = (a_{ij} + b_{ij})_{ij}.$$

Autrement dit, pour additionner deux matrices de même format, on additionne les coefficients situés aux mêmes places.

2) On appelle **multiplication par un scalaire** (un scalaire étant, par définition, un élément de K) la loi externe, notée par l'absence de symbole (ou aussi : $\cdot$) définie par :

$$\forall \alpha \in K,\ \forall A = (a_{ij})_{ij} \in \mathbf{M}_{n,p}(K),\quad \alpha A = (\alpha a_{ij})_{ij}.$$

Autrement dit, pour multiplier une matrice par un scalaire, on multiplie chaque coefficient de la matrice par ce scalaire.

Remarque :

1) On ne peut additionner que des matrices de même format.

2) Pour $A \in \mathbf{M}_{n,p}(K)$, on note $-A = (-1)A$.

3) Selon l'usage, la multiplication par un scalaire est notée αA et non $A\alpha$.

Exemple

Dans ces exemples, les lettres $a, \ldots$ désignent des réels ou des complexes.

$$\begin{pmatrix} a & b & c \end{pmatrix} + \begin{pmatrix} u & v & w \end{pmatrix} = \begin{pmatrix} a+u & b+v & c+w \end{pmatrix}, \qquad \begin{pmatrix} x \\ y \end{pmatrix} + \begin{pmatrix} x' \\ y' \end{pmatrix} = \begin{pmatrix} x+x' \\ y+y' \end{pmatrix},$$

$$\begin{pmatrix} a & b & c \\ a' & b' & c' \end{pmatrix} + \begin{pmatrix} r & s & t \\ r' & s' & t' \end{pmatrix} = \begin{pmatrix} a+r & b+s & c+t \\ a'+r' & b'+s' & c'+t' \end{pmatrix},$$

$$\begin{pmatrix} y & x \\ z & t \end{pmatrix} + \begin{pmatrix} 1 & -1 \\ -2 & 3 \end{pmatrix} = \begin{pmatrix} y+1 & x-1 \\ z-2 & t+3 \end{pmatrix},$$

$$4\begin{pmatrix} x & y & z \end{pmatrix} = \begin{pmatrix} 4x & 4y & 4z \end{pmatrix}, \qquad (-2)\begin{pmatrix} a \\ b \end{pmatrix} = \begin{pmatrix} -2a \\ -2b \end{pmatrix},$$

$$\lambda\begin{pmatrix}4 & -1\\ 3 & -5\\ -1 & 1\end{pmatrix}=\begin{pmatrix}4\lambda & -\lambda\\ 3\lambda & -5\lambda\\ -\lambda & \lambda\end{pmatrix}, \qquad x\begin{pmatrix}x & x\\ x & t\end{pmatrix}=\begin{pmatrix}x^2 & x^2\\ x^2 & xt\end{pmatrix}.$$

Remarque : On s'aperçoit que l'addition de deux colonnes est plus commode visuellement que celle de deux lignes.

Proposition

On a, pour toutes $A, B, C \in \mathbf{M}_{n,p}(K)$:

$$A+B=B+A, \quad (A+B)+C=A+(B+C), \quad A+0=A, \quad A+(-A)=0,$$

et la multiplication par un scalaire vérifie les propriétés suivantes, pour tous $\alpha, \beta \in K$, $A, B \in \mathbf{M}_{n,p}(K)$:

$$\alpha(A+B)=\alpha A+\alpha B, \quad (\alpha+\beta)A=\alpha A+\beta A, \quad \alpha(\beta A)=(\alpha\beta)A, \quad 1A=A.$$

Ainsi, avec le vocabulaire du second semestre, $\mathbf{M}_{n,p}(K)$ est un K-espace vectoriel.

Définition

Pour $k \in \mathbb{N}^*$, $A_1, ..., A_k \in \mathbf{M}_{n,p}(K)$, on appelle **combinaison linéaire** de $A_1, ..., A_k$ toute matrice M de la forme $M=\sum_{i=1}^{k}\alpha_i A_i=\alpha_1 A_1+\cdots+\alpha_k A_k$, où les a_i sont dans K.

Exemple

Si $A, B, C \in \mathbf{M}_2(\mathbb{R})$, alors $3A-\sqrt{2}\,B+\frac{1}{4}C$ est une combinaison linéaire de A, B, C.

Définition

On note, pour tout $(i,j) \in \mathbb{N}^* \times \mathbb{N}^*$, δ_{ij} (ou aussi : $\delta_{i,j}$) le **symbole de Kronecker**, défini par :

$$\delta_{ij}=\begin{cases}1 & \text{si } i=j\\ 0 & \text{si } i\neq j\end{cases}$$

Exemple

$\delta_{23}=0, \quad \delta_{44}=1.$

Définition

Soient $n, p \in \mathbb{N}^*$. On appelle **matrices élémentaires** les np matrices E_{uv} de $\mathbf{M}_{n,p}(K)$, pour $(u,v) \in \{1,...,n\} \times \{1,...,p\}$, telles que, pour chaque (u,v), E_{uv} est la matrice dont le coefficient situé à la ligne u et à la colonne v est égal à 1 et dont tous les autres coefficients sont nuls.

Ainsi, pour tout (u, v), la matrice élémentaire E_{uv} est définie par :

$$\forall (i,j) \in \{1,...,n\} \times \{1,...,p\}, \quad (\mathrm{E}_{uv})_{ij} = \delta_{ui}\delta_{vj}$$

Exemple

1) Pour $(n, p) = (3, 1)$, il y a trois matrices élémentaires :

$$\mathrm{E}_{11} = \begin{pmatrix} 1 & 0 & 0 \end{pmatrix}, \quad \mathrm{E}_{12} = \begin{pmatrix} 0 & 1 & 0 \end{pmatrix}, \quad \mathrm{E}_{13} = \begin{pmatrix} 0 & 0 & 1 \end{pmatrix}.$$

2) Pour $(n, p) = (1, 2)$, il y a deux matrices élémentaires : $\mathrm{E}_{11} = \begin{pmatrix} 1 \\ 0 \end{pmatrix}$, $\mathrm{E}_{21} = \begin{pmatrix} 0 \\ 1 \end{pmatrix}$.

3) Pour $(n, p) = (2, 2)$, il y a quatre matrices élémentaires :

$$\mathrm{E}_{11} = \begin{pmatrix} 1 & 0 \\ 0 & 0 \end{pmatrix}, \quad \mathrm{E}_{12} = \begin{pmatrix} 0 & 1 \\ 0 & 0 \end{pmatrix}, \quad \mathrm{E}_{21} = \begin{pmatrix} 0 & 0 \\ 1 & 0 \end{pmatrix}, \quad \mathrm{E}_{22} = \begin{pmatrix} 0 & 0 \\ 0 & 1 \end{pmatrix}.$$

Remarque : Il n'y a pas d'inconvénient à noter de la même façon des matrices élémentaires de formats différents, le risque de confusion est minime.

Proposition

Toute matrice de $\mathbf{M}_{n,p}(K)$ est combinaison linéaire de matrices élémentaires, et, plus précisément, pour toute $A = (a_{ij})_{ij} \in \mathbf{M}_{n,p}(K)$, on a $A = \displaystyle\sum_{1 \leqslant i \leqslant n,\ 1 \leqslant j \leqslant p} a_{ij}\mathrm{E}_{ij}$.

Exemple

$$\begin{pmatrix} a_{11} & a_{12} \\ a_{21} & a_{22} \end{pmatrix} = a_{11}\begin{pmatrix} 1 & 0 \\ 0 & 0 \end{pmatrix} + a_{12}\begin{pmatrix} 0 & 1 \\ 0 & 0 \end{pmatrix} + a_{21}\begin{pmatrix} 0 & 0 \\ 1 & 0 \end{pmatrix} + a_{22}\begin{pmatrix} 0 & 0 \\ 0 & 1 \end{pmatrix}$$

$$= a_{11}\mathrm{E}_{11} + a_{12}\mathrm{E}_{12} + a_{21}\mathrm{E}_{21} + a_{22}\mathrm{E}_{22}.$$

Définition

Soient $n, p, q \in \mathbb{N}^*$, $A = (a_{ij})_{ij} \in \mathbf{M}_{n,p}(K)$, $B = (b_{jk})_{jk} \in \mathbf{M}_{p,q}(K)$. On appelle **produit** de A par B, et on note AB, la matrice de $\mathbf{M}_{n,q}(K)$ définie par $AB = (c_{ik})_{ik}$,

où, pour tout $(i, k) \in \{1, ..., n\} \times \{1, ..., p\}$: $\quad c_{ik} = \displaystyle\sum_{j=1}^{p} a_{ij}b_{jk}$

L'application de $\mathbf{M}_{n,p}(K) \times \mathbf{M}_{p,q}(K)$ qui, au couple de matrices (A, B), associe la matrice AB, est appelée la **multiplication** des matrices.

Remarque :

1) La matrice produit AB n'existe que si le nombre de colonnes de A est égal au nombre de lignes de B.

2) Le coefficient de AB situé à la ligne i et à la colonne k est égal à la somme des produits, dans l'ordre, des coefficients de la ligne i de A par ceux de la colonne k de B.

$$\text{ligne } i \longrightarrow \begin{pmatrix} & \cdots & \\ & \cdots & \\ \boxed{a_{i1} \ \cdots \ a_{ij} \ \cdots \ a_{ip}} \\ & \cdots & \\ & \cdots & \end{pmatrix} \begin{pmatrix} \vdots\ \vdots & \boxed{\begin{matrix} b_{1k} \\ \vdots \\ b_{jk} \\ \vdots \\ b_{pk} \end{matrix}} & \vdots\ \vdots \end{pmatrix} \quad (\text{colonne } k \downarrow)$$

$$= \begin{pmatrix} & \vdots & \\ \cdots & \boxed{\sum_{j=1}^{p} a_{ij} b_{jk}} & \cdots \\ & \vdots & \end{pmatrix} \longleftarrow \text{ligne } i \quad (\uparrow \text{colonne } k)$$

Remarque : Si $A \in \mathbf{M}_{n,p}(K)$ et $B \in \mathbf{M}_{p,q}(K)$, alors $AB \in \mathbf{M}_{n,q}(K)$. Ainsi, le format (n, q) de AB est obtenu à partir des formats (n, p) de A et (p, q) de B « comme par la relation de Chasles ».

Exemple

1) $\begin{pmatrix} a_1 & \ldots & a_n \end{pmatrix} \begin{pmatrix} b_1 \\ \vdots \\ b_n \end{pmatrix} = (a_1 b_1 + \cdots + a_n b_n)$, matrice à un seul coefficient.

2) $\begin{pmatrix} a_1 \\ \vdots \\ a_n \end{pmatrix} \begin{pmatrix} b_1 & \ldots & b_n \end{pmatrix} = \begin{pmatrix} a_1 b_1 & \ldots & a_1 b_n \\ \vdots & & \vdots \\ a_n b_1 & \ldots & a_n b_n \end{pmatrix}$, matrice carrée.

3) $\begin{pmatrix} a & b \\ c & d \end{pmatrix} \begin{pmatrix} x \\ y \end{pmatrix} = \begin{pmatrix} ax + by \\ cx + dy \end{pmatrix}$, matrice colonne.

4) $\begin{pmatrix} a & b \\ c & d \end{pmatrix} \begin{pmatrix} a' & b' \\ c' & d' \end{pmatrix} = \begin{pmatrix} aa' + bc' & ac' + bd' \\ ca' + dc' & cb' + dd' \end{pmatrix}$, matrice carrée.

Si $A \in \mathbf{M}_{n,p}(K)$ est une matrice quelconque et $X \in \mathbf{M}_{p,1}(K)$ une matrice colonne, alors AX est combinaison linéaire des colonnes de A :

$$\begin{pmatrix} a_{11} & \ldots & a_{1p} \\ \vdots & & \vdots \\ a_{n1} & \ldots & a_{np} \end{pmatrix} \begin{pmatrix} x_1 \\ \vdots \\ x_p \end{pmatrix} = \begin{pmatrix} a_{11}x_1 + \cdots + a_{1p}x_p \\ \vdots \\ a_{n1}x_1 + \cdots + a_{np}x_p \end{pmatrix} = x_1 \begin{pmatrix} a_{11} \\ \vdots \\ a_{n1} \end{pmatrix} + \cdots + x_p \begin{pmatrix} a_{1p} \\ \vdots \\ a_{np} \end{pmatrix}.$$

On montre les propriétés de calcul suivantes :

Proposition

1) $\forall A \in \mathbf{M}_{n,p}(K),\ \forall B, C \in \mathbf{M}_{p,q}(K),\quad A(B+C) = AB + AC.$
2) $\forall A, B \in \mathbf{M}_{n,p}(K),\ \forall C \in \mathbf{M}_{p,q}(K),\quad (A+B)C = AC + BC.$
3) $\forall \alpha \in K,\ \forall A \in \mathbf{M}_{n,p}(K),\ \forall B \in \mathbf{M}_{p,q}(K),\quad (\alpha A)B = \alpha(AB) = A(\alpha B).$
4) $\forall A \in \mathbf{M}_{n,p}(K),\ \forall B \in \mathbf{M}_{p,q}(K),\ \forall C \in \mathbf{M}_{q,r}(K),\quad (AB)C = A(BC).$

Lorsque ce dernier produit existe, on pourra donc le noter ABC, sans parenthèses.

Définition

Pour $A \in \mathbf{M}_n(K)$, on note $A^0 = \mathrm{I}_n$, $A^1 = A$, $A^2 = AA$, et, pour tout $k \in \mathbb{N}^*$, $A^k = A \cdots A$ (k fois).

Proposition

La matrice identité est neutre pour la multiplication dans $\mathbf{M}_n(K)$:

$$\forall A \in \mathbf{M}_n(K),\ A\,\mathrm{I}_n = \mathrm{I}_n\,A = A.$$

On dispose des formules suivantes.

Proposition

Pour toute $A \in \mathbf{M}_n(K)$ et tout $k \in \mathbb{N}^*$:
$(\mathrm{I}_n - A)(\mathrm{I}_n + A + A^2 + \cdots + A^{k-1}) = (\mathrm{I}_n + A + A^2 + \cdots + A^{k-1})(\mathrm{I}_n - A) = \mathrm{I}_n - A^k$
et, pour toutes $A, B \in \mathbf{M}_n(K)$ telles que $AB = BA$ (on dit que A et B commutent),

on a la formule du binôme de Newton : $\quad (A+B)^k = \displaystyle\sum_{i=0}^{k} \binom{k}{i} A^i B^{k-i}.$

Définition

On appelle **matrices scalaires** les matrices $\lambda\,\mathrm{I}_n$, $\lambda \in K$.

Cette expression peut prêter à confusion, mais elle est classique.

Attention

1) Si $n \geqslant 2$, la multiplication n'est pas commutative dans $\mathbf{M}_n(K)$, comme le montre l'exemple suivant :

$A = \begin{pmatrix} 0 & 1 \\ 0 & 0 \end{pmatrix}$, $B = \begin{pmatrix} 0 & 0 \\ 1 & 0 \end{pmatrix}$, dans lequel on a $AB = \begin{pmatrix} 0 & 1 \\ 0 & 0 \end{pmatrix}\begin{pmatrix} 0 & 0 \\ 1 & 0 \end{pmatrix} = \begin{pmatrix} 1 & 0 \\ 0 & 0 \end{pmatrix}$ et

$BA = \begin{pmatrix} 0 & 0 \\ 1 & 0 \end{pmatrix}\begin{pmatrix} 0 & 1 \\ 0 & 0 \end{pmatrix} = \begin{pmatrix} 0 & 0 \\ 0 & 1 \end{pmatrix}$, donc $AB \neq BA$.

On pourra retenir que, en général, les matrices ne commutent pas pour la multiplication.

2) Si $n \geqslant 2$, il se peut que le produit de deux matrices de $\mathbf{M}_n(K)$ soit nul sans qu'aucune des deux matrices ne soit nulle, comme le montre l'exemple suivant :

$$\begin{pmatrix} 1 & 0 \\ 0 & 0 \end{pmatrix}\begin{pmatrix} 0 & 0 \\ 0 & 1 \end{pmatrix} = \begin{pmatrix} 0 & 0 \\ 0 & 0 \end{pmatrix}.$$

On dit que $\mathbf{M}_n(K)$ n'est pas intègre.

On appelle **diviseur de zéro** dans $\mathbf{M}_n(K)$ toute matrice $A \in \mathbf{M}_n(K)$ telle que $A \neq 0$ et qu'il existe une matrice $B \in \mathbf{M}_n(K)$ non nulle telle que $AB = 0$, ou une matrice $C \in \mathbf{M}_n(K)$ non nulle telle que $CA = 0$.

Les deux matrices de l'exemple précédent sont des diviseurs de zéro dans $\mathbf{M}_2(K)$.

3) On confond souvent un élément x de K et la matrice (x) de $\mathbf{M}_1(K)$.

- Pour $A \in \mathbf{M}_{n,1}(K)$, on a $A \cdot (x) = xA$, mais le produit matriciel $(x) \cdot A$ n'est pas défini si $n \geqslant 2$.
- Pour $B \in \mathbf{M}_{1,n}(K)$, on a $(x) \cdot B = xB$, mais le produit matriciel $B \cdot (x)$ n'est pas défini si $n \geqslant 2$.

Définition

Une matrice carrée $A \in \mathbf{M}_n(K)$ est dite **nilpotente** si et seulement s'il existe $k \in \mathbb{N}^*$ (dépendant a priori de A) tel que $A^k = 0$.

Exemple

1) La matrice carrée nulle $0 \in \mathbf{M}_n(K)$ est nilpotente.

2) La matrice carrée $A = \begin{pmatrix} 0 & 1 \\ 0 & 0 \end{pmatrix} \in \mathbf{M}_2(K)$ est nilpotente, puisque $A^2 = 0$.

Proposition

Le produit de deux matrices élémentaires est une matrice élémentaire ou la matrice nulle, et, plus précisément, pour tous $n, p, q \in \mathbb{N}^*$ et tous $i \in \{1, ..., n\}$, $j, k \in \{1, ..., p\}$, $\ell \in \{1, ..., q\}$, on a $\mathrm{E}_{ij}\mathrm{E}_{k\ell} = \delta_{jk}\mathrm{E}_{i\ell}$ (formule qui est à retenir).

1.3 Opérations élémentaires sur les colonnes, sur les lignes d'une matrice

Définition

Soient $n, p \in \mathbb{N}$ tels que $n \geqslant 2$ et $p \geqslant 2$.

On appelle **opérations élémentaires** sur les colonnes de A les transformations suivantes, où, pour tout $j \in \{1, ..., p\}$, C_j désigne la colonne numéro j de A :

1) Échange (entre elles) de deux colonnes de A

2) Remplacement d'une colonne C_j de A par αC_j, où $\alpha \in K \setminus \{0\}$

3) Remplacement d'une colonne C_k de A par $C_k + \alpha C_j$, où $\alpha \in K$ et $j \in \{1, ..., p\} \setminus \{k\}$.

On définit de manière analogue les opérations élémentaires sur les lignes de A.

Ces transformations peuvent s'interpréter par des multiplications matricielles :

a) L'échange des colonnes numéros j et k de A revient à remplacer A par la matrice $AP_{j,k}$, où $P_{j,k} = I_p + E_{jk} + E_{kj} - E_{jj} - E_{kk}$, c'est-à-dire que $P_{j,k}$ est la matrice obtenue à partir de l'identité en déplaçant les deux 1 diagonaux des places (j,j) et (k,k) aux places (j,k) et (k,j).

b) Le remplacement d'une colonne C_j de A par αC_j, où $\alpha \in K\backslash\{0\}$ revient à remplacer A par la matrice $AD_{j,\alpha}$, où $D_{j,\alpha} = I_p + (\alpha - 1)E_{jj}$, c'est-à-dire que $D_{j,\alpha}$ est la matrice obtenue à partir de l'identité en remplaçant le 1 de la place j par α.

c) Le remplacement d'une colonne C_k de A par $C_k + \alpha C_j$, où $\alpha \in K$ et $j \in \{1, ..., p\} \setminus \{k\}$ revient à remplacer A par la matrice $AT_{j,k,\alpha}$, où $T_{j,k,\alpha} = I_p + \alpha E_{jk}$, c'est-à-dire que $T_{j,k,\alpha}$ est la matrice obtenue à partir de l'identité en remplaçant le 0 de la place (j,k) par α.

On peut utiliser les opérations élémentaires sur les colonnes, sur les lignes, pour le calcul de l'inverse d'une matrice carrée inversible (voir le paragraphe 3) et pour la résolution des systèmes linéaires (voir le chapitre 32).

2 Transposition

Définition

Pour toute matrice $A = (a_{ij})_{1 \leqslant i \leqslant n,\, 1 \leqslant j \leqslant p} = \begin{pmatrix} a_{11} & \dots & a_{1p} \\ \vdots & & \vdots \\ a_{n1} & \dots & a_{np} \end{pmatrix}$ de $\mathbf{M}_{n,p}(K)$, on appelle **transposée** de A la matrice de $\mathbf{M}_{p,n}(K)$, notée $A^\top$ (ou aussi : ${}^tA$), définie par :

$$A^\top = (a_{ij})_{1 \leqslant j \leqslant p,\, 1 \leqslant i \leqslant n} = \begin{pmatrix} a_{11} & \dots & a_{n1} \\ \vdots & & \vdots \\ a_{1p} & \dots & a_{np} \end{pmatrix}.$$

Exemple

1) La transposée d'une matrice colonne est une matrice ligne : $\begin{pmatrix} a \\ b \\ c \end{pmatrix}^\top = \begin{pmatrix} a & b & c \end{pmatrix}$.

2) La transposée d'une matrice ligne est une matrice colonne : $\begin{pmatrix} x & y \end{pmatrix}^\top = \begin{pmatrix} x \\ y \end{pmatrix}$.

3) $\begin{pmatrix} -1 & 2 & 4 \\ 3 & 0 & -1 \end{pmatrix}^\top = \begin{pmatrix} -1 & 3 \\ 2 & 0 \\ 4 & -1 \end{pmatrix}$.

4) La transposée d'une matrice carrée à n lignes et n colonnes est aussi une matrice carrée à n lignes et colonnes : $\begin{pmatrix} a & b \\ c & d \end{pmatrix}^\top = \begin{pmatrix} a & c \\ b & d \end{pmatrix}$.

On dispose des formules suivantes sur la transposition.

Proposition

1) $\forall A \in \mathbf{M}_{n,p}(K), \quad (A^\top)^\top = A.$

2) $\forall A, B \in \mathbf{M}_{n,p}(K), \quad (A+B)^\top = A^\top + B^\top.$

3) $\forall \alpha \in K,\ \forall A \in \mathbf{M}_{n,p}(K), \quad (\alpha A)^\top = \alpha A^\top.$

4) $\forall A \in \mathbf{M}_{n,p}(K),\ \forall B \in \mathbf{M}_{p,q}(K), \quad (AB)^\top = B^\top A^\top.$

Attention
Remarquer le renversement de l'ordre des deux matrices pour la transposée d'un produit.

3 Matrices carrées inversibles

Définition

Une matrice **carrée** $A \in \mathbf{M}_n(K)$ est dite **inversible** si et seulement s'il existe une matrice carrée $B \in \mathbf{M}_n(K)$ telle que $AB = BA = \mathrm{I}_n$.
Si $A \in \mathbf{M}_n(K)$ est inversible, alors B est unique, B est appelée l'**inverse** de A, et B est notée A^{-1}.

Ainsi, si $A \in \mathbf{M}_n(K)$ est inversible, alors A^{-1} existe, A^{-1} est unique, et on a :
$$AA^{-1} = A^{-1}A = \mathrm{I}_n.$$
Nous conseillons de préférer l'expression « matrice carrée inversible » à « matrice inversible », puisqu'une matrice rectangulaire (non carrée) ne peut évidemment pas être inversible.

Définition

L'ensemble des matrices inversibles de $\mathbf{M}_n(K)$ est appelé le groupe linéaire et est noté $\mathbf{GL}_n(K)$.

Proposition

On dispose des formules suivantes, pour toutes $A, B \in \mathbf{GL}_n(K)$:
$$A\,\mathrm{I}_n = \mathrm{I}_n A = A, \quad (A^{-1})^{-1} = A, \quad AB \in \mathbf{GL}_n(K), \quad (AB)^{-1} = B^{-1}A^{-1}.$$

Remarque : Remarquer le renversement de l'ordre des deux matrices pour l'inverse d'un produit de deux matrices inversibles.

Proposition

Une matrice carrée $A \in \mathbf{M}_n(K)$ est inversible si et seulement si sa transposée est inversible, et on a alors $(A^\top)^{-1} = (A^{-1})^\top$.

Pour $A \in \mathbf{GL}_n(K)$ et $k \in \mathbb{N}^*$, on note $A^{-k} = (A^{-1})^k$.

Remarque : Si $n \geqslant 2$, la multiplication n'est pas commutative dans $\mathbf{GL}_n(K)$, comme le montre l'exemple suivant :

$$\begin{pmatrix} 1 & 1 \\ 0 & 1 \end{pmatrix}\begin{pmatrix} 1 & 0 \\ 1 & 1 \end{pmatrix} = \begin{pmatrix} 2 & 1 \\ 1 & 1 \end{pmatrix}, \quad \begin{pmatrix} 1 & 0 \\ 1 & 1 \end{pmatrix}\begin{pmatrix} 1 & 1 \\ 0 & 1 \end{pmatrix} = \begin{pmatrix} 1 & 1 \\ 1 & 2 \end{pmatrix}.$$

Comme on l'a vu au paragraphe 1.3, les opérations élémentaires reviennent à des multiplications par des matrices particulières $\mathrm{P}_{j,k}, \mathrm{D}_{j,\alpha}, \mathrm{T}_{j,k,\alpha}$. Puisque celles-ci sont inversibles, les opérations élémentaires préservent l'inversibilité, c'est-à-dire que, si une matrice carrée A est inversible, alors toute matrice carrée déduite de A par des opérations élémentaires est elle aussi inversible.

Proposition

Si une matrice carrée $A \in \mathbf{M}_n(K)$ est inversible, alors, pour tous $X, Y \in \mathbf{M}_{n,1}(K)$:

$$AX = Y \iff X = A^{-1}Y.$$

On dispose de la propriété suivante :

Proposition

Pour toutes matrices **carrées** $A, B \in \mathbf{M}_n(K)$: $\quad AB = \mathrm{I}_n \iff BA = \mathrm{I}_n$

Pour le calcul pratique de l'inverse d'une matrice carrée inversible, on dispose de plusieurs méthodes :

1) Résoudre le système linéaire (voir le chapitre 32) $AX = Y$, où $Y \in \mathbf{M}_{n,1}(K)$ est donné quelconque, ce qui fournit $X = A^{-1}Y$, d'où la matrice A^{-1}.

2) Interpréter A comme matrice d'un endomorphisme de K^n, ou de $\mathbf{M}_{n,1}(K)$, dans sa base canonique (voir second semestre), cette méthode nous semblant la plus commode, en général.

3) Utiliser une méthode de pivot et les opérations élémentaires sur les lignes par exemple (voir aussi le chapitre 32 sur les systèmes linéaires).

4) Exploiter une éventuelle équation polynomiale sur A, voir par exemple les exercices 29.3, 29.5.

Exemple

Montrer que la matrice $A = \begin{pmatrix} 1 & -2 & -1 \\ -1 & 3 & 1 \\ 2 & -4 & -1 \end{pmatrix}$ est inversible et calculer son inverse.

On a, en notant $X = \begin{pmatrix} x_1 \\ x_2 \\ x_3 \end{pmatrix}$, $Y = \begin{pmatrix} y_1 \\ y_2 \\ y_3 \end{pmatrix}$:

$$AX = Y \iff \begin{cases} x_1 - 2x_2 - x_3 = y_1 \\ -x_1 + 3x_2 + x_3 = y_2 \\ 2x_1 - 4x_2 - x_3 = y_3 \end{cases}$$

$$\underset{\substack{L_2 \leftarrow L_2 + L_1 \\ L_3 \leftarrow L_3 - 2L_1}}{\Longleftrightarrow} \begin{cases} x_1 - 2x_2 - x_3 = y_1 \\ x_2 = y_1 + y_2 \\ x_3 = -2y_1 + y_3 \end{cases}$$

$$\Longleftrightarrow \begin{cases} x_2 = y_1 + y_2 \\ x_3 = -2y_1 + y_3 \\ x_1 = y_1 + 2y_2 + y_3 \end{cases}$$

donc A est inversible et $A^{-1} = \begin{pmatrix} 1 & 2 & 1 \\ 1 & 1 & 0 \\ -2 & 0 & 1 \end{pmatrix}$.

On peut contrôler le résultat : en effectuant le produit avec A, on trouve bien I_3.

Exemple

Montrer que la matrice $A = \begin{pmatrix} 1 & 0 & -1 \\ 0 & 1 & 2 \\ 1 & 1 & 0 \end{pmatrix}$ est inversible et calculer son inverse.

En notant (e_1, e_2, e_3) la base canonique de $\mathbf{M}_{3,1}(\mathbb{R})$ et C_1, C_2, C_3 les colonnes de A, on a :

$$\begin{cases} C_1 = e_1 + e_3 \\ C_2 = e_2 + e_3 \\ C_3 = -e_1 + 2e_2 \end{cases} \Longleftrightarrow \begin{cases} e_3 = C_1 - e_1 \\ e_2 = C_2 - C_1 + e_1 \\ C_3 = -e_1 + 2(C_2 - C_1 + e_1) \end{cases} \Longleftrightarrow \begin{cases} e_1 = 2C_1 - 2C_2 + C_3 \\ e_2 = C_1 - C_2 + C_3 \\ e_3 = -C_1 + 2C_2 - C_3 \end{cases}$$

donc A est inversible et $A^{-1} = \begin{pmatrix} 2 & 1 & -1 \\ -2 & -1 & 2 \\ 1 & 1 & -1 \end{pmatrix}$.

On peut contrôler le résultat : en effectuant le produit avec A, on trouve bien I_3.

Exemple

Montrer que la matrice $A = \begin{pmatrix} 1 & 1 & 1 \\ 1 & 1 & 0 \\ -1 & 0 & 1 \end{pmatrix}$ de $\mathbf{M}_3(\mathbb{R})$ est inversible et calculer son inverse.

On peut utiliser une méthode de pivot, en présentant les calculs sur deux colonnes, la première colonne commençant par A et la seconde par la matrice identité, et on passe d'une ligne de deux matrices à la ligne suivante de deux matrices en faisant les mêmes opérations élémentaires sur les deux matrices situées côte à côte, de façon que, dans la dernière ligne de deux matrices, la première matrice soit l'identité, ce qui montrera que A est inversible, et la seconde matrice sera alors A^{-1}.

$$\left(\begin{array}{ccc|ccc|l} 1 & 1 & 1 & 1 & 0 & 0 & \\ 1 & 1 & 0 & 0 & 1 & 0 & \\ -1 & 0 & 1 & 0 & 0 & 1 & \end{array}\right)$$

$$\left(\begin{array}{ccc|ccc|l} 1 & 1 & 1 & 1 & 0 & 0 & \\ 0 & 0 & -1 & -1 & 1 & 0 & L_2 \leftarrow L_2 - L_1 \\ 0 & 1 & 2 & 1 & 0 & 1 & L_3 \leftarrow L_3 + L_1 \end{array}\right)$$

$$\left(\begin{array}{ccc|ccc|l} 1 & 1 & 1 & 1 & 0 & 0 & \\ 0 & 1 & 2 & 1 & 0 & 1 & L_2 \leftrightarrow L_3 \\ 0 & 0 & -1 & -1 & 1 & 0 & \end{array}\right)$$

$$\left(\begin{array}{ccc|ccc|l} 1 & 1 & 0 & 0 & 1 & 0 & L_1 \leftarrow L_1 + L_3 \\ 0 & 1 & 0 & -1 & 2 & 1 & L_2 \leftarrow L_2 + 2L_3 \\ 0 & 0 & -1 & -1 & 1 & 0 & \end{array}\right)$$

$$\left(\begin{array}{ccc|ccc|l} 1 & 0 & 0 & 1 & -1 & -1 & L_1 \leftarrow L_1 - L_2 \\ 0 & 1 & 0 & -1 & 2 & 1 & \\ 0 & 0 & -1 & -1 & 1 & 0 & \end{array}\right)$$

$$\left(\begin{array}{ccc|ccc|l} 1 & 0 & 0 & 1 & -1 & -1 & \\ 0 & 1 & 0 & -1 & 2 & 1 & \\ 0 & 0 & 1 & 1 & -1 & 0 & L_3 \leftarrow -L_3 \end{array}\right)$$

On conclut que A est inversible et que $A^{-1} = \begin{pmatrix} 1 & -1 & -1 \\ -1 & 2 & 1 \\ 1 & -1 & 0 \end{pmatrix}$.

On peut contrôler le résultat, en faisant le produit des deux matrices (dans un ordre au choix), ce qui donne bien ici la matrice identité.

Exemple

Soit $A \in \mathbf{M}_n(K)$ telle que $A^2 + A - \mathrm{I}_n = 0$. Montrer que A est inversible et exprimer A^{-1}.
On a : $A(A + \mathrm{I}_n) = A^2 + A = \mathrm{I}_n$,
donc, d'après le cours, A est inversible et $A^{-1} = A + \mathrm{I}_n$.

4 Matrices remarquables

4.1 Matrices diagonales

Définition

Soit $n \in \mathbb{N}^*$.
Une matrice **carrée** $A = (a_{ij})_{1 \leqslant i,j \leqslant n}$ de $\mathbf{M}_n(K)$ est dite **diagonale** si et seulement si :

$$\forall (i,j) \in \{1, ..., n\}^2, \quad (i \neq j \implies a_{ij} = 0),$$

autrement dit si et seulement si tous les coefficients de A en dehors de la diagonale sont nuls.
On note $\mathbf{D}_n(K)$ l'ensemble des matrices diagonales à n lignes et à coefficients dans K et, pour tout $(\lambda_1, ..., \lambda_n) \in K^n$, on note $\mathrm{diag}\,(\lambda_1, ..., \lambda_n)$ la matrice diagonale dont les

coefficients diagonaux sont $\lambda_1, ..., \lambda_n$: $\operatorname{diag}(\lambda_1, ..., \lambda_n) = \begin{pmatrix} \lambda_1 & & (0) \\ & \ddots & \\ (0) & & \lambda_n \end{pmatrix}$

(ces notations classiques ne figurent pas dans le Programme officiel).

Exemple

1) Toute matrice carrée scalaire, c'est-à-dire de la forme $\alpha \mathrm{I}_n$, pour $\alpha \in K$, est une matrice diagonale, mais la réciproque est bien sûr fausse (si $n \geqslant 2$), les coefficients diagonaux d'une matrice diagonale n'étant pas forcément tous égaux entre eux.

2) La matrice $A = \begin{pmatrix} 2 & 0 \\ 0 & 3 \end{pmatrix}$ de $\mathbf{M}_2(\mathbb{R})$ est diagonale.

On dispose des propriétés suivantes, pour les matrices diagonales.

Proposition

1) Le produit d'un scalaire par une matrice diagonale est une matrice diagonale.

2) La somme de deux matrices diagonales est une matrice diagonale.

3) Le produit de deux matrices diagonales est une matrice diagonale.

4) Une matrice diagonale est inversible si et seulement si tous ses coefficients diagonaux sont non nuls, et son inverse est alors une matrice diagonale.

Plus précisément, pour tous $\alpha \in K$, $\lambda_1, ..., \lambda_n$, $\mu_1, ..., \mu_n \in K$:

1) $\alpha \operatorname{diag}(\lambda_1, ..., \lambda_n) = \operatorname{diag}(\alpha\lambda_1, ..., \alpha\lambda_n)$

2) $\operatorname{diag}(\lambda_1, ..., \lambda_n) + \operatorname{diag}(\mu_1, ..., \mu_n) = \operatorname{diag}(\lambda_1 + \mu_1, ..., \lambda_n + \mu_n)$

3) $\operatorname{diag}(\lambda_1, ..., \lambda_n)\operatorname{diag}(\mu_1, ..., \mu_n) = \operatorname{diag}(\lambda_1\mu_1, ..., \lambda_n\mu_n)$

et donc les matrices diagonales commutent entre elles

4) $\operatorname{diag}(\lambda_1, ..., \lambda_n)$ est inversible si et seulement si $\lambda_1, ..., \lambda_n$ sont tous $\neq 0$, et on a alors :

$$\big(\operatorname{diag}(\lambda_1, ..., \lambda_n)\big)^{-1} = \operatorname{diag}(\lambda_1^{-1}, ..., \lambda_n^{-1}).$$

De plus, par une récurrence immédiate sur k, on a, pour tout $k \in \mathbb{N}$, $\lambda_1, ..., \lambda_n \in K$:

$$\big(\operatorname{diag}(\lambda_1, ..., \lambda_n)\big)^k = \operatorname{diag}(\lambda_1^k, ..., \lambda_n^k),$$

formule très importante pour les calculs de puissances de matrices carrées diagonalisables (en seconde année).

4.2 Matrices triangulaires

Définition

Soient $n \in \mathbb{N}^*$, $A \in \mathbf{M}_n(K)$ une matrice **carrée**.

1) On dit que A est **triangulaire supérieure** si et seulement si :

$$\forall (i, j) \in \{1, ..., n\}, \quad \big(i > j \implies a_{ij} = 0\big),$$

autrement dit si et seulement si tous les coefficients de A situés strictement au-dessous de la diagonale sont nuls.

On note $\mathbf{T}_{n,\mathrm{s}}(K)$ l'ensemble des matrices de $\mathbf{M}_n(K)$ triangulaires supérieures.

2) On dit que A est **triangulaire inférieure** si et seulement si :

$$\forall (i,j) \in \{1,...,n\}, \quad (i < j \implies a_{ij} = 0),$$

autrement dit si et seulement si tous les coefficients de A situés strictement au-dessus de la diagonale sont nuls.

On note $\mathbf{T}_{n,\mathrm{i}}(K)$ l'ensemble des matrices de $\mathbf{M}_n(K)$ triangulaires inférieures.

3) On dit que A est **triangulaire** si et seulement si A est triangulaire supérieure ou triangulaire inférieure.

Exemple

1) La matrice $A = \begin{pmatrix} 1 & -2 \\ 0 & 2 \end{pmatrix}$ de $\mathbf{M}_2(\mathbb{R})$ est triangulaire supérieure, $A \in \mathbf{T}_{2,\mathrm{s}}(\mathbb{R})$.

2) La matrice $B = \begin{pmatrix} 2 & 0 & 0 \\ -1 & 0 & 0 \\ 3 & 4 & -1 \end{pmatrix}$ de $\mathbf{M}_3(\mathbb{R})$ est triangulaire inférieure, $B \in \mathbf{T}_{3,\mathrm{i}}(\mathbb{R})$.

3) La matrice $C = \begin{pmatrix} 1 & -1 \\ 2 & -3 \end{pmatrix}$ de $\mathbf{M}_2(\mathbb{R})$ n'est pas triangulaire.

Il est clair que, pour qu'une matrice carrée A soit triangulaire inférieure, il faut et il suffit que sa transposée $A^\top$ soit triangulaire supérieure.

On dispose des propriétés suivantes, pour les matrices triangulaires supérieures (resp. inférieures).

Proposition

1) Le produit d'un scalaire par une matrice triangulaire supérieure est une matrice triangulaire supérieure.

2) La somme de deux matrices triangulaires supérieures est une matrice triangulaire supérieure.

3) Le produit de deux matrices triangulaires supérieures est une matrice triangulaire supérieure.

4) Une matrice triangulaire supérieure est inversible si et seulement si tous ses coefficients diagonaux sont non nuls, et son inverse est alors une matrice triangulaire supérieure.

Remarque :

1) Les coefficients diagonaux du produit de deux matrices triangulaires supérieures sont, aux mêmes places, les produits des coefficients diagonaux de ces deux matrices :

$$\begin{pmatrix} a_{11} & & (*) \\ & \ddots & \\ (0) & & a_{nn} \end{pmatrix} \begin{pmatrix} b_{11} & & (**) \\ & \ddots & \\ (0) & & b_{nn} \end{pmatrix} = \begin{pmatrix} a_{11}b_{11} & & (***) \\ & \ddots & \\ (0) & & a_{nn}b_{nn} \end{pmatrix}.$$

2) Les coefficients diagonaux de l'inverse d'une matrice triangulaire supérieure (resp. inférieure) inversible sont, aux mêmes places, les inverses des coefficients diagonaux de cette matrice : si $a_{11}, a_{22}, ..., a_{nn}$ sont tous non nuls, alors :

$$\begin{pmatrix} a_{11} & & (*) \\ & \ddots & \\ (0) & & a_{nn} \end{pmatrix}^{-1} = \begin{pmatrix} a_{11}^{-1} & & (**) \\ & \ddots & \\ (0) & & a_{nn}^{-1} \end{pmatrix}.$$

3) Pour $n \geqslant 2$, deux matrices triangulaires ne commutent pas entre elles, en général.

4.3 Matrices symétriques, matrices antisymétriques

Dans ce paragraphe, on suppose que le corps de base est $\mathbb{K} = \mathbb{R}$ ou $\mathbb{C}$.

Définition

Soit $n \in \mathbb{N}^*$.

1) Une matrice **carrée** $A \in \mathbf{M}_n(\mathbb{K})$ est dite **symétrique** si et seulement si : $A^\top = A$, c'est-à-dire, en notant $A = (a_{ij})_{ij}$, si et seulement si : $\forall (i,j) \in \{1, ..., n\}^2$, $a_{ji} = a_{ij}$.
On note $\mathbf{S}_n(\mathbb{K})$ l'ensemble des matrices symétriques à n lignes, n colonnes et à coefficients dans $\mathbb{K}$.

2) Une matrice **carrée** $A \in \mathbf{M}_n(\mathbb{K})$ est dite **antisymétrique** si et seulement si : $A^\top = -A$, c'est-à-dire, en notant $A = (a_{ij})_{ij}$, si et seulement si : $\forall (i,j) \in \{1, ..., n\}^2$, $a_{ji} = -a_{ij}$.
On note $\mathbf{A}_n(\mathbb{K})$ l'ensemble des matrices antisymétriques à n lignes, n colonnes et à coefficients dans $\mathbb{K}$.

Exemple

1) La matrice $A = \begin{pmatrix} 2 & -1 \\ -1 & 1 \end{pmatrix}$ de $\mathbf{M}_2(\mathbb{R})$ est symétrique, $A \in \mathbf{S}_2(\mathbb{R})$.

2) La matrice $B = \begin{pmatrix} 0 & a & b \\ -a & 0 & c \\ -b & -c & 0 \end{pmatrix}$ de $\mathbf{M}_3(\mathbb{R})$ est antisymétrique, $B \in \mathbf{A}_3(\mathbb{R})$.

3) La matrice $M = \begin{pmatrix} 1 & 2 \\ -3 & 1 \end{pmatrix}$ de $\mathbf{M}_2(\mathbb{R})$ n'est ni symétrique ni antisymétrique.

On voit facilement que toute combinaison linéaire de matrices symétriques (resp. antisymétriques) est symétrique (resp. antisymétrique).

Attention

Le produit de deux matrices symétriques n'est en général pas symétrique, comme le montre l'exemple suivant : $\begin{pmatrix} 0 & 1 \\ 1 & 0 \end{pmatrix} \begin{pmatrix} 1 & 0 \\ 0 & 0 \end{pmatrix} = \begin{pmatrix} 0 & 0 \\ 1 & 0 \end{pmatrix}$.
De même, le produit de deux matrices antisymétriques, le produit d'une matrice symétrique par une matrice antisymétrique, ne présentent pas de particularité apparente.

Exercices d'apprentissage

29.1

On note :

$$A = \begin{pmatrix} 1 & -2 \\ 3 & -1 \end{pmatrix}, \quad B = \begin{pmatrix} 4 & -1 \\ 2 & 3 \end{pmatrix}, \quad L = \begin{pmatrix} 1 & 2 \end{pmatrix},$$

$$M = \begin{pmatrix} -1 & 3 \end{pmatrix}, \quad U = \begin{pmatrix} 2 \\ 1 \end{pmatrix}, \quad V = \begin{pmatrix} 3 \\ -2 \end{pmatrix}.$$

Est-ce que les expressions suivantes existent ? Si oui, les calculer.

a) $2A - 3B$, $A - L$, $L + 2M$, $3L + U$, $2U + 5V$

b) $A + B^\top$, $L - M^\top$, $2L - V^\top$

c) A^2, BA, LA, BM, UB, $UL^\top$, L^2, LU, UL

d) $AB^\top$, $AM^\top$, $A^\top M$, $LV^\top$, $L^\top V^\top$.

a) $2A - 3B = 2\begin{pmatrix} 1 & -2 \\ 3 & -1 \end{pmatrix} - 3\begin{pmatrix} 4 & -1 \\ 2 & 3 \end{pmatrix} = \begin{pmatrix} -10 & -1 \\ 0 & -11 \end{pmatrix}$,

$A - L$ n'existe pas,

$L + 2M = \begin{pmatrix} 1 & 2 \end{pmatrix} + 2\begin{pmatrix} -1 & 3 \end{pmatrix} = \begin{pmatrix} -1 & 8 \end{pmatrix}$,

$3L + U$ n'existe pas,

$2U + 5V = 2\begin{pmatrix} 2 \\ 1 \end{pmatrix} + 5\begin{pmatrix} 3 \\ -2 \end{pmatrix} = \begin{pmatrix} 19 \\ -8 \end{pmatrix}$.

b) $A + B^\top = \begin{pmatrix} 1 & -2 \\ 3 & -1 \end{pmatrix} + \begin{pmatrix} 4 & 2 \\ -1 & 3 \end{pmatrix} = \begin{pmatrix} 5 & 0 \\ 2 & 2 \end{pmatrix}$,

$L - M^\top$ n'existe pas,

$2L - V^\top = 2\begin{pmatrix} 1 & 2 \end{pmatrix} - \begin{pmatrix} 3 & -2 \end{pmatrix} = \begin{pmatrix} -1 & 6 \end{pmatrix}$.

c) $A^2 = \begin{pmatrix} 1 & -2 \\ 3 & -1 \end{pmatrix}\begin{pmatrix} 1 & -2 \\ 3 & -1 \end{pmatrix} = \begin{pmatrix} -5 & 0 \\ 0 & -5 \end{pmatrix}$,

$BA = \begin{pmatrix} 4 & -1 \\ 2 & 3 \end{pmatrix}\begin{pmatrix} 1 & -2 \\ 3 & -1 \end{pmatrix} = \begin{pmatrix} 1 & -7 \\ 11 & -7 \end{pmatrix}$,

$LA = \begin{pmatrix} 1 & 2 \end{pmatrix}\begin{pmatrix} 1 & -2 \\ 3 & -1 \end{pmatrix} = \begin{pmatrix} 7 & -4 \end{pmatrix}$,

BM, UB, $UL^\top$, L^2 n'existent pas,

$LU = \begin{pmatrix} 1 & 2 \end{pmatrix}\begin{pmatrix} 2 \\ 1 \end{pmatrix} = (4) = 4$,

$UL = \begin{pmatrix} 2 \\ 1 \end{pmatrix}\begin{pmatrix} 1 & 2 \end{pmatrix} = \begin{pmatrix} 2 & 4 \\ 1 & 2 \end{pmatrix}$.

d) $AB^\top = \begin{pmatrix} 1 & -2 \\ 3 & -1 \end{pmatrix}\begin{pmatrix} 4 & 2 \\ -1 & 3 \end{pmatrix} = \begin{pmatrix} 6 & -4 \\ 13 & 3 \end{pmatrix}$,

$AM^\top = \begin{pmatrix} 1 & -2 \\ 3 & -1 \end{pmatrix}\begin{pmatrix} -1 \\ 3 \end{pmatrix} = \begin{pmatrix} -7 \\ -6 \end{pmatrix}$,

$A^\top M$, $LV^\top$ n'existent pas,

$L^\top V^\top = \begin{pmatrix} 2 \\ 1 \end{pmatrix}\begin{pmatrix} 3 & -2 \end{pmatrix} = \begin{pmatrix} 6 & -4 \\ 3 & -2 \end{pmatrix}$.

29.2

Soient $n \in \mathbb{N}^*$, $A, B \in \mathbf{M}_n(K)$ telles que : $AB = A$ et $BA = B$.
Montrer : $A^2 = A$ et $B^2 = B$.

On a :

$$A = AB = A(BA) = (AB)A = AA = A^2,$$
$$B = BA = B(AB) = (BA)B = BB = B^2.$$

29.3

Soit $M = \begin{pmatrix} a & b \\ c & d \end{pmatrix} \in \mathbf{M}_2(K)$.

a) Montrer : $M^2 - (a+d)M + (ad - bc)\,\mathrm{I}_2 = 0$.

b) En déduire que, si $ad - bc \neq 0$, alors M est inversible et exprimer dans ce cas la matrice M^{-1}.

a) On calcule : $M^2 = \begin{pmatrix} a & b \\ c & d \end{pmatrix}\begin{pmatrix} a & b \\ c & d \end{pmatrix} = \begin{pmatrix} a^2+bc & ab+bd \\ ca+dc & cb+d^2 \end{pmatrix}$, d'où :

$$\begin{aligned} M^2 - (a+d)M + (ad-bc)\,\mathrm{I}_2 &= \begin{pmatrix} a^2+bc & ab+bd \\ ca+dc & cb+d^2 \end{pmatrix} - (a+d)\begin{pmatrix} a & b \\ c & d \end{pmatrix} + (ad-bc)\begin{pmatrix} 1 & 0 \\ 0 & 1 \end{pmatrix} \\ &= \begin{pmatrix} 0 & 0 \\ 0 & 0 \end{pmatrix}. \end{aligned}$$

Remarque : Il s'agit ici d'un cas particulier du théorème de Cayley et Hamilton, au programme de seconde année.

b) On suppose ici $ad - bc \neq 0$.

On déduit du résultat de la question *a)*, en isolant le terme I_2 :

$$M\Big(\frac{1}{ad-bc}\big(-M + (a+d)\,\mathrm{I}_2\big)\Big) = \mathrm{I}_2,$$

donc M est inversible et, en notant $\delta = ad - bc$, on a :

$$\begin{aligned} M^{-1} &= \frac{1}{\delta}\big(-M + (a+d)\,\mathrm{I}_2\big) \\ &= \frac{1}{\delta}\left(\begin{pmatrix} -a & -b \\ -c & -d \end{pmatrix} + \begin{pmatrix} a+d & 0 \\ 0 & a+d \end{pmatrix}\right) = \frac{1}{ad-bc}\begin{pmatrix} d & -b \\ -c & a \end{pmatrix}. \end{aligned}$$

Remarque: Il s'agit ici, à l'ordre 2, d'un résultat plus général, à l'ordre n, qui sera vu au second semestre, lors de l'étude des déterminants et de la comatrice.

29.4

Montrer que la matrice $A = \begin{pmatrix} 1 & 1 & 0 \\ 1 & 0 & 1 \\ -1 & 1 & -1 \end{pmatrix} \in \mathbf{M}_3(\mathbb{R})$ est inversible et calculer son inverse.

En notant E_1, E_2, E_3 les matrices élémentaires de $\mathbf{M}_{3,1}(\mathbb{R})$ et C_1, C_2, C_3 les colonnes de A, on a, par lecture de A :

$$\begin{aligned} C_1 &= E_1 + E_2 - E_3, \\ C_2 &= E_1 + E_3, \\ C_3 &= E_2 - E_3, \end{aligned}$$

d'où, par soustraction entre la première et la troisième égalités, $E_1 = C_1 - C_3$, puis :

$$E_3 = C_2 - E_1 = C_2 - (C_1 - C_3) = -C_1 + C_2 + C_3,$$

et enfin

$$E_2 = C_1 - E_1 + E_3 = C_1 - (C_1 - C_3) + (-C_1 + C_2 + C_3) = -C_1 + C_2 + 2C_3.$$

Ceci montre que A est inversible et que $\quad A^{-1} = \begin{pmatrix} 1 & -1 & -1 \\ 0 & 1 & 1 \\ -1 & 2 & 1 \end{pmatrix}.$

On peut contrôler le résultat en effectuant le calcul du produit avec A :

$$\begin{pmatrix} 1 & 1 & 0 \\ 1 & 0 & 1 \\ -1 & 1 & -1 \end{pmatrix} \begin{pmatrix} 1 & -1 & -1 \\ 0 & 1 & 1 \\ -1 & 2 & 1 \end{pmatrix} = \begin{pmatrix} 1 & 0 & 0 \\ 0 & 1 & 0 \\ 0 & 0 & 1 \end{pmatrix}.$$

29.5

Soient $n \in \mathbb{N}^*$, $A \in \mathbf{M}_n(\mathbb{R})$ telle que $\quad A^3 - A^2 + 2A - \mathrm{I}_n = 0.$
Montrer que A est inversible et exprimer A^{-1}.

On a, en isolant le terme I_n : $\quad \mathrm{I}_n = A^3 - A^2 + 2A = A(A^2 - A + 2\,\mathrm{I}_n)$, $\quad$ ce qui montre que A est inversible et que : $\quad A^{-1} = A^2 - A + 2\,\mathrm{I}_n$.

29.6

Soit $n \in \mathbb{N}^*$. Montrer que toute matrice M de $\mathbf{M}_n(\mathbb{K})$ se décompose, de façon unique, en somme d'une matrice symétrique S et d'une matrice antisymétrique A, et exprimer S et A en fonction de M et de $M^\top$.

Soit $M \in \mathbf{M}_n(\mathbb{K})$.

1) Supposons qu'il existe des matrices $S \in \mathbf{S}_n(\mathbb{K})$ et $A \in \mathbf{A}_n(\mathbb{K})$ telles que $M = S + A$. On a alors aussi, en transposant :

$$M^\top = (S + A)^\top = S^\top + A^\top = S + (-A).$$

Du système $\begin{cases} S + A = M \\ S - A = M^\top \end{cases}$, on déduit, en additionnant et en soustrayant, puis en divisant par 2 (ce qui est possible dans $\mathbb{R}$ et dans $\mathbb{C}$) :

$$S = \frac{1}{2}(M + M^\top), \qquad A = \frac{1}{2}(M - M^\top),$$

ce qui montre l'unicité d'une telle décomposition.

2) Réciproquement, considérons $S = \frac{1}{2}(M + M^\top)$, $A = \frac{1}{2}(M - M^\top)$. On a alors :

- $S^\top = \dfrac{1}{2}(M + M^\top)^\top = \dfrac{1}{2}(M^\top + M) = S$, donc $S \in \mathbf{M}_n(\mathbb{K})$
- $A^\top = \dfrac{1}{2}(M - M^\top)^\top = \dfrac{1}{2}(M^\top - M) = -A$, donc $A \in \mathbf{A}_n(\mathbb{K})$
- $S + A = \dfrac{1}{2}(M + M^\top) + \dfrac{1}{2}(M - M^\top) = M$,

ce qui montre que le couple (S, A) convient.

Finalement, toute matrice $M \in \mathbf{M}_n(\mathbb{K})$ se décompose de façon unique en la somme d'une matrice symétrique S et d'une matrice antisymétrique A, et on a :

$$S = \frac{1}{2}(M + M^\top), \quad A = \frac{1}{2}(M - M^\top).$$

29.7

Soit $n \in \mathbb{N}^*$.

a) Soient $A, B \in \mathbf{S}_n(\mathbb{K})$. Montrer : $AB \in \mathbf{S}_n(\mathbb{K}) \iff AB = BA$.

b) Soit $A \in \mathbf{S}_n(\mathbb{K})$. Montrer : $\forall k \in \mathbb{N}^*, \quad A^k \in \mathbf{S}_n(\mathbb{K})$.

a) On a, puisque A et B sont symétriques, $A^\top = A$ et $B^\top = B$, d'où :

$$AB \in \mathbf{S}_n(\mathbb{K}) \iff (AB)^\top = AB \iff B^\top A^\top = AB \iff BA = AB,$$

ce qui montre le résultat voulu.

b) Récurrence sur k.

La propriété est évidente pour $k = 1$.

Si, pour un $k \in \mathbb{N}^*$ fixé, $A^k \in \mathbf{S}_n(\mathbb{K})$, alors, comme A^k et A commutent, on déduit de la question *a)*, $A^k A \in \mathbf{S}_n(\mathbb{K})$, c'est-à-dire $A^{k+1} \in \mathbf{S}_n(\mathbb{K})$.

Ceci montre, par récurrence sur k, que, si $A \in \mathbf{S}_n(\mathbb{K})$, alors, pour tout $k \in \mathbb{N}^*$, $A^k \in \mathbf{S}_n(\mathbb{K})$.

29.8

Soit $A \in \mathbf{A}_n(\mathbb{K})$.

a) Que peut-on dire des coefficients diagonaux de A ?

b) Montrer : $A^2 \in \mathbf{S}_n(\mathbb{K})$.

a) En notant $A = (a_{ij})_{ij}$, puisque A est antisymétrique, on a pour tout $(i, j) \in \{1, ..., n\}^2$, $a_{ij} = -a_{ji}$, donc, en particulier, pour tout $i \in \{1, ..., n\}$, $a_{ii} = -a_{ii}$, d'où $2a_{ii} = 0$, et donc, en multipliant par $\dfrac{1}{2}$, qui existe dans $\mathbb{R}$ et dans $\mathbb{C}$, on obtient $a_{ii} = 0$.

On conclut : si une matrice carrée est antisymétrique, alors ses coefficients diagonaux sont tous nuls.

b) On a : $(A^2)^\top = (A^\top)^2 = (-A)^2 = A^2$, donc $A^2 \in \mathbf{S}_n(\mathbb{K})$.

Exercices d'entraînement

29.9 Calcul des puissances d'une matrice carrée d'ordre 2 par deux méthodes

On note $A = \begin{pmatrix} 3 & 2 \\ -2 & -1 \end{pmatrix} \in \mathbf{M}_2(\mathbb{R})$. On se propose de calculer les puissances de A.

a) 1re méthode : décomposition de A sur I_2 et une matrice nilpotente

1) Exprimer A à l'aide de I_2 et de $N = \begin{pmatrix} 1 & 1 \\ -1 & -1 \end{pmatrix}$.

2) Calculer A^n pour tout $n \in \mathbb{N}$.

b) 2e méthode : décomposition de A^n sur I_2 et A.

1) Exprimer A^2 comme combinaison linéaire de I_2 et A.

2) En déduire qu'il existe deux suites réelles $(u_n)_{n \in \mathbb{N}}$, $(v_n)_{n \in \mathbb{N}}$ telles que :

$$\forall n \in \mathbb{N}, \quad A^n = u_n \,\mathrm{I}_2 + v_n A$$

et exprimer u_n et v_n en fonction de n, pour tout $n \in \mathbb{N}$.

3) En déduire A^n pour tout $n \in \mathbb{N}$.

29.10 Inversibilité par équation polynomiale

Soient $n \in \mathbb{N}^*$, $A \in \mathbf{M}_n(\mathbb{R})$ telle que $A^2 + A + \mathrm{I}_n = 0$.
Montrer que, pour tout $t \in \mathbb{R}$, la matrice carrée $A - t\,\mathrm{I}_n$ est inversible.

29.11 Une matrice carrée inversible issue d'une matrice nilpotente

Soient $n \in \mathbb{N}^*$, $A \in \mathbf{M}_n(K)$ nilpotente.
Montrer que $\mathrm{I}_n - A$ est inversible et exprimer son inverse.

29.12 Commutant d'une matrice diagonale à coefficients diagonaux distincts

Soient $n \in \mathbb{N}^*$, $d_1, ..., d_n \in K$ deux à deux distincts. On note $D = \mathrm{diag}\,(d_1, ..., d_n)$.
Montrer que l'ensemble $\mathrm{C}(D) = \{A \in \mathbf{M}_n(K)\,;\, AD = DA\}$, appelé *commutant* de D dans $\mathbf{M}_n(K)$, est l'ensemble $D_n(K)$ des matrices diagonales de $\mathbf{M}_n(K)$.

Corrigés des exercices d'entraînement

29.9

a) 1) On a :

$$A = \begin{pmatrix} 3 & 2 \\ -2 & -1 \end{pmatrix} = \begin{pmatrix} 1 & 0 \\ 0 & 1 \end{pmatrix} + 2\begin{pmatrix} 1 & 1 \\ -1 & -1 \end{pmatrix}$$
$$= \mathrm{I}_2 + 2N.$$

2) Puisque I_2 et N commutent, on a, pour tout $n \in \mathbb{N}$, par la formule du binôme de Newton :

$$A^n = (\mathrm{I}_2 + N)^n = \sum_{k=0}^{n} \binom{n}{k} 2^k N^k.$$

De plus : $N^2 = \begin{pmatrix} 1 & 1 \\ -1 & -1 \end{pmatrix}\begin{pmatrix} 1 & 1 \\ -1 & -1 \end{pmatrix} = 0,$

d'où : $\forall k \geqslant 2, \quad N^k = 0,$

donc la sommation précédente se réduit aux termes d'indices $\leqslant 1$:

$$\begin{aligned} A^n &= \sum_{k=0}^{n} \binom{n}{k} 2^k N^k \\ &= \binom{n}{0} \mathrm{I}_2 + \binom{n}{1} 2N \\ &= \begin{pmatrix} 1 & 0 \\ 0 & 1 \end{pmatrix} + 2n\begin{pmatrix} 1 & 1 \\ -1 & -1 \end{pmatrix} \\ &= \begin{pmatrix} 1+2n & 2n \\ -2n & 1-2n \end{pmatrix}, \end{aligned}$$

et cette formule est clairement valable aussi pour $n = 0$, pour $n = 1$.

b) 1) On calcule :

$$A^2 = \begin{pmatrix} 3 & 2 \\ -2 & -1 \end{pmatrix}\begin{pmatrix} 3 & 2 \\ -2 & -1 \end{pmatrix} = \begin{pmatrix} 5 & 4 \\ -4 & -3 \end{pmatrix}.$$

On a, pour tout $(\alpha, \beta) \in \mathbb{R}^2$:

$$\begin{aligned} & A^2 = \alpha \mathrm{I}_2 + \beta A \\ \iff & \begin{pmatrix} 5 & 4 \\ -4 & -3 \end{pmatrix} = \alpha\begin{pmatrix} 1 & 0 \\ 0 & 1 \end{pmatrix} + \beta\begin{pmatrix} 3 & 2 \\ -2 & -1 \end{pmatrix} \\ \iff & (\alpha + 3\beta = 5, \ 2\beta = 4, \\ & \quad -2\beta = -4, \ \alpha - \beta = -3) \\ \iff & (\alpha = -1, \ \beta = 2). \end{aligned}$$

Ceci montre : $A^2 = -\mathrm{I}_2 + 2A$.

2) i) Montrons, par récurrence sur n, que, pour tout $n \in \mathbb{N}$, il existe $(u_n, v_n) \in \mathbb{R}^2$ tel que :

$$A^n = u_n \mathrm{I}_2 + v_n A.$$

Pour $n = 0$, on a : $A^0 = \mathrm{I}_2 = u_0 \mathrm{I}_2 + v_0 A$, où $u_0 = 1, \ v_0 = 0$.

Supposons que, pour un $n \in \mathbb{N}$ fixé, il existe $(u_n, v_n) \in \mathbb{R}^2$ tel que $A^n = u_n \mathrm{I}_2 + v_n A$.

On a alors :

$$A^{n+1} = A^n A = (u_n \mathrm{I}_2 + v_n A)A = u_n A + v_n A^2$$
$$= u_n A + v_n(-\mathrm{I}_2 + 2A) = -v_n \mathrm{I}_2 + (u_n + 2v_n)A.$$

En notant $u_{n+1} = -v_n$ et $v_{n+1} = u_n + 2v_n$, on a donc :

$$A^{n+1} = u_{n+1} \mathrm{I}_2 + v_{n+1} A,$$

ce qui prouve la formule pour $n + 1$.

On a ainsi montré l'existence de deux suites réelles $(u_n)_{n\in\mathbb{N}}$, $(v_n)_{n\in\mathbb{N}}$ convenant.

Remarque : On peut démontrer l'unicité de ces deux suites, mais cette unicité n'est pas demandée par l'énoncé, et serait d'ailleurs inutile.

ii) On a, pour tout $n \in \mathbb{N}$:

$$\begin{aligned} u_{n+2} = -v_{n+1} &= -(u_n + 2v_n) \\ &= -u_n - 2v_n = -u_n + 2u_{n+1}. \end{aligned}$$

Ainsi, la suite $(u_n)_{n\in\mathbb{N}}$ est une suite récurrente linéaire du second ordre à coefficients constants et sans second membre. L'équation caractéristique $r^2 - 2r + 1 = 0$ admet une solution double égale à 1.

D'après le cours, il existe donc $(\lambda, \mu) \in \mathbb{R}^2$ tel que :

$$\forall n \in \mathbb{N}, \quad u_n = (\lambda n + \mu)1^{n-1} = \lambda n + \mu.$$

On a :

$$\begin{cases} u_0 = 1 \\ u_1 = 0 \end{cases} \iff \begin{cases} \mu = 1 \\ \lambda + \mu = 0 \end{cases} \iff \begin{cases} \mu = 1 \\ \lambda = -1. \end{cases}$$

On obtient : $\forall n \in \mathbb{N}, \quad u_n = -n + 1,$

puis :

$$\forall n \in \mathbb{N}, \ v_n = -u_{n+1} = -\big(-(n+1) + 1\big) = n.$$

3) On déduit :

$$\begin{aligned} \forall n \in \mathbb{N}, \quad A^n &= u_n \mathrm{I}_2 + v_n A \\ &= (-n+1)\begin{pmatrix} 1 & 0 \\ 0 & 1 \end{pmatrix} + n\begin{pmatrix} 3 & 2 \\ -2 & -1 \end{pmatrix} \\ &= \begin{pmatrix} 2n+1 & 2n \\ 2n & -2n+1 \end{pmatrix}. \end{aligned}$$

On peut contrôler le résultat pour $n = 0$, pour $n = 1$, pour $n = 2$.

29.10

Soit $t \in \mathbb{R}$.
Notons $B = A - t\,\mathrm{I}_n$, donc $A = B + t\,\mathrm{I}_n$.
On a :

$$\begin{aligned} 0 = A^2 + A + \mathrm{I}_n &= (B + t\,\mathrm{I}_n)^2 + (B + t\,\mathrm{I}_n) + \mathrm{I}_n \\ &= B^2 + (2t+1)B + (t^2+t+1)\,\mathrm{I}_n. \end{aligned}$$

Le discriminant Δ du trinôme du second degré t^2+t+1 est $\Delta = 1-4 < 0$, donc $t^2+t+1 \neq 0$, d'où, en divisant par t^2+t+1 :

$$B\Big(-\frac{1}{t^2+t+1}(B + (2t+1)\,\mathrm{I}_n\Big) = \mathrm{I}_n.$$

On conclut que B est inversible.

29.11

Puisque A est nilpotente, il existe $k \in \mathbb{N}^*$ tel que $A^k = 0$.
On a :

$$(\mathrm{I}_n - A)(\mathrm{I}_n + A + \cdots + A^{k-1}) = \mathrm{I}_n - A^k = \mathrm{I}_n,$$

donc $\mathrm{I}_n - A$ est inversible et :

$$(\mathrm{I}_n - A)^{-1} = \mathrm{I}_n + A + \cdots + A^{k-1} = \sum_{i=0}^{k-1} A^i.$$

29.12

1) Soit $A \in \mathbf{D}_n(K)$.
Puisque D et A sont diagonales, elles commutent entre elles, donc $A \in \mathrm{C}(D)$.

2) Réciproquement, soit $A = (a_{ij})_{ij} \in \mathrm{C}(D)$.
On a :

$$\begin{aligned} & A \in \mathrm{C}(D) \\ \iff\ & AD = DA \\ \iff\ & \forall (i,j) \in \{1,...,n\}^2, \\ & \sum_{k=1}^{n} (A)_{ik}(D)_{kj} = \sum_{k=1}^{n} (D)_{ik}(A)_{kj} \\ \iff\ & \forall (i,j) \in \{1,...,n\}^2,\ \ a_{ij}d_j = d_i a_{ij} \\ \iff\ & \forall (i,j) \in \{1,...,n\}^2,\ \ (d_j - d_i)a_{ij} = 0. \end{aligned}$$

Soit $(i,j) \in \{1,...,n\}$ tel que $i \neq j$.
On a alors, par hypothèse, $d_i \neq d_j$, d'où :

$$a_{ij} = 0.$$

Ceci montre que les coefficients non diagonaux de A sont tous nuls, donc $A \in \mathbf{D}_n(K)$.
On conclut : $\mathrm{C}(D) = \mathbf{D}_n(K)$.

30 Systèmes linéaires

Il s'agit ici de résoudre des systèmes linéaires, du point de vue du calcul élémentaire et du calcul matriciel. Cette étude sera complétée au second semestre par le point de vue vectoriel avec l'intervention des applications linéaires. Le lecteur est invité à relire les paragraphes 2 et 3 du chapitre 5 consacrés aux petits systèmes linéaires et l'étude des opérations élémentaires sur les matrices, page 366.
Dans ce chapitre, K désigne un corps commutatif, en pratique $K = \mathbb{Q}$, $\mathbb{R}$ ou $\mathbb{C}$.

Rappels de cours

1 Position du problème

Soient $n, p \in \mathbb{N}^*$,

$$A = (a_{ij})_{1 \leqslant i \leqslant n,\ 1 \leqslant j \leqslant p} = \begin{pmatrix} a_{11} & \dots & a_{1p} \\ \vdots & & \vdots \\ a_{n1} & \dots & a_{np} \end{pmatrix} \in \mathbf{M}_{n,p}(K), \quad B = \begin{pmatrix} b_1 \\ \vdots \\ b_n \end{pmatrix} \in \mathbf{M}_{n,1}(K).$$

On s'intéresse au **système linéaire** (ou aussi : système d'équations linéaires)

$$(\mathrm{S}) \quad \begin{cases} a_{11}x_1 + \cdots + a_{1p}x_p = b_1 \\ \qquad \vdots \\ a_{n1}x_1 + \cdots + a_{np}x_p = b_n \end{cases}$$

d'inconnue le p-uplet $(x_1, ..., x_p) \in K^p$.
On note souvent $\mathcal{S}$ l'ensemble des solutions du système linéaire (S).

Attention
Ne pas confondre $\mathcal{S}$ et (S).

En notant $X = \begin{pmatrix} x_1 \\ \vdots \\ x_p \end{pmatrix}$, le p-uplet $(x_1, ..., x_p)$ est solution du système linéaire (S) si et seulement si la matrice colonne X est solution de l'équation matricielle $AX = B$.

2 Résolution

On garde les notations du paragraphe 1.

2.1 Systèmes de Cramer

Définition

Le système linéaire (S) est dit **de Cramer** si et seulement si la matrice A est carrée et inversible.

Proposition

Un système linéaire (S) est de Cramer si et seulement si :
la matrice A est carrée et (S) admet une solution et une seule.

Dans ce cas, on a alors : $AX = B \iff X = A^{-1}B$, donc la résolution du système linéaire (S) se ramène au calcul de l'inverse A^{-1} de la matrice A, puis au calcul du produit de A^{-1} par B.
En pratique, sur des exemples simples et par calcul manuel, on utilise une méthode de pivot, ce qui revient à se ramener à un système en cascades. On indiquera soigneusement les opérations élémentaires effectuées sur les lignes du système linéaire, de façon que l'on puisse suivre pas à pas le calcul. Dès qu'une valeur est obtenue pour une inconnue, on peut reporter celle-ci dans chaque équation de (S). Comme indiqué dans le Programme officiel, en ce qui concerne l'algorithme du pivot en termes d'opérations élémentaires sur les lignes, toute technicité est exclue.

Exemple

Résoudre le système linéaire (S) $\begin{cases} 2x + y - z = 4 \\ x - y + z = -1 \\ x - 2y - z = 0 \end{cases}$ d'inconnue $(x, y, z) \in \mathbb{R}^3$.

On ne sait pas encore si le système est de Cramer ou non, et les déterminants seront étudiés au second semestre.

On a : $\begin{cases} 2x + y - z = 4 & L_1 \\ x - y + z = -1 & L_2 \\ x - 2y - z = 0 & L_3 \end{cases} \underset{\substack{L_2 \leftarrow L_2 + L_1 \\ L_3 \leftarrow L_3 + L_2}}{\iff} \begin{cases} 2x + y - z = 4 \\ 3x = 3 \\ 2x - 3y = -1 \end{cases} \iff \begin{cases} x = 1 \\ y = 1 \\ z = -1. \end{cases}$

On conclut : $\mathcal{S} = \{(1, 1, -1)\}$ et, puisque A est carrée et que l'ensemble $\mathcal{S}$ est un singleton, le système linéaire (S) est de Cramer.
On peut contrôler que ce triplet est bien solution de (S).

2.2 Systèmes linéaires homogènes

Définition

Un système linéaire $AX = B$ est dit **homogène** si et seulement si $B = 0$.

Remarque : Tout système linéaire homogène admet au moins la solution nulle.

Exemple

Résoudre le système linéaire homogène $\begin{cases} 3x + y - z = 0 \\ 2x - 3y + 2z = 0 \end{cases}$, d'inconnue $(x, y, z) \in \mathbb{R}^3$.

On a : $\begin{cases} 3x + y - z = 0 & L_1 \\ 2x - 3y + 2z = 0 & L_2 \end{cases} \underset{L_2 \leftarrow 3L_2 - 2L_3}{\Longleftrightarrow} \begin{cases} 3x + y - z = 0 \\ -11y + 8z = 0 \end{cases} \Longleftrightarrow \begin{cases} y = \dfrac{8}{11} z \\ x = \dfrac{1}{11} z. \end{cases}$

On conclut : $\mathcal{S} = \left\{ \left(\dfrac{1}{11} z,\ \dfrac{8}{11} z,\ z \right) ; z \in \mathbb{R} \right\}$, ou encore : $\mathcal{S} = \{(t,\ 8t,\ 11t) ; t \in \mathbb{R}\}$.

On peut contrôler que, pour tout $t \in \mathbb{R}$, le triplet $(t,\ 8t,\ 11t)$ est solution de (S).

Le lecteur verra, au second semestre, que la résolution du système linéaire homogène $AX = 0$ revient à la détermination du noyau de A, ou encore, du noyau d'une application linéaire représentée par A.

2.3 Systèmes linéaires compatibles

Définition

Un système linéaire (S) est dit **compatible** si et seulement s'il admet au moins une solution.

Ainsi, un système linéaire (S) $AX = B$ est compatible si et seulement si la matrice colonne B est combinaison linéaire des matrices colonnes de la matrice A.

Définition

Pour tout système linéaire (S) $AX = B$, on appelle **système linéaire homogène associé** à (S) le système linéaire homogène $AX = 0$, souvent noté (S_0).

Proposition

Si le système linéaire (S) $AX = B$ est compatible, alors, pour toute solution X_1 de (S), l'ensemble des solutions de (S) est l'ensemble des $X_1 + Y$ lorsque Y décrit l'ensemble des solutions du système linéaire homogène associé (S_0) $AX = 0$.

Remarque : Ainsi, comme pour les équations différentielles linéaires, la solution générale de (S) est la somme d'une solution particulière de (S) et de la solution générale de (S_0), où (S_0) est le système linéaire homogène associé à (S).

2.4 Cas général

Dans le cas général, sur des exemples simples et par calcul manuel, on utilise une **méthode de pivot**, ce qui revient à se ramener à une matrice rectangulaire de forme triangulaire, ou encore à se ramener à un système linéaire en cascades.

On procède donc par combinaisons linéaires d'équations et par substitution.

Souvent, de nombreux calculs sont possibles, selon les éventuelles particularités que l'on peut déceler dans le système linéaire.
Si le système linéaire comporte des paramètres, il y aura lieu de discuter (c'est-à-dire : séparer en cas) et, dans la réponse, les titres des cas devront bien sûr porter sur les paramètres et non sur les inconnues.

Exemple

Résoudre le système linéaire $\begin{cases} 2x+y+z=2 \\ x+2y+z=0 \\ 3x+z=4 \end{cases}$ d'inconnue $(x,y,z)\in\mathbb{R}^3$.

On a :

$$(\mathrm{S}) \begin{cases} 2x+y+z=2 & L_1 \\ x+2y+z=0 & L_2 \\ 3x+z=4 & L_3 \end{cases} \underset{L_1 \longleftrightarrow L_2}{\iff} \begin{cases} x+2y+z=0 \\ 2x+y+z=2 \\ 3x+z=4 \end{cases} \underset{\substack{L_2 \longleftarrow L_2-2L_1 \\ L_3 \longleftarrow L_3-3L_1}}{\iff} \begin{cases} x+2y+z=0 \\ -3y-z=2 \\ -6y-2z=4 \end{cases}$$

$$\iff \begin{cases} x=-2y-z \\ 3y+z=-2 \end{cases} \iff \begin{cases} z=-2-3y \\ x=-2y-(-2-3y)=y+2. \end{cases}$$

On conclut : $\mathcal{S}=\{(y+2,\ y,\ -2-3y)\ ;\ y\in\mathbb{R}\}$.
On peut contrôler que les triplets obtenus conviennent.
Le résultat peut s'exprimer d'une infinité de façons, selon le paramètre que l'on choisit, ici on a choisi d'exprimer x et z en fonction de y.
Le système (S) est compatible, puisque (S) admet au moins une solution, comme on vient de le voir par la résolution de (S).

Exemple

Résoudre le système linéaire $\begin{cases} x-2y+z=1 \\ 2x-3y-z=3 \\ 3x-4y-3z=4 \end{cases}$ d'inconnue $(x,y,z)\in\mathbb{R}^3$.

On a : $\begin{cases} x-2y+z=1 & L_1 \\ 2x-3y-z=3 & L_2 \\ 3x-4y-3z=4 & L_3 \end{cases} \underset{\substack{L_2 \longleftarrow L_2-2L_1 \\ L_3 \longleftarrow L_3-3L_1}}{\iff} \begin{cases} x-2y+z=1 \\ y-3z=1 \\ 2y-6z=1 \end{cases}$

et les deux dernières équations sont incompatibles.
On conclut : $\mathcal{S}=\varnothing$.
Ainsi, le système linéaire (S) n'est pas compatible.

Exercices d'apprentissage

30.1

Résoudre les systèmes linéaires suivants, d'inconnue $(x, y) \in \mathbb{R}^2$:

$$a) \begin{cases} 3x - 5y = 4 \\ 4x - 7y = 5 \end{cases}, \quad b) \begin{cases} 2x + y = 0 \\ 3x - 2y = 0 \end{cases}, \quad c) \begin{cases} 3x - 6y = 4 \\ 4x - 8y = 3 \end{cases}, \quad d) \begin{cases} 3x - 6y = 9 \\ 4x - 8y = 12. \end{cases}$$

a) On a, en faisant disparaître x de L_2 :

$$\begin{cases} 3x - 5y = 4 & L_1 \\ 4x - 7y = 5 & L_2 \end{cases} \underset{L_2 \longleftarrow 3L_2 - 4L_1}{\iff} \begin{cases} 3x - 5y = 4 \\ -y = -1 \end{cases} \iff \begin{cases} x = 3 \\ y = 1. \end{cases}$$

On conclut : $\mathcal{S} = \{(3, 1)\}$.
On peut contrôler que le couple $(3, 1)$ convient, le calcul peut être fait de tête.

b) Il s'agit d'un système linéaire homogène, donc $(0, 0)$ est, au moins, solution.
On peut, par exemple, exprimer y en fonction de x à partir de L_1 puis reporter dans L_2 :

$$\begin{cases} 2x + y = 0 \\ 3x - 2y = 0 \end{cases} \iff \begin{cases} y = -2x \\ 3x + 4x = 0 \end{cases} \iff \begin{cases} x = 0 \\ y = 0. \end{cases}$$

On conclut : $\mathcal{S} = \{(0, 0)\}$.

c) On a, en faisant disparaître x de L_2 :

$$\begin{cases} 3x - 6y = 4 & L_1 \\ 4x - 8y = 3 & L_2 \end{cases} \underset{L_2 \longleftarrow 3L_2 - 4L_1}{\iff} \begin{cases} 3x - 6y = 4 \\ 0y = -7, \end{cases}$$

contradiction.
On conclut : $\mathcal{S} = \varnothing$.

d) On peut, comme dans l'exemple précédent, faire disparaître x de L_1, mais on peut aussi remarquer que les premiers membres de L_1 et de L_2 sont proportionnels :

$$\begin{cases} 3x - 6y = 9 \\ 4x - 8y = 12 \end{cases} \iff \begin{cases} 3(x - 2y) = 9 \\ 4(x - 2y) = 12 \end{cases} \iff x - 2y = 3.$$

On conclut : $\mathcal{S} = \{(2y + 3, \, y) \, ; \, y \in \mathbb{R}\}$.

30.2

Résoudre les systèmes linéaires suivants, d'inconnue $(x, y, z) \in \mathbb{R}^3$:

$$a) \begin{cases} 2x - y - z = 2 \\ x - 2y + z = -1 \\ x + 7y - 8z = 1 \end{cases}, \quad b) \begin{cases} x + 3y - z = -7 \\ x - y + 2z = 7 \\ 3x + 8y - 2z = -17 \end{cases}, \quad c) \begin{cases} 2x - y + z = 0 \\ x + y + 2z = -3 \\ x + z = -1. \end{cases}$$

a) On peut, par exemple, garder L_2 et faire disparaître x de L_1 et de L_3 :

$$\begin{cases} 2x - y - z = 2 & L_1 \\ x - 2y + z = -1 & L_2 \\ x + 7y - 8z = 1 & L_3 \end{cases} \underset{\substack{L_1 \leftarrow L_1 - 2L_2 \\ L_3 \leftarrow L_3 - L_2}}{\iff} \begin{cases} 3y - 3z = 4 \\ x - 2y + z = -1 \\ 9y - 9z = 2 \end{cases}$$

$$\iff \begin{cases} y - z = \dfrac{4}{3} \\ x - 2y + z = -1 \\ y - z = \dfrac{2}{9}, \end{cases} \quad \text{contradiction.}$$

On conclut : $\mathcal{S} = \varnothing$.

b) On peut, par exemple, faire disparaître x de L_2 et de L_3, puis faire disparaître y de L_2 :

$$\begin{cases} x + 3y - z = -7 & L_1 \\ x - y + 2z = 7 & L_2 \\ 3x + 8y - 2z = -17 & L_3 \end{cases} \underset{\substack{L_2 \leftarrow L_2 - L_1 \\ L_3 \leftarrow L_3 - 3L_1}}{\iff} \begin{cases} x + 3y - z = -7 & L_1 \\ -4y + 3z = 14 & L_2 \\ -y + z = 4 & L_3 \end{cases}$$

$$\underset{L_3 \leftarrow L_2 - 4L_3}{\iff} \begin{cases} x + 3y - z = -7 \\ -4y + 3z = 14 \\ -z = -2 \end{cases} \iff \begin{cases} z = 2 \\ y = \dfrac{3z - 14}{4} = -2 \\ x = -3y + z - 7 = 1. \end{cases}$$

On conclut : $\mathcal{S} = \{(1,\ -2,\ 2)\}$.

On peut contrôler que le triplet $(1,\ -2,\ 2)$ convient, le calcul peut être fait de tête.

c) On peut, par exemple, exprimer x en fonction de z par L_3, reporter dans L_2, puis exprimer y en fonction de z à partir de L_2, et enfin reporter dans L_1 :

$$\begin{cases} 2x - y + z = 0 & L_1 \\ x + y + 2z = -3 & L_2 \\ x + z = -1 & L_3 \end{cases} \iff \begin{cases} x = -z - 1 \\ y = -x - 2z - 3 = -z - 2 \\ -2z - 2 + z + 2 + z = 0 \end{cases}$$

et la dernière équation équivaut à $0z = 0$, donc est toujours satisfaite.

On conclut : $\mathcal{S} = \{(-z-1,\ -z-2,\ z)\,;\ z \in \mathbb{R}\}$.

On peut contrôler que ces triplets conviennent bien, le calcul peut presque être fait de tête.

30.3

Résoudre les systèmes linéaires suivants, d'inconnue $(x, y) \in \mathbb{R}^2$:

$$a) \begin{cases} x + 2y = 0 \\ 3x - y = 0 \\ 4x - 3y = 0 \end{cases}, \quad b) \begin{cases} x + y = 3 \\ 2x - 3y = 1 \\ 3x + 2y = 8 \end{cases}, \quad c) \begin{cases} x - 3y = 2 \\ 2x + y = 3 \\ 3x - 2y = -1. \end{cases}$$

a) Il s'agit d'un système linéaire homogène, donc $(0, 0)$ est, au moins, solution.

On peut, par exemple, exprimer x en fonction de y par L_1, puis reporter dans L_2 et dans L_3 :

$$\begin{cases} x+2y=0 \\ 3x-y=0 \\ 4x-3y=0 \end{cases} \iff \begin{cases} x=-2y \\ -7y=0 \\ -11y=0 \end{cases} \iff \begin{cases} x=0 \\ y=0. \end{cases}$$

On conclut : $\mathcal{S}=\{(0,0)\}$.

b) On peut, par exemple, exprimer x en fonction de y par L_1, puis reporter dans L_2 et dans L_3 :

$$\begin{cases} x+y=3 \\ 2x-3y=1 \\ 3x+2y=8 \end{cases} \iff \begin{cases} x=3-y \\ 6-5y=1 \\ 9-y=8 \end{cases} \iff \begin{cases} x=2 \\ y=1. \end{cases}$$

On conclut : $\mathcal{S}=\{(2,1)\}$.

On peut contrôler que le couple $(2,1)$ convient, le calcul peut être fait de tête.

c) On peut, par exemple, exprimer x en fonction de y par L_1, puis reporter dans L_2 et dans L_3 :

$$\begin{cases} x-3y=2 \\ 2x+y=3 \\ 3x-2y=-1 \end{cases} \iff \begin{cases} x=3y+2 \\ 7y=-1 \\ 7y=-7, \end{cases} \quad \text{contradiction.}$$

On conclut : $\mathcal{S}=\varnothing$.

Exercices d'entraînement

30.4 Système linéaire à 3 équations et 3 inconnues, avec un paramètre, dans $\mathbb{R}$

Résoudre le système linéaire, de paramètre $m\in\mathbb{R}$ et d'inconnue $(x,y,z)\in\mathbb{R}^3$:

$$\begin{cases} mx+y+z=2m+1 \\ x+my+z=2m+1 \\ x+y+mz=m^2+2. \end{cases}$$

30.5 Systèmes linéaires à 3 équations et 3 inconnues, dans $\mathbb{C}$

Résoudre les systèmes linéaires, d'inconnue $(x,y,z)\in\mathbb{C}^3$:

$$a)\ \begin{cases} x+\mathrm{j}y+\mathrm{j}^2z=0 \\ \mathrm{j}x+\mathrm{j}^2y+z=0 \\ \mathrm{j}^2x+y+\mathrm{j}z=0 \end{cases}, \qquad b)\ \begin{cases} x+\mathrm{j}y+\mathrm{j}^2z=0 \\ \mathrm{j}x+y+\mathrm{j}^2z=0 \\ \mathrm{j}^2x+\mathrm{j}y+z=0. \end{cases}.$$

On rappelle que 1, $\mathrm{j}=e^{\frac{2i\pi}{3}}=\dfrac{-1+i\sqrt{3}}{2}$, $\mathrm{j}^2=e^{\frac{4i\pi}{3}}=\dfrac{-1-i\sqrt{3}}{2}=\overline{\mathrm{j}}$ sont les racines cubiques de 1 dans $\mathbb{C}$ et que $1+\mathrm{j}+\mathrm{j}^2=0$, cf. page 144.

30.6 Système linéaire à 4 équations et 3 inconnues, dans $\mathbb{C}$

Résoudre le système linéaire, d'inconnue $(x, y, z, t) \in \mathbb{C}^4$:

$$\begin{cases} x + y + z + \mathrm{i}t = 0 \\ x + y + \mathrm{i}z + t = 1 - \mathrm{i} \\ x + \mathrm{i}y + z + t = 0 \\ \mathrm{i}x + y + z + t = -1 + \mathrm{i}. \end{cases}$$

30.7 Système linéaire à 4 équations et 3 inconnues, avec 2 paramètres, dans $\mathbb{R}$

Résoudre le système linéaire, de paramètres $a, b, c \in \mathbb{R}$ et d'inconnue $(x, y, z) \in \mathbb{R}^3$:

$$\begin{cases} x + y + z = 1 \\ ax + y + z = b \\ x + ay + z = 1 \\ x + y + az = c. \end{cases}$$

Corrigés des exercices d'entraînement

30.4

On a, par opérations élémentaires sur les lignes :

$$(\mathrm{S}) \begin{cases} mx + y + z = 2m + 1 & L_1 \\ x + my + z = 2m + 1 & L_2 \\ x + y + mz = m^2 + 2 & L_3 \end{cases}$$

$$\underset{\substack{L_2 \leftarrow L_2 - L_1 \\ L_3 \leftarrow L_3 - L_1}}{\iff} \begin{cases} mx + y + z = 2m + 1 \\ (1 - m)x + (m - 1)y = 0 \\ (1 - m)x + (m - 1)z = (m - 1)^2. \end{cases}$$

Séparons en cas selon m.

1er cas : $m \neq 1$

Alors :

$$(\mathrm{S}) \iff \begin{cases} y = x \\ z = x + (m - 1) \\ mx + x + \big(x + (m - 1)\big) = 2m + 1 \end{cases}$$

$$\iff \begin{cases} y = x \\ z = x + (m - 1) \\ (m + 2)x = m + 2. \end{cases}$$

- Si $m \neq -2$, alors (S) $\iff \begin{cases} x = 1 \\ y = 1 \\ z = m. \end{cases}$
- Si $m = -2$, alors : (S) $\iff \begin{cases} y = x \\ z = x - 3. \end{cases}$

2^e^ cas : $m = 1$

On a alors : (S) $\iff x + y + z = 3$.

On conclut que l'ensemble S est :

$\{(1,\ 1,\ m)\}$ si $m \neq 1$ et $m \neq -2$,

$\{(x,\ x,\ x - 3)\,;\, x \in \mathbb{R}\}$ si $m = -2$,

$\{(x,\ y,\ 3 - x - y)\,;\, (x, y) \in \mathbb{R}^2\}$ si $m = 1$.

30.5

a) On peut remarquer que les premiers membres des trois équations sont proportionnels, puisque $j^3 = 1$, d'où :

$$\begin{cases} x + jy + j^2z = 0 \\ jx + j^2y + z = 0 \\ j^2x + y + jz = 0 \end{cases} \iff \begin{cases} x + jy + j^2z = 0 \\ j(x + jy + j^2z) = 0 \\ j^2(x + jy + j^2z) = 0 \end{cases}$$

$$\iff x + jy + j^2z = 0.$$

On conclut :

$$\mathcal{S} = \{(x,y,z) \in \mathbb{C}^3 \,;\, x + jy + j^2z = 0\}$$

ou encore :

$$\mathcal{S} = \{(-jy - j^2z,\, y,\, z) \,;\, (y,z) \in \mathbb{C}^2\}.$$

b) On a :

$$\begin{cases} x + jy + j^2z = 0 & L_1 \\ jx + y + j^2z = 0 & L_2 \\ j^2x + jy + z = 0 & L_3 \end{cases}$$

$$\underset{\substack{L_2 \longleftarrow L_2 - L_1 \\ L_3 \longleftarrow L_3 - L_1}}{\iff} \begin{cases} x + jy + j^2z = 0 \\ (j-1)(x-y) = 0 \\ (j^2-1)(x-z) = 0 \end{cases}$$

$$\iff \begin{cases} x = y \\ x = z \\ (1 + j + j^2)x = 0 \end{cases}$$

$$\iff x = y = z, \quad \text{car } 1 + j + j^2 = 0.$$

On conclut : $\mathcal{S} = \{(x,x,x) \,;\, x \in \mathbb{C}\}$.

30.6

On a, par $L_k \longleftarrow L_k - L_1$ pour $k = 2, 3, 4$:

$$\begin{cases} x + y + z + it = 0 \\ x + y + iz + t = 1 - i \\ x + iy + z + t = 0 \\ ix + y + z + t = -1 + i \end{cases}$$

$$\iff \begin{cases} x + y + z + it = 0 \\ (i-1)z + (1-i)t = 1 - i \\ (i-1)y + (1-i)t = 0 \\ (i-1)x + (1-i)t = -(1-i) \end{cases}$$

$$\iff \begin{cases} z = t - 1 \\ y = t \\ x = t + 1 \\ (3 + i)t = 0 \end{cases} \iff \begin{cases} t = 0 \\ z = -1 \\ y = 0 \\ x = 1. \end{cases}$$

On conclut : $\mathcal{S} = \{(1,\, 0,\, -1,\, 0)\}$.

On peut contrôler que ce quadruplet est bien solution de (S), le calcul peut être fait de tête.

30.7

On a, par $L_k \longleftarrow L_k - L_1$ pour $k = 2, 3, 4$:

$$(\mathrm{S}) \quad \begin{cases} x + y + z = 1 & L_1 \\ ax + y + z = b & L_2 \\ x + ay + z = 1 & L_3 \\ x + y + az = c & L_4 \end{cases}$$

$$\iff \begin{cases} x + y + z = 1 \\ (a-1)x = b - 1 \\ (a-1)y = 0 \\ (a-1)z = c - 1. \end{cases}$$

Séparons en cas selon a.

1er cas : $a \neq 1$

Alors : $$(\mathrm{S}) \iff \begin{cases} x = \dfrac{b-1}{a-1} \\ y = 0 \\ z = \dfrac{c-1}{a-1} \\ (4) \end{cases}$$

où :

$$(4) \iff \frac{b-1}{a-1} + \frac{c-1}{a-1} = 1$$

$$\iff (b-1)+(c-1) = a-1 \iff b+c-a = 1.$$

2e cas : $a = 1$

Alors : $$(\mathrm{S}) \iff \begin{cases} x + y + z = 1 \\ b = 1 \\ c = 1. \end{cases}$$

On conclut que l'ensemble $\mathcal{S}$ est :

$\varnothing$ si $(a \neq 1$ et $b + c - a \neq 1)$

$\varnothing$ si $(a = 1$ et $(b,c) \neq (1,1))$

$\left\{\left(\dfrac{b-1}{a-1},\, 0,\, \dfrac{c-1}{a-1}\right)\right\}$ si $(a \neq 1$ et $b + c - a = 1)$

$\{(x,\, y,\, 1 - x - y) \,;\, (x,y) \in \mathbb{R}^2\}$ si $a = b = c = 1$.

31 Polynômes : algèbre

Nous étudions dans ce chapitre les polynômes à une indéterminée et les fonctions polynomiales à une variable, à coefficients réels ou complexes, à la fois du point de vue formel et du point de vue calculatoire. La construction des polynômes est admise. L'étude des polynômes à plusieurs indéterminées n'est pas au Programme officiel.
Dans tout ce chapitre, et les deux suivants, $\mathbb{K}$ désigne $\mathbb{R}$ ou $\mathbb{C}$.

Rappels de cours

1 Définitions

1.1 Ensemble $\mathbb{K}[X]$

Définition

Un **polynôme** est une écriture formelle $P = a_n X^n + \cdots + a_1 X + a_0 = \sum_{k=0}^{n} a_k X^k$, où $n \in \mathbb{N}$, $a_0, ..., a_n \in \mathbb{K}$ (n dépend de P).

Remarque : On note aussi $P(X)$ pour P, voir page 396.

Exemple

$P = 2X^3 - X + 11$ est un polynôme, $Q = 7 - \sqrt{2}X^2 + 0X^3$ est un polynôme.

Définition

La lettre X est appelé l'**indéterminée**.
Pour tout $k \in \{0, ..., n\}$, $a_k X^k$ est appelé le **terme de degré** k du polynôme $P = \sum_{k=0}^{n} a_k X^k$, et a_k est appelé le **coefficient du terme de degré** k du polynôme P.

Remarque : Si $P = \sum_{k=0}^{n} a_k X^k$, on a aussi, pour tout $p \geqslant n$: $P = \sum_{k=0}^{p} a_k X^k$, en notant $a_{n+1} = ... = a_p = 0$.

Définition

On note $\mathbb{K}[X]$ l'ensemble des polynômes à une indéterminée (notée X) et à coefficients dans $\mathbb{K}$.

Par définition, deux polynômes sont égaux si et seulement s'ils ont les mêmes coefficients, pour les mêmes degrés.
Ainsi, pour tout $p \in \mathbb{N}$ et pour tous $a_0, ..., a_p, b_0, ..., b_p \in \mathbb{K}$:

$$\sum_{k=0}^{p} a_k \mathrm{X}^k = \sum_{k=0}^{p} b_k \mathrm{X}^k \iff (\forall k \in \{0, ..., p\},\quad a_k = b_k)$$

Le **polynôme nul** est le polynôme 0, dont tous les coefficients sont nuls.

Un polynôme constant (le terme n'est pas dans le Programme officiel) est, par définition, un polynôme de la forme $P = a_0$ où $a_0 \in \mathbb{K}$. On a donc $\mathbb{K} \subset \mathbb{K}[\mathrm{X}]$.

1.2 Degré d'un polynôme

Définition

Soit $P \in \mathbb{K}[\mathrm{X}]$. Si $P \neq 0$, c'est-à-dire si P n'est pas le polynôme nul, alors il existe $n \in \mathbb{N}$ unique et $(a_0, ..., a_n) \in \mathbb{K}^{n+1}$ unique tels que : $P = \sum_{k=0}^{n} a_k \mathrm{X}^k$ et $a_n \neq 0$.
L'entier n est appelé le **degré** de P et est noté $\deg(P)$.
On convient que le degré du polynôme nul est $-\infty$: $\deg(0) = -\infty$.

Exemple

$\deg(\mathrm{X}^2 - 3\mathrm{X}) = 2$, $\deg(4) = 0$, $\deg(0\mathrm{X}^4 + 2\mathrm{X}^3 - 5) = 3$.

On note, pour tout $n \in \mathbb{N}$, $\mathbb{K}_n[\mathrm{X}]$ l'ensemble des polynômes de $\mathbb{K}[\mathrm{X}]$ de degré $\leqslant n$.

Exemple

$\mathbb{K}_2[\mathrm{X}] = \{a_2\mathrm{X}^2 + a_1\mathrm{X} + a_0\,;\,(a_0, a_1 a_2) \in \mathbb{K}^3\}$.

2 Addition

Définition

Soient $P = \sum_{k=0}^{n} a_k \mathrm{X}^k$, $Q = \sum_{k=0}^{n} b_k \mathrm{X}^k \in \mathbb{K}[\mathrm{X}]$, on peut choisir le même n pour ces deux polynômes. On note $P + Q = \sum_{k=0}^{n} (a_k + b_k)\mathrm{X}^k$, c'est-à-dire que l'on additionne les termes de mêmes degrés entre eux, et on a $P + Q \in \mathbb{K}[\mathrm{X}]$.
L'application $\mathbb{K}[\mathrm{X}] \times \mathbb{K}[\mathrm{X}] \longrightarrow \mathbb{K}[\mathrm{X}]$, $(P, Q) \longmapsto P + Q$ s'appelle l'**addition** des polynômes, et on dit que $P + Q$ est la **somme** de P et de Q.

Théorème

On a, pour tous $P, Q \in \mathbb{K}[X]$:

1) $\deg(P+Q) \leqslant \operatorname{Max}\big(\deg(P), \deg(Q)\big)$

2) $\deg(P) \neq \deg(Q) \implies \deg(P+Q) = \operatorname{Max}\big(\deg(P), \deg(Q)\big)$.

Proposition

On a, pour tous $P, Q, R \in \mathbb{K}[X]$,

$$P+Q = Q+P, \quad (P+Q)+R = P+(Q+R), \quad P+0 = 0+P = P,$$

et, en notant $P = \sum_{k=0}^{n} a_k X^k$ et $-P = \sum_{k=0}^{n} -a_k X^k$, on a $P+(-P) = (-P)+P = 0$.

3 Loi externe

Définition

Soient $\lambda \in \mathbb{K}$, $P = \sum_{k=0}^{n} a_k X^k \in \mathbb{K}[X]$.

On définit le polynôme λP par : $\lambda P = \sum_{k=0}^{n} (\lambda a_k) X^k$.

L'application $\mathbb{K} \times \mathbb{K}[X] \longrightarrow \mathbb{K}[X], \quad (\lambda, P) \longmapsto \lambda P$ s'appelle la **loi externe** sur les polynômes.

Exemple

$3(X^2 - 2X) = 3X^2 - 6X, \quad -\frac{1}{2}(2X^2 - 1) = -X^2 + \frac{1}{2}$.

Remarque : On a, pour tous $\lambda \in \mathbb{K} \setminus \{0\}$ et tout $P \in \mathbb{K}[X]$: $\deg(\lambda P) = \deg(P)$.

Attention

Mais, attention, si $\lambda = 0$, alors, pour tout $P \in \mathbb{K}[X]$, $\lambda P = 0$, donc $\deg(\lambda P) = -\infty$.

On peut confondre un élément λ de $\mathbb{K}$ avec le polynôme constant λ.

4 Multiplication

On souhaite que la multiplication des polynômes corresponde à la multiplication des fonctions polynomiales déjà vue, c'est-à-dire que l'on veut multiplier deux sommes en regroupant les termes de même degré. On définit donc la multiplication des polynômes de la façon suivante.

Définition

Soient $P = \sum_{i=0}^{p} a_i X^i$, $Q = \sum_{j=0}^{q} b_j X^j$. On note $a_i = 0$ pour $i > p$, et $b_j = 0$ pour $j > q$.

On définit le **produit** de P par Q : $PQ = \sum_{k=0}^{p+q} c_k X^k$,

où, pour tout $k \in \{0, ..., p+q\}$, $\quad c_k = \sum_{i=0}^{p+q} a_i b_{k-i}$

L'application qui, à deux polynômes P, Q, associe leur produit PQ s'appelle la **multiplication des polynômes**.

Ainsi :

$$(a_p X^p + a_{p-1} X^{p-1} + \cdots + a_1 X + a_0)(b_q X^q + b_{q-1} X^{q-1} + \cdots + b_1 X + b_0)$$
$$= a_p b_q X^{p+q} + (a_p b_{q-1} + a_{p-1} b_q) X^{p+q-1} + \cdots + (a_1 b_0 + a_0 b_1) X + a_0 b_0.$$

Exemple

1) $(X+3)(X^2 - 4X + 1) = X^3 - X^2 - 11X + 3$.

2) Pour $a, b, c, d \in \mathbb{K}$: $(aX + b)(cX + d) = acX^2 + (ad + bc)X + bd$.

Proposition

On a : $\forall P, Q \in \mathbb{K}[X], \quad \deg(PQ) = \deg(P) + \deg(Q)$.

Remarque : La formule sur le degré du produit de deux polynômes est une égalité, tandis que la formule sur le degré d'une somme est une inégalité.

Proposition

En plus des formules déjà vues pour l'addition, on a, pour tous $\alpha \in \mathbb{K}$, $P, Q, R \in \mathbb{K}[X]$:
$PQ = QP, \quad (PQ)R = P(QR), \quad P(Q+R) = PQ + PR, \quad (P+Q)R = PR + QR,$
$1P = P, \qquad PQ = 0 \implies (P = 0 \text{ ou } Q = 0), \qquad (\alpha P)Q = \alpha(PQ) = P(\alpha Q).$

5 Divisibilité, division euclidienne

5.1 Divisibilité

Définition

Soient $A, P \in \mathbb{K}[X]$.
On dit que A **divise** P (dans $\mathbb{K}[X]$) (ou aussi : A est **un diviseur** de P, ou aussi : P est **un multiple** de A) si et seulement s'il existe $Q \in \mathbb{K}[X]$ tel que $P = AQ$.

Attention
Ne pas mélanger les rôles des divers polynômes qui interviennent.

Remarque :
1) $\forall A \in \mathbb{K}[\mathrm{X}], \quad A \mid 0.$
2) $\forall A \in \mathbb{K}[\mathrm{X}], \quad (0 \mid A \iff A = 0).$

On montre les propriétés suivantes de la divisibilité, pour tous $A, B, C, P, Q \in \mathbb{K}[\mathrm{X}]$, $n \in \mathbb{N}^*$:

Proposition

1) $A \mid A$, *2)* $\begin{cases} A \mid B \\ B \mid C \end{cases} \implies A \mid C$, *3)* $A \mid B \implies A \mid (BC)$,

4) $\begin{cases} A \mid B \\ A \mid C \end{cases} \implies A \mid (B+C)$, *5)* $\begin{cases} A \mid B \\ P \mid Q \end{cases} \implies (AP) \mid (BQ)$,

6) $A \mid B \implies A^n \mid B^n$.

5.2 Division euclidienne

Proposition

Soient $A \in \mathbb{K}[\mathrm{X}]$, $B \in \mathbb{K}[\mathrm{X}] \setminus \{0\}$. Il existe un couple unique $(Q, R) \in \left(\mathbb{K}[\mathrm{X}]\right)^2$ tel que :

$$A = BQ + R \quad \text{et} \quad \deg(R) < \deg(B)$$

Le polynôme Q s'appelle le **quotient** et le polynôme R s'appelle le **reste** de (ou aussi : dans) la **division euclidienne** de A par B.

Exemple
Effectuer la division euclidienne de $A = \mathrm{X}^4 - 2\mathrm{X}^3 + \mathrm{X} + 4$ par $B = \mathrm{X}^3 - \mathrm{X} + 1$ dans $\mathbb{R}[\mathrm{X}]$.

$$
\begin{array}{rrrrr|l}
\mathrm{X}^4 & -\ 2\mathrm{X}^3 & & +\ \mathrm{X} & +\ 4 & \mathrm{X}^3-\mathrm{X}+1 \\ \cline{6-6}
-\mathrm{X}^4 & & +\ \mathrm{X}^2 & -\ \mathrm{X} & & \mathrm{X}-2 \\ \cline{1-5}
 & -2\mathrm{X}^3 & +\ \mathrm{X}^2 & & +\ 4 & \\
 & 2\mathrm{X}^3 & & -\ 2\mathrm{X} & +\ 2 & \\ \cline{2-5}
 & & \mathrm{X}^2 & -\ 2\mathrm{X} & +\ 6 &
\end{array}
$$

Le quotient est $Q = \mathrm{X} - 2$ et le reste est $R = \mathrm{X}^2 - 2\mathrm{X} + 6$.

Remarque : Le reste de la division euclidienne de A par B est nul si et seulement si B divise A.

6 Composition

Définition

Soient $P = \sum_{k=0}^{n} a_k X^k \in \mathbb{K}[X]$ et $Q \in \mathbb{K}[X]$.

On définit le **polynôme composé** $P \circ Q$ (noté aussi : $P(Q)$) par : $P \circ Q = \sum_{k=0}^{n} a_k Q^k$.
Autrement dit, $P \circ Q$ est obtenu à partir de P en remplaçant partout X par Q.

Exemple
Dans $\mathbb{R}[X]$, pour $P = X^2 - 3X + 1$ et $Q = 2X^2 + 5$, on a :
$$P \circ Q = Q^2 - 3Q + 1 = (2X^2 + 5)^2 - 3(2X^2 + 5) + 1 = 4X^4 + 14X^2 + 11.$$

Proposition

On montre, pour tous $P, Q \in \mathbb{K}[X] \setminus \{0\}$: $\deg(P \circ Q) = \deg(P) \cdot \deg(Q)$.

Remarque : On a, pour tout $P \in \mathbb{K}[X]$: $P(X) = P$.
Il peut être commode d'écrire $P(X)$ au lieu de P, dans certains cas, comme par exemple pour étudier des polynômes P tels que $P(2X) = P(X)$, qui est une égalité plus parlante que $P(2X) = P$.

Attention
La composition étant notée à l'aide de parenthèses, il y a risque de confusion avec des produits. Par exemple, pour $P, Q, R, S \in \mathbb{K}[X]$, l'écriture $(P+Q)(R+S)$ est ambiguë car elle peut désigner la composée $(P+Q) \circ (R+S)$ ou le produit $(P+Q) \cdot (R+S)$. De même, pour $P, Q, R \in \mathbb{K}[X]$, l'écriture $P(QR)$ est ambiguë car elle peut désigner la composée $P \circ (QR)$ ou le produit $P \cdot (QR)$. Sans indication, c'est l'interprétation du produit qu'il faut envisager, plutôt que celle de la composition, cette dernière étant d'usage moins fréquent en pratique.

7 Dérivation

Définition

Pour tout $P = \sum_{k=0}^{n} a_k X^k$, on appelle polynôme dérivé de P le polynôme P' défini par :
$$P' = \sum_{k=1}^{n} k a_k X^{k-1} = \sum_{k=0}^{n-1} (k+1) a_{k+1} X^k.$$
On définit de proche en proche les dérivées successives de P :
$P^{(0)} = P, \quad P^{(1)} = P', \quad P^{(2)} = P'' = (P')'$,
et, pour tout $q \in \mathbb{N}^*$, $P^{(q)} = (P^{(q-1)})'$.

Exemple

Pour $P = 5X^2 - 7X + 3$, on a $P' = 10X - 7$, $P'' = 10$, et, pour tout $n \in \mathbb{N}$ tel que $n \geqslant 3$, $P^{(n)} = 0$.

Les formules suivantes sont immédiates, pour tous $\alpha \in \mathbb{K}$, $P, Q \in \mathbb{K}[X]$, $n \in \mathbb{N}$:

Proposition

1) $\deg(P') = \begin{cases} \deg(P) - 1 & \text{si } \deg(P) \geqslant 1 \\ -\infty & \text{si } \deg(P) \leqslant 0, \end{cases}$ *2)* $\deg(P) \leqslant n \iff P^{(n+1)} = 0$,

3) $(P + \alpha Q)' = P' + \alpha Q'$, *4)* $(PQ)' = P'Q + PQ'$.

Proposition

On dispose de la **formule de Leibniz**, pour tous $n \in \mathbb{N}$ et $P, Q \in \mathbb{K}[X]$:

$$(PQ)^{(n)} = \sum_{i=0}^{n} \binom{n}{i} P^{(i)} Q^{(n-i)}$$

8 Fonctions polynomiales

Définition

Pour tout polynôme $P = \sum_{k=0}^{n} a_k X^k$ de $\mathbb{K}[X]$, on définit la **fonction polynomiale associée** à P, notée $\widetilde{P}$ (ou aussi : P), par : $\widetilde{P} : \mathbb{K} \longrightarrow \mathbb{K}, \ x \longmapsto \sum_{k=0}^{n} a_k x^k$.

Ainsi, pour tout $P \in \mathbb{K}[X]$ et tout $x \in \mathbb{K}$, $\widetilde{P}(x)$ s'obtient en remplaçant X par x dans $P(X)$.

En pratique, connaissant $P(X)$, pour calculer $\widetilde{P}(x)$ pour un $x \in \mathbb{K}$, on peut soit calculer $x, x^2, x^3, \ldots$, puis reporter dans P (pour les cas simples), soit utiliser la méthode (ou aussi : schéma) de **Hörner**, qui consiste à remarquer :

$$a_n x^n + \cdots + a_1 x + a_0 = a_0 + (a_1 + (a_2 + \cdots)x) \cdot x.$$

Exemple

Calculer $\widetilde{P}(3)$ pour $P = X^4 - 2X^3 + X^2 + 7X - 4$.

1re méthode, directe :

$\widetilde{P}(3) = 3^4 - 2 \cdot 3^3 + 3^2 + 7 \cdot 3 - 4 = 81 - 54 + 9 + 21 - 4 = 53.$

2e méthode, de Hörner :

$\widetilde{P}(3) = -4 + 3\Big(7 + 3\big(1 + 3(-2 + 3)\big)\Big) = 53,$

en faisant les calculs de droite à gauche, de tête dans cet exemple simple.

On montre, pour tout $\alpha \in \mathbb{K}$, $P, Q \in \mathbb{K}[X]$, les formules suivantes :

Proposition

1) $\widetilde{P+\alpha Q} = \alpha\widetilde{P} + \widetilde{Q}$ 2) $\widetilde{PQ} = \widetilde{P}\,\widetilde{Q}$ 3) $\widetilde{P \circ Q} = \widetilde{P} \circ \widetilde{Q}$.

Autrement dit, les fonctions polynomiales se comportent, vis-à-vis d'un calcul, comme les polynômes.
On a, pour tout $P \in \mathbb{R}[\mathrm{X}]$, $\widetilde{P'} = \widetilde{P}\,'$, autrement dit la fonction polynomiale associée au polynôme dérivé du polynôme P est égale à la dérivée (au sens de l'analyse, voir les chapitres 15 et 27) de la fonction polynomiale associée au polynôme P.
Le résultat suivant est très important.

Théorème

Soient $n \in \mathbb{N}$, $P \in \mathbb{K}[\mathrm{X}]$. Si $\deg(P) \leqslant n$ et si $\widetilde{P}$ s'annule en au moins $n+1$ éléments de $\mathbb{K}$ deux à deux distincts, alors $P = 0$.
En particulier, si $\widetilde{P}$ s'annule en une infinité d'éléments de $\mathbb{K}$, alors $P = 0$.

Il en résulte, puisque $\mathbb{K}$ est infini, que l'application $\mathbb{K}[\mathrm{X}] \longrightarrow \mathbb{K}^{\mathbb{K}}$, $P \longmapsto \widetilde{P}$ est injective.
Autrement dit, en pratique, on peut confondre polynôme et fonction polynomiale.

Proposition

On dispose de la **formule de Taylor** pour les polynômes :
Soient $P \in \mathbb{K}[\mathrm{X}]$, $a \in \mathbb{K}$, $n \in \mathbb{N}$ tel que $\deg(P) \leqslant n$. On a :

$$P(a+\mathrm{X}) = \sum_{k=0}^{n} \frac{\widetilde{P^{(k)}(a)}}{k!}\mathrm{X}^k.$$

9 Polynômes irréductibles

9.1 Étude générale

Définition

Un polynôme P de $\mathbb{K}[\mathrm{X}]$ est dit **irréductible** si et seulement si : $\deg(P) \geqslant 1$ et P n'admet comme diviseurs, dans $\mathbb{K}[\mathrm{X}]$, que les α, pour $\alpha \in \mathbb{K}^*$, et les βP, pour $\beta \in \mathbb{K}^*$.

Remarque :

1) Les polynômes irréductibles jouent dans l'arithmétique de $\mathbb{K}[\mathrm{X}]$ un rôle analogue à celui des nombres premiers dans l'arithmétique de $\mathbb{Z}$.

2) Si un polynôme de $\mathbb{R}[\mathrm{X}]$ est irréductible dans $\mathbb{C}[\mathrm{X}]$, alors il est irréductible dans $\mathbb{R}[\mathrm{X}]$, mais la réciproque est fausse : un polynôme irréductible dans $\mathbb{R}[\mathrm{X}]$ peut ne pas être irréductible dans $\mathbb{C}[\mathrm{X}]$, comme le montre l'exemple du polynôme X^2+1.

Attention

Un polynôme non irréductible peut diviser un produit de polynômes sans diviser aucun de ces polynômes.
Par exemple, dans $\mathbb{R}[\mathrm{X}]$, pour $P = \mathrm{X}(\mathrm{X}-1)$, $A = \mathrm{X}^2$, $B = \mathrm{X}-1$, P divise AB mais P ne divise ni A ni B.

On dispose de la proposition suivante.

Proposition

Tout polynôme de $\mathbb{K}[\mathrm{X}]$ de degré $\geqslant 1$ admet une **décomposition en produit de polynômes irréductibles**, unique à l'ordre près des facteurs et à des coefficients scalaires multiplicatifs non nuls près.

Exemple

Dans $\mathbb{R}[\mathrm{X}]$, le polynôme $P = \mathrm{X}^3 - \mathrm{X}^2$ admet la décomposition en produit de polynômes irréductibles $P = ABC$, où $A = \mathrm{X}$, $B = \mathrm{X}$, $C = \mathrm{X} - 1$, mais aussi, par exemple, la décomposition en produit de polynômes irréductibles $P = DEF$ où $D = \frac{1}{2}\mathrm{X}$, $E = 2(\mathrm{X}-1)$, $F = \mathrm{X}$.

Remarque : Dans des décompositions en produit de polynômes irréductibles, il peut être commode d'autoriser des exposants égaux à 0.
Par exemple, les décompositions en produit de polynômes irréductibles dans $\mathbb{R}[\mathrm{X}]$

$$A = \mathrm{X}^2(\mathrm{X}-1),\ B = \mathrm{X}(\mathrm{X}-2)^4,\ C = (\mathrm{X}-1)^5$$

ne contiennent pas les mêmes facteurs irréductibles, tandis que

$$A = \mathrm{X}^2(\mathrm{X}-1)(\mathrm{X}-2)^0,\ B = \mathrm{X}(\mathrm{X}-1)^0(\mathrm{X}-2)^4,\ C = \mathrm{X}^0(\mathrm{X}-1)^0(\mathrm{X}-2)^5$$

contiennent les mêmes facteurs irréductibles.

9.2 Cas de $\mathbb{C}[\mathrm{X}]$

Rappelons que nous admettons le **théorème de d'Alembert** (ou aussi : de d'Alembert et Gauss, ou aussi : de d'Alembert-Gauss) :

Théorème de d'Alembert

Tout polynôme non constant de $\mathbb{C}[\mathrm{X}]$ admet au moins un zéro dans $\mathbb{C}$.

Les résultats suivants s'en déduisent.

Proposition

Tout polynôme non constant de $\mathbb{C}[\mathrm{X}]$ est scindé sur $\mathbb{C}$.
Les polynômes irréductibles de $\mathbb{C}[\mathrm{X}]$ sont les polynômes de degré 1.

Ainsi, tout polynôme irréductible de $\mathbb{C}[X]$ est de degré 1, et tout polynôme de degré 1 de $\mathbb{C}[\mathrm{X}]$ est irréductible.

La décomposition d'un polynôme $P \in \mathbb{C}[X]$ de degré $\geqslant 1$ en produit de facteurs irréductibles est donc de la forme $P = \lambda \prod_{i=1}^{N} (X - x_i)^{r_i}$, où $\lambda \in \mathbb{C}^*$, $N \in \mathbb{N}^*$, $x_1, ..., x_N \in \mathbb{C}$ deux à deux distincts, $r_1, ..., r_N \in \mathbb{N}^*$.

Attention
Dans une telle décomposition, ne pas oublier le coefficient λ, car un polynôme quelconque n'est pas forcément unitaire.

Proposition

Soient $A, B \in \mathbb{C}[X]$. Alors, A divise B si et seulement si tout zéro de A est zéro de B avec un ordre de multiplicité dans B supérieur ou égal à celui dans A.

Exemple

1) Le polynôme $A = X^2(X-1)(X+1)$ divise le polynôme $B = X^3(X-1)(X+1)(X-\mathrm{i})$ dans $\mathbb{C}[X]$, car les zéros de A dans $\mathbb{C}$ sont, avec leur ordre de multiplicité indiqué entre crochets, -1 [1], 0 [2], 1 [1], ceux de B sont -1 [1], 0 [3], 1 [1], i [1] et chaque zéro de A est zéro de B, avec un ordre de multiplicité dans B supérieur ou égal à celui dans A.

2) Le polynôme $A = X^2(X-1)(X+1)$ ne divise pas le polynôme $C = X^3(X-1)^2$ dans $\mathbb{C}[X]$, car -1 est zéro de A et n'est pas zéro de C.

3) Le polynôme $A = X^2(X-1)(X+1)$ ne divise pas $D = X(X-1)(X+1)^2(X-\mathrm{j})$ car 0 est zéro de A d'ordre 2 et n'est zéro de D que d'ordre 1.

L'exemple suivant est explicitement au Programme officiel.

Proposition

On a, pour tout $n \in \mathbb{N}^*$: $X^n - 1 = \prod_{k=1}^{n} (X - \omega_k)$, où, pour tout $k \in \{0, ..., n-1\}$, $\omega_k = \mathrm{e}^{\frac{2\mathrm{i}k\pi}{n}}$, et les ω_k sont les racines n-ièmes de 1 dans $\mathbb{C}$, cf. page 144.

9.3 Cas de $\mathbb{R}[X]$

Proposition

Soient $P \in \mathbb{R}[X]$, $a \in \mathbb{C}$, $\alpha \in \mathbb{N}^*$. Pour que a soit zéro de P d'ordre α au moins (resp. exactement), il faut et il suffit que $\overline{a}$ soit zéro de P d'ordre α au moins (resp. exactement).

Remarque : Ce résultat n'a d'intérêt que si $a \notin \mathbb{R}$.

Exemple

Le réel 1 est zéro du polynôme $P = \mathrm{X}^7 - 1$, et les six autres zéros sont complexes non réels, d'ordre de multiplicité égal à 1, et deux à deux conjugués.

Proposition

Les polynômes irréductibles de $\mathbb{R}[\mathrm{X}]$ sont :

- les polynômes de degré 1
- les polynômes de degré 2, à discriminant < 0.

La décomposition d'un polynôme quelconque $P \in \mathbb{R}[\mathrm{X}]$, de degré $\geqslant 1$ en produit de facteurs irréductibles, est donc de la forme $P = \lambda \prod_{i=1}^{N} (\mathrm{X} - x_i)^{r_i} \prod_{j=1}^{N'} (\mathrm{X}^2 + p_j \mathrm{X} + q_j)^{s_j}$, où $\lambda \in \mathbb{C}^*$, $N, N' \in \mathbb{N}^*$, $r_1, ..., r_N \in \mathbb{N}^*$, $s_1, ...s_{N'} \in \mathbb{N}^*$, $x_1, ..., x_N \in \mathbb{R}$ deux à deux distincts, $(p_1, q_1), ..., (p_{N'}, q_{N'}) \in \mathbb{R}^2$ deux à deux distincts et tels que, pour tout $j \in \{1, ..., N'\}$, $p_j^2 - 4q_j < 0$.

Remarque :

1) Tout polynôme de $\mathbb{R}[\mathrm{X}]$ de degré $\geqslant 3$ est non irréductible.

2) Tout polynôme P de $\mathbb{R}[\mathrm{X}]$ de degré impair admet au moins un zéro réel, en utilisant le théorème des valeurs intermédiaires.

En effet, car l'application polynomiale $P : \mathbb{R} \longrightarrow \mathbb{R}, \quad x \longmapsto P(x)$ est continue sur l'intervalle $\mathbb{R}$ et P prend des valeurs de signes contraires aux voisinages de $-\infty$ et $+\infty$.

Attention

Si un polynôme P de $\mathbb{R}[\mathrm{X}]$ ne s'annule en aucun point de $\mathbb{R}$, on ne peut pas en déduire que P est irréductible dans $\mathbb{R}[\mathrm{X}]$, comme le montre l'exemple du polynôme $P = (\mathrm{X}^2+1)^2$, qui ne s'annule en aucun point de $\mathbb{R}$ et n'est pas irréductible dans $\mathbb{R}[\mathrm{X}]$.

Exercices d'apprentissage

31.1

Quels sont les éléments inversibles de $\mathbb{K}[X]$?

1) Si $P \in \mathbb{K}[X]$ est inversible, alors il existe $Q \in \mathbb{K}[X]$ tel que $PQ = 1$, donc nécessairement $P \neq 0$, et, comme $\deg(PQ) = \deg(P) + \deg(Q)$ et $\deg(1) = 0$, on déduit $\deg(P) + \deg(Q) = 0$. Puisque $\deg(P)$ et $\deg(Q)$ sont dans $\mathbb{N}$, il s'ensuit $\deg(P) = 0$, donc P est une constante non nulle.

2) Réciproquement, pour tout $c \in \mathbb{K}\setminus\{0\}$, le polynôme c est inversible, puisque $\dfrac{1}{c} \in \mathbb{K} \subset \mathbb{K}[X]$ et $c\dfrac{1}{c} = 1$.

On conclut : les éléments inversibles de $\mathbb{K}[X]$ sont les polynômes constants non nuls.

31.2

On note $\omega = e^{\frac{i\pi}{5}}$, $P = X^8 - X^6 + X^4 - X^2 + 1 \in \mathbb{C}[X]$.
Montrer : $P(\omega) = 0$.

L'expression de P fait penser à une identité remarquable. On a :

$$(\omega^2 + 1)P(\omega) = (\omega^2 + 1)(\omega^8 - \omega^6 + \omega^4 - \omega^2 + 1) = \omega^{10} - 1 = e^{2i\pi} - 1 = 1 - 1 = 0$$

et : $\omega^2 + 1 = e^{\frac{2i\pi}{5}} + 1 = \left(1 + \cos\dfrac{2\pi}{5}\right) + i\sin\dfrac{2\pi}{5}$.

Comme $\sin\dfrac{2\pi}{5} \neq 0$, on a $\omega^2 + 1 \neq 0$, et on conclut : $P(\omega) = 0$.

31.3

Résoudre les équations, d'inconnue $P \in \mathbb{R}[X]$:

a) $P^2 + P = X^2 + X$, *b)* $P^2 + P = X^2 + 2X$, *c)* $P^2 + P = X^2$.

a) On a, pour tout $P \in \mathbb{R}[X]$:

$$P^2 + P = X^2 + X \iff (P^2 - X^2) + (P - X) = 0 \iff (P - X)(P + X + 1) = 0$$
$$\iff (P = X \text{ ou } P = -X - 1).$$

On conclut : $\mathcal{S}_{a)} = \{X, -X - 1\}$.

b) Soit P convenant. On a alors, par mise sous forme canonique :

$$\left(P + \frac{1}{2}\right)^2 = P^2 + P + \frac{1}{4} = X^2 + 2X + \frac{1}{4} = (X + 1)^2 - \frac{3}{4}.$$

En particulier, en remplaçant X par -1, on obtient : $\left(P(-1) + \dfrac{1}{2}\right)^2 = -\dfrac{3}{4} < 0$, contradiction.

On conclut : $\mathcal{S}_{b)} = \varnothing$.

c) Il est clair que, si P est constant, alors P ne convient pas.
Soit P convenant, non constant. Notons $d = \deg(P) \geqslant 1$.
On a alors $\deg(P^2) = 2\deg(P) > \deg(P)$, donc, d'après le cours,

$$\deg(P^2 + P) = \deg(P^2) = 2\deg(P),$$

d'où $2\deg(P) = 2$ et donc $\deg(P) = 1$.
En notant $P = a\mathrm{X} + b,\ (a,b) \in \mathbb{R}^2$, on a alors :

$$P^2 + P = \mathrm{X}^2 \iff (a\mathrm{X}+b)^2 + (a\mathrm{X}+b) = \mathrm{X}^2 \iff \big(a^2 = 1, \quad 2ab + a = 0, \quad b^2 + b = 0\big).$$

On déduit $a = \pm 1$, puis, comme $a(2b+1) = 0$ et que $a \neq 0$, on obtient $b = -\dfrac{1}{2}$, ce qui contredit $b^2 + b = 0$.
On conclut : $\mathcal{S}_{c)} = \varnothing$.

31.4

Soit $P \in \mathbb{R}[\mathrm{X}]$. Montrer que la fonction polynomiale P est périodique sur $\mathbb{R}$ si et seulement si P est constant.

1) Soit $P \in \mathbb{R}[\mathrm{X}]$ tel que la fonction polynomiale P soit périodique.
Il existe donc $T \in \mathbb{R}_+^*$ tel que : $\forall x \in \mathbb{R},\ \ P(x+T) = P(x)$.
On déduit, par récurrence immédiate : $\forall n \in \mathbb{N}^*,\ \forall x \in \mathbb{R},\ \ P(x+nT) = P(x)$.
En particulier, en remplaçant x par 0 : $\forall n \in \mathbb{N}^*,\ \ P(nT) = P(0)$.
Ainsi, le polynôme $P(\mathrm{X}) - P(0)$ s'annule en une infinité de points (tous les $nT,\ n \in \mathbb{N}^*$), donc, d'après le cours, $P(\mathrm{X}) - P(0) = 0$, P est constant.

2) Réciproquement, il est évident que, pour tout polynôme constant P, la fonction polynomiale P est périodique, puisqu'elle est constante.

31.5

Soient $n \in \mathbb{N}^*$, $P \in \mathbb{K}[\mathrm{X}]$. Montrer : $\mathrm{X} - 1 \mid P(\mathrm{X}^n) \implies \mathrm{X}^n - 1 \mid P(\mathrm{X}^n)$.

Supposons $\mathrm{X} - 1 \mid P(\mathrm{X}^n)$.
On a alors $P(1^n) = 0$, c'est-à-dire $P(1) = 0$, donc $\mathrm{X} - 1 \mid P$.
Il existe donc $Q \in \mathbb{K}[\mathrm{X}]$ tel que $P = (\mathrm{X}-1)Q$, ce que l'on peut aussi écrire sous la forme $P(\mathrm{X}) = (\mathrm{X}-1)Q(\mathrm{X})$, d'où, en remplaçant X par X^n :

$$P(\mathrm{X}^n) = (\mathrm{X}^n - 1)Q(\mathrm{X}^n),$$

et on conclut : $\mathrm{X}^n - 1 \mid P(\mathrm{X}^n)$.

31.6

Calculer, pour tout $n \in \mathbb{N}$, le reste de la division euclidienne de X^n par $\mathrm{X}^2 - \mathrm{X} - 2$ dans $\mathbb{R}[\mathrm{X}]$.

D'après le théorème de division euclidienne, il existe $Q, R \in \mathbb{R}[\mathrm{X}]$ tels que :

$$\begin{cases} \mathrm{X}^n = (\mathrm{X}^2 - \mathrm{X} - 2)Q + R \\ \deg(R) < 2. \end{cases}$$

Il s'agit ici de calculer le reste R de cette division euclidienne.
Puisque $\deg(R) \leqslant 1$, on peut noter $R = a\mathrm{X} + b, \quad (a,b) \in \mathbb{R}^2$.
Comme $\mathrm{X}^2 - \mathrm{X} - 2 = (\mathrm{X}+1)(\mathrm{X}-2)$, on a, en remplaçant X par -1, par 2 :

$$\begin{cases} (-1)^n = R(-1) = -a + b \\ 2^n = R(2) = 2a + b \end{cases}$$

d'où, par combinaisons linéaires d'équations :

$$3a = 2^n - (-1)^n \quad \text{et} \quad 3b = 2^n + 2(-1)^n.$$

On conclut :

$$R = \frac{1}{3}(2^n - (-1)^n)\mathrm{X} + \frac{1}{3}(2^n + 2(-1)^n).$$

31.7

Soit $n \in \mathbb{N}$ tel que $n \geqslant 2$. Montrer que le polynôme $\mathrm{X}^n - \mathrm{X} - 1$ admet n zéros complexes deux à deux distincts.

D'après le théorème de d'Alembert, le polynôme $P = \mathrm{X}^n - \mathrm{X} - 1$ est scindé sur $\mathbb{C}$, donc P admet n zéros, pour l'instant non nécessairement distincts.
Supposons que P admette au moins un zéro z d'ordre au moins 2.
On a alors, d'après le cours, $P(z) = 0$ et $P'(z) = 0$, puis :

$$\begin{cases} P(z) = 0 \\ P'(z) = 0 \end{cases} \iff \begin{cases} z^n - z - 1 = 0 \\ nz^{n-1} - 1 = 0 \end{cases} \iff \begin{cases} z^{n-1} = \dfrac{1}{n} \\ z\dfrac{1}{n} - z - 1 = 0 \end{cases}$$

$$\iff \begin{cases} z^{n-1} = \dfrac{1}{n} \\ z = -\dfrac{n}{n-1} \end{cases} \implies |z|^{n-1} = \left(\frac{n}{n-1}\right)^{n-1} = \frac{1}{n},$$

contradiction car $\dfrac{n}{n-1} > 1$ et $\dfrac{1}{n} < 1$.
Ainsi, les zéros de P sont tous simples, et on conclut que P admet n zéros complexes deux à deux distincts.

Exercices d'entraînement

31.8 Exemple de résolution d'une équation dont l'inconnue est un polynôme

Résoudre l'équation, d'inconnue $P \in \mathbb{R}[\mathrm{X}]$: $P(\mathrm{X}+1) - P(\mathrm{X}) = P'(\mathrm{X})$.

31.9 Surjectivité et non-injectivité d'une fonction polynomiale complexe

Soit $P \in \mathbb{C}[\mathrm{X}]$ tel que $\deg(P) \geqslant 2$.
Montrer que l'application $P : \mathbb{C} \longrightarrow \mathbb{C},\quad z \longmapsto P(z)$ est surjective et non injective.

31.10 Valeurs d'un polynôme en divers points

Soit $P \in \mathbb{R}[\mathrm{X}]$ de degré 4, unitaire tel que :

$$P(1) = 10, \quad P(2) = 20, \quad P(3) = 30.$$

Calculer $A = P(12) + P(-8)$.
Indication : On pourra considérer le polynôme $Q = P - 10\mathrm{X}$.

31.11 Conditions sur un polynôme et sa dérivée, en deux points

Trouver tous les $P \in \mathbb{R}[\mathrm{X}]$ tels que : $P(0) = P(1) = P'(0) = P'(1)$.
Indication : On pourra faire intervenir la division euclidienne de P par $\mathrm{X}^2(\mathrm{X}-1)^2$.

31.12 Calcul d'une fonction des zéros d'un polynôme

On note $z_1, ..., z_4$ les zéros, dans $\mathbb{C}$, du polynôme $P = \mathrm{X}^4 + \mathrm{X}^3 - \mathrm{X} + 1$.

Calculer $A = \displaystyle\prod_{k=1}^{4} (z_k^3 - 1)$.

31.13 Exemple de condition puis factorisation pour un polynôme

a) Déterminer $(a, b) \in \mathbb{R}^2$ pour que le réel 1 soit zéro double de

$$P = \mathrm{X}^7 + a\mathrm{X}^3 + b\mathrm{X}.$$

b) Dans ce cas, factoriser P dans $\mathbb{R}[\mathrm{X}]$.

31.14 Exemple de localisation des zéros d'un polynôme

Soient $n \in \mathbb{N}^*$, $z \in \mathbb{C}$ tels que $z^{n+1} + z^n + 1 = 0$. Montrer : $3^{-\frac{1}{n}} \leqslant |z| \leqslant 2$.

Corrigés des exercices d'entraînement

31.8

Il est clair que tout polynôme de degré $\leqslant 1$ convient, puisque, pour $P = a\mathrm{X}+b$, $(a,b) \in \mathbb{R}^2$:

$$P(\mathrm{X}+1) - P(\mathrm{X}) = \big(a(\mathrm{X}+1)+b\big) - (a\mathrm{X}+b) = a = P'(\mathrm{X}).$$

Supposons qu'il existe P convenant tel que $\deg(P) \geqslant 2$.
Il existe alors $n \in \mathbb{N}$, $a_0, \dots, a_n \in \mathbb{R}$ tels que :

$$n \geqslant 2, \quad P = a_n\mathrm{X}^n + \cdots + a_0, \quad a_n \neq 0.$$

Puisque $P(\mathrm{X}+1) - P(\mathrm{X}) = P'(\mathrm{X})$, on, a :

$$\big(a_n(\mathrm{X}+1)^n + \cdots + a_0\big) - \big(a_n\mathrm{X}^n + \cdots + a_0\big) = na_n\mathrm{X}^{n-1} + \cdots + a_1.$$

Les coefficients de X^{n-2} (on a bien $n-2 \in \mathbb{N}$) sont égaux, donc :

$$\Big(\frac{n(n-1)}{2}a_n + (n-1)a_{n-1} + a_{n-2}\Big) - a_{n-2} = (n-1)a_{n-1},$$

d'où $\dfrac{n(n-1)}{2}a_n = 0$,
contradiction car $n \geqslant 2$ et $a_n \neq 0$.
On conclut :

$$\mathcal{S} = \mathbb{R}_1[\mathrm{X}] = \big\{a\mathrm{X}+b\,;\,(a,b) \in \mathbb{R}^2\big\}.$$

31.9

1) Surjectivité :

Soit $Z \in \mathbb{C}$ fixé. D'après le théorème de d'Alembert, le polynôme $P - Z$, qui n'est pas constant, admet au moins un zéro $z \in \mathbb{C}$, donc $P(z) = Z$.
Ceci montre que l'application $P : \mathbb{C} \longrightarrow \mathbb{C}$ est surjective.

2) Non-injectivité :

Raisonnons par l'absurde : supposons que P est injective.
En particulier, l'équation $P(z) = 0$, d'inconnue $z \in \mathbb{C}$, admet au plus une solution, et, d'autre part, cette équation admet au moins une solution par le théorème de d'Alembert, donc P est de la forme $P = \lambda(\mathrm{X} - z_0)^n$, où $\lambda \in \mathbb{C}^*$, $z_0 \in \mathbb{C}$, $n \in \mathbb{N}$, $n \geqslant 2$.
De même, l'équation $P(z) = 1$ admet exactement une solution $z_1 \in \mathbb{C}$, donc $P - 1$ est de la forme $P - 1 = \mu(\mathrm{X} - z_1)^n$.

En dérivant, on déduit

$$P' = n\lambda(\mathrm{X}-z_0)^{n-1} \quad \text{et} \quad P' = n\mu(\mathrm{X}-z_1)^{n-1}$$

donc nécessairement $z_0 = z_1$,
puis $P(z_0) = 0$ et $P(z_0) = 1$, contradiction.
On conclut que l'application $P : \mathbb{C} \longrightarrow \mathbb{C}$ n'est pas injective.

31.10

Considérons le polynôme $Q = P - 10\mathrm{X}$.
D'après les hypothèses de l'énoncé :
Q est unitaire,
$\deg(Q) = 4$,
$Q(1) = Q(2) = Q(3) = 0$.
Il existe donc $a \in \mathbb{R}$ tel que :

$$Q = (\mathrm{X}-1)(\mathrm{X}-2)(\mathrm{X}-3)(\mathrm{X}-a).$$

On déduit :

$$\begin{aligned}
&P(12) + P(-8)\\
&= \big(Q(12) + 120\big) + \big(Q(-8) - 80\big)\\
&= Q(12) + Q(-8) + 40\\
&= 11 \cdot 10 \cdot 9(12 - a) + (-9)(-10)(-11)(-8-a)\\
&= 9 \cdot 10 \cdot 11\big((12-a) + (8+a)\big)\\
&= 9 \cdot 10 \cdot 11 \cdot 20\\
&= 19\,800.
\end{aligned}$$

On conclut : $P(12) + P(-8) = 19\,800$.

31.11

Soit $P \in \mathbb{R}[\mathrm{X}]$.
Par division euclidienne de P par $\mathrm{X}^2(\mathrm{X}-1)^2$, il existe $Q, R \in \mathbb{R}[\mathrm{X}]$ tels que :

$$P = \mathrm{X}^2(\mathrm{X}-1)^2Q + R \quad \text{et} \quad \deg(R) < 4.$$

On a alors :

$$P' = 2\mathrm{X}(\mathrm{X}-1)^2Q + 2\mathrm{X}^2(\mathrm{X}-1)Q + \mathrm{X}^2(\mathrm{X}-1)^2Q' + R',$$

donc, en notant

$$R = a\mathrm{X}^3 + b\mathrm{X}^2 + c\mathrm{X} + d, \quad (a,b,c,d) \in \mathbb{R}^4,$$

on a :

$$\begin{aligned} & P(0)=P(1)=P'(0)=P'(1) \\ \iff & R(0)=R(1)=R'(0)=R'(1) \\ \iff & d=a+b+c+d=c=3a+2b+c \\ \iff & (a+b+c=0,\quad d=c,\quad 3a+2b=0) \\ \iff & \Big(b=-\frac{3}{2}a,\quad c=-b-a=\frac{1}{2}a, \\ & \qquad d=c=\frac{1}{2}a\Big). \end{aligned}$$

On conclut, en remplaçant a par 2α pour la commodité :

$$\mathcal{S}=\big\{\mathrm{X}^2(\mathrm{X}-1)^2Q+\alpha(2\mathrm{X}^3-3\mathrm{X}^2+\mathrm{X}+1)\,; \\ (\alpha,Q)\in\mathbb{R}\times\mathbb{R}[\mathrm{X}]\big\}.$$

31.12

Puisque, dans $\mathbb{C}[\mathrm{X}]$:

$$\mathrm{X}^3-1=(\mathrm{X}-1)(\mathrm{X}-\mathrm{j})(\mathrm{X}-\mathrm{j}^2),$$

on a :

$$\begin{aligned} A &= \prod_{k=1}^{4}(z_k^3-1) \\ &= \prod_{k=1}^{4}\big((z_k-1)(z_k-\mathrm{j})(z_k-\mathrm{j}^2)\big) \\ &= \Big(\prod_{k=1}^{4}(z_k-1)\Big)\Big(\prod_{k=1}^{4}(z_k-\mathrm{j})\Big)\Big(\prod_{k=1}^{4}(z_k-\mathrm{j}^2)\Big). \end{aligned}$$

D'autre part :

$$P=\prod_{k=1}^{4}(\mathrm{X}-z_k)=\prod_{k=1}^{4}(z_k-\mathrm{X}),$$

d'où : $A=P(1)P(\mathrm{j})P(\mathrm{j}^2)$.
Et :
$P(1)=2$,
$P(\mathrm{j})=\mathrm{j}+1-\mathrm{j}+1=2$,
$P(\mathrm{j}^2)=\mathrm{j}^2+1-\mathrm{j}^2+1=2$.
On conclut : $A=8$.

31.13

a) D'après le cours, 1 est zéro double de P si et seulement si $P(1)=0$ et $P'(1)=0$, et on a :

$$\begin{cases} P(1)=0 \\ P'(1)=0 \end{cases} \iff \begin{cases} 1+a+b=0 \\ 7+3a+b=0 \end{cases}$$

$$\iff \begin{cases} a+b=-1 \\ 3a+b=-7 \end{cases} \iff \begin{cases} a=-3 \\ b=2. \end{cases}$$

La CNS cherchée est donc : $(a,b)=(-3,2)$.

b) Lorsque $(a,b)=(-3,2)$, on a :

$$\begin{aligned} P &= \mathrm{X}^7-3\mathrm{X}^3+2\mathrm{X} \\ &= \mathrm{X}(\mathrm{X}^6-3\mathrm{X}^2+2) \\ &= \mathrm{X}(\mathrm{X}^2-1)(\mathrm{X}^4+\mathrm{X}^2-2) \\ &= \mathrm{X}(\mathrm{X}^2-1)(\mathrm{X}^2-1)(\mathrm{X}^2+2) \\ &= \mathrm{X}(\mathrm{X}-1)^2(\mathrm{X}+1)^2(\mathrm{X}^2+2). \end{aligned}$$

31.14

1) On a, en isolant le terme de plus haut degré et en utilisant l'inégalité triangulaire :

$$|z|^{n+1}=|z^{n+1}|=|-z^n-1|\leqslant|z^n|+1=|z|^n+1,$$

donc $|z|^{n+1}\leqslant|z|^n+1$.
Si $|z|>2$, alors

$$|z|^{n+1}\leqslant|z|^n+1\leqslant|z|^n+|z|^n=2|z|^n,$$

donc, en simplifiant par $|z|^n$ qui est >0, $|z|\leqslant 2$, contradiction.
Ceci montre : $|z|\leqslant 2$.

2) On a aussi, en isolant le terme de plus bas degré et en utilisant l'inégalité triangulaire et le résultat précédent :

$$\begin{aligned} |1| &= |-z^{n+1}-z^n|\leqslant|z|^{n+1}+|z|^n \\ &= |z|^n(|z|+1)\leqslant|z|^n(2+1)=3|z|^n, \end{aligned}$$

donc $|z|^n\geqslant\dfrac{1}{3}$, puis $|z|\geqslant\Big(\dfrac{1}{3}\Big)^{\frac{1}{n}}=3^{-\frac{1}{n}}$.
Finalement : $3^{-\frac{1}{n}}\leqslant|z|\leqslant 2$.

32 Polynômes : racines

Ce chapitre prolonge et complète le chapitre 31.
Dans tout le chapitre, $\mathbb{K}$ désigne $\mathbb{R}$ ou $\mathbb{C}$, et on note $\mathbb{K}^* = \mathbb{K} \setminus \{0\}$.

Rappels de cours

1 Zéros des polynômes

Définition

Soient $a \in \mathbb{K}$, $P \in \mathbb{K}[X]$. On dit que a est un **zéro** (ou aussi : une **racine**) de P si et seulement si $\widetilde{P}(a) = 0$.
On appelle **équation algébrique** toute équation $\widetilde{P}(x) = 0$, d'inconnue $x \in \mathbb{K}$, où $P \in \mathbb{K}[X]$ est fixé.

Proposition

Pour tous $a \in \mathbb{K}$ et $P \in \mathbb{K}[X]$, le reste de la division euclidienne de P par $X - a$ est $\widetilde{P}(a)$.
En particulier, a est un zéro de P si et seulement si $\widetilde{P}(a) = 0$.

Proposition

Soient $P \in \mathbb{K}[X]$, $n \in \mathbb{N}^*$, $x_1, ..., x_n \in \mathbb{K}$. Si $x_1, ..., x_n$ sont des zéros de P et si $x_1, ..., x_n$ sont deux à deux distincts, alors $\prod_{k=1}^{n} (X - x_k)$ divise P.

Définition

Soient $P \in \mathbb{K}[X]$, $a \in \mathbb{K}$, $\alpha \in \mathbb{N}^*$.

1) On dit que a est un **zéro d'ordre au moins** α de P si et seulement si : $(X-a)^\alpha \mid P$.

2) On dit que a est un **zéro d'ordre exactement** α de P si et seulement si :
$$(X - a)^\alpha \mid P \quad \text{et} \quad (X - a)^{\alpha+1} \nmid P.$$

Pour $\alpha = 1$ (resp. 2, resp. 3), on parle de **zéro simple** (resp. **double**, resp. **triple**).

Proposition

Si a est un zéro de P et si $P \neq 0$, alors il existe $\alpha \in \mathbb{N}^*$ unique tel que a est zéro d'ordre exactement α de P, et on dit que α est l'**ordre de multiplicité** du zéro a dans P (ou aussi : de P).

Exemple

Pour $P = (X-4)^2(X+6)(X^2+1) \in \mathbb{R}[X]$, le réel 4 est zéro (exactement) double de P, le réel -6 est zéro (exactement) simple de P, et, de plus, si on considère que $P \in \mathbb{C}[X]$, i et $-$i sont des zéros (exactement) simples de P.

Proposition

Soient $P \in \mathbb{K}[X]$, $a \in \mathbb{K}$, $\alpha \in \mathbb{N}^*$.

1) Pour que a soit zéro d'ordre au moins α de P, il faut et il suffit que :

$$\forall k \in \{0, ..., \alpha - 1\}, \quad P^{(k)}(a) = 0.$$

2) Pour que a soit zéro d'ordre exactement α de P, il faut et il suffit que :

$$\begin{cases} \forall k \in \{0, ..., \alpha - 1\}, & P^{(k)}(a) = 0 \\ P^{(\alpha)}(a) \neq 0. \end{cases}$$

Exemple

1) a est zéro au moins double de P si et seulement si : $P(a) = 0$ et $P'(a) = 0$.

2) a est zéro exactement double de P si et seulement si :

$$P(a) = 0, \; P'(a) = 0, \; P''(a) \neq 0.$$

2 Polynômes scindés

Définition

Un polynôme $P \in \mathbb{K}[X]$ est dit **scindé** sur $\mathbb{K}$ (ou aussi : dans $\mathbb{K}[X]$) si et seulement s'il existe $\lambda \in \mathbb{K} \setminus \{0\}$, $n \in \mathbb{N}^*$, $x_1, ..., x_n \in \mathbb{K}$ (non nécessairement deux à deux distincts) tels que $P = \lambda \prod_{k=1}^{n} (X - x_i)$.

Remarque : Tout polynôme scindé est de degré supérieur ou égal à 1. Autrement dit, aucun polynôme constant n'est scindé.

Exemple

1) Dans $\mathbb{R}[X]$, le polynôme $P = X^4 - 3X^3 + 2X^2$ est scindé, puisque $P = X^2(X-1)(X-2)$.

2) Dans $\mathbb{R}[X]$, le polynôme $P = X^2 + 1$ n'est pas scindé, puisque P n'a aucun zéro dans $\mathbb{R}$.

3) Dans $\mathbb{C}[X]$, le polynôme $P = X^2 + 1$ est scindé, puisque $P = (X - \mathrm{i})(X + \mathrm{i})$.

On admet le théorème suivant, aussi appelé théorème de d'Alembert et Gauss :

Théorème de d'Alembert

Tout polynôme non constant de $\mathbb{C}[X]$ est scindé sur $\mathbb{C}$.

Proposition

Soient $n \in \mathbb{N}^*$, $(a_0, ..., a_n) \in \mathbb{K}^{n+1}$ tel que $a_n \neq 0$, $P = \sum_{i=0}^{n} a_i X^i$.

Supposons que P est scindé sur $\mathbb{K}$ et notons $x_1, ..., x_n$ les zéros de P (non nécessairement deux à deux distincts), de sorte que : $P = a_n \prod_{i=1}^{n} (X - x_i)$.

On a alors :

$$\sum_{k=1}^{n} x_k = -\frac{a_{n-1}}{a_n}, \qquad \prod_{k=1}^{n} x_k = (-1)^n \frac{a_0}{a_n}.$$

Il suffit en effet de développer le produit $P = a_n \prod_{i=1}^{n} (X - x_i)$.

Exemple

1) Pour $n = 2$: $(X - x_1)(X - x_2) = X^2 - (x_1 + x_2)X + x_1 x_2$.

2) Pour $n = 3$: $(X - x_1)(X - x_2)(X - x_3)$
$= X^3 - (x_1 + x_2 + x_3)X^2 + (x_1 x_2 + x_1 x_3 + x_2 x_3)X - x_1 x_2 x_3$.

Exercices d'apprentissage

32.1

Soient $A, B \in \mathbb{R}[X]$.

a) Montrer que le quotient et le reste de la division euclidienne de A par B dans $\mathbb{R}[X]$ sont les mêmes que ceux dans $\mathbb{C}[X]$.

b) En déduire : A divise B dans $\mathbb{R}[X]$ si et seulement si A divise B dans $\mathbb{C}[X]$.

a) Par division euclidienne de A par B dans $\mathbb{R}[X]$, il existe $(Q, R) \in (\mathbb{R}[X])^2$ unique tel que :

$$A = BQ + R \quad \text{et} \quad \deg(R) < \deg(B).$$

On a alors $A, B, Q, R \in \mathbb{C}[X]$, donc, par unicité du couple (quotient, reste) dans la division euclidienne de A par B dans $\mathbb{C}[X]$, Q et R sont le quotient et le reste de la division euclidienne de A par B, dans $\mathbb{C}[X]$.

b) D'après le cours, A divise B dans $\mathbb{R}[X]$ si et seulement si le reste de la division euclidienne de A par B dans $\mathbb{R}[X]$ est 0, donc, d'après *a)*, si et seulement si le reste de la division euclidienne de A par B dans $\mathbb{C}[X]$ est 0, ce qui équivaut à ce que A divise B dans $\mathbb{C}[X]$.

32.2

Montrer que, pour tout $n \in \mathbb{N}$, le polynôme $A = \mathrm{X}(\mathrm{X}+1)(\mathrm{X}^2+\mathrm{X}+1)^2$ divise le polynôme $P_n = (\mathrm{X}+1)^{6n+1} - \mathrm{X}^{6n+1} - 1$ dans $\mathbb{R}[\mathrm{X}]$.

Nous allons passer par les nombres complexes.
On a : $\mathrm{X}^2+\mathrm{X}+1 = (\mathrm{X}-\mathrm{j})(\mathrm{X}-\mathrm{j}^2)$, donc $A = \mathrm{X}(\mathrm{X}+1)(\mathrm{X}-\mathrm{j})^2(\mathrm{X}-\mathrm{j}^2)^2$.
D'après le cours, $A \mid P_n$ dans $\mathbb{C}[\mathrm{X}]$ si et seulement si : 0 et -1 sont zéros de P_n et j et j^2 sont zéros au moins doubles de P_n.
Comme $P_n \in \mathbb{R}[\mathrm{X}]$ et que $\mathrm{j}^2 = \overline{\mathrm{j}}$, cela revient, d'après le cours, à ce que : 0 et -1 sont zéros de P_n et j est zéro au moins double de P_n, d'où, d'après le cours :

$$A \mid P_n \iff \begin{cases} P_n(0) = 0 \\ P_n(-1) = 0 \\ P_n(\mathrm{j}) = 0 \\ P_n'(\mathrm{j}) = 0. \end{cases}$$

On calcule ces diverses valeurs :

- $P_n(0) = 1 - 1 = 0$,
- $P_n(-1) = 0 - (-1) - 1 = 0$,
- $P_n(\mathrm{j}) = (\mathrm{j}+1)^{6n+1} - \mathrm{j}^{6n+1} - 1 = (-\mathrm{j}^2)^{6n+1} - \mathrm{j}^{6n+1} - 1 = -\mathrm{j}^{12n+2} - \mathrm{j}^{6n+1} - 1$ $= -\mathrm{j}^2 - \mathrm{j} - 1 = 0$,
- $P_n'(\mathrm{X}) = (6n+1)(\mathrm{X}+1)^{6n} - (6n+1)\mathrm{X}^{6n}$, donc $P_n'(\mathrm{j}) = (6n+1)(\mathrm{j}+1)^{6n} - (6n+1)\mathrm{j}^{6n} = (6n+1)(-\mathrm{j}^2)^{6n} - (6n+1)\mathrm{j}^{6n}$ $= (6n+1) - (6n+1) = 0$.

On remarquera que, pour calculer $P'_n(\mathrm{j})$, il a fallu d'abord calculer $P'_n(\mathrm{X})$, puis remplacer X par j.
Ceci montre que A divise P_n dans $\mathbb{C}[\mathrm{X}]$.
Comme $A, P_n \in \mathbb{R}[\mathrm{X}]$, on conclut que A divise P_n dans $\mathbb{R}[\mathrm{X}]$, voir l'exercice 32.1.

32.3

Montrer, pour tout $n \in \mathbb{N}^*$, dans $\mathbb{R}[\mathrm{X}]$: $\mathrm{X}^2+1 \mid \mathrm{X}^n + \mathrm{X} \iff 4 \mid n+1$.

Notons $A = \mathrm{X}^2+1$ et $P_n = \mathrm{X}^n + \mathrm{X}$.
Comme $\mathrm{X}^2+1 = (\mathrm{X}-\mathrm{i})(\mathrm{X}+\mathrm{i})$, on a, d'après le cours et l'exercice 32.1 :

$$\begin{aligned} A \mid P_n \text{ dans } \mathbb{R}[\mathrm{X}] &\iff A \mid P_n \text{ dans } \mathbb{C}[\mathrm{X}] \iff \big(P_n(\mathrm{i}) = 0 \text{ et } P_n(-\mathrm{i}) = 0\big) \\ &\iff P_n(\mathrm{i}) = 0 \quad \text{car } P_n \in \mathbb{R}[\mathrm{X}] \text{ et } -\mathrm{i} = \overline{\mathrm{i}} \\ &\iff \mathrm{i}^n + \mathrm{i} = 0 \iff \mathrm{i}^{n+1} = 1 \iff 4 \mid n+1. \end{aligned}$$

32.4

On considère les polynômes suivants de $\mathbb{C}[\mathrm{X}]$:

$$P = 3\mathrm{X}^4 - 9\mathrm{X}^3 + 7\mathrm{X}^2 - 3\mathrm{X} + 2, \qquad Q = \mathrm{X}^4 - 3\mathrm{X}^3 + 3\mathrm{X}^2 - 3\mathrm{X} + 2.$$

Décomposer P et Q en facteurs premiers dans $\mathbb{R}[\mathrm{X}]$, puis dans $\mathbb{C}[\mathrm{X}]$.
Indication : On pourra calculer les valeurs de P et Q en 1 et en 2.

1) On a : $P(1) = 3 - 9 + 7 - 3 + 2 = 0$ et $P(2) = 48 - 72 + 28 - 6 + 2 = 0$, donc
$$(X - 1)(X - 2) \mid P.$$
En effectuant la division euclidienne du polynôme P par $(X - 1)(X - 2) = X^2 - 3X + 2$, ou bien aussi en mettant $X - 1$ en facteur puis $X - 2$ en facteur, on obtient :
$$P = (X - 1)(X - 2)(3X^2 + 1),$$
ce qui donne la décomposition de P en produit de facteurs irréductibles dans $\mathbb{R}[X]$, puisque le trinôme du second degré $3X^2 + 1$, étant de discriminant strictement négatif, est irréductible dans $\mathbb{R}[X]$.
Pour obtenir la décomposition de P dans $\mathbb{C}[X]$, on factorise $3X^2 + 1$ dans $\mathbb{C}[X]$:
$$3X^2 + 1 = (\sqrt{3}\,X - \mathrm{i})(\sqrt{3}\,X + \mathrm{i}),$$
et on obtient la décomposition de P en produit de facteurs irréductibles dans $\mathbb{C}[X]$:
$$P = (X - 1)(X - 2)(\sqrt{3}\,X - \mathrm{i})(\sqrt{3}\,X + \mathrm{i}).$$
2) On procède de même pour Q et on obtient la décomposition de Q en produit de facteurs irréductibles dans $\mathbb{R}[X]$:
$$Q = (X - 1)(X - 2)(X^2 + 1),$$
puis dans $\mathbb{C}[X]$:
$$Q = (X - 1)(X - 2)(X - \mathrm{i})(X + \mathrm{i}).$$

32.5

Factoriser dans $\mathbb{R}[X]$: $P = X^6 + 9X^3 + 8.$

On remarque que, en notant $Y = X^3$, on a : $P = Y^2 + 9Y + 8$.
Le discriminant Δ de ce trinôme du second degré en Y est $\Delta = 9^2 - 4 \cdot 8 = 49 = 7^2$, donc les zéros en Y sont $\dfrac{-9-7}{2} = -8$ et $\dfrac{-9+7}{2} = -1$, d'où $P = (X^3 + 1)(X^3 + 8)$, ce que l'on aurait pu apercevoir directement.
Ensuite, par utilisation d'une identité remarquable,
$$X^3 + 1 = (X + 1)(X^2 - X + 1), \quad X^3 + 8 = (X + 2)(X^2 - 2X + 4).$$
Enfin, les deux trinômes du second degré obtenus sont irréductibles puisque les discriminants sont < 0.
On conclut : $P = (X + 1)(X + 2)(X^2 - X + 1)(X^2 - 2X + 4)$.

32.6

Déterminer le réel a pour que -1 soit racine au moins double du polynôme $P_a = X^4 + X^3 + aX + a$ de $\mathbb{R}[X]$, puis factoriser P_a dans ce cas.

1) On a : $P_a = X^3(X + 1) + a(X + 1) = (X + 1)(X^3 + a)$, donc -1 est déjà zéro de P_a.
Pour que -1 soit zéro au moins double de P_a, il faut et il suffit que $X + 1$ divise $X^3 + a$, c'est-à-dire que $X^3 + a$ s'annule en -1, ce qui revient à $a = 1$.
2) On a, pour $a = 1$, en utilisant une identité remarquable :
$$P_a = (X + 1)(X^3 + 1) = (X + 1)\big((X + 1)(X^2 - X + 1)\big) = (X + 1)^2(X^2 - X + 1).$$
Ce dernier trinôme du second degré est irréductible dans $\mathbb{R}[X]$ puisque son discriminant est < 0.

Exercices d'entraînement

32.7 Condition de divisibilité, utilisation de dérivées

Montrer qu'il existe $P \in \mathbb{R}_4[X]$ unique tel que : $\begin{cases} (X-2)^2 \mid P+112 \\ (X+2)^3 \mid P-144 \end{cases}$ et calculer P.

32.8 Existence de zéros réels, de zéros complexes non réels

Montrer que, pour tout $\lambda \in \mathbb{R}$, l'équation $z^3 + z + \lambda = 0$, d'inconnue $z \in \mathbb{C}$, admet une solution réelle et deux solutions complexes non réelles conjuguées l'une de l'autre.

32.9 Exemple de divisibilité, utilisation des zéros

Soient $a, b \in \mathbb{N}^*$, $d = a \wedge b$, $m = a \vee b$.
Montrer que le polynôme $A = (X^a - 1)(X^b - 1)$ divise le polynôme $B = (X^d - 1)(X^m - 1)$ dans $\mathbb{C}[X]$.

32.10 Exemple de factorisation, déduction d'un produit de sinus

Soit $n \in \mathbb{N}^*$.

a) Factoriser le polynôme $X^{2n} + 1$ dans $\mathbb{C}[X]$ puis dans $\mathbb{R}[X]$.

b) En déduire : $\displaystyle\prod_{k=1}^{n} \sin \frac{(2k-1)\pi}{4n} = \frac{\sqrt{2}}{2^n}$.

Corrigés des exercices d'entraînement

32.7

Si un polynôme P convient, alors 2 est zéro au moins double de $P+112$ et -2 est zéro au moins triple de $P-144$, donc, par dérivation, 2 est zéro de P' et -2 est zéro au moins double de P'.
Comme $P \in \mathbb{R}_4[X]$, on a $\deg(P') \leqslant 3$, donc il existe $\lambda \in \mathbb{R}$ tel que :

$$\begin{aligned} P' = \lambda(X-2)(X+2)^2 &= \lambda(X-2)(X^2+4X+4) \\ &= \lambda X^3 + 2\lambda X^2 - 4\lambda X - 8\lambda. \end{aligned}$$

Par primitivation, on déduit qu'il existe $\mu \in \mathbb{R}$ tel que :

$$P = \tfrac{\lambda}{4}X^4 + \tfrac{2\lambda}{3}X^3 - 2\lambda X^2 - 8\lambda X + \mu.$$

Alors :

$$P \text{ convient} \iff \begin{cases} P(2) = -112 \\ P(-2) = 144 \end{cases}$$

$$\iff \begin{cases} 4\lambda + \dfrac{16}{3}\lambda - 8\lambda - 16\lambda + \mu = -112 \\ 4\lambda - \dfrac{16}{3}\lambda - 8\lambda + 16\lambda + \mu = 144 \end{cases}$$

$$\iff \begin{cases} -\dfrac{44}{3}\lambda + \mu = 112 \\ \dfrac{20}{3}\lambda + \mu = 144 \end{cases} \iff \begin{cases} \lambda = 12 \\ \mu = 64. \end{cases}$$

On conclut qu'il existe un polynôme et un seul convenant, et que celui-ci est :

$$P = 3X^4 + 8X^3 - 24X^2 - 96X + 64.$$

On peut contrôler, par quelques lignes de calcul, que le polynôme obtenu convient.

32.8

L'application polynomiale

$$P : \mathbb{R} \longrightarrow \mathbb{R}, \quad x \longmapsto x^3 + x + \lambda$$

est dérivable (donc continue) sur l'intervalle $\mathbb{R}$ et :

$$\forall x \in \mathbb{R}, \quad P'(x) = 3x^2 + 1 > 0,$$

donc P est strictement croissante sur $\mathbb{R}$.
De plus :

$$P(x) \underset{x \longrightarrow -\infty}{\longrightarrow} -\infty \text{ et } P(x) \underset{x \longrightarrow +\infty}{\longrightarrow} +\infty.$$

D'après le théorème de la bijection monotone, on déduit que P est une bijection de $\mathbb{R}$ sur $\mathbb{R}$, donc, en particulier, P s'annule en un réel et un seul, noté a.
De plus, $P'(a) \neq 0$, car $P'(a) > 0$, donc a est zéro simple de P.
Puisque $\deg(P) = 3$, on déduit, par le cours, que P admet deux zéros complexes non réels, notés b, c et que $c = \overline{b}$.
On conclut que l'équation $z^3 + z + \lambda = 0$ admet une solution réelle et deux solutions complexes non réelles, conjuguées l'une de l'autre.

32.9

Soit z un zéro de A dans $\mathbb{C}$.
Comme les zéros de $\mathrm{X}^a - 1$ et les zéros de $\mathrm{X}^b - 1$ sont tous simples, z est un zéro simple ou double de P.

1) Si z est zéro simple de P, alors, quitte à échanger a et b, z est zéro (simple) de $\mathrm{X}^a - 1$ et n'est pas zéro de $\mathrm{X}^b - 1$, donc z est zéro simple de $X^m - 1$, et donc z est zéro de B.

2) Si z est zéro double de P, alors z est zéro (simple) de A et zéro (simple) de B, donc z est zéro simple de $\mathrm{X}^d - 1$ et z est zéro simple de $\mathrm{X}^m - 1$, et donc z est zéro double de B.

Ainsi, A et B sont scindés sur $\mathbb{C}$ (théorème de d'Alembert) et chaque zéro de A est zéro de B avec un ordre de multiplicité plus grand (au sens large) dans B que dans A, donc, d'après le cours, A divise B dans $\mathbb{C}[\mathrm{X}]$.

32.10

a) On a, pour tout $z \in \mathbb{C}$:

$$z^{2n} + 1 = 0 \iff z^{2n} = -1$$
$$\iff \left(\exists k \in \{0, ..., 2n-1\}, \quad z = \mathrm{e}^{\frac{\mathrm{i}\,\pi}{2n} + \frac{2\,\mathrm{i}\,k\pi}{2n}}\right),$$

donc le polynôme $\mathrm{X}^{2n}+1$ est scindé simple sur $\mathbb{C}$ et on obtient sa factorisation dans $\mathbb{C}[\mathrm{X}]$:

$$\mathrm{X}^{2n} + 1 = \prod_{k=0}^{2n-1} (\mathrm{X} - z_k),$$

en notant $z_k = \mathrm{e}^{\frac{(2k+1)\,\mathrm{i}\,\pi}{2n}}$.
On a, pour tout $k \in \{0, ..., 2n-1\}$:

$$\begin{aligned} z_{2n-1-k} &= \mathrm{e}^{\frac{\left(2(2n-1-k)+1\right)\,\mathrm{i}\,\pi}{2n}} \\ &= \mathrm{e}^{\frac{4n-2k-1}{2n}\,\mathrm{i}\,\pi} \\ &= \mathrm{e}^{2\,\mathrm{i}\,\pi - \frac{(2k+1)\,\mathrm{i}\,\pi}{2n}} \\ &= \mathrm{e}^{-\frac{(2k+1)\,\mathrm{i}\,\pi}{2n}} \\ &= \overline{\mathrm{e}^{\frac{(2k+1)\,\mathrm{i}\,\pi}{2n}}} = \overline{z_k}, \end{aligned}$$

d'où, en regroupant les facteurs deux par deux en partant des extrêmes :

$$\begin{aligned} &\mathrm{X}^{2n} + 1 \\ &= \prod_{k=0}^{n-1} \left(\mathrm{X} - \mathrm{e}^{\frac{(2k+1)\,\mathrm{i}\,\pi}{2n}}\right)\left(\mathrm{X} - \mathrm{e}^{-\frac{(2k+1)\,\mathrm{i}\,\pi}{2n}}\right) \\ &= \prod_{k=0}^{n-1} \left(\mathrm{X}^2 - 2\cos\frac{(2k+1)\pi}{2n}\mathrm{X} + 1\right), \end{aligned}$$

ce qui constitue la factorisation de $\mathrm{X}^{2n} + 1$ dans $\mathbb{R}[\mathrm{X}]$.

b) En remplaçant X par 1 dans la formule obtenue à la question *a)*, on a :

$$2 = \prod_{k=0}^{n-1} \left(2 - 2\cos\frac{(2k+1)\pi}{2n}\right) = \prod_{k=0}^{n-1} 4\sin^2\frac{(2k+1)\pi}{4n},$$

donc : $\displaystyle \left(\prod_{k=0}^{n-1} \sin\frac{(2k+1)\pi}{4n}\right)^2 = \frac{2}{4^n}.$

Comme :

$$\forall k \in \{0, ..., n-1\}, \quad \frac{(2k+1)\pi}{4n} \in [0\,;\pi],$$

on a : $\displaystyle \forall k \in \{0, ..., n-1\}, \quad \sin\frac{(2k+1)\pi}{4n} \geqslant 0,$
d'où, en prenant la racine carrée :

$$\prod_{k=0}^{n-1} \sin\frac{(2k+1)\pi}{4n} = \frac{\sqrt{2}}{2^n},$$

et enfin, par décalage de l'indice :

$$\prod_{k=1}^{n} \sin\frac{(2k-1)\pi}{4n} = \frac{\sqrt{2}}{2^n}.$$

33 Fractions rationnelles

Dans ce chapitre, nous étudions les fractions rationnelles, quotients de deux polynômes dont le dénominateur n'est pas le polynôme nul. La construction théorique n'est pas au Programme officiel. L'essentiel du chapitre porte sur la décomposition en éléments simples, utilisée, entre autres, pour des calculs de primitives et des calculs de sommation de séries.
Dans tout le chapitre, $\mathbb{K}$ désigne $\mathbb{R}$ ou $\mathbb{C}$, et $\mathbb{K}^* = \mathbb{K} \setminus \{0\}$.

Rappels de cours

1 Étude de $\mathbb{K}(X)$

1.1 Ensemble $\mathbb{K}(X)$

Définition

Une **fraction rationnelle** à coefficients dans $\mathbb{K}$ est un rapport $\dfrac{A}{S}$ où $A \in \mathbb{K}[X]$ et $S \in \mathbb{K}[X] \setminus \{0\}$.

Dans cette écriture, A est appelé le **numérateur** et S est appelé le **dénominateur**.
Si $A = 0$, on dit que F est la **fraction rationnelle nulle**.
Tout couple $(A, S) \in \mathbb{K}[X] \times (\mathbb{K}[X] \setminus \{0\})$ tel que $F = \dfrac{A}{S}$ est appelé un représentant de la fraction rationnelle F (ce terme de représentant n'est pas dans le Programme officiel).

Attention
Le dénominateur d'une fraction rationnelle doit toujours être différent du polynôme nul.

Définition

On définit l'égalité de deux fractions rationnelles par : $\dfrac{A}{S} = \dfrac{B}{T} \iff AT = BS.$

Exemple

Les fractions rationnelles $F = \dfrac{X(X-1)}{X^2(X-3)}$, $G = \dfrac{X-1}{X(X-3)}$, $H = \dfrac{(X-1)(X^2+1)}{X(X-3)(X^2+1)}$ sont égales.

On note $\mathbb{K}(X)$ l'ensemble des fractions rationnelles à coefficients dans $\mathbb{K}$.

Attention
Ne pas confondre $\mathbb{K}[X]$, ensemble des polynômes à coefficients dans $\mathbb{K}$, et $\mathbb{K}(X)$, ensemble des fractions rationnelles à coefficients dans $\mathbb{K}$.

Remarque : Tout polynôme $P \in \mathbb{K}[X]$ peut être vu comme une fraction rationnelle, en écrivant $P = \dfrac{P}{1}$. Ainsi, $\mathbb{K}[X] \subset \mathbb{K}(X)$.

1.2 Forme irréductible d'une fraction rationnelle non nulle

Définition
On appelle **représentant irréductible** d'une fraction rationnelle F non nulle, tout couple $(A, S) \in \mathbb{K}[X] \times (\mathbb{K}[X] \setminus \{0\})$ tel que A et S n'ont pas de diviseur commun autre que les constantes non nulles ; on dit aussi que $\dfrac{A}{S}$ est une **forme irréductible** de F.

Proposition

1) Toute fraction rationnelle F admet au moins un représentant irréductible, et on obtient un représentant irréductible de F en simplifiant au maximum F, au numérateur et au dénominateur.

2) Si (A, S) est un représentant irréductible de F, alors les représentants de F sont les couples (QA, QS) où $Q \in \mathbb{K}[X] \setminus \{0\}$.

3) Si (A, S) est un représentant irréductible de F, alors les représentants irréductibles de F sont les couples (kA, kS) où $k \in \mathbb{K}^*$.

Exemple
Pour la fraction rationnelle $F = \dfrac{X^2 + X}{X^3 + X}$, une forme irréductible est, en simplifiant par X, $F = \dfrac{X + 1}{X^2 + 1}$ et une autre écriture de F est, par exemple, $F = \dfrac{(X-1)(X+1)}{(X-1)(X^2+1)}$.

1.3 Zéros et pôles d'une fraction rationnelle non nulle

Définition
Soit $F = \dfrac{A}{S}$ une fraction rationnelle telle que $A \neq 0$ et mise sous forme irréductible.

1) On appelle **zéros** de F les zéros de A. Si z est un zéro de F, on appelle **ordre de multiplicité** (ou aussi, plus simplement : ordre) du zéro z de F l'ordre de multiplicité de z en tant que zéro du polynôme A.

2) On appelle **pôles** de F les zéros de S. Si a est un pôle de F, on appelle **ordre de multiplicité** (ou aussi, plus simplement : ordre) du pôle a de F l'ordre de multiplicité de a en tant que zéro du polynôme S.

Exemple

Pour $F = \dfrac{X^4 - 2X^3}{X^2 - 3X + 2} \in \mathbb{R}(X)$, la forme irréductible de F est, par simplification par $X - 2$, $F = \dfrac{X^3}{X - 1}$, donc F admet un zéro et un seul, qui est 0 et qui est d'ordre 3, et F admet un pôle et un seul, qui est 1 et qui est d'ordre 1.

Pour l'ordre 1, on parle de zéro ou pôle **simple**, pour l'ordre 2, on parle de zéro ou pôle **double**, etc.

Remarque : Nous verrons dans le paragraphe 2 que les pôles sont les éléments les plus importants pour une fraction rationnelle.

1.4 Fonction rationnelle associée à une fraction rationnelle

Définition

Soient $F = \dfrac{A}{S} \in \mathbb{K}(X)$, sous forme irréductible.

On appelle **fonction rationnelle associée** à F la fonction $\widetilde{F}$ (ou aussi, plus simplement : F) définie par $\widetilde{F}(x) = \dfrac{\widetilde{A}(x)}{\widetilde{S}(x)}$, pour tout $x \in \mathbb{K}$ tel que $\widetilde{S}(x) \neq 0$, c'est-à-dire pour tout $x \in \mathbb{K}$ qui ne soit pas un pôle de F.

Exemple

1) Pour $F = \dfrac{X}{X^2 - 1} \in \mathbb{R}(X)$, la fonction rationnelle associée est

$$\widetilde{F} : \mathbb{R} \setminus \{-1, 1\} \longrightarrow \mathbb{R}, \quad x \longmapsto \frac{x}{x^2 - 1}.$$

2) Pour $G = \dfrac{X}{X^2 + 1} \in \mathbb{R}(X)$, la fonction rationnelle associée est

$$\widetilde{G} : \mathbb{R} \longrightarrow \mathbb{R}, \quad x \longmapsto \frac{x}{x^2 + 1}.$$

3) Pour $H = \dfrac{X}{X^2 + 1} \in \mathbb{C}(X)$, la fonction rationnelle associée est

$$\widetilde{H} : \mathbb{C} \setminus \{-\mathrm{i},\, \mathrm{i}\} \longrightarrow \mathbb{C}, \quad z \longmapsto \frac{z}{z^2 + 1}.$$

4) Pour $L = \dfrac{X^3 - 4X^2 + 3X}{X^3 - 5X^2 + 4X} \in \mathbb{R}(X)$, il faut commencer par mettre L sous forme irréductible, en simplifiant par X et par $X - 1$,

$$L = \frac{X(X^2 - 4X + 3)}{X(X^2 - 5X + 4)} = \frac{(X-1)(X-3)}{(X-1)(X-4)} = \frac{X-3}{X-4},$$

donc la fonction rationnelle associée à L est $\widetilde{L} : \mathbb{R} \setminus \{4\} \longrightarrow \mathbb{R}, \quad x \longmapsto \dfrac{x-3}{x-4}$.

Attention
Malgré le nom de fonction rationnelle, une fonction rationnelle n'a rien à voir, directement, avec l'ensemble $\mathbb{Q}$ des nombres rationnels.

1.5 Addition dans $\mathbb{K}(X)$

Proposition

Soient $F, G \in \mathbb{K}(X)$, (A, S) un représentant de F, (B, T) un représentant de G. On montre que la fraction rationnelle $\dfrac{AT + BS}{ST}$ ne dépend pas du choix de (A, S) ni de celui de (B, T), et on note $F + G = \dfrac{AT + BS}{ST}$.

Ainsi, on définit l'addition dans $\mathbb{K}(X)$, notée $+$, par : $\dfrac{A}{S} + \dfrac{B}{T} = \dfrac{AT + BS}{ST}$.
On dit aussi que, pour additionner les fractions rationnelles, il faut d'abord les **réduire au même dénominateur**.

Exemple

1) $\dfrac{2X-1}{X^2+1} + \dfrac{3}{X} = \dfrac{(2X-1)X + 3(X^2+1)}{X(X^2+1)} = \dfrac{5X^2 - X + 3}{X(X^2+1)}$.

2) $\dfrac{X+1}{X^2+1} + \dfrac{X^3}{X^2+1} = \dfrac{X^3 + X + 1}{X^2+1}$, puisque les deux fractions à additionner sont déjà réduites au même dénominateur.

On montre les propriétés suivantes, pour toutes $F, G, H \in \mathbb{K}(X)$:

$$F + G = G + F, \quad (F+G) + H = F + (G+H), \quad F + 0 = F, \quad F + (-F) = 0,$$

c'est-à-dire que l'addition dans $\mathbb{K}(X)$ prolonge l'addition dans $\mathbb{K}[X]$.

1.6 Multiplication dans $\mathbb{K}(X)$

Proposition

Soient $F, G \in \mathbb{K}(X)$, (A, S) un représentant de F, (B, T) un représentant de G. On montre que la fraction rationnelle $\dfrac{AB}{ST}$ ne dépend pas du choix de (A, S) ni de celui de (B, T), et on note $FG = \dfrac{AB}{ST}$.

Ainsi, on définit la multiplication dans $\mathbb{K}(\mathrm{X})$, notée $\times$ (s'il n'y a pas de confusion avec la lettre X), ou $\cdot$, ou par l'absence de symbole, par : $\dfrac{A}{S}\dfrac{B}{T} = \dfrac{AB}{ST}$.

Remarque : Pour multiplier deux fractions rationnelles entre elles, on n'a pas besoin de les réduire au même dénominateur.

Exemple

$\dfrac{3\mathrm{X}+1}{\mathrm{X}^2-1}\,\dfrac{\mathrm{X}-1}{\mathrm{X}^2+1} = \dfrac{(3\mathrm{X}+1)(\mathrm{X}-1)}{(\mathrm{X}^2-1)(\mathrm{X}^2+1)} = \dfrac{3\mathrm{X}+1}{(\mathrm{X}+1)(\mathrm{X}^2+1)}$, en simplifiant par $\mathrm{X}-1$.

On montre les propriétés suivantes, pour toutes $F, G, H \in \mathbb{K}(\mathrm{X})$:

$$FG = GF, \quad (F+G)H = FH + GH, \quad (FG)H = F(GH), \quad F1 = E,$$

c'est-à-dire que la multiplication dans $\mathbb{K}(\mathrm{X})$ prolonge la multiplication dans $\mathbb{K}[\mathrm{X}]$.

Toute fraction rationnelle $\dfrac{A}{S}$, autre que 0, admet un inverse, qui est $\dfrac{S}{A}$.

1.7 Loi externe dans $\mathbb{K}(\mathrm{X})$

Proposition

Soient $\alpha \in \mathbb{K}$, $F \in \mathbb{K}(\mathrm{X})$, (A, S) un représentant de F. On montre que la fraction rationnelle $\dfrac{\alpha A}{S}$ ne dépend pas du choix de (A, S), et on note $\alpha F = \dfrac{\alpha A}{S}$.

Ainsi, on définit la loi externe dans $\mathbb{K}(\mathrm{X})$ par : $\alpha\dfrac{A}{S} = \dfrac{\alpha A}{S}$.

Remarque : Le lecteur verra au second semestre que $(\mathbb{K}(\mathrm{X}), +, \cdot)$ est un $\mathbb{K}$-espace vectoriel.

2 Décomposition en éléments simples

2.1 Théorie

Définition

On appelle **éléments simples** de $\mathbb{K}(\mathrm{X})$ les éléments suivants de $\mathbb{K}(\mathrm{X})$:

- les monômes de $\mathbb{K}[\mathrm{X}]$ (le terme « monôme » n'est pas dans le Programme officiel), c'est-à-dire les polynômes de la forme $a\mathrm{X}^n$ où $a \in \mathbb{K}$, $n \in \mathbb{N}$,
- les fractions rationnelles de $\mathbb{K}(\mathrm{X})$ de la forme $\dfrac{C}{S^\alpha}$ où :
  $S \in \mathbb{K}[\mathrm{X}]$ est irréductible, $\alpha \in \mathbb{N}^*$, $C \in \mathbb{K}[\mathrm{X}] \setminus \{0\}$, $\deg(C) < \deg(S)$.

Proposition

Les éléments simples de $\mathbb{C}(X)$ sont :

- les polynômes de $\mathbb{C}[X]$ de la forme aX^n où $a \in \mathbb{C}$, $n \in \mathbb{N}$,
- les fractions rationnelles de $\mathbb{C}(X)$ de la forme $\dfrac{\lambda}{(X-a)^\alpha}$
  où : $\lambda \in \mathbb{C}^*$, $a \in \mathbb{C}$, $\alpha \in \mathbb{N}^*$.

Proposition

Les éléments simples de $\mathbb{R}(X)$ sont :

- les polynômes de $\mathbb{R}[X]$ de la forme aX^n, $a \in \mathbb{R}$, $n \in \mathbb{N}$,
- les fractions rationnelles de $\mathbb{R}(X)$ de la forme $\dfrac{\lambda}{(X-a)^\alpha}$
  où : $\lambda \in \mathbb{R}^*$, $a \in \mathbb{R}$, $\alpha \in \mathbb{N}^*$,
- les fractions rationnelles de $\mathbb{R}(X)$ de la forme $\dfrac{\mu X + \nu}{(X^2 + pX + q)^\beta}$
  où : $(\mu, \nu) \in \mathbb{R}^2$, $(p, q) \in \mathbb{R}^2$ tel que $p^2 - 4q < 0$, $\beta \in \mathbb{N}^*$.

On constate que les éléments simples de $\mathbb{R}(X)$ sont d'une nature apparemment plus compliquée que les éléments simples de $\mathbb{C}(X)$.
On admet le résultat suivant :

Théorème

Toute fraction rationnelle admet une **décomposition en éléments simples** (en abrégé : DES), unique à l'ordre près des termes.

Exemple

1) Sans méthode particulière, on constate, dans $\mathbb{C}(X)$, que

$$F = \frac{2X - i}{X(X - i)} = \frac{(X - i) + X}{X(X - i)} = \frac{1}{X} + \frac{1}{X - i},$$

ce qui donne la décomposition en éléments simples de la fraction rationnelle F dans $\mathbb{C}(X)$.

2) Sans méthode particulière, on constate que, dans $\mathbb{R}(X)$:

$$F = \frac{2X^2 + 2X + 1}{X(X^2 + X + 1)} = \frac{(X^2 + X + 1) + (X^2 + X)}{X(X^2 + X + 1)} = \frac{1}{X} + \frac{X + 1}{X^2 + X + 1},$$

ce qui donne la décomposition en éléments simples de la fraction rationnelle F dans $\mathbb{R}(X)$.

Remarque : Les décompositions en éléments simples sont utilisées, entre autres, pour calculer des primitives de fractions rationnelles (voir l'exercice 33.8), des dérivées k-ièmes de certaines fonctions (voir les chapitres 15 et 17), et certaines sommations et séries (voir l'exercice 33.3).

2.2 Pratique

En pratique, avant d'effectuer une décomposition en éléments simples pour une fraction rationnelle, on s'assure d'abord que celle-ci est présentée sous forme irréductible.

1) Cas de $\mathbb{C}(\mathrm{X})$

Soient $A \in \mathbb{C}[\mathrm{X}]$, $S \in \mathbb{C}[\mathrm{X}]$ unitaire tel que $\deg(S) \geqslant 1$, et $F = \dfrac{A}{S}$. D'après le cours (cf. page 399), la factorisation de S en produit de facteurs irréductibles dans $\mathbb{C}[\mathrm{X}]$ est de la forme $S = \prod_{k=1}^{n}(\mathrm{X} - z_k)^{\alpha_k}$, où $n \in \mathbb{N}^*$, $z_1, ..., z_n \in \mathbb{C}$ sont deux à deux distincts, $\alpha_1, ..., \alpha_n \in \mathbb{N}^*$, et alors la décomposition en éléments simples de F dans $\mathbb{C}(\mathrm{X})$ est de la forme : $\quad F = E + \displaystyle\sum_{k=1}^{n}\sum_{i=1}^{\alpha_k} \frac{\lambda_{k,i}}{(\mathrm{X} - z_k)^i}$, où E est le quotient de la division euclidienne de A par S (le polynôme E regroupe les éléments simples monômes) et où les $\lambda_{k,i}$ sont dans $\mathbb{C}$.

• On peut calculer le coefficient du plus haut degré relatif au pôle z_k, le nombre complexe λ_{k,α_k}, en multipliant l'égalité de la décomposition de F par $(\mathrm{X} - z_k)^{\alpha_k}$, puis en remplaçant X par z_k.

• Pour un pôle simple, on peut calculer le coefficient relatif au pôle simple z_k, le nombre complexe $\lambda_{k,1}$ lorsque $\alpha_k = 1$, soit par la méthode précédente de **multiplication puis remplacement**, soit par la formule $\lambda_{k,1} = \dfrac{A(z_k)}{S'(z_k)}$.

Lorsqu'il ne manque plus qu'un coefficient à calculer, on peut envisager de remplacer X par une valeur particulière simple, autre qu'un pôle de F, ou de faire tendre X vers l'infini, ou bien encore de faire passer de l'autre côté de l'égalité les termes déjà obtenus, pour se ramener à une fraction rationnelle plus simple.

Attention

Dans une égalité de fractions rationnelles, on peut remplacer X par un élément z de $\mathbb{K}$ à condition que z ne soit pas un pôle d'une des fractions rationnelles qui interviennent. Si z est un pôle, il faut d'abord multiplier par $\mathrm{X} - z$ à une puissance convenable, avant de pouvoir remplacer X par z.

Exemple

Former la décomposition en éléments simples de $F = \dfrac{\mathrm{X}}{\mathrm{X}^2 - 1}$ dans $\mathbb{C}(\mathrm{X})$, ce qui, ici, revient à $\mathbb{R}(\mathrm{X})$.

La fraction rationnelle $F = \dfrac{\mathrm{X}}{(\mathrm{X}-1)(\mathrm{X}+1)}$ est présentée sous forme irréductible.

D'après le cours, la décomposition en éléments simples de F dans $\mathbb{R}(\mathrm{X})$ est de la forme : $F = \dfrac{\mathrm{X}}{(\mathrm{X}-1)(\mathrm{X}+1)} = \dfrac{a}{\mathrm{X}-1} + \dfrac{b}{\mathrm{X}+1}$, où $a, b \in \mathbb{R}$ sont à calculer.

En multipliant par X − 1 puis en remplaçant X par 1, on obtient : $a = \dfrac{1}{1+1} = \dfrac{1}{2}$.
En multipliant par X + 1 puis en remplaçant X par −1, on obtient : $b = \dfrac{-1}{-1-1} = \dfrac{1}{2}$.
On conclut que la décomposition en éléments simples de F dans $\mathbb{R}(\mathrm{X})$ est :

$$F = \frac{1}{2}\frac{1}{\mathrm{X}-1} + \frac{1}{2}\frac{1}{\mathrm{X}+1}.$$

Dans cet exemple très simple, la décomposition pouvait presque être trouvée de tête, un peu comme dans les deux exemples de la fin du paragraphe 2.1.

2) Cas de $\mathbb{R}(\mathrm{X})$

Soient $A \in \mathbb{R}[\mathrm{X}]$, $S \in \mathbb{R}[\mathrm{X}]$ unitaire tel que $\deg(S) \geqslant 1$, et $F = \dfrac{A}{S}$.

D'après le cours (cf. page 401), la factorisation de S en produit de facteurs irréductibles dans $\mathbb{R}[\mathrm{X}]$ est de la forme $S = \prod_{k=1}^{n}(\mathrm{X}-x_k)^{\alpha_k}\prod_{\ell=1}^{n'}(\mathrm{X}^2+p_\ell\mathrm{X}+q_\ell)^{\beta_\ell}$, où $n, n' \in \mathbb{N}^*$, $x_1, ..., x_n \in \mathbb{R}$ sont deux à deux distincts, $\alpha_1, ..., \alpha_n$, $\beta_1, ..., \beta_{n'} \in \mathbb{N}^*$, $(p_1, q_1), ..., (p_\ell, q_\ell) \in \mathbb{R}^2$ sont deux à deux distincts et tels que, pour tout $\ell \in \{0, ..., n'\}$, $p_\ell^2 - 4q_\ell < 0$ (c'est-à-dire que ces trinômes du second degré sont tous irréductibles dans $\mathbb{R}[\mathrm{X}]$) et alors la décomposition en éléments simples de F dans $\mathbb{R}(\mathrm{X})$ est de la forme :

$$F = E + \sum_{k=1}^{n}\sum_{i=1}^{\alpha_k}\frac{\lambda_{k,i}}{(\mathrm{X}-x_k)^i} + \sum_{\ell=1}^{n'}\sum_{j=1}^{\beta_\ell}\frac{\mu_{\ell,j}\mathrm{X}+\nu_{\ell,j}}{(\mathrm{X}^2+p_\ell\mathrm{X}+q_\ell)^j},$$

où E est le quotient de la division euclidienne de A par S (le polynôme E regroupe les éléments simples monômes) et où les $\lambda_{k,i}$, $\mu_{\ell,j}$, $\nu_{\ell,j}$ sont dans $\mathbb{R}$.

• On peut calculer le coefficient du plus haut degré relatif au pôle x_k, le nombre réel λ_{k,α_k}, en multipliant l'égalité de la décomposition de F par $(\mathrm{X}-x_k)^{\alpha_k}$, puis en remplaçant X par x_k.

• Pour un pôle simple, on peut calculer le coefficient relatif au pôle simple x_k, le nombre réel $\lambda_{k,1}$ lorsque $\alpha_k = 1$, soit par la méthode précédente de multiplication puis remplacement, soit par la formule $\lambda_{k,1} = \dfrac{A(x_k)}{S'(x_k)}$.

• Lorsqu'un des β_ℓ est égal à 1, on peut calculer p_ℓ et q_ℓ en passant par les nombres complexes, par multiplication par $\mathrm{X}^2+p_\ell\mathrm{X}+q_\ell$ puis remplacement de X par un zéro complexe (non réel) de $\mathrm{X}^2+p_\ell\mathrm{X}+q_\ell$.

Exemple

Former la décomposition en éléments simples de $F = \dfrac{\mathrm{X}-3}{\mathrm{X}(\mathrm{X}^2+1)}$ dans $\mathbb{R}(\mathrm{X})$.
La fraction rationnelle F est présentée sous forme irréductible.
D'après le cours, la décomposition en éléments simples de F dans $\mathbb{R}(\mathrm{X})$ est de la forme : $F = \dfrac{\mathrm{X}-3}{\mathrm{X}(\mathrm{X}^2+1)} = \dfrac{a}{\mathrm{X}} + \dfrac{b\mathrm{X}+c}{\mathrm{X}^2+1}$, où $a, b, c \in \mathbb{R}$ sont à calculer.

En multipliant par X puis en remplaçant X par 0, on obtient : $a = \dfrac{-3}{1} = -3$.
En multipliant par X^2+1 puis en remplaçant X par i, on obtient :
$b\,i + c = \dfrac{i-3}{i} = 1 + 3\,i$, d'où, puisque b et c sont réels, $b = 3$ et $c = 1$.
On conclut que la décomposition en éléments simples de F dans $\mathbb{R}(X)$ est :

$$F = -\frac{3}{X} + \frac{3X+1}{X^2+1}.$$

On montre que, si on décompose une fraction rationnelle $F \in \mathbb{R}(X)$ en éléments simples de $\mathbb{C}(X)$, alors les éléments simples de la décomposition dans $\mathbb{C}(X)$ sont deux à deux conjugués.

Exercices d'apprentissage

33.1

Former la décomposition en éléments simples de $F = \dfrac{X^3+4}{(X-2)(X+1)}$ dans $\mathbb{R}(X)$.

La fraction rationnelle F est présentée sous forme irréductible.
D'après le cours, la décomposition en éléments simples de F dans $\mathbb{R}(X)$ est de la forme :

$$F = \frac{X^3+4}{(X-2)(X+1)} = E + \frac{\lambda}{X-2} + \frac{\mu}{X+1},$$

où $E \in \mathbb{R}[X]$, $\lambda, \mu \in \mathbb{R}$ sont à calculer.

D'après le cours, E est le quotient de la division euclidienne du numérateur de F, $X^3 + 4$, par le dénominateur de F, $(X-2)(X+1) = X^2 - X - 2$:

$$\begin{array}{rrrr|l} X^3 & & & +\ 4 & X^2 - X - 2 \\ \cline{5-5} -X^3 & +\ X^2 & +\ 2X & & X+1 \\ \cline{1-4} & X^2 & +\ 2X & +\ 4 & \\ & -X^2 & +\ X & +\ 2 & \\ \cline{2-4} & & 3X & +\ 6 & \end{array}$$

Ainsi : $X^3 + 4 = \big((X-2)(X+1)\big)(X+1) + (3X+6)$, donc :

$$F = \frac{\big((X-2)(X+1)\big)(X+1) + (3X+6)}{(X-2)(X+1)} = X + 1 + G,$$

où

$$G = \frac{3X+6}{(X-2)(X+1)} = \frac{\lambda}{X-2} + \frac{\mu}{X+1}.$$

En multipliant par $X-2$, puis en remplaçant X par 2, on obtient : $\lambda = \dfrac{6+6}{2+1} = 4$.

En multipliant par $X+1$, puis en remplaçant X par -1, on obtient : $\mu = \dfrac{-3+6}{-1-2} = -1$.

On conclut que la décomposition en éléments simples de F dans $\mathbb{R}(X)$ est :

$$F = X + 1 + \frac{4}{X-2} - \frac{1}{X+1}.$$

On peut contrôler le résultat en réduisant au même dénominateur, en trois lignes de calcul.

33.2

Former la décomposition en éléments simples de $F = \dfrac{X^4 - X - 1}{X^3}$ dans $\mathbb{R}(X)$.

On a directement, en séparant en trois fractions sur X^3 :

$$F = \frac{X^4}{X^3} - \frac{X}{X^3} - \frac{1}{X^3} = X - \frac{1}{X^2} - \frac{1}{X^3},$$

ce qui constitue la décomposition en éléments simples de F dans $\mathbb{R}(X)$.

33.3

Former la décomposition en éléments simples de $F = \dfrac{X^2 + X + 1}{(X-1)^2}$ dans $\mathbb{R}(X)$.

La fraction rationnelle F est présentée sous forme irréductible.
En notant $Y = X - 1$, on a $X = Y + 1$ et :

$$F = \frac{(Y+1)^2 + (Y+1) + 1}{Y^2} = \frac{Y^2 + 3Y + 3}{Y^2} = 1 + \frac{3}{Y} + \frac{3}{Y^2} = 1 + \frac{3}{X-1} + \frac{3}{(X-1)^2},$$

ce qui constitue la décomposition en éléments simples de F dans $\mathbb{R}(X)$.

33.4

Soit $n \in \mathbb{N}^*$.

Former la décomposition en éléments simples de $F_n = \dfrac{1}{X^n - 1}$ dans $\mathbb{C}(X)$.

La fraction rationnelle F_n est présentée sous forme irréductible.
Le quotient de la division euclidienne de 1 par $X^n - 1$ est 0.
La décomposition de $X^n - 1$ en produit de facteurs du premier degré dans $\mathbb{C}[X]$ est :

$$X^n - 1 = \prod_{k=0}^{n-1} (X - \omega_k),$$

où $\omega_k = e^{\frac{2ik\pi}{n}}$, $k \in \{0, ..., n-1\}$.
Les zéros de $X^n - 1$ sont tous simples, donc, d'après le cours, la décomposition en éléments simples de F_n dans $\mathbb{C}(X)$ est de la forme : $F_n = \displaystyle\sum_{k=0}^{n-1} \frac{\lambda_k}{X - \omega_k}$, où $\lambda_k \in \mathbb{C}$ pour $k \in \{0, ..., n-1\}$.
Le calcul de λ_k par multiplication par $X - \omega_k$ puis remplacement de X par ω_k aboutirait à une expression compliquée pour λ_k.
D'après le cours, pour tout $k \in \{0, ..., n-1\}$, puisque ω_k est zéro simple de F_n, on a :

$$\lambda_k = \left(\widetilde{\frac{1}{nX^{n-1}}}\right)(\omega_k) = \frac{1}{n\omega_k^{n-1}} = \frac{\omega_k}{n\omega_k^n} = \frac{\omega_k}{n}.$$

On conclut que la décomposition de F_n en éléments simples dans $\mathbb{C}(X)$ est : $F_n = \displaystyle\sum_{k=0}^{n-1} \frac{\frac{\omega_k}{n}}{X - \omega_k}$.

33.5

Former la décomposition en éléments simples de $F = \dfrac{X^2 - 3X + 2}{X^3 - X^2 - X + 1}$ dans $\mathbb{R}(X)$.

Attention : La fraction rationnelle F n'est pas donnée sous forme irréductible dans l'énoncé, car $X^2 - 3X + 2 = (X-1)(X-2)$ et : $X^3 - X^2 - X + 1 = X^2(X-1) - (X-1) = (X^2-1)(X-1)$, donc le numérateur et le dénominateur de F ont $X - 1$ en facteur commun.
On a : $F = \dfrac{(X-1)(X-2)}{(X-1)^2(X+1)} = \dfrac{X-2}{(X-1)(X+1)}$, et, maintenant, F est présentée sous forme irréductible.
D'après le cours, la décomposition de F en éléments simples dans $\mathbb{R}(X)$ est de la forme :

$$F = \frac{a}{X-1} + \frac{b}{X+1},$$

où $a, b \in \mathbb{R}$ sont à calculer.
En multipliant par $X - 1$, puis en remplaçant X par 1, on obtient : $a = \dfrac{1-2}{1+1} = -\dfrac{1}{2}$.
En multipliant par $X + 1$, puis en remplaçant X par -1, on obtient : $b = \dfrac{-1-2}{-1-1} = \dfrac{3}{2}$.
On conclut que la décomposition en éléments simples de F dans $\mathbb{R}(X)$ est :

$$F = -\frac{1}{2}\frac{1}{X-1} + \frac{3}{2}\frac{1}{X+1}.$$

On peut contrôler le résultat en réduisant au même dénominateur, le calcul peut être fait de tête.

Exercices d'entraînement

33.6 Exemple de DES dans $\mathbb{R}(X)$, un pôle simple, un trinôme

Former la décomposition en éléments simples de $F = \dfrac{X+2}{(X-1)(X^2+1)}$ dans $\mathbb{R}(X)$.

33.7 Exemple de DES dans $\mathbb{C}(X)$, un pôle double

Former la décomposition en éléments simples de $F = \dfrac{X^3+2}{(X-\mathrm{i})^2}$ dans $\mathbb{C}(X)$.

33.8 Exemple de DES dans $\mathbb{R}(X)$, deux pôles doubles, calcul de primitive

a) Former la décomposition en éléments simples de $F = \dfrac{X^3 - 3X^2 + X + 4}{X^2(X-1)^2}$ dans $\mathbb{R}(X)$.

b) En déduire $I(x) = \displaystyle\int F(x)\,\mathrm{d}x$ pour $x \in]0\,;1[$.

33.9 Exemple de DES dans $\mathbb{R}(X)$, trois pôles simples, calcul d'une sommation

a) Former la décomposition en éléments simples de $F = \dfrac{4X+6}{X(X+1)(X+2)}$ dans $\mathbb{R}(X)$.

b) En déduire, pour tout $N \in \mathbb{N}^*$, une expression simple de :

$$S_N = \sum_{n=1}^{N} \frac{4n+6}{n(n+1)(n+2)}.$$

Corrigés des exercices d'entraînement

33.6

La fraction rationnelle F est présentée sous forme irréductible.
Le quotient de la division euclidienne de $X+2$ par $(X-1)(X^2+1)$ est 0.
D'après le cours, la décomposition en éléments simples de F dans $\mathbb{R}(X)$ est de la forme :

$$F=\frac{X+2}{(X-1)(X^2+1)}=\frac{a}{X-1}+\frac{bX+c}{X^2+1},$$

où $a,b,c\in\mathbb{R}$ sont à calculer.
En multipliant par $X-1$, puis en remplaçant X par 1, on obtient : $a=\dfrac{1+2}{1^2+1}=\dfrac{3}{2}$.
En multipliant par X^2+1, puis en remplaçant X par i, on obtient :

$$b\,\mathrm{i}+c=\frac{\mathrm{i}+2}{\mathrm{i}-1}=\frac{(\mathrm{i}+2)(-\mathrm{i}-1)}{(\mathrm{i}-1)(-\mathrm{i}-1)}=\frac{-1-3\,\mathrm{i}}{2}=-\frac{1}{2}-\frac{3}{2}\mathrm{i},$$

d'où, puisque b et c sont réels, en prenant la partie réelle et la partie imaginaire (attention à l'ordre d'écriture !) : $b=-\dfrac{3}{2}$, $c=-\dfrac{1}{2}$.
On conclut que la décomposition en éléments simples de F dans $\mathbb{R}(X)$ est :

$$F=\frac{3}{2}\frac{1}{X-1}+\frac{-\frac{3}{2}X-\frac{1}{2}}{X^2+1}.$$

On peut contrôler le résultat par réduction au même dénominateur.

33.7

La fraction rationnelle F est présentée sous forme irréductible.
En notant $Y=X-\mathrm{i}$, on a $X=Y+\mathrm{i}$ et :

$$\begin{aligned}F&=\frac{X^3+2}{(X-\mathrm{i})^2}\\&=\frac{(Y+\mathrm{i})^3+2}{Y^2}\\&=\frac{Y^3+3\,\mathrm{i}\,Y^2-3Y-\mathrm{i}+2}{Y^2}\\&=Y+3\mathrm{i}-\frac{3}{Y}+\frac{2-\mathrm{i}}{Y^2}\\&=(X-\mathrm{i})+3\mathrm{i}-\frac{3}{X-\mathrm{i}}+\frac{2-\mathrm{i}}{(X-\mathrm{i})^2},\end{aligned}$$

et on conclut que la décomposition en éléments simples de F dans $\mathbb{C}(X)$ est :

$$F=X+2\mathrm{i}-\frac{3}{X-\mathrm{i}}+\frac{2-\mathrm{i}}{(X-\mathrm{i})^2}.$$

On peut contrôler le résultat par réduction au même dénominateur.

33.8

a) La fraction rationnelle F est présentée sous forme irréductible.
Le quotient de la division euclidienne de X^3-3X^2+X+4 par $X^2(X-1)^2$ est 0.
D'après le cours, la décomposition en éléments simples de F dans $\mathbb{R}(X)$ est de la forme :

$$F=\frac{X^3-3X^2+X+4}{X^2(X-1)^2}=\frac{a}{X^2}+\frac{b}{X}+\frac{c}{(X-1)^2}+\frac{d}{X-1},$$

où $a,b,c,d\in\mathbb{R}$ sont à calculer.
En multipliant par X^2, puis en remplaçant X par 0, on obtient : $a=\dfrac{4}{(-1)^2}=4$.
En multipliant par $(X-1)^2$, puis en remplaçant X par 1, on obtient : $c=\dfrac{1-3+1+4}{1^2}=3$.
En faisant passer les deux termes que l'on vient de calculer de l'autre côté de l'égalité, et en notant G la différence, on a :

$$G=\frac{b}{X}+\frac{c}{X-1}=F-\Big(\frac{4}{X^2}+\frac{3}{(X-1)^2}\Big)=\frac{P}{X^2(X-1)^2},$$

où :

$$\begin{aligned}P&=X^3-3X^2+X+4-4(X-1)^2-3X^2\\&=X^3-10X^2+9X\\&=X(X^2-10X+9)\\&=X(X-1)(X-9),\end{aligned}$$

donc : $G=\dfrac{X-9}{X(X-1)}=\dfrac{b}{X}+\dfrac{c}{X-1}$.
En multipliant par X, puis en remplaçant X par 0, on obtient : $b=\dfrac{-9}{-1}=9$.
En multipliant par $X-1$, puis en remplaçant X par 1, on obtient : $c=\dfrac{1-9}{1}=-8$.
On déduit : $G=\dfrac{9}{X}-\dfrac{8}{X-1}$,

et on conclut que la décomposition en éléments simples de F dans $\mathbb{R}(X)$ est :

$$F = \frac{4}{X^2} + \frac{9}{X} + \frac{3}{(X-1)^2} - \frac{8}{X-1}.$$

On peut contrôler ce résultat par réduction au même dénominateur, en quelques lignes de calcul.

b) Puisque la fonction rationnelle F est continue sur l'intervalle $]0\,;1[$, il résulte, par le cours, que I est définie, au moins, sur $]0\,;1[$.

On a, en utilisant le résultat de la question *a)*, pour tout $x \in]0\,;1[$:

$$\begin{aligned} I(x) &= \int \Big(\frac{4}{x^2} + \frac{9}{x} + \frac{3}{(x-1)^2} - \frac{8}{x-1}\Big)\,dx \\ &= -\frac{4}{x} + 9\ln|x| - \frac{3}{x-1} - 8\ln|x-1| + C, \end{aligned}$$

et on conclut, pour tout $x \in]0\,;1[$:

$$I(x) = -\frac{4}{x} + 9\ln x - \frac{3}{x-1} - 8\ln(1-x) + C,$$

où C est une constante.

33.9

a) La fraction rationnelle F est présentée sous forme irréductible.

D'après le cours, la décomposition en éléments simples de F est de la forme :

$$F = \frac{4X+6}{X(X+1)(X+2)} = \frac{a}{X} + \frac{b}{X+1} + \frac{c}{X+2},$$

où $a, b, c \in \mathbb{R}$ sont à calculer.

En multipliant par X, puis en remplaçant X par 0, on obtient : $a = \dfrac{6}{1\cdot 2} = 3$.

En multipliant par $X+1$, puis en remplaçant X par -1, on obtient : $b = \dfrac{-4+6}{(-1)\cdot 1} = -2$.

En multipliant par $X+2$, puis en remplaçant X par -2, on obtient : $c = \dfrac{-8+6}{(-2)(-1)} = -1$.

On conclut que la décomposition en éléments simples de F dans $\mathbb{R}(X)$ est :

$$F = \frac{3}{X} - \frac{2}{X+1} - \frac{1}{X+2}.$$

On peut contrôler ce résultat par réduction au même dénominateur, en quelques lignes de calcul.

b) On a, pour tout $N \in \mathbb{N}^*$, en utilisant le résultat de la question *a)* :

$$\begin{aligned} S_N &= \sum_{n=1}^{N} \frac{4n+6}{n(n+1)(n+2)} \\ &= \sum_{n=1}^{N} F(n) \\ &= \sum_{n=1}^{N} \Big(\frac{3}{n} - \frac{2}{n+1} - \frac{1}{n+2}\Big) \\ &= 3\sum_{n=1}^{N} \frac{1}{n} - 2\sum_{n=1}^{N} \frac{1}{n+1} - \sum_{n=1}^{N} \frac{1}{n+2}. \end{aligned}$$

En effectuant des décalages sur l'indice,

$n \longleftarrow n+1$ pour la deuxième sommation,

$n \longleftarrow n+2$ pour la troisième,

on obtient :

$$S_N = 3\sum_{n=1}^{N} \frac{1}{n} - 2\sum_{n=2}^{N+1} \frac{1}{n} - \sum_{n=3}^{N+2} \frac{1}{n}.$$

En faisant apparaître les termes communs à ces trois sommations, on a :

$$\begin{aligned} S_N = 3\Big(\frac{1}{1}+\frac{1}{2}+\sum_{n=3}^{N}\frac{1}{n}\Big) - 2\Big(\frac{1}{2}+\sum_{n=3}^{N}\frac{1}{n}+\frac{1}{N+1}\Big) \\ -\Big(\sum_{n=3}^{N}\frac{1}{n} + \frac{1}{N+1} + \frac{1}{N+2}\Big), \end{aligned}$$

et le résultat est aussi valable lorsque $N < 3$.

Par télescopage, les trois sommations s'éliminent et on obtient :

$$\begin{aligned} &S_N \\ &= 3\Big(\frac{1}{1}+\frac{1}{2}\Big) - 2\Big(\frac{1}{2}+\frac{1}{N+1}\Big) - \Big(\frac{1}{N+1}+\frac{1}{N+2}\Big). \end{aligned}$$

On conclut : $\quad S_N = \dfrac{7}{2} - \dfrac{3}{N+1} - \dfrac{1}{N+2}$.

Remarque : En faisant tendre l'entier N vers l'infini dans ce dernier résultat, on déduit que la série de terme général $F(n)$ converge et que :

$$\sum_{n=1}^{+\infty} \frac{4n+6}{n(n+1)(n+2)} = \frac{7}{2}.$$

86828 - (I) - SOP 70° - 7713U - LUM - MGS

Dupliprint
733 rue Saint-Léonard, 53100 MAYENNE
N° 2992341R
Dépôt légal : août 2024

Imprimé en France